Stamps & Science

方寸格致

——《邮票上的物理学史》增订版

秦克诚

高等教育出版社·北京

内容提要

本书通过约四千张美丽的邮票，对物理学的发展历程，从古希腊到当代，作了生动而系统的介绍，并穿插了不少科学家生动感人的趣事，可读性强。本书并不过多讨论专业内容，而是侧重科学的精神和科学的研究方法，侧重科学思想与人文精神的融合，至于专业的知识和技术细节，则点到为止，力求让读者对科学本身及其发展有一个总体的认识，对科学精神和科学方法及其对社会生活的方方面面的联系有更多的领悟，因此本书不仅适用于广大的科技工作者和高校教师，对于其他广大读者，包括中小学生，特别是立志成为爱因斯坦的青少年，都有很大的参考价值。

這是一本挺好的物理
學史，印刷挺精美。它
也展示了長期精心
策劃研究所能創建
的美好成果。

楊振寧

二〇〇三年
六月

第三届吴大猷科学普及著作奖金签奖奖杯

赵凯华教授序

1998年初，秦克诚教授跟我说，他想以他收集的与物理学有关的邮票为媒介，写一系列介绍物理学发展史的科普文章。我觉得这个想法很新鲜，视角很独特，就鼓励他写下去。他的专栏于1998年下半年开始在《大学物理》上刊出，受到读者的欢迎。没想到这一登就是6年半，到2004年年底才登完。为了迎接2005世界物理年，作者把它修订补充集结成册，竟是篇幅这么大的一本图文并茂的书。

西方物理学界集邮的人比中国多，他们常常用邮票作为教学资源，来引起学生的兴趣。在他们的教学刊物上，常常可以看到一些涉及邮票的文章或专题集邮的专栏；他们也常常配合一些国际活动，以有关邮票为图印制招贴画。但是像这本书这样，搜集这么多有关的邮票，把它们组织成一本专著，向大众介绍一门学科，还没有见过。可以说，这本书是中国物理学界献给世界物理年的一个小小的礼物。

这本书的书名是《邮票上的物理学史》[1]，那么，名实是否相符，用邮票能不能把物理学史的基本内容串起来呢？我觉得，名实是相符的。从书中可以看到：物理学的各个分支的发展过程，都在邮票上留下了印迹；从古希腊到当代，古往今来著名的物理学家，除了个别几位外，都出现在邮票上，而且同一位物理学家在不同方面的工作，也在邮票上有反映；邮票上可以看到物理仪器（如望远镜和加速器）的发展过程，看到物理实验如何走向大型化；邮票上记录了重要的物理实验（如马德堡半球实验、富兰克林的风筝实验和爱丁顿验证广义相对论的远征）；邮票上也显示了人们提出的重要物理模型（如玻尔原子模型、粒子物理的标准模型、宇宙创生的大爆炸模型）。我惊讶地看到，邮票上反映物理学的内容竟如此之丰富与全面，这是未曾想到的。这一方面表明作者是有心人，搜集了丰富的邮票资源；另一方面

1　编者注：本书上一版书名为《邮票上的物理学史》。

更表明物理学的基础性和它与社会生活多方面的密切联系。

作者在本书中，除了物理学本身的发展外，还讲述了许多相关的人文方面的内容，例如一些物理学家的工作风格、政治态度和为人品格，政治环境对物理学发展的影响，发明权的争执等。我觉得这很好，诚如作者在前言中所说，科学是人从事的活动，科学史是科学和人文两种文化的接缘界面，这些内容本来就应当是科学史的一部分。学习物理学史，不可不知道这些内容。

由于邮票素材的原因，作者对近代和当代的事情讲述得更详细，这是本书的另一特点。像苏联发展核武器的过程、卡皮察援救朗道的经过等，虽然网页上有材料流传，但是在中文纸质出版物中似乎是本书首次讲到这些内容。

作者的写法很灵活。配合着邮票素材，有的节是断代史，有的节是分支学科的发展史，有的节以一位物理学家为中心，有的节写一件事件。总起来则给了我们一个关于物理学发展的总印象。这同我国传统的史籍写法有共通之处。太史公写《史记》，不是也有本纪、世家、列传、表、书各种体裁吗？

把2005年定为世界物理年，除了纪念爱因斯坦（2005年是"爱因斯坦奇迹年"100周年，又是爱因斯坦逝世50周年）外，还有两重意义：一是向公众宣传物理学，促进公众对物理学的了解，唤起社会对物理学的重视；二是为物理学吸引人才，让青少年对物理学感兴趣，"帮助发现第二个爱因斯坦"。秦克诚教授这本书在这两方面都能有所裨益。作者配合邮票画面，从历史发展的角度向公众介绍物理学，美丽的邮票加上他搜集的许多有关的小故事，使书很有可读性。我并不集邮，但是，看到这么多五彩缤纷的有关物理学的邮票，仍然感到一阵愉悦之情，也许这就是作者所说的"发出会心的微笑"吧。不过作者告诉我，他最大的愿望还是引起青少年才俊的兴趣，让他们更喜爱物理学这门基础自然科学。如果这本书能吸引一些孩子学习物理学，他将感到极大的满足。我预祝作者的努力得到成功。

赵凯华

北京大学物理学院

2005 年 2 月

增订版前言

　　本书初版是 2005 年上半年为迎接世界物理年出版的。现在要出一个增订版，第一个原因是，物理学邮票更多了。在世界物理年之后，又经过 2009 年国际天文年（伽利略用望远镜观天 400 周年）和 2011 年国际化学年（居里夫人获得诺贝尔化学奖 100 周年），伽利略和居里夫人其实都是物理学家，又出了不少纪念物理学家的或与物理学有关的邮票。而且近年来一个好的趋势是，以科学为主题的邮票出得越来越多。不仅一些小国出了不少科学邮票，而且在一些大国，邮票中科学主题的比例也逐渐加大。例如在中国，2006 年发行了中国现代科学家第四组，2011 年发行了第五组；在美国，也于 2005 年、2008 年和 2011 年，先后发行了三组美国科学家邮票。这是一件好事，表明人们越来越肯定科学对人类文明进步和社会发展的巨大作用，使邮票的题材更开阔了。邮票上出现的不只是帝王将相、总统、主席，也有为人类作出实实在在贡献的科学家；邮票不只是宣传对一种政治体制的膜拜，也在向人们普及科学知识。本书初版时，一些著名的物理学家，像焦耳、卡文迪什、吉布斯、费曼还没有邮票，现在都有了。将这些邮票收进来，就可以用邮票把物理学史更好地串起来。本书初版收邮票两千三四百张，本版在四千张左右。

　　其次，物理学在这几年里也有不少发展。例如，行星有了明确而科学的定义，太阳系不再是九大行星而是八大行星；照相不再用底片，电荷耦合器件代替了照相底片的感光功能，以致世界著名的底片生产商柯达公司申请了破产保护；又一位华人高锟先生得了诺贝尔物理学奖；实验发现了与希格斯玻色子非常相像的粒子；观测证实了宇宙在加速膨胀等。这些内容也应该介绍给读者。

　　笔者对原有内容和邮票做了补充和更新，有些节是彻底改写，并增加了热机、能量和能源、物理化学和宇宙线四节。

　　本书初版前在《大学物理》上连载了6年半。为迎接世界物理年，清华大学出版社和朱红莲编辑以极快的速度出版了这本书的初版。赵凯华先生为书写了序言。出版后，荣幸地获得2005年度"科学时报读书杯"科学文化·科学普及最佳创意奖，又得到杨振宁先生的青睐，杨先生为书写了题词，还推荐到海峡对岸吴大猷基金会参加科普书籍评奖，被授予第三届吴大猷科学普及著作奖金签奖。现在，高等教育出版社又为这本书出新版。他们都对本书成为今天这个模样作出了贡献。笔者向《大学物理》编辑部、清华大学出版社和朱红莲女士、赵凯华先生、尊敬的杨振宁先生、《科学时报》社、吴大猷科学普及著作奖评委会和吴大猷基金会、高等教育出版社和缪可可编辑，致以诚挚的谢意。笔者还要感谢国内外收集同一主题邮票的许多邮友，特别是从未见过面的美国的 Christopher Crowe 先生和曾来中国旅游、见过一次面的以色列的 Shuki Zakai 先生，我和他们交换邮票，互通信息和有无，增添了藏品。Christopher 去世后，他的哲嗣 Brian 把他六大本 Scott 邮票目录寄给了我，对我整理邮票、查找有关信息带来了很大的方便。

　　笔者写这个新版，还有一个心愿，就是用它为北京大学物理学院建立100周年，也就是中国高等物理教育开始100周年，献上一份小小的礼物。北京大学物理系设立于1913年，是为我国物理学大学本科教育的开始。1953年，我怀着窥探自然界奥秘的心愿考入北大物理系，也整整60年了。60年，学习在这里，工作在这里，生活在这里，退休在这里。出国进修，回来工作，都在这里。一辈子在这里。我是一个非常强调兴趣的人。物理是我的专业兴趣，集邮是我的业余兴趣。兴趣是学习的动力，没有兴趣是学不好的。(写这本书的一个原因，就是想吸引一些青少年的眼球，培养小爱因斯坦们对物理学的兴趣。）为了坚持我的兴趣和志愿，我曾率性而行，做出破釜沉舟的决定。但是，北大物理系接纳了我，包容了我。在这里，我不但学习了现代物理学知识，还遇到了许多良师益友。谨祝北大物理学院日益发展壮大，成为一个世界物理学术中心，北大的物理人将会出现在未来的邮票上！

秦克诚

2013年2月

初版前言

　　集邮是各种集藏活动中参与人数最多的一种。小小的邮票，以其斑斓的色彩、美丽的画面和无所不包的内容吸引了千千万万集邮者，其中大部分是青少年——各级学校的学生。我国号称有数百万集邮者。

　　季米特洛夫把邮票称为一个国家的名片。每个国家，都把自己的风土人情、古圣先贤、名山大川、珍禽异兽、文化传统、当代成就展示在方不盈寸的邮票上。把集邮活动与邮票的内涵结合起来，可以怡情，可以益智。特别是专题集邮，通过邮品的收集，可以对该专题领域的知识有更系统、更全面和更深刻的了解。

　　20世纪是物理学的世纪。在20世纪里，物理学有了飞跃的发展，并且对社会生活的各方面产生了巨大的影响。这不能不反映在邮票上。与物理学有关的邮票的量大为增加，质也上了一个档次。它们不仅再现了著名物理学家的音容笑貌，还以精美的画面阐释了他们的工作和崇高的学术地位，有的邮票还以非常直观的方式说明了物理学的原理。笔者是学物理的，又爱好集邮，收集兴趣自然向自己的专业倾斜。现在20世纪刚刚过去，通过邮票这一媒介回顾物理学的发展是很有意思的。虽然不是每一位著名的物理学家、物理学史上的每一项重大事件都曾在邮票上出现过，但是通过邮票对物理学的发展过程作粗线条的追踪是可能的，而且有的物理学家的生平和工作在邮票上还反映得相当细致。

　　基于这一想法，笔者在《大学物理》杂志上开了一个专栏《邮票上的物理学史》，共连载了6年半，受到读者的欢迎和赞许，并且在2002年4月被授予全国大学物理教学优秀论文一等奖。但是，《大学物理》限于条件不能彩印，这使邮票的美减色不少。而且限于篇幅，许多邮票只能割爱。现在趁清华大学出版社彩印出版这本书的机会，笔者进行了全面的改写和补充。

本书的意图首先是以邮票为媒介传播知识。笔者希望，在对邮票的介绍和欣赏的乐趣中，能够向广大集邮爱好者特别是青少年介绍一些有关的物理学知识和物理学史知识。笔者希望读者尽量从邮票中吸取知识，因此，对一些从邮票中可以得知的知识，例如邮票中物理学家的外文姓名和生卒年代，正文中就不一定加注了。当然，笔者想要传达给读者的并不是物理学的专门知识，而是一种远观的对物理学及其发展的总体印象，通过物理学的发展过程对科学精神和科学方法及其与社会生活的方方面面的联系的一些领悟。

本书出版正逢 2005 世界物理年。国际物理学界将 2005 年定为世界物理年，除纪念爱因斯坦外，还有两方面的意图：一是向公众宣传物理学，促进公众对物理学的了解，唤起社会对物理学的重视；二是为物理学吸引人才，让青少年对物理学感兴趣，"帮助发现第二个爱因斯坦"，使物理学在 21 世纪得到全新的发展。这也正是本书的目的。笔者希望，本书的出版能为实现世界物理年的宗旨尽绵薄之力。

按照笔者原来的计划，本书只有三十几个题目。但是越到近代，邮票越多，加上读者的欢迎和鼓励，因而计划不断扩大，题目由三十几个增加到 60 个，最后是 66 个。因此，本书在物理学史的内容上厚今薄古，这是由邮票素材决定的。大致说来，以第 33 节 "19 世纪与 20 世纪之交" 为界，在此之前是经典物理学，之后是近代物理学。

笔者的写法比较自由。66 个题目，有的是一段历史时期，如 "希腊古典时期" 和 "1932

年"；有的是一门分支学科，如"分析力学和天体力学"；有的是一个人，如"牛顿"；有的是一个重大事件，如"曼哈顿计划"。总之，根据邮票的素材来组织，怎么合适便怎么写。笔者的标准是，每个题目至少得有5张邮票。对于还没有邮票的重要史实和人物，为了历史的完整，也提上一句。各个题目的先后基本上按时间顺序，但是为了叙述的方便，也不是严格按照时间顺序，例如量子论和相对论的提出（20世纪初）就放在19世纪末三大发现之前。

科学史本来就是科学和人文两种文化的接缘界面，科学是人从事的活动，科学技术成就是人的成就。因此，笔者在书里对物理学家除了学术成就以外，也介绍了他们的信仰、品格、为人和政治态度，讲述他们的一些小故事。

物理学成为一门独立的学科是伽利略以后的事。在他之前，物理学是包括天文学在内的自然哲学的一部分。本书选材包含这些内容。

本书同时也是一本集邮书。笔者比较全地收集了与本书主题物理学史有关的邮票（至2004年年底为止），解释有关的知识，对读者欣赏和收集同一主题的邮票起某种集邮工具书的作用。但是，任何"全"都不是绝对的。首先，物理学是一门基础科学，它涉及的社会生活方面非常之广，许多新技术如通信、无线电、核能、航空、航天都以它为基础。本书只限于物理学本身，对于由它衍生的各种新技术，只是从物理学的角度点到为止，不多收有关的邮票。这些方面的邮票每一种都是独立的收集专题，甚至是比物理学邮票更大的专题。其次，现在发行的邮票越来越多，许多小国出于商业目的发行大量的邮票，这种邮票与正规的以充当邮资为主要目的的邮票之间并没有截然的界限，很难判定哪些是正规的邮票，哪些是商业票。笔者的原则是：择优而取，只要它符合本书的主题，就收进来。最后，笔者的收集是有限的。笔者更致力的不是邮票的求全，而是如何把每一张邮票用在最合适的地方，更好地说明邮票的内涵和阐明本书的主题。笔者想通过本书提倡一条知识集邮的路子，把求知和集邮结合起来，由集邮增长知识，用知识统率集邮。集邮和求知是统一的，只有对收集的邮票的内容有所了解，才会感到邮趣盎然。

　　本书初稿原来刊载在《大学物理》上，读者定位是大学物理系师生。但是，因为本书并不过多讨论物理学专业知识，相信它也适合于更广大的读者群。笔者的愿望是：物理老师能够用它提供的材料增添课堂教学的趣味性或指导学生的课外活动，引发学生对物理学的兴趣；集邮者能够根据本书按图索骥地收集，并且明白所收集邮票的意义；中小学生能够通过本书培养对物理学的兴趣，学到的物理学知识随着收集的邮票的数量与日俱增；白发苍苍的退休老教授能够用本书丰富他的退休生活，看到他熟悉的人物、事件、现象、原理，被不同的邮票用多彩多姿的方法表现出来，发出会心的微笑，体验到科学的美，科学和艺术相得益彰。雅俗共赏，老少咸宜，这，不是笔者的奢望吧？

秦克诚

2005 年 4 月

目　录

01. 希腊古典时期

　　现代自然科学并不仅仅是关于自然界的知识，还包括对待自然界的态度、研究自然界的方法以及所得到的关于自然界的理论体系。这种意义上的科学源于希腊文明。希腊文明包括希腊古典时期和后来以亚历山大里亚为中心的希腊化时期的文明。希腊文明对后人的最大贡献是它理性的自然观：希腊人把自然界看成是独立于人的客体，是有规律的而且其规律是可以被人掌握的，并且发明了一套数学语言以描述自然界的规律。这正是科学精神和科学的根本方法，即深信自然界是统一的，物理世界存在着完整的因果链条。后来物理学发展的一条鲜明的主线，就是锲而不舍地追求自然界的统一，寻找支配宇宙万物的最基本的规律。

　　希腊人之所以能够发展出这样灿烂的文明，一是奴隶制保证了希腊人的优裕生活和闲暇，可以从事理性思辨；二是希腊（以雅典为代表）的城邦民主制保证了希腊人的自由思考、自由发表意见和自由讨论，同是希腊人，农业、尚武、专制的斯巴达人在文化上就乏善可陈；还有第三点也是很重要的，那就是希腊人独有的求知欲和对理论思维的偏好，学以致知，而不强调学以致用，更不是学以致仕；为科学而科学，藐视现实功利，追求纯粹知识。亚里士多德说过："人们开始从事哲理的思考和探求都是由于惊异。他们最初从明显的疑难感到惊异，由此更逐步进入那些重大问题上的疑难，例如关于日月星辰的现象和宇宙创生的问题。感到困惑和惊异的人想到自己的无知，为了摆脱无知，他们就致力于思考，因此，他们这样做显然是为了求知而追求学术，而不是为了任何实用的目的。"（《形而上学》）就这个意义来说，science更早的译名"格致"（格物致知）比起"科学"（分科之学）来，倒是一个更好的译名。

　　在人类文明这个黎明时期，各个学科还没有分化，科学和哲学也没有分家，物理学、天文学等都包括在自然哲学之中。有记载的最早的自然哲学家是古希腊的米利都人泰勒斯（Thales of Miletus，主要活动时期为公元前6世纪）。图1–1是希腊1994年发行的纪念

图1-1 泰勒斯认为万物源于水
（希腊1994）

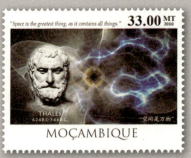

图1-2 泰勒斯说：
"空间是最大之物，因为它包含万物"
（莫桑比克2010）

图1-3 赫拉克利特认为火是万物之源（罗马尼亚1961）

图1-4（法国1988）

图1-5（列支敦士登1994）

图1-6（德国2011）

图1-7（联合国1982）

图1-8（瑞士1972）

图1-9 四元素的符号（印度1972）

泰勒斯的邮票，胸像旁画的是琥珀（细心的读者可以看到琥珀中有一个昆虫，虽然不是很清楚）对羽毛的吸引，因为他最早记述了琥珀摩擦后吸引轻小物体的现象，英文中电（electricity）这个词的字根即来自希腊文的琥珀（ηλεκτρου）。他认为万物源于水，土是由水凝固而成，气是由水稀释而成，而火则是由气受热而生。虽然"万物源于水"这个命题的具体内容并不正确，但是它追究万物的本源，并且找到的本源是物质性的，开创了唯物主义哲学的传统。图1-2的邮票（莫桑比克2010）来自一个小全张 World Electricity Power Development（世界电力发展），邮票上有英文和中文文字，可能是莫桑比克面向中国集邮者发行的。邮票上引了泰勒斯的话："空间是最大之物，因为它包含万物。"

在泰勒斯之后，米利都学派的阿那克西米尼认为万物的本原是气，毕达哥拉斯学派认为是数，赫拉克利特（图1-3，罗马尼亚1961，文化名人）认为是火，最后恩培多克勒提出有土、水、火、气四种不同的元素，它们以不同的比例混合就构成万物。后来亚里士多德接受了这种观念。今天来看，四元素对应于几种常见的物态：气对应于气体，水对应于液体，土对应于固体，而火对应于等离子体。四元素观念在西方文化中很流行，许多国家都发行过四元素邮票，如法国（图1-4，1988，这是一种预销邮票，右下角是预先印上去的邮戳）、列支敦士登（图1-5，1994）、德国（图1-6，2011）。许多以保护环境为主题的邮票也以四元素为图，以表示保护大气圈、水圈和土壤圈不被污染。如图1-7（联合国1982，左边是联合国纽约总部发行的，右边是维也纳总部发行的）和图1-8（瑞士1972）。还有一些四元素邮票表示自然界的能源，见下面第27节。

四元素学说也传到了印度。印度人为它们制定了符号，如图1-9（印度1972，印度度量标准研究所成立25周年）所示，由上到下，分别是虚空（以太）（钻石形）、风（半月形）、火（尖端朝上的三角形）、水（圆形）、土（方形）的符号。我们在一些佛教寺院里可以见到这些符号。

毕达哥拉斯（图1-10，圣马力诺1982，科学先驱）是著名的数学家，于公元前570年左右出生于希腊在爱奥尼亚（爱琴海东岸）的殖民城邦萨莫斯。从埃及留学回来后在南意大利讲学授徒（图1-11，希腊1955，毕达哥拉斯建立第一所哲学学校2500周年，其中第一枚和第三枚为萨莫斯硬币上的毕达哥拉斯，第二枚为毕达哥拉斯定理，第四枚为萨莫斯地图）。他建立的学派具有秘密宗教会社的性质，教义秘不外传。作为一个秘密会社，它在公元前400年左右被禁，共延续了100多年。他最大的成就就是给出了毕达哥拉斯定理（即勾股弦关系）的普遍证明（图1-11之二；图1-12，苏里南1972，儿童福利邮票；图1-13，尼加拉瓜1971，"改变世界的10个公式"邮票之一。这套邮票共10枚，每一枚上有一个公式，主画面是这个公式的一个实际应用，邮票背面的胶面上印有对该公式的简单说明。除1+1＝2、对数定义和勾股弦定理3个数学公式之外，另外7个都是物理学公式。这套邮票中的其他邮票将在以后各节出现）。毕达哥拉斯还发现，琴弦发音的高低与弦长有数量关系：绷得一样紧的弦，如果一弦之长为另一弦的两倍，则二弦发的音相差8度；若弦长之比为3∶2，则短弦发的音比长弦高5度。重要的还不是这一事实本身，而是毕达哥拉斯从其引出

图1-10（圣马力诺1982）

图1-11 毕达哥拉斯建立第一所哲学学校2500周年（希腊1955）

图1-12 毕达哥拉斯定理
（苏里南1972）

图1-13 毕达哥拉斯定理（尼加拉瓜1971）

图1-14 太空中的地球照片（苏联1969）

图1-15（希腊1983）

图1-16（希腊1961）

图1-17（希腊1956）

图1-18（马拉维2008）

图1-19（直布罗陀2009）

的结论：导致万物差异的是其数量关系，从而万物之本源为数。近代科学正是在寻求自然界的数学规律中取得进步的。

毕达哥拉斯还第一个提出地球的概念，认为大地是一个圆球。这在今天虽然已是人所皆知，最直观的证据是航天器在太空拍摄的地球照片（图1-14，苏联1969，自动空间站"探测者7号"拍摄的地球照片），但在当时提出这个概念是非常了不起的，因为这违反"天似穹庐，笼盖四野"这种天圆地方的直观印象。由于这个概念容易解释月食等现象，希腊人自此以后都承认地球是一圆球，成为世界上相信大地为球形的第一个民族。300年后，希腊化时期的学者埃拉托色尼用几何方法正确算出地球的大小。此外，希腊人也认为天球是圆球。这种地球-天球两球论是希腊天文学的骨架。虽然后来集大成的托勒密天文学并没有给出正确的宇宙模型，但笔者认为，对地球概念应当给予很高的评价。提出了地球概念，使地球也成为天体之一，这就打破了天地截然不同的观念。以后，特别是在用其他方法证明太阳比地球大得多以后，从地心说转向日心说就比较自然。如果囿于天圆地方的观念，要让扁平的大地绕着太阳转，那简直无从说起。

公元前4世纪的自然哲学家德谟克利特（图1-15，希腊1983，第一届国际德谟克利特大会；图1-16，希腊1961，德谟克利特原子核研究中心落成）提出了原子论。他认为，物质是由眼睛看不见的极小的粒子构成，称为原子（atom），在希腊语中ατομοσ是"不可分的"的意思。严复翻译穆勒《名学》时曾把atom译为"莫破"，因为我国儒家经典《中庸》中有这样的话："语小，天下莫能破焉。"亚里士多德把原子论和四元素说结合起来，提出土、水、火、气四种不同的元素有四种不同的原子：土原子干而重，水原子重而湿，气原子冷而轻，火原子热而易变。四种不同的原子结合起来就造成万物，例如：土壤是土原子与水原子的结合，金属是土原子和火原子的结合。土壤中长出的植物是土壤中的土原子和水原子与太阳光中的火原子结合而成，它失去水原子后变成干柴，可以燃烧，燃烧后放出火原子（火焰）而只剩下土原子（灰烬）。自然界事物的复杂多样是因为组成它们的原子的形状、大小、数量不同。原子论的积极意义在于，它对世界给出了统一的解释，但统一不是在宏观的、现象的层次上进行，不是将一些自然物（例如火）归结为另一些自然物（例如水），而是将宏观的东西归结为微观的原子，将宏观的质的差异归结为微观层级上数量的差异。原子论是古希腊人留给后人最宝贵的遗产之一。

亚里士多德（公元前384—前322）（图1-17，希腊1956；图1-18，马拉维2008，著名科学家；图1-19，直布罗陀2009，国际天文年）是一个百科全书式的学者，是古希腊集大成的哲学家，图1-20是希腊1978年发行的纪念他逝世2300周年邮票（全套4张）。其中第一张是亚里士多德的塑像，第三张是他的出生地斯塔吉拉的地图和雕塑的底座，第四张是拜占庭教堂中关于亚里士多德的一幅壁画，第二张的画面是拉斐尔的名画《雅典学派》的中部，向着人们走来的是亚里士多德和他的老师柏拉图。手指向上指着天的是柏拉图，向下指着地的是亚里士多德。柏拉图的哲学体系和亚里士多德的很不相同，柏拉图推崇理念，认为理念才是真正的实在，它超越于一切感性经验，日常世界只是理念世界的不完善的摹本，

图1-20 亚里士多德逝世（希腊1978）　　　　　　　　　　　　　　　　　图1-22（安哥拉2000）

图1-21（梵蒂冈1986）

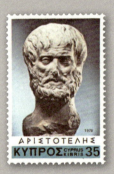

图1-23（塞浦路斯1978）　　图1-24（墨西哥1978）　　　　图1-25（马里1978）　　　图1-26（西班牙1986）

图1-27（乌拉圭1996）　　　图1-28（乍得2009）　　　　　图1-29（乍得2009）

哲学的目的就是把握理念。柏拉图受毕达哥拉斯学派的影响很深，他非常重视数学，在他的学园的入口处立了一块牌子，上面写着"不懂几何学者不得入内"，因为数学是通向理念世界的工具。而亚里士多德则极为重视经验，他认为，事物的本质寓于事物本身之中，是内在的，不是超越的。为了把握真理，必须从感性经验开始。对于他们在学术思想上的分歧，亚里士多德说，"吾爱吾师，吾尤爱真理"[1]。拉斐尔这幅画把不同时代的希腊哲人画在一起，各人的姿势表现他们的思想和性格，曾被许多邮票采用。例如原画中前方左右各有一群人，左边是哲学家，右边是科学家，就被用作梵蒂冈1986年纪念梵蒂冈教廷科学院50周年邮票的画面（图1-21）。第一张里，左边半跪着看书的是毕达哥拉斯，右边坐着思考的是赫拉克里特。第二张里，弯下身子用圆规和几个年轻人演算几何题的是欧几里得。图1-22（安哥拉2000，千年纪邮票，纪念拉斐尔）的构图也是这幅画。所谓千年纪（millenium）邮票，是在新的千年开始之际发行的回顾过去1000年大事的邮票，许多国家如英国、韩国等都有发行，这一套是20个小国联合发行的，每个国家发行1个小全张，覆盖50年时段，每个全张上有17枚邮票，记录这50年中世界的著名人物和重大事件。朝鲜、塞拉里昂1983年纪念拉斐尔诞生500周年发行的邮票也用此画为图。纪念亚里士多德的邮票还有图1-23（塞浦路斯1978，亚里士多德逝世2300周年）、图1-24（墨西哥1978，亚里士多德逝世2300周年）、图1-25（马里1978，亚里士多德逝世2300周年）、图1-26（西班牙1986，哥伦布发现美洲500年，邮票中的拉丁文是亚里士多德著作中的一段话："在西边的西班牙和东边的印度之间有一个不大的海洋"，这句话是错误的，但是哥伦布正是在亚里士多德这一错误看法的指引下，以为西班牙和印度之间只隔着不大的海洋，才敢于向西航行，去寻找到印度的新航线）、图1-27（乌拉圭1996，邮票上右下角的文字是哲学家、天文学家、数学家）和下节图2-1（希腊1992）。

亚里士多德的宇宙观是地心说与分层的宇宙：地球固定不动，处于宇宙的中心；日月星辰都固定在一个个刚性的透明同心球壳上（因此它们不落向地球），称为天球，各自以略微不同的角速度绕地球转动。月亮的球壳半径最小，其外依次是水星、金星、太阳、火星、木星、土星，而所有的恒星镶嵌在最外层球壳上。天和地以月亮的球壳为界，以外为天界，只由一种元素以太组成，月下区域为地，即世俗世界，由四种元素组成，土最重，在最下，以上分别是水、气、火，组成一个个同心球。图1-28和图1-29（乍得2009，国际天文年）两张邮票表示了亚里士多德的宇宙。邮票中左下方的图标是国际天文年的标志。

亚里士多德创造了物理学一词，它来自希腊语φυθσιζ（意为自然），因此物理学原来就是自然哲学的意思。他写了世界上第一本以物理学为名的书，书中总结了一些观察事实和经验。在亚里士多德的物理学中，天和地是截然不同的。地上由土、水、气、火四种元素组成的世俗世界，处于不断的变动过程中，由这些元素构成的万物有生有灭。而只由"以太"组成的天界，是纯净的和永恒不朽的。他把运动区分为"自然运动"和"强制运动"两种。天体的自然运动是神圣的无始无终的匀速圆周运动，因为圆是最完美的形状。地上物体的自然运动则是由于四种原子轻重不同引起的上下垂直运动，土最重，其天然位置在最下面，以

1　这句话又译为"我敬爱柏拉图，但我更敬爱真理"，相传是亚里士多德说的，但原话在流传下来的亚里士多德著作中找不到，只有相似的话："作为一个哲学家，较好的选择应该是维护真理而牺牲个人的友情，两者都是我们所珍爱的，但人的责任却要我们更尊重真理。"（见《尼各马科伦理学》第1卷第6章）其中既没有柏拉图的名字也没有老师字样。不过这句话早就出现在中世纪的亚里士多德传记中，相应的拉丁文短句是Amicus Plato sed magis amica Veritas（柏拉图是朋友，更大的朋友却是真理），并非近代人的杜撰或误译。作者感谢Stanley Chang和吴国盛两位先生提供以上信息。

上分别是水、气、火，所有物体都有回到它的天然位置的趋势，这就是自然运动。重物下落是由于它要回到它的天然位置上去，因此这是一种目的论的解释。物体越重下落速度越快。其他强制运动都需要不断的外力推动，一旦停止推动运动也立即停止。从今天的观点来看，这本书的内容大都是错的，但是这并不重要，重要的是他写了这本书，从而表明他对研究大自然和物质世界的重视。

中国古代的五行学说与希腊的四元素学说相似，但是提出的时间更早（约公元前800年）。五行学说最先是试图用金、木、水、火、土这五种日常生活中常见的物质来说明万物的本原，后来又加上相生相克的关系，如图1-30所示，蓝线表示相生，红线表示相克。其中除金生水、木克土比较难以理解之外，别的关系也是日常生活的朴素总结。后来，驺衍等阴阳家对五行学说加以附会，用它说明各种自然和社会现象，如天文、历数、医学、风水，甚至王朝的更替。图1-31是中国澳门地区1997年发行的风水五行邮票。把中国的五行和希腊的四元素作一比较是很有意思的。五行中没有气，事实上，"气"在中国哲学中是一个精神性的范畴，如元气、正气、浩然之气等。气的主要表现是风，希腊四元素中有气，可能反映了古希腊航海业的发达。而五行中对应于固体的则有金、木、土三个，强调了有机物和无机物、金属和非金属的区别。

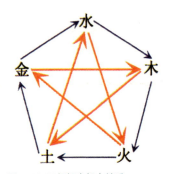

图1-30 五行相生相克关系

图1-31 风水五行（中国澳门1997）

02. 希腊化时期

图2-1 帝师亚里士多德
（希腊1992）

图2-2 欧几里得
（马尔代夫1988）

为了争夺希腊各邦的霸主地位，雅典人和斯巴达人进行了长达27年的伯罗奔尼撒战争（公元前431—前404），结果两败俱伤，希腊北部的马其顿代之而起，成了希腊新的军事强国。亚里士多德（图2-1上）曾担任马其顿王子亚历山大（图2-1下）的私人教师。亚历山大即位后，率军东征击溃波斯，攻占叙利亚、腓尼基和埃及，建立了一个横跨欧亚非三洲的大帝国，并在尼罗河的出海口建立了以自己的名字命名的新城市亚历山大里亚。这个帝国以希腊文化为统治文化。随着亚历山大的远征，希腊文明传播到帝国的广大地区。亚历山大病死后，帝国一分为三，亚历山大里亚成为托勒密（原是亚历山大的部将，希腊人）王朝统治下的埃及的首都。托勒密王朝重视学术和文化，在亚历山大里亚建立了世界最大的学院和图书馆，是当时西方世界的文化中心。从亚历山大去世（公元前323年）到屋大维成为罗马皇帝（公元前30年）这段时期称为希腊化时期。

希腊化时期最出色的学术成就是欧几里得的几何学、阿基米德的静力学和托勒密的地心宇宙体系。

欧几里得（图2-2，马尔代夫1988，伟大科学发现）活动盛期大约为公元前300年，在亚历山大里亚的学院中研究和讲学。他总结古希腊数学成就写出的《几何原本》，构筑了一个宏伟的形式逻辑演绎体系，为其他科学理论（包括物理学）的发展提供了一个典范。《几何原本》作为教科书被人们使用了两千多年，并被译成多国文字。在我国，明代科学家徐光启与传教士利玛窦合作于1607年译出了《几何原本》的前6卷，"几何"一词和"几何原本"这一书名都是徐光启第一次使用的。

阿基米德（公元前287—前212。图2-3，圣马力诺1982，科学先驱；图2-4，马拉维2008，伟大科学家；图2-5，马里2011，最有影响的天文学家和物理学家）是西西里首府叙拉古城人，比亚里士多德大约晚100年。他青年时代在亚历山大里亚求学，后来回到叙拉古。他既是伟大的数学家，又是伟大的物理学家。他对数学的主要贡献是球体面积和体积。他证明，任一球面的面积是外切圆柱体的表面积的2／3，任一球的体积也是外切圆柱体的体积的2／3。图2-3邮票右上角的图标表示这一工作。他还求出了圆周率π的精确近似值，用的方法是单位圆的周长应当在圆内接正多边形和外切正多边形的周长之间，他从正六边形开始，使正多边形的边数不断加倍，直到正96边形，求出$3\frac{10}{71}<\pi<3\frac{10}{70}$。

在物理学方面，阿基米德关于静力学的工作真正称得上是定量的物理理论，并且直到今日仍然可以列入物理教科书。他的主要力学发现有三项：浮力定律即阿基米德原理；杠杆原理（传说他曾宣称："给我一个支点，我就可以撬动地球"）；平面图形重心的求法。

阿基米德

图2-3（圣马力诺1982）

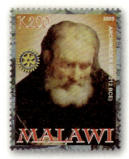

图2-4（马拉维2008）

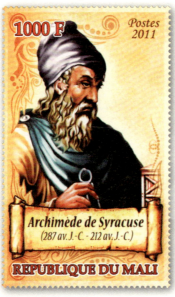

图2-5（马里2011）

图2-9 里贝拉画的阿基米德
（西班牙1963）

图2-10 费蒂画的阿基米德
（东德1973）

阿基米德油画像

阿基米德的工作

图2-6 浮力定律（希腊1983）

图2-7 螺旋泵（意大利1983）

图2-8 杠杆原理（尼加拉瓜1971）

他还发明了许多精巧的机械，如以他的名字命名的螺旋泵，迄今埃及农村还用于灌溉。阿基米德又是一个杰出的军事工程师。传说当罗马军队围攻叙拉古城时，他让全城的老弱妇孺手拿镜子在城墙上排成一个扇面形，将太阳光聚到罗马军舰上将它烧毁，又用起重装置把一些舰只吊到半空再丢下水去。当然，这只不过是传说。[1]

阿基米德这些发现和发明在邮票上都有反映。1983年欧罗巴系列邮票[2]的主题是科学发现。阿基米德是西西里人，希腊和意大利都选中了他。图2-6是希腊发行的邮票，背景是浮力定律。图2-7是意大利发行的邮票，背景是螺旋泵。图2-8是尼加拉瓜1971年发行的"改变世界的10个公式"邮票中的一枚，上面写着阿基米德公式（杠杆原理）$F_1x_1 = F_2x_2$，主画面是其应用：一架天平。另外两张阿基米德邮票的画面是油画像：图2-9（西班牙1963，17世纪西班牙著名画家里贝拉绘，于邮票日发行，纪念里贝拉），图2-10（东德1973，17世纪意大利巴洛克画家费蒂绘）。

阿基米德对科学研究的专心致志留下了很多轶事。为了解决皇冠含金纯度的问题，他日夜苦思，终于在澡盆中洗澡时灵机一动发现了解决问题的方法，即浮力原理。他从澡盆跳出来光着身子跑回家，一面大叫："Eureka! Eureka!（我找到了！找到了！）"叙拉古城被罗马军队攻破后，一队罗马士兵闯进阿基米德的家，他正在后院忙着在沙子上画一些复杂的数学图形。一个大兵踩上去时，阿基米德喊道："别动我的图！"这个士兵一剑刺死了他。这是希腊文明断送在崇尚武力的罗马帝国手中的象征。图2-11（几内亚比绍2008）和图2-12（加蓬2010，世界史上的100个伟人）两枚小型张的边纸上画出了这些故事。

希腊化时期的天文学也有辉煌的成就。首先是阿里斯塔克于公元前270年提出的日心学说。阿里斯塔克大约出生于公元前310年，后来在亚历山大里亚从事天文观测。他知道，月光是月亮对太阳光的反射，因此，月亮上、下弦时（半轮亮半轮暗时）太阳 S、月亮 M 和地球 E 组成一个直角三角形，M 是直角顶点。这时测量 SE 和 ME 的夹角 a，就可以得出月地距离和日地距离的比值为 $\cos a$。阿里斯塔克测得 a 为87°，因此他估计日地距离是月地距离的20倍。阿里斯塔克测得不准确，实际上 a 为89°51′，日地距离是月地距离的389倍。但是他的方法是完全正确的。阿里斯塔克还由日、月食算出太阳、地球和月球的相对大小，太阳比地球大得多，他认为，大物体不应当绕小物体转，因此应当是地球绕着太阳转。地球每天自转一周，恒星的周天运动是地球自转的结果；同时地球每年绕太阳公转一周。这样，阿里斯塔克就在哥白尼之前1 800年提出了日心说。但是，阿里斯塔克的思想超前他的时代太多，无法得到当时人们认可，他的学说被湮没了。图2-13是希腊1980年为阿里斯塔克诞

---

1 罗马历史学家普鲁塔克（Plutarch，约公元46—120）的记述说："当罗马人由海路和陆路进攻时，叙拉古居民都惊呆了，他们觉得无法抵挡如此疯狂的攻击力量。阿基米德用他的器械，向侵略者的陆军投射各种抛射物和大量石头，其频度和落下的速度令人难以想象。……同时，巨大的横梁突然从海堤伸到船只上方，从高空投下重物击沉一些船。其他的舰只的船首被起重机的铁爪抓住，向上拉到空中，于是船尾向下沉入水底；或者被城里的机器牵引转个不停，然后撞在城墙外峻峭的悬崖上，造成巨大的伤害。……"（见所著《希腊罗马名人传》）不过，他的记述离那场战争已经300多年了。

2 所谓欧罗巴邮票是欧洲国家为了宣传欧洲统一理念而联合发行的邮票，1956年开始发行，每年一套两张，邮票上有Europa的字样。早年的欧罗巴邮票统一规定一个比较抽象的图案，各国都采用这个图案。从1974年起，只规定统一的主题，画面由各国自行设计。1983年和1994年的主题是科学发现，这两年的欧罗巴邮票中有许多和物理学有关。上节的图1-1就是一枚欧罗巴邮票。

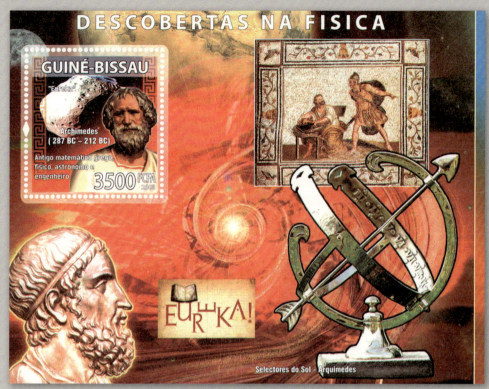

图 2-11（几内亚比绍 2008）

图 2-12（加蓬 2011）

图2-13 纪念阿里斯塔克诞生2300周年（希腊1980）

图2-14 希帕克斯（希腊1965）

图2-15 天文学家托勒密（也门1969）

托勒密

图2-16 托勒密的宇宙体系（布隆迪1973）

生2 300周年发行的邮票。左边一张是阿里斯塔克计算日、地、月相对大小的图，右边一张是太阳系。

　　希帕克斯（以往曾译为依巴谷，公元前190—前125）是希腊最伟大的天文学家（图2-14，希腊1965，纪念雅典的一座天文馆开幕）。他在亚历山大里亚受教育，后来在爱琴海南部的罗德岛建立了一座观象台，从事天象观测。他创立了球面三角，对观测的星星赋予精确的经纬度坐标，使天文学由定性描述变成定量描述，并用自己的观测资料和巴比伦人的观测数据，编制了一幅星图，记载了一千多颗亮星，而且提出了星等的概念，将所有的恒星划分为六级。为了解释行星运动的不均匀性甚至逆行，希帕克斯创立了本轮-均轮体系，用圆周运动的合成来解释行星的运动。一个天体不是直接绕地球做匀速转动，而是先沿一小圆（本轮）做匀速转动，本轮的中心再沿一大的圆形轨道（均轮）围绕地球做匀速转动。

　　托勒密大概于公元100年出生于上埃及的一个希腊化城市，从公元127年至141年在亚历山大里亚从事天文观测工作，他与埃及的托勒密王族并无关系。从时间说，这已是罗马帝国时期，埃及早在公元前30年就已被罗马灭亡，并入罗马版图（托勒密王朝的末代女王"埃

图2-17 墨子（中国2000）

及艳后"克里奥帕特拉就在那年自杀）。但是，由于托勒密的宇宙体系是亚里士多德的宇宙学说的细加工，是希腊天文学的系统总结，科学史书籍都把它作为希腊化时期的科学来讨论。图2-15是也门发行的"宇宙的发现"邮票中的一张，下面是托勒密的像，上面是美国的航天器先锋1号。注意邮票上托勒密的活动年代是错的。托勒密系统总结了希腊的天文学成果，特别是希帕克斯的著作，写出了巨著《天文学大成》。它整理和容纳了当时已有的观测资料，力图找出一些现象的规律和原因，天体按照这些固有的规律运动，而且能在当时的观测精度内描述甚至预言观测到的天象，进行历法计算。因此它被视为当时最好的天文学体系，统治了西方天文学界一千多年。图2-16是布隆迪1973年为纪念哥白尼诞生500周年发行的邮票中的一组四枚，画面显示的是托勒密的宇宙体系：地球处于中心，外面是由气和火构成的两个同心球，再外面是从月球到恒星的各重天，太阳照在不同位置的月球上，用以演示不同的月相。最外层是恒星天，上面标有黄道十二宫。

古希腊时期大致相当于我国历史上的战国时代(公元前475[1]—前221)，正是百家争鸣的学术昌盛时期。在先秦诸子中，墨子(图2-17，中国2000)是比较注意观察和记录自然现象和技术工艺的。墨子的生活年代大约是公元前470—前392年，早于阿基米德约150年。《墨经》中有关于杠杆、滑轮、斜面和小孔成像的记载。有趣的是，和阿基米德一样，墨子也是一位军事工程师和城防专家，他知道公输般撺掇楚王攻打宋国，便赶到楚王军中，和公输般进行一番模拟对抗之后，迫使楚王停止攻宋。可惜墨家过早地从历史舞台上消失了。

为什么希腊文明会衍化出近代科学，而在文化同样古老的中国则没有诞生近代科学？为什么希腊的四元素与原子论结合能发展成现代的元素学说，而中国的五行学说却流为堪舆家言？这有多方面的原因，这里只说两点。近代科学(特别是物理学)理论要求是定量的，并且具有严密的逻辑体系，古希腊高度发展的几何学正好提供了这样一个数学上和方法上的框架（回想当年初学平面几何时，这个严密的逻辑体系曾使我们感到多么强烈的震撼），而中国古代却没有发展出这样的数学体系。更深层次的原因是文化传统。中国古代科技有着极强的经验性和实用性，四大发明都是实用技术，即使是数学这样的抽象学科，我们也没有发展出像欧几里得几何那样的逻辑体系，而是发展了对一个个具体问题的算法。我国古代肯定早就掌握了杠杆定律，不然怎么能造出日常生活中习用的杆秤？但是在任何典籍上都找不到杠杆定律的定量叙述和系统总结，士大夫认为这属于百工技艺，不值得写进书里。在这种观念下，中国古代很少有超出直接的实用目的而进行的对自然界基本规律的纯科学研究，因而观察记录、生产工艺和思辨玄想也不能提高为科学理论。而没有理论就没有预见能力。我们的确有过繁荣的古代文明，汉唐国力之强盛，长城、大运河规模之宏伟，唐诗、宋词的意境、形式和声韵之美，在世界上是无与伦比的。但是这个文明是朝向另一个方向发展的。我们的传统文明是有欠缺的，在"真、善、美"三个方面，传统文明孜孜不倦追求的是"期于至善"，是风花雪月之美，但是对于探索求真，认识自然界，传统文明是着力不够的。正因为如此，现在强调科学教育才更有必要。

03. 中世纪

希腊衰亡，罗马代之而起。罗马人在政治上和军事上很在行，政治家纵横捭阖，在元老院里发表雄辩的演说，军队统帅率领军队南征北战，但自然科学却不怎么样。他们关心的是实用问题，对抽象思维没有兴趣。罗马人没有继承太多希腊文化中丰富的自然科学遗产。罗马帝国衰亡之后，情况更糟，欧洲进入长达千年的中世纪（从公元476年西罗马帝国灭亡算起到14世纪文艺复兴）。特别是前五六百年，蛮族入侵，造成经济和文化的大倒退，欧洲进入名副其实的黑暗年代。

在日耳曼蛮族于罗马帝国废墟上建立的封建国家中，天主教会控制了全部精神生活。天主教本是罗马帝国统治下下层犹太人的宗教，帝国的统治阶层对它采取压制和迫害的方针。可是它不断传播，信众越来越多，以至到罗马帝国晚期，已将天主教定为国教，教会势力强大。总的来说，天主教的兴起对科学发展的作用是消极的：信仰代替了探索，科学思想屈服于宗教信条，特别是希腊文化，被教会判为异端，禁止流传，遭受到毁灭性的打击。不过，在整个黑暗时期，天主教会作为唯一有组织的力量，特别是其修道院，对于保存文化知识，还有几许贡献。

在整个黑暗时期，古希腊精致的宇宙理论包括大地为球形的概念，被视为异端邪说而禁止，代之以《圣经》中所记载的古犹太人原始简单的宇宙图景：宇宙是一个封闭的大盒子或大帐篷，天是盖，地是底，日月星辰悬挂在盖上，圣地耶路撒冷居于底的中央。

作为古代文化中心的亚历山大里亚图书馆，在战火中几次被焚毁。一次是罗马军队，一次是天主教徒。天主教徒不仅焚毁了古希腊的典籍，还杀害了希腊的女数学家希帕提娅。据传亚历山大里亚图书馆最后毁灭在伊斯兰教手中。公元640年，新崛起的阿拉伯人攻占亚历山大里亚，其首领奥马尔下令收缴全城的希腊著作焚毁，说："这些书的内容要么《古兰经》中已经有了，那么我们就不再需要它们；要么是违反《古兰经》的，那么我们就不应该读它们。"[1]

1　详见吴国盛著《科学的历程》第七章。

代数之父花剌子米

图3-1（圣多美和普林西比2008）

图3-2（几内亚比绍2009）

阿尔哈曾及其工作

图3-3（卡塔尔1971）

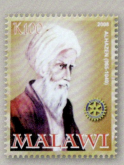
图3-4（马拉维2008）

图3-5（巴基斯坦1969）

中世纪阿拉伯天文学

图3-6 比鲁尼（突尼斯1980）

图3-7 比鲁尼（几内亚比绍2008）

图3-8（阿森松1971）

伊本·拉希德

图3-9（西班牙1967）

图3-10（莱索托2000）

在欧洲初入中世纪黑暗时期时，阿拉伯人建立了新兴的帝国，保存了希腊文明的火种；而古老的中华文明，则步入历史上最灿烂的唐宋时期。

公元7世纪，阿拉伯人凭借穆罕默德创立的伊斯兰教，建立了庞大的帝国，囊括整个地中海南岸和西班牙。虽然在攻战过程中他们焚毁了亚历山大里亚图书馆，但是一些哈里发（穆斯林国家的统治者，原为"继承人"之意，即穆罕默德的继承人）鼓励通商和贸易，支持学术事业，奖励翻译希腊典籍。希腊科学在这里找到了避难所。从劫难中残存下来的希腊学者的部分手稿和典籍被译成阿拉伯文（如《几何原本》大约于公元800年被译成阿拉伯文，托勒密的《天文学大成》于827年译成阿拉伯文）。它们后来转译成拉丁文重新传入欧洲。

伊斯兰文化不只是保存了古希腊文化并把它再传入欧洲，而且作出了自己独特的贡献。阿拉伯人的主要贡献是在数学、天文、光学、医药、炼金术（化学）方面。与希腊人擅长几何不同，阿拉伯人发展了代数，这使数学摆脱了图形的束缚。数学家花剌子米（约780—850）（图3-1，圣多美和普林西比2008；图3-2，几内亚比绍2009）写了一部书《复原和简化的科学》，介绍了印度的计数法和一次及二次方程的解法，被称为代数学的建立者。花剌子米在天文学上的工作主要是研究托勒密的体系，他写了一部《地球形状》，而且绘制了一部世界地图。

著名阿拉伯学者伊本·海赛姆（约965—1040）（图3-3，卡塔尔1971；图3-4，马拉维2008）在光学、天文学和数学方面都有杰出贡献，是阿基米德之后又一位伟大的物理学家。他的名字的另一种拉丁拼法是阿尔哈曾（Alhazen），图3-5是巴基斯坦1969年发行的纪念他诞生1000周年的邮票，上面的英文是"光学之父"。他的光学著作被译成拉丁文于13世纪在欧洲出版，书名《光学宝典》（Optical Theasaurus）。其主要内容有：① 摈弃古希腊人的人眼向物体发出触须引起视觉的旧观念（这种观念很像今日的雷达），提出是由物体发出光线锥或反射太阳光进入眼睛产生视觉；② 人眼的解剖构造；③ 明确了反射定律（入射光线和反射光线在同一平面），详细讨论了曲面镜反射成像；④ 讨论了光通过不同介质界面的折射，为斯涅耳建立折射定律的前导；并且研究了透镜的成像原理，发现透镜的曲面是造成光线折射的原因，并非组成透镜的物质有什么魔力。

在天文学方面，虽然阿拉伯人并没有显著的进步，但是他们保存了托勒密的著作，并且做了一些补充和改进。最著名的阿拉伯天文学家是巴塔尼（Al Battani，约858—929），他发现了更精确的回归年长度、周年岁差和黄赤交角的值，用三角学方法代替几何学方法，改进了托勒密的天文计算。另一位比较有名的阿拉伯天文学家是比鲁尼（Al Biruni，973—1048），他赞成地球自转理论，并对经纬度作出精密测量。他的一张邮票见图3-6（突尼斯1980，阿拉伯名人），另一张见图3-7（几内亚比绍2008），上面的文字是"他发明了一台里程计，和第一部机械的阴阳合历"。巴基斯坦在1973年也发行了纪念比鲁尼的邮票。图3-8的邮票（阿森松1971，天文学史上的重大事件）上的文字是"中世纪阿拉伯天文学家"，但是邮票的画面事实上是伊斯坦布尔的天文台[1]。这座天文台于1575年开始建

1　更大的图见《剑桥插图天文学史》（山东画报出版社2003年）第52页。

造，1577年完工，严格说已经不是中世纪了。它刚好与近代欧洲第一座重要的天文台——第谷的天文台同时。中间的桌子上放着沙漏、各种几何仪器、一具浑仪，甚至还有一个机械钟（最右边）。画面最前方是一架地球仪。天文学家们正使用象限仪和另一种仪器进行观测。

公元8世纪，北非的摩尔人征服了西班牙，在伊比利亚半岛建立了穆斯林王国，首都科尔多瓦也成了欧洲的一个学术中心。出生于科尔多瓦的伊本·拉希德（拉丁名字是阿威罗伊，1126—1198）是一个重要的伊斯兰哲学家（图3-9，西班牙1967）。他对亚里士多德的著作进行了系统的整理和注释，全面、客观地评价了亚里士多德哲学，并且翻译了一些希腊著作（图3-10，莱索托2000，千年纪邮票），对欧洲中世纪后期的哲学影响很大。纪念他的邮票还有突尼斯1998。

12世纪后，伊斯兰文化开始衰落。

唐朝（618—907）是中国历史上最兴盛的朝代。中国的实用科技在稳定的封建社会环境中不断进步，到宋朝（960—1279）达到了顶峰。特别是指南针、造纸、印刷术和火药这四大发明，对世界近代科学的诞生起了重要的推动作用，指南针直接属于物理学的内容。

中国人在公元前3世纪的战国时期就认识到了磁针指极的现象，利用它制成指南仪器"司南"。什么是司南？东汉王充（公元1世纪初）在《论衡》中有详细记载："司南之杓，投之于地，其柢指南。"表明其形状像一把汤匙，由天然磁石做成，有一个长柄，静止时长柄指向南方。它是最早的指南针（图3-11，中国1953，古代发明；图3-12，中国香港2005，中国古代四大发明，图上的车是中国古代的另一发明——记里鼓车；图3-13，多哥1999，中国古代科技文明）。大约在公元11世纪，开始用磁针做成罗盘用于航海（图3-12；图3-14，海地2000，中国四大发明；图3-15，密克罗尼西亚2001，千年纪邮票）。有了指南针，海上的船只不分昼夜阴晴都可以用它导航，实现了全天候航行，因此宋

图3-11（中国1953）

图3-12（中国香港2005）

图3-13（多哥1999）

图3-14（海地2000）

图3-15（密克罗尼西亚2001）

司南和罗盘

元时期，中国的对外贸易和航海非常发达，广州、泉州都是繁忙的港口，指南针由中国的远航水手传到阿拉伯和波斯，再通过他们传到欧洲。宋末民族英雄文天祥曾用磁针来比喻自己对祖国的忠贞：

臣心一片磁针石，不指南方不肯休。（《扬子江》）

他还把自己在颠沛流离中写下的诗词的结集命名为《指南录》《指南后录》，这些都表明，指南针在宋末的中国已经用得很普遍了。

在磁学方面，中国人不只是发明了指南针。宋朝的沈括（1031—1095）（图3-16，中国1962，古代科学家第二组）在他的《梦溪笔谈》中还记载了指南针的造法："以磁石磨针锋"，人工磁化；第一次指出地磁偏角的存在：磁针所指"常微偏东，不全南也"；讨论了指南针的四种装置方法：水浮，置于指甲上，置于碗沿上和用单根蚕丝悬挂，指出后者最为方便。沈括是士大夫中比较注意观察现象和钻研自然知识的人。他在《梦溪笔谈》中还记载了凹面镜成像和共振现象等物理知识。

四大发明的另外三项中，造纸和印刷术对文化的传承起着极大的作用，而火药后来则用于战争和军事。由于它们与物理学没有直接关系，关于它们的邮票这里就不收录了。虽然从中国的这些实用发明并没有直接发展出近代科学，但是它们流传到欧洲，促进了生产力的发展，为文艺复兴和近代科学的产生准备了条件，这是中国人对世界文明的巨大贡献。英国的启蒙哲学家弗朗西斯·培根是这样推崇这些发明的（虽然他不知道它们源自中国）："纵观今日社会，许多发明的作用和影响是显而易见的，尤其是印刷术、火药和磁铁。这些都是近代的发明，但是来源不详。这三种发明改变了整个世界的面貌和一切事物。印刷术使文学改观，火药使战争改观，磁铁使航海术改观。可以说，没有一个王朝，没有一个宗教派别，没有任何伟人曾产生过比这些发明更伟大的力量和影响。"马克思更是充满激情地写道："这是预告资产阶级社会到来的三大发明：火药把骑士阶层炸得粉碎，指南针打开了世界市场并建立了殖民地，而印刷术则变成新教的工具，总的说来变成了科学复兴的手段，变成对精神发展创造必要前提的最强大的杠杆。"造纸更是对人类文明产生了深远的影响。

从11世纪起，欧洲逐渐从漫漫长夜中苏醒。首先是大学的出现。中世纪的基督教修道院及其附属的学校，作为当时的文化中心，起了文化传承和教育作用，把基督教文化带入蛮族社会。特别是，修道院附属的学校，后来发展成为大学。大学逐渐摆脱了教会的控制，争得了自治权和学术自由，成为真正的学术中心。意大利的波洛尼亚大学（成立于1088年）是第一所大学（图3-17，意大利1988，波洛尼亚大学成立900年；图3-18，圭亚那2000，千年纪邮票）。其他的早期大学还有巴黎大学（1160年）、牛津大学（1167年）、剑桥大学（1209年）、萨拉曼加大学（1218年，图3-19，多米尼克2000，千年纪邮票）、帕多瓦大学（1222年）等。图3-20（西德1957，弗莱堡大学500年）的弗莱堡大学虽然成立较晚，但是邮票画面古色古香，显示出中世纪大学的面貌。

图3-16 沈括（中国1962）

中世纪的大学

图 3-17（意大利 1988）

图 3-18（圭亚那 2000）

图 3-19（多米尼克 2000）

图 3-20（西德 1957）

大阿尔伯特

图 3-21（西德 1961）

图 3-22（西柏林 1961）

图 3-23（西德 1980）

托马斯·阿奎那

图 3-24（意大利 1974）

图 3-25（德国 1974）

图 3-26（安道尔 1982）

图 3-27（安提瓜和巴布达 2000）

从11世纪到13世纪的几次十字军东征，从东方带回了阿拉伯人的科学和他们保有的希腊文明及流传到他们手里的中国四大发明。12世纪，欧洲掀起了翻译阿拉伯文献的热潮，希腊著作通过阿拉伯文再被译成拉丁文（图3-10），亚里士多德、欧几里得和托勒密的著作又为欧洲人所熟悉。

对于再传入的希腊文化遗产，天主教会起初并不欢迎。五光十色的世俗知识令人耳目一新，教会害怕它会冲击天主教的信仰。而且，托勒密天文学中坚持地球是球形，主张天体按固有的规律运动，这也违反了天主教的教义。1030年，罗马教会曾将十几名相信地球为球形的青年学生送上火刑架。13世纪初期，教会三次发布禁令，禁止讲授亚里士多德的学说，但是无济于事，亚里士多德的著作到处传播。于是教会改变了手法。天主教经院哲学家们为了用哲学论证来支持教义而不是靠单纯的信仰，便把亚里士多德的学说与天主教教义糅合，建成一种把二者协调起来的思想体系。他们之中最值得一提的是德国学者大阿尔伯特（1193—1280）（图3-21，西德1961年普通邮票；图3-22，西柏林1961年普通邮票；图3-23，西德1980，欧罗巴邮票，著名人物）。他注释亚里士多德的著作，有助于欧洲人全面了解亚里士多德。他明确区分理性和信仰、哲学和神学，哲学依仗理性认识第一原理，而神学通过信仰接受教义，二者不矛盾，都属于神的绝对真理。他使对自然的研究成为神学中一个合法的部门。他还通过自己的观察，对亚里士多德的著作进行修正。他的学生、意大利人托马斯·阿奎那（1226—1274）（图3-24，意大利1974，纪念逝世700年；图3-25，德国1974；图3-26，安道尔1982；图3-27，安提瓜和巴布达2000，千年纪邮票）完成了糅合亚里士多德学说和天主教教义的工作。他在其巨著《神学大全》中成功地建立了这样一种思想体系，后来成了天主教教义的哲学基础。亚里士多德学说能够和天主教教义相糅合，这当然和亚里士多德学说中固有的错误有关。教会扼杀了亚里士多德学说活生生的东西，而把其错误的东西加上神圣的标志，奉为圭臬。亚里士多德物理学的特点有二：一是目的性，即自然现象的存在都有其目的；二是天界与地球是截然不同的。地心宇宙、由可腐坏的和易朽的元素构成的地球和人类、万物的自然安息位置、由处于永恒的天体运动中的不朽的以太构成的完美天国，所有这一切都与教会神学配合得很好。由中世纪天主教、古希腊人的地心天文学和亚里士多德物理学结合形成的前牛顿世界观的核心是目的概念和等级观。人类整体、地球、行星和每一种自然现象的存在都有其目的。每样东西在地位的层级中都有它的自然位置。这种宇宙论与这个时代的等级社会结构非常协调。神学对亚里士多德学说的这致命的一吻使亚里士多德学说成为科学进步的对立面。到了文艺复兴时期，为挣脱亚里士多德哲学的羁绊，伽利略等人不得不进行艰苦的斗争。不过和黑暗时期的一无所有相比，这种思想体系也是学术上的一种复兴，而且它也不是没有一点正面作用，它将亚里士多德的逻辑学运用到对神学的解说上，对天主教教义从盲目信仰改变为逻辑论证，把思维习惯从天启信仰改变为理性判断，为近代科学的诞生准备了条件。

13世纪欧洲的另一位伟大学者是罗吉尔·培根（约1220—1292）（图3-28，马拉维

图3-28 罗吉尔·培根
（马拉维2008）

2008。邮票中将他的生年写为1214，可能有误，不过他的生年并不准确知道）。他和阿奎那相反，是近代实验科学的先驱。他声称："上帝通过两个途径来表达他的思想，一个是在《圣经》中，一个是在自然界中。"因此，他反对崇拜书本和权威，而主张通过实验来理解自然，直接与上帝沟通。他用透镜做过很多实验，记录了许多折射现象。

04. 文艺复兴和达·芬奇

　　14、15世纪，欧洲进入了文艺复兴时期。由于城市经济的发展，资本主义生产方式在封建制度内部逐步形成。新兴资产阶级（市民阶级）要求摆脱教会的思想禁锢。为此，人们采用复兴希腊古典文化的形式，歌颂人性，反对神权，提倡个性自由。但是文艺复兴时期的文化绝不单纯是古典文化的再生或复兴，它实质上是一场新世纪的启蒙运动。早期文艺复兴主要表现在文学和造型艺术领域，意大利诗人但丁揭开了运动的序幕。塞万提斯、莎士比亚在文学领域，达·芬奇、米开朗琪罗、拉斐尔在美术领域，一座座奇峰突起，把文艺复兴推到新的高度。马丁·路德掀起了宗教改革。中国四大发明的传入推动了技术的巨大进步和生产力的巨大发展。达·伽马、哥伦布和麦哲伦的远航导致地理大发现。近代科学就在这样的历史背景下诞生。

　　在各种技术发明中，有一种与物理学的关系密切，必须提到，那就是钟表。机械时钟是中世纪手工制作技术高度发展的产物。中世纪后期欧洲出现了摆轮钟，以重锤的重力为动力。随着文明的进步，机械时钟也在不断地改进。早期的物理学先驱如伽利略、惠更斯和胡克都对钟的改进作出过贡献：伽利略发现了小振幅下摆往复振动的等时性和周期与摆长的关系；惠更斯改进了摆的机制，使它在任意振幅下都保持严格等时；胡克则提议使用平衡弹簧，使以弹簧为动力来源的钟表走得更准。后来牛顿物理学的宇宙观就是宇宙像一只大钟，在上帝上好发条以后不受干扰地按照自己的规律运行。16世纪欧洲的钟表已经做得相当精巧了，欧洲来华的外交使节和传教士，必定带有自鸣钟作为献给中国皇帝的礼物。但是中国的士大夫只把它们看作西洋的奇技淫巧。钟表的发明使人类生活进入了一个有精确节奏的时代。英国于1999年发行的千年纪系列邮票对钟表发明作了很高的评价，它的第一组的主题是"发明家的故事"，4枚邮票都以时间为题目。第一张是"确立时间"，图案是一只钟表和通过格林尼治的子午线（图4-1）。不过图上的钟表并不很古老，它是18世纪英国钟表

图4-1 确立时间（英国1999）

图4-2 回转塔钟（德国1992）

图4-3（意大利1952）

图4-4（法国1952）

图4-5（波兰1952）

图4-6（东德1952）

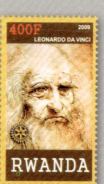
图4-9（吉布提2006）

图4-10（卢旺达2009）

图4-8（摩纳哥2002）

图4-7（阿尔巴尼亚1969）

达·芬奇

图4-11（意大利1935）

图4-12（厄瓜多尔1966）

图4-13（乍得2009）

航空和航天先驱达·芬奇

匠哈里森制的表。他之前的钟都只能固定在墙上用，每天对温度进行校准，精度只能到每天10～15秒。而哈里森积30多年经验精心制作的时计可以在颠簸的船上用，航行62天只差5秒，航海者可以用它来测量经度。他因此获得征求测量经度简易方法的巨额奖金。欧洲各国发行过许多古钟邮票，图4-2是德国1992年古钟邮票的一张，画面是1400年的一只回转塔钟。

恩格斯曾经这样评述过文艺复兴时期："这是一次人类从来没有经历过的最伟大的、进步的变革，是一个需要巨人而且产生了巨人——在思维能力、热情和性格方面，在多才多艺和学识渊博方面的巨人的时代。"（《马克思恩格斯选集》第三卷第445页）达·芬奇（1452—1519）就是这样的巨人（图4-3，意大利1952，诞生500周年，自画像，这幅自画像画于1516年；图4-4，法国1952，诞生500周年，画像及其出生地佛罗伦萨的街景和逝世地法国安布瓦斯的城堡；图4-5，波兰1952，诞生500年；图4-6，东德1952，诞生500年；图4-7，阿尔巴尼亚1969，逝世450年；图4-8，摩纳哥2002，诞生550年；图4-9，吉布提2006，15世纪伟大科学家；图4-10，卢旺达2009，伟大科学家）。

达·芬奇首先是一个伟大的画家，但他又不只是画家，而且是伟大的科学家、军事工程师、建筑师。达·芬奇提倡观察自然，把观察和实验当成科学的真正方法，认为"智慧是经验的产物"。他研究水在管道中的稳定流动，得到流过任意一处截面的体积流量保持不变，因而任何位置上的流速与管道在该点的截面面积成反比。这可能是物理学历史上首次出现的守恒量。这个守恒定律是流体运动连续性方程在稳恒流动（流动不随时间变化）和流体不可压缩时的特例。他曾设计制造过一种永动机，但很快就得出永动机不可能实现的结论。从永动机不可能出发，他证明了杠杆定律。他研究了各种简单机械，认为它们都可以看成杠杆的变形。他研究过各种动力机，试图通过减少摩擦来提高机械效率。他还设计了不少精巧的机械，甚至包括潜水艇和各种飞行器（直升机、滑翔机、降落伞），他的重要科学思想和设计都记在他的笔记本上，生前没有发表。

关于达·芬奇的邮票很多，大部分与他的画作有关，他的名画《蒙娜丽莎》据说是用作邮票画稿次数最多的画。下面只选一些反映他的科学技术活动的邮票。由于他设计了不少航空机械，所以被看成航空和航天的先驱，有些关于他的邮票以此为主题（图4-11，意大利1935，米兰国际航空展览会；图4-12，厄瓜多尔1966，意大利的空间探索，图中另一人是开普勒；图4-13，乍得2009，国际天文年）。图4-14（意大利1938）中有他画的人体比例图和降落伞模型。

他的一个著名的设想是直升飞机。图4-15（列支敦士登1948，航空先驱）、图4-16（圣马力诺1982，科学先驱）和图4-17（波黑2002，达·芬奇诞生550周年）邮票的右上角是他画的直升飞机的草图，更清楚的草图见图4-18（阿尔巴尼亚1969，与图4-7属于同一套）、图4-19（圣马力诺1977，纪念竖直飞行100周年）和图4-20（冈比亚2000，千年纪念邮票，下方的文字是"1480年达·芬奇设计了第一具飞行器"）。图4-21的邮票（扎伊尔1987，征服太空）中不但有达·芬奇的画像和直升飞机草图，还有航空史上另外一些记录。

图4-14（意大利1938）

图 4-15（列支敦士登 1948）

图 4-16（圣马力诺 1982）

图 4-17（波黑 2002）

图 4-19（圣马力诺 1977）

图 4-20（冈比亚 2000）

图 4-18（阿尔巴尼亚 1969）

图 4-21（扎伊尔 1987）

达·芬奇设想的直升飞机

图 4-22（尼日尔 1970）

图 4-23（东德 1990）

图 4-24（柬埔寨 1987）

图 4-25（柬埔寨 1992）

图 4-26（加蓬 1970）

达·芬奇的滑翔机设计

图4-27（古巴1996）

图4-28（波兰1999）

　　达·芬奇另外一个设想是滑翔机。图4-22（尼日尔1970，飞行先驱）、图4-23（东德1990，历史上的航空模型）、柬埔寨邮票（图4-24，1987）和小型张（图4-25，1992，达·芬奇诞生540周年）上面有他设计的滑翔机草图。在图4-26（加蓬1970，飞行史）中，套着他设计的翅膀的人索性飞起来了。

　　达·芬奇的滑翔机模型并不仅仅停留在纸面上。一些滑翔运动的爱好者曾经先后以达·芬奇的设计为基础仿制，例如著名的意大利滑翔机教练、号称"鸟人"的安吉罗·达里戈（Angelo d'Arrigo）曾按照达·芬奇手绘的飞行器草图制造了一个一样的飞翔机器，他称之为"达·芬奇翅膀"，翼展7.51米、高3.9米。不过他是用现代材料如铝管和合成纤维做的，当然要轻多了。在风洞中，当测试风速达到35千米每小时时，"达·芬奇翅膀"果然飞了起来。达里戈说："我驾驶的这架机器，竟然在500年前就设计好了，真是不可思议！"

　　古巴的"著名科学家"邮票中有一张是达·芬奇（图4-27，古巴1996）。邮票上图案的意义还不清楚，没有查到有关的说明，请高明指教。

　　达·芬奇另一幅频繁出现在邮票上的画稿是他画的人体比例图，这是他为解说罗马建筑师维特鲁维乌斯关于人体比例的见解而画的，创作时间在1485—1490年间。他把人体的理想比例与黄金分割联系起来。现在这幅图已成为代表人文的一个图标。用它为主图案的邮票很多，这里仅举一例：图4-28（波兰1999，千年喜庆）。后面有一张反对核扩散、要求建立无核区的邮票（图54-11），也用这个图案，但是把人体画成骷髅，使人看了触目惊心。

　　图4-29和图4-30分别是摩尔多瓦2002年和加蓬2010年发行的小型张。摩尔多瓦的小型张是为纪念达·芬奇诞生550周年而发行的，3张邮票上是达·芬奇的画，边纸上有他的肖像、画稿、人体比例图和各种设计。加蓬小型张的邮票上是达·芬奇的头像和他的各种设计，边纸上有油画《蒙娜丽莎》和《最后的晚餐》，还有笔记本上其他一些设计稿。

图4-29（摩尔多瓦2002）

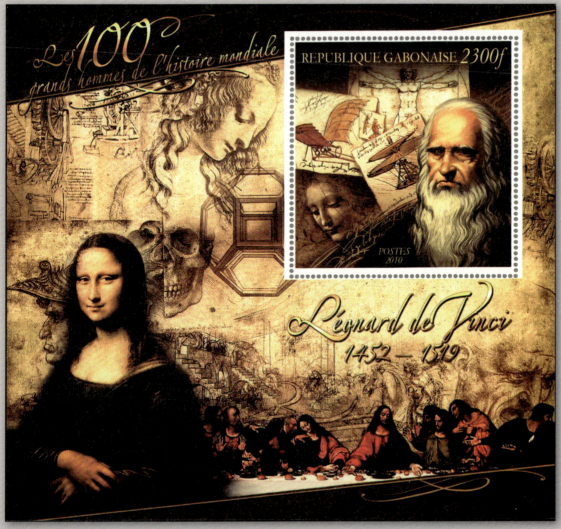

图4-30（加蓬2010）

05. 哥白尼的日心说

　　中国邮票上出现的第一位外国科学家是哥白尼（图5-1），这是1953年的事。邮票上的"1543—1953"是纪念他逝世及其著作《天体运行论》出版410周年。那一年，世界和平理事会把哥白尼定为当年纪念的世界文化名人之一，我国发行了这张邮票。哥白尼无愧于这一殊荣，他的日心说从根本上改变了人们的宇宙观。同一年，哥白尼的祖国波兰也发行了一套邮票纪念他诞生480周年（图5-2）。图5-2之一的画面是波兰画家马特科作于1873年的一幅油画，描绘哥白尼在自己教堂塔楼上设立的观测台里进行观测的情景。这幅画还在其他哥白尼邮票上多次出现过，如图5-3（苏联1955，纪念苏波友好条约10周年，右上角是油画作者的肖像）以及下面的图5-15、图5-37、图5-41、图5-60和图5-110中。法国1957年发行的世界名人票也有一枚纪念哥白尼（图5-4）。

　　为了解释行星视运动的复杂性甚至逆行等现象，希腊天文学家在亚里士多德的地心体系中引入了所谓本轮和均轮（行星沿本轮运动的轨迹见下节的图6-36，可以看到其中有逆行的区段），而且本轮上还可以套更小的本轮。这实际上相当于引入许多可调的轨道参数。增加本轮的个数，调节本轮的半径和转速，可以拟合观测到的任何天体视运动。每发现天体的一种新运动，总可以通过增加新的参数来描述。托勒密系统地总结了希腊的天文学，他的体系为了描述日、月和五大行星的视运动，需要80多个本轮和均轮，非常之烦琐。（实际上托勒密体系比上面说的还更烦琐，它还假设地球可以处于偏心位置，并引入"对等点"的概念。由于托勒密体系允许地球处于偏心位置，因此把它和哥白尼体系分别称为天动说和地动说更恰当。）西班牙国王阿方索十世曾评论说："如果全能的主在创造万物之前先和我商量，我能提供更简单的方案。"尽管烦琐不堪，但由于托勒密体系符合人们的直觉，有一定的实用价值，加上经院哲学家赋予它神学的权威，使它在一千多年里成了人们的信条。它的要点是：①地球不动，处于宇宙的中心；②宇宙大小是有限的；③对匀速圆周运动的崇

图5-1（中国1953）　　图5-2（波兰1953）　　　　　　　　　　　图5-3（苏联1955）

拜，天体的运动即使不是简单的匀速圆周运动，也是由这种运动（本轮运动）合成的。

日心说在希腊时期（公元前3世纪）已经被阿里斯塔克提出过，不过后来失传了，后人只是从阿基米德和罗马人普鲁塔克的著作中知道有过这么回事。在阿里斯塔克之后1800年，哥白尼重新建立了一个日心体系。

哥白尼（1473—1543）生于维斯瓦河畔的托伦城。他10岁丧父，由舅父抚养大。18岁进入克拉科夫大学，抱定志愿献身天文学研究。3年后回故乡，当时已任大主教的舅父派他到意大利学教会法规。1496—1501年他在波洛尼亚大学读书，除教会法规外，还研究数学与天文学。由于他舅父的推荐，1497年他还在意大利时，就被选为弗隆堡大教堂的僧正。1501年他从意大利回国，正式宣誓加入神甫团体，但随即再次去意大利在帕多瓦大学同时研究法律与医学。他1503年在费拉拉大学获教会法博士学位，1506年从意大利回到波兰。1512年舅父死后，哥白尼就定居在弗隆堡。僧正职务轻松，他把大部分精力用在天文学研究上。

哥白尼和当时别的具有进步思想的天文学家一样，对烦琐的托勒密体系感到不满。他在意大利时钻研过大量古希腊的哲学和天文学著作。他赞同毕达哥拉斯学派的治学精神，主张以简单的几何图形或数学关系来表达宇宙的规律。他知道阿里斯塔克曾提出过地球绕太阳转动的学说，受到很大启发。哥白尼分析了托勒密体系中行星的运动，发现每个行星都有三种共同的周期运动：一日一周，一年一周，和相当于岁差的周期运动。他认为，如果把这三种运动都归于被托勒密视为静止不动的地球，就可以消除不必要的复杂性。

哥白尼提出了地球自转和公转的概念。全部星空的周日旋转是地球自转造成的；而太阳和行星的周年视运动，则是由地球绕太阳每年公转一周造成。哥白尼还提出，地球自转角在公转时与黄道面的交角保持固定，从而造成了四季。哥白尼用太阳代替地球处于宇宙的中心，所有的行星均以太阳为中心转动，把内行星、外行星和地球的运动统一起来。他把统率宇宙的支配力量赋予太阳。他在"天体运行论"中以诗一般的语言写道："太阳在宇宙正中坐在他的宝座上。在这壮丽的神殿中，我们还能将这个发光体放在任何一个更好的位置上让他能同时普照全宇宙吗？……太阳坐在皇帝的宝座上，支配着围绕他旋转的孩子们——行星。月亮是地球的仆人，正像亚里士多德说的那样，月亮与地球的关系最密切。是太阳赋予了地球能生长一切的能力，而他本身承担了每年万物再生的重担……"

1539年，他完成了巨著《天体运行论》，建立了一个新的宇宙体系。哥白尼体系的要点是：①太阳不动，位于宇宙中心，众恒星也静止不动；②地球绕自转轴每天自转一次；③月球沿圆形轨道绕地球转，地球带着月球沿圆形轨道绕太阳转；④行星也沿着各自的圆形轨道绕太阳转动。离太阳由近而远的顺序是：水星，金星，地球，火星，木星，土星。

哥白尼体系带来的最直接结果是简洁。它非常自然地解释了行星逆行等现象。由于仍然坚持天体只做圆周运动，行星的视运动仍然需要用较少和较小的本轮来解释，但参数个数只有托勒密体系的一半。如果我们把行星只看成一些数学点，那么从质点运动学的角度来看，日心说带来的好处只是这种简洁性。因为日心和地心无非是两种不同的参考系，用它们都可以描述行星的运动，只有简繁的差别。但是，如果不是把行星看成质点，或者不只考虑运动学问题而是考虑动力学问题，那就更可看出日心说相对于地心说的优越性，有更多的事实必须用日心说才能解释，而与地心说矛盾。前者如伽利略用望远镜观测金星，发现它的盈亏圆缺变化（见第7节），后者如恒星光行差的发现，直接证明了相对于恒星地球的运动要比太阳大得多，因此日心系更接近于惯性系。

哥白尼本人是教会的高级神职人员，他的主观愿望并不是要向教义挑战。在这方面毋宁说他是一个保守派，他创立日心说的动机是要革除托勒密体系的烦琐，用更少的圆周运动的组合来描述天体的运动，提供阿方索十世所说的"更简单的方案"，从而证明造物主的智慧。可是日心说一旦创立，就不能不引起宇宙观的革命。首先，它破除了地球在宇宙中的特殊地位和人类在上帝的宇宙蓝图中的中心地位、万物仿佛都是上帝为人类而创造的（而人类则是为了替上帝服务而被创造出来的）的观念。用爱因斯坦的话说："一旦认识到地球不是世界中心，而只是较小的行星之一，以人类为中心的妄想也就站不住脚了。"（在哥白尼逝世410周年纪念会上的讲话）既然地球也是一个运动的天体，那么亚里士多德关于天和地有着截然不同的组分和行为的学说就不攻自破。这就为天体运动和地上的力学规律二者的统一打下了基础。进一步，既然自然规律处处相同并且对所有的人一视同仁，这也为从中世纪的权威向民主与法制制度的政治过渡奠定了基础。其次，它破除了亚里士多德的绝对运动观念，引入了运动的相对性。再次，日心说还为宇宙无限的观点开辟了道路。由于诸恒星都是静止的，不再必须一起转动，就没有必要把它们都嵌在以地球为心的一个球面上，而是可以分散在无限深远的宇宙空间中。恒星的周年视差极其微小，表明恒星离地球极其遥远（在当时条件下周年视差完全观测不到，这曾被作为地球静止不动的证据）。除了改变了人类对宇宙的认识之外，哥白尼的学说还根本动摇了中世纪神学的理论基础。从此自然科学开始从神学的桎梏下解放出来，大踏步前进，因此，《天体运行论》被誉为自然科学的独立宣言。

哥白尼学说直接和基督教教义相抵触，如果公开发表出来，将面对的反对的激烈程度是可想而知的。也许是预见到这种反对，哥白尼迟迟不将《天体运行论》交付出版。他另写了一篇《要释》，简要地介绍他的学说，在他的朋友中流传。直到年老，他才终于接受朋友们的劝告，将《天体运行论》手稿送去出版。当一本印好的书送到病榻上时，他已处于弥留状态了。哥白尼为此书出版采取了一些预防措施。他在序言中写明将他的著作献给教皇保

1964年前波兰纪念哥白尼的邮票

图5-5 最早的哥白尼邮票
（波兰1923）

图5-6 科学大会
（波兰1951）

图5-7 华沙的哥白尼塑像
（波兰1955）

图5-9 波兰名人哥白尼
（波兰1961）

图5-10 亚格农大学600年
（波兰1964）

图5-8 科学家哥白尼（波兰1959）

纪念哥白尼诞生500周年

图5-11 纪念哥白尼诞生500周年第一套（波兰1969）

图5-12 纪念哥白尼诞生500周年第二套（波兰1970）

罗三世，希冀能得到这位比较开明的教皇的庇护。具体办理排印工作的教士奥西安德，为了使书能够安全发行，假造了一篇无署名的前言，说书中的理论不一定代表行星在空间的真实运动，不过是为编算星表、预推行星位置而想出的人为设计。这些障眼法取得了一定的效果。《天体运行论》出版后，并不太引人注意：一般人读不懂，而许多天文学家真的只把它作为推算行星星表的一种方法。在它出版后的70年里，颟顸的罗马教廷并没有注意到它，倒是新教领袖马丁·路德察觉到了哥白尼学说的革命性，对它进行了凶狠的攻击："人们正在注意一个突然发迹的天文学家，他力图证明是地球在旋转，而不是日月星辰诸天在旋转……这个白痴想把整个天文学颠倒，可是《圣经》明明写着，约书亚喝令停住不动的是太阳而不是地球。"后来因为布鲁诺和伽利略公开宣传日心地动说，直接危及教会的思想统治，罗马教廷才在迫害那些科学家的同时，于1616年宣布《天体运行论》为禁书。但是，先进的思想能够禁止住吗？经过开普勒和伽利略的工作，一百多年后，哥白尼学说得到天文学家的公认。

纪念哥白尼的邮票非常多。我们先看哥白尼的祖国波兰为这位杰出的儿子发行的邮票：最早的哥白尼邮票是1923年为纪念哥白尼诞生450周年发行的（图5-5）；1951年纪念波兰第一届科学大会（图5-6）；1955年的华沙塑像（图5-7）；1959年的著名科学家邮票（图5-8）；1961年的波兰名人邮票（图5-9）；1964年纪念亚格农大学600周年（图5-10）。

为纪念哥白尼诞生500周年，波兰从1969年开始到1973年，接连发行了5套纪念邮票，每年一套。这些邮票比较细致地反映了哥白尼的生平。第一套（图5-11，1969）的画面上是不同的哥白尼像，旁边是波兰文诗句、古地球仪和日心系图。诗句是一首关于哥白尼的诗的第一句，意为"他让太阳停住，他令地球运行"，下面的一句是"他是个地地道道的波兰人"。第二套（图5-12，1970）是哥白尼像、签名和哥白尼先后学习过的3所意大利的大学及哥白尼在那里学习的年代。第三套（图5-13，1971）是和哥白尼一生有重要关系的几处地点，并有附票：其一为位于哥白尼出生地——托伦城的故居，附票为哥白尼像；其二为克拉科夫大学的Maius学院，哥白尼1491年进入这里学习，附票为文稿；其三为奥尔什丁（波兰的一个城市，哥白尼在此活动过）的城堡，附票是天象仪；其四是弗隆堡大教堂，哥白尼在其顶楼上作了30年的观测和研究，附票是日心系图。第四套（图5-14，1972）包括4张票和一枚小型张。邮票上是哥白尼的像和日心系、古币、波兰鹰徽、书。小型张是为波兹南邮展发行的，图为哥白尼和日心系。第五套（图5-15，1973）为哥白尼的油画像。除了这5套邮票外，在这期间，还发行了一套哥白尼像的普通邮票（图5-16，1972），1973年邮票日发行的邮票的画面也是哥白尼像（图5-17）。1973年为波兹南邮展发行的另外两枚小型张边纸上也有纪念哥白尼诞生500周年的文字和小的哥白尼像，邮票的画面是克拉科夫1740年的全景（图5-18）。两枚小型张的图案和面值相同，颜色不同。1973年还为"哥白尼"号人造卫星发行了一张"宇宙探索"邮票，其附票上是哥白尼像（图5-19）。

1992年为塞维尔博览会发行的邮票（图5-20）；1993年纪念逝世450周年（图

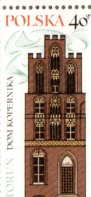

图5-13 纪念哥白尼诞生500周年第三套（波兰1971）

图5-14 纪念哥白尼诞生500周年第四套（波兰1972）

图 5-15 纪念哥白尼诞生500周年第五套（波兰1973）

图 5-18 为波兹南邮展发行的小型张（波兰1973，4/5原大）

图 5-16 哥白尼普票（波兰1972）

图 5-17 哥白尼（波兰1973邮票日）

图 5-19 "宇宙探索"邮票（波兰1973）

图 5-20 塞维尔博览会（波兰1992）

图 5-21 哥白尼逝世450周年（波兰1993）

图 5-22 波兰天文学（波兰1994）

图 5-23 土伦（波兰2003）

波
兰
发
行
的
哥
白
尼
邮
资
封
和
明
信
片

图 5-24 邮资封上的邮资图案（波兰 1972，3/4 原大）　　　　图 5-25 明信片（波兰 1998）

德
占
波
兰
时
期
发
行
的
哥
白
尼
邮
票

图 5-26（德占波兰 1942）　　图 5-27（德占波兰 1943）

欧
洲
国
家
纪
念
哥
白
尼
诞
生
500
周
年
的
邮
票

图 5-28（西德 1973）　　　　图 5-29（东德 1973）

图 5-30（苏联 1973）　　　　图 5-31（法国 1974）

图 5-32（匈牙利 1973）

图 5-33（罗马尼亚 1973）

图 5-34（保加利亚 1973）

图 5-35（阿尔巴尼亚 1973）

图 5-36（梵蒂冈 1973）

欧洲国家纪念哥白尼诞生 500 周年的邮票

图5-37（蒙古1973）

图5-39（叙利亚1973）

图5-38（越南1973）

图5-40（印度1973）

图5-41（巴基斯坦1973）

图5-42（孟加拉国1974）

图5-43（柬埔寨1974）

亚洲国家纪念哥白尼诞生500周年的邮票

5-21）；1994年的以发现和发明为主题的欧罗巴邮票（图5-22），邮票图案是星盘（六分仪发明前测量天体高度的仪器）和哥白尼仰观天象，文字是"波兰天文学"；2003年发行的城市路标邮票，关于土伦的一张上有老市政厅的塔和哥白尼的塑像（图5-23）。波兰还发行了哥白尼的邮资封（图5-24是邮资封上的邮资和邮戳，邮戳中也有土伦的哥白尼塑像）和明信片（1998，图5-25）。二战中占领波兰的德军当局发行的邮票中，也有两枚是哥白尼像：1942年纪念德军占领波兰3周年（图5-26）；1943年哥白尼逝世400周年（图5-27）。

再看别的国家发行的哥白尼邮票。1973年是哥白尼诞生500周年，掀起了一个发行哥白尼邮票的高潮（有些国家是1974年发行的）。欧洲有：西德（图5-28）；东德（图5-29，票中的哥白尼像取自1590年的一幅木刻，据说这幅木刻依据的是哥白尼的自画像。两边是《天体运行论》原书扉页和书中的太阳系图）；苏联（图5-30）；法国（1974，图5-31）；匈牙利（图5-32，带附票，附票上为日心系图）；罗马尼亚（图5-33，带附票，附票上是波兹南市政厅，配合波兹南邮展）；保加利亚（图5-34）；阿尔巴尼亚（图5-35，一套6张）；梵蒂冈教廷也为这位"异端邪说"的提出者发行了邮票（图5-36，图案分别为哥白尼像和托伦城风光）。

亚洲有：蒙古（图5-37，一套3张，另有小全张，所含邮票图案与面值相同）；越南（图5-38，一套3张）；叙利亚（图5-39，科学周）；印度（图5-40）；巴基斯坦（图5-41）；孟加拉国（图5-42，人像在右下部）；柬埔寨（小型张，1974，图5-43）等。巴基斯坦票（图5-41）的画面也是前面说过的那幅油画，但是原画的背景是夜空的星星，以表示哥白尼是个天文学家，而这张票却改成蓝天白云，风和日丽，晴空万里，这个改动太违背原意了。亚洲国家发行哥白尼诞生500周年邮票的还有孤悬印度洋中的岛国马尔代夫（1974，图5-44，全套8张加一枚小型张，小型张边纸上是哥白尼在罗马讲课）。

法语非洲国家和地区以及法属大洋洲和美洲领地发行哥白尼诞生500周年邮票的有突尼斯（图5-45）；摩洛哥（图5-46）；喀麦隆（图5-47）；中非（图5-48）；刚果（布）（图5-49）；马尔加什（图5-50）；马里（图5-51）；乍得（图5-52）；科摩罗（图5-53）；尼日尔（图5-54）；法属阿法尔与伊萨（即法属索马里，独立后国名为吉布提）（图5-55）；法属波利尼西亚（法国在南太平洋的领地，由130个小岛组成，最大岛为塔希提岛）（图5-56）；法属圣皮埃尔岛和密克隆岛（法国海外省，在纽芬兰南部沿海）（图5-57，这张邮票中将哥白尼、开普勒、牛顿和爱因斯坦并列在一起）；达荷美（1975年后国名改为贝宁）（图5-58，一套两张）；多哥（图5-59，6枚邮票和1枚小型张）。这些国家独立前是法国的属地，独立后邮票仍由法国代为设计和印制，因此邮票的大小、风格和法国邮票（图5-31）相似。这些邮票都是航空邮资。北非国家发行的哥白尼诞生500周年邮票还有利比亚（图5-60）。

其他非洲国家发行的哥白尼诞生500周年的邮票都是多张一套，如赤道几内亚（图5-61，7枚票，2枚小型张），这套邮票将古代的天文学研究和现代的空间探索两个题目糅合在一起，这类邮票还有很多；卢旺达（图5-62，6枚票，1枚小型张），这套邮票娟秀可

亚洲国家纪念哥白尼诞生 500 周年的邮票

图 5-44（马尔代夫 1974）

法语国家和地区纪念哥白尼诞生 500 周年的邮票

图 5-45（突尼斯 1973）　　图 5-46（摩洛哥 1973）　　图 5-47（喀麦隆 1974）

图 5-48（中非 1973）　　图 5-49［刚果（布）1973］　　图 5-50（马尔加什 1974）

图 5-51（马里 1973）

图 5-52（乍得 1973）

图 5-53（科摩罗 1973）

图 5-54（尼日尔 1973）

图 5-55（法属阿法尔与
伊萨 1973）

图 5-57（法属圣皮埃尔岛和
密克隆岛 1974）

图 5-58（达荷美 1973）

图 5-56（法属波利尼西亚 1973）

图 5-60（利比亚 1973）

图 5-59（多哥 1973，4/5 原大）

法语国家和地区纪念哥白尼诞生 500 周年的邮票

图5-61（赤道几内亚1974，3/4原大）

图5-62（卢旺达1973）

其他非洲国家纪念哥白尼诞生500周年邮票

哥白尼的日心说

爱，前3张的背景色是银灰色，后3张的背景色是金色；布隆迪
发行的一套32张，分8组，每组一枚四连票。前面已收录过一
组托勒密的图（图2-16），这里收录全部（图5-63）：第一组
（面值3F）黄道12宫星座符号；第二组（5F）各行星的外文名
称对应的希腊、罗马诸神；第三组（7F）托勒密和地心系；第
四组（13F）哥白尼日心系；第五组（15F）哥白尼像、地球、
冥王星和木星；第六组（18F）哥白尼、金星、土星、火星；第
七组（27F）哥白尼、天王星、海王星、水星；第八组（36F）
地球和各种航天器。图5-64（利比里亚1973，6枚票，1枚小型
张），这套票中每张上都有哥白尼的像，第一枚和第六枚上有卫
星跟踪站，第二枚上是哥白尼和欧多克斯的太阳系，上部是哥白
尼的日心系，下部是欧多克斯的地心系（欧多克斯是希腊数学
家，柏拉图的学生，对地心说作了一些改进。为了解释行星运动
的非匀速甚至退行等现象而又不违背天体永远做匀速圆周运动的
教条，他提供了一个方案：每一个天体都由一个天球带动沿球的
赤道运动，而这个天球的轴又可以固定在另一个天球上，如此等
等。每个行星的运动用四个天球可以复制出来，而日月的运动则
需要三个天球，这样，五大行星、日、月加上恒星天，一共需
要27个天球。希帕克斯的本轮-均轮体系是对它的重大改进）。
第三枚为亚里士多德、托勒密和哥白尼三位不同时代的科学家
在一起讨论，取自伽利略《关于两大世界体系的对话》的封面
画，只是将上部的天使改成了航天器。第四、第五枚上是航天
器。小型张上是想象的未来环绕火星的轨道站。图5-65（几内
亚1973，6枚，另有1枚小型张）上也是哥白尼像、天体和航天
器：第一枚，太阳系，远古风景；第二枚，太阳在火山口沙漠上
升起，航天器；第三枚，航天器，地球和月球；第四枚，月球上
的景致，航天器；第五枚，航天器，木星；第六枚，土星，太阳
系。小型张上是哥白尼像。

　　美洲国家发行哥白尼诞生500周年邮票的有美国（图
5-66）；墨西哥（图5-67）；哥伦比亚（图5-68）；委内瑞
拉（图5-69，三连票，中为哥白尼像，左为日心系图及盈亏的
显示，右为《天体运行论》）；乌拉圭（图5-70）；智利（图
5-71，它是在托洛洛山天文台建成的纪念邮票上加盖的）；
巴西（小型张，图5-72，哥白尼肖像和太阳神）；古巴（图
5-73，包括3枚票和1枚小型张）；海地（图5-74，包括7枚邮

图 5-63（布隆迪 1973，4/5 原大）

图 5-64（利比里亚 1973，小型张 2/3 原大）

图 5-65（几内亚 1973）

其他非洲国家纪念哥白尼诞生 500 周年邮票

图 5-66（美国 1973）

图 5-67（墨西哥 1973）

图 5-69（委内瑞拉 1973）

图 5-68（哥伦比亚 1974）

图 5-71（智利 1974）

图 5-70（乌拉圭 1973）

图 5-72（巴西 1973，小型张，2/3 原大）

图 5-73（古巴 1973）

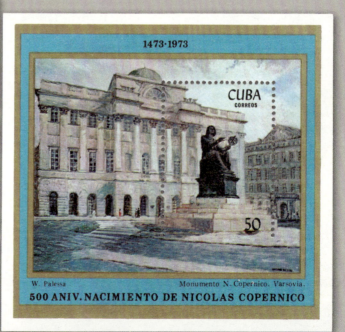

美洲国家纪念哥白尼诞生 500 周年的邮票

图5-74（海地1974）

图5-75（巴拉圭1973，小型张，9/10原大）

图5-76（巴拉圭1973，小型张，9/10原大）

美洲国家纪念哥白尼诞生500周年的邮票

图 5-77（匈牙利 1993）

图 5-78（加蓬 1993）

图 5-79（瓦利斯和富图纳群岛 1993）

图 5-80（新喀里多尼亚 1993）

图 5-81（蒙古 1993）

1993 年为波兹南邮展发行的哥白尼纪念邮票

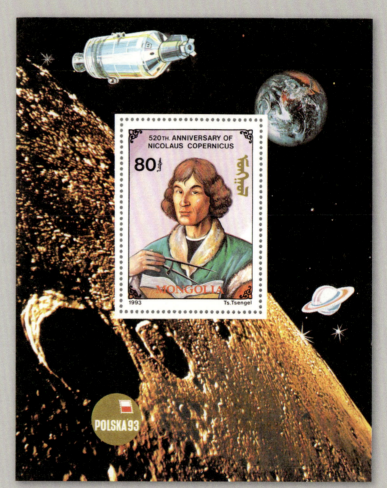

图 5-82（蒙古 1993，小型张）

票和1枚小型张，图案分别为哥白尼像和表示太阳系的符号）。巴拉圭发行了两枚小型张，一张上是太阳和哥白尼（图5-75），另一张上是月面上的陨石坑（图5-76）。

1993年是哥白尼逝世450周年，又赶上在波兹南举行邮展，因而又掀起了一个发行哥白尼邮票的高潮。匈牙利（图5-77）、加蓬（图5-78）、瓦利斯和富纳纳群岛（位于太平洋西南部的法国地区）（图5-79）、新喀里多尼亚（法国领地，也在太平洋西南部）（图5-80）都发行了邮票。蒙古发行了一枚票（图5-81）和一枚小型张（图5-82），小型张上的邮票图案相同但面值不同，文字是纪念哥白尼诞生520周年。尼加拉瓜为纪念哥白尼，于1994年发行了一个小全张，上面有16张邮票，另加一个小型张。每张邮票上有一位天文学家和一件天文仪器（或场馆），以哥白尼领头。哥白尼的邮票（图5-83）上只有哥白尼的头像，其他人的邮票上除本人头像外还有哥白尼的小头像。小型张（图5-84）的邮票上是哥白尼，边纸上画的是一位天文学家（是年轻的哥白尼吗？）在工作。南美1994年发生日全食，巴拉圭发行了日全食邮票，上面有哥白尼的头像（图5-85），玻利维亚也发行了一个纪念日全食的小型张（图5-86），上面有哥白尼像邮票和日全食的标志。我们中国的民间传说日食是天狗吃日，看来印第安人也有类似的传说，只是换成了另一种猛兽。你瞧，太阳被它咬得疼得流泪呢！玻利维亚还于1993年发行了一个小型张，纪念哥白尼逝世450周年（图5-87），底图是丢勒的蚀刻画——天图，邮票图案是人造卫星。

在国际邮联的协调安排下，一些小国在1993年分别发行了自己的纪念哥白尼逝世450周年的邮票。每套邮票包括两张邮票和一个小型张，较低值的邮票上是古老的天文仪器，较高值的邮票上是现代天文学知识，小型张上是哥白尼像。图5-88至图5-95是这些邮票和小型张：图5-88（马尔代夫），图5-89（安提瓜-巴布达），图5-90（圭亚那），图5-91（格林纳达），图5-92（格林纳达-格林纳丁斯），图5-93（多米尼加），图5-94（冈比亚），图5-95（坦桑尼亚），图5-96（乌干达），图5-97（加纳，有两个小型张），图5-98（圣文森特和格林纳丁斯，仅有小型张，缺邮票图）。

哥白尼还出现在以下主题的邮票中：航天和空间探索，如图5-99（捷克斯洛伐克1975，国际空间研究合作），图5-100（科摩罗1976，美国独立200周年），图5-101（科摩罗1979，探索太阳系），图5-102（老挝1984，空间合作），图5-103（中非共和国1985，空间探索）；天象和天文发现，如图5-104（科摩罗1988，哈雷彗星出现），图5-105（几内亚比绍2008，天文发现，邮票上的葡萄牙文是："第一位提出日心宇宙学说的天文学家，他将地球从宇宙中心的位置上撤下来"）；千年纪邮票，如图5-106（安哥拉2000，邮票上的文字是"1543年哥白尼提出新的宇宙理论"），图5-107（几内亚2001，邮票上的文字是"哥白尼发表了日心宇宙理论的数学证明"）。

2009年是国际天文年，一些国家发行的国际天文年邮票或天文学家邮票中也有哥白尼的邮票。这包括直布罗陀（图5-108）、乍得（图5-109）、马达加斯加（图5-110）为天文年发行的邮票和小型张。

哥白尼是人类历史上最伟大的科学家之一，因此各种科学家邮票中都会有他，如图5-111

图 5-83（尼加拉瓜 1994）

图 5-84（尼加拉瓜 1994，小型张，3/5 原大）

图 5-85（巴拉圭 1994）

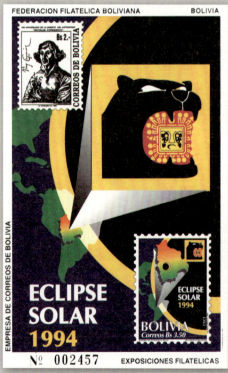

图 5-86（玻利维亚 1994，小型张，3/5 原大）

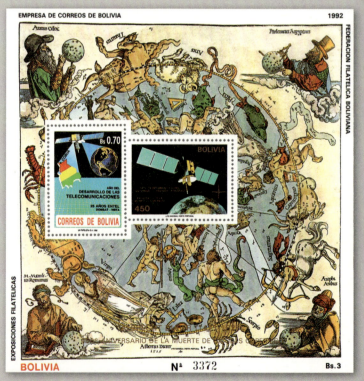

图 5-87（玻利维亚 1993，小型张，3/5 原大）

图5-88（马尔代夫1993，小型张2/3原大）

图5-89（安提瓜-巴布达1994，小型张2/3原大）

图5-90（圭亚那1993，小型张2/3原大）

图5-91（格林纳达1993，小型张2/3原大）

哥白尼逝世450周年纪念邮票

图 5-92（格林纳达 - 格林纳丁斯 1993，小型张 2/3 原大）

图 5-93（多米尼加 1993，小型张 2/3 原大）

图 5-94（冈比亚 1993，小型张 2/3 原大）

图 5-95（坦桑尼亚 1993，小型张 2/3 原大）

哥白尼逝世 450 周年纪念邮票

图 5-96（乌干达 1993，小型张 2/3 原大）

图 5-98（圣文森特和格林纳丁斯 1993，小型张 2/3 原大）

图 5-97（加纳 1993，小型张 2/3 原大）

哥白尼逝世 450 周年纪念邮票

图 5-99（捷克斯洛伐克 1975）

图 5-100（科摩罗 1976）

图 5-101（科摩罗 1979）

图 5-102（老挝 1984）

图 5-104（科摩罗 1988）

图 5-105（几内亚比绍 2008）

图 5-103（中非共和国 1985）

图 5-106（安哥拉 2000）

图 5-107（几内亚 2001）

图 5-108（直布罗陀 2009）

图 5-109（乍得 2009）

图 5-110（马达加斯加 2009，7/8 原大）

图5-111（圣马力诺1982）　　图5-112（吉布提2006）　　图5-113（卢旺达2009）　　图5-114（马绍尔群岛2010）

图5-115（吉布提2010）　　图5-117（也门1969）　　图5-118（加蓬2011）　　图5-116（马里2011）

伟大的科学家哥白尼

图5-119（保加利亚1998）

图5-120（意大利2000）

布鲁诺

（圣马力诺1982，科学先驱），图5-112（吉布提2006，16世纪伟大科学家），图5-113（卢旺达2009，伟大科学家），图5-114（马绍尔群岛2010，早期天文学家），图5-115（吉布提2010，伟大天文学家），图5-116（马里2011，最有影响的物理学家和天文学家），图5-117（也门1969，著名天文学家），图5-118（加蓬2011，小型张，伟大科学家）。

意大利哲学家布鲁诺接受哥白尼学说并加以发挥。哥白尼的宇宙体系仍是有限的，依然保留了天球的概念。布鲁诺主张宇宙的无限性，认为太阳也不是宇宙的中心，无限的宇宙根本没有中心，太阳系只不过是飘浮在无限空间中的无数个同样星系中的一个。不过布鲁诺为哥白尼日心说辩护并不是出于科学的原因，而是出于另一种信仰，一种泛神论信仰，处处皆有神灵。他信仰并宣扬古埃及的巫术宗教，用哥白尼的学说来攻击基督教会。宗教法庭判他为异端，在火刑架上活活烧死。保加利亚1998年为他诞生450周年发行了邮票（图

对人类宇宙观影响最大的科学家

图5-121（巴拉圭1965，小型张，2/3原大）

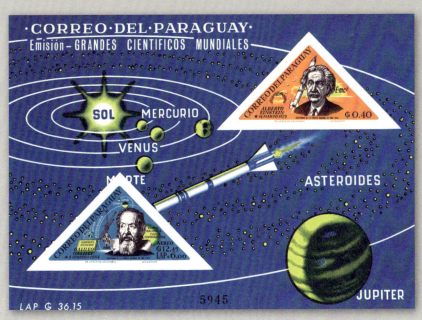

图5-122（巴拉圭1965，小型张，2/3原大）

5-119)，意大利2000年为他死难400周年发行了邮票（图5-120）。

　　纵览科学史，对人类宇宙观影响最大的科学家，莫过于哥白尼、开普勒、伽利略、牛顿和爱因斯坦这几位。巴拉圭于1965年发行的著名科学家三角邮票，分有齿、无齿两组，两组颜色不同，每组都是哥白尼、伽利略、牛顿、爱因斯坦4位科学家，每人两枚邮票，邮票中心是科学家的头像，两旁和背景是他的主要工作。每组有一枚小型张，上面是伽利略和爱因斯坦。我们不把这套邮票拆开，整套收录在这里（图5-121和图5-122）。

06. 第谷·布拉赫和开普勒

哥白尼提出的日心体系打破了地球静止不动、居于宇宙中心的信条，但是，哥白尼仍然执著于天体做匀速圆周运动。打破对圆周运动的迷信、进一步完善哥白尼体系的是开普勒，他根据第谷·布拉赫丰富而精确的天文观测资料，建立起行星运动三定律。

第谷·布拉赫（图6-1，丹麦1946，诞生400周年；图6-2，吉布提2010，著名天文学家）是丹麦天文学家。第谷出身贵族，脾气暴躁，在一次决斗中，鼻子被削掉了，他做了一个金银合金的鼻子装在脸上。他毕生从事天文观测，特别是观测和记录行星的运动。依靠自己设计的仪器，他使天文观测的精度达到了0.5′，比哥白尼使用的数据的精度提高了20倍。他进行的天文观测是望远镜发明之前最精确的，已达到肉眼观测能达到的极限。

第谷是西方首先观测到新星的天文学家。1572年11月11日他观测到仙后座中出现了一颗比金星还亮的新星，并证明它不是一颗像彗星一样的近距离天体而是一颗遥远的恒星。实际上，新星（nova）一词便是第谷制定的。（图6-3，丹麦1973，第谷发现新星400周年，排成"W"形状的5颗星是仙后座，其上的大星是新星。邮票下部是一台象限仪的图样。）新星的发现打破了亚里士多德的天界永恒不变的学说。第谷也是西方把彗星看成天体的第一人。按照亚里士多德的说法，彗星是地界四元素最上层的火元素与旋转天球相邻部分接触燃烧的结果。第谷根据对1577年大彗星的观测，认为彗星比月球远得多，而且穿越金星、太阳和火星，从而否定了托勒密体系中天球是坚硬的水晶球层的观念。

仙后座新星的发现使第谷想在德国建立一座大型天文台。丹麦国王腓特烈二世为了把他留在丹麦，1576年把汶岛（在瑞典南部领海，当时属丹麦）赐给第谷作采邑，并出资在汶岛为他修建一座大型天文台。第谷称该台为天文堡（Uraniborg）。天文堡是望远镜发明之前最后一座古代天文台，又是第一座完全由国家资助、得到大量成果的近代天文台。天文堡的仪器都是聘请能工巧匠按照第谷的精度要求制作的，它是当时最好的天文台，是当时北

图6-1（丹麦1946）　　　　图6-2（吉布提2010）　　　　图6-3 第谷发现新星（丹麦1973）

图6-4（丹麦1995）　　　　　　图6-5（瑞典1995）

图6-6（阿森松1971）　　　图6-7（中国2011）　　　图6-8（丹麦2011）　　　图6-9（尼加拉瓜1985）

图6-10 第谷在布拉格（捷克1996）

图6-11（尼加拉瓜1994）

图6-13（丹麦2009）

图6-12（柬埔寨1986）

半球天文研究的中心。1995年丹麦（图6-4）和瑞典（图6-5）联合发行纪念第谷的邮票，每套两张。其中一张是天文堡的平面图，中心是天文台，周围是高墙保护的花园。天文台面朝东，天文堡的东、西两端是通往外界的两座门，北端是仆人们的住所，南端是一座印刷厂，可以出版自己的观测结果。天文堡于1576年动工兴建，至1580年完工。后来天文堡的房间不够用，第谷又在附近建了一座星堡，星堡的房间都在地下，这样仪器可以避风。另一张是第谷的天文仪器，丹麦票为六分仪，瑞典票为赤道经纬仪。阿森松1971年发行的天文学史上的重大事件邮票中，也有一枚是关于第谷的（图6-6），画面上有天文堡、1572年发现的新星和象限仪。2011年中国和丹麦联合发行的古代天文仪器邮票中有第谷的赤道经纬仪（图6-7，图6-8），赤道经纬仪就放在地下观测室里（图6-9，尼加拉瓜1985，哈雷彗星，第谷的地下观测室）。

第谷在天文堡工作了近20年。腓特烈二世去世后，新国王容不了第谷的坏脾气，几年后不再资助第谷的工作，这使他陷入困境。1597年第谷离开天文堡，1599年定居布拉格，任波希米亚国王鲁道夫二世的御前天文学家，直至1601年去世（图6-10，捷克1996，诞生450周年）。

在宇宙体系上，第谷既不赞成托勒密，也不同意哥白尼，而提出一个折中体系：地球静止不动并处于宇宙中心，月亮在近处绕地球旋转，太阳则率领除地球之外的五大行星绕地球旋转，五大行星是围绕太阳旋转的。这一观点在欧洲没有得到响应，但17世纪西方传教士把它介绍到中国来，曾一度被我国天文学界接受。第谷体系在数学上和哥白尼体系等价。

关于第谷的邮票还有图6-11（尼加拉瓜1994，著名天文学家。此票上第谷的生卒年份有一个荒唐的错误，请读者观察）；图6-12（柬埔寨1986，上有哥白尼、第谷和伽利略的肖像）。丹麦2009年发行的欧罗巴邮票（图6-13），有一枚上是以第谷命名的天文馆。

第谷去世前，把毕生观测的资料都交给他的助手、德国天文学家开普勒，并且告诫开普勒一定要尊重观测事实。开普勒著名的行星运动三定律是在第谷的丰富而精确的观测资料的基础上总结出来的，第谷毕生的观测工作因开普勒的总结升华而永垂不朽。他们两人都是伟大的天文学家，许多套邮票中同时有他们两人。为了彰显他们这种青出于蓝的传承关系，我们把同一套邮票中有他们二人的罗列在这里：图6-14和图6-15（也门1969，宇宙的发现），图6-16和图6-17（几内亚2008，凤凰号火星探测器）。图6-18（乌干达1986，哈雷慧星）和图6-19（塞拉利昂1986，哈雷慧星）中也分别是他们两人。

开普勒（图6-20，奥地利1953；图6-21，马里2011，最有影响的物理学家和天文学家）年轻时在大学学习神学，指望将来当个牧师。在大学学习时，他显露出出众的数学才华，从老师那里得知了哥白尼的学说，大学毕业后到奥地利的格拉茨大学担任数学和天文学讲师。他是毕达哥拉斯的信徒，绝对忠实于宇宙中存在优美的数学秩序的理念；又是哥白尼的信徒，是第一个公开支持哥白尼体系的职业天文学家。第谷读了他的书，极为赏识他的才华，便邀请他协助自己整理观测资料。于是开普勒于1600年来到第谷身边，但是不久第谷便去世了。

图6-14（也门1969）

图6-15（也门1969）

第谷和开普勒

图6-16（几内亚2008）

图6-17（几内亚2008）

图6-18（乌干达1986）

图6-19（塞拉利昂1986）

开普勒

图6-20（奥地利1953）

图6-21（马里2011）

开普勒用哥白尼体系来描写火星的运动，尽管使用了对等点来改善哥白尼体系的结果，得出的火星轨道和第谷的观测资料仍有8′的误差。对哥白尼体系而言，8′在所用观测数据的误差范围之内，不必放在心上。但是开普勒坚信第谷的观测结果是精确的，为了解决这个矛盾，他经过多年工作，终于想到必须修改哥白尼体系中坚持的圆形轨道。他发现，如果假设火星绕太阳按椭圆轨道运动，太阳处于椭圆的一个焦点上，那么就可以精确描述火星的运动，而不需要任何本轮、偏心轮，这就进一步改进和简化了哥白尼体系。这是表明观测精度的重要性的一个典型例子。开普勒说："感谢上帝赐给我们第谷这样的天才观测者，这8′误差是不应该忽略的，它使我走上改革整个天文学的道路。"开普勒发现了火星在这个轨道上运动时速度的变化规律。1609年，他正式发表火星运动的两条定律：

第一定律（椭圆轨道定律）：火星沿椭圆轨道绕太阳运行，太阳为椭圆的一个焦点。

第二定律（等面积定律）：从太阳到火星的径矢在相等的时间内扫过相等的面积。

塞拉利昂1990年和格林纳达1991年发行的火星探测邮票中都有一枚开普勒邮票（图6-22，图6-23），邮票画面上是开普勒的头像和这两条定律的直观表示。这两条定律原来都是关于火星的公转运动的，后来开普勒把这两条定律推广到其他行星和卫星。图6-24是塞拉利昂2000年发行的千年纪邮票中的一张，上面的文字是"开普勒于1609年发表了新天文学"。为了表现天文学家是在晚上工作，邮票画面非常暗。1609年在天文学历史上是很重要的一年。除了开普勒发布了这两条定律外，伽利略还在这一年把望远镜指向天空，窥探天界的秘密，创立了近代天文学。因此，四百年后，将2009年定为国际天文年。

这两条定律都是讨论单个行星怎样运行，但是开普勒还要揭示出各个行星运动之间的关系。10年后，他发现了第三定律：

第三定律（"和谐"定律）：各个行星绕日的周期的平方与椭圆轨道的半长轴的立方成正比。

开普勒的行星运动三定律精确规定了行星在空中的运动，因此人们称他为"天空立法者"。不过，这些定律是运动学定律，只描绘各行星如何运动及不同行星运动之间的关系，而不涉及支配这种运动的物理原因。从这三条定律建立起万有引力理论，并且把天体的运动与地上的力学定律结合起来，这是半个多世纪后牛顿完成的。

开普勒的工作意义重大。首先，天体做完美的匀速圆周运动，这个观念以前从来没有人敢怀疑，是开普勒首先否定了这一观念。其次，彻底摧毁了托勒密的本轮体系。即使在哥白尼的日心体系中，为了说明行星的视运动，仍然保留了本轮、偏心圆等概念（只不过数目少得多）。而开普勒的定律，不需任何本轮、偏心圆就能简单而准确地推算行星的运动。最后，使人们对行星的运动有了明晰的概念，为牛顿创立万有引力理论奠定了基础。开普勒是

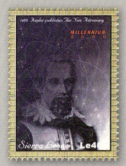

图 6-22（塞拉利昂 1990）　　　图 6-23（格林纳达 1991）　　　图 6-24（塞拉利昂 2000）

图 6-25（东德 1971）　　图 6-26（西德 1971）

图 6-27（墨西哥 1971）

图 6-29（达荷美 1971）

图 6-28（罗马尼亚 1971）

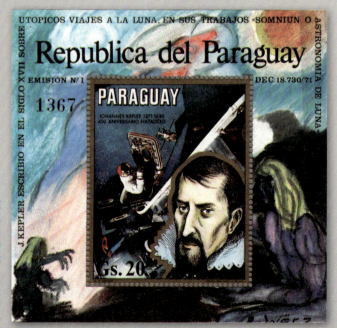

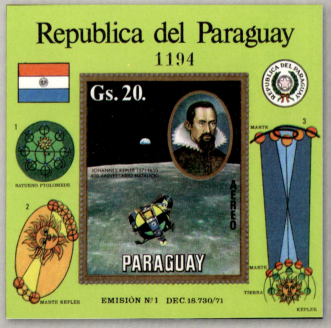

图 6-30（巴拉圭 1971，9/10 原大）　　　　　图 6-31（巴拉圭 1971，9/10 原大）

最早用数学公式表达物理定律并获得成功的人。从他开始，数学方程式成为表达物理定律的基本方式。

1971年是开普勒诞生400周年，1980年是开普勒逝世350周年，这两年很多国家发行了纪念开普勒的邮票。1971年发行邮票的有：东德（图6-25，上有开普勒的签名）；西德（图6-26，画面是绕太阳运动的天文计算，太阳在椭圆的一个焦点上，这张邮票也表示了开普勒第一定律和第二定律）；墨西哥（图6-27，空间的征服）；罗马尼亚（图6-28）；达荷美（图6-29）；巴拉圭发行了两枚小型张（图6-30，图6-31）。

1980年发行纪念开普勒逝世350周年邮票的有：匈牙利（图6-32，有附票）；马里（图6-33）；库克群岛（全套4张）（图6-34）；布隆迪（1981，图6-35，全套3张，仅这一张上有开普勒像，另2张上只有地面卫星站）；达荷美改名贝宁后，又在1980年发行了纪念开普勒逝世350周年的邮票（图6-36），其中第一张上有行星按本轮-均轮系统运动的轨迹，可以看到行星的逆行。还有蒙古（小型张，图6-37）、朝鲜（1票，图6-38；1小型张，图6-39；及一枚小全张，图6-40）。蒙古和朝鲜小型张边纸上的图是一幅木刻，一个人把头伸出天地之间的边界，窥视外面浩瀚无际的宇宙。这幅图显示了中世纪科学让位给哥白尼和牛顿的新科学时人类心理观念的变化。这幅木刻创作于19世纪，作者佚名，首先出现在法国天文科普作家弗拉玛里翁（C.Flammarion）的一本书中。朝鲜小全张的边纸上是天文学家的群像，自左至右是哥白尼、勒威耶、伽利略，下方是赫歇耳，另有一无名老者在用望远镜观察天象。罗马尼亚于1983年为欧洲文化经济合作发行了两枚小全张，每枚含4张欧洲文化名人的邮票，其中一张为开普勒（图6-41）。

2009年的国际天文年邮票，有的以开普勒和他的定律为主题。如图6-42（捷克，国际天文年）、图6-43（德国，开普勒定律400周年）所示，这两张邮票和前面的图6-22和图6-23一样，也是对开普勒第一和第二定律的直观表示。小全张图6-44（莫桑比克，另有一枚小型张）上的6枚邮票涵盖开普勒的全部工作，中间的两枚票涉及开普勒提出的天界模型，见下段；左下方的邮票上的人像不是开普勒的像，而像是笛卡儿的肖像。还有图6-45（马绍尔群岛2010，早期天文学家）。

匈牙利邮票（图6-32）上有一个模型，这是开普勒在科学史上另一项著名的工作——他对天界结构的设想。当时已知有5大行星，加上地球是6个，而从几何学得知，三维空间有5种正多面体。开普勒把这二者联系起来。他假设每个行星的轨道在一个球面上，这些球面与古希腊人的透明球壳相似，但其中心是太阳。而这6个球面之间的5个间隔刚好能容下5个正多面体的周界面。例如，最外层的球面是土星，它内接一个立方体（正六面体），立方体的内切球面是木星的轨道所在；木星的球面内接一个正四面体，正四面体的内切球面上则是火星。就这样，6个球面和5个正多面体的周界面，一个套一个，中心是太阳。5个正多面体共有5！=120种不同的套法，开普勒选择的顺序（由外到内）是立方体—正四面体—正十二面体—正二十面体—正八面体，这样的取法得出的6个球面的半径之比近似等于各个行星轨道半径的比值。开普勒写了一本书《宇宙的奥秘》介绍这一模型，这本书出版于1596

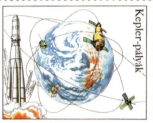

图6-32（匈牙利1980）

图6-33（马里1980）

图6-34（库克群岛1980）

图6-35（布隆迪1981）

图6-36（贝宁1980）

图6-37（蒙古1980）

图6-38（朝鲜1980）

图6-39（朝鲜1980，8/9原大）

图6-40（朝鲜1980，4/5原大）

图6-41（罗马尼亚1983）

年，第谷就是读到这本书之后邀请开普勒去工作的。画面上有这个模型的邮票还有图6-46（乍得2009，国际天文年），图6-47（几内亚比绍2008，天文学发现，邮票上的文字是"他发明了带神秘色彩的正多面体太阳系模型"）；图6-48（马里2010，伟大天文学家和陨石）。今天我们知道这个模型是错的，一个显而易见的理由是，太阳系的大行星不止6个而是8个。

一些航天、空间探索、天象邮票上也有开普勒，包括图6-49（也门1969，空间探索史），图6-50（科摩罗群岛1979，探索太阳系），图6-51（老挝1986，哈雷彗星），图6-52（科摩罗群岛1988，哈雷彗星），图6-53（几内亚1994，天文学家和宇宙飞船），图6-54（巴拉圭1994，日全食），图6-55（莫桑比克2001，著名天文学家），图6-56（几内亚2010，超新星SNR G1.9+0.3），图6-57（几内亚2010，近地小行星2010 AB78的发现），图6-58（马绍尔群岛2012，伟大科学家）。此外，有开普勒像的邮票还有图4-12、图5-57、图12-48、图12-49等。

图6-42（捷克2009）

图6-43（德国2009）

图6-45（马绍尔群岛2010）

国际天文年的开普勒邮票

图6-44（莫桑比克2009，3/4原大）

开普勒的宇宙模型

图6-46（乍得2009）

图6-47（几内亚比绍2008）

图6-48（马里2010，3/4原大）

图6-49（也门1969）

图6-50（科摩罗群岛1979）

图6-51（老挝1986）

图6-52（科摩罗群岛1988）

图6-53（几内亚1994）

图6-54（巴拉圭1994）

图6-55（莫桑比克2001）

图6-56（几内亚2010）

图6-57（几内亚2010）

图6-58（马绍尔群岛2012）

其他的开普勒邮票

07. 伽利略

意大利物理学家和天文学家伽利略（图7-1，意大利1964，纪念诞生400周年；图7-2，匈牙利1964，纪念诞生400周年；图7-3，圣马力诺1982，杰出科学家；图7-4，阿尔巴尼亚1987，纪念逝世345周年）是开普勒的同时代人和朋友。他在天文学和物理学上作出了多方面的巨大贡献，是近代物理学和近代天文学的奠基人。

意大利1942年发行了一套邮票纪念伽利略逝世300周年（图7-5），全套4张，画面是不同时期的伽利略。我们结合这套邮票和别的几张邮票简单介绍伽利略的生平。伽利略生于比萨。17岁遵父命进比萨大学学医，但他觉得医学枯燥无味，不感兴趣，而于课外学习欧几里得几何学和阿基米德静力学，感到浓厚兴趣。1585年因家贫退学，担任家庭教师，但仍奋发自学，发明了浮力天平（根据阿基米德原理测定合金成分用）和固体重心计算法，受到赞扬。1588年比萨大学聘请他任教，讲授几何学和天文学。次年他发现摆线。1592年伽利略转到帕多瓦大学任教，帕多瓦属于威尼斯公国，远离罗马，不受教廷直接控制，学术气氛比较自由。他在帕多瓦工作的18年，是他一生中精神最舒畅、学术成就最多的时期。这套票的第一张的画面就是他在帕多瓦大学教数学的情景。在这段时期内，他深入而系统地研究了落体运动、抛射体运动、静力学、水力学等力学问题。1597年他收到开普勒赠阅的《神秘的宇宙》一书，开始相信并宣传日心说。1609年，他在知道荷兰人于1608年制出了第一架望远镜之后，立即动手也制作了一架放大20倍的望远镜，邀请威尼斯执政官到塔楼顶层用望远镜观看远景。第二张邮票描绘的就是这一场景，还有图7-6（巴拉圭2009，国际天文年），及图7-7（乌拉圭2009，国际天文年）上面值$12的那张。观看者惊喜万分，参议院随后决定任命他为帕多瓦大学的终身教授。1610年初，他进一步将望远镜的放大倍数提高到33，用来观察天体，新发现很多，他将他看到的写成《星界报告》一书，他的研究就转到天文学方面去了。图7-6的副票是《星界报告》的扉页。图7-5第三张邮票是伽利

图7-1（意大利 1964）

图7-2（匈牙利 1964）

图7-3（圣马力诺 1982）

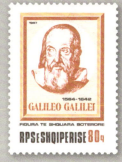

图7-4（阿尔巴尼亚 1987）

图7-5（意大利 1942）

图7-6（巴拉圭 2009）

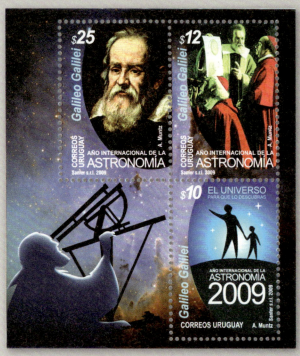

图7-7（乌拉圭 2009）

图7-8（乍得 2009）

图7-9（爱尔兰 2000）

07

伽利略

邮票上叙述的伽利略的生平

略的肖像。为了有更充裕的时间进行科学研究，1610年春他辞去大学教职，离开帕多瓦，接受托斯卡纳公国大公聘请，担任宫廷首席数学家与哲学家的闲职。他继续从事天文学研究，发现太阳黑子和太阳的自转，宣传日心说，开始了他和教廷之间的长期对抗和较量。伽利略试图依仗自己的盛名以及他和教皇以及教会上层人物的私谊，赢得他们对自己的天文学发现的认可和宣传哥白尼学说的默许，但是他失败了。教皇保罗五世于1616年发表禁令，禁止他以口头或文字的形式宣传日心说。保罗五世去世后，新任教皇乌尔班八世是伽利略的旧交，伽利略试图说服他。伽利略先后谒见教皇6次，力图说明日心说可以与基督教教义协调，他说："《圣经》只教导我们怎样进天国，却没有说天体是怎样运动的。"但新教皇坚持1616年禁令不变，只允许伽利略写一部同时介绍地心说和日心说的书，态度不得偏倚，而且都要写成数学假设性的。于是，伽利略写了《关于两大世界体系的对话》一书，于1632年出版。这本书表面上保持中立，对托勒密体系和哥白尼体系的优劣作了详细的比较，实际上为哥白尼体系进行了极有说服力的宣传，并对教皇和教会隐含嘲讽。出版6个月后，就被教廷禁止发行。教会认为他抗拒1616年的禁令，对他进行更大的迫害。1633年他被传至罗马，囚禁几个月后受审，布鲁诺被判处火刑的遭遇威胁着伽利略，这位年近七旬的病人被迫屈辱和违心地签署了悔过书（悔过书见伽莫夫：《物理学发展史》，第51—52页，商务印书馆），并被判终身囚禁。图7-8（乍得2009，国际天文年）描绘的就是审判的场景。据说伽利略在判决书上签字后，还喃喃自语："但是，它毕竟还是在转动！"

由于年老有病，实际上伽利略并未入狱服刑，而是被送到他的学生和故友皮柯罗米尼大主教私宅中软禁，由后者监管。皮柯罗米尼精心照料他，建议他继续研究无争议的物理学问题。于是伽利略又重新振作起来，将他最成熟的科学思想和研究成果写成另一部著作《关于两门新科学的对话》，两门新科学是指材料力学和运动学。这本书于1638年出版。

伽利略在皮柯罗米尼家里只待了5个月，又有人向教廷控告皮柯罗米尼厚待伽利略。教廷便勒令伽利略迁往佛罗伦萨附近的阿切特里他自己的故居，由他的儿女照料。1637年双目失明后，伽利略获准收聪慧好学的18岁青年数学家维维安尼为关门弟子，为他处理日常事务，并记录他的回忆，这个学生使他非常满意。1641年10月，又有人介绍青年物理学家托里拆利前往陪伴他。他们和双目失明的老科学家讨论各种科学问题，一直到他1642年1月去世。图7-5的第四张邮票是伽利略晚年在阿切特里的情形，老年伽利略后面的两个年轻人应该就是维维安尼和托里拆利了。图7-9（爱尔兰2000，千年纪邮票）的画面相似，但是另外两个人似乎年长得多。

意大利纪念伽利略的邮票还有分别于1933年（图7-10）和1945年（图7-11）发行的管道邮政专用邮票，注意它们不属于同一套票，上面的国名铭志不同：一个是意大利王国，一个简单是意大利。所谓管道邮政或气送管邮政（pneumatic post）是利用压缩空气通过地下气压传输管道运送邮件的邮政机制。这种方法于1892年首创于纽约，以后在柏林、维也纳、伦敦及意大利的一些城市先后敷设地下压缩空气管道，承办气压传输邮政业务。

伽利略的科学成就是多方面的，下面我们结合邮票来介绍：

一、力学方面

1. 摆的等时性和摆的周期与摆长的关系：伽利略早在比萨大学读书时（1583年），一次在大教堂做弥撒，注意到一盏吊灯在晃动。由于有风，吊灯摆动的幅度时大时小，但他用自己的脉搏量度，发现吊灯摆动的周期却是不变的，好像吊灯会根据摆幅大小自动调节速度快慢。后来他进一步做实验，发现对于长度一定的摆，周期是一定的，在摆幅的某一限度内与其摆幅无关，也与摆锤的重量无关。这是摆钟装置的基础。长度不同的摆，其周期与摆长的平方根成反比。伽利略对摆的问题着迷很久，他之所以详细研究斜面运动，部分动机是想用斜面上的直线运动近似研究摆锤的曲线运动。（另一动机是为了研究自由落体运动，因为斜面上的运动慢得多，便于测量，而斜面坡度达到90°的极限情况就是自由落体运动。）图7-12（厄瓜多尔1966，纪念诞生400周年）上是伽利略像和晃动的吊灯。

2. 对匀加速运动的研究：通过对斜面运动的详细研究，伽利略给出了匀速运动和匀加速运动的严格定义，提出加速度概念（这是物理学中最难建立的概念之一！），推导出匀加速运动的路程、时间和速度之间的关系（路程与时间的平方成正比），并且用实验证明自由落体运动和小球沿斜面自由下滚是匀加速运动。自由落体运动是伽利略最重要的力学研究工作。

3. 运动合成：伽利略研究了抛体运动，他把抛体运动看成是物体同时参与两种运动（水平方向的匀速运动和竖直方向的匀加速运动）的合成，即运动叠加原理，从而推出抛体的轨迹是抛物线，并且抛物角为45°时射程最远。

4. 伽利略相对性原理：伽利略在批驳反对地动说的一些论据（例如人们感觉不到地球运动、如果地球转动高处落下的石头应当偏西等）时，应用运动合成的观念论述了运动的相对性：在一个封闭的做匀速运动的船舱里，由于一切物体都参加了船的匀速运动，因此各物体的相对运动关系都保持不变，例如，从桅杆上掉下的物体就落在桅杆脚下，而不会落在桅杆后面的甲板上，人们感觉不到船是在运动。这就是我们今日所称的伽利略相对性原理或力学相对性原理：在一条匀速行驶的船的封闭船舱内做的任何力学实验，都不能确定这条船是停泊在港口还是在海上行驶。不过，在我国汉代的古籍《尚书纬·考灵曜》中已经有这样一段话：

地恒动不止，而人不知，如坐闭窗舟中，舟行而人不觉也。

这比伽利略又早多了。

5. 惯性的概念：伽利略研究斜面运动时，让从某一高度滚下的球沿一个斜面往上滚回原高度。斜面越平缓，滚回原高度需时越长。过渡到极限情况坡度为零的水平面，伽利略得出结论说，小球应当保持匀速运动并且持续运动无穷长时间。有些书凭这一点说伽利略已得出惯性的概念。但是，伽利略随即说明，水平面是地球的同心球面，因此小球在水平面上的这种运动仍是环绕地球的圆周运动，属于亚里士多德所述的"自然运动"，因此才能持久进

图 7-10（意大利 1933）

图 7-11（意大利 1945）

图 7-12　伽利略和摆（厄瓜多尔 1966）

图 7-13（意大利 1973）

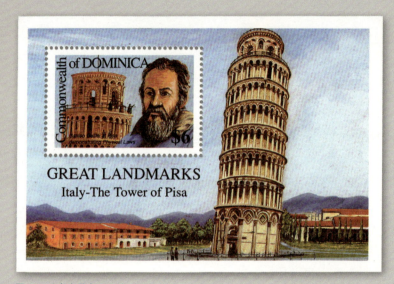

图 7-14（多米尼克 1991）

图 7-15（中国 1991，3/5 原大）

图 7-16（意大利 1995）

行，而真正的匀速直线运动是不可能持久的。可见伽利略仍然没有完全摆脱"自然运动"和"强制运动"的观念，因而也未能真正提出一条惯性定律来，但是为后人提出惯性概念开辟了道路。

6.引力质量和惯性质量的等价性：伽利略之所以详细研究自由落体运动，是为了批驳亚里士多德的错误理论：重物体下落比轻物体快，落体速度与其重量成正比。传说伽利略曾在比萨斜塔（图7-13，意大利1973）上做实验，把同样大小的铁球和木球同时放下，观众看到二者同时落地，但历史考证对这一传说存疑。不过伽利略早年（1591年）写的《论运动》小册子中的确记载有这类实验。图7-14是多米尼克1991年发行的小型张，上面画了伽利略在比萨斜塔上做实验的场景。从今天的观点看，轻、重物体同时落地表明自由落体的加速度与其重量无关，实质上是证实物体的引力质量等于其惯性质量。为此，我国于1991年发行了纪念伽利略发现"惯性质量和引力质量等价"400周年的邮资明信片（图7-15），这张明信片是李政道先生设计的。李先生的美术素养很高，画画得很好。2006年他80寿辰时，他主持的中国高等科学技术中心曾以他的画稿为副票图案，由中国邮政印制了一版个性化邮票（见图59-26）。在经典物理学中，惯性质量与引力质量相等是偶然的，而在现代物理学中，惯性质量与引力质量相等则是一条根本原理，是广义相对论的基石。图7-16的邮票（意大利1995）纪念第14届国际相对论大会在佛罗伦萨召开，上面有广义相对论公式以及伽利略与爱因斯坦的像。

二、光学和天文学方面

1.伽利略不仅是第一批制造望远镜的人之一，而且于1609年首先用望远镜观察天空，开创了天文学的新纪元，从肉眼观测进入用望远镜观测的时代。这是一件了不起的大事，400年后，联合国将2009年定为国际天文年。当年的欧罗巴邮票的主题也定为国际天文年，这使得在2009年出了不少伽利略望远镜的邮票。伽利略制作的折射望远镜如图7-17（孟加拉国2009，国际天文年）所示。图7-18（意大利1983，欧罗巴邮票，"科学发现"主题）、图7-19（罗马尼亚1964，诞生400周年）上是伽利略的像和他的折射望远镜。图7-20（南斯拉夫2000）和图7-21（直布罗陀1994，欧罗巴系列，科学发现）上的折射望远镜与原物不像，虽然邮票上有伽利略的像（图7-20，望远镜在伽利略身后）或伽利略的名字（图7-21）。图7-22（几内亚2001）上的英文是"伽利略：第一个用望远镜研究星星的天文学家"。图7-23（捷克斯洛伐克1964）纪念伽利略诞生400周年，伽利略是联合国教科文组织（UNESCO）当年纪念的文化名人。这枚邮票显示了捷克邮票特有的雕刻版和抽象派的风格。图7-24（圣文森特和格林纳丁斯1999，空间探索史）上是伽利略的肖像和满天星斗。图7-25（阿森松1971）上除望远镜外还有伽利略手绘的月面图。图7-26（吉布提1984，伽利略制出望远镜375周年）上有伽利略像、望远镜和各大行星。图7-24到图7-26上都有1609这个年份。图7-27（几内亚比绍2006）上有伽利略、望远镜和太阳系八

图7-17（孟加拉国 2009）

图7-18（意大利 1983）

图7-19（罗马尼亚 1964）

图7-20（南斯拉夫 2000）

图7-21（直布罗陀 1994）

图7-22（几内亚 2001）

图7-23（捷克斯洛伐克 1964）

图7-24（圣文森特和格林纳丁斯 1999）

伽利略制出折射望远镜

图7-25（阿森松 1971）

图7-26（吉布提 1984）

图7-27（几内亚比绍 2006）

以伽利略的望远镜为题的国际天文年邮票

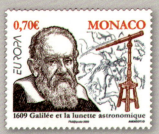

图7-28（摩纳哥 2009）

图7-29（乍得 2009）

图7-30（朝鲜 2009）

大行星，不过在伽利略的时代，人们只知道太阳系内连地球在内只有六个行星，天王星和海王星是后来才发现的。图7-28到图7-39（及图7-17）是2009年发行的以伽利略和望远镜为画面的国际天文年邮票：图7-28（摩纳哥）；图7-29（乍得）；图7-30（朝鲜）；图7-31（直布罗陀）；图7-32（摩洛哥，画面上是折射望远镜、射电望远镜和哈勃空间望远镜）；图7-33（立陶宛，另一张邮票的画面是19世纪维尔纽斯大学的天文台）；图7-34（卢森堡，另一票的画面是父亲带着孩子在郊外看星星）；图7-35（乌克兰，另一票上是古老的天文仪器和望远镜）；图7-36（萨尔瓦多，右二票上是伽利略发现的木星的4个卫星，另二票是天文台和望远镜）；图7-37（印度尼西亚），图7-38（印度尼西亚张，这个张比上一套票印得更精美，面值更高）；图7-39（比利时张）。

2. 那么他看到些什么呢？通过望远镜观测，伽利略得到一系列发现：银河是由大量恒星组成；太阳黑子和太阳自转；月面上的地貌起伏和陨石坑；木星有四个卫星和土星的"附属物"（伽利略没能分辨出土星的光环，以为是两颗卫星，土星光环是后来由惠更斯发现的）；金星的盈亏变化等。伽利略将这些新发现都写在《星界报告》一书中。这些发现引起了轰动，人们纷纷说，哥伦布发现了新大陆，伽利略发现了新宇宙。下面这些邮票（未注明年份的都是2009年发行的国际天文年邮票）上有这些内容。图7-40（马耳他）、图7-41（哈萨克，另一张邮票是孩子们晚上观看星空的星座）和图7-42（几内亚比绍，伟大物理学家）上是月面图。从图7-43（匈牙利）到图7-46表示伽利略发现的木星的4个卫星。现在已经知道木星有66颗卫星，不过大多数卫星都很小，直径只有几公里，绕木星公转的方向和木星自转方向相反，而且大多位于较远的外围区域，因此，科学家推断这些卫星是被木星重力捕获的彗星或小行星，不是木星的原生卫星。伽利略发现的4颗卫星是最大的，半径都在1500 km以上，称为伽利略卫星。4个卫星的名字分别是：木卫一，Io（艾奥）；木卫二，Europa（欧罗巴）；木卫三，Ganymede；木卫四，Callisto。在希腊神话中，他（她）们都是Jupiter（木星，希腊神话的主神）的仆从或情人。图7-44（泽西岛）的每张邮票上有一个卫星，四张邮票合起来组成一个完整的木星，每张邮票上还有两个星座；图7-45（几内亚比绍）整个小全张以木星为题，中上部是附票，中下是伽利略的望远镜，其他4张各有木星和一个卫星，小型张上的邮票是伽利略在进行天文观测，边纸上的Thomas Harriot则是一位英国天文学家和数学家，他在伽利略之前四个月，于1609年7月首先通过望远镜绘出了月面图，并研究光学和折射，在斯涅耳之前20年发现了折射定律，但都没有发表，他还引入了数学中的"大于"号（>）和"小于"号（<）；图7-46（多哥）也是小全张，每张邮票有一颗木星卫星的名字，小型张上邮票的背景是木星和4个卫星。图7-47（苏联1964，伽利略诞生400周年）上有伽利略画出的太阳黑子和月面起伏，而伽利略手绘的金星盈亏图则出现在图7-48（塞拉利昂1990）和图7-49（格林纳达1991）的画面上，虽然这两张邮票的主题是火星探测（♀是金星的符号）。

图7-50到图7-53的邮票综合表现伽利略的成就。图7-50（罗马尼亚2009，国际天文年）上有伽利略像、比萨斜塔、望远镜、月面图和星座图等，图7-51是巴拿马1965年为纪

图7-31（直布罗陀 2009）

图7-32（摩洛哥 2009）

图7-33（立陶宛 2009）

图7-34（卢森堡 2009）

图7-35（乌克兰 2009）

图7-36（萨尔瓦多 2009）

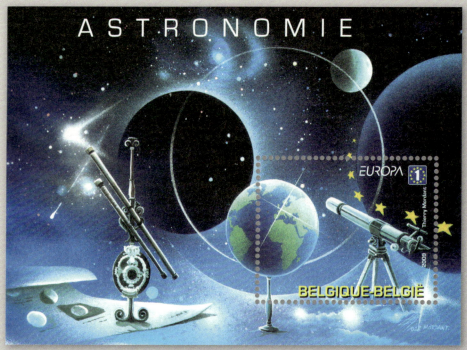

图7-39（比利时 2009）

以伽利略的望远镜为题的国际天文年邮票

图7-37（印度尼西亚 2009）

图7-38（印度尼西亚 2009）

图7-40（马耳他 2009）

图7-42（几内亚比绍 2009）

图7-41（哈萨克 2009）

图7-43（匈牙利 2009）

图7-44（泽西岛2009）

图7-46（多哥2009，2/3原大）

图7-47（苏联1964）

图7-48（塞拉利昂1990）

伽利略用望远镜看到的天象

图7-45（几内亚比绍2009，2/3原大）

图7-49（格林纳达1991）

图7-51（巴拿马1965）

图7-50（罗马尼亚 2009）

图7-53（几内亚比绍 2008）

图7-52（莫桑比克 2009，3/4原大）

伽利略用望远镜看到的天象

081

念伽利略诞生400周年发行的三角邮票，有伽利略像的邮票上，像下面的文字是"实验物理学和近代力学的奠基者"，其他是比萨斜塔、引力、弹道曲线、流体静力学天平（即前述的浮力天平）、摆的等时性等，是伽利略的物理学工作；有望远镜的邮票上，望远镜后面的书是《星界报告》，有地球绕太阳的公转和月亮绕地球的转动，木星的四个卫星，左边的文字，下面是"天文学发现"，上面是"银河中的星星"，即伽利略发现银河是由大量恒星组成的，这张邮票是伽利略的天文学工作。前面哥白尼一节的巴拉圭1965三角邮票中，伽利略邮票上大致也是这些内容。图7-52是莫桑比克于国际天文年发行的伽利略邮票和小型张，题材遍及伽利略一生。图7-53是几内亚比绍2008年发行的天文学发现小全张中的一枚票，背景上穿红衣服的人的图就是图7-7的邮票上请威尼斯执政官用望远镜看远景的图，但是左右反转。邮票上的文字是："在科学革命中起重要作用的物理学家、数学家、天文学家和哲学家。"这句话可以用作伽利略一生的论定：他彻底完成了哥白尼日心说革命，告别了中世纪的玄学思考，奠立了近代物理学和近代天文学。

下面这套邮票（图7-54）据称是西撒哈拉人民解放阵线于1992年发行以纪念伽利略逝世350周年的（西撒哈拉原是西班牙的殖民地，邻国摩洛哥、毛里塔尼亚和阿尔及利亚都对其提出过领土要求，1975年西班牙撤出后由摩洛哥和毛里塔尼亚分割，西撒哈拉人民解放阵线在阿尔及利亚鼓励下要求独立，而摩洛哥坚持西撒哈拉是摩洛哥的一部分，双方发生武装冲突，后来联合国介入，建议用公民投票解决，但投票迄今未举行），但在Scott目录中没有查到。由于它也总结了伽利略一生的工作，我们把它留在这里。全套5张。第一张是伽利略的肖像。第二张是他的折射望远镜，背景是太阳上的黑子。第三张上有摆的等时性、木星的4个卫星、月亮上的陨石坑、繁星组成的银河、显微镜（伽利略也是第一批制造显微镜的人之一，他用透镜组合成显微镜）等内容。第四张上是伽利略的著作：1610年出版的《星界报告》和1699年出版的《对话》。第五张是伽利略在佛罗伦萨的故居，他最后的日子便是在这里度过的。

3. 伽利略用望远镜在天空的这些新发现为哥白尼学说提供了最确凿的证据并且发展了哥白尼学说：太阳黑子和月面起伏表明天体不是完美的，而表面同样满布皱褶的地球也有资格成为天体的一员，天和地并没有本质的区别；木星连同其卫星本身就是一个小哥白尼系统。金星星相的变化尤其有说服力。伽利略发现：不同季节里观察到金星的大小变化好几倍，并且伴随有星相变化，当它显得很大时呈月牙形，显得很小时呈正圆形。用哥白尼学说很容易说明这种现象，前一情况发生在金星处于太阳与地球之间时，后一情况则发生在金星与地球分处太阳两侧时。而在托勒密体系中，金星永远在太阳与地球之间，并且由于金星是内行星，它总是在太阳邻近，那么从地球上看它只能呈现月牙形而不能有完整的盈亏圆缺变化。图7-55（马尔代夫1988）和图7-56（塞拉利昂2000，千年纪邮票）表现伽利略证明、宣传哥白尼学说的伟大功绩。图7-55邮票边上的英文是"木星的月亮"，也画出了木星的4颗卫星，但主画面却是伽利略把地球放进其他行星的队伍中；图7-56的邮票上写着"1632年伽利略证明地球绕太阳旋转"。图7-57（尼加拉瓜1994，著名天文学家）表示伽利略是以哥

图7-54（西撒哈拉人民解放阵线1992）

白尼为首的天文学家队伍中的一员，Sonda Galileo是伽利略探测器。

伽利略才华横溢。对于他拥护的理论，他是一个很好的宣传家。他的著作，文笔酣畅，立论周密，很有说服力。为了让更多的读者读懂，他的《关于两大世界体系的对话》是用生动的意大利文写成，而不是按当时的习惯用拉丁文写。"伽利略不像哥白尼那样仅仅为学者写作，而是为所有人写作，因此吸引了许多学生和信徒。"（冯·劳埃：《物理学史》，第6页，商务印书馆，1978）"他以非凡的文学才能，用极其鲜明生动的语言，向他那个时代受过教育的人进行宣传，克服他同时代人的人类中心论和神秘思想，并且引导他们恢复从客观的和因果关系的角度来看待宇宙。"（爱因斯坦：伽利略《关于两大世界体系的对话》英译本序）经过他对日心说的大力宣传和对经院哲学的辛辣批判，加上前面所说的新发现的证据和开普勒的工作，使日心说广为流传，深入人心，也引来了教会的嫉恨和迫害。他又非常自负，说话尖刻，得罪了当局不少人，这也是他受迫害的一个原因。

三、科学方法论方面

伽利略留给后人的另一笔宝贵遗产是他的科学研究方法。伽利略的方法可以归结为以下几点：① 经验与理性相结合。伽利略提倡实验，强调科学的基本原理必须来自实验，并由实验来判决其真理性。但是他使用的并不是单纯的实验方法，而是经验（实验和观察）与理论思维（创造性构筑的理论和假说）之间动态地相互作用。伽利略不只是细心观察，而且设计可控的实验来检验特定的假设。② 更进一步，定量的数学方法与测量相结合。最有力的理性思维方式是数学，伽利略提倡自然科学的数学化，他懂得，能够作出定量预测的理论比只能作定性的描述性预测的理论更加有力，因为定量的预测更具体，能够在更详尽的细节上由实验检验。他总是由理论公式得出定量的预言，再通过测量加以验证，例如他的落体运动定律。这就使自然科学摆脱了定性的、纯思辨的哲学清谈，在实验的基础上建立起定量的规律，使思辨式的自然哲学进步到实证的自然科学。③ 限制研究范围。例如他只研究物体如何运动的问题，而不试图同时研究物体为什么运动的问题；并对现实世界

图 7-55（马尔代夫 1988）

图 7-56（塞拉利昂 2000）

图 7-57（尼加拉瓜 1994）

图 7-58（老挝 1986）

图 7-59（科摩罗 1988）

图 7-60（阿根廷 2009）

的条件进行理想化，以消除干扰主要效应的次要效应。爱因斯坦评价说："伽利略的发现以及他所应用的科学推理方法，是人类思想史上最伟大的成就之一，标志着物理学的真正开端。"

由于伽利略研究天上的事情，因此许多邮票常常将伽利略和天象结合在一起。例如图7-58（老挝1986）和图7-59（科摩罗1988）都是纪念哈雷彗星出现的邮票，它们都包含一枚以伽利略头像为主图案。图7-60是阿根廷的国际天文年小型张，边纸上是南天的夜空，醒目的南十字星座在北半球是看不到的。

今日人类正在向宇宙空间进军，以航空、航天、空间探索活动为主题出了不少邮票，这些邮票中当然也会有认识宇宙空间的先驱伽利略。如图7-61（也门1969，探索外层空间的历史，头像旁是伽利略手绘的月面图）；图7-62（墨西哥1971，征服空间）；图7-63（尼日尔1970，航空先驱）；图7-64（科摩罗1979，探索太阳系，邮票右侧的文字是"木星-伽利略"，因为伽利略发现木星有四个卫星，和木星特别有缘）；图7-65（几内亚比绍1981，空间探索）；图7-66（中非1984，空间技术）；图7-67（中非1985，空间探索）。图7-68是加蓬2009年发行的征服太空小型张。冈比亚于1988年发行了一套邮票（图7-69）纪念《对话》出版350周年，1638年出版的是《关于两门新科学的对话》，而一般说伽利略的《对话》都是指《关于两大世界体系的对话》。这套邮票有8枚票和一枚小型张，每枚票的主图是一种航天器或事件，另有3个头像：中间是伽利略，右边是冈比亚当时的元首，左边是另一位科学家。（这另一位科学家是：面值50 b，马赫；75 b，N.玻尔；D1，美国的宇航先驱戈达德；D1.25，美国天文学家巴纳德；D2，美国天文学家赫耳，主图是哈勃空间望远镜；D3，迈克耳孙，主图是用激光精确测定地月距离；D10，爱因斯坦；D20，飞机发明者莱特兄弟。）

近年纪念伽利略的邮票还有图7-70（吉布提2006）；图7-71（马里2006年小型张上的邮票）；图7-72（马拉维2008，伟大科学家）；图7-73（夏威夷本地邮政2008，纪念伽利略发明望远镜并观天400周年，注意伽利略手中拿的是望远镜）；图7-74（卢旺达2009，伟大科学家）；图7-75（摩尔多瓦2009，国际天文年）；图7-76（马绍尔群岛2010，早期天文学家）；图7-77（吉布提2010，伟大科学家）；图7-78（马里2011，最有影响的物理学家和天文学家）；图7-79（马绍尔群岛2012）。伽利略还出现在图54-6和图57-27上。

伽利略留给后人的财富，还有他坚持独立思考、不盲从权威的科学态度。他指出："亚里士多德的信徒们，由于过分想抬高他的声誉，反而损害了他的声誉。……我赞成看亚里士多德的著作，并精心地进行研究；我只是责备那些使自己完全沦为亚里士多德的奴隶的人，变得不管他讲什么都盲目赞成，并把他的话一律当成丝毫不能违抗的神谕，而不深究其他任何依据。这种坏学风还带来另一种很大的混乱，那就是使旁人也不想多花点气力来弄懂他的证明有没有力量。在公开辩论时，当有人正在讲述一个可以证明的结论时，他的话却被一个反对者打断了，用一段亚里士多德的原话堵住讲述者的嘴（这段原话时常是为了完全不同的

图7-61（也门1969）　　　　图7-62（墨西哥1971）　　　　图7-65（几内亚比绍1981）　　　　图7-66（中非1984）

图7-63（尼日尔1970）　　　　图7-64（科摩罗1979）　　　　图7-67（中非1985）

航空、航天邮票上的伽利略

图7-69（冈比亚1988，缺小型张）

纪念《对话》出版350周年

图 7-68（加蓬 2009）

图 7-70（吉布提 2006）

图 7-71（马里 2006）

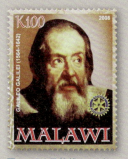

图 7-72（马拉维 2008）

图 7-73（夏威夷 2008）

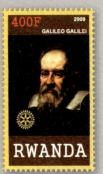

图 7-74（卢旺达 2009）

图 7-75（摩尔多瓦 2009）

图 7-77（吉布提 2010）

图 7-76（马绍尔群岛 2010）

图 7-79（马绍尔群岛 2012）

图 7-78（马里 2011）

近年纪念伽利略的邮票

目的而写的），试问还有比这种做法更引起人们反感的吗？"经过十年浩劫、深受个人迷信之害的中国人，读了400年前这段文字，能不点头听、击节赏、齐声赞吗？

　　后人对伽利略在法庭上的表现颇有微词。一个例子是德国的剧作家布莱希特。他以伽利略因宣传哥白尼学说受宗教裁判所迫害的史实为题材，写了传记剧《伽利略传》。该剧第一稿写于1938—1939年法西斯猖獗之际，作者的意图是借伽利略在反动势力面前含垢忍辱完成科学著述的行为，给德国反法西斯战士树立一个历史榜样。1945年美国在日本投原子弹后，作者改写了剧本。为了强调科学家的社会责任，在这一稿中，加重了对伽利略的批判色彩，突出了他对反动势力屈服的弱点。图7-80是东德（DDR）为纪念布莱希特于1988年发行的小型张，边纸上是《伽利略传》演出的场景。对这个问题，科学家怎样看呢？玻恩曾回忆过："有一次，当人们议论对伽利略的审讯时，有人责备伽利略，因为他没有坚持自己的信念。这时希尔伯特相当激烈地回答道：'但他不是一个白痴！只有白痴才会相信，科学真理需要殉道。殉道在宗教里也许是必要的，但是科学的结果在适当的时机自会得到证明。'"希尔伯特的话是冲着伽利略的具体情况说的，笔者同意他的看法。对一个荒谬的时代，并不需要与之一直顶撞到死才算英雄。在宗教法庭那些具有生杀大权和真理定义权的法官面前，找死是容易的，活下来说一些新东西却是困难的。真是"以死殉道易，以不死殉道难"。要哥白尼和伽利略像布鲁诺那样也选择火刑架，固然使科学家整体显得更勇敢，但其实对科学并无裨益。如果每个推动进步的人都以被消灭作为自己的结局，进步就生不了根，偏见只会更有力量。"勇敢者当然凸显出异端裁判所的荒唐，而圆融者更是有韧性地磨钝了偏见的刀锋。"（2004年6月3日《南方周末》上连岳先生语）不过，希尔伯特并没有把他的话定为普遍原则，对不同的人物和案例要具体分析。像被关进集中营受迫害而死但不放弃对孟德尔-摩尔根学说的信仰的苏联遗传学家瓦维洛夫，当然不是白痴，而是值得我们永远景仰的向黑暗势力抗争的无畏战士。

　　小型张最上面有一行德文，意思是"理性的胜利只能是有理性的人的胜利"，这是剧中伽利略的一句台词。伽利略正是本着这种认识，热心地向群众，甚至过分热心地向教会的领导人物宣传自己的观点，希望说服他们，把他们造就为有理性的人。但是，他的许多麻烦也因此而来。对此，爱因斯坦评论道："伽利略……他渴望认识真理，历史上这样的人是少有的。但是，作为一个成熟的人，他竟认为值得去顶着如此多的反对，企图把他发现的真理灌输给浅薄的和心地狭窄的群众，我觉得这难以置信。对他来说，耗费他的晚年去做这样的事，难道真的如此重要吗？他被迫宣布放弃他的主张，这实际上并不重要，因为伽利略的论据所有寻求知识的人都可以利用，而且任何一个有知识

图7-80 布莱希特和《伽利略传》的演出（东德1988，7/8原大）

图 7-81 梵蒂冈为伽利略平反
（梵蒂冈 1994）

图 7-82 斯台文
（比利时 1942）

的人必定都知道他在宗教法庭上的否认是在受威胁的情况下作出的。" （1949年7月4日给 Max Brod的信，中译文见《爱因斯坦文集》第三卷第385页，商务印书馆，1979。）

前任教皇约翰·保罗二世于1978年上任后，着手为伽利略平反。1983年，梵蒂冈教廷正式承认350年前对伽利略的审判是错误的。当然，哥白尼和伽利略的学说的真理性，并不依靠教廷的承认，它要通过的唯有实践的检验，而且依靠自身的力量已经通过了这一检验。教廷的表态是为了对这桩令人难堪的历史公案作一了结。正式的平反会于1993年在梵蒂冈举行，李政道代表世界科学家在会上发言。1994年欧罗巴系列邮票的主题是科学发现，梵蒂冈趁此机会发行了一枚邮票（图7-81），画面是太阳系，伽利略雄踞于中央，画面上还有伽利略的各项成就，实际上就是在邮票上重申对伽利略的平反。这枚邮票是一个见证，表明科学真理是不可战胜的。

这里顺便介绍一下荷兰数学家和物理学家斯台文（图7-82，比利时1942）。他大致与伽利略同时，比伽利略年长16岁。他于1586用实验证实，两个铅球，一个重量是另一个的10倍，从30英尺（9.144米）的高度同时落地，从而否定了亚里士多德关于重物体坠落比轻物体快的说法，这比伽利略早3年。他在1586年，从"永动机不可能"出发，论证了力的平行四边形法则，后来有关的图刻在他的墓碑上。就笔者所知，这是力的矢量分解法则的最早提出。力的平行四边形法则是力学中的一条基本公理。了解力的矢量本性是人类对力的认识的一个飞跃，由此才产生出数学中的矢量代数和矢量分析。他还推广了十进制小数的使用。

08. 真空和大气压

从伽利略到牛顿的时期内，除了关于运动和力学的研究外，物理学还有另一条发展线索，那便是托里拆利、帕斯卡、居里克和玻意耳等人对真空和大气压的实验研究工作。

亚里士多德学说否认真空的存在。他们认为，自然界厌恶真空，并以此来解释抽水泵为什么能抽水：活塞移动后面留下空间，而空间没有物质充满是不自然的，因此水就被吸进去以避免出现真空。他们也不承认空气有重量。他们认为，所谓重，就是做向下的自然运动的倾向，气元素的固有位置在水元素之上，是没有重量的。

在伽利略时代，水泵已在水井和矿山中广为应用，伽利略在《关于两门新科学的对话》中，已经记载了水泵不可能把水抽到10.5米以上。那么，为什么自然界对真空的厌恶刚好能把水升高10.5米，不多也不少？伽利略曾假定在水泵或虹吸管内有一种只能提起10.5米高水柱的"真空力"来解释这一现象。

意大利物理学家托里拆利（图8-1，意大利1958；图8-2，苏联1959；两张邮票都是纪念托里拆利诞生350周年。图8-3，圣马力诺1982，科学先驱）青年时代深受伽利略的影响。他在伽利略的晚年来到伽利略身边，充当伽利略的秘书和助手。伽利略去世后，他继任托斯卡纳公国的宫廷数学家和哲学家，接替伽利略的职务。托里拆利认为，大气对地球表面施加压力，这有可能解释所谓自然厌恶真空的各种现象。他推测，用比重为13.6的水银做这类实验要比用水方便。1643年，托里拆利做了著名的实验：他在一根长4英尺（1.2192 m）、一端封闭的玻璃管内充满水银，用手指堵住开口端将管子倒立着放入水银盆中，松开手指，水银向下流，流到水银柱高约30英寸（762毫米）时不再下流了，玻璃管内顶部出现一段空间。他又用另一根闭端有一大圆球的玻璃管做这个实验，如果有"真空力"的话，大圆球应当产生更大的真空力，维持更高的水银柱，但实验结果水银柱仍是一样高。因此托里拆利指出："真空力"不存在，水银柱是大气压力顶住的，而大气压力是由空气的

图 8-1（意大利 1958）

图 8-2（苏联 1959）

图 8-3（圣马力诺 1982）

图 8-4（法国 1944）

图 8-6（摩纳哥 1973）

图 8-5（法国 1962）

图 8-7（圣多美-普林西比 2008）

图 8-8（中非 2000）

法国科学家帕斯卡

图 8-9（德国 1936）

图 8-10（东德 1977）

图 8-11（东德 1969）

图 8-12（德国 2002）

德国科学家居里克和马德堡半球实验

重量产生的；自然界中是有真空存在的，玻璃管中水银柱之上的空间就是真空。这个实验也是第一台水银气压计。图8-3邮票中左上角便是气压计。

和伽利略一样，托里拆利也是一个多才多艺的人，在数学、力学、光学和透镜磨制等方面很有造诣，可惜英年早逝，而且大部分著作都已散佚。

帕斯卡是法国著名的思想家，在哲学、文学、数学和物理学上都有建树（图8-4，法国1944，17世纪法国伟人；图8-5，法国1962，逝世300周年；图8-6，摩纳哥1973，诞生350周年）。他从小体弱多病，但是智力超群。他听到托里拆利的实验之后，用红葡萄酒重复了托里拆利的实验。由于酒的比重小，他用了一根46英尺（14 m）长的玻璃管，得到了一段真空。他还想到，如果水银柱是由大气压力顶住的，那么在高山上，空气压力小，水银柱高度也应降低。他托人登山做了这个实验，得到预想的结果，证实了大气压强随高度增加而减小。

帕斯卡进一步研究了流体的静力学，发现了著名的帕斯卡原理，即施加在不可压缩的静止液体上的压强可以毫不衰减地沿各个方向传递到流体的各个部分。它是流体静力学的基本原理之一，也是水压机的工作原理。帕斯卡还发现，水压机也是一种杠杆，活塞上升的高度相当于力臂。活塞越大，总压力越大，但力和力臂的乘积保持不变。

除物理学工作外，帕斯卡也是著名的数学家和哲学家。他16岁就出版了论圆锥曲线的著作，19岁时发明了一台可以做加减法的齿轮计算机并取得专利（图8-7，圣多美-普林西比2008）。他的《致外省人信札》和《沉思录》既是重要的哲学著作，在法兰西文学中也占有一席之地。中非共和国2000年纪念万国邮联成立125周年的邮票也有一枚上有帕斯卡的像（图8-8）。

德国的居里克（图8-9，德国1936，逝世250周年；图8-10，东德1977）也独立进行了真空的研究。他是马德堡的市长，设计了著名的马德堡半球实验，戏剧性地演示了真空的存在和大气压的大小。所谓马德堡半球是两个铜制的直径约为35 cm的半球（两个半球合起来也就一个西瓜大），在垫圈上涂油脂后对接上，再把球内抽成真空。然后用两队马各拉一个半球。1645年居里克在德皇和国会议员们面前演示了这个实验，一直用到16匹马，每队8匹，在鞭策下，才"砰"的一声把两个半球拉开。而如果打开活门将空气放入，那么轻而易举地就可以把两个半球分开。这个实验给人深刻印象，从此以后，真空和大气压力的概念就深入人心了。读者自己可以算一算，作用在整个球面上的大气压力是多大。（大约有4吨！）图8-10上有马德堡半球的结构图。图8-11是东德1969年为在马德堡举行的"民主德国建国20周年"全国邮展发行的邮票，上图是马德堡市的居里克塑像，下图是马德堡半球实验进行中的场面。图8-12是德国2002年为居里克诞生400周年发行的纪念邮票，也是马德堡半球实验的场面。

英国伟大的化学家玻意耳（1627—1691）（图8-13，英国2010，皇家学会成立350年，玻意耳是皇家学会的会员）听说居里克的实验后，在助手胡克的协助下，改进了空气泵，获得了更好的真空。图8-14是爱尔兰（玻意耳是爱尔兰人）1981年发行的爱尔兰科学

图8-13（英国2010）

图8-14（爱尔兰1981）

图8-15（爱尔兰2012）

图8-16（格林纳达1987）

图8-17（马绍尔群岛2012）

与技术邮票中的一张，这一张是纪念玻意耳的，上面有他1659年使用的空气泵。用他所获得的真空，他通过实验证实了伽利略的观点，羽毛和铅块果然同时下落。他还证实了声音不能在真空中传播。他还用一根U形玻璃管，一端封闭，从开口端注入水银，把空气封闭在另一端。倒入更多的水银时，空气柱受到更大的压力，体积变小，但却可以支持更高的水银柱，从而发现了著名的玻意耳定律：压缩空气时，空气的体积与压强成反比（图8-15，爱尔兰2012，玻意耳定律350周年；图8-16，格林纳达1987，伟大的科学发现，上面的英文字是：玻意耳定律，压强和体积）。马绍尔群岛2012年发行的"伟大科学家"版张中也有一枚玻意耳邮票（图8-17）。

09. 笛卡儿和惯性原理

　　法国学者笛卡儿（图9-1，法国1996，诞生400周年；图9-2，摩纳哥1996，诞生400周年，上有笛卡儿的视觉理论图；图9-3，阿尔巴尼亚1996，诞生400周年，强调笛卡儿作为一个哲学家和数学家）是伽利略和牛顿中间的一代，比伽利略小32岁，比牛顿大46岁。他主要因哲学和数学上的成就而闻名：他是近代哲学的开创者，又是解析几何的创立者。他也提出过具体的自然哲学和物理学理论，如宇宙构成的旋涡说、关于碰撞过程的定律等，这些理论在当时影响很大，不过大多同后来的牛顿物理学相矛盾，被牛顿物理学否定了，今天看来是错的，因此他的名字在物理学史上并不响亮。他对物理学的贡献主要是在方法论方面。他提倡数学演绎方法，试图从一些基本原理出发通过数学演绎方法推导出各种自然现象的规律。他的物理学理论虽然与牛顿物理学相反，在哲学上他却第一个系统地表述了牛顿物理学所隐含的机械论自然观。在具体的物理学理论方面，他首先正确地表述了物体运动的惯性原理和光学中折射定律的数学形式（即入射角正弦和折射角正弦的正比关系）。

　　笛卡儿出生于法国的一个古老的贵族家庭。从小体弱多病，养成了早晨躺在床上思考问题的习惯。1637年他的哲学专著《方法谈》(Discours de la Methode)问世。法国1937年为《方法谈》出版300周年发行了邮票（图9-4），但书名印错了，成了《方法引论》(Discours sur la Methode)，因此立即又出了一张邮票（图9-5），改正了书名。这本书实际上是四篇论文的汇集：第一篇《方法谈》原是打算作为其后三篇的序言的。第二篇《折光学》包括对折射定律的推导、眼睛功能的描述和对如何改进望远镜镜片质量的说明。图9-2的左上部和后面图9-6的上部是此书中关于双眼视觉作用的插图。他认为，物体的颜色是由于物体反射照明光时对照明光的改变。例如，一个苹果是红的，因为它吸收照明光中所有其他颜色而只反射红光。这个解释是正确的。第三篇《气象学》讨论天气，对虹的论述尤为精辟。第四篇《几何学》为解析几何奠定了基础。

图9-1（法国1996）

图9-2（摩纳哥1996）

图9-3（阿尔巴尼亚1996）

图9-4 书名错误（法国1937）

图9-5 书名正确（法国1937）

图9-6 "我思故我在"（塞拉利昂2000）

图9-7 笛卡儿去世（格林纳达2000）

笛卡儿提出的最著名的哲学命题是"我思故我在"。笛卡儿认为，经验固然重要，但往往并不可靠。而演绎法只要其前提没有问题，是不可能出错的。怎样才能得到一个真正可靠的前提呢？笛卡儿认为必须首先怀疑一切，然后从中淘出那清楚明白、不证自明的东西。他找到的第一个自明的前提是"我思故我在"，因为对什么都可以怀疑，但对我正在怀疑这件事不能怀疑，怀疑就是我在思想，这就意味着我存在。图9-6是各小国发行的千年纪邮票中的一张(塞拉利昂2000)，上面的小字是"1641年（年份有误）笛卡儿提出'我思故我在'"。

从这个命题出发，笛卡儿确认了上帝和外部世界的存在，提出了物质–心灵的二元论。他认为，并存着两个独立的实在：一个是物质世界，它按照自然规律，像一具钟表一样运转，是可以预言的。在这个世界中，真正的实在或第一位属性是位置、时间、体积、重量等非人格的特征，而颜色、美之类的人类感觉印象则是第二位属性，它们是第一位属性的反映。另一个是精神世界，是人类思想和感情以及与上帝交流的领域。这样，他就把科学和宗教调和起来。但是，他留给上帝的余地并不多，只需上帝建立和维持自然规律并启动宇宙，一旦启动之后，宇宙就自行运转，不需要上帝干预了。

1644年笛卡儿出版了《哲学原理》一书。这本书的第一部分讨论认识论问题，其余三部分分别讨论运动的一般规律、天文学和物性学问题，可以看成一本物理学专著。笛卡儿假设，太阳周围天空中的物质不停地旋转，形成一个以太阳为中心的旋涡，各个行星被裹挟着绕太阳旋转。不仅太阳系是这样，而且每个恒星周围都有一个旋涡，整个宇宙包含许多互相连接嵌合的旋涡系统，而彗星则穿行于这些旋涡的分界线附近。回顾在哥白尼体系里，只对太阳系作了安排，而把所有其他恒星都挂在一个恒星天球上。笛卡儿关于宇宙中有无数个太阳系的想法，无疑是有进步意义的。

他在讨论运动的一般规律时，从哲学上论证宇宙中运动的总量是守恒的。因为宇宙是上帝造的一台机器，一旦启动就应当永不停息，这必须有总的运动量守恒作保证。他把运动的量定为物体大小（质量）乘以速率，速率是速度的大小而不考虑方向，因此他的"运动的量"是一个标量，与今天的动量不同。后来惠更斯把它改正过来。

他还从这个命题演绎出运动的惯性原理："静止的物体依然静止，运动的物体依然运动，除非有其他物体作用；惯性运动是以不变的速度沿直线运动。"这就是后来的牛顿第一定律。惯性原理是牛顿力学的基础，有了惯性概念，才能有牛顿运动定律：运动并不需要外力维持，只是物体运动状态的变化才由外力引起。不难看出，所谓"惯性"同亚里士多德物理学中的"自然运动"是有概念渊源的，它们都是指物体不受外界作用时的运动。但是在物理上二者却截然不同。亚里士多德物理学中的自然运动，在天上是天体的匀速圆周运动，在地上是由物体的"重性"引起的竖直运动；而笛卡儿的惯性运动却是匀速直线运动。那么，天上的星星为什么会周而复始地转圈、地上的苹果为什么会下落呢？后来牛顿的回答是，这是引力作用的结果。笛卡儿表述的惯性原理比伽利略表述的更正确，因为伽利略认为惯性运动是地球上的水平运动，这实际上还是圆周运动。

1649年，瑞典女王邀请笛卡儿担任宫廷哲学家，笛卡儿来到斯德哥尔摩。北国的寒冷气候对长年患气管炎的笛卡儿十分不利，偏偏女王认为凌晨5点钟学哲学最合适，笛卡儿不得不改变他一生睡懒觉的习惯，冒着严寒去授课。不久他就得肺炎去世。图9-7是各小国发行的千年纪邮票中的一张(格林纳达2000)，上面写着："1650年笛卡儿去世。"

和笛卡儿的演绎方法相反的是英国哲学家弗兰西斯·培根（1561—1626）（图9-8，罗马尼亚1961；图9-9，塞拉利昂2000，千年纪邮票）倡导的归纳法。培根重视经验事实，强调科学研究首先要占有足够的经验事实，对其分类和鉴别，然后再归纳出它们之间的关系和相关性。培根反对从假设出发的演绎法，不重视数学在科学研究中的作用，这使他不了解伽利略的科学工作。他提倡实验是功不可没的，他的方法对主要依靠搜集资料得出结论的生物科学和地学的发展起了积极作用，但是对17世纪物理学的发展没有起什么作用。对近代物理学的发展起了巨大作用的是伽利略和牛顿倡导的实验和演绎相结合的方法。实验和理论、演绎和归纳相反相成。所以我们要"摆事实，讲道理"。这是近代科学取得巨大成功的根源。

图9-8（罗马尼亚1961）

图9-9（塞拉利昂2000）

10. 牛顿

伽利略去世后一年，伟大的物理学家牛顿诞生了（图10-1，塞拉利昂2000，千年纪邮票，注意图中的婴儿，他后来长成了科学巨人！）。按当时所用的儒略历，他的出生日期是1642年12月25日；若按现在通用的格里高利历则为1643年1月4日。由于这个原因，邮票上对牛顿的出生年份有两种标法。

牛顿是一位科学巨人。他是数学家、物理学家、天文学家和哲学家。他的工作遍及数学（二项式定理、微积分）、力学（万有引力、运动定律）、光学（光谱学、反射望远镜）和宇宙体系。纪念他和他的工作的邮票很多，其中有两套大票：一是他的祖国英国于1987年为《自然哲学的数学原理》出版300周年发行了一套纪念邮票（下面的图10-4），综合介绍了牛顿的工作；二是朝鲜于1993年发行了一套邮票纪念牛顿诞生350周年（图10-2），囊括牛顿的一生。下面我们将以这两套邮票为纲，结合别的邮票，介绍牛顿的生平和工作。

先按照图10-2的邮票粗线条地介绍牛顿的生平。图10-2之一是牛顿的肖像。牛顿出生于英格兰林肯郡的伍尔索普，他父亲是个自耕农，在牛顿出生前就去世了，牛顿是个遗腹子。图10-2之二中的小屋就是牛顿的祖居和出生地。三岁时母亲改嫁，由外祖父母抚养长大。从小没爹没娘，他的心理受到严重扭曲，使得他在成名后，表现得气度狭小，多疑，嫉妒心强，好与人争斗，特别是争夺首创权。1661年6月进入剑桥大学的三一学院，专攻数学。这时欧洲和英国正处于科学昌盛发展的时期，英国皇家学会于1660年成立是一个标志。

当时剑桥讲授的主要还是一些经院式课程。1663年，H.卢卡斯出资设立一个讲座，规定讲授自然科学知识。讲座的第一任教授巴罗是个博学的学者，他引导牛顿进入科学的大门。在巴罗门下学习是牛顿一生的重要时期，他阅读了欧几里得、开普勒、笛卡儿、伽利略等人的著作，掌握了当时的数学、力学和光学知识。巴罗很欣赏牛顿的才华，认为牛顿的数学才能在自己之上。

图 10-1 牛顿诞生
（塞拉利昂2000）

图10-2 纪念牛顿诞生350周年（朝鲜1993）

图10-3 牛顿二项式定理
（圣马力诺1982）

图10-4 纪念《原理》出版
300周年（英国1987）

图10-5（蒙古1977）

图10-7（几内亚比绍2009）

图10-9（马绍尔群岛2010）

图10-8（乌拉圭1996）

图10-10（格林纳达2000）

图10-6（格林纳达1987）

1665年初牛顿从大学毕业，获得学士学位。这时他已发现了代数中的二项式定理［图10-2之四；图10-3，圣马力诺1982，科学先驱，注意左上角的$(a+b)^n$］。由于伦敦流行鼠疫，学校为避免传染，停课放假，牛顿于1665年6月回到伍尔索普他母亲的农场（图10-2之二），在乡下住了18个月。据牛顿自己说，这18个月里，他运用在剑桥学到的知识，潜心思考，得出了一系列重要发现。其中包括对万有引力的思考，据说他是在苹果树下看到苹果坠地而想到万有引力的存在的，从此苹果便成为万有引力的象征。但是这并不是事实，一方面，万有引力是历史上多人研究积累的结果，不是牛顿受苹果坠地启发灵机一动而想出来的；另一方面，从他与胡克的通信可以看出，直到1679年，牛顿对天体运动的规律还并不掌握。这个说法将牛顿的万有引力研究成果提前了至少二十年。不过约定俗成，既然大家都这么说，邮票上也就用苹果作为万有引力的表征了。

1667年牛顿回到剑桥，次年获硕士学位。1669年巴罗举荐牛顿接替自己担任卢卡斯讲座教授。1672年当选英国皇家学会会员（见下面的图10-29）。1687年出版《自然哲学的数学原理》。1704年，另一部重要著作《光学》出版。图10-2之二、之三和之四分别表现了牛顿在力学、光学和数学方面的贡献（当然并不全面）。图10-2之五是西敏寺的牛顿墓，背景是《原理》和《光学》两部著作。

下面再按照图10-4并结合更多的邮票，详细介绍牛顿的工作。图10-4邮票是为了纪念《原理》出版300周年而发行的，《原理》总结了动力学原理并宣布了万有引力定律，人们评价它是历史上最伟大的科学著作，正是这本著作奠定了牛顿的英名。但这套邮票并不限于《原理》的内容，也介绍了牛顿在光学上的巨大成就。第一枚邮票上是苹果和《原理》书名。第二枚票上是天体沿椭圆轨道运行。第三枚票巧妙地用一个盛水的烧瓶表现了光的折射、色散等现象和牛顿的另一专著《光学》的封面。第四枚票上的文字是世界体系，这也是《原理》第三篇的标题。

关于牛顿和万有引力定律的邮票有不少，例如图10-5（蒙古1977年为纪念牛顿逝世250年发行的小全张中的2枚邮票）；图10-6（格林纳达1987，重大的科学发现）；图10-7（几内亚比绍2009，伟大物理学家）；图10-8（乌拉圭1996，科学家）；图10-9（马绍尔群岛2010，早期天文学家，牛顿的卷发成了一串苹果）；图10-10（格林纳达2000，千年纪邮票，邮票上画了好几个苹果，图表示地球对月亮的引力如何成为月球绕地球运动的向心力，上面的小字是"1666年牛顿表述了万有引力定律"）。三个法语非洲国家于1977年发行了纪念牛顿逝世250年的风格相似的邮票：图10-11（马里1977）；图10-12（贝宁1977），这张邮票试图表示把苹果拉下来的力与使月亮绕地球转的力是一回事；图10-13（刚果1977）。下面几张邮票上有万有引力的平方反比公式：图10-14（尼加拉瓜1971，苹果里有星云、行星）；图10-15（保加利亚1993，纪念牛顿诞生350年）；图10-16（摩纳哥1987，纪念《原理》出版300周年，公式在右上角）。

万有引力的平方反比关系是从大量科学观测事实总结出来的，特别是从开普勒的行星运动三定律。关于平方反比的万有引力定律与行星运行轨道的关系，事实上包括两个问

图 10-11（马里 1977）

图 10-12（贝宁 1977）

图 10-13（刚果 1977）

图 10-14（尼加拉瓜 1971）

图 10-15（保加利亚 1993）

图 10-16（摩纳哥 1987）

万有引力

图 10-17 纪念《原理》出版 300 周年（苏联 1987）

图 10-18（中非 1985）

图 10-19（几内亚 1986）

图 10-20（格林纳达 1989）

图 10-21（多哥 1986）

图 10-22（科摩罗 1988）

牛顿和哈雷的友谊

题：一个是正问题，使行星沿椭圆轨道运动的力必定指向太阳，并和它们到太阳的距离平方成反比。按照牛顿自己的说法，他早在1666年就已从开普勒定律推出来了，但是他没有公开发表，后来别人（如胡克）也得出了这一看法。这个问题的逆问题，即在平方反比的有心引力作用下行星沿什么轨道运动，则要难得多。（正问题只是一个求微商的问题，逆问题则要对运动方程求积分。）1684年的一天，胡克、天文学家哈雷和著名建筑师雷恩在一起讨论这个问题，胡克声称他已解决了这个问题，但却给不出数学证明。雷恩因此决定悬赏征解。哈雷是牛顿的好朋友，他专程到剑桥请教牛顿。牛顿肯定回答轨道是椭圆（一般情况下为圆锥曲线），他几年前就已算过。但一时找不到原来的手稿，牛顿答应重新写出来。三个月后，牛顿写出了论文《论公转运动》，就行星的椭圆轨道运动和平方反比力的关系作了严格的数学证明。哈雷对此文极为赞赏，并怂恿牛顿写一本专著。

在哈雷的鼓励下，牛顿花了一年半时间，于1686年写成《自然哲学的数学原理》一书，由哈雷亲自编辑并承担出版费用，于1687年出版。《原理》总结了动力学原理并宣布了万有引力定律，证明天上和地上的物体服从同样的运动规律，建立了经典物理学的体系。人们评价它是历史上最伟大的科学著作，正是这本著作奠定了牛顿的英名。除了英国（图10-4）外，别的国家也发行邮票纪念《原理》出版300周年，如摩纳哥（图10-16），还有苏联（图10-17），苏联邮票附票上的文字是对《原理》的评价："牛顿的创造活动的顶峰《自然哲学的数学原理》首次缔造了天上和地上的统一的力学体系，它是经典物理学的基础。"这两枚邮票上的牛顿肖像是牛顿的标准像，是1689年牛顿当选下院议员后由当时著名的画家内勒（Godfrey Kneller）画的。牛顿时年46岁，正处于心智的巅峰时期，并且开始得到世界性声誉。他一头浓密的银发披在肩上，目光犀利，瘦削的下巴显得很刚毅。之所以选用这张画是因为画像日期离《原理》出版日期最近（只隔两年），能最好地表现《原理》出版时牛顿的形象。采用这幅画像作邮票画面的还有后面的图10-27、图10-43、图10-55和图10-62。

牛顿是个对批评很敏感的人，许多发现，如果没有绝对把握，都秘而不宣。以至于人们有这样的说法：牛顿的发现有两个阶段，首先是牛顿做出发现，然后一些人再从他那里打听出来并公之于世。这种做法至少是造成许多关于优创权的争论的部分原因（更基本的原因来自牛顿的性格），如牛顿和胡克关于谁发现平方反比力的争论、牛顿和莱布尼茨关于微积分发明权的争论等。而牛顿关于万有引力、关于微积分的研究结果，都是首先在《原理》中发表的。如果牛顿生前没有写出《原理》这本书，那么按牛顿的传记作者威斯特福的话说，"我们至多只会三言两语地提一下他，对他没能有很大的成就感到痛惜而已。"因此，哈雷和牛顿的友谊，哈雷鼓励和帮助牛顿出版《原理》，是科学史上一件大事，一段佳话。哈雷比牛顿年轻13岁，家境富裕，为人和蔼可亲，对牛顿很尊敬。因此，虽然牛顿不是一个好相处的人，但和哈雷的关系却一直很好。哈雷彗星实际上也和牛顿有关系：1682年大彗星出现后，牛顿曾根据观测资料对其轨道进行过计算，得出它沿以太阳为焦点的抛物线轨道运动。哈雷根据牛顿的天体运行理论，仔细观察1682年大彗星的轨道后，认为它的轨道虽然偏心率很大，但仍是一条拉得很长的椭圆轨道，因此还会再次回归，周期约为76年。它同1531年和1607年两次出现的彗星是同一颗彗星，并将于1758年再次出现。1758年，这颗彗星果然再次出现了，从此人们便把这颗彗星称为哈雷彗星。许多国家发行的哈雷彗星邮票中有牛顿，一些国家发行的哈雷彗星邮票还直接表现了牛顿和哈雷的友谊，如图10-18（中非1985）中牛顿和哈雷一同观测彗星；图10-19（几内亚1986）中哈雷向牛顿显示彗星的周期和回归年份，墙上挂着彗星运行的椭圆轨道图；图10-20（格林纳达1989）是"哈雷出版牛顿的《原理》"；图10-21是多哥1986年发行的哈雷彗星邮票的小型张上的邮票，为牛顿和哈雷的肖像。科摩罗1988年出的哈雷彗星票中也有一张是牛顿的像（图10-22）。

《原理》共分三篇。在最前面是极重要的导论部分，包括"定义和注释"及"运动的基本定理或定律"两节。它首先给出"质量""运动（量）""力""惯性"等的定义，并在注释中提出了绝对时间、绝对空间、绝对运动和绝对静止的概念。然后给出著名的运动三定律，以及矢量的合成和分解的法则、运动叠加原理、动量守恒原理、伽利略相对性原理等。这一部分是牛顿对前人工作的系统化，是牛顿力学的概念基础。《原理》中对运动三定律的叙述是：

Ⅰ.每个物体继续处于静止或沿直线做匀速运动的状态，除非有力作用于此物体迫使它改变此状态。

Ⅱ.运动的变化同所加的力成正比，并且发生在所加的力的直线方向上。

Ⅲ.每一个作用总是有一个和它相等而方向相反的反作用。换句话说，两个物体相互作用时，总是以相等的作用施加于对方。

第一定律继承了笛卡儿关于惯性的说法。对第二定律要注意的是，牛顿说的是运动的变化而不是变化率，因此它的公式表述应当是$\Delta(mv) = F\Delta t$（见下面的图10-28）。现在更常用的微分形式$F = ma$是欧拉1750年引入的。应当指出，对于速度很高的相对论情形，$F = ma$不成立，但是牛顿原来给出的形式仍然正确，好像牛顿对此有预见似的。图10-23是以色列1972年发行的发展教育邮票中的一张。它表明，今天$F = ma$同勾股弦定理$a^2+b^2 = c^2$、展开式$(a+b)^2 = a^2+2ab+b^2$一样，已成为中学生必须掌握的知识。副票上是旧约上《箴言》的一段话："教养孩童，使他走当行的道……"每张邮票都带副票，是以色列邮票的特点。

《原理》第一篇应用前面的基本定律研究引力问题，包括前述椭圆轨道运动与平方反比有心引力的互相推导。得出两个点状物体的引力公式：

$$F = G\frac{m_1 m_2}{r^2}$$

其中m_1、m_2分别是两个物体的质量，r是它们之间的距离。G是引力常量，是一个普适常量。卡文迪什（他的邮票见第32节）在《原理》出版100多年后，于1798年用扭秤测出$G = 6.7 \times 10^{-8} \text{cm}^3/(\text{g} \cdot \text{s}^2)$，从而算出地球质量为$6 \times 10^{27}$ g。牛顿还证明了，均匀球对球外质点的作用等效于球的全部质量集中于球心时对该质点的作用，即引力仍可用上式表示，式中的r取质点到球心的距离。这个证明对牛顿很重要。据科学史家考证，牛顿正是因为没有证明这一点，在计算地球对月球的引力时不能肯定是否应把地心到月心的距离当成地月距离，使得他虽然早有了万有引力的想法，却一直没有发表，直到证明了这一点后才发表出来。牛顿是用几何方法证明的，证明中用的几何图出现在图10-4的第一枚邮票中，苹果加上这个图，突出表现了牛顿对万有引力理论的贡献。图10-2的第五张邮票中也有这个图，但是有错，请读者自己比较。

《原理》第二篇讨论物体在介质中的运动，批评了当时流行的笛卡儿的宇宙旋涡假说，认为行星在旋涡中的运动不可能符合开普勒定律。第三篇的标题是"世界体系"，用万有引力解释当时所知道的天体的一切运动，包括行星和月亮的摄动、潮汐、岁差、彗星等（图10-4之四），例如，行星运动的不规则现象（摄动），可以用其他行星对该行星的引力来说明；岁差可以用地球不是一个严格的球体而是一个椭球，月球对地球的引力中心不通过地球球心而说明；用太阳和月亮的引力说明潮汐等。牛顿在本篇末尾的总释中骄傲地宣布：假定在宇宙中万物之间存在一种万有引力，在此基础上就可以建立一个令人满意的世界体系。牛顿建立的这种世界体系像是一部机器或者钟表，一切运动都被归结成力学定律。上帝只起着制定运动定律和上发条（第一推动力）的作用，而不干预这个钟的日常运行。第三篇之后还附有一篇论文，题目也是"世界体系"，对第三篇的主要结果作了非数学的叙述。在其中牛顿用一幅图表示一个思想实验，直观说明使物体作轨道运动的力和重力是同一种力：在高山上水平射出炮弹，如果速度不够大，重力使炮弹掉到地上。当速度达到临界速度（第一宇宙速度），炮弹就绕地球做圆周运动不掉下来。图10-4第四枚邮票中用了这幅图。匈牙利1977年发行的纪念牛顿逝世250周年邮票（图10-24）副票上的图更像原图。这枚邮票的正票上有反射式望远镜的光路，副票上除这幅图外，还有火箭，并写了《数学原理》的书名。用火箭发射的环绕地球的人造卫星无非就是达到第一宇宙速度的炮弹。在引力-轨道问题上，牛顿还曾试图准确计算土星的轨道，考虑它的巨大邻居木星对它的作用。牛顿说过，这种三体问题使他很头疼，有一次他不得不用毛巾勒紧头，减弱血液循环来缓解。图10-25（英国1999，千年纪邮票中纪念牛顿的邮票）上是用哈勃望远镜拍摄的土星照片，邮票上的文字是"牛顿／哈勃望远镜"。

万有引力的表示式中不含时间，也与中间介质的性质无关，像是一种无需中间介质、而且传播不需要时间的超距作用。这是很难理解的。牛顿承认他不能解释引力的成因和机制，万有引力定律只描述两个物体怎样相互吸引，而并不解释这两个物体为什么会这样相互吸引。他说："我并不期求搞清引力的起源，搞清这个问题需要花费很多时间。万有引力实际存在，它按照我们所叙述的规律起作用，并且足以解释天体与海洋的一切运动，这就使

图 10-23 $F = ma$
（以色列 1972）

图 10-25 千年纪邮票（英国 1999）

图 10-24 牛顿逝世 250 周年（匈牙利 1977）

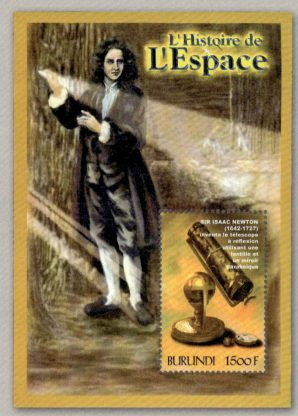

图 10-26 牛顿的光学工作（布隆迪 2000）

图 10-27（马尔代夫 1988）

图 10-28（德国 1993）

牛顿用棱镜将白光分解为色光

图 10-29（英国 2010）

图 10-30（蒙古 1977）

图 10-31（乌干达 1987）

我相当满意了。"他不愿意提出一个没有充分科学证据的人为的假说，他说："我不臆造假说。"

牛顿的《原理》不仅引入了具体的力学定律的物理内容，而且改变了整个物理学的框架。他的框架不再是和谐，而是力及其带来的因果性。

《原理》出版后，牛顿声名鹊起，1689年他作为剑桥大学教授的代表当选为议员进入国会下院，参政议政去了。上面提到的标准像便是这时画的。牛顿在国会中从不发言。有一次他站起来，议会厅顿时静下来，要听牛顿的高论。但他只说了一句"有穿堂风，应把窗户关上"，就又坐了下来。

下面再看牛顿的光学工作及其在邮票上的反映。牛顿在光学上的研究主要有两方面：一是通过对折射时色散现象的研究，建立了颜色理论，确定白光是由各种单色光组成；二是发明反射望远镜。布隆迪在2000年发行的空间探索史纪念张（图10-26）上面有这二者：边纸上是牛顿让光从小孔射入做光学实验，邮票上是牛顿的反射式望远镜，邮票上的法文文字是"牛顿用一块透镜和一块抛物面镜发明了反射望远镜"。

在对色散和颜色的研究方面，早在1666年，牛顿就买了一块玻璃棱镜研究当时已为人知的白光通过棱镜后出现的色散现象〔图10-27，马尔代夫1988，伟大的科学发现；图10-28，德国1993，纪念牛顿诞生350周年，牛顿头像的背景是棱镜色散现象的光路，从右到左，还用红字写出了牛顿第二定律原来的形式 $\Delta(mv)=F\Delta t$；图10-29，英国2010，皇家学会成立350年，邮票上部有折射时色散造成的光谱，从红到紫，但是这个光谱并不是图中的光路造成的，那是透镜成像的光路；图10-30，蒙古1977，纪念牛顿逝世250年小版张中的一枚，图上是演示色散现象的光路，光的行进方向从左到右，但不见入射光，这个光路错了，按照这个光路图，光从棱镜射出的一面是棱镜的一个侧面，那么棱镜的顶点就是光线出射面的一个端点，不论棱镜顶点是上面那点还是下面那点，我们看到，不论光线从什么方向入射，都是不会产生如图那样的出射光线的，光线穿过棱镜后总是折向底边方向〕。他继续这方面的实验，让太阳光通过一小孔射入一暗室，像图10-31（乌干达1987，伟大的科学发现。右侧的英文字是"光和色的理论"，图中的书是1704年出版的牛顿著作《光学》）那样，通过两块棱镜。第一块棱镜把白光展宽成各个颜色的光，第二块棱镜若与第一块棱镜同向放置，那么它只把各个颜色的光展得更宽，并不出现新的颜色。但如果像图10-31中那样，把第二块棱镜反向放置，让各个颜色的光聚到一起，又得到白光。于是牛顿得出的结论是：白光本身是由各个单色光按一定比例混合而成的，单色光是基本的，玻璃棱镜对不同颜色的光折射的程度不同，因而把不同的色光分开。这和从亚里士多德以来的看法相反，原来的看法是，白光是纯洁的单色光，是光的本质；而色光是白光发生某些变化而成。因此，牛顿是光谱学的鼻祖。实际上，光谱（spectrum）这个词就是牛顿首先采用的。1672年，牛顿向皇家学会提出论文《论光与色》，阐述了他的看法。

关于反射望远镜，原来伽利略做出的望远镜是折射式的。天文学家格雷高里（James Gregory）提出了反射望远镜的设计，但是他没能做出来。牛顿通过对折射时色散的研究，

图 10-32（毛里求斯 1986）

图 10-33（中非 1985）

图 10-34（莱索托 1987）

图 10-35（马尔加什 1990）

图 10-36（尼加拉瓜 1994）

图 10-38（格林纳达 2000）

图 10-37（也门 1969）

图 10-40（圣文森特和格林纳丁斯 1999）

图 10-41（直布罗陀 2009）

牛顿发明反射望远镜

图 10-39（刚果 2000）

图 10-42（阿森松 1971）

图 10-43 牛顿出版了《光学》
（内维斯 2000）

图10-44（墨西哥1971）　　　　图10-45（尼日尔1970）　　　　图10-46（几内亚1994）

认识到反射望远镜具有巨大的优越性，可以避免光通过透镜折射时出现的色差，决心把它做出，并于1669年完成。（图10-2之三；图10-32，毛里求斯1986，哈雷彗星；图10-33，中非1985，哈雷彗星；图10-34，莱索托1987，伟大的科学发现；图10-35，马尔加什1990，发明家；图10-36，尼加拉瓜1994，著名天文学家；图10-37，也门1969，探索空间的历史；图10-38，格林纳达2000，千年纪邮票，上面的英文小字是"1668年牛顿造出第一台反射望远镜"；图10-39，刚果2000，科技名人；图10-40，圣文森特和格林纳丁斯1999，空间探索史；图10-41，直布罗陀2009，国际天文年；图10-42，阿森松1971，重大天文学事件，邮票上有反射望远镜又有苹果，邮票上的文字是"艾萨克·牛顿，数学家和天文学家"。由于反射望远镜和万有引力在天文学中很重要，这就奠定了牛顿作为一个伟大天文学家的地位。）1671年牛顿应邀制作第二台反射望远镜并将它赠送给皇家学会，次年获选为皇家学会会员。由此我们知道牛顿不但是一个伟大的理论家和数学家，而且手也很巧，是一个优秀的实验家。但是牛顿断言折射望远镜永远存在色差，不可能造出消色差透镜，则被后来的进展否定了。

1704年，牛顿另一部重要著作《光学》出版。牛顿在这本书里总结了他在光学方面的工作，包括棱镜色散、反射望远镜、薄膜光学现象（牛顿环）、光的绕射、双折射等。他在书中阐述了对光的本性的看法，认为光是一种粒子。牛顿之所以这么晚才出版这本书，是为了避免同胡克发生争论（胡克认为光是一种波），因此一直等到胡克去世（1703年）后才出版。与《原理》以拉丁文出版不同，《光学》是用英文写的，这样就有更多的读者。反映《光学》出版的邮票有图10-43（内维斯2000，千年纪邮票），牛顿头像下有反射望远镜的光路，下面的文字是，"1704年牛顿出版了《光学》，他在书中描述了光的本性和他发明的反射望远镜"；此外还有图10-31和图10-4之三。

牛顿力学和牛顿的引力理论是航空和航天的基础，因此，牛顿也出现在许多以征服太空和航天为主题的邮票中。例如图10-44（墨西哥1971，征服太空）；图10-45（尼日尔

图 10-48（乍得 1999）

图 10-49（莫桑比克 2000）

图 10-47 对牛顿的评价（几内亚比绍 2008）

老年牛顿

图 10-50（法国 1957）

图 10-51（波兰 1959）

图 10-52（迪拜 1971）

图 10-53（越南 1986）

图 10-54（格林纳达－
格林纳丁斯 1987）

图 10-55（卢旺达 2009）

图 10-56（马里 2006）

伟大的牛顿

图 10-57（吉布提 2006）

图 10-58（马拉维 2008）

图 10-60（马绍尔群岛 2012）

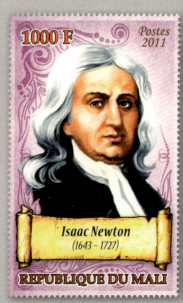

图 10-59（马里 2011）

1970，航空先驱，把卫星比作链球）和图10-46（几内亚1994，天文学家和宇宙飞船）。

1696年，牛顿被任命为造币厂的督办，1699年升任厂长，薪俸优厚。从此他就不再从事科研，在科学上无所作为了。他终身笃信炼金术和宗教神学，此后更沉湎于其中。他遗留的手稿中，有关炼金术的有65万字，有关神学内容的更有150万字之多。他并非晚年才投向宗教，而是一直就在那里。牛顿迷恋炼金术，这不仅占用了他的精力和时间，而且还损害了他的健康。50岁后，牛顿表现出心理错乱和精神分裂的症状，这可能和他每天和水银打交道有关。有人评价说，牛顿既是第一个近代科学家，又是最后一个中世纪术士。（图10-47，几内亚比绍2008，天文学发现。邮票上的葡萄牙文文字是："物理学家、数学家、天文学家、自然哲学家和炼金术士。反射望远镜的发明者。"）

1705年牛顿被封为爵士。从1702年开始，年年当选皇家学会会长。他的声誉日隆。图10-48（乍得1999）和图10-49（莫桑比克2000）上是老年的牛顿，这幅像画在他82岁时。1727年牛顿在睡眠中去世，享年84岁。英国人为他进行了国葬。当时法国哲学家伏尔泰正在伦敦访问，对此感慨良深。他写道："他是像一个王者一样入葬的，科学家得享如此殊荣，前无古人，后少来者。"牛顿墓见图10-2之五。

恩格斯很好地总结了牛顿的科学业绩："牛顿由于发现了万有引力定律而创立了科学的天文学，由于进行了光的分解而创立了科学的光学，由于建立了二项式定律和无穷小理论而创立了科学的数学，由于认识了力的本性而创立了科学的力学。"一个人做出其中任何一项就足以名垂千古，而牛顿做出了所有这些成就。世界各国纪念牛顿的邮票还有图10-50（法国1957）、图10-51（波兰1959）、图10-52（迪拜1971，名人肖像，圆形徽志内为反射望远镜和天体）、图10-53（越南1986，哈雷彗星）、图10-54（格林纳达-格林纳丁斯1987，伟大的科学发现）、图10-55（卢旺达2009，伟大科学家）、图10-56（马里2006，取自一个航天小型张）、图10-57（吉布提2006，17世纪伟大科学家）、图10-58（马拉维2008，伟大科学家）、图10-59（马里2011，最有影响的物理学家和天文学家）、图10-60（马绍尔群岛2012，伟大科学家）等。还有巴拉圭1965年的三角邮票（见第5节图5-79和图5-80，牛顿头像的背景上分别为西班牙文"光学"、"万有引力"及其公式、"椭圆轨道"和"无穷小计算、微分、求切线"及积分和增量符号）。图10-61（马里2009）和图10-62（加蓬2011，世界史上的100个伟人）是两枚为牛顿发行的小型张。图10-61上有牛顿望远镜和《原理》的扉页，左下的法文文字是"艾萨克·牛顿爵士出生于一个农民家庭，他是英国哲学家、数学家、物理学家、天文学家和炼金术士。作为一个标志性的科学人物，他最有名的是他的引力理论和与莱布尼茨竞争着发明微积分"。图10-62边纸的上部是牛顿的手稿，中部有棱镜造成色散，左下方是剑桥大学当时的校舍，中间有牛顿望远镜和《原理》的扉页，右边是牛顿的祖居。牛顿还出现在后面的图57-27上。

图 10-61（马里 2009）

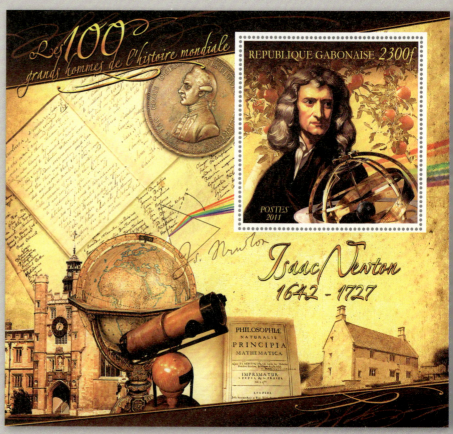

图 10-62（加蓬 2011）

11. 牛顿的同时代人

17世纪是天才辈出的世纪。天才的法国数学家费马诞生于1601周年，在他之后，帕斯卡、惠更斯、牛顿、莱布尼茨相继出世，而在他之前，开普勒、伽利略和笛卡儿的生命大部分时光也是在17世纪度过的。他们中每一个都涉足过物理学，都对近代物理学的建立作出过贡献。

在牛顿的同时代人中，首先应当提到的是荷兰人惠更斯（图11-1，荷兰1928，儿童福利邮票，生卒年份见邮票；图11-2，吉布提2006，17世纪伟大科学家；图11-3，马里2006，小型张上的邮票；图11-4，卢旺达2009，伟大科学家；图11-5，马里2011，最有影响的物理学家和天文学家）。他比牛顿年长13岁。其父康斯坦丁·惠更斯是荷兰的大臣和著名诗人、作家，和笛卡儿是好友。惠更斯16岁入莱顿大学，攻读数学和法律。他对天文学、力学、光学、数学都有重要贡献。

在天文学方面，惠更斯改进了磨透镜的方法，磨出了更好的透镜，并用所磨出的透镜装了一架放大倍数更大、更清晰的望远镜。他用这架望远镜发现了猎户座星云、土星最大的卫星泰坦和土星的光环（图11-6，格林纳达2000，千年纪邮票，图上的英文小字是"1655年惠更斯发现土星光环"；图11-7，科摩罗群岛1979，探测太阳系，邮票上是土星，因为惠更斯发现了土星光环，和土星最有缘分）。

荷兰为纪念奥仑治王族的威廉三世入主英国300周年，于1988年发行一套邮票。其中有一张邮票（图11-8）上面有惠更斯和牛顿的名字和业绩，因为惠更斯和牛顿晚年正处于威廉三世和皇后玛丽执政的时期（1688—1702）。威廉原是尼德兰（即荷兰）联省共和国执政，与英国王室有亲戚关系。由于信奉天主教的英王詹姆斯二世专横暴虐，不得人心，其反对派便邀请信奉新教的威廉干预。威廉率军在英国登陆，几乎未遇抵抗便进入伦敦，詹姆斯二世逃往法国，威廉继位为王。牛顿正是在詹姆斯被推翻并流亡之后，于1689年当选为国会议员的。在

图11-1（荷兰1928）

图11-2（吉布提2006）

图11-4（卢旺达2009）

图11-5（马里2011）

惠更斯

图11-3（马里2006）

惠更斯发现土星光环

图11-6（格林纳达2000）

图11-7（科摩罗群岛1979）

图11-8（荷兰1988）

惠更斯发明摆钟

图11-9（荷兰1962）

图11-10（圣多美和普林西比2008）

图11-11（几内亚比绍2009）

这张邮票上，牛顿的业绩用太阳光谱代表，惠更斯的业绩用摆的运动和土星光环代表。

在力学方面，惠更斯有以下几项工作。① 他对碰撞问题作了深入研究。碰撞是揭示物体相互作用的最简单的模型，从来就是物理学家研究的热门题目。笛卡儿研究了碰撞问题，但他得出的结论是错的。惠更斯改正了笛卡儿的错误，他从碰撞问题的进一步研究得出了正确的动量守恒原理。他将动量定义为质量和速度的乘积，是一个矢量。这样，动量守恒在任何碰撞情况下都成立。惠更斯还从惯性原理、运动的相对性原理等基本原理出发，圆满地给出了一维的二体弹性碰撞的结果。特别是他得到，在完全弹性碰撞的假定下，不仅动量守恒，而且还有一个量 mv^2（即动能的两倍）也守恒。② 他求出圆周运动的离心加速度公式 v^2/r（牛顿后来也独立地发现了关于向心加速度的同一公式，它是由行星的圆周轨道运动推出引力的平方反比特性必经的桥梁）。③ 惠更斯最著名的工作是对摆的研究和在此基础上制出的摆钟，为人类提供了精确测量时间的工具。伽利略发现摆的等时性，是用自己的脉搏来计时的。惠更斯发现，单摆的等时性是近似的，只在振幅小时成立。真正严格等时的摆动，其轨迹不应是圆弧而应是一段摆线（旋轮线）。他研究了摆线的性质，证明一条摆线就是它自己的渐伸线。利用这个性质，他让摆的悬线在两片半截摆线形状的夹板之间运动，这样的摆的轨迹就是摆线。他还用一个不断下降的重锤释放的位能作动力，通过齿轮传动向单摆施以周期性的瞬时冲力，以克服空气和摩擦的阻尼，维持摆的等幅振动。基于这些设计，惠更斯于1656年造出了人类历史上第一架摆钟，标志着人类进入了精确计时的时代。图11-9（荷兰1962）是惠更斯的摆钟。图11-10（圣多美和普林西比2008）和图11-11（几内亚比绍2009）记载了惠更斯发明摆钟的功绩。惠更斯还求出了单摆在小振幅下的周期的精确公式 $T = 2\pi\sqrt{l/g}$ 和各种复摆的等值摆长。所有这些都总结在他1673年出版的《摆钟》一书中。

惠更斯还是光的波动说的创立者。在1690年出版的《论光》一书中，他认为光是一种通过以太传播的波。他提出的惠更斯原理今天仍在物理教科书中有其地位。用这个原理很容易解释光的反射、折射、衍射、双折射等现象。不过他误以为光和声波一样也是纵波。

惠更斯生前誉满欧洲，牛顿称他是"当代最伟大的三位几何学家之一"。1663年英国皇家学会成立不久，就选他为元老会员。1666年法国科学院成立时他就被选为院士。但是在他身后，由于他离牛顿这位巨人太近了，后者耀眼的光芒使他的工作没有得到本应得到的重视。例如由于牛顿主张光的粒子说，使粒子说盖过波动说流行了一个世纪，直至托马斯·杨复兴波动说为止。

牛顿的另一位伟大的同时代人是著名的德国哲学家和数学家莱布尼茨（图11-12，德国1926年普票；图11-13，东德1950，柏林科学院成立250周年；图11-14，西德1966，逝世250周年；图11-15，西德1980，欧罗巴系列，文化名人；图11-16，德国1996，诞生300周年，背景为手稿；图11-17，罗马尼亚1966；图11-18，阿尔巴尼亚1996，诞生300周年）。他比牛顿小4岁，是惠更斯的朋友。他重新发明了二进制，又设计制造了一台计算机，能进行加减乘除四则运算，比帕斯卡的计算机功能更强，为此1673年被英国皇家学会

图 11-12（德国 1926）

图 11-13（东德 1950）

图 11-14（西德 1966）

图 11-15（西德 1980）

图 11-17（罗马尼亚 196

图 11-16（德国 1996）

图 11-18（阿尔巴尼亚 1996）

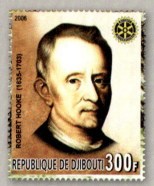
图 11-19（吉布提 2006）

图 11-20（马拉维 2008）

图 11-21（格林纳达 2000）

图 11-22（苏联 1949）

图 11-23（苏联 1925）

图 11-24（苏联 1945）

选为会员。他与牛顿各自独立地发明了微积分。牛顿是从变速运动入手研究微积分的，莱布尼茨是从求曲线在任一点的切线入手研究微积分的。牛顿发明在先（他自称是1666年发明，莱布尼茨是1674年），但没有发表，莱布尼茨发表在先（1684年），并且使用了更方便的记号，这种记号一直沿用至今。后来为发明权展开了一场激烈的争论，互指对方剽窃。牛顿表面上以公正的面貌出现，实际上在背后操纵一个调查委员会。这场争吵曾在相当长时期内中断了英国和欧洲大陆之间的数学交流，英国数学家顽固地坚持牛顿的流数记号，拒绝使用莱布尼茨的更方便的记号，使英国的数学显著落后了。

莱布尼茨一直鼓吹成立德国自己的学术机构。在他筹划下，1700年柏林科学院成立，他出任首任院长（图11-13）。

莱布尼茨很重视他的朋友惠更斯在弹性碰撞中发现的新守恒量 mv^2，名之曰"活力"（vis viva）。由于一个竖直上抛物体所能达到的高度 h 与 v^2 成正比，因此一个重物凭借其运动速度所能上升的高度与其活力成正比，并且可以互相转化（实际上是 $mgh = mv^2/2$）。这实际上就是机械能守恒定律（1693年）。

莱布尼茨提出，应当用活力来衡量运动的大小，这就与当时流行的笛卡儿学说的门徒展开了激烈的争论，后者认为，衡量运动大小的量是动量。今天我们知道，它们都是运动的量度，不过是从不同的角度来量度的：动量反映力在时间上的积累（冲量），而动能则反映力在空间的积累（做功）。

牛顿的同时代人中还应当提到他的同胞胡克（1635—1703），他比牛顿大7岁。英国物理学家胡克（图11-19，吉布提2006，17世纪伟大科学家；图11-20，马拉维2008，伟大科学家）也许是17世纪最伟大的实验科学家。今天只知道以他的名字命名的弹性定律，实际上他的研究范围宽得多。他没有受过多少教育，是自学成才的。19岁时，他被聘担任玻意耳的助手，协助玻意耳造出一台精致的抽气机。关于物质的弹性，除了胡克定律外，他还观察到，弹簧在撤除外力后，会在平衡位置附近做周期性伸缩，收缩的时间间隔相等。这一发现使人们用游丝代替笨重的钟摆作为等时装置，制造出便携式钟表。胡克制造了多种气象仪器。他还自制了复式显微镜，首先发现了植物细胞，并首创了"细胞"（cell）一词。他把自己在显微镜下的观察结果绘制成图，于1665年出版了《显微图集》一书。图11-21是格林纳达2000年千年纪邮票中的一张，是纪念胡克的。上部的英文字是"1655年胡克证认出了细胞"。这幅昆虫图可能是《显微图集》上的图。在昆虫图的后面，胡克的一双眼睛正在盯着。读者还可参看第16节图16-7中的第二张邮票。

胡克的数学修养不高。他虽然有天才的想法，却不能证明它或表述成具体的原则。他和牛顿关于引力的平方反比特性的发明权的争论就属于这种情况。18世纪法国数学家克莱洛就此事评论说："二者的区别是，一个只对真理瞥了一眼，另一个却证明了真理。"胡克和牛顿就许多事发生过激烈争论。牛顿发明反射望远镜，胡克说没有必要，他已经制作出更好、更小巧的折射望远镜，但却拿不出实物来；牛顿主张光是粒子，胡克主张光是以太中的一种扰动，一种波；牛顿对色散的解释是白光分解为其单色成分，胡克的解释却是折射使光

图 11-25（苏联 1955）

图 11-26（苏联 1956）

图 11-27（苏联 1961）

图 11-28（苏联 1986）　　　　图 11-29（罗马尼亚 1947）

图 11-30（罗马尼亚 1961）　　图 11-31（加纳 1987）

苏联时期发行的罗蒙诺索夫邮票

图 11-32（古巴 1996）

图 11-34（越南 2011）　　　　图 11-33（俄罗斯 2011）

苏联解体后发行的罗蒙诺索夫邮票

线与波前的法线方向发生倾斜，因而形成颜色。

俄国沙皇彼得大帝1697年到英国访问时曾会见过牛顿。彼得大帝决心向西方学习，全盘西化。1725年，他接受莱布尼茨生前的建议，建立彼得堡科学院。但是俄国没有自己的科学家，院士都是从外国招聘的，欧拉和D.伯努利就是第一批院士。1742年，彼得堡科学院终于有了第一位本国院士，那就是俄国伟大的启蒙学者罗蒙诺索夫（图11-22，苏联1949，罗蒙诺索夫博物馆开馆。票上的俄文是"第一位俄罗斯院士"，另一张未登的是博物馆建筑）。罗蒙诺索夫是18世纪的人，并不是牛顿的同时代人。不过他们的生命毕竟有16年的重叠，而且作为一个渊博的启蒙学者，在这里介绍他比在物理学的任何分支学科中更合适。

罗蒙诺索夫是渔民的儿子。19岁到莫斯科求学，隐瞒出身进入学校。因成绩优异被保送入彼得堡科学院。后派往德国留学，1741年回国后一直在科学院工作，1742年当选为彼得堡科学院院士。他曾受命改组科学院（图11-23，苏联1925，科学院200年，这是第一套罗蒙诺索夫邮票；图11-24，苏联1945，科学院220年）。1755年创办莫斯科大学（图11-25，苏联1955，莫斯科大学200年，第一张上是莫斯科大学的老校址，第二张上是列宁山上的新校址）。罗蒙诺索夫是一个全才。在科学方面，他反对燃素说，支持热动说和光的波动理论，提出化学反应中的质量守恒定律，重复富兰克林的风筝实验。1745年他发表论文《论冷与热的原因》，断言热是分子运动的表现，温度是分子运动强度的量度，并肯定了运动守恒原理在分子运动中的正确性。1760年他提出物质与能量守恒定律。他还是个诗人，革新了俄语的诗律，并用自己的诗歌创作作为新诗律的范例（图11-26，苏联1956，天才的学者、思想家和诗人罗蒙诺索夫）。图11-27（苏联1961，罗蒙诺索夫诞生250周年）和图11-28（苏联1986，诞生275周年）纪念罗蒙诺索夫的诞辰。发行邮票纪念罗蒙诺索夫的别的国家主要是社会主义阵营国家，这在冷战时期是常见现象，有图11-29（罗马尼亚1947）、图11-30（罗马尼亚1961）等，还有图11-31（加纳1987，哈雷彗星）。苏联解体后，1996年，古巴发行的伟大科学家邮票中有一张罗蒙诺索夫（图11-32），2011年，俄罗斯发行小型张纪念他诞生300周年（图11-33），越南也发行了一张邮票（图11-34）。

笔者上大学是在20世纪50年代前期，正是向苏联一边倒、号召全面学习苏联的时期，教科书全部换成苏联教材。每本物理、化学教科书必提罗蒙诺索夫，而且一提头衔就是一大串：语言学家、文学家、诗人、作家、学者、科学家、博物学家、物理学家、化学家、哲学家、科学活动家、科学院的建立者、伟大的爱国者……使人不胜其烦，我们私下里便称他为啰里啰唆夫。不过平心而论，虽然与西欧各国相比，俄国是比较后进的，罗蒙诺索夫在世界范围内的影响有限，但是对俄国他是很重要的，因此苏联和俄罗斯发行这么多邮票纪念他。

12. 牛顿力学的进一步发展：
分析力学和天体力学

牛顿逝世后，科学的历史进入了一个新的时代——理性时代。法国的启蒙思想家认为他们正处于一个人类从蒙昧进入文明的时期，要用科学扫荡迷信和无知，用理性的力量主宰生活的一切方面。而他们心目中的理性的极致，就是牛顿力学。

把牛顿力学介绍到欧洲大陆的，是伟大的启蒙思想家伏尔泰（图12-1，法国1949；图12-2，迪拜1971）。他于1726年至1729年间旅居英国，对那里的思想、文化和科学感到强烈的共鸣。他在用辛辣的语句对封建体制和王权冷嘲热讽、大肆挞伐的同时，对牛顿力学倾注了极大的热情。回国后他写了《哲学书简》，里面有几节赞赏牛顿的力学和光学理论。又写了《牛顿哲学原理》和《牛顿的形而上学》二书，并要他的女友查特莱侯爵夫人（她是莫培督的学生，数学、物理基础很好）将牛顿的《原理》从拉丁文译成法文，并为法文本写了序言。伏尔泰为在欧洲大陆普及牛顿力学作出了巨大的贡献。

法国科学家普遍接受牛顿力学，是在解决了关于地球形状的争论之后。根据牛顿的理论，在离心力的作用下，地球的形状应当是扁平的，赤道上半径要比两极的半径大一些。法国数学家莫培督（1698—1759）著书《天体形状论》，说明这种看法。但是，法国测地学有久远的传统，从传统的测地资料得出地球在地轴方向上较长。这在当时引起了激烈的争论。为了得到更准确的测量结果，法国科学院于1735年和1736年派出两支测量队，分赴赤道（厄瓜多尔，当年属秘鲁）和极地（拉普兰地区），测量当地的经线1°的弧长。莫培督亲自担任赴拉普兰的远征队的队长，冒着狼群袭击的危险，进行了艰苦的工作。赴厄瓜多尔的探险队队长是法国博物学家和数学家拉孔达明。厄瓜多尔于1936年为纪念这件事200周年发行了纪念邮票（图12-3），全套9张，其中3张是加盖"航空"字样的航空邮票。邮票上是拉孔达明（每张上都有）和探险队其他成员的像。其中有一位布给（Bougear）是法国博物学家，他在18世纪20年代做过一些最早的天体光度测量工作，并把天体的视亮度和标准烛

图 12-1（法国 1949） 图 12-2（迪拜 1971）

图 12-3（厄瓜多尔 1936）

图 12-4（法国 1986） 图 12-5（芬兰 1986） 图 12-6（厄瓜多尔 1986）

纪念测量地球形状的远征探险

119

光作比较。他在不同高度测量重力，并且是试图测出高山在水平方向的万有引力的第一人。1986年，有关的几个国家为纪念这件事250周年都发行了邮票。图12-4（法国1986）是莫培督（着防寒服装的）和拉孔达明，背景是地球的经纬线。图12-5（芬兰1986）上是莫培督和拉普兰的象征驯鹿雪橇。图12-6（厄瓜多尔1986，全套3张）上是拉孔达明。测量的结果表明，每相隔纬度1°的经线弧长随纬度变高而变大，地球的形状是扁平的，牛顿是正确的。伏尔泰写信给莫培督开玩笑说："你为证实它在蛮荒之地奔劳，可牛顿坐在家里就已知道。"用这两句话来称颂牛顿是可以的，但是用它贬低莫培督的测量的意义则是不可以的。没有实践的最终判决，怎么知道牛顿是正确的呢？这次活动使牛顿力学获得广泛的承认。除这次远征外，在科学史上，还有一次著名的为检验一个科学预言而进行的远征活动，那就是近两个世纪后（1919年）为验证广义相对论而派出的两支观察日全食的远征队。莫培督还和欧拉于1744年分别独立地提出最小作用量原理，它是后来的分析力学中一个重要的变分原理。

牛顿力学的进一步发展是其表述形式的进一步数学化，从而导致分析力学的建立。牛顿本人发明了微积分，使力学中的许多概念和原理得到清楚地阐明。但是，囿于当时崇尚几何学的风习，虽然《原理》中有一节介绍微积分，但整个《原理》的表述和论证都是用的几何方法。牛顿力学保持着矢量力学的形式，速度、加速度和力等基本量都是矢量。矢量方法的优点是直观，但不适于对问题的普遍性分析和求解。分析力学用更先进的数学分析工具重新表述牛顿力学。这主要是18世纪几位法国数学家的工作。由于法国启蒙思想家对牛顿力学的广泛传播，以及当时法国数学的领先地位，这是很自然的。

这些法国力学家中，最早一个是达朗伯（图12-7，法国1959）。他于1743年提出达朗伯原理，这是分析力学中的一条基础性原理。他是教堂台阶上的一个弃婴，达朗伯是他养父母的姓。达朗伯是"百科全书派"的积极成员，曾任《百科全书》副主编（主编是著名哲学家狄德罗）。《百科全书》为法国大革命作了思想上的准备，但是达朗伯生前没有看到大革命的发生。然后，拉格朗日（图12-8，法国1958）把达朗伯原理和更古老的虚位移原理（它的现代形式是瑞士的约翰·伯努利于1717年表述的）结合，用广义坐标表示出来，导出了分析力学中的基本运动方程——拉格朗日方程，发表在他1788年出版的《分析力学》一书中。这本书在牛顿的《原理》出版之后整100年出版，是世界上第一本分析力学书，奠定了分析力学的基础。拉格朗日对这本书中没有一张图感到很得意。第三位是拉普拉斯，他的工作领域是天体力学，见后。

此后，风水又转回英伦三岛。1834年，爱尔兰（当时属英国）数学家哈密顿（1805—1865）（图12-9，爱尔兰1943，发现四元数100周年，四元数及其在物理学中的应用见第35节；图12-10，爱尔兰2005，世界物理年，背景上也是四元数的性质）提出了另一个普遍的变分原理哈密顿原理，并引入广义动量作为一组新的自变量，导出用广义坐标和广义动量联合表示的动力学方程，即正则方程，使分析力学发展到一个新的高度。哈密顿力学是力学的另一种表述形式。哈密顿在几何光学方面也作出了重要贡献，他指出了几何光学和力学

图 12-7（法国 1959）

图 12-8（法国 1958）

图 12-9（爱尔兰 1943）

图 12-10（爱尔兰 2005）

图 12-11（苏联 1951）

图 12-12（俄罗斯 1996）

图 12-13（苏联 1957）

图 12-14（乌克兰 2010）

图 12-15（法国 1955）

图 12-16（莫桑比克 2001）

图 12-17（几内亚 2010）

图 12-18（德国 1926）

图 12-19（西德 1961）

图 12-20（西柏林 1961）

图 12-21（东德 1974）

图 12-22（西德 1974）

之间在数学上的相似。

刚体虽然是连续体，但由于刚体约束条件，只有6个自由度，刚体的运动也是分析力学中讨论的题目。关于刚体运动，欧拉引入三个角变量，以描述刚体的运动，现在称为欧拉角。（欧拉的邮票放在下节连续介质力学中。）欧拉导出了刚体的运动方程组和动力学方程组，这些方程在一般情况下是很难求解的。例如，刚体在自身重量下绕固定点的转动（称为重刚体定点转动问题），便只在三种很特殊的对称条件下才能求出积分。其中前两种可解情况分别是欧拉和拉格朗日求出的，第三种可解情况由俄国女数学家柯瓦列夫斯卡娅（图12-11，苏联1951；图12-12，俄罗斯1996）求出。1888年法兰西科学院悬赏征文，她在应征的论文中完满地解决了这个问题。由于论文非常出色，破例将奖金增加一倍。她在学术道路上曾饱受沙皇俄国对女性的性别歧视之苦。

运动的稳定性是力学中的一个重要问题，它研究干扰力对运动状态的影响，建立判别运动状态是否稳定的法则。俄国科学家里亚普诺夫（图12-13，苏联1957，诞生百年；图12-14，乌克兰2010，国立哈尔科夫理工大学125周年）对运动的稳定性的研究有很大的贡献。他给出了运动稳定性的严格定义，而且给出了两种严格的判定方法。他和法国科学家庞加莱（邮票见第36节）都是运动稳定性理论的奠基人。他们采用不同的研究方法，庞加莱用几何和拓扑方法，里亚普诺夫则用纯分析方法，互相补充。

拉普拉斯（图12-15，法国1955；图12-16，莫桑比克2001；图12-17，几内亚2010，近地小行星2010 AB78的发现）的天体力学工作用牛顿的万有引力研究天体（主要是太阳系中的行星和卫星）的运动和形状，这和分析力学密切相关，在方法上互相促进。他用摄动法大量研究了各种三体问题，证明了太阳系的稳定性。他系统整理自己的研究工作，从1799年到1825年，出版了五卷本的《天体力学》，汇集了天体力学自牛顿以来的全部成就。

在出版《天体力学》之前，拉普拉斯于1796年出版了一本比较通俗的书《宇宙体系论》，阐述了《天体力学》的基本思想，但是没有一个数学公式。在这本书的附录里，拉普拉斯提出一个关于太阳系起源的星云假说。太阳系一个引人注目的特征是，所有行星的运转方向完全相同，而且轨道面大致在同一平面内。拉普拉斯猜测，太阳系可能起源于一团旋转的巨大星云。由于引力作用，星云不断收缩断裂，外层因离心力的作用继续在轨道上转动并在引力作用下收缩为行星，星云的核心则收缩为太阳。这个假说实际上德国哲学家康德（图12-18，德国1926；图12-19，西德1961；图12-20，西柏林1961；图12-21，东德1974，诞生250周年；图12-22，西德1974，诞生250周年）1755年已在其著作《自然通史和天体论》中提出过，不过康德那本书是匿名发表的，仅印了几十本，而且书中哲理多于科学，因此鲜为人知。直到拉普拉斯用数学和力学定律重新讨论这个假说，才使它广为流传。因此这个假说通常称为"康德-拉普拉斯关于太阳系起源的星云假说"，它解释了太阳系的许多性质。

康德对天文学还有别的贡献。他提出银河系是扁平的星系，太阳在银河系赤道面之北；又提出"宇宙岛"的概念，即还有许多像银河系一样的星系；还提出潮汐使地球的自转变慢。

拉普拉斯还根据经典力学首次提出了黑洞的概念。他提出，一个密度如地球而直径为太阳直径250倍的发光天体，其逃逸速度已超过光速，光线不能离开它。因此，宇宙中最大的天体可能是看不见的。

拉普拉斯有两段名言。一段是："我们必须把宇宙的现状看成是以前状态的结果，又把它看成是未来状态的原因。如果有一种智慧生物，他在一个给定时刻知道自然界中一切作用力和宇宙中每个物体的位置，又有一副足够大的大脑能够完成一切必需的计算，那么他就能用一个公式描述从最大的天体到最轻的原子的运动。对这样的智慧生物，没有什么东西是不确定的；未来就像过去一样，也是一本打开的书。"因此，宇宙中的万事万物都是确定的，这种看法称为拉普拉斯决定论。还有一段是，拿破仑曾有一次问拉普拉斯，为什么在他的书中一句也不提到上帝，他回答说："陛下，我不需要这个假设。"现在我们知道，由于微观世界中的不确定性和牛顿力学中内在的随机性（混沌），拉普拉斯决定论并不完全正确，但是这两段话，仍让我们感到科学和科学家向前进军的磅礴气势，和初奏凯歌（对宇宙作出了初步的统一描述和初步战胜神学）之后的自信和自豪。

19世纪中叶，根据天体力学计算发现了海王星。这是科学史上值得用浓墨重彩书写的一笔。

从古代一直到牛顿时代，人们知道太阳系除地球外有5个行星，太阳系疆界只到土星为止。1781年，英国天文学家赫歇耳（1738—1822）发现了天王星，首次拓宽了太阳系的疆界。赫歇耳是18世纪最伟大的天文观测家，他出生于德国汉诺威，早年在军乐队中任乐手。1757年法军占领汉诺威，他移居英国，以教授和演奏音乐为生，业余磨制望远镜，进行天文观测。他一生制造望远镜达数百架之多。1776年他制成一架焦距7英尺（约2.1m）、口径6.2英寸（约15cm）的反射望远镜，用它进行巡天观测，于1781年发现天王星。这个惊人发现引起全欧洲注意，英王乔治三世任命他为皇家天文学家，并授予年俸，于是他就可以全力从事天文学研究了。纪念赫歇耳的邮票很多，这里先登一些：图12-23（马里1981，发现天王星200周年）；图12-24（加蓬1981，发现天王星200周年）；图12-25（科摩罗1979，探索太阳系，邮票上画的是天王星，1977年发现天王星也有光环）；图12-26（中非1986，科学家）；图12-27（几内亚1998，哈雷彗星）；图12-28（马绍尔群岛2010，早期天文学家）；图12-29（吉布提2010）；图12-30（吉布提2010）；图12-31（几内亚2010，哈雷彗星出现）。图12-32和图12-33取自几内亚2008年为日全食发行的小全张。下面到第16节再结合望远镜刊出一些赫歇耳的邮票。

发现天王星后，天文学家计算了它的轨道和运行表。开始时它的运动与计算结果很符合，但是随着时间的流逝，二者之间的误差越来越大。这种反常引起了天文学界的注意。有人怀疑这是因为万有引力定律并不普遍适用，另一些人如著名的德国天文学家和数学家贝塞耳则认为，在天王星外可能还有一颗未知的行星，它对天王星的摄动使天王星偏离正常的轨道。但怎样才能找到它呢？用望远镜在茫茫星海中搜寻，无异于大海捞针。只有一个办法，那就是根据天王星的运动异常，把产生摄动的新行星的轨道参数和位置计算出来。这是

图12-23（马里1981）

图12-24（加蓬1981）

图12-25（科摩罗1979）

图12-26（中非1986）

图12-27（几内亚1998）

图12-28（马绍尔群岛2010）

图12-29（吉布提201

赫歇耳发现天王星

图12-30（吉布提2010）

图12-31（几内亚2010）

图12-32（几内亚2008）

图12-33（几内亚2008）

图12-34（法国1958）

图12-35（莫桑比克2001）

图12-36（科摩罗群岛1979）

图12-37（摩纳哥1996）

一件计算量很大的工作。

两个青年天文学家基本上同时分别进行了这一计算。英国的亚当斯（1819—1892）于1845年得出计算结果，提供给当时的英国皇家天文学家艾里，请求帮助观测。但是艾里不重视这位后生晚辈的工作，束之高阁。亚当斯又求助于剑桥大学天文台，台长查利斯倒是愿意一试。但一直拖到1846年7月才开始观测，而且手头又没有新行星所在天区的完备星图，虽然两次看到这颗星也未能证认出来。法国的勒威耶（1811—1877；图12-34，法国1958）于1846年8月底完成了计算。由于巴黎天文台缺乏详细星图，无法组织观测，他将论文寄给柏林天文台的天文学家伽勒。伽勒于9月23日收到，当晚就将望远镜对准勒威耶所说的天区，在勒威耶预言的位置附近发现了这颗星。消息传开后，艾里大为震惊，连忙从旧纸堆里找出亚当斯的论文，匆忙发表，请求国际科学社会让亚当斯分享发现海王星的荣誉。纪念勒威耶的邮票还有图12-35（莫桑比克2001）和图12-36（科摩罗群岛1979，太阳系的探索）。摩纳哥在1996年出了纪念海王星发现150年的邮票（图12-37，左边是海王星，右边是希腊神话中的海王）。

海王星的发现，生动地表明了牛顿力学体系的预言能力。一个理论必须经受预言的考验。一个学说，即使对已知事实解释得再妥帖再完备，即使自己的结构再简单再美妙，在其对某个未知事实的预言得到证实之前，只是一个假说。只有它预言了未知的事实并得到证实，这才上升为理论。恩格斯对此评论说："哥白尼的太阳系学说有三百年之久，一直是一种假说，这个假说尽管有百分之九十九、百分之九十九点九、百分之九十九点九九的可靠性，但毕竟是一种假说；而当勒威耶从这个太阳系学说所提供的数据，不仅推算出一定还存在一个尚未知道的行星，而且还推算出这个行星在太空中的位置的时候，当后来伽勒确实发现了这个行星的时候，哥白尼的学说就被证实了。"

图 12-38（中非 1985）

图 12-39（尼加拉瓜 1994）

图 12-40（塞拉利昂 1990）

图 12-41（格林纳达 1991）

图 12-42（圭亚那 1994）

图 12-43（圣文森特和
格林纳丁斯 2000）

图 12-44（摩纳哥 2005）

图 12-45（吉布提 2010）

图 12-47（贝宁 1980）

图 12-46（马里 1980）

图 12-48（科摩罗群岛 1980）

图 12-49（科摩罗群岛 1981）

海王星是数学家用笔在纸上发现的，这还表明了科学计算的重要性。科学计算和理论分析与实验一样，是人类从事科学活动的重要手段。特别是，对于非线性问题和离散问题，数学分析方法不适用了，它更是进行理论探索的唯一手段。今天，武装了电子计算机这一强有力的工具，它更是如虎添翼，作为一种研究手段，与理论、实验鼎足而立。相应地，物理学中除理论物理学和实验物理学之外，还出现了第三个分支——计算物理学。

海王星发现的故事太打动人了。一颗未知的行星居然用纸和笔通过计算来发现！这个过程还能重演一次吗？勒威耶本人就曾根据水星的近日点进动异常，预言在水星之内还有一颗行星。但是这次他失败了，没有观测到他预言的"火神星"，水星的进动异常是爱因斯坦1915年用刚刚建立的广义相对论解释的。更多人想的是：在海王星外是否还有另一颗大行星？但是，与发现海王星之前的情况相比，一个根本的不同是，在发现海王星之后，天王星和海王星轨道的观测数据，与理论计算的偏差已经微乎其微，完全在误差许可的范围内。但是仍然有一些天文学家，他们醉心于重演海王星发现的一幕。他们从天王星或海王星的观测数据与理论计算结果的某一微小偏差出发，通过艰苦的计算，预言某个时刻在某一天区有可能观测到新行星。由于偏差已在误差许可范围内，他们选为出发点的微小偏差是各种各样的，给出的预言也是各种各样的，对它们的观测验证都失败了。美国天文学家罗威耳（1855—1916）（图12-38，中非1985，空间探索；图12-39，尼加拉瓜1994，著名天文学家）是这些天文学家中的一个。他于1914年预言海王星外还有一颗行星存在，质量为地球质量的6.6倍。但是直到他去世，也没有观测到这颗行星。他对天文学的主要贡献是，出资在亚利桑那州一片海拔两千多米的高原上建立了著名的罗威耳天文台（图12-39）。附带说一句，火星上的"运河"也是罗威耳报告的。罗威耳天文台早期的一个主要任务就是观察火星运河。图12-40（塞拉利昂1990，火星探测）和图12-41（格林纳达1991，火星探测）两枚图案相同的邮票都是"罗威耳于1896—1907年在亚利桑那"，描绘了他在罗威耳天文台观测的情景，圆圈是带条纹（"运河"）的火星星面图。

不过，罗威耳天文台最终还是为开拓太阳系的疆域立了一大功。由于新行星的搜索是罗威耳的夙愿，这项任务始终列在这个天文台的任务单上。1929年，罗威耳天文台招募了一个中学毕业后因家境贫寒而辍学的痴迷天文观测的农家青年汤博（1906—1997）为观测助理，专门从事这项工作。汤博经过10个月的艰苦观测和搜寻，终于在1930年初，在离罗威耳的预言只差6°的地方发现了一颗新行星，命名为冥王星。图12-42（圭亚那1994，阿波罗11号飞船登月25周年）、图12-43（圣文森特和格林纳丁斯2000，千年纪念邮票）、图12-44（摩纳哥2005，天文学家）和图12-45（吉布提2010，著名科学家）上都有汤博，不过都是老年时的像，而汤博发现冥王星时才是24岁的小伙子。图12-42中有一张"火星上的面孔"，那是望远镜中看到的幻象。图12-43上的文字是"1930年汤博发现了一颗新行星，命名为冥王星"。图12-44上有类似的法文文字。图12-46是马里1980年发行的冥王星发现50周年纪念邮票。纪念冥王星发现50周年的邮票还有图12-47（贝宁1980，两张分别是哥白尼和伽利略的像）和图12-48（科摩罗群岛1980，开普勒和哥白尼

柯伊伯

图 12-50（尼加拉瓜 1994）

图 12-51（摩纳哥 2005）

图 12-52（瑞士 2009）

图 12-53 九星会聚（中国 1982）

图 12-54 外行星（爱尔兰 2007）

的肖像）。图12-49是图12-48的改值票。从图12-46和图12-47的哥白尼那张上的太阳系示意图（不按比例）可以看到，冥王星的轨道平面同太阳系中其他行星的轨道平面有一个很大的倾角（约为17.1°），而且冥王星的轨道的椭率很大（约为0.248），有时会伸入海王星的轨道，比海王星离太阳更近。这些轨道参数与其他行星都很不相同，表明冥王星是一个另类。冥王星有多大呢（包括几何大小和质量）？由于冥王星离地球太远又太小，很难测准，以前一直用的质量估计值是0.1到1个地球质量。1978年发现了冥王星的卫星卡戎（Charon），为直接测定冥王星的质量提供了极好的条件。通过观测卡戎的运动，测得的冥王星的质量只有地球的千分之二。（原来罗威耳预言的可是6.6个地球质量！）这个质量太小，对海王星运动的扰动还没有地球对海王星的影响大。这确切表明，虽然发现冥王星的地方离罗威耳预言的地方只差6°，但这纯粹是巧合。冥王星的发现有很大的偶然性，并不是罗威耳预言的证实和海王星发现过程的重演。其根本原因就在于，发现海王星后，天王星和海王星的运动都"中规中矩"，在误差允许范围内并没有任何出格的地方。它们的运动无须冥王星来说明，冥王星也影响不了它们的运动。因此这些"预言"都是没有依据的。冥王星的直径约为2 300km，不到地球的1/5。

冥王星就是太阳系的最外缘吗？冥王星外还有没有行星？太阳系的疆界在哪里？按照康德-拉普拉斯关于太阳系起源的星云假说，太阳系是由一个星云演化而来，行星的形成来自星云盘上物质的相互碰撞和吸积。当星云物质的密度太低时，如海王星外的情况，行星形成的过程可能慢到迄今尚未完成，而只是造成了许多半成品——许多小天体。这些小天体组成一个小天体带，叫做柯伊伯带，距离太阳30～55天文单位，许多彗星可能就来自柯伊伯带。柯伊伯（G. Kuiper，1905-1973）是一位美国籍荷兰裔天文学家，对现代行星天文学有很大的贡献，号称现代行星天文学之父，纪念他的邮票有图12-50（尼加拉瓜1994，著名天文学家）和图12-51（摩纳哥2005，天文学家）。冥王星就是一个较大的柯伊伯带天体。图12-51右边的文字是："2003年发现的Sedna是柯伊伯带内的第十大行星。"Sedna的直径有1 500 km，曾一度作为第十大行星的候选者。它的轨道远日点约为976天文单位，近日点也有76天文单位，比柯伊伯带远得多。2005年1月，美国行星天文学家布朗（Michal Brown）在他2003年拍摄的照片上发现一个比冥王星还大的海（王星）外天体，直径（2 400 ± 100）km，远日点只有97.5天文单位，命名为阋神星（Eris）。（阋，音xì，争吵。例：兄弟阋墙。）

太阳系中除各大行星外，在火星与木星之间还有一个小行星（planetoid）带，有着大量的小行星，其中大的有谷神星（Ceres，直径约960 km）、智神星（直径约490 km）、灶神星（直径约390 km）等。2002年9月22日早晨，业余天文爱好者Markus Griesser发现了一颗新的小行星，编号为113390，后被命名为"Helvetia"（瑞士的正式国名），它的直径约为3 km，距离太阳2.3个天文单位。瑞士2009年发行的国际天文年邮票（图12-52）即由这个小行星唱主角，邮票上的天象图就是邮票发行当日的这个小行星的运行位置图（小圆圈）。

发现冥王星后，人们一直认为太阳系有九大行星：水星、金星、地球、火星、木星、土星、天王星、海王星、冥王星。许多国家发行过以太阳系为主题的邮票，如巴拉圭（1962）、罗马尼亚（1981）、美国（1991）、印度尼西亚（2001）、以色列（2004）等，都是九大行星。我们这里只刊登一张中国1982年的"九星会聚"邮票（图12-53），在那年的3月10日到5月16日这段时间内，这九颗行星处于太阳坐标系的同一个象限里。

但是，冥王星的情况与别的行星太不相同了，应当有所区别。有了比它更大的阋神星，它还能安坐在大行星的位置上吗？"行星"的正式定义究竟是什么？随着在其他恒星周围也陆续发现行星，这个问题越来越需要严肃对待。在广泛讨论的基础上，国际天文学联合会于2006年提出了一份行星定义草案。它除了规定行星必须环绕恒星运动和不能同时是卫星外，还对行星质量作出了规定：行星质量的上界必须保证其内部不发生氘核聚变，以与恒星相区别，这相当于木星质量的75倍左右，或0.08个太阳质量（太阳质量约为木星的1 000倍）；而质量下界则必须让行星的形状主要由引力而不是物质中的其他应力所决定，这相当于行星直径的下界约为400 km，因为几乎所有直径在400 km以上的天体的形状都接近引力主导得出的天然形状——球形。但是这样一来，太阳系中的行星将远远多于传统的九个，因此遭到激烈的反对。经过几天热烈争论后，在定义草案中添加了一项要求：行星必须扫清自己轨道附近的区域。加了这个要求的定义获得了通过。这样一来，冥王星就从大行星中除名，因为它未能扫清自己轨道附近的其他天体，太阳系只有八大行星了。2007年爱尔兰发行的外行星邮票，便只有4枚：木星、土星、天王星和海王星，没有冥王星（图12-54。图的中间是地球，两端是该行星，比例尺是该行星相对于地球的大小）。对于这些满足行星定义的其他要求但不能扫清自己的轨道区域的天体，另辟一类，称为"矮行星"（dwarf planet）。太阳系中目前归到矮行星名下的天体共有5个：冥王星、阋神星、谷神星、鸟神星（Makemake，直径1 300～1 900 km）和妊神星（Haumea，直径1 200～2 000 km），其中谷神星是火星与木星之间的小行星带中的老大，其他4颗都是海（王星）外天体。矮行星的数目以后无疑还会增加。

13．牛顿力学的进一步发展：
连续介质力学和变质量体力学；航空和航天

牛顿力学的另一发展方向是推广到连续介质。

牛顿力学定律本来是对单个自由质点表述的。为了推广到多个质点的系统，只要考虑各质点之间的相互作用，写出每个质点的运动方程，构成常微分方程组。对于受约束的质点系，引入广义坐标，就导致分析力学的创立。可是，对于连续介质，事情就不是这样明显了。首先，牛顿力学的基本定律是否适用于连续介质？实际上，牛顿本人在处理流体问题时，就没有想到第二定律也适用于它，而是作了完全独立的假设和猜测。其次，从有限个自由度的系统过渡到无穷个自由度的系统，数学处理方法也会有不小的变化，需要用偏微分方程。

欧拉在1752年发表论文《力学新原理的发现》，他在文中主张，牛顿运动方程对所有离散或连续的系统都成立，也适用于连续介质的无穷小基元。欧拉是瑞士人，被称为是历史上最伟大的两位数学家之一（另一位是高斯）。他从小就表现出非凡的数学天才。在巴塞尔大学就读时，深受他的老师约翰·伯努利的赏识。他将他的数学才能应用于力学研究，建立了刚体动力学和理想流体的流体力学，后者是连续介质力学的肇端。他导出了理想流体的基本运动方程。1724年俄国彼得大帝建立彼得堡科学院，延聘外国学者，欧拉于1727年来到彼得堡，是第一批招聘来的学者之一。1741年应腓特烈大帝邀请去德国，任柏林科学院院士。1766年应叶卡捷琳娜二世的邀请又回到俄罗斯，直至去世。因此，欧拉和俄国、德国都有很深的关系。图13-1到图13-7的邮票反映了他的生平和工作。图13-1是瑞士1957年发行的儿童基金邮票，上面有欧拉复指数展开公式。图13-2的邮票（苏联1957）纪念欧拉诞生250周年。图13-3（东德1950）是纪念柏林科学院成立250周年邮票中的一张。图13-4是东德1957年发行的普票。图13-5（东德1983）纪念欧拉逝世200周年，上面有联系凸多面体的面数 f、边数 k 和顶点数 e 的欧拉公式 $e-k+f=2$ 和一个正二十面体。图

图13-1（瑞士1957）

图13-2（苏联1957）

图13-3（东德1950）

图13-4（东德1957）

图13-5（东德1983）

图13-6（瑞士2007）

图13-7（几内亚比绍2009）

伟大的欧拉

13-6（瑞士2007）纪念欧拉诞生300周年，上面也是这个公式和多面体的图。图13-7（几内亚比绍2009）是"伟大物理学家"小全张中的一枚票，上面的葡萄牙文写的是"著名的欧拉方程"。欧拉的工作领域非常广阔。他是有史以来最多产的数学家，全集共计75卷。他计算毫不费力，就像呼吸一样。据说在家人两次叫他吃饭的间隔里他就写出了一篇数学文章。再次回到彼得堡后不久他就双目失明（见图13-2），但这一点也没有影响他的创造工作，他用心算解决了极困难的月球运动问题。在他完全失明的生命最后7年中，他产出了生平著作的一半。

法国数学家柯西是弹性力学的奠基人。他于1823年提出了弹性体平衡和运动的一般方程。图13-8（法国1989）的邮票纪念柯西诞生200周年，背景画面左侧是柯西积分的定义，右侧是复平面上的柯西回路积分公式。柯西原来是军事工程师，听从拉格朗日和拉普拉斯的劝告，他才改行全力从事数学研究。

铁木辛科（1878—1972）是著名的美籍乌克兰裔材料力学家和力学教育家。他于1917年后到国外工作，在美国的密歇根大学和斯坦福大学任教几十年，解决了大量材料力学和弹性力学问题，写了许多著名的力学教材，培养了众多力学人才。图13-9（乌克兰1998）是为基辅工学院（邮票上的КПИ）100周年出的纪念邮票，铁木辛科曾在该校任教。邮票上的公式是他1905年得到的一个重要结果：开口剖面薄壁杆扭转问题中扭矩 M 与转角 φ 的关系（$-C$ 为抗扭刚度，右端第二项系数取负值统称附加刚度）。

理想流体力学和弹性力学建立后，力学逐渐脱离物理学，成为主要以应用为目的的独立学科。

理想流体指的是不可压缩和没有黏性的流体。对于液体，不可压缩是很好的近似，但是气体则必须考虑可压缩性。在理想流体的流体力学中，在流体中运动的物体不受阻力。这与实际情况明显不符，叫做达朗伯佯谬，原因是由于没有考虑黏性。实际流体必须考虑黏性。

在此之前，有关固体的弹性（胡克定律）、流体的黏性（牛顿黏性定律）、气体的可压缩性（物态方程）等物性方程已经陆续建立。物性方程与运动方程相结合，就建立了弹性力学、黏性流体力学和气体动力学。

奥地利物理学家和哲学家马赫（图13-10，奥地利1988，诞生150周年）用纹影法研究物体在气体中的高速运动，于1887年发现了激波。这就把突变引入了连续介质力学。他建议用物速和声速的比值 v/v_s 为参数来研究物体的超声速运动，这个参数后来叫做马赫数。激波的发现是马赫作为实验物理学家最著名的工作。当然更著名的，是他对牛顿力学基础，对牛顿的质量、惯性、绝对时间、绝对空间等概念的批判研究，这些研究对爱因斯坦建立广义相对论起过积极的作用。出现马赫的邮票还有前面图7-66的第一张。

流体力学中另一个重要的量纲一的参数是雷诺数，它表征惯性力和黏性力相对大小。在大雷诺数下，流体发生湍动，其基本特征是流体微团运动的随机性。湍流中最重要的现象是由这种随机运动引起的动量、能量和质量的传递，其传递速率比层流高几个量级。由于湍流运动图像的复杂性，湍流理论是一个很困难的问题。我国物理学家周培源（图13-11，中国2006，中国现代科学家第四组）是研究湍流理论的先驱。周先生于1924年清华毕业后赴美留学，是当时留学生中少有的主修理论物理者之一。他毕生研究力学与理论物理中两个最难的问题，一是广义相对论，二是湍流，都取得世人瞩目的成就。在广义相对论方面，他在一些特殊情况下求出了爱因斯坦的二阶非线性引力场方程组的严格解。在湍流领域，他最早从雷诺方程导出了二阶与三阶关联函数所满足的动力学方程组，后来又提出了两种求解这组方程的办法。他的这些工作被国际上誉为"湍流模式理论的基础"。苏联数学家柯尔莫戈洛夫（邮票见图36-12）给出湍流的能谱（不同尺度涡动的能量）按涡动的波数 k 的-5/3次方变化，这叫柯尔莫戈洛夫谱定律。苏联力学家米里昂希科夫（图13-12，苏联1974）解决了各向同性湍流的衰减问题。他担任过苏联科学院副院长（1962年起）和原子能所副所长（1960年），在核工程方面做了重要工作。

流体力学中的方程都很难求解，工程中的许多问题都得通过实验手段，用经验或半经验方法解决。风洞是气体动力学中常见的一种大型实验设备。图13-13是苏联1963年发行的"俄国航空事业活动家"邮票中的一张，图上是著名力学家儒可夫斯基的像和签名与风洞的截面图，上面的俄文小字是"空气动力学的奠基人"。1902年他指导建成莫斯科大学的风洞，这是欧洲最早一批风洞之一。儒可夫斯基是航空空气动力学奠基人。1904年他发现产生飞机机翼举力的原因，机翼举力和速度环量之间有密切的关系，这一关系是设计机翼剖面的理论基础。出于对国防工业的重视，航空是苏联重点发展的学科之一。1918年，根据儒可夫斯基的建议，苏联成立"中央空气动力学研究所"，由他出

图 13-8 柯西（法国 1989）

图 13-9 铁木辛柯（乌克兰 1998）

图 13-10 马赫（奥地利 1988）

图 13-11 周培源（中国 2006）

图 13-12 米里昂希科夫（苏联 1974）

图 13-13 儒可夫斯基和风洞
（苏联 1963）

图 13-14 儒可夫斯基诞生 100 周年（苏联 1947）

图 13-15 儒可夫斯基逝世 20 周年（苏联 1941）

图 13-16 恰普雷金诞生 75 周年（苏联 1944）

图 13-17（尼加拉瓜 1971）

图 13-18（波兰 1963）

任所长。图13-14是苏联为纪念他诞生100周年发行的邮票。图13-15是苏联1941年为纪念他逝世20周年发行的邮票。其中左边一枚印有螺旋桨和成队的飞机，上面的文字是"俄罗斯航空之父儒可夫斯基教授"；中间一枚是红军儒可夫斯基空军工程学院；右边一枚是儒可夫斯基在工作，上面的公式即举力公式或称儒可夫斯基定理。从邮票可知，儒可夫斯基对建立苏联空军有很大的功绩。他的学生恰普雷金（1869—1942）也是一个著名的力学家，也曾担任过这个研究所的所长。图13-16是苏联1944年发行的纪念他诞生75周年的邮票，下面勋章旁的字是"社会主义劳动英雄恰普雷金院士"。1944年正是苏联卫国战争最困难的时期，这套邮票的纸质和印刷都很差，但它寄托了苏联政府和人民对为保卫祖国作出贡献的科学家的敬意。

苏联力学家密歇尔斯基（1859—1935）建立了变质量体力学，开创了力学的新领域。他得出了变质量质点的运动方程，叫做密歇尔斯基方程，并把它应用于许多实际问题的研究，如陨星对地球质量和运动的影响；冰山运动受冻结和融化的影响；太阳因吸积宇宙尘埃和辐射损失的质量变化；火箭、气球以及彗星的运动等。变质量体力学最典型的应用便是火箭，将密歇尔斯基方程应用于火箭的运动，得到

$$v_1 - v_0 = v_r \ln(m_0/m_1)$$

其中 v_0, v_1 和 m_0，m_1 分别是火箭初始时和燃料烧完以后的速度和质量，即 m_1 是火箭壳体和运载物的质量，$m_0 - m_1$ 为燃料的质量，v_r 是喷出的气流相对于火箭的速度。这个公式是俄国科学家齐奥尔科夫斯基首先提出的，它给出了对单级火箭所能达到的速度的限制，是火箭推进最基本的公式。尼加拉瓜的邮票把这个公式列为"改变世界的10个公式"之一（图13-17）；波兰1963年发行的宇航邮票也收入了这个公式（图13-18）。齐奥尔科夫斯基是宇航科学和现代火箭理论的奠基人。他最先论证了利用火箭进行星际交通、制造人造地球卫星和近地轨道站的可能性，指出发展宇航和制造火箭的合理途径。他有一句名言："地球是人类的摇篮，但人类不能永远被束缚在摇篮里。"他在10岁时因滑雪得了重感冒高烧，几乎完全失去了听觉，不得不辍学，14岁以后主要靠自学读完中学和大学数理课程，通过了农村中学教师资格考试，在外省担任中学教员，教课之余研究使用火箭发动机进行航天飞行的理论问题。1917年十月革命后，他的研究工作受到苏联政府的大力支持，有很大的进展，尤其是在行星际飞行方面。纪念他的邮票非常多。图13-19是苏联1951年发行的俄国著名科学家邮票中的一张，图13-20是苏联1957年纪念他百年诞辰的邮票。这张邮票发行后不久苏联就发射了人造地球卫星，又在这张邮票上加盖了黑字"世界上第一颗人造地球卫星"（图13-21）。苏联出的邮票还有图13-22（1964，火箭制造先驱）、图13-23（1986，宇航日——4月12日）。别的国家出的有图13-24（古巴1966，载人航天5周年）、图13-25（古巴1977，第一颗人造地球卫星20周年，这是一枚小型张，张上的邮票图案是票中票，以图13-21邮票为主图）、图13-26（越南1986，首次太空载人飞行25周

图13-19（苏联1951）

图13-20（苏联1957）

图13-21（苏联1957加盖文字）

图13-22（苏联1964）

图13-23（苏联1986）

图13-24（古巴1966）

图13-25（古巴1977）

图13-26（越南1986）

图13-27（朝鲜1984）

图13-28（圣文森特和格林纳丁斯1999）

图13-30（几内亚2000）

图13-29（密克罗尼西亚1995）

齐奥尔科夫斯基

图13-31 宇航三杰（罗马尼亚1989）

年）、图13-27（朝鲜1984）、图13-28（圣文森特和格林纳丁斯1999，空间探索史）、图13-29（密克罗尼西亚1995，航空航天先驱）和图13-30（几内亚2000，航空航天史。邮票上说他是现代航天之父）。

齐奥尔科夫斯基和德国的奥伯特（罗马尼亚裔）、美国的戈达德并称为研究火箭和宇航的三位先驱。罗马尼亚1989年发行过一套纪念他们的邮票（图13-31）。奥伯特（1894—1989）和戈达德（1882—1945）比齐奥尔科夫斯基要小三四十岁，齐奥尔科夫斯基主要是对宇航和火箭的前瞻性研究和预言，终其一生并没有看到火箭的发射，而他们两人除理论研究外还解决了许多实际问题，实际参与了火箭的设计和制造。

戈达德（图13-32，美国1964；图13-33，莱索托1987，伟大的科学发现，邮票左侧写着"液体燃料火箭"）是美国人，液体燃料火箭的发明者。他受到威尔斯和凡尔纳的科幻小说的影响，从小就迷恋星际旅行，特别是飞往月球和火星。他认识到，只有火箭，才是实现星际航行的运载工具。他于1909年开始研究火箭的动力学，1912年，他点燃了一枚放在真空玻璃容器内的固体燃料火箭，证明火箭在真空中能够工作。1919年发表经典论文《到达极高空的方法》。他原来的火箭都用固体燃料，但试射几枚，效果都不太理想，1920年，他转而研究液体燃料火箭。液体燃料火箭比固体燃料的比冲（单位重量推进剂产生的冲量）更大。1926年3月，在马萨诸塞州的奥本，冰雪覆盖的草原上，戈达德发射了人类历史上第一枚液体火箭，图13-34的邮票（马绍尔群岛1997，20世纪回顾20年代）描绘了这一场景，邮票边上写着"火箭时代发端"。火箭长约3.4米，发射时重量为4.6千克，空重为2.6千克，飞行延续了约2.5秒，最大高度为12.5米，飞行距离为56米。但是，他的工作得不到公众的理解。警察禁止他继续实验；报纸挖苦讽刺他，说他是"月球人"；他完全依靠自己的力量做实验，财源也近于枯竭。好在美国的环球飞行英雄林白得知戈达德的困难后，为他争取到古根海姆基金会提供5万美元资助。戈达德立即在新墨西哥州一个荒凉的大草原上重新建立了火箭试验场，着手研制更大、更先进的火箭。1932年，他采用陀螺仪控制火箭的飞行方向；1935年，他发射了数枚火箭，火箭飞行高度突破了20千米，速度超过1 193千米／时。戈达德取得的巨大成就没有引起美国政府的重视，德国人却发现了他的研究价值，并吸收他的科研成果研制出用于二战的V2火箭。直到二战结束，美国政府才从德国人那里得知，原来那个受到国人嘲笑的戈达德，竟是一个天才。然而已经晚了——戈达德已于1945年8月10日因患癌症去世。美国只能赋予他迟来的荣誉，以他的名字命名设于马里兰的宇航中心。德国著名火箭专家、后来为美国效力的布劳恩评论说："在火箭发展史上，戈达德

戈达德

图13-32（美国1964）

图13-33（莱索托1987）

图13-34（马绍尔群岛1997）

图13-35（罗马尼亚1982）

图13-36（罗马尼亚1994）

图13-37（圭亚那1994）

奥伯特

图13-38（巴拉圭）

图13-39（中非1984）

图13-40（马尔加什1990）

卡门

图13-41（美国1992）

图13-42（匈牙利1992）

图13-43（中非1985）

博士是无可匹敌的，在液体火箭的设计、建造和发射上，他走在每个人的前面……在戈达德完成他那些最伟大的工作的时候，我们这些火箭和空间事业的后来者才仅仅开始蹒跚学步。"

奥伯特是罗马尼亚人，本来学医，在一战中被征召到奥匈帝国军队中服役，中断了医学学习，转而对航天发射兴趣。他认为火箭的最佳动力是液体燃料而不是固体的火药。1940年他加入德国籍，1941年到德国佩内明德研究中心参与V2火箭的研制工作。他的贡献主要在理论方面，他的经典著作《飞往星际空间的火箭》于1923年发表，1929年经过修改和充实后形成一本专著，改名为《通向航天之路》，对早期火箭技术的发展和航天先驱者有较大影响。罗马尼亚在1982年为航天25周年发行的邮票里有一张奥伯特的（图13-35），邮票上也有上述的齐奥尔科夫斯基公式，还有一枚三级火箭的剖面图。（要使火箭的速度很大，必须尽量提高 m_0/m_1，即尽量增大燃料在总质量中所占的比例，这在技术上有困难。一般 m_0/m_1 只能做到3～10。因此，要得到很大的速度都得用多级火箭。）纪念奥伯特的邮票还有图13-36（罗马尼亚1994，奥伯特诞生百年）、图13-37（圭亚那1994，阿波罗11登月25周年）、图13-38（巴拉圭，发行年份不详）、图13-39（中非1984，空间技术）和图13-40（马尔加什1990，空间探索科学家）。

我们在这里总结和比较一下液体燃料火箭和固体燃料火箭的性能。液体燃料火箭的优点是燃料燃烧的比冲大、推力强劲、持续性好，推力大小可以精确调节，可以间歇性地使用，所以大推力运载火箭多使用液体燃料发动机作为动力，液体火箭发动机是目前航天运载火箭最常见的动力形式。但是燃料加注过程风险大，存储困难（液态燃料的腐蚀性使得燃料在燃料槽当中储存的时间较短，需要定期更换与检查），使用风险大（液体燃料经常伴随着高挥发性和毒性），并且液态火箭发动机需要有相关的管线与加压设备，相对于固态火箭发动机复杂许多。固体火箭主要的优点是结构简单，成本相对较低，使用安全，瞬间的爆发推力大。其燃料易于工业制成，同时便于存储和运输，基本没有挥发性和由空气传播的毒性，所以安全性比较好，而且寿命很长，能够存储十多年，而液体燃料最多三个月就会变质。其缺点是燃烧比冲较小、推力无法调节并且推进效率低。固体火箭发动机是目前小型火箭、火箭炮弹药、多数军用导弹的动力源。

美籍匈牙利裔力学家卡门是近代力学奠基人之一，他在流体力学、湍流理论、超声速飞行、火箭推进技术和工程数学等方面都有重要贡献。他善于从复杂现象中抓住物理本质，建立模型，然后寻找合适的数学方法解决，树立起近代力学的理论和实际紧密结合的风格。他曾获得美国第一枚国家科学勋章。他也是一个重要的固体物理学家，是晶格动力学的创立者之一。卡门又是一个著名的教育家，我国学者钱学森、钱伟长、郭永怀都曾列其门墙。图13-41和图13-42分别是美国和匈牙利为他逝世35周年发行的纪念邮票，匈牙利邮票上背景是著名的卡门涡街，卡门在1912年首先对这种现象作出了理论分析。图13-43是中非1985年发行的空间探索邮票中的一枚。图13-44是匈牙利1981年为纪念他诞生100周年发行的邮资明信片，上面有他的肖像、喷气式飞机和涡街。

图 13-44（匈牙利 1981）

卡门

图 13-46 发明者莱特兄弟
（美国 1949）

图 13-47 首次超音速飞行 50 周年
（美国 1997）

图 13-48 超音速喷气式客机"协和号"首航
（英国 1969）

图 13-49 飞机发明 100 周年（中国 2003）

图 13-50 漂洋过海一弹指
（比利时 2001）

图 13-51 世界太小了（英国 1999）

飞机的发明和改进

图13-45 航空航天技术（加拿大1996）

近代空气动力学和变质量体力学的发展，带来了航空和航天技术的巨大进步（图13-45，加拿大1996，高技术产业，航空航天技术）。这方面的邮票极多，已属于另外的集邮专题，而且每个专题的邮票都比物理学邮票数量更多。航空和航天主要是新技术和工艺问题，并不包含新的物理学原理，下面我们只用最少的邮票，用几页篇幅，极其简单地回顾可以写成整本书的航空和航天发展过程。

带有动力、能够持续发行的飞机是美国的莱特兄弟于1903年发明的，图13-46（美国1949）是莱特兄弟和他们的飞机，邮票上的文字是"人类首次可自由控制的持续动力飞行"。1947年，依靠采用喷气式引擎，飞机速度首次超过声速，图13-47（美国1997）的邮票纪念它50周年。由螺旋桨改成喷气推动是航空技术的一个飞跃。1969年3月2日，法英合造的超音速喷气式客机"协和号"在图卢兹进行了处女航。图13-48（英国1969）纪念这次首航。图13-49（中国2003）纪念飞机发明100周年，邮票上是最新的喷气式飞机，上图为世界最新的，即协和号，下图为中国最新的。图13-50（比利时2001，千年纪）将飞机比拟为在地球池塘上空飘荡的蒲公英绒毛，很有意思。图13-51（英国1999，千年纪）中喷气式飞机将地球宝宝揽在怀里。

航天开始于1957年，那年10月4日，苏联发射了第一颗人造地球卫星"斯普特尼克"（俄文"卫星"），是用多枚火箭捆绑发射的。发射后当年出的邮票除了前面加盖的图13-21之外，苏联还另出了一套票（图13-52，两枚邮票用纸纸质不同，淡蓝色纸11月发行，白纸12月发行，票上的文字是：世界上第一颗苏联人造地球卫星）。卫星形状和发射方式见图13-53（苏联1982，第一颗人造地球卫星发射25周年）。这次发射出乎美国意料之外，当时两国在火箭方面的水平相差不远，基本上在同一起跑线上。在第二次世界大战以前，两国都进行了火箭探索；二战后，基于火箭的军事价值，在德国技术的基础上，加上这两个国家过去火箭技术的基础，两国在冷战中开始互相竞争，都想夺得第一，以显示威力，称霸世界。1957年是国际地球物理年，提出要发射卫星，美国和苏联都在准备，但是互相不知道。苏联是统一领导的，集中全国的力量研究，而美国则分散在陆军和海军两个部门。苏联卫星发射成功后，美国奋起直追，开始了一场长达十余年的竞争。由于航天的开支巨大，这场竞争实质上是两国国力和制度的竞争。竞争初期苏联占上风，但最后以美国人登月胜利结束。俄国人到现在还没有登上月球。

第一颗卫星上天后，苏联旋即又在11月3日发射第二颗人造地球卫星（图13-54，邮票于12月发行），这颗卫星中载有小狗莱伊卡（图13-55，罗马尼亚1963，这是一枚票中票，原票发行于1957年）。虽然它在舱中仅几个小时就因舱中过热而死去，但是证明了动物是可以耐受发射时的压力的。直

图13-52 第一颗（苏联1957）

图13-53 第一颗发射25周年（苏联1982）

图13-54 第二颗（苏联1957）

图13-56 第三颗（苏联1958）

图13-55 莱伊卡（罗马尼亚1963）

图13-57 第一颗发射50周年（俄罗斯2007）

苏联发射人造地球卫星

到1958年1月31日，美国才将一颗只有8.2千克重的"探测者一号"送上太空（见第49节图49-7）。苏联接着又发射了第三颗人造地球卫星，1958年7月发行的邮票（图13-56）副票上的文字是："按照在苏联开展国际地球物理年活动的规划，于1958年5月15日发射了第三颗人造地球卫星，重量1 327千克，高度1 880千米。"顾盼自雄之情，溢于言表。在第一颗人造地球卫星发射50年之际，俄罗斯缅怀当年，发行了一个小全张（图13-57，2007，太空时代50周年），3张邮票的图案分别是第一颗人造地球卫星、科罗廖夫和齐奥尔科夫斯基。

为了统合航天力量，迎接挑战，美国于1958年10月1日成立了国家宇航局（NASA）。两国开始了载人航天的竞争，苏联又拔得头筹。1961年4月12日，苏联宇航员加加林乘"东方1号"宇宙飞船绕地球飞行一周，历时108分钟，成为首位进入太空的人（图13-58，苏联人在宇宙中，4月15日发行）。邮票的第一枚是加加林像，文字是"世界第一名宇航员加加林"；第二枚（6戈比面值）上是标语"光荣归于苏维埃科学和技术"，副票上是赫鲁晓夫的话："我国人民首先开辟了通往社会主义的道路，他首先进入太空，开启了科学发展的新时代"；第三枚上是飞船发射日期。图13-59（苏联1962，周年纪念），邮票上的文字是"人类首次宇航一周年"，副票上有加加林的签名。后来苏联把4月12日定为宇航节，每年宇航节多半要发行纪念邮票。1962年2月20日，美国才将宇航员格伦送入环绕地球的轨道。

美国人下决心要超过苏联，1961年5月25日，美国肯尼迪总统提出，要在十年内把人送上月球。凭着丰厚的经济实力和科技基础，美国果然做到了。1969年7月16日美国发射了"阿波罗11号"登月飞船，把人送上月球，终于扳回了优势。参加这次飞行的美国宇航员有阿姆斯特朗、奥尔德林和科林斯三人，科林斯留在指令舱中绕月球环行，阿姆斯特朗和奥尔德林登月，指令长阿姆斯特朗第一个走下登月舱（图13-60，美国1969，月球上的第一人）。他们在登月舱附近插上了一面美国国旗（图13-61，美国1989，登月20周年），为了使星条旗在无风的月面看上去也像迎风招展，他们用一根弹簧状金属丝使它舒展开来。在安装仪器和采集月球土壤和岩石标本后，他们安全返回，降落在太平洋中部洋面。图13-62（美国1999）上是宇航员在月面上留下的脚印，正如阿姆斯特朗（图13-63，罗马尼亚1985）所说："对于个人来说，这是一小步，但是对人类来说，这却是巨大的一步！"（That's one small step for man, one giant leap for mankind.）图13-64是中国台湾地区1970年出的登月周年纪念邮票，左边邮票上是"阿波罗11号"带到月球上的蒋介石的题词，中间邮票上是三位宇航员，从左到右为阿姆斯特朗、科林斯和奥尔德林。从1969年11月至1972年12月，美国又陆续发射了阿波罗12至17号飞船，其中除阿波罗13号因故没有登月（航天员安全返回地面），另五艘飞船均登月成功，阿波罗15至17号飞船的航天员还驾月球车（图13-65，美国1971，十年太空活动成就）在月面活动。前后共有12人成功登上月球。"阿波罗17号"后，由于耗费巨大和任务基本完成，美国停止了探月活动。苏联则始终未能将人送上月球。有人认为，苏联在军备和太空竞赛方面的巨大花费，是苏联解体的原因之一。

图 13-58 苏联首先将人送入太空（苏联 1961）

图 13-59 人类首次宇航一周年（苏联 1962）

图 13-60 月球上的第一人（美国 1969）

图 13-61 插上美国国旗（美国 1989）

图 13-62 月球上留下的足迹（美国 1999）

图 13-63 阿姆斯特朗（罗马尼亚 1985）

图 13-65 月球车（美国 1971）

图 13-64 登月周年（中国台湾 1970）

此后，美国和苏联的航天活动由竞争转向一定程度的合作。两国在发展航天技术过程中形成了自己的特色：美国发展了可以多次重复使用、竖直发射水平降落的航天飞机（或译空间穿梭机，space shuttle）；而苏联则发展空间站，长期在太空运行，用飞船送人送货上去。两国的技术有互补之处。1975年7月15—21日，美国的阿波罗号飞船和苏联的联盟19号飞船在太空实行对接（15日发射升空，具体对接17日完成），成为载人航天的首次国际合作。这次活动受到国际注目，许多国家（包括苏美两国和当时属于苏联阵营的波兰、捷克斯洛伐克、匈牙利等国）都发行了邮票。苏联早在5月23日，就为这次合作发行了一枚邮票（图13-66），画面是联盟19号的指令长、宇航员列昂诺夫画的两艘飞船对接的想象图，邮票左部是这次对接活动的图徽。可能觉得营造的气氛还不够热烈，在7月15日，苏联又发行一套邮票（全套4张票加一个小型张），其中的两张票（图13-67）与同日发行的美国票（图13-68，全2张）的图案完全相同。上面一张是两艘飞船对接前的瞬间，下面一张是对接后，背景是地球。由于邮票发行在实际对接之前，因此邮票上的图都是想象图而不是实际照片。后来在1992年，美国和俄罗斯联合发行了航天邮票（图13-69和图13-70）。上面两张邮票上美俄两国宇航员在太空互相问候，左边是俄罗斯宇航员，身上的宇航服上印着俄文字ГЛАВКОСМОС（宇航总局），脚边的航天器是美国的航天飞机，右边是美国宇航员，宇航服上印着NASA，航天器是俄国的空间站；下面两张邮票的主图仍是阿波罗和联盟号的对接，右为联盟号。

停止登月活动之后，航天转向航宇，探空活动离开地球引力范围，转向探索太阳系其他行星和宇宙空间。图13-71是美国为庆祝"火星探路者"在火星登陆而发行的小型张。火星是我们的近邻，是我们地球的姊妹行星。"火星探路者"于1996年12月发射，经过六个多月的飞行，于1997年7月4日（美国国庆日）在火星平安登陆。它携带了一辆火星漫游车Sojourner和多种科学仪器，可以在火星表面上巡游考察。图13-72（罗马尼亚2001，千年纪——20世纪大事）上的主图是1972年发射的先锋10号上携带的铭牌。先锋10号于1983年离开太阳系，驶向浩瀚的宇宙（大致指向68光年外的毕宿五——金牛座α），2003年送回它最后的微弱信号。携带这个铭牌的目的，旨在告诉万一发现它的地外文明，它是从哪里来的，地球人是什么模样。任何发现这块铭牌的地外文明都能推断我们存在于何时何地。

美苏两国航天项目的领军人物，分别是从纳粹德国投降过来的降将和从死因牢中救出的死囚。布劳恩对航天和登月有重大贡献，但他的前半生却不甚光彩。他曾是奥伯特的学生和助手，后来是纳粹德国发展火箭的技术负责人。1938年他加入纳粹党，后来又加入党卫军，获少校军衔。按他自己后来辩解，这都是为了获得支持，以实现自己的航天梦想。德国在第一次世界大战中战败，战后被禁止发展飞机这种进攻性武器，就钻空子发展火箭。在火箭上装上弹头并加上导向设备就成了导弹。在布劳恩领导下，1943年制成V2火箭，重约6吨，射程300多千米。纳粹用V2对英伦狂轰滥炸，对平民有很大的杀伤。而制造V2火箭的工人都来自集中营，生活困苦不堪，大量死亡，造V2火箭而死的人比V2火箭炸死的人还多。当时德国的火箭和导弹水平领先于其他任何国家。战争末期，美苏要抢夺德国的火箭技

图 13-66（苏联 1975）

图 13-67（苏联 1975）

图 13-68（美国 1975）

图 13-69（美国 1992）

图 13-70（苏联 1992）

美苏在宇航方面的合作
（阿波罗号和联盟 19 号对接）

图 13-71 火星探路者（美国 1997）

图 13-72 探索宇宙空间（罗马尼亚 2001）

术，各自派出高级专家到德国调查火箭技术，美国团以卡门为首，包括钱学森（身份是美国陆军上校），苏联是科罗廖夫。美苏并派出小分队搜捕德国火箭专家。布劳恩眼看大势已去，带领他的126名技术专家团队向美军投降。于是美国得到大量的人和资料、实物，苏军也得到部分人员，抢得许多V2火箭和制造设备，把德国的佩内门德火箭研发基地拆了运回去，装了好几百个火车车皮。后来估计，美苏得到的德国火箭技术使他们发展航天节省了10年以上的时间。当时布劳恩才30出头，美国大兵不敢相信这个年轻人是著名V2火箭的发明者。一个士兵说："我们要么是抓到了第三帝国最伟大的科学家，要么是抓到了个最大的骗子。"正在德国的钱学森审讯了布劳恩，钱学森要求他写出书面报告《德国液态火箭研究与展望》，这个报告受到美国军方重视。布劳恩被带到美国，躲过了战犯审判，在军方"监护"下继续研究火箭，1955年成为美国公民。开始时，由于他不光彩的历史，美国也不重用他。在美国与苏联的航天竞赛中屡次受挫后，美国官方才决定起用他和他的德国团队来挽回颓势，1960年他进入NASA，担任马歇尔航天中心主任。1970年任NASA副局长。他领导发射了美国第一颗人造地球卫星"探险者一号"，对阿波罗登月计划有重要贡献。笔者曾读过一篇介绍他生平的文章，标题是《把灵魂卖给魔鬼，将人类送上月球》。图13-73是马绍尔群岛20世纪回顾邮票40年代中的一张，画面是布

布劳恩

图 13-73（马绍尔群岛 1998）

图 13-74（几内亚 2000）

赞德尔

图 13-75（俄罗斯 2012）

图 13-76（拉脱维亚 2012）

科罗廖夫

图 13-77（苏联 1982）

图 13-79（苏联 1981）

图 13-80（苏联 1986）

图 13-83（古巴 1986）

图 13-78（苏联 1969）

图 13-81（乌克兰 1998）

图 13-82（乌克兰 2002）

劳恩像、V2火箭和火箭的截面图。右边的英文字是"导弹宣告新的军备时代的到来",右下缩微印刷的文字(只能在显微镜下看见)是"1942年布劳恩领导的小组发射了第一枚地对地导弹,导致V1和V2的发展"。这是布劳恩魔鬼的一面。图13-74(几内亚2000,航空航天史)的邮票则着眼他在人类征服太空中立下的功绩,邮票上对他的评价是"太空时代的先驱"。

科罗廖夫的人生也是波澜起伏。他母亲是乌克兰人,3岁那年,父母离婚了,母亲带着他回了乌克兰娘家。他也是从小就对航空航天感兴趣。1924年科罗廖夫进入基辅工学院。1926年,科罗廖夫转到莫斯科包曼高等学院学习,成了著名飞机设计师图波列夫的学生。他的毕业设计指导老师正是图波列夫。1929年,着迷于齐奥尔科夫斯基的宇航著作的科罗廖夫决心献身于火箭的发展。他参加了莫斯科的宇航小组,成了苏联早期火箭科学家赞德尔的追随者。赞德尔是拉脱维亚人(图13-75,俄罗斯2012;图13-76,拉脱维亚2012,诞生125周年),他的名字又拼为Tsander或Zander,莫斯科喷气推动研究小组的奠基人,领导设计了苏联第一台液体燃料的火箭发动机。1933年26岁的科罗廖夫担任苏联国立喷气推动研究所副所长,得到著名的红军领导人图哈切夫斯基元帅的支持。1936年,他领导设计成功苏联第一代喷气飞机。1937年,在斯大林的大清洗中,图哈切夫斯基被处决,科罗廖夫也被定为死刑,流放到西伯利亚服苦役。图波列夫在肃反运动中也被捕,只是由于苏联当时迫切需要飞机,让他在狱中继续从事飞机设计工作,并领导狱中的工厂。经图波列夫极力申请,最终以"杰出飞机设计师"的名义将科罗廖夫救出死牢,调到自己领导的工厂,从事飞机设计工作。20世纪40年代初,苏联获知德国在搞火箭飞弹,便将科罗廖夫调到狱中另一家工厂,组织人员进行军用火箭研究。二战后,成为红军上校,被派往德国搜罗纳粹留下的V2导弹、生产工厂和工程技术人员。1946年8月,被任命为弹道式导弹总设计师。他成功设计、制造和发射了一系列导弹和火箭。除了发射人造地球卫星和载人航天外,在他领导下还成功发射了9个月球探测器,4个金星探测器和两个火星探测器。科罗廖夫是苏联科学院院士(图13-77,苏联1982,诞生75周年)。别的纪念他的邮票都是宇航节邮票:图13-78(1969,塑像),图13-79(1981,首次载人航天20周年,邮票上的文字是"加加林的功绩属于全人类",副票上是科罗廖夫的话:"尤里·加加林——我国人民永葆青春的化身"),图13-80(1986,首次载人航天25周年)。乌克兰独立后,也出了两张邮票纪念他:图13-81(1998,基辅工科大学成立100周年)和图13-82(2002,第一个人造地球卫星发射45周年)。此外还有图13-83(古巴1986,首次载人航天25周年)。苏联在1964年发行了一个小全张"共产主义开辟了通往星际的道路"(图13-84),列举了苏联在航天方面的多个世界第一(从左上起):第一颗人造地球卫星,送上月球的第一块徽记,第一张月球背面照片,第一个进入太空的人,第一次宇宙飞船编组飞行,进入太空的第一位妇女。这些第一都是在科罗廖夫领导下完成的。1966年,科罗廖夫因一个小小的阑尾炎手术死在手术台上。由于苏联的严格保密制度,科罗廖夫生前并不为人们所知,死后他的功绩和作用才透露出来。

图13-84（苏联1964）

图13-85 格鲁什科（俄罗斯2008）

格鲁什科（图13-85，俄罗斯2008，格鲁什科诞生百年）是苏联的液体燃料火箭发动机专家。他也是乌克兰人，也是从小就对喷气飞行感兴趣，读过齐奥尔科夫斯基的著作，和他通过信，得到过齐奥尔科夫斯基的鼓励。他在1930年设计出苏联第一台液体火箭发动机，并领导研制了多种液体燃料火箭发动机，1949—1976年间苏联发射的全部运载火箭上安装的发动机，几乎都来自他主持的设计局。这类发动机性能稳定，保证了历次火箭、洲际导弹试验及50年代后载人飞船和各种空间探测器的发射成功。他原是科罗廖夫的同事和朋友，都担任火箭科学研究所的副所长。在大清洗中，他也被捕，比科罗廖夫更早。但他为科罗廖夫的"罪行"作证，科罗廖夫出狱后，两人在很多问题上有了争执。如研制苏联的载人登月火箭，科罗廖夫主张研制全新的液氧煤油发动机用于发展H1巨型火箭，格鲁什科设计局则花费巨资搞了个推力达700多吨的RD270肼类燃料发动机。结果苏联政府花费巨资研制出的H1火箭四射四败被迫放弃，而RD270发动机则找不到相匹配的火箭也白白浪费掉，苏联登月只能以失败结束。

中国人最早发明火箭。它以中国发明的火药为燃料（图13-86，几内亚2000，航空航天史。邮票上的文字是"火药的发现：公元前3世纪，中国把火药用于宗教狂欢"）。最迟在12世纪，喷气推进的火箭已用于军事用途（图13-87，莱索托2000，文字是"1150年中

图13-86 发明火药
（几内亚2000）

图13-87（莱索托2000）

图13-88（阿森松群岛1971）

图13-89（几内亚2000）

图13-90（利比里亚2000）

图13-91（几内亚2000）

图13-92（贝宁1999）

图13-93（阿拉伯也门共和国1969）

国人制造了第一枚火箭"）。1232年，守卫汴京的金兵曾用火箭武器抵御元兵进攻［图13-88，阿森松群岛1971，文字是"早期的中国火箭"；图13-89，几内亚2000，航空航天史，文字是"1232年，中国，在开封（拼错）战役中发射了真正的火箭"］。14世纪时，有了多箭齐发的火箭发射器，叫"一窝蜂"火箭（图13-90，利比里亚2000，中国古代科学技术，文字是："14世纪明初之蜂巢火箭模型"）。它用木桶内装32支火箭，用一根总药线连接32支箭的引线，配置在地下，使用时点燃总线，箭如一窝蜂般飞出地面，杀伤敌方人马。最早的火箭载人飞行试验也发生在中国。据说在14世纪末（明朝），一个叫万户的人把自己捆在椅子上，在椅子上安装了47支当时最大的火箭，两手各持大风筝。他让人同时点燃火箭，试图借助火箭的推力升空，再靠风筝在空中滑翔。不幸火箭爆炸，他被炸死了。虽然他失败了，但是人们钦佩他勇敢的尝试，将月球上一座环形山以他的名字命名。好几国以此题材发行过邮票，如图13-91（几内亚2000，航空航天史，文字是："万户的火箭滑翔机：中国古老传说中的火箭运输"）；图13-92（贝宁1999，中国航天成就，文字

图 13-94　开始于 1956 年（中国 2006）

图 13-96　神舟飞船首飞成功（中国 2000）

图 13-100（朝鲜 2003）

图 13-95　东方红一号卫星（中国 1986）

图 13-97（中国香港 2003）

图 13-98（中国澳门 2003）

图 13-101（蒙古 2003）

图 13-99（中国 2003）

中国载人航天

是："14世纪时一枚中国火箭的测试"）；图13-93的邮票（阿拉伯也门共和国1969）也以此为题材，不过人名拼错了，年代更弄错了。此事不见于中国正史，是英国人和俄国人根据中国古籍披露出来的，记载此事的原书可能现存于彼得堡。

虽然中国古代有火箭和其他发明，但是中国古代科技的经验倾向和闭关锁国使这些技术不能与时俱进。面对西方的坚船利炮，只能被动挨打，在屈辱中生活了100年。中国航天史是从1956年开始的，当年2月，著名科学家钱学森先生向中央提出《建立中国国防航空工业的意见》，4月，成立中华人民共和国航空工业委员会，统一领导中国的航空和火箭事业。10月，中国第一个火箭导弹研制机构国防部第五研究院成立，钱学森任院长（图13-94，中国2006，中国航天事业创建50周年，与两枚邮票有关的科学内容的介绍见后）。60年代在苏美发射卫星后，中国开始实行自己的航天计划。1970年4月24日发射了第一颗人造地球卫星"东方红一号"（图13-95，中国1986，航天，邮票下部的小字"乐声环宇"是因为卫星上有一台装置不停地播送《东方红》乐曲电波）。但是，"文化大革命"打断了我国的航天进展。改革开放后，中国国力极大提高，恢复了在航天方面的努力。一方面利用已有的能力，积极进行各种科学实验如地球空间双星探测（见图13-94之一，所谓地球空间双星探测就是用两颗轨道近乎垂直的小卫星，一颗运行于近地球赤道轨道，另一颗的轨道通过两极，两星配合，并与欧洲空间局"星簇计划"已发射的4颗卫星，组成密切配合的联合探测网，形成对地球空间的六点立体探测，它对提高我国空间物理研究和空间天气预报能力，对提高我国在国际空间物理学界的地位，起到了重要作用）；另一方面开发了神舟飞船，为载人航天做准备，在经过几次不载人的成功发射（图13-96，中国2000，神舟飞船首飞成功）之后，2003年10月15日发射了"神舟五号"飞船，载有航天飞行员杨利伟，中国成为世界上第三个载人航天飞行的国家。正如杨利伟所说："我虽然晚来了一步，但是，我来了。"载人航天是民族腾飞的里程碑。为了纪念这次飞行，中国内地与20世纪末回归的香港和澳门联合发行了纪念邮票（图13-97，中国香港2003；图13-98，中国澳门2003；图13-99，中国2003），完整地表现了飞船的升空、航天和返回的全过程。外国也加入了发行邮票纪念"神舟五号"载人飞行的行列，图13-100是朝鲜发行的小型张中的邮票，图13-101是蒙古发行的小型张。随后，2005年10月12日发射"神舟六号"，载有费俊龙、聂海胜两位航天员（见图13-94之二，图上两个宇航员的活动细节看不清楚），"神舟六号"飞行期间，费俊龙曾打开返回舱与轨道舱之间的舱门，进入轨道舱开展空间科学实验，但并未离开船体，离开船体的空间行走实验是"神舟七号"的航天员进行的。2008年9月25日发射"神舟七号"，载有翟志刚、景海鹏、刘伯明三人。探月工程也已起步，当前是采用绕月探测的方式，称为嫦娥工程。2007年10月24日发射了"嫦娥一号"卫星（图13-102，中国2007，中国探月首飞成功），2010年10月1日发射了"嫦娥二号"卫星。

中国航天事业的迅速进展，离不开航天战线上科技人员的拼搏，他们的代表是钱学森先生（图13-103，中国2011，中国现代科学家第五组，邮票的背景图是"东风2号"甲导

图13-102 中国探月首飞成功
（中国2007）

弹和"东方红一号"卫星）。钱先生是工程控制论和物理力学的开创者，中国空间技术的奠基人。他在美国时是卡门的学生和得力助手。1955年他克服重重阻挠回国，对于组建和发展我国的国防科学技术、对于建立运筹学和系统科学等新学科，作出了很大的贡献。

图 13-103 钱学森（中国 2011）

14．光学的进展

　　光学是和力学同样古老的学科。前面我们结合邮票，已经讲过伊本·海赛姆、伽利略、笛卡儿、惠更斯、牛顿、胡克和哈密顿对光学的贡献。邮票上记载着，在牛顿以后到19世纪中叶麦克斯韦提出光的电磁理论这一段时期内，光学有以下几方面的进展。

　　首先是光速的测定。光速究竟是无穷大还是有限，自古以来就有争论。古代的原子论者自然倾向于把光也看成有光源射出的微粒子，以有限的速度传播。亚里士多德则相反，他认为光只是介于光源与观察者之间的介质的一种紧张状态，因而是即时传播的。伽利略第一次以科学方法设计并进行了测定光速的实验。他的方法是让两个人，相隔一段距离，比方说1千米，相向而立。每个人手中有一盏可以遮光的灯。当第二个人看到第一个人打开灯光时，马上挪开自己挡住灯光的手。第一个人测量从打开自己的灯到看见对方的灯光的时间，就是光来回通过两人距离的时间。由于这段时间太小了，远远小于人体的反应时间，伽利略的测量没有得出什么结果，但是伽利略提出的方法在原理上是正确的。

　　最初成功地测出光速是用天文学方法，共有两种方法。

　　第一种方法是利用木星卫星的蚀。丹麦天文学家罗默（1644—1710，图14-1，丹麦1944，纪念罗默诞生300周年；图14-2，马里2006，小型张上的邮票）于1676年研究所观察到的木卫相继两次发生蚀之间的时间间隔的变化（图14-3，格林纳达2000，千年纪邮票，邮票上的文字是"1676年罗默观察到光以有限大小的速度运动"，邮票图背景中有罗默像，印刷后不明显）。他把它解释为是由地球木星之间距离的变化引起的，是光速为有限大的结果。惠更斯用罗默的数据，算出光速为 $c = 214\,000\,\text{km/s}$。这个结果虽然偏小，只有正确值的2/3，但数量级是对的。这是人类历史上第一次得出光速是有限的而不是无穷大，是很有意义的。

　　第二种方法是利用光行差。由于地球在轨道上公转的速度，恒星的视位置与真实位置要

图 14-1（丹麦 1944）

图 14-2（马里 2006）

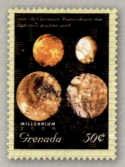

图 14-3（格林纳达 2000）

图 14-4 布拉德雷（尼加拉瓜 1994）

图 14-5 费马（法国 2001）

图 14-6 托马斯·杨（马里 2011）

图 14-7 爱因斯坦、萨根和杨
（科摩罗群岛 1976）

图 14-8（法国 1986）

图 14-9（吉布提 2010）

图 14-10（尼加拉瓜 1994）

图 14-11（汤加 1984）

偏差一个小角度 θ。一年中，恒星的视位置要绕垂直于地球轨道的轴转一个小圆圈，其角半径即为 θ。按照速度相加法则，$\tan\theta=v/c$，v 是地球公转速度，是已知的。（按照相对论的速度相加法则，应为 $\sin\theta=v/c$，但 θ 甚小，$\sin\theta$ 和 $\tan\theta$ 几乎没有区别。）英国天文学家布拉德雷（图14-4，尼加拉瓜1994，著名天文学家）于1727年用这个方法测得 $c=308\,300\,\mathrm{km/s}$，比罗默的测量结果准确多了。

今天，真空中的光速的准确数值是 $c=299\,792\,458\,\mathrm{m/s}$，它是一个基本物理常量。

其次是对几何光学特别是对折射定律的解释。前面说过，笛卡儿用微粒模型，并假设穿过界面前后光微粒速度的切向分量不变，很容易就推出了折射定律。但是，按照这个假设，光在光密介质中的传播速度要比在光疏介质中快，许多物理学家对这一点不能接受。法国数学家费马激烈反对笛卡儿的论证，指出笛卡儿先假定光是即时传播的，后来又同有限速度的小球运动相比拟，这是自相矛盾。他同笛卡儿展开了长期的争论。1662年，费马提出"最少时间原理"，以此来取代笛卡儿的推导。费马认为，光在折射中走的路径是花费时间最少即最快捷的路径。由这一原理出发，也不难推导出折射定律，但光在光密介质中的速度较小。费马原理是物理学中一系列极值原理的肇端。图14-5是法国2001年发行的纪念费马诞生400周年的邮票，强调的是作为数学家的费马，写的文字是费马大定理：整数方程 $x^n+y^n=z^n$ 当 $n>2$ 时无解。费马大定理是费马写在一本书的页边上的，他还写道："对这个命题我有一个非常美妙的证明，可惜这里的空白太小，写不下来。"在随后的300多年里，许多数学家向这个问题提出了挑战，直到20世纪行将结束时，才由英国数学家怀尔斯证明。

在费马之后，惠更斯提出了以他的名字命名的原理，即以太中每一颗受到激发的颗粒又会成为新的扰动中心发出球面子波，同一时刻出现的一系列子波就组成此时刻的波阵面，它的法线方向就是波的传播方向。由惠更斯原理能够解释光的直进、反射定律和折射定律，并得出光速与介质的折射率成反比，光密介质中光速小。

最后是关于光的本性。对于光的本性，牛顿主张微粒说，而胡克、惠更斯和欧拉则提倡波动说。不过牛顿本来的学说并不完全排斥波动，他虽然认为光的本质是微粒，但它们在以太中运动时能激发以太的振动。后来，现代光学理论在某些方面又回到了牛顿的想法。当时牛顿的信徒们则对牛顿的学说加以绝对化和简单化，去掉他们不理解的深奥部分，删改成"光是高速运动的微粒"这一简单结论。由于世人对权威的崇拜，也由于波动说当时还不完善（认为光是纵波），微粒说在与波动说的争论中占了一个世纪的上风。英国的托马斯·杨和法国的菲涅耳是复活和完善波动说的两员大将。纪念托马斯·杨的邮票有图14-6（马里2011）。此外在科摩罗群岛发行的一张邮票上出现过杨的肖像（图14-7，图中最小的人像），这张邮票是1976年为纪念美国独立200周年而发行的一套邮票中的一张，画面内容是庆祝飞往火星的"海盗号"航天器的两次成功发射（1975年8月20日和9月9日），上面有爱因斯坦、萨根（美国天文学家及科普活动家，以研究生命物质的起源和外星文明而闻名）和杨的像。杨（1773—1829）是一位奇才，

14岁就通晓十几种语言，后来以行医为业。他是从对视觉的研究进入光学领域的。1801年，他做了有名的双缝（孔）实验，引用干涉概念论证了波动说，又用波动说解释了牛顿环的成因和薄膜的彩色。他还第一个测量了7种颜色光的波长。1817年他得知菲涅耳和阿拉戈关于偏振光的干涉的实验结果后，提出光是横波。他还提出了三原色理论。他是第一个提出能量概念的，指出应当把能量概念同力的概念分开，首先使用能量一词来代替活力。他给出力学中固体的弹性模量的定义，确认剪切是一种弹性变形，材料的弹性模量就以他的姓氏命名。他又是一个考古学家，释读了罗塞塔碑文。罗塞塔石碑（Rosetta Stone）是在离亚历山大里亚48千米的罗塞塔镇出土的古埃及石碑，上面的碑文同时用埃及象形文字和希腊文两种文字刻成，为解读古埃及象形文字提供了线索。碑文的释读主要由杨和法国的尚博良完成。

菲涅耳（1788—1827）迄今还没有在邮票上出现过，但是有他的好友、法国物理学家阿拉戈（1786—1853）的邮票（图14-8，法国1986，红十字会基金附捐邮票；图14-9，吉布提2010，伟大科学家）。阿拉戈原来也信奉微粒说，但较早就转而相信菲涅耳的波动说，并与菲涅耳合作，在实验上系统研究了偏振光的干涉，于1816年发现，偏振方向互相垂直的两束光线不干涉。1818年菲涅耳参加法国科学院关于衍射问题的悬赏征文，评审委员会由拉普拉斯、毕奥、泊松、阿拉戈和盖吕萨克组成，前三人都是信奉光的微粒说，坚决反对波动说的。泊松从菲涅耳的理论推出一个似乎荒谬的结论：在一个圆形不透明障碍物的阴影的中心有一个亮斑存在。泊松声言这个结论证明了菲涅耳的波动理论是错的。但是阿拉戈立即在实验上证明了这个亮斑存在！（这个亮斑今天称为泊松亮斑或阿拉戈亮斑。）于是菲涅耳的论文赢得了头奖。这个戏剧性事件为波动说的胜利作出了很大的贡献。波动说认为光在光密介质中的传播速度较慢，微粒说的结论则相反。从1838年起，阿拉戈开始设计一个判决性实验，直接测量和比较光在空气、玻璃和水中的传播速度。但因法国1848年革命和他1850年失明，未能完成。后来傅科和斐索改进了阿拉戈的设计，完成了这一实验，直接否定了微粒说。阿拉戈还于1811年发现了旋光性。他也是一个积极的共和主义者，1848年法国二月革命后出任临时政府的海军部长，因此邮票上说他是物理学家和政治家。阿拉戈还在电流的磁效应和电磁感应方面有过发现，有关的事迹和邮票将在以后介绍。

艾里是著名的英国天文学家，格林尼治天文台台长。他的名字出现在光学中是由于艾里斑，即圆形孔径的衍射图样的中央（零级）亮斑。望远镜的光瞳都是圆形的，因此即使是远处的恒星，经过望远镜后成的像也不是一个严格的几何点而是一个艾里斑，这是由光的衍射引起的。这决定了光学仪器的极限分辨率。艾里研究和计算了圆孔衍射图样。艾里的主要工作在天文学方面。他整顿了格林尼治天文台，安装了新设备。他用同一个摆在一个深矿井的底部和顶部测量重力，由此算出地球的密度。前面提过，他未及时处理亚当斯的计算结果，延误了海王星的发现。纪念他的邮票有图14-10（尼加拉瓜1994），上有圆形孔径的衍射图样；图14-11（汤加1984），上有国际日期变更线，它的制定与艾里和格林尼治天

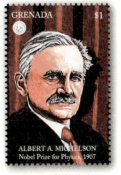

图14-12（瑞典1967） 图14-13（马尔加什1993） 图14-14（格林纳达1995） 图14-15（几内亚比绍2009）

文台有关，汤加的位置正在国际日期变更线附近。

麦克斯韦提出光的电磁理论，确立了光的波动说。在此之后，立足于干涉概念，干涉的各种应用也发展起来。在19世纪与20世纪之交，干涉计量术得到很大的发展。

美国物理学家迈克耳孙1881年发明了以他的名字命名的干涉仪，利用干涉条纹精确测量长度或长度的变化，具有极高的精确度，原意是用来检测地球相对于以太的运动的，但是实验却得到零结果。

为了解释这个结果，斐兹杰惹和洛伦兹先后提出了长度收缩假说，为爱因斯坦提出相对论作了准备。迈克耳孙再把他的干涉仪用于其他的测量上，例如，他于1893年确定了米原器等于镉红线的1 533 163.5个波长。迈克耳孙于1907年获得诺贝尔物理学奖（图14-12，瑞典1967，左边是同年诺贝尔化学奖得主布希纳；图14-13，马尔加什1993，得诺贝尔奖的光学家，较小的人像是激光器发明人、1964年诺贝尔物理学奖得主汤斯；图14-14，格林纳达1995，诺贝尔奖设立百年；图14-15，几内亚比绍2009，诺贝尔奖得主，邮票画面中有他的干涉仪），受奖原因并不是否定以太漂移的实验结果，而是他对光学精密仪器及用之于光谱学与计量学研究所作的贡献。出现迈克耳孙的邮票还有图70-21（科摩罗群岛1977）和图7-68（冈比亚1988，面值为D3的那张）。

邮票上还有法布里-珀罗干涉仪（图34-35的第三张邮票），它是C.法布里和A.珀罗于1897年发明的实现多光束干涉的仪器。由于它所产生的干涉条纹非常细锐，一直是长度计量和研究光谱超精细结构的有效工具；它还是激光共振腔的基本构型。

1908年诺贝尔物理学奖也是授给光学工作的。法国物理学家李普曼因发明以干涉为基础的彩色摄影术（1891年）而得奖。他的方法不用染料，而是在一块黑白全色感光板的乳剂背面涂上一层汞反光层，使光线通过感光乳剂后再反射回来，与入射光线干涉而形成潜影。潜影的深度是随光线的色彩（波长）而变化的。显影使潜影成为影像，观看时效果鲜艳逼真。由于这种方法需要长时间曝光，而且原版不能复制，所以从未普及，但仍是彩色摄影历史中的重要一步。后来的彩色摄影是沿着染料的路子走的。图14-16（瑞典1968）左边是

图14-16（瑞典1968）

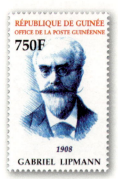

图14-17（几内亚2001）

图14-18（几内亚比绍2009）

李普曼，右边是德国哲学家厄铿（1908年文学奖得主）。纪念李普曼的邮票还有图14-17（几内亚2001，诺贝尔奖百年）和图14-18（几内亚比绍2009，诺贝尔奖得主）。

15．光谱学的建立

图15-1 光谱（西班牙1969）

光不仅给我们送来了能量，还给我们带来了信息。光带来的不仅有我们周围世界的宏观形象，还有宇观物体（遥远的天体）和微观物体（微小的原子、分子）的组成和结构。光的信息不仅寓于它在我们的眼睛中所成的像里，还寓于光的颜色即光谱之中。

前面已经说过，牛顿最早研究棱镜折射时的色散现象，牛顿是光谱学的鼻祖（参看图10-26至图10-30）。光的波动说确立之后，人们知道光谱中的不同成分对应于不同的频率（波长），并且测量了不同色光的波长。整个可见光光谱的宽度，从红光到紫光，只有大约一个倍频程。图15-1为西班牙1969年发行的纪念在马德里召开的第15次国际光谱学会议的邮票，画面是可见光谱。发现天王星的英国天文学家 W.赫歇耳首先指出光谱不止限于可见光的范围，1800年，他用水银温度计作为接收器，证明了红外线的存在。紫外线则是J.Ritter在1803年发现的。

自然界中常见的一种光谱现象是彩虹。请看第33节地球物理学中大气现象关于彩虹的几张邮票（图33-22至图33-24，图33-27）。人们也常在邮票上用彩虹图案作为喜庆的标志，如图15-2至图15-10所示。这些邮票可分成两组，两组中彩虹的颜色排列顺序相反。一组是外红内紫，包括图15-2（圣马力诺1995，联合国成立50周年），图15-3（法国1975，国际妇女年），图15-4（中国台湾1986，推行整洁礼貌运动，保护整洁的环境），图15-5（尼加拉瓜1986，国际和平年），图15-6（苏联1963，联合国普世人权宣言15周年），图15-7（德国1995，国际气候公约大会）和图15-8（塞浦路斯土族区1982，西班牙世界杯足球赛）；另一组是外紫内红，包括图15-9（以色列

彩虹

图 15-2（圣马力诺 1995）

图 15-3（法国 1975）

图 15-4（中国台湾 1986）

图 15-5（尼加拉瓜 1986）

图 15-6（苏联 1963）

图 15-7（德国 1995）

图 15-8（塞浦路斯土族区 1982）

图 15-10（美国 1988）

图 15-9（以色列 1975）

夫琅禾费暗线

图 15-11 夫琅禾费诞生 200 周年（德国 1987）

图 15-12 夫琅禾费诞生 225 周年（德国 2012）

图 15-13 夫琅禾费学会
成立 50 周年（德国 1999）

图 15-14 基尔霍夫（东德 1974）

1975，植树节）和图15-10（美国1988，"祝福"邮票）。这两种颜色排列顺序，哪种是对的？与彩虹的照片对比，可以看到，后一组邮票错了。这提示我们观察自然现象要细心。实际上，彩虹是由于太阳光在大气水滴里折射与反射而成。根据光线在水滴内部反射次数的多少，虹可分为主虹（反射一次）和副虹（又称霓，反射两次）。内反射次数越多，光强越弱。主虹的色彩排列是外红内紫，副虹位于主虹之上，色彩排列是外紫内红。霓是不能单独出现的，后一组邮票画面中下面并没有另一条主虹，因此它的彩虹颜色排列顺序错了。

一切光源发的光通过棱镜都会展成光谱。不同物质高温时发的光颜色不同，其光谱各有特征。1802年，沃拉斯顿开始使用狭缝代替针孔，这样，光谱上的亮点变成明亮的谱线，要比针孔的像清楚得多。1814年，德国光学家夫琅禾费发现，太阳光光谱中有许多条暗线。他将太阳光谱记录下来，并将主要颜色部位的8条强暗线用字母A，B，…，H标出。这些暗线今天称为夫琅禾费线。他又多次观察月光和行星及地球上物体对太阳光的反射光，发现其光谱中都有这些暗线，与太阳光谱完全相同。但是天狼星、其他恒星和烛焰的光谱则不相同，并且太阳光谱中的暗D线与烛焰中的亮D线（钠黄线）的位置是一致的。这些初步研究成果奠定了系统研究线光谱的基础。图15-11是德国1987年发行的夫琅禾费诞生200周年邮票，画面下部是太阳光谱，上部是夫琅禾费的签名和光谱的光强分布。图15-12是德国2012年发行的夫琅禾费诞生225周年邮票，画面同样是太阳光谱中的夫琅禾费暗线。

夫琅禾费出身贫苦，父亲是一个玻璃工匠。12岁时父母双亡，他被送到一个玻璃匠那里当学徒。他在劳动中自学成才，集理论才干与精湛的工艺技术于一身。他改进了光学玻璃的制造、计算和检验方法，设计了消色差物镜，还首创用牛顿环检验光学表面加工精度和透镜形状的方法。他的贡献促进了德国光学工业日后的发展。他又于1821年建立了平行光的单缝衍射理论。他还用细金属丝绕在两个平行的螺钉上做成光栅，以及用金刚石在玻璃面上刻出反射光栅。他发现光栅生成的光谱比棱镜生成的要清楚得多。他还推导出角色散与缝距的反比关系。繁重的劳动和研究工作损害了他的健康，刚39岁就因患肺结核英年早逝。

1949年，在战后重建的努力中，德国成立了以夫琅禾费的名字命名的应用研究学会，首任会长由著名物理学家格拉赫担任。它同主要致力于基础研究的马克斯·普朗克学会和促进高校研究的德国研究协会鼎足而立，是德国科研的三大支柱。它从事应用研究，解决科学界与工业界协作中提出的任务。它与企业紧密结合，自身也得到很大的发展。1999年，德国为夫琅禾费学会成立50周年发行了邮票（图15-13），画面上是不同颜色的发光二极管，这是夫琅禾费学会的研究成果。

真正建立了光谱学，并将它应用于化学分析的是德国物理学家基尔霍夫（图15-14，东德1974）和化学家本生。基尔霍夫在电路理论方面也有突出成就，有关的邮票见第18节。19世纪中叶，他们在海德堡大学任教授。他们研制出对光谱技术的进展至关重要的两种仪器。本生发明了本生灯，它能产生很高的温度和无色的火焰，是一种适合于获得许多元素的光谱的光源。他们又于1859年研制出第一台实用的光谱仪。基尔霍夫在实验的基础上总结出三条定律：

1.一切白炽固体、液体或气体在高压状态下所发的光的光谱为连续光谱。

2.处于低压下的炽热气体的光谱为明线谱或称发射光谱，由暗背景上的一些亮线组成，每种元素都有自己特定的（波长固定的）谱线。

3.来自高压的炽热固体、液体或气体的光，再通过温度较低的低压气体时，则产生吸收光谱。它由热光源产生的连续光谱上叠加若干条低温气体产生的暗线组成，这些暗线称为吸收线。每种元素都有固定的吸收线，其波长与其发射线相同。

于是基尔霍夫就解释了夫琅禾费线的意义：太阳的核心温度高、压力大，发射连续光谱，而太阳外层大气温度较低，夫琅禾费线是太阳大气中的元素吸收的结果。这样也就知道了太阳外层大气的组成，组成太阳大气的都是地球上已知的那些元素。在科学史上，曾经多次从天体光谱中发现一些特殊的光谱线系，以为它们属于天上特殊的物质，但后来发现，这些物质都是地球上有的，只不过地上含量较稀少或者处于不同的状态而已。例如：氦（helium，"太阳素"之意）原来是在太阳光谱中发现的，1895年拉姆齐在含轴矿物中发现了氦；皮克林线系，1897年在船舻座 ζ 星的光谱中发现，有人以为是星球上的与地上不同的氢的光谱的光谱线，但玻尔提出，这是氦离子 He^+ 发出的类氢光谱，被人在实验室中证实，详见第45节；锿（nebulium），其光谱线在行星状星云中发现，1927年被认证为二次电离的氧离子 O^{2+} 所生的禁线；氪（coronium），其光谱线在日冕中发现，1941年被认证为由极高温度和极低密度下的Fe原子产生。

基尔霍夫很喜欢讲下面这则关于自己的故事。他从夫琅禾费线考察太阳中是否含金时，他的管家不以为然地说："如果不能把太阳上的金子拿下来，研究它又有什么用？"后来，基尔霍夫因为他的发现而被英国授予金质奖章，他把奖章拿给管家看，说："你看，我不是从太阳上拿下了金子吗？"至今仍有不少人，抱着这位管家的观点。

每种元素都有自己独特的谱线，而且只需极少的样品便可得到，于是光谱便成为化学分析的有力工具。图15-15（西班牙1994）是锰的光谱及其测定者卡塔兰。共有18种元素是通过光谱分析发现的。本生和基尔霍夫就通过光谱发现了铯和铷。英国化学家拉姆齐与人合作，通过光谱分析先后发现了氩、氦、氖、氪、氙等惰性气体元素，并因此获得1904年诺贝尔化学奖，他的邮票见第30节。不但发射光谱的亮线的强度可用于分析，吸收光谱的暗线及其强度也可用于分析。图15-16是澳大利亚1975年为原子吸收光谱学发行的邮票，上面的英文字是："原子吸收分光光度法依靠原子对光的吸收来测定物质中某种元素的含量。这种具有世界意义的现代分析技术是在澳大利亚发明的。"光谱分析的准确和灵敏使它在许多领域得到应用，例如用于犯罪的侦破。图15-17（加拿大1973）是纪念加拿大皇家骑警100年的邮票，画面上是一条连续光谱和三组明线光谱，旁边有英文和法文小字：警务科学中的光谱学。

光谱学应用于天文学，导致天体物理学的诞生。每种元素不但有其特征谱线，而且这根谱线的位置还受到物理状态的影响。因此分析星光的光谱，就可以知道遥远的恒星的化学

图15-15（西班牙1994）

图15-16（澳大利亚1975）

图15-17（加拿大1973）

图15-18 塞奇逝世100周年和恒星光谱类型（梵蒂冈1978）

图15-19（奥地利1992）

图15-20（马里2011）

图15-21 光谱打开微观世界
大门（列支敦士登2004）

图15-22 赫茨伯格（加拿大2004）

图15-23 赫茨伯格（马尔代夫1995）

组成、温度分布、物理状态和演化规律。星光带给我们这些信息，而这些信息则蕴藏在它们的光谱之中。法国哲学家孔德曾以恒星的化学组成作为人类的认识能力有限的实例，他在其《实证哲学讲义》中写道："恒星的化学组成是人类永远也不可能知道的。"但是他去世没多久，言犹在耳，我们通过光谱就不仅知道恒星的化学组成，而且还知道了更多的东西。例如从夫琅禾费线不但知道太阳大气的组成，还知道它的温度高达数千度，使金属元素都处于气态，而太阳光球发连续光谱，表明太阳内部温度更高。

意大利天文学家塞奇（1818—1878）是一个耶稣会士，他第一个将光谱学和摄影术用于天文学。他在恒星光谱方面做了大量工作。他于1864—1868年间，对4000颗恒星的光谱进行了研究，发现它们的光谱构成（因而化学成分）各不相同。他将恒星的光谱型分成4类：白色星（天狼星型）、黄色星（太阳型）、橙红色星和暗红色星。这种分类法是后来的赫罗图恒星分类的先河，而分类就导致对恒星演化的研究。他还证明日食时看到的日珥是太阳本身的一部分并发现日珥的许多表现形式。梵蒂冈于1978年为塞奇逝世100周年发行了3张一套的邮票（图15-18），画面上是塞奇的浮雕像、日珥、不同类型的光谱和天文观测仪器。

1842年，奥地利物理学家多普勒（1803—1853）宣布了著名的多普勒效应：运动波源发出的波的频率受波源运动速度影响。图15-19是奥地利1992年发行的纪念多普勒原理150周年的邮票。画面上是多普勒的肖像，右下角的两个圆圈图形象地说明了多普勒原理。左边的是静止波源发出的波，波前是一系列以波源为中心的同心圆。右边的是一个从左向右运动的波源发出的波的波前。显然，对于波源向之运动的观察者（在波源右边），波长变短，频率变高；而对于波源与之远离的观察者（在波源左边），波长变长，频率变低。由于多普勒效应的重要，马里发行的"有影响的物理学家和天文学家"邮票中也有多普勒的一张（图15-20）。天文学中发现，所有恒星的光谱都向红端有微小的移动（红移），这表明恒星正在离我们而去，即我们的宇宙处于膨胀之中，这是大爆炸宇宙学的观测基础。

除了在化学分析和天体物理上的应用外，光谱还是打开微观世界大门的钥匙。光谱数据提供了原子、分子的能级结构、能级寿命、电子组态等方面的知识。建立原子结构模型的一个重要实验基础就是光谱。图15-21的邮票（列支敦士登2004，自然科学，此张为物理学）形象地表明了这一点。原子中的电子在各能级之间跃迁产生光谱线即线状光谱，分子主要产生带状光谱，炽热固体和气体放电则产生连续光谱。现在观测到的原子发射的光谱线已有100多万条，每种原子都有各自独特的光谱。分子中的电子围绕两个或多个原子核运动，各有其特定的能级；除电子运动外，各个原子核相互做周期振动，原子核还会绕某些轴转动。所有这些运动都会显示在分子光谱中，因而分子光谱变得非常复杂。电子态的能量比振动态的能量大两个量级，振动态的能量又比转动态大两个量级，因而许多光谱线密集在一起形成带状光谱。加拿大物理学家赫茨伯格（图15-22，加拿大2004，诞生百年；图15-23，马尔代夫1995，诺贝尔奖设立百年）是研究分子光谱的专家，他是1935年从纳粹德国出逃到加拿大的，他着重研究双原子分子，尤其是最常见的H_2、O_2、N_2和CO_2，著有三卷本《分子光谱和分子结构》。他因对分子结构的研究获1971年诺贝尔化学奖。

中国著名物理学家吴大猷（1907—2000）也在分子光谱方面做了重要工作。1937年，他在北京大学授课之余，开始了光谱学研究。1939年，他在抗日战争的困难环境下，综合自己的研究成果，在昆明写出了专著《多原子分子的结构及其振动光谱》（英文），纪念北京大学成立40周年，出版后得到国际物理学界的好评，被列入McGraw-Hill高等物理专著丛书。他还著有《量子散射理论》《气体和等离子体的动力学方程》等专著和《理论物理》6卷7册，包括了古典物理到近代物理的全部内容。1984年至1993年他出任中国台湾中央研究院院长。他建议台湾当局放弃发展核武器。吴大猷还是一位物理教育家，培养了不少人才，李政道、杨振宁、黄昆、马仕俊、郭永怀、马大猷、虞福春等，都是他的高足或助手。可惜2007年他百岁诞辰时，没有为他发行邮票。

16. 应用光学

在牛顿之后的一个多世纪里，光学的应用也有很大的进展，首先是各种光学仪器的发明和改进，特别是显微镜和望远镜。

17世纪的荷兰，磨镜片工艺十分发达，著名哲学家斯宾诺莎（1632—1677）便以磨镜片为生。很自然，荷兰也成了显微镜和望远镜的诞生地。人们不只用镜片做眼镜，还把透镜组合起来，构成显微镜和望远镜。

复显微镜据说是荷兰一个眼镜工匠冉森发明的（1590），但最早以使用显微镜观察微生物而出名的荷兰人列文虎克用的却是只有一个透镜的单显微镜（放大镜）。列文虎克（图16-1，荷兰1937）没有受过多少教育，知识都来自自学。他磨制的透镜质量极好，单个透镜的放大倍数最高达200多倍（图16-2，特兰斯凯1982，医学名人，邮票上文字：显微镜之父；图16-3，安提瓜和巴布达1993，发明家，主图是列文虎克最初造的显微镜），在显微镜下他发现了微生物和生物的微组织（图16-4，格林纳达2000，千年纪邮票，邮票上文字是"1674年诞生了微生物学"）。纪念列文虎克的邮票还有图16-5（吉布提2006，17世纪伟大科学家）、图16-6（卢旺达2009，伟大科学家）等。英国物理学家胡克自制了复式显微镜，并把自己在显微镜下的观察结果绘成图，出版了《显微图集》一书（见图11-21）。

光学仪器包括显微镜的制造中心后来逐渐向英国和德国转移。英国1989年发行了一套"皇家显微镜学会成立150周年"邮票（图16-7），四张邮票的图案是不同放大倍数的显微镜下所看到的图像：放大10倍的雪花，放大5倍的苍蝇，放大500倍的血细胞，放大600倍的微芯片。放大倍数越来越大，表示显微镜技术的进步。东德于1980年发行了一套蔡斯光学博物馆邮票（图16-8），

图16-8 蔡斯光学博物馆（东德1980）

图 16-1（荷兰 1937）

图 16-2（特兰斯凯 1982）

图 16-3（安提瓜和巴布达 1993）

图 16-4（格林纳达 2000）

图 16-5（吉布提 2006）

图 16-6（卢旺达 2009）

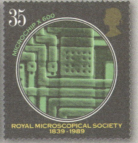

图 16-7 皇家显微镜学会成立 150 周年（英国 1989）

图 16-9（美国 1965）

图 16-10（苏联 1966）

图 16-11（南非 1981）

图 16-12（巴西 1988）

显微镜

内容是博物馆的藏品，包括英国、法国、德国不同时期的显微镜。其中第一张上是英国亨德利商行1740年的出品；第二张上是巴黎Magny公司1751年的出品；第三张上是意大利莫德纳市阿米奇公司1845年的出品，阿米奇是著名的光学仪器制造商，他在复合显微镜的设计方面取得了较大的进展，并提出了显微镜物镜的油浸方法；第四张上是德国耶拿的蔡斯公司1873年的出品。

在显微镜下，可以看到生物的组织和细胞，也可以看见细菌等单细胞生物。显微镜对生物学和医学的促进，正如望远镜之于天文学。今天，显微镜已成为科学特别是医学中不可少的工具。下面是展示医学的重要诊断工具显微镜的一些邮票：图16-9（美国1965，抗癌运动，下面一行字是"及早诊断，挽救生命"），图16-10（苏联1966，第九届国际微生物学大会），图16-11（南非1981，全国癌症学会成立50周年）。南极考察也得带上显微镜（图16-12，巴西1988，南极科学考察）。显微镜还促进了物理学本身的发展，例如布朗运动便是在显微镜下观察到的。

显微镜下可分辨的距离不可能小于光波的波长。要提高显微镜的分辨本领，就必须过渡到更短的波长，因此发展了X射线显微术和电子显微镜(利用电子的德布罗意波)。

下面看望远镜。望远镜据说是一个制造眼镜的工匠利珀希于1608年发明的（图16-13，几内亚比绍2008，天文学发现，邮票上的文字是"制造了第一架实用的望远镜"）。事情很偶然：他的一个学徒闲着没事，拿两块透镜对着看，发现远处的物体像是挪近了而且很清楚，便把这个现象告诉师傅。利珀希便将两块透镜装在筒里制成第一架望远镜，卖给荷兰政府。荷兰政府意识到它在战争中会有用处，决定保密。但是消息还是不胫而走。伽利略听到这个消息，就自己做了一架，并用来观察天空，得出天文学上的许多发现。

伽利略的望远镜是折射望远镜，牛顿造出了反射望远镜。反射望远镜与折射望远镜相比有许多优点，特别在大口径下：透镜有色差而反射镜没有色差；制造大透镜要求很高（玻璃透明、均匀、无气泡），而制造反射镜没有这些要求；大型透镜或反射镜的自重很大，但透镜只能用它的边缘支承，在自重下容易变形，而反射镜则其反面处处可以支承。因此，大型望远镜都是反射望远镜。为了校正球差和彗差，常将反射镜面磨成旋转抛物面。提高望远镜分辨本领的办法是减小衍射斑的大小，即加大孔径。而且孔径越大，收集的光能越多，成像越明亮，可以看到更远、更暗的星，因此望远镜的口径越来越大。大型望远镜的发展伴随着天文学的进展。它们的设计者和制造者都是天文学家，他们用这些望远镜做出了重大的天文学发现。尼加拉瓜1985年发行纪念哈雷彗星出现的邮票，其中有两张总结了望远镜的发展历程。图16-14的下方是最早的天文望远镜——伽利略的折射望远镜，其上是以后各种改进的望远镜的光路，最上面是牛顿反射望远镜的光路。图16-15上有赫歇耳的望远镜和海耳望远镜。

反射望远镜大显身手是在天文学家赫歇耳手中。他一生都在不停地制造越来越大的望远镜。前面说过，他用自制的焦距2米、口径15厘米的反射望远镜发现了天王星。他又于1783年制成一架焦距6米、口径45厘米的望远镜，主要用这架望远镜，他从事星云观测20年，把许

图 16-13（几内亚比绍 2008）

图 16-14（尼加拉瓜 1985）

图 16-15（尼加拉瓜 1985）

图 16-16（几内亚 2000）

图 16-17（尼加拉瓜 1994）

图 16-18（内维斯 2000）

图 16-19（塞拉利昂 1990）

图 16-20（格林纳达 1991）

图 16-21（英国 1970）

图 16-22　帕森城的巨无霸
（爱尔兰 2000）

图 16-23　格林尼治天文台的
中星仪（英国 1984）

海耳和他主持建造的望远镜

图 16-24 海耳（尼加拉瓜 1994）

图 16-25 帕洛马山天文台望远镜
（阿森松 1971）

图 16-26 帕洛马山天文台
（美国 1948）

图 16-27 世界最大望远镜（苏联 1985）

图 16-28 中国的 2.16 米
光学望远镜（中国 1999）

德国 18—19 世纪的光学仪器

图 16-29（西德 1981）

图 16-30（西柏林 1981）

多星云分解为大量恒星构成的星系。1789年他建成一架焦距12米、口径122厘米（约4英尺）的巨型望远镜，是当时世界上最大的望远镜。关于这台望远镜的邮票有：图16-16（几内亚2000，航空航天史，上面的文字是"1789年英国天文学家威廉·赫歇耳设计了第一架大型望远镜"）；图16-17（尼加拉瓜1994，著名天文学家）；图16-18（内维斯2000，千年纪邮票，文字是"1738年天文学家威廉·赫歇耳诞生"）；图16-19（塞拉利昂1990，探测火星）；图16-20（格林纳达1991，探测火星）；图16-21（英国1970，皇家天文学会成立150周年），左边手拿星图的是威廉·赫歇耳，他是皇家天文学会的创立人和第一任会长，右边是他的儿子J.赫歇耳，中间是F.Baily，都是著名的天文学家；还有前面第5节图5-95上面的一张。赫歇耳用这架望远镜发现了土星的两颗卫星土卫一和土卫二。可惜的是，这架望远镜使用效果不佳，自重使反射镜严重变形。半世纪后的1845年，有更大的望远镜超过了它。

这架新的大望远镜由帕森斯(William Parsons，即第三代罗斯勋爵)建造于爱尔兰的帕森城(现在的Birr城)，口径为180厘米，号称"帕森城的巨无霸"(图16-22，爱尔兰2000，千年纪，科学发现，Birr城的望远镜)。它是19世纪最大的望远镜。罗斯用这架望远镜发现了星系的旋涡结构。图16-23是英国1984年发行的纪念格林尼治子午线100周年的邮票中的一张，上面是格林尼治天文台的以艾里命名的中星仪（Transit Telescope）。格林尼治天文台建立于1675年，艾里为把格林尼治天文台建成一个以方位测量和计时为主要业务的专业天文台作出了巨大的努力。

美国天文学家海耳一生有两大贡献：对太阳的观测研究和制造巨型天文望远镜。在太阳研究方面，他的突出贡献是拍到太阳的单色光照片和发现太阳黑子的磁场(图16-24，尼加拉瓜1994，海耳的肖像、太阳单色像和表面照片，海耳的名字拼错了，应为Hale)。海耳是有史以来最伟大的望远镜制造者，他善于动员富人和财团出资建造大望远镜。1897年，海耳在叶凯士天文台建成口径1米的折射望远镜，迄今仍是世界最大的折射镜。1908年主持建成口径1.5米的反射望远镜，安装在威尔逊山天文台；1917年又主持建成2.5米口径的巨型反射望远镜（图60-1之五），为星系和宇宙学研究作出重要贡献。哈勃就是用这架望远镜发现哈勃定律的。

由于海耳和他建造的望远镜，使美国的观测天文学在20世纪初就在世界上领先。当洛杉矶的灯光污染夜空，影响威尔逊山天文台的观测时，他决定另建帕洛马山天文台，装置一架口径5米的巨型反射望远镜(图16-25，阿森松1971，右边为天琴座的环状星云)。这架望远镜从1928年开始筹建，1948年才建成启用(图16-26，美国1948，帕洛马山天文台)。后命名为"海耳望远镜"。这几架望远镜都是当时世界最大的望远镜。

1975年苏联科学院专业天体物理天文台的6米反射望远镜建成，冠军又易手了(图16-27，苏联1985，科学院专业天体物理天文台望远镜建成10周年，俄文字是"世界最大的苏联望远镜"，右边是安装图)。但由于设计上的问题，这架望远镜未达到预期的效果，建树不多。相反美国的5米镜在天文学中有特殊的地位。

我国的2.16米光学天文望远镜（图16-28，中国1999），安装在北京天文台兴隆观测

图16-31 蔡斯工厂建立110周年（东德1956）

图16-33 显微镜的科学设计制造100周年（西德1968）

图16-32 蔡斯工厂建立125周年（东德1971）

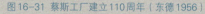

图16-35 莱比锡博览会上的光学仪器（东德1965）

图16-34 卡尔·蔡斯基金会成立100周年（东德1989）

阿贝和蔡斯工厂

尼埃普斯和达盖尔发明摄影术

图16-36 摄影术发明100年（法国1939）

图16-37 摄影发明150年（苏里南1989）

图16-38 尼埃普斯逝世150年（马里1983）

图16-39 达盖尔及其相机（马尔加什1990）

图16-41 达盖尔（科摩罗群岛2009）

图16-40 达盖尔（格林纳达－格林纳丁斯1987）

站。它于1972年开始研制，1989年正式投入使用。口径2.16米，身高6米，自重90余吨。望远镜的主镜由一块直径2.2米、厚30厘米、重3吨的光学玻璃研磨而成，可以观测到极暗的星体，最暗可达25等星。

现代的大望远镜还有托洛洛山美洲天文台的4米口径望远镜，凯克天文台的10米口径望远镜等（见图61-1）。凯克望远镜是由36块分离的六角形小反射镜面拼装而成，以避免制造单块大反射镜的技术困难。

德国的光学仪器质量优良，有着悠久的传统，德国人对这一传统是颇为自豪的。西德和西柏林于1981年联合，各自发行一套以德国18世纪和19世纪的光学仪器为内容的邮票。西德的一套（图16-29）是：1800年前后出品的船用六分仪望远镜，1770年前后出品的反射望远镜，1860年前后出品的双筒显微镜，1775年出品的八分仪。西柏林的一套（图16-30）是：1810年前后出品的经纬仪，1820年前后出品的赤道仪，1790年出品的显微镜，1830年前后出品的六分仪。

19世纪初，夫琅禾费作了巨大努力，把光学理论知识和工艺技术紧密结合起来，使德国的光学工业在世界上领先。阿贝在1887年纪念夫琅禾费诞生100周年大会上，曾这样总结夫琅禾费的工作方法：①改进制造光学元件的原料（光学玻璃）；②依靠并形成基本理论；③发展与改进制造工艺。蔡斯和阿贝是他的继承者，发扬了这个传统。1846年在耶拿建立的以生产显微镜为主的蔡斯工厂，后来成为世界著名的精密光学仪器制造厂。东德曾为蔡斯工厂发行过两套邮票。一套是1956年纪念蔡斯工厂建立110周年（图16-31）：中间一枚是工厂的外貌，厂主卡尔·蔡斯（右边一枚）认识到，光学仪器的改进依赖光学理论的提高，必须从以经验为基础的设计过渡到数学设计，就聘请耶拿大学的物理与数学讲师（后成为教授）阿贝（1840—1905，左边一枚）为工厂的研究员，1866年阿贝成为蔡斯的合股人。另一套（图16-32）是1971年纪念工厂建立125周年，3枚邮票分别是其出品经纬仪、天文馆中的天象放映设备和显微镜。阿贝和工厂的合作极为成功，阿贝创制了多种光学仪器，不断改进工厂的管理和工艺水平及产品质量，使工厂从一个小工场发展成世界上最先进的光学仪器工厂；工厂则为阿贝提供了用武之地，让阿贝发展了把光学理论和工艺紧密结合的新学科应用光学。阿贝的主要学术成就包括提出数值孔径概念、几何光学的阿贝正弦条件和波动光学的阿贝二次衍射成像理论，衍射成像理论后来成为傅里叶光学和光学变换的基础。图16-33(西德1968)的邮票纪念显微镜的科学设计制造100年，这主要是阿贝的工作，其画面是现代显微镜的结构和光路图。阿贝还是一位社会改革家。1888年蔡斯去世后，阿贝成了工厂的主人。阿贝认为，工厂的名声和利润是全体工人和技师共同的劳动成果，利润应当按劳分配。于是他建立了卡尔·蔡斯基金会，把自己的股票全部献出，把工厂改组为合作制企业，由管理人员、工人和耶拿大学分享利润。他放弃厂长职务，只担任管委会的一名委员。在基金会章程中，他还主张实行8小时工作制，节假日工资照付，病退休后工资仍付75%等。图16-34是东德于1989年为卡尔·蔡斯基金会成立100周年发行的邮票，两张邮票分别是干涉显微镜和双坐标测定仪，中间过桥上是阿贝的肖像。这些努力的结果，使德国的光学仪器品质优异，有口皆碑，成了重要的出口商品（图16-35，东德1965，莱比锡秋季博览会）。

应用光学的另一重要方面是摄影（照相）术，所谓摄影就将客观图像忠实记录下来，使得在异时异地对这一事件也得到像目睹一般的信息。摄影所依据的基本原理就是小孔成像，摄影机上增加了镜头和快门以增加和控制光量，然后将所成的像记录在某种介质上。像别的技术发明一样，摄影术是许多人不断改进的结果。人们将最早发明摄影的荣誉归于法国人尼埃普斯（1765—1833）和达盖尔（1787—1851）。尼埃普斯在1826年将感光后能变硬的白沥青涂在锡合金板上，装进暗箱里对着窗外曝光了8小时，得到了人类历史上第一张照片。从1829年起达盖尔和尼埃普斯合作，改进他的方法，发明了一种银版摄影术，用碘化银作为记录介质，曝光只需20～30分钟。由于后来摄影就是沿着以卤化银为记录介质的路子走下去的，因此以1839年为发明摄影的年份。图16-36是法国1939年发行的纪念摄影术发明100周年的邮票，除二位发明家的肖像外（1822是尼埃普斯开始研究摄影的年份），还有阿拉戈（时任法国科学院终身秘书）1839年1月9日在法国科学院宣布摄影术发明的情景。阿拉戈正确地预见到，摄影术将对天文学作出伟大的贡献。图16-37是苏里南1989年发行的摄影发明150年纪念邮票，三张邮票分别是尼埃普斯和达盖尔的像以及达盖尔的第一部相机。图16-38（马里1983，尼埃普斯逝世150周年）上是尼埃普斯和他的相机。图16-39（马尔加什1990，发明家）上是达盖尔和他的相机。纪念达盖尔的邮票还有图16-40（格林纳达-格林纳丁斯1987，发明家）和图16-41（科摩罗群岛2009，伟大创新）。邮票上的Daguerreotype一词可译为达盖尔银版法或银版照相法。用银版照相法只能得到一份照片，是不能复制的。

和达盖尔同时，英国人塔尔博特（Talbot W.H.F.，1800—1877）也在研究摄影。英国1999年发行的千年纪邮票第一组中有一张（图16-42，"冻结时间"）介绍了他的工作，邮票上是他拍的树叶照片。他发明的方法叫Colotype，可译为负正法（在印刷行业术语中音译为珂罗版），分正片和负片（底片），可以通过在感光纸上接触印制正片的方法无限复制。塔尔博特把纸浸在含银溶液中，制成负片和印相纸，大大提高了感光灵敏度，缩短了曝光时间，降低了照相成本，如果他早几周公布他的方法，"摄影之父"就会是他而不是达盖尔了。他的方法于1841年得到专利。1844年，塔尔博特在伦敦出版了人类历史上第一本摄影画册《The Pencil of Nature》，印数150册。

图16-42 塔尔博特对发明摄影术的贡献（英国1999）

以下是一些国家1989年发行的纪念摄影发明150年的邮票：图16-43（中国，少女如花，正在拍照，自己又成了被拍的对象）；图16-44（苏联，正负片的黑白反演）；图16-45（保加利亚，摄影者在气球的吊篮中从高空拍摄）；图16-46（波兰，上面一张邮票上是三脚架上的相机和气动快门开关，浮雕人像是Maksymilian Strasz，他是波兰摄影界的先驱，波兰第一位摄影师，下面邮票上照相机快门代替了眼睛的瞳孔，它们的作用相同）；图16-47（土耳其，第一张上是老式相机的暗箱，第二张是快门）。

斯洛文尼亚的Janez Puhar（图16-48，斯洛文尼亚1994，欧罗巴邮票，发明与发现）是

图16-43（中国）

图16-44（苏联）

图16-47（土耳其）

图16-46（波兰）

图16-45（保加利亚）

摄影发明150年纪念（1989年）

图16-48 Janez Puhar
（斯洛文尼亚 1994）

图16-49 Josef Petzval
设计的镜头（奥地利 1973）

图16-50 迈布里奇和他的动态摄影
（美国 1996）

图16-51 1907年路易·
吕米埃发展了彩色摄影
（冈比亚 2000）

摄影发展史上的大事件

伊斯曼创立柯达公司

图16-52（刚果 2001）

图16-53（美国 1954）

图16-54 摄影成为业余爱好
（美国 1978）

图16-55 莱卡相机
（密克罗尼西亚 2000）

摄影的大普及

摄影技术的革新者，他于1841年发明了用玻璃干板记录影像。

Josef Petzval (1807—1891)是一位匈牙利数学家，他在1840年首先通过计算来设计光学镜头。他的镜头是专为相机设计的，口径达到了f/3.6，与原来的f/11相比，暗箱中的光强增加到10倍，使拍摄人像的曝光时间降到了1分钟以内。图16-49（奥地利1973，欧洲摄影大会）是他设计的相机镜头。

图16-50（美国1996，通信先驱）上的迈布里奇（1830—1904）是美国摄影家，以最先从事动态摄影和研究电影放映而闻名。1872年，铁路大王斯坦福和人打赌，马在奔跑时一定有一个时刻是四蹄同时不着地的，请迈布里奇用科学方法证明。当时电子学还没有诞生，但是迈布里奇有办法，他沿着跑道布设了12个相机，用横过跑道的线拉着快门，马跑过时触动快门拍照。结果拍到了四蹄悬空的照片。他还将一对舞伴跳交谊舞的连续照片贴在一个圆盘的外缘，圆盘装在一个盒子里，盒上开一条槽。转动圆盘，通过视觉暂留效应，透过开槽就看到这对舞伴翩翩起舞，这是电影的原始形式。

发明电影的吕米埃兄弟也发明和改进了彩色摄影。图16-51(冈比亚2000，千年纪邮票，20世纪第一个十年)上是吕米埃兄弟，文字是"1907年路易·吕米埃（弟弟）发展了彩色摄影"。

美国的伊斯曼（1854—1932）（图16-52，刚果2001；图16-53，美国1954）对摄影术的发展、改进和普及作了很大的贡献。他年轻时在一个银行做职员，白天上班，晚上在母亲的厨房里做实验，想要改进当时那种复杂的摄影方式。经过3年实验，1880年，他研制出一种全新的干板配方，申请了专利。他将玻璃干板变成赛璐珞胶片的胶卷。他创办了柯达（Kodak）公司，既生产胶卷，也生产相机，他的相机既轻便，操作又简单。他的口号是："你只要按快门，剩下的我们做。"摄影变得空前普及，许多家庭都拥有摄影器材（图16-54，美国1978），包括轻便相机如柯达或莱卡（图16-55，密克罗尼西亚2000，千年纪邮票）。柯达公司发展成全球最巨大的摄影工业企业。但是好景不长，在玻意耳(Willard S. Boyle)和史密斯（George E. Smith）1969年发明CCD（电荷耦合器件）后，摄影从胶片时代进入数码时代，用CCD将图像转换成数字信号，存储在内存中，显示在荧光屏上（玻意耳和史密斯因发明CCD获2009年诺贝尔物理学奖，他们的邮票见第65节）。胶卷的使用越来越少。柯达公司2009年停产胶卷，转向数码技术，2010年年底最后一家柯达冲洗店停止胶卷冲洗业务。但是转型太晚了，2012年1月，柯达申请破产保护。这只是科技进步给社会带来的影响的一个小小的例子。

今日，摄影是人类活动的一个重要方面。各国经常举行摄影展（图16-56，瑞士1978，第二届弗雷堡摄影三年展）。摄影不仅记录历史事件和人物，报道新闻事件（图16-57，意大利1978，摄影信息，右上角是一个镜头，下面是传输信息的电报线），美化人们的生活，而且是科学实验（例如光谱学、光度学、天文学）中很好的记录手段。例如在天文学中，照片和肉眼相比有两个明显的优点。首先是它能给出直接的、可永久保存的记录，于

图16-56 摄影展览（瑞士1978）

图16-57 摄影信息
（意大利1978）

图16-58 比利时物理学家普拉道
（比利时1947）

是就可以对它进行从容研究和精细测量。其次，摄影时以通过增加曝光时间使很暗的星感光，而用眼睛看不见的星，不论盯多久还是看不见。今天记录快速过程的高速频闪摄影术、原子核物理和粒子物理中的乳胶，都是作为科学实验手段的摄影术的发展。

　　这里顺便介绍一下比利时物理学家普拉道（1801—1883，图16-58，比利时1947）。他为了研究太阳光对眼睛的效应，对太阳注视了20秒钟，严重损害了他的视力，最后导致失明。他在失明后继续进行科学研究，指挥别人做实验，通过别人的眼睛观察实验结果。除生理光学外，他对分子物理学也有重要贡献。在第25节我们还将讲到亥姆霍兹对生理光学的贡献。

17．电学的早期发展

今天电已经很普及了。但是在六七十年前，笔者儿时，在中国土地上，还只是一些大城市里有电力供应。即使现在，笔者一听到"电"这个字，首先想到的还是空中的雷电。在一场大雷雨中，电闪雷鸣，那真是自然界的一场盛大演出！许多国家都发行过以闪电为画面的邮票，如图17-1（英国1998，千年纪邮票）；图17-2（斯洛伐克2005，世界物理年）；图17-3（墨西哥2000，电学研究所成立25周年）；下面的图17-13和图17-14；以及第33节里有关的邮票（图33-22，图33-23，图33-24等）。

虽然早在公元前6世纪，希腊的第一位哲人泰勒斯就发现并记录了摩擦后的琥珀可以吸引细小物体，但由于离当时的日常生活较远，在之后的两千年里，电学都处于沉寂状态。直到16世纪，英王的御医吉尔伯特（1544—1603）发现，不只是琥珀，许多物体经过摩擦都有吸引力，并且这种吸引力和磁石的吸引力不同，摩擦后的物体并不具有指南北的性质。英文中的"电"（electricity）一词就是他根据琥珀的希腊文的字根创造的，以便与磁性相区别。大约在1660年，演示马德堡半球的居里克制出了摩擦起电机，在静电实验中起着重要作用。1745年发明了莱顿瓶以保存摩擦起电后得到的电荷，这是电容器的原始形式。当时有人用莱顿瓶做了这样一次表演：在巴黎修道院前调集了700名修道士，让他们手拉手排成一行。让队首的修道士手拿莱顿瓶，队尾的修道士手握莱顿瓶的引线。当莱顿瓶放电时，700名修道士同时跳了起来。法国国王路易十五和王室成员也应邀出席参观。这次表演可以和马德堡半球实验比美。

伟大的美国科学家和民主主义者富兰克林（1706—1790）在早期电学中做了许多重要工作，大大丰富了人类对电的认识。富兰克林是一个蜡烛和肥皂制造商贩的儿子，家中有十七个孩子。他只上过两年小学，然后便辍学了，到他哥哥的印刷作坊当学徒。他的知识全是自学来的。他的兴趣和研究范围极广，触及社会和自然的方方面面。例如，他创立了近代的邮信制度，制定了近代的议员选举法，发现了感冒的原因，发现了墨西哥湾流，绘制暴风雨推移图，发明了路灯和双焦距眼镜等。但是他在物理学上的最重大的贡献还是在电学方面。首先他清理了当时比较混乱的电学知识。1747年，富兰克林提出，电的本性是某种流质，渗透在一切物体之中。每个物体所含的这种流质都有其固有的量。如果这种流质超出固有数量，物体就带正电。如果不足，物体就带负电。在摩擦起电的过程中，电并不是由摩擦创造出来的，而是被摩擦从一个物体转移到另一物体，电的总量是不变的。因此，富兰克林首先表述了电荷守恒定律。富兰克林还第一个用数学上的正负概念来表示两种电荷，并首创了其他一些术语，如导体、充电、放电等，这些术语一直沿用到现在。他还发现，一个带电的金属容器，其电荷集中在容器的外表面上，内壁上没有电荷。他更大的贡献是统一了天电和地电。人们都知道天上的雷电现象，但从没有想到它们和地上的电现象有什么关系。富兰克林认为，天上的闪电和莱顿瓶的火花放电是一回事，只不过更猛烈。1752年，富兰克林在费城做了著名的风筝实验来证明这一点。在雷电交加的情况下，将风筝放入云中，利用它把大气中的电荷引下来对莱顿瓶充电，从而证明了他提出的"闪电和静电的同一性"。这种闪电实验是非常危险的，富兰克林没有遇难完全是侥幸。第二年，俄国学者罗蒙诺索夫的老师里赫曼在彼得堡做闪电实验，被雷电击中当场牺牲。法国经济学家Anne Robert Jacques Turgot称赞富兰克林道："他夺得了苍天的雷电，夺下了暴君的权杖。"（英文：He snatched the lightning from the skies and the scepter from the tyrants.）

　　作为美国建国元勋和《独立宣言》及美国宪法起草人之一，纪念富兰克林的邮票非常之多，光是美国富兰克林像普通邮票就有几十种。例如美国的第一张邮票（1847年，图17-4）的画面便是富兰克林的肖像。再看几种美国富兰克林普票：图17-5（1856）；图17-6（1861）；图17-7（1895）；图17-8（1903）；图17-9（1918）；图17-10（1954）。下面我们选一些与他的科学活动有关、强调他的学者和科学家身份的纪念邮票。图17-11（美国1956）纪念富兰克林诞生250周年，画面上是富兰克林做闪电实验的场景：富兰克林把手靠近拴在风筝线上的铜钥匙，发生火花放电，感到电击。原画是一幅油画"Benjamin Franklin Drawing Electricity from the Sky"，作者Benjamin West，大约绘于1816年。图17-12（美国2006）是纪念富兰克林诞生300周年的邮票中的一张。全套4张，分别表现作为政治家、科学家、邮政总长和印刷工人的富兰克林，邮票背面印有说明文字。这一张是科学家富兰克林，票面右边是波士顿的富兰克林理工学院的一幅壁画，描绘富兰克林在书桌前写作，左边有他和儿子在雷雨中放风筝的画。中间的两幅手绘图，一幅是他关于龙卷风的论文的插图，一幅是他发明的"三轮钟"的设计图。邮票背面的文字是："本杰明·富兰克林还由于对他所谓的'哲理性消遣'的追求而使我们怀念，他对自然现象抱有强烈的好奇心。他在电学和气象学这些领域的观察和实验导致一系列有趣的发明，包括加热炉、避雷针和早期的电池。"图17-13（英国2010）纪念英国皇家学会成立350周年，富兰克林是皇家学会会员。图17-14(马尔代夫2000)是20个小国联合发行的千年纪邮票的一张，上面的英文小字是"1751年富兰克林发表了他对电学的研究"。图17-15是塞拉利昂2002年发行的"蒸汽世纪的结束，电气世纪的开始"邮票小型张，富兰克林在做风筝实

图17-1（英国1998）

图17-2（斯洛伐克2005）

图17-3（墨西哥2000）

美国以富兰克林像为画面的普通邮票

图17-4（1847）

图17-5（1856）

图17-6（1861）

图17-7（1895）

图17-8（1903）

图17-9（1918）

图17-10（1954）

科学家和学者富兰克林

图17-11（美国1956）

图17-12（美国2006）

图17-13（英国2010）

图17-14（马尔代夫2000）

图17-15（塞拉利昂2002）

图 17-16（刚果 2003）

图 17-17（古巴 1956）

图 17-19（马绍尔群岛 2002）

图 17-18（喀麦隆 1976）

图 17-20（苏联 1956）

图 17-21（马拉维 2008）

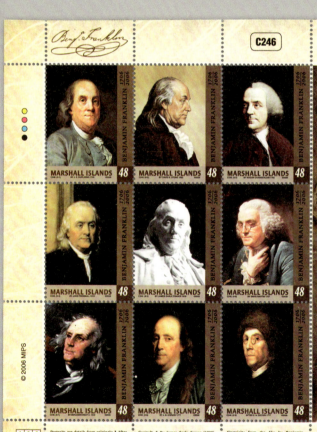

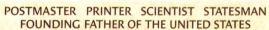

图 17-22（马绍尔群岛 2008，7/9 原大）

科学家和学者富兰克林

183

验。图17-16（刚果2003）右边有富兰克林和儿子放风筝。图17-17（古巴1956年）纪念富兰克林诞生250周年，画面上除了富兰克林的肖像外，背景上有印刷机（反映富兰克林长期当印刷工人的经历）、大陆会议会址和自由钟（对美国独立的贡献）、风筝。图17-18（喀麦隆1976年）是纪念美国独立200周年票中的一张（另一张画面为华盛顿），上部是富兰克林的大像，下部是他的坐像和独立大厅（在费城，即大陆会议会址，是当年签署《独立宣言》和批准美国宪法的地方）。图17-19（马绍尔群岛2002）左边一张是"富兰克林——发明家"，右边一张是"富兰克林——学者"。图17-20（苏联1956）也是纪念富兰克林诞生250周年，像下面的文字是"伟大的美国社会活动家和学者富兰克林"。图17-21是马拉维2008年发行的"著名科学家"邮票中的一张。图17-22是马绍尔群岛为富兰克林诞生300周年发行的小全张，边纸上印着他的头衔：邮政总长、印刷商、科学家、国务活动家、美国的奠基人。

　　富兰克林的另一贡献是发明避雷针。他观察到尖端更易放电，待他发现了天电和地电的同一性后，就想到用尖端放电原理将天空的雷电引到地下，以避免建筑物遭雷击。这个想法于1754年首先由捷克物理学家戴维斯实施（图17-23，捷克斯洛伐克1954，纪念避雷针发明200周年）。但是，当时英国的物理学者却认为避雷针的头应当做成圆的，于是爆发了争论。这场争论发生在美国独立战争期间，英国国王乔治三世发布御谕，要求英国的避雷针顶端都要做成球形而不是尖端。可是国王的谕令也不能改变自然规律，他的避雷针不灵。

　　18世纪后期，人们开始对电荷的相互作用进行定量研究。1766年，英国化学家（1794年移居美国）普里斯特利（图17-24，美国1983）根据富兰克林的带电金属容器内表面没有电荷和对内部不产生电力的实验结果，猜测电力和万有引力一样也服从平方反比定律（牛顿在其所著《原理》中早已证明其逆定理：由于万有引力是平方反比力，均匀的物质球壳对壳内物体无引力作用）。但他只是猜测，未能证明。英国学者卡文迪什也做了这个实验，他用数学证明了：带电金属球球腔内任一点所受到的电力都相互抵消，这只有平方反比力才有可能。根据他实验中导体球内表面上检测不到的电荷数量，他于1773年推算出，电力与距离的方次成反比，这个方次与2相差不超过0.02。但是他的这一结果没有发表，直到1879年才由麦克斯韦整理公之于世。法国物理学家库仑于1785年用自己独立发明的扭秤测定带电小球之间的作用力，直接证明了电荷之间的作用力是平方反比力。这就是著名的库仑定律，它是电学中第一条定量定律，在形式上与万有引力定律十分相似。为了纪念他，物理学中用他的名字作为电荷的单位。库仑的实验结果的指数与2的偏差可达0.04，精度不如卡文迪什。图17-25（法国1961）左边是库仑的肖像，右边是他1777年发明的扭秤。

　　意大利解剖学家伽凡尼（1737—1798，图17-26，意大利1934，第一届国际电辐射生物学会议）1780年做青蛙解剖实验时偶然观察到，在放电火花附近，与金属接触的蛙腿发生抽动。他进一步实验发现，若用两种不同的金属分别接触蛙体，则当两种金属相碰时蛙腿发生抽动。若用同样的金属，则不能使蛙腿抽动。蛙腿抽动肯定是放电引起的，这个电是从哪里来的呢？伽凡尼不懂其中的原因，作为一个解剖学家，他提出动物内部存在"生

图17-23 戴维斯和避雷针
（捷克斯洛伐克1954）

图17-24 普里斯特利
（美国1983）

图17-25 库仑（法国1961）

图17-26（意大利1934）

图17-27（意大利1991）

图17-28（马尔代夫2000）

图17-29（莫桑比克2010）

图 17-30（意大利 1927）

图 17-31（的黎波里塔尼亚，1927）

图 17-32（意大利 1949）

图 17-33（的里亚斯特，1949）

图 17-36（圣马力诺 1981）

图 17-34（意大利 1992）

图 17-35（意大利 1999）

图 17-37（法属阿法尔和伊萨领地 1977）

伏打

物电"，这种电只有用两种金属与之接触才能激发出来，从神经流入肌肉。这种解释是错的，但伽凡尼的工作促使人们对这个问题深入研究。图17-27是意大利（1991）为无线电发明100年发行的系列纪念邮票的第一张，除伽凡尼的肖像外，在实验台上可以看到起电机和青蛙。图17-28（马尔代夫2000）是20个小国联合发行的千年纪邮票中的一张，上面写着："1780年伽凡尼开始做电对神经和肌肉影响的实验。"图17-29是莫桑比克2010年发行的小型张，邮票上是伽凡尼在实验室中，左上角的文字是"伽凡尼用青蛙腿做的实验"。边纸上有富兰克林像和爱迪生的白炽灯。

伽凡尼的发现引起了他的同胞、物理学家伏打的注意。1792年，伏打用实验证明，蛙腿抽动是一种对电流的灵敏反应，而电流是由两种不同的金属插在一定的溶液内并构成回路时产生的，肌肉只是提供了这种溶液。人们对伏打的外部电（金属接触说）与伽凡尼的内部电（神经电流说）展开了长期的争论。1794年，伏打只用金属而不用肌肉组织进行实验，立即发现电流的产生与生物组织无关。他用各种金属做实验，得出著名的伏打序列：锌、锡、铅、铜、银、金……把前面的金属与后面的金属相接触，前面的就带正电，后面的带负电。1799年，他把一系列中间夹着盐水浸泡过的硬纸板的银片和锌片，按相同顺序叠起来，首次制出伏打电堆，即今天电池的原型。18世纪电学的发展以伏打电堆的发明而结束。伏打电堆是第一个稳定的电源，使人们第一次能得到持续的电流，在此之前，用摩擦起电机只能得到静电，对得到的静电放电只能得到瞬时电流。这就使人们能够超出静电学，发现电流的磁效应，研究电化学及回路中电流本身的规律。因此，伏打电堆开辟了一个新时代。今天电位差的单位伏特即来自伏打的名字。

意大利为纪念伏打发行过四次邮票。第一次（图17-30，1927）纪念伏打逝世100周年，这是世界上第一套纪念一个物理学家的邮票。图17-31是的黎波里塔尼亚（今利比亚西部，当时是意大利属地）的加盖票，注意它不是图17-30邮票的单纯加盖，它们的颜色不同，而且图17-30的全套票只有3张而不是4张。第二次（图17-32，1949）纪念伏打发明电堆150周年，第一张是他发明的电堆，第二张是伏打的肖像。的里亚斯特意大利区加盖发行了这套邮票（图17-33），加盖的黑字AMG是当时英国和美国占领军的联军政府（Allied Military Government）的缩写，FTT则为的里亚斯特自由区（Free Territory of Trieste）。的港位于亚得里亚海滨意大利和南斯拉夫边境上，是意、南（和以前的奥匈帝国）两国争夺之地，从来就是欧洲争执的热点。1954年后干脆分为两部分，北部和市区划归意大利，南部划归南斯拉夫。第三次是无线电发明100年系列纪念邮票中的第二张（图17-34，1992），左边是伏打的肖像，右边是他的电堆。第四次（图17-35，1999）纪念他发现电堆200周年，也是伏打的肖像和电堆。圣马力诺1981年的"科学先驱"邮票中也有伏打（图17-36）。纪念伏打的邮票还有图17-37（法属阿法尔和伊萨领地1977）。

马里2011年发行的40位物理学家和天文学家邮票中，有3枚是纪念本节所述的早期电学家的，他们是富兰克林（图17-38）、库仑（图17-39）和伏打（图17-40）。我们将它们并排展示在这里。

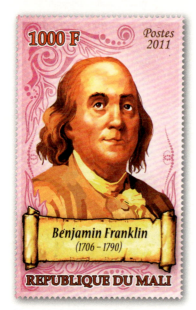

图17-38 富兰克林（马里2011）

图17-39 库仑（马里2011）

图17-40 伏打（马里2011）

图17-41 普朗忒（法国1957）

图17-42（莫桑比克2010）

　　今天我们用的各种电池就是从伏打的电堆改进、发展而来的。电池用完后就废弃了。伏打发明电堆以后60年，法国物理学家普朗忒（图17-41，法国1957）于1859年研制成蓄电池。蓄电池用后可以充电，可以反复使用，不但降低了成本，减小了污染，而且可以提供更强的电流。

　　图17-42（莫桑比克2010）的邮票名为"电的发现"，描述的是发现电带来的后果。有了电，全球都在手掌之上，触手可及。莫桑比克的邮票，上面却印着英文和中文，这是为了吸引中国集邮者吧？

18. 电流及其磁效应

图18-1 地磁场
（匈牙利1965）

　　人类认识磁现象是从地磁场开始的（图18-1，匈牙利1965，国际宁静太阳年）。发现和实际应用磁性现象（磁针的指极性）的优先权绝对属于中国人(见第3节)。16世纪，英王的御医吉尔伯特对磁性进行了广泛的研究，于1600年出版了《论磁》一书。他发现了地磁倾角，由此推测地球是一块大磁石。吉尔伯特还区分了静电力和静磁力。法国物理学家库仑（邮票见上节图17-25及图17-39）在1785年确立了静电荷之间相互作用的库仑定律之后，又对磁极进行了类似的实验，证明同样的定律也适用于磁极之间的相互作用。但是磁铁的磁极永远是成对的，从来没有发现过单独的磁极。电荷可以传导，而磁荷不能传导。因此，18世纪末至19世纪初，物理学界都相信电和磁是两种不同的作用，二者没有什么关系。

　　图18-2（丹麦1951）是丹麦自然哲学家奥斯特（1777—1851），下一个突破是他做出的。1820年4月，在一次实验中，他把一根导线沿南北方向放置，把一个小磁针放在导线下面（因而磁针与导线平行），他发现，有电流流过导线时，会使磁针偏转到东西方向，与导线垂直（图18-3，丹麦1970，纪念奥斯特的实验发现150周年）。这显示出电现象和磁现象的密切关系。这个发现不是偶然得到的。奥斯特接受德国哲学家康德和谢林关于自然力统一的思想，坚信电与磁之间有某种联系。他和其他许多人循这个方向研究多年，进行过多次实验，先是寻找静电和磁的关系，没有结果；后来在伏打电堆提供了恒定电流后改用电流，而又把磁针垂直于导线放置（以为电流对磁极的作用也和电力或引力一样是一种中心作用，方向沿二者的连线），也没有观察到什么结果，最后让导线与磁针平行，终于得出这一发现。电流对磁极的作用力是人类知道的第一个不沿两个力源连线方向作用的力。不过，奥斯特只满足于对这一现象的描述，没有进一步探寻定量的规律。奥斯特的名字后来用作磁场强度的单位。

图 18-2（丹麦 1951）　　　图 18-3（丹麦 1970）

图 18-4（东德 1975）　　图 18-5（法国 1936）　　图 18-6（阿尔巴尼亚 1986）　　图 18-7（摩纳哥 1975）

图 18-8（马里 1975）　　图 18-9（刚果 1975）　　图 18-10　　图 18-11（马绍尔群岛 2012）
（法属阿法尔和伊萨领地 1975）

图 18-12 阿拉戈和安培
（法国 1949）

奥斯特的报告发表于当年7月，立即使欧洲的学术界轰动。阿拉戈（见下面图18-12）8月在瑞士听到这一消息，迅速回国，于9月11日向法国科学院报告了奥斯特的发现。法国物理学家安培（图18-4，东德1975，诞生200周年；图18-5，法国1936，逝世100周年；图18-6，阿尔巴尼亚1986，逝世150周年）敏锐地看出这一发现的重要，第二天就重复奥斯特的实验，一周后就向科学院提交了第一篇论文，指出载流螺线管与磁铁的等效，提出了由电流方向判断磁场方向的右手定则。再一周后，又提交第二篇论文，把奥斯特发现的电流对磁针的作用推广到电流与电流的相互作用，讨论了平行载流导线之间的作用力。年底，提出了两个电流元之间作用的安培定律，指出两电流元之间的作用力与距离平方成反比。在恒定条件下不存在孤立的电流元，安培定律不是直接从实验得出的，而是安培根据自己精心设计的四个实验的实验结果从理论上导出的。这个重要定律包括了电流产生磁场的规律和磁场对电流的作用的规律，是电动力学的基础。安培认为，电流元之间的相互作用，就像万有引力一样，是一种超距作用。1821年年初，安培提出物质磁性的分子电流假说。当时对物质结构的了解甚少，这个假说带有相当大的臆测成分；今天知道了原子中有绕核转动的电子，分子电流假说有了实在的内容，已成为认识物质磁性的钥匙。

安培之所以能够以这样的速度出成果，是和他高深的数学素养、精湛的实验技艺和专心致志的工作态度分不开的。在日常生活中，他却是心不在焉，据说他曾把怀表当成卵石丢进塞纳河，也曾忘记赴拿破仑皇帝的宴会。

安培的发现还使测量电流的大小成为可能，在安培定律的基础上发展出各种电测量仪表。安培的名字被用作电流的单位。图18-7是摩纳哥1975年发行的纪念安培诞生200周年的邮票，画面是安培的肖像和一只电表。不过请注意：这不是一只安培计，而是一只瓦特计。电流计线圈所受的磁偏转力矩同外磁场强度和线圈中通过的电流强度成正比，因此安培计的偏转线圈应当是在永久磁铁产生的均匀径向磁场中转动。但是在这张邮票中，磁场是由另一个励磁线圈产生的，而且励磁线圈和偏转线圈串联，因此偏转力矩同电流的平方成正比，也就是说同这个电流产生的功率成正比。纪念安培诞生200周年的邮票还有图18-8（马里1975）、图18-9（刚果1975）和图18-10（法属阿法尔和伊萨领地1975），它们上面都画了电流产生磁力的内容。图18-8上的安培计是对的。图18-9左边是安培的像，右边表示一个小磁针在磁场中受力运动情况。当电流如图流动时，它在周围建立一个环形的磁场，图中所示磁针的稳定平衡位置只能与电流垂直，这个图表示磁针从初始位置到达平衡位置的过程。图18-11是马绍尔群岛2012年发行的"伟大科学家"全张中的一枚。

阿拉戈在电流的磁效应方面也有不少发现。他观察到，将导线绕在铁棒上，通以电流，可以使铁磁化，即电磁铁。1824年，他做了一个著名的铜盘实验：一个铜盘绕中心轴在水平面内旋转，盘的正上方自由悬挂一根磁针，他发现转动的铜盘可以带动磁针旋转。这是最早发现的电磁感应现象。图18-12的邮票（法国1949）上并列着安培(右)和阿拉戈的肖像，阿拉戈的另一张邮票见图14-9。

马里2011年发行的40位著名物理学家和天文学家邮票中也有一张是关于安培的（图

图18-13 安培（马里2011）

图18-14 欧姆（马里2011）

图18-15 欧姆定律（德国1994）

18-13），还有一张是关于欧姆的（图18-14），我们将这两枚票排在一起。电路定律是德国物理学家欧姆于1826年确立的。今天，在中学物理教科书上欧姆定律可算是最简单和浅显的物理定律了，可是当初它的实验发现却不是那么容易。在欧姆定律涉及的三个物理量中，有两个（电压、电阻）在当时还没有形成清楚的概念，第三个（电流）刚由安培给出定量概念和测量方法，但是还没有现成的测量仪器，欧姆只好根据电流的磁效应自己设计制造了一具扭秤来测量电流。伏打电堆虽然能够提供持续的电流，但是不太稳定，1821年塞贝克发现了温差电效应，欧姆接受朋友的建议改用温差电偶，把两个接头维持恒温。欧姆用温差电偶和扭秤反复进行实验，发现电路中的电流大小与电源的"验电力"（即电动势，正比于温差）成正比。然后他又参照傅里叶的热传导定律，对欧姆定律进行了理论推导。欧姆的名字后来被用作电阻的单位。图18-15是德国1994年发行的欧罗巴系列邮票中的一张，纪念欧姆定律的建立，那一年欧罗巴邮票的主题是科学发现。画面上是一只老式的用色标表示大小的电阻器和欧姆定律的表示式。

1845年，基尔霍夫发现了稳恒分支电路中电压、电流、电阻关系的回路定律，见图18-16（西柏林1974，基尔霍夫诞生150周年）。基尔霍夫也是光谱学的创立者，他的另一张邮票见第15节图15-13。

图18-16 稳恒回路定律
（西柏林1974）

19. 法拉第和电磁感应

电流有磁效应，那么反过来，磁是否也有电流效应？1820年奥斯特发现电流的磁效应之后，欧洲许多物理学家围绕这个题目做了大量的实验。但是直到10年后，英国的法拉第和美国的亨利才发现了磁生电的现象——电磁感应。

法拉第是19世纪最伟大的实验物理学家（图19-1，古巴1994，著名科学家；图19-2，吉布提2006，伟大科学家；图19-3，马拉维2008，伟大科学家；图19-4，马里2011，最有影响的物理学家和天文学家；图19-5，马绍尔群岛2012，伟大科学家）。他是完全依靠自学成才的。他小时家境十分贫寒，十三岁就进一家印刷厂当学徒，装订书籍。工作之余，法拉第经常读读他装订的书，去听一些名人的科普讲演，并且自己也试着做一些实验。1812年，著名化学家戴维作了一系列化学讲演，法拉第得到一张票。他发现自己完全能听懂讲演的内容，并详细地做了笔记。这一年，他换了一个印刷厂。原来的厂主对他自学是支持的，新的厂主却对他很不好。法拉第希望换一个工作，渴望能够进入科学的殿堂。于是他写了一封信给戴维，并将自己听戴维讲演的笔记，精心装订成一本书附上。信中写道："我是印刷厂装订书的学徒，热爱科学，听过您的四次演讲。现将笔记整理呈上，作为圣诞节的礼物。如能蒙您提携，改变我目前的处境，将不胜感激。——法拉第。"法拉第的才能和对戴维的仰慕之情，给戴维留下了深刻的印象。第二年，有了一个机会，戴维就雇了法拉第担任自己的助手。

法拉第和戴维之间的故事在科学史上是耐人寻味的。戴维（1778—1829）（图19-6，苏里南2009）是产业革命时期很有成就的化学家，是化学史上发现新元素最多的人。他通过电解发现了碱金属元素钠和钾，碱土金属镁、钙、锶、钡，还有硼，以及确认碘和氯是元素。他还发明了矿用安全灯（在矿灯外面加一个金属丝网做的外罩，导走矿灯火焰的热量，使可燃气体达不到燃点，瓦斯就不会爆炸了），挽救了无数矿工的生命。戴维把法拉第领进

图 19-1（古巴 1994）

图 19-2（吉布提 2006）

图 19-3（马拉维 2008）

图 19-5（马绍尔群岛 2012）

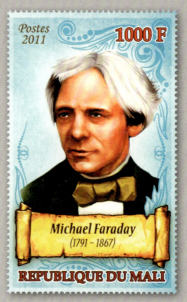

图 19-4（马里 2011）

法拉第

法拉第跟随戴维做化学研究

图 19-6 戴维（苏里南 2009）

图 19-7 苯结构式发现百年
（西德 1964）

法拉第和电磁感应

图 19-8 法拉第和电动机
（马尔加什 1990）

图 19-9（几内亚比绍 2009）

图 19-10（英国 1999）

了科学殿堂，他内心也为自己发现了法拉第而自豪，据说他临终前住院期间，有朋友问他一生中最大的发现是什么，他不提自己发现的多种化学元素，却说："我最大的发现是法拉第！"但是在生活中，当法拉第显露才华超越了戴维之后，戴维却表现出强烈的嫉妒，对法拉第进行中伤和压制。1824年法拉第被提名为皇家学会会员候选人时，戴维坚决反对，并且投了唯一一张反对票。

法拉第早年跟随戴维从事化学研究，1823年，法拉第发现了加压液化二氧化碳、硫化氢和氯气等气体的方法，并第一个得到低于华氏温标零度的低温，从某种意义上说，他是低温物理学的先驱。1825年他发现了苯，40年后，德国化学家凯库勒才弄清楚了它的结构式（图19-7，西德1964）。凯库勒研究苯的结构式，冥思苦想，一直想不出来。直到有一天晚上，他梦见苯分了像一条蛇咬着尾巴旋转，这才使他得到6个碳原子构成一个闭合苯环的概念。这是科学史上的一段趣话。

1820年奥斯特实验引起的对电磁现象的研究热潮传到英国，科学杂志上的介绍极为混乱，于是《哲学杂志》约请法拉第写一篇综合评论。法拉第由于忙于化学研究，只答应写一篇简短的历史综述，于是开始了这方面的文献研究，从此走进了电磁学的研究领域。法拉第从重复电流的磁效应方面的实验开始，但是又有创新。1821年，他做了一个装置，实现了载流导线绕磁棒转动和磁棒绕载流导线转动。这是历史上第一台电动机。曾有人问法拉第这个玩意儿有什么用，法拉第反问道："新生的婴儿有什么用？"这个婴儿不久就长成一个巨人。图19-8的邮票（马尔加什1990，发明家）上是法拉第的肖像、他用过的螺绕环线圈和他制造的电动机。

然后法拉第接着进行磁生电的探索。由于奥斯特实验是恒定电流产生恒定磁场，使得许多物理学家和法拉第的思想中形成了一种定式，以为其逆现象也应当是恒定磁场产生恒定电流，而忽视了暂态过程，因而丧失了许多发现的机会。直到1831年8月29日，法拉第才终于发现了电磁感应现象。他在一个铁环上绕了两个线圈，第一个线圈通过一个开关与电池相连接，第二个线圈则与一个电流计连接。这实际上是历史上第一个变压器。让电键闭合使第一个线圈接通，铁环内就会产生磁场。法拉第推测，磁场会在第二个线圈内感生一个电流，由电流计指示出来。实验结果，开关闭合时电流计的确一颤，出现了电流，但仅仅持续一瞬间，很快就回到零。开关断开时，电流计又反向一颤，出现一个短暂的反向电流。即，仅当电流改变时才能感生另一电流，恒定电流不能在另一线圈中感生电流。

法拉第本人将上述实验称为"电生电"的实验。他又将一根磁棒伸进和拉出一个线圈，使线圈内的磁场发生变化，线圈内也可感生出电流，这样，他又完成了"磁生电"的实验，即奥斯特实验的逆效应。他发现，变化的电流、变化的磁场、运动的磁铁、运动的载流线圈、在磁极附近运动的导体，都可以感生出电流。根据他的发现，10月28日，他制造了历史上第一台直流发电机。11月24日，法拉第向皇家学会报告了他的发现。图19-9的邮票（几内亚比绍2009，伟大物理学家）左边法拉第像之上的葡萄牙文文字是"著名的法拉第感应定律"，右边是发电机的转子。图19-10是英国1999年发行的千年纪邮票中的一枚，画面则是电机中的定子，文字是"法拉第的电学"。这枚邮票强调的是法拉第的发现的重要实际应用。英国的财政大臣曾问法拉第电有什么实用价值。法拉第回答说："有一天，您可以对它征税，大人。"果然，电的使用改变了人类社会的面貌，给人类带来了巨大的财富，岂止是增加税收而已。科学带来全新的技术，这在电学中最为明显。科学是出于好奇心而对自然规律的探索，它最不讲功利，可是能带来最大的功利。那些不重视基础科学研究的人不过是鼠目寸光。对于"科学有什么用"的问题，W.L.布拉格的回答是："过50年后再回过头来，自然就有人告诉你了。"

法拉第只上过小学，数学修养不高。但是他有极强的物理直观能力，他用这种能力弥补自己的不足。他不同意安培关于电磁力是超距作用的观点，首先提出了场的思想。他认为，带电体或磁体（电流）在其周围空间产生一种介质或"紧张"状态，称为"场"，电磁作用便是依靠这种介质传递的。为了直观摹想"场"的形式，他又引入"力线"的概念。例如在磁场中，用铁屑在纸上轻轻弹动就可以看到铁屑顺着磁力线排成的图形。电力和磁力不是通过空虚空间的超距作用，而是通过电力线和磁力线传递的。电力线或磁力线由带电体或磁极发出，弥漫于空间，作用于其中的每一电磁物体。例如，电路闭合使电流流通时，便发出磁力线进入空间，电路切断，磁力线又收回消失了。力线传播的速度是有限的。有了力线概念，法拉第就能定量地表述电磁感应现象的规律：电磁感应是由于导线切割磁力线而发生的，感生电流的大小与切割的磁力线数目成正比。W.汤姆孙（开尔文勋爵）曾极力称赞力线的概念，他说："在法拉第的许多贡献中，最伟大的一个就是力线概念了。借助它可以把电场和磁场的许多性质，最简单而又富于启发性地表示出来。"列支敦士登大公国为其成立250周年发行了一套邮票，共4张，为数学、物理学、天文学和艺术4个学科，物理学那一张（图19-11）中有场力线的图样，这应当是流过两条平行导线的电流在垂直于导线的平面上产生的磁场。

美国科学家亨利比法拉第早一年发现电磁感应现象，但是他没有发表。亨利还于1827年发现自感现象。但是，法拉第不但独立发现了电磁感应现象，而且其工作的深度和广度远远超过了亨利，因此人们还是把电磁感应的发现归功于法拉第。亨利的名字后来被用作电感的单位。

除了电磁感应之外，法拉第还有不少发现。法拉第是电化学的奠基人，他创立了"电解"、"电极"、"离子"、"电化当量"等术语，1832年，他宣布了现在以他的名字命名的电解定律：电解时电极上析出的物质的量与通过的电量成正比，与被析出元素的原子量成正比，与其化学价成反比。法拉第电解定律直接引向电荷的原子性。1837年，他发现把绝缘体放进电容器中电容会增大。今天电容的实用单位的名称法拉即来自他的名字。1838年，他发现辉光放电时阴极负辉区外有一暗区，后来称为法拉第暗区。图19-12为英国1991年发行的英国科技成就邮票中纪念法拉第的邮票，法拉第头上画的就是放电。1845年8月，法拉第发现磁的旋光效应即法拉第效应，11月发现大多数物质具有抗磁性。他还"把辐射

图19-11 场和力线
（列支敦士登1969）

图19-12 法拉第与电学
（英国1991）

图19-13 法拉第作科普演讲
（柬埔寨2001）

图19-14 法拉第建立电磁学
是千年伟业（帕劳2000）

看成力线的一种高级振动"，这是关于光的电磁性质的大胆预言。法拉第还是一个杰出的科普讲演者和作家，热心于向公众传播科学知识。他在讲演时带着演示仪器，当场表演。他的科普讲演集《蜡烛的故事》是很有名的科普著作。图19-13（柬埔寨2001，千年纪）的背景是法拉第在作科普讲演。

　　法拉第品德高尚。在40多年（1820—1862）的科研工作中，他坚持每天进实验室并且每天都有详细的记录。他淡泊名利，多次放弃有丰厚收入的为工业和商业服务的工作而专心于科学研究。1857年皇家学会希望他出任会长，英国政府拟封他为爵士，他都谢绝了。在19世纪50年代的克里米亚战争中，英国政府拟请他领导研制毒气，他断然拒绝。从法拉第对戴维的态度也可以看出他的为人：尽管戴维一再对法拉第进行中伤和压制，法拉第却从来没有用同样的态度报复戴维，而总是怀着仰慕的心情称颂戴维，感谢他早年对自己的培养和教导。他是一个非常虔诚的宗教徒。1867年8月25日，法拉第在伦敦去世，遵照遗言葬礼异常简朴。

　　在回顾千年的时候，人们没有忘记法拉第的巨大贡献。图19-14（帕劳2000）是20个小国联合发行的千年纪邮票中的一张，画面是法拉第的像，上面写着"1831年法拉第发现电磁学"。

讨论电磁感应，应当提到著名俄国物理学家楞次和他提出的关于感应电动势方向的定律。法拉第发现电磁感应现象后，通过实验弄清楚了产生感应电流的各种情况和决定因素，对感应电流的方向也作了一定的说明，但未能归纳为简单而普遍的定律。楞次分析了法拉第等人的有关实验结果，于1833年总结出，感应电动势的方向是阻止产生这一感应的磁铁或线圈的运动，此结论后称为楞次定律。除此以外，楞次于1842—1843年，独立于焦耳并更为精确地建立了电流与其所生热量的关系，后称焦耳-楞次定律（图19-15，俄罗斯2004年发行的纪念楞次诞生200周年邮资封上的邮资图案）。楞次还研究并定量地比较了不同金属的电阻率，确定了电阻率与温度的关系。

图19-15 楞次（俄罗斯2004）

20. 麦克斯韦的电磁理论

　　法拉第丰硕的实验成果和他新颖的场的观念为建立电磁现象的统一理论准备了条件。完成这项历史任务的是卓越的英国物理学家麦克斯韦（1831—1879）。图20-1的邮票是圣马力诺1991年发行的纪念无线电百年系列邮票中的第一张。图20-2是发行这张邮票的首日戳。溯本探源，无线电的发明当然得从麦克斯韦电磁理论的提出算起。图20-1中的花体字是 $C = J + D$，它是原来形式的麦克斯韦方程组的第一个方程。图20-3是马里2010年出的一枚小型张中的邮票，小型张中还有一枚"麦克斯韦望远镜"邮票，我们放到第60节介绍。小型张边纸上内容与麦克斯韦和物理学无关，就弃去不刊登了。图20-4是马里2011年发行的40位最有影响的物理学家和天文学家邮票的一张。麦克斯韦还出现在小型张图54-7的边纸上。

　　在麦克斯韦建立他的电磁理论之前，诺埃曼、韦伯等德国物理学家，继承了安培的超距作用观点，对电磁现象的研究作出过不少贡献，形成了电动力学的所谓大陆学派。但是，他们试图在力学的框架内理解电磁现象，提出各种复杂的相互作用"势"来描述电磁过程，理论繁复而不自然，未能建立起一个统一的理论体系；而麦克斯韦则继承了法拉第的近距作用观念，取得了决定性的进展。

　　麦克斯韦走了三大步才建立起电磁理论，前后共历时十余年。他一开始就把注意力集中到法拉第的力线上。1856年，他发表了电磁理论方面第一篇论文《论法拉第的力线》，在开尔文对热传导现象、流体运动和电磁力线的类比研究的基础上，首次试图将法拉第的力线概念表述成精确的数学形式。他在文中给出了电场和磁场的已知定律的微分关系式。1862年，他发表第二篇论文《论物理的力线》。在这篇论文中，他提出一个分子涡流以太模型，基于这个模型，通过数学计算可以得出电学和磁学中全部已知的基本定律，除此之外，麦克斯韦还在这个模型的基础上引入了"位移电流"的概念：变化电场引起介质电位移

图 20-1（圣马力诺 1991）

图 20-2（圣马力诺 1991）

物理学家麦克斯韦

图 20-3（马里 2010）

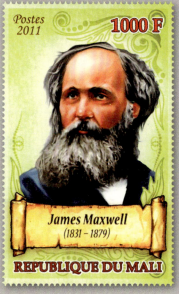

图 20-4（马里 2011）

麦克斯韦预言了电磁波

图 20-5 麦克斯韦方程
（尼加拉瓜 1971）

图 20-6 赫兹和麦克斯韦
（墨西哥 1967）

列别捷夫测出光压

图 20-7 列别捷夫（苏联 1951）

的变化，这种变化与传导电流一样在周围的空间激发磁场。位移电流概念完全是麦克斯韦的独创（而且是在没有任何实验提示的情况下，只是为了保证理论的自洽性——与电荷守恒定律兼容而大胆引入的），因此，麦克斯韦电磁理论并不仅仅是法拉第的思想的数学精确化。提出位移电流不但保证了理论的自洽性，而且使理论具有一种对称性：变化的电场在周围的空间激发涡旋磁场，变化的磁场在周围的空间激发涡旋电场，这就为脱离场源而交互变化的电场和磁场——电磁场的独立存在提供了依据。电磁场是一种新型的波动，以横波的形式在空间传播，形成所谓电磁波。1865年，他发表了第三篇论文《电磁场的动力理论》，在这篇论文中，他不再用他过去提出的以太模型，而是通过数学解析方法，总结了今天以他的名字命名的电磁场基本方程组。图20-5是尼加拉瓜（1971）的"改变世界的10个公式"邮票中关于麦克斯韦方程组的一张。邮票上的方程是由麦克斯韦方程组推出的电磁场所满足的波动方程，他因此预言了电磁波的存在。由于算出的电磁波在真空中的传播速度与真空的光速相同，麦克斯韦断言光就是频率在某一范围内的电磁波，建立了光的电磁理论。麦克斯韦先用以太模型导出新的电磁场方程组，然后又敢于舍弃原来的力学比拟，让电磁场理论从机械论框架中解放出来，成为独立的物理对象，这是麦克斯韦的伟大之处。有人曾这样比喻：对麦克斯韦来说，机械模型就好像建筑高楼大厦时的脚手架，楼房建好之后，脚手架就一点一点被拆掉了。

回顾电与磁的联系的发现经过是很有趣的：最开始是奥斯特发现持续电流的磁效应，得到了产生磁场的两个源之一（麦克斯韦方程组的第四方程的一半）。人们以为有逆效应存在，多方寻觅，在实验上发现的却是瞬态的磁场变化能够产生电场（方程组中的第三方程）。然后出于自洽和对称的考虑，从理论上提出位移电流，得到第四方程的完整形式。再以后，在相对论中，通过洛伦兹变换可以从电场得出磁场，两种"不同"的自然力就完全统一了。

爱因斯坦曾把法拉第和麦克斯韦的关系比成第谷和开普勒的关系：前一位提供观测证据，后一位作出理论突破。这种类比有一定的道理。但是我们看到，他们的情况并不完全一样。麦克斯韦提出了位移电流假设，这完全是从理论考虑出发提出的。

1865年后，麦克斯韦辞职退隐庄园养病。此后他把主要精力放在整理、总结电磁场理论上。1873年，他出版了经典名著《电磁通论》。1879年，他在长期患病后与世长辞，终年才48岁。如果他能多活9年，就能亲眼看到自己的理论被赫兹的电磁波实验证实了。图20-6是墨西哥1967年为纪念在墨西哥城举行的国际电信会议发行的邮票，上面有麦克斯韦（右）和赫兹（左）的肖像。无线电波在通信上的各种应用，当然是同麦克斯韦和赫兹分不开的。

法拉第和麦克斯韦的电磁学强调了电磁场的实在性，电磁场是物理场的第一个实例。从麦克斯韦理论可得，电磁场和实物一样，具有能量和动量，电磁波的动量会在它照射的表面上产生一个辐射压强。既然光也是电磁波，那么光也会对它照射的物体施加压力（光的粒子说也提出了光压的概念，开普勒就曾用它解释太阳光对彗尾的推斥）。俄国物理学家列别捷夫（图20-7，苏联1951）于1910年实验测出光压，在实验误差范围内与麦克斯韦预言值相等，从而为光的电磁理论提供了实验证据。

除了电磁理论以外，麦克斯韦还在物理学的许多方面作出了重要的贡献。他确认了人对彩色感觉的三原色理论，区分了加法混色（光的混合）与减法混色（颜料的混合）。他提出土星的光环是由许多小颗粒组成的，而不是固体或流体结构。后者会在引力和离心力的作用下瓦解，只有前者才能保持稳定。在热力学中，他系统表述了各个热力学变量的偏导数之间的一些关系式，现称为麦克斯韦关系式。他提出了"麦克斯韦妖"的著名佯谬，深化了对热力学第二定律的理解。他与克劳修斯和玻尔兹曼同为气体分子动理论的创始人，提出了以他的名字命名的气体分子的速度分布定律，并根据这一定律推算出气体分子的平均自由程。他首先建议，应当采用一种由少数基本单位有系统地建立起来的协调一致（coherent）的单位制，即从基本单位推出导出单位时，其比例常数为1，以减少计算的繁复和消除产生错误的源泉。后来采用的CGS单位制就是采纳他的意见的结果。他在剑桥创办了著名的卡文迪什实验室，并担任首任主任。他还编辑出版了卡文迪什的手稿。

麦克斯韦的电磁理论实现了电、磁和光现象的统一，这是自从牛顿实现天上和地上的力学运动的统一以后物理学中第二次大统一。麦克斯韦的电磁学是人类知识宝库中一份博大精深的科学遗产，其历史地位完全可以和牛顿的力学媲美。麦克斯韦可说是除牛顿和爱因斯坦以外第三位最伟大的物理学家。不过，有关麦克斯韦的邮票却不多，迄今笔者只见到上面几张。这可能与麦克斯韦的工作比较数学化、所用数学工具比较艰深，一般人难以懂得有关。阳春白雪，曲高自然和寡。邮票不是选票，其数量并不与学术地位和历史业绩成正比。美国物理学家费曼对麦克斯韦的工作是这样评论的："从人类历史的长远观点来看——例如从自今以后一万年的观点来看，几乎无疑的是，麦克斯韦发现电动力学定律将被判定为19世纪中最重要的事件。与这一重要科学事件相比，发生于同一个10年中的美国内战（按：指南北战争，发生于1861—1865年）将褪色而成为只有地区性意义的了。"是的，认识和理解大自然是最宏伟、最壮丽、最有持久价值的事业，和这一事业相比，历史上的帝国兴亡，生活中的名利攘夺，只不过是"相争两蜗角，所得一牛毛"。

在这一伟业中，物理学是走在最前面、冲锋陷阵的前锋部队。能够成为这支部队的一员，是每一个物理学工作者都感到自豪的事。宇宙的年龄是一百多亿年，人类出现在地球上大约有一百万年，一个人的生命不过百年，人生的意义究竟是什么？笔者认为，人类就是大自然母亲磨制的用来照自己的镜子，进化过程就是她磨镜的过程，镜子越来越完善，越来越清晰，它的任务便是要尽量清晰地把大自然照出来。进化使我们具有思维和理解能力，而发现和认识自然规律，直接间接为这一事业服务，便是人生的使命和价值。

21. 赫兹和电磁波

德国物理学家H.赫兹（1857—1894）（图21-1，西德1957；图21-2，东德1957；图21-3，马里2011）虽然只活了短短37年，却作出了两大发现：一是在实验上证实了麦克斯韦预言的电磁波；二是发现了光电效应。

19世纪70年代，赫兹开始科学活动时，人们对电磁现象的认识，还处于莫衷一是的状态。麦克斯韦的电磁理论刚刚建立，由于用到比较高深和新颖的数学工具，更由于牛顿力学的概念已经深入人心及宏观力学现象的直观性，使麦克斯韦理论没有被普遍接受，许多物理学家仍然局限在机械论的框框内，试图仿照力学理论来建立电磁理论。麦克斯韦理论的关键是位移电流和电磁波。理论预言了电磁波的存在，又提出光是电磁波的一种。电磁波应该有很宽的频率范围，光波的频率范围只占了一个倍频程。要确实证明麦克斯韦理论的正确，就必须用实验证明别的频率的电磁波的存在，它也以光速传播，并且也和光波一样，具有反射、折射、衍射、干涉、偏振等性质。因此，1879年，柏林普鲁士科学院悬赏征求对电磁波的实验验证。

赫兹是赫姆霍兹的学生，赫姆霍兹很赏识他，师生间一生都保持着亲密的友谊。赫姆霍兹把当时的电磁学领域称为"无路的荒原"，为自己定下了对这个领域进行全面研究的任务，试图理清这种混乱状态（事实上，柏林科学院的悬赏征答题就是赫姆霍兹拟订的）。受老师的影响，赫兹深入研究了电磁理论。他决心进行科学院悬赏征答的实验。不过由于其他工作，他把这件事搁置了几年。

赫兹确证电磁波存在的实验主要是在1887—1888年完成的。他所用的电磁波发生器和检测器如邮票图21-4（圣马力诺纪念无线电百年系列第二张，1992）上所示。左边是发生器，由两个距离很近的小铜球各自通过长30厘米的铜棒与一个大铜球连接而成。两个大铜球相当于电容器的两块极板，它们之间有电容，铜棒有电感。把感应圈的输出接到两个小

工赫兹

图 21-1（西德 1957）　　图 21-2（东德 1957）

图 21-3（马里 2011）

赫兹验证电磁波实验所用的设备

图 21-4　发生器和检测器
（圣马力诺 1992）

图 21-5　反射用的金属板
（几内亚比绍 1983）

赫兹和偶极辐射的场力线

图 21-6（捷克斯洛伐克 1959）

图 21-7（德国 1994）

图 21-8（西德 1969）

图 21-9（西德 1983）

铜球上，对电容充电。到一定电压时，两个小铜球之间产生火花短路，发生器就成为一个 LC 回路，电容上的电荷通过火花放电，产生频率很高（因为回路的电感、电容很小）的振荡。由于电容器的形状，电场弥漫在整个空间，产生向外传播的电磁波。右边是检测器，由一根铜线弯成圆形（赫兹采用的半径是35厘米），两端焊接两个铜球而成，二球之间的距离可以调节。它也是一个振荡回路，两球间的电容就是回路的电容，回路的固有频率由其电感和电容决定。为了使检测时效果显著，把检测器调到与发生器谐振，这样当电磁波到达时，检测器的圆形铜线上感生出电动势，回路内产生强迫振荡，由于谐振，检测器内回路也产生强烈的振荡，这时，间隙处会出现火花，就可检验电磁波的存在。

赫兹果然检测到电磁波。把检测器移到不同的位置，测出其波长为66厘米，这是光波波长的一百万倍。根据波长和计算出的振荡频率，可算出波速就是光速。赫兹还用图21-5的邮票（几内亚比绍1983，世界通信年）上所示的金属板，实现了波的反射，验证了反射定律；并使原始波与反射波叠加产生了驻波，从而确证发生了干涉。赫兹还让电磁波通过沥青棱柱发生折射，通过带孔的屏蔽观察到衍射，通过平行的导线栅网产生偏振，还用柱面金属屏使电磁波聚焦。这些实验结果表明电磁波的性质与光波相同。这样，赫兹就从实验上证明了麦克斯韦理论的正确。到19世纪末，麦克斯韦理论在电磁学中已占统治地位。

赫兹的电磁波发生器（赫兹振子）实质上是个偶极振子，它在不同时刻的电磁场可以计算出来。图21-6是捷克斯洛伐克1959年发行的电学发明家邮票（全套6张：特斯拉、波波夫、布冉利、马可尼、赫兹、阿姆斯特朗）中赫兹的一张，上面画出了赫兹振子产生的电磁波的场力线。图21-7邮票（德国1994，赫兹逝世100周年）上在赫兹肖像后面有四张通过赫兹振子轴线平面内的电力线分布图，从左上角开始，顺时针方向，分别是 $t = 0$（即电容器两块极板上的电荷均为0）、$t = T/8$、$t = T/4$、$t = 3T/8$ 时刻的电力线分布图。图21-5的邮票上也有这些图。图21-8（西德1969，斯图加特无线电博览会）和图21-9（西德1983，欧罗巴系列，科学发现）上分别画出不同时刻的偶极辐射场（读者可以辨认一下是哪个时刻的）。

赫兹在电磁波实验中还同时发现了光电效应。1887年，他发现当检测器振子的两极受到发射振子的火花光线照射时，检测器的火花会有所加强。进一步的研究表明，这是由于紫外线的照射，紫外线会从负电极上打出带负电的粒子。他将此事写成论文发表，但没有进一步研究。

1894年，赫兹死于牙病引起的血毒症，还不到37岁。为了纪念赫兹，他的名字被用作频率的单位。

赫兹不但是一个优秀的实验物理学家，而且有很好的理论素养。他于1884年在电磁理论中引进了矢量势 A，并且于1890年把麦克斯韦方程组从其原来的形式（共8个方程，其中6个矢量方程）改写为简化的对称形式，只包括4个矢量方程，沿用至今。他的体系严整明快，加速了麦克斯韦理论的传播。他还写了一本《力学原理（用新形式表述）》，在他身后出版，这本书不仅对前人的成果进行了再表述，还包括了他自己的某些新思想。

虽然赫兹青年时代学过工程，做电磁波实验时又是在工科大学做教授，但他追求的是对自然基本法则的理解，对电磁波的实际应用并不关心。发现电磁波后，他转而深入研究麦克斯韦理论和力学基本原理。加以他英年早逝，因此赫兹本人并没有考虑过用电磁波传递信息的可能性。但是，缺口已经打开，条件已经成熟，赫兹已经替马可尼、波波夫们搭好了舞台，无线电的发明乃是历史的必然。许多人投身于电磁波应用的研究，千帆竞发，百舸争流，在赫兹去世后一两年内就研究出了具体成果，并且一发而不可收，无线电电子学在整个20世纪内高速发展，迎来了今天的信息时代。

下面几张邮票上都印有赫兹波字样：图21-10（阿尔及利亚1964，阿尔及尔到阿纳巴的电话电缆开工)；图21-11（刚果1980，赫兹波通过中继站接力传播，这实际上是一个微波中继通信系统）；图21-12（加蓬1975年，用赫兹波连接加蓬各地）。

意大利物理学家里纪（1850—1920）在电磁波的实验研究方面也做了许多工作。他做了一系列实验证明电磁波与光波相似，第一个观察到电磁波的双折射现象。他得到的电磁波波长短到2.6厘米，打开了微波领域的大门。（图21-13，意大利1950，里纪诞生100周年；图21-14，的里亚斯特自由区英美联合占领军政府加盖；图21-15，意大利1994，无线电发明百年系列邮票。）

赫兹波

图21-10（阿尔及利亚1964）

图21-11（刚果1980）

图21-12（加蓬1975）

里纪

图21-13（意大利1950）

图21-14（的里亚斯特加盖）

图21-15（意大利1994）

22. 电磁学的应用：

强电

电有着广泛的应用，主要体现在两个方面：一是电能作为一种新型能量和动力（强电）；二是作为保存、传送、处理信息的手段（弱电）。20世纪初胡适曾经为中国在美留学生组织的中国科学社作社歌一首，其中有两句是："我们叫电气推车，我们叫以太送信"，很好地概括了这两方面的应用。

电得到广泛应用的一个原因，是它传送能量和信息时，并不需要传送其物质载体。要利用煤所含的能量，得把煤运送到用能的地方。要寄一封信，得把信写在纸上，把信封、信纸寄出。这就浪费了不少能量。而电能或电信息的传送则不需要这样。

电传输的方法分有线和无线两种。能量多通过有线方式传送，而无线电主要用来传送信息。但是这不是绝对的，例如，有过把大面积的光电池送入上层空间发电，然后将电能以微波形式送回地球的设想。

由于电的应用贴近日常生活，这方面的邮票非常之多。这里只从物理学史的角度选择一些。我们从强电开始。

要产生大量电能必须有发电机，把机械能转化为电能，这样才能冲破化学电源成本高、功率小的限制。电能主要用于照明和动力，电光源和电动机是重要的用电设备。传送电能的制式（直流或三相交流）和电网的建立也是重要的问题。这些都是不同国家许多发明家和工程师不断发明、改进的结果。其中贡献最多的是德国的西门子及美国的爱迪生和特斯拉。这表明德国和美国是19世纪下半叶电力革命的中心。

电动机（1821）和发电机（1831）的雏形都是法拉第制出的（见第19节）。以后陆续朝向实用化演进为不同的形式。在邮票上留下记录的有以下这些：

匈牙利物理学家耶德里克（图22-1，匈牙利1954；图22-2，匈牙利2000，诞生200周年；图22-3，斯洛伐克2000，诞生200周年，耶德里克出生的地区现属斯洛伐克）在重复

耶德里克

图22-1（匈牙利1954）

图22-2（匈牙利2000）

图22-3（斯洛伐克2000）

帕奇诺蒂和他发明的直流发电机的

图22-4（意大利1934）

图22-5（意大利1962）

西门子发明自激直流发电机和电力机车

图22-6（西柏林1952）

图22-7（西德1966）

图22-8（德国1992）

图22-9（西德1966）

图22-10（几内亚1998）

格喇姆发明直流发电机

图22-11（比利时1930）

图22-12（比利时2001）

费拉里斯发明交流感应电动机

图22-13（意大利1997）

图22-14（美国1947）

图22-15（圣马力诺1982）

图22-16（匈牙利1948）

图22-17（马绍尔群岛2012）

奥斯特的实验时，想到如何把磁针的运动变成连续不断的转动。于是他在1828年首次使用水银槽换向器，在恰当的时刻改变流过转子的电流的方向，造出了最早的电动机（外形见图22-1和图22-3两张邮票图中的仪器）。

1859年，意大利物理学家帕奇诺蒂（图22-4，意大利1934，纪念他发明直流发电机75周年）制出环形电枢的直流发电机（图22-5，意大利1962，纪念他逝世50周年）。

1866年，西门子（图22-6，西柏林1952，德国科学家；图22-7，西德1966，诞生150周年；图22-8，德国1992，逝世100周年）发明了实用的自激串联励磁的直流发电机，用发电机本身产生的电流为自身的电磁铁励磁，这样就甩掉了永久磁铁或用来励磁的伏打电堆，使发电机变得轻巧，可建造大容量发电机获得强大电力，电力生产成本就降了下来。图22-9（西德1966，纪念发明100周年）是这种发电机的原理图。西门子还于1903年发明了电力机车（图22-10，几内亚1998）。

1869年比利时人格喇姆（1826—1901）（图22-11，比利时1930）发明了直流发电机（图22-12，比利时2001，逝世100周年）。格喇姆是个工人，没有受过教育，几乎不懂任何电学规律。这种直流发电机对电力发展起过重要作用，今天还偶尔采用。

1885年，意大利物理学家费拉里斯（图22-13，意大利1997，逝世100周年）和美国物理学家特斯拉各自根据旋转磁场原理独立发明了交流感应电动机。特斯拉后面将专门介绍。

最早的电光源是白炽灯，一般认为白炽灯是爱迪生发明的。

爱迪生（图22-14，美国1947，诞生百年；图22-15，圣马力诺1982；图22-16，匈牙利1948；图22-17，马绍尔群岛2012）出身贫寒，没受过正规教育，完全依靠自学成为历史上最伟大的发明家。他拥有1093项发明专利，主要发明有炭粒话筒（1876）、留声机（1877）、白炽灯（1879）、有声电影（1914）等。他既是发明家，又是白手起家的企业家，是美国人最崇拜的英雄。爱迪生还开辟了科研与开发紧密结合的途径。在他的实验室里，打破了以往科学家个人独自从事研究的传统，组织一批人才，由他出题目分任务，共同致力于一项发明。这是现代科学研究的正确组织形式。

为了找到最耐用的白炽灯灯丝，他试验了几千种材料，发现炭化的竹纤维最好，同时

图22-18（美国1929）

图22-19（日本1953）　　图22-20（乌拉圭1979）

图22-23（多米尼加共和国1979）

图22-21（墨西哥1979）

图22-22（印度1979）

图22-29（爱尔兰2000）

图22-32（瑙鲁2006）

图22-24（柬埔寨1992）

图22-25（罗马尼亚1997）

图22-26（以色列1997）

图22-27（瓦努阿图1997）

图22-28（刚果2000）

图22-31（塞拉利昂2002）

图22-34（莫桑比克2010）

图22-30（乌干达2000）

图22-35（圣多美和普林西比2008）

图22-36（几内亚比绍2009）

图22-33（苏里南2009）

爱迪生发明白炽灯

提高灯泡中的真空度，制成了耐用的碳丝灯泡，于1879年取得专利。纪念爱迪生发明白炽灯的邮票有：图22-18（美国1929，电灯50周年）；图22-19（日本1953，电灯75周年），它将电灯发明年份定为1878年而不是取得专利的1879年；图22-20（乌拉圭1979，电灯百年）；图22-21（墨西哥1979，电灯百年）；图22-22（印度1979，电灯百年）；图22-23（多米尼加共和国1979，电灯百年）；图22-24（柬埔寨1992，塞维尔博览会）；图22-25（罗马尼亚1997，爱迪生诞生150周年）；图22-26（以色列1997，香港97邮展）；图22-27（瓦努阿图1997，诞生150周年）；图22-28（刚果2000，20世纪科技名人）；图22-29（爱尔兰2000，世纪回顾邮票）；图22-30（乌干达2000，千年纪邮票），1879年发明电灯是千年里的一件大事；图22-31（塞拉利昂2002，蒸汽世纪结束，电气世纪开始）；图22-32（瑙鲁2006，爱迪生逝世75周年）；图22-33（苏里南2009，一张邮票上是爱迪生像，另一张是电灯泡的结构图）；图22-34（莫桑比克2010）；图22-35（圣多美和普林西比2008，上面的文字是"长寿命灯泡的发明者"）；图22-36（几内亚比绍2009，图案与上一票相同）。在致力于研究增长白炽灯灯丝的寿命时，爱迪生还得到一项副产品：他在1883年意外发现，在灯丝与加正电压的电极之间有电流流过，电极加负电压时则没有电流。这称为爱迪生效应，实际上即热电子发射，是后来一切电子器件的基础。但爱迪生并不清楚它的机理，也没有意识到它的重要意义。

对白炽灯的发明权也存在争议。德国人说，白炽灯的发明者不是爱迪生，而是格贝耳。格贝耳（1818—1893）出生在德国，是一个钟表修理匠，1848年移民美国，在纽约开一个钟表修理店，但是生意不好。他便在他的小店的房顶上先用电弧，后来用白炽灯做广告。他在发展早期的灯泡方面做了许多工作。他在1854年，即爱迪生发明白炽灯之前25年，就制成了第一只实用的白炽灯泡（图22-37，德国2004，灯泡发明150周年，左边是1854年的格贝耳灯，右边是2004年的白炽灯泡）。其灯丝也是用炭化的竹纤维做的，竹纤维是从他的手杖中得到的。他的第一只灯泡可以发光200小时，而爱迪生的第一只灯泡只能发光50小时。可惜的是，他的发明太早了些，那时只能从电池得到电能（发电机是西门子1866年才发明的），因此点电灯费用昂贵，未能普及。他的电灯是这样使用的：他的家人把灯点着，他则携带一架望远镜，沿街介绍，收费后用望远镜观看。他没有钱申请专利。在1893年的一场发明权诉讼中，格贝耳已接近于打赢官司，能够证明自己是电灯泡的真正发明者，但几个月后他去世了。

俄国人也有自己的白炽灯发明者。俄国的洛德金（图22-38，苏联1951，俄国科学家）独立于爱迪生于1872年制造了白炽灯。俄国的雅布罗奇科夫（图22-39，苏联1951，俄国科学家；图22-40，俄罗斯1997年发行的邮资封上的邮资，发行邮资封是纪念雅布罗奇科夫诞生150周年）于1876年发明了实用的碳棒弧光灯，并建立了为照明供电用的交流电厂。弧光灯流行了几年，广泛用于欧洲城市街道照明，但逐渐被爱迪生的白炽灯取代。1920年前后，炭丝灯泡又为钨丝灯泡取代。

照明是人人必需的消费要求。电灯的发明给人们带来极大的方便，只要有电，开关一

图 22-37 格贝耳灯（德国 2004）

图 22-38 洛德金
（苏联 1951）

图 22-39 雅布罗奇科夫
（苏联 1951）

图 22-40 雅布罗奇科夫
（俄罗斯 1997）

图 22-41（尼加拉瓜 1976）

图 22-42（英国 1986）

图 22-43（法国 1996）

图 22-44（韩国 1987）

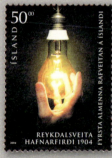
图 22-45（冰岛 2004）

图 22-46（西柏林 1984）

图 22-47（罗马尼亚 1984）

图 22-48（中国 2009）

摁灯就亮了。图22-41的邮票（尼加拉瓜1976，进步的二百年，纪念美国革命200周年）形象地表示了这一点。右边一枚邮票的图是爱迪生制造灯泡的实验室，作为对比，左边的邮票中的上层人士家中虽然有豪华的吊灯，但是需要仆人每天用长杆去点燃上面的蜡烛。电灯的广泛使用是电能应用的第一次大普及，有了众多用户，增加了对电能的需求，促进了发电厂和电网的建立。图22-42（英国1986，工业年）上是英国的北海油气田，开采的天然气用来发电点亮电灯。图22-43（法国1996）纪念法国的发电业和天然气业50周年。图22-44（韩国1987）纪念韩国引入电灯100周年。图22-45（冰岛2004）纪念位于哈布纳菲尼泽（冰岛西南部城镇）的Reykdal水电站100周年，它是冰岛的第一座电站。图22-46（西柏林1984）纪念柏林供电系统100周年。图22-47（罗马尼亚1984）左票纪念Timisoara的中央热电站100周年，画面为发电机，右票纪念Timisoara的路灯系统100周年，这二者是相联系的。图22-48是我国2009年出的"电网建设"邮票：第一枚"科技强电"，画面主体为特高压工程变电站，邮票上方是国家电网的标志；第二枚"坚强电网"采用高山和长城来体现电网的强大性和稳定性，高耸在云峰之间的电网铁塔就是保障人民用电安全和便捷的长城，在延绵的山峦中升起一轮红日，象征着电网建设给人们带来的温暖和希望；第三枚"户户通电"，融合了农村和城市的夜景。

电灯（白炽灯）的发明给人们的生活带来了便利，也带来了开发供电网的市场需求。但是，白炽灯是将灯丝加热到高温，通过热辐射发光的，产生的辐射中，可见光只占很窄的频段，另有大量的红外线和紫外线。因此，白炽灯的光效率很低，不到5%，绝大部分能量浪费在发热上。第二代照明光源是基于气体放电产生紫外线轰击荧光物质发光的荧光灯，光效率为10%左右，节能灯（紧凑型荧光灯）的效率更高一些；第三代照明光源是发光二极管（LED），90%的电能转化为可见光。而且，一个白炽灯泡的寿命不超过1000小时，一盏荧光灯的寿命大约6000小时，而LED的寿命在45000小时左右。今天，白炽灯正在被淘汰，退出历史舞台。澳大利亚政府首先宣布，2009年停止生产白炽灯，2010年起禁用白炽灯。加拿大从2012年起禁用白炽灯。我国政府采取分期分段禁用的方式：2012年10月1日起禁止销售100 W以上、2014年10月1日起禁止销售60 W以上、2016年10月1日起禁止销售15 W以上的普通照明用白炽灯。我国照明用电占全社会用电量的12%。将白炽灯全部换成同样亮度的节能荧光灯，每年可节电480亿千瓦时，相当于二氧化碳减排4800万吨。

特斯拉（1856—1943）出生于当时属奥匈帝国的克罗地亚（图22-49，南斯拉夫1936，80寿辰；图22-50，南斯拉夫1953，逝世10周年），从这些南斯拉夫邮票可以看到，他们同时使用西里尔字母和拉丁字母两种字母。特斯拉是塞尔维亚族人，父亲是东正教牧师。他从布拉格大学毕业后，先在欧洲大陆工作。1882年他想出了用多相交流电产生旋转磁场的原理，并订制出研制感应电动机的方案。他1884年移民美国，在纽约下船时，身上只剩下4分钱。他先在爱迪生的公司工作。爱迪生为了给照明供电，建立了电厂和相应的输配电系统，但选用的是直流制式。直流的缺点是明显的，线路耗损大，远距离输电很不经济。因此特斯拉极力鼓吹交流制。但是爱迪生不接受，他认为交流电不安全，容易伤人，更重要的是，他已投了大笔资金建立一系列直流电厂，专利制度能保护他获得高额利润。两人不断发生争执，后来发展到互相指责对方智力低下。特斯拉受过高等教育，有理论修养；而爱迪生的发明则缺少理论指导，全靠摸索试验，特斯拉批评爱迪生的做法是在大海捞针。后来他离开了爱迪生的公司。

由于没有收入，特斯拉当过一段时期挖土工。他时来运转是在和威斯汀豪斯合作之后。威斯汀豪斯也想经营电力，1885年建立了威斯汀豪斯电气公司，但爱迪生的专利使他在直流电领域中无法发展，因此他想经营交流电系统以避开爱迪生的专利。他专程拜访了特斯拉，购买了后者的40余项专利。特斯拉有了钱以后，建立了自己的实验室。南斯拉夫1956年为纪念特斯拉诞生100周年发行了一套邮票，记述了特斯拉的发明（图22-51）。1886年，他制成了三相感应电动机（图22-51之一；图22-52，美国1983，美国电学发明家），消除了推广三相交流制的最后一个障碍（早年只有直流电动机）。1888年，他取得多相电力传输系统的专利（图22-51之四）。特斯拉的其他发明还包括：1891年发明特斯拉线圈（图22-51之二；图22-53，捷克斯洛伐克1959，著名电学专家；图22-54，加纳2000，20世纪发明家），这种高频高压放电器今天在真空系统探漏中仍广为应用；1898年发明遥控操作的自动化小艇（图22-51之三，遥控）。其他国家发行的纪念特斯拉的邮票还有图22-55（帕劳2000，发明家）。

爱迪生的直流制和特斯拉-威斯汀豪斯的交流制进行了你死我活、不择手段的斗争。爱迪生在公共场所作了多次表演，用交流电电死小狗小猫（这些小狗小猫是孩子们从社区的邻居家里偷来再被爱迪生收购的），用来显示交流电的不安全。特斯拉则用频率极高的高压交流电通过自己的身体，却安然无恙，来反驳爱迪生，他一边表演一边得意洋洋地宣称，爱迪生绝不敢用所谓安全的直流电进行同样的实验。其实，特斯拉使用的交流电电压高而电流小，频率极高，由于趋肤效应，电流仅在身体的表面通过，要是用普通频率的交流电，特斯拉早就没命了。他们之间的芥蒂是如此之深，1912年的诺贝尔物理学奖本来是准备颁发给他们两人的，但他们之中任何一方都宣称不愿和对方共享，结果瑞典科学院只好另颁给达伦。

交流输电的优越性终于战胜了直流电。1893年，威斯汀豪斯公司以低于爱迪生公司一半的价格，赢得了为芝加哥世界博览会提供照明的合同，并且一鼓作气赢得在尼亚加拉瀑布水电站安装发电机的合同。这是特斯拉成功的顶点。纽约州的南斯拉夫移民社团在尼亚加拉瀑布前建立了特斯拉的塑像（图22-56，南斯拉夫1976，诞生120周年）。至此，直流制式已彻底失败，连纽约爱迪生公司也采用了特斯拉的系统。由于爱迪生坚持了错误主张，他的公司的股东们要求他退出领导岗位，并将公司更名为通用电气公司。

在这之前，1891年，已建成世界上第一条远距离三相交流输电系统。那是从德国的劳芬水电站到法兰克福，供正在举办的国际电工展览会照明用。它全长170千米（图22-57，西德1966，三相输电75周年；图22-58，德国1991，劳芬水电站到法兰克福三相输电100周

图22-49（南斯拉夫1936）

图22-50（南斯拉夫1953）

图22-51（南斯拉夫1956）

图22-52（美国1983）

图22-53（捷克斯洛伐克1959）

图22-55（帕劳2000）

图22-54（加纳2000）

图22-56 尼亚加拉瀑布前的
特斯拉塑像（南斯拉夫1976）

图22-57（西德1966）

图22-58（德国1991）

图22-59（苏联1962）

图22-60（德国1993）

图22-61（新南斯拉夫联盟 1993）

图22-63（克罗地亚克拉伊纳
塞族自治共和国 1996）

图22-66（塞尔维亚与黑山 2006）

图22-68（波黑 2006）

图22-62（克罗地亚 1993）

图22-67（塞尔维亚和黑山 2006）

图22-64（南斯拉夫 2000）

图22-65（南斯拉夫 2001）

图22-69（波黑塞族
共和国 2006）

图22-72（马其顿 2006）

图22-73（格鲁吉亚 2006）

近期的纪念特斯拉的邮票

图22-71（克罗地亚 2006）

图22-70（波黑塞族共和国 2006）

图22-74（马里 2011）

年）。主持建造者是多利沃·多布罗沃耳斯基(图22-59，苏联1962，诞生100周年)，他是一个著名的俄国电工学家，23岁大学毕业后赴德国工作，是三相交流技术的创始人之一。这个三相输电系统在起点端有升压变压器，容量为20千伏安，终端有降压变压器，电压为90/15200伏，效率在80%以上，技术优势十分明显。此后十年左右，交流输电便全部采用三相制了。发电和送电都按三相制进行，但是日常生活中的民用电器的电源都是单相的，使用三相中的一相。民宅墙上电源插孔的3个孔是某一相的火线、中线和接地线（图22-60，德国1993，德国电气技术人员联合会100周年）。

荣誉和金钱使特斯拉的头脑发热。他设想了一些超出当时技术可能性的计划。1900年，他在纽约开始建设一座"世界无线电台"，希望能和全世界任何地方通信。这个计划最终证明花费太大，投资者纷纷退出，使特斯拉遭到最大的失败。他还设想与其他行星通信，还要将地球切开，又宣称发明了一种死光，能毁灭几百千米以外的上万架飞机。这些远远超出当时技术水平的想法受到人们的嘲笑。特斯拉晚景凄凉，靠美国的南斯拉夫侨民团体接济生活。

1992年南斯拉夫联邦解体，分裂成塞尔维亚、黑山（门的内哥罗）、马其顿、波斯尼亚-黑塞哥维那、克罗地亚、斯洛文尼亚6个国家，还有好些自治共和国和自治省。这以后，给特斯拉发行纪念邮票的国家和地区更多了。1993年是特斯拉逝世50周年，塞尔维亚和克罗地亚在战场上打得不可开交，但战场上的这一对冤家都争着对特斯拉表示敬意，各自以自己的理由为特斯拉发行纪念邮票。图22-61是新南斯拉夫联盟(塞尔维亚加黑山)的邮票，图22-62是克罗地亚的邮票。图22-63是克罗地亚的克拉伊纳塞族自治共和国1996年发行的邮票，纪念特斯拉诞生140周年。克拉伊纳塞族自治共和国是克罗地亚独立后于20世纪90年代短暂出现的自治体。图22-64是南斯拉夫2000年发行的千年纪小全张中的一枚。图22-65是南斯拉夫2001年发行的邮票。2006年是特斯拉诞生150周年，发行纪念邮票的有塞尔维亚和黑山（图22-66；小型张，图22-67），波黑（图22-68），波黑塞族共和国（图22-69；小型张，图22-70），克罗地亚（图22-71），马其顿（图22-72），格鲁吉亚（图22-73，背景图是一座无线传送塔）等。为了纪念特斯拉，物理学中用他的名字做国际单位制中磁感应强度（磁通量密度）的单位，图22-70中的式子是这个单位的定义：1特斯拉 = 1韦伯/米^2。马里的"有影响的物理学家和天文学家"邮票中也有一枚特斯拉（图22-74）。

任何实用科学发展到一定阶段，都需要总结提高，提出计算方法和进行理论化。电工技术也是如此。杰出的德裔美国电气工程师施泰因梅茨（图22-75，美国1983)对交流电系统理论的发展作出了巨大贡献。施泰因梅茨(1865—1923)出生就带有残疾，但他意志坚强，刻苦学习。学生时代加入社会民主党，担任该党党报编辑。1889年赴美。1892年提出计算交流电机磁滞损耗的公式，受到同行重视。同年进入美国通用电气公司，后任该公司计算部门负责人。他创立了计算交流电路的实用方法——相矢量（phasor）法，因而建立了理论电工学。所谓相矢量即由振幅和初相位构成的复振幅。这是计算稳态交流电路的基本方

图 22-75 施泰因梅茨（美国 1983)

法。他也研究过交流电路的瞬态过程。在实际方面，他负责为尼亚加拉瀑布电站建造发电机，后又设计了能产生 1 万安电流和 10 万伏高压的高压发电机，研制成保护高压线的避雷器和高压电容器。

我国学者顾毓琇（1902—2002）和萨本栋（1902—1949）也对电路的分析和计算作出了贡献。顾毓琇先生用运算微积(基于拉普拉斯变换)方法分析电机瞬变现象。萨本栋先生用并矢方法来计算和分析电路，他编著的《普通物理学》是我国第一部中文大学物理教材。

23. 电磁学的应用：

弱电

在弱电（信息应用）方面，我们主要讨论电报、电话、留声机、电影这四项发明。这几件东西与日常生活联系密切，邮票很多。

电应用于信息传送最早是电报。早在奥斯特发现电流的磁效应时，安培就试制过一种电报。他用26根导线连接两地26个相应的字母，发报端用开关控制电流的通断，收报端的每个字母旁各有一个小磁针，以感知对应的导线是否通电。亨利（Joseph Henry，1797—1878，美国物理学家）提出在线路的中途加接电源，采用接力方式把信息传到远处。

电报的进一步完善和实用化是美国人莫尔斯（1791—1872）（图23-1，美国1940；图23-2，摩纳哥1965，纪念国际电信联盟成立百年，UIT是国际电信联盟的法文缩写）作出的。莫尔斯本来是个画家，由于一个偶然的机会对电报发生了兴趣。1837年，他发明了一套由点和划组成的二进制代码代表不同的字母，即沿用至今的莫尔斯电码，大大简化了电报系统。他又采用亨利发明的继电器以驱动纸带并记录接收的信号，完成了商用电报机。表现莫尔斯发明电报的邮票还有：图23-3（突尼斯1987，电报发明150周年）；图23-4（刚果1988，莫尔斯发明电报150周年）；图23-5（马里1972，莫尔斯逝世100周年）；图23-6（毛里塔尼亚1972，逝世100周年）；图23-7（几内亚比绍1983，世界通信年）；图23-8（柬埔寨1992，塞维尔92世界博览会）；图23-9（柬埔寨2001，千年纪）；图23-10（圣多美和普林西比2008，伟大发明家），邮票图的画面应当是莫尔斯在1844年美国电报开通典礼上表演如何发电报。

1844年，由美国政府资助建成从华盛顿到巴尔的摩的电报线路，正式提供商用电报（图23-11，美国1944，美国电报100年）。邮票图中部的英语What hath God wrought（上帝创造了多神奇的东西呀）是莫尔斯在美国电报开通仪式上从华盛顿发到巴尔的摩的世界历史上第一份电报的电文。欧洲和世界各国也纷纷跟上，迅速采用莫尔斯的电码和装置，大规

图 23-1（美国 1940）

图 23-2（摩纳哥 1965）

图 23-3（突尼斯 1987）

图 23-5（马里 1972）

图 23-4（刚果 1988）

图 23-6（毛里塔尼亚 1972）

图 23-10（圣多美和普林西比 2008）

图 23-7（几内亚比绍 1983）

图 23-8（柬埔寨 1992）

图 23-9（柬埔寨 2001）

莫尔斯发明电报

图 23-11（美国 1944）

图 23-13（西班牙 1956）

图 23-16（韩国 1965）

各国纷纷建立和发展电报

图 23-12（澳大利亚 1954）

图 23-14（哥伦比亚 1965）

图 23-15（日本 1970）

图 23-17（泰国 2008）

模铺设电报线路。反映各国建立和发展电报的历史的邮票有：图23-12（澳大利亚1954，电报百年）；图23-13（西班牙1956，电报百年）；图23-14（哥伦比亚1965，哥伦比亚电报百年，一套两张中的一张，邮票图中的塑像是哥伦比亚建立电报业时的总统Manuel Murillo Toro）；图23-15（日本1970，电信创业100周年）；图23-16（韩国1965，韩国首条电报线路即首尔至仁川的电报服务80年），画面上除电话度盘和电报穿孔纸带外还有微波天线，这已属于下节的内容了；图23-17（泰国2008，国家通信日，邮票上有莫尔斯代码）。

陆上的电报线路是架设在电线杆上的电线，海洋中则必须是海底电缆。1847年，铺设了跨越英吉利海峡的跨海电缆。1856年，跨越大西洋的越洋电缆也开始动工。但是，海底电缆通信出现了问题，跨英吉利海峡的海底电缆传送的信号出现了严重的迟滞和畸变。实业家向物理学家求助。英国物理学家W.汤姆孙于1854年建立电报方程，经计算得到，导线越长，单位长度的电容和电阻越大，信号的衰减越厉害；信号频率越高，信号推迟越严重。电报信号由多个频率组成，不同频率成分推迟情况不同，这就造成信号的畸变。他建议，提高电缆铜线的纯度，增大截面积，用绝缘层保护电缆，使用小电流信号。实业家们开始没有采用他的建议，1858年虽然铺设成功，但通信速度极慢，150个字母的电文用了3小时才发送完成（图23-18，美国1958，大西洋电缆100年，地球两边的人通过电缆交流；图23-19，爱尔兰2008，纪念1858年首次用电缆从欧洲向美国传送信息150周年）。6周后这条电缆被迫停用。于是改由W.汤姆孙来主持铺设新电缆的工作（图23-20，几内亚比绍1983，世界通信年，与图23-7属于同一套邮票）。历经10年的努力，这条电缆终于在1866年铺设成功。由于铺设越洋电缆的功绩，W.汤姆孙被英国政府封为开尔文男爵，以后就以开尔文为名。开尔文不仅是一个有成就的物理学家，同时具有工程师的素质。他一生获得了70余项专利，包括镜式检流计等。在加拿大和澳洲之间也铺设了太平洋海底电缆，领导铺设的加拿大工程师弗莱明的邮票见下节图24-80。图23-21（日本1976）纪念中日海底电缆（实际上是光缆）开通。这条电缆是1973年中国和日本共同投资施工建设的，1976年10月25日铺设成功并投入使用，是中国第一条国际电缆。上海的芦潮港是这条海底电缆中国的登陆点，日本的登陆点是熊本县天草郡苓北町，全长850千米。邮票上有中国和日本的地图轮廓，登陆点闪着白光。图23-22（中国1995）是中韩海底光缆系统开通纪念邮票，这条光缆全长549千米，在中国青岛和韩国泰安登陆。它是我国继中日海底光缆系统开通之后建设的第二条国际海底光缆。

电报的成功激发人们更大的雄心，要用电来传送人的声音。第一部电话是德国人赖斯（1834—1874）（图23-23，西德1952，德国建立电话75周年；图23-24，西德1984，赖斯诞生150周年）1861年制成的（图23-25，西德1961，赖斯电话100年），但不实用，只能传送乐音，传送语言时有时清楚有时不清楚，未引起人们重视。他在电话上传送的第一句话是"马不吃黄瓜色拉"，对方倒是听懂了。纪念赖斯的邮票还有图23-26（东德1990，国际电信联盟125周年）和图23-27（科摩罗1979，电话百年）。在图23-24、图23-25和图23-26上可以看到赖斯的电话机。

实用的电话一般认为是美国人贝尔（1847—1922）实现的。贝尔本是苏格兰人，他的

海底电缆和光缆的铺设

图 23-18（美国 1958）

图 23-19（爱尔兰 2008）

图 23-20（几内亚比绍 1983）

图 23-21（日本 1976）

图 23-22（中国 1995）

赖斯和他发明的电话

图 23-23（西德 1952）

图 23-25（西德 1961）

图 23-26（东德 1990）

图 23-24（西德 1984）

图 23-27（科摩罗 1979）

加拿大和美国发行的贝尔发明电话的邮票

图 23-28（加拿大 1947）

图 23-29（加拿大 2000）

图 23-30（加拿大 1974）

图 23-32（美国 1976）

图 23-31（美国 1940）

祖父和父亲都是语言学家。他本人从事聋哑人教学，并从事"可视语言"的开发，不知这里所谓的"可视语言"是指说话的口型还是指语音的波形。1870年全家移民加拿大。贝尔本人于1873年被波士顿大学聘为教授，来到美国。他的发明于1876年取得美国专利。1882年他加入美国国籍。纪念贝尔发明电话的邮票非常之多，这里选一些。首先是加拿大和美国发行的邮票：图23-28（加拿大1947，贝尔诞生100周年）；图23-29（加拿大2000，千年纪邮票，加拿大科技名人，这张邮票的名称是"贝尔，探索的心灵"）；图23-30（加拿大1974，电话100周年）；图23-31（美国1940，著名的美国人）；图23-32（美国1976，电话100周年，贝尔的电话）。

　　1976年，为纪念贝尔获得电话专利100周年，许多国家发行了邮票。欧洲国家有：西班牙（图23-33），匈牙利（图23-34），这两枚邮票画面构图相似，都是贝尔像加上传统电话和今日最新的卫星电话，还有保加利亚（图23-35），爱尔兰（图23-36），卢森堡（图23-37）。以下的邮票上只有电话机（常常是一台老式电话机与一台新式电话机对比），没有贝尔像：瑞士（图23-38），法国（图23-39），瑞典（图23-40），东德（图23-41），葡萄牙（图23-42）。西柏林1977年发行的德国电话服务百年邮票（图23-43）也可放在这里。图中的两部电话机，一部是1905年的，一部是1977年的。亚洲国家有：印度（图23-44），巴基斯坦（图23-45）。大洋洲地区有：新赫布里底群岛（图23-46），法属波利尼西亚（图23-47）。非洲国家有：尼日尔（图23-48），贝宁（图23-49），塞内加尔（图23-50），马里（图23-51），乍得（图23-52），几内亚（图23-53），多哥（图23-54）。多哥邮票的第一张是海缆船在布设海底电缆，第二张是自动电话应答机，第三张和第四张分述爱迪生和贝尔对发明电话的贡献。马尔代夫发行了一套7张加一小型张，图23-55是这套邮票的前三张：第一张是爱迪生，表示了1877年爱迪生发明炭粒话筒，对电话质量的重大改进（又见图23-54之三）。电话的原理不复杂，关键是要找到一种高效换能器，把声振动转换为电振动。炭粒话筒便是这样的换能器，它的原理是这样的：用钢膜夹着许多微小的炭粒，声波对钢膜的压力将改变炭粒的密度和接触面积，从而改变其电阻，使通过话筒的电流大小发生变化。第二张是贝尔和他的电话，第三张是不同时期的电话机。英国的电话百年邮票（图23-56）则独出心裁，不是表现电话发明和发展的历史，而是表现电话给人们带来的方便，不同的用户（家庭主妇、警察、社区护士和工业家）在打电话。

　　表现贝尔发明电话的邮票还有图23-57（摩纳哥1965，国际电信联盟百年），图23-58（几内亚比绍1983，世界通信年），图23-59（莱索托1987，伟大科学发现），图23-60（柬埔寨1992，塞维尔世界博览会），图23-61（柬埔寨2001，千年纪邮票），图23-62（以色列1997，香港97邮展），图23-63（保加利亚1997，贝尔诞生150周年），图23-64（塞拉利昂2002，著名发明家），图23-65（圣多美和普林西比2008，伟大发明家），图23-66（几内亚比绍2009，伟大发明家），图23-67（马里2010，小型张上的邮票），图23-68（乌克兰2001，电话发明125周年）。

　　以下的邮票反映各国使用电话的历程和情况：图23-69（德国1977，德国电话百年）表

图23-33（西班牙1976）

图23-34（匈牙利1976）

图23-35（保加利亚1976）

图23-36（爱尔兰1976）

图23-37（卢森堡1976）

图23-41（东德1976）

图23-43（西柏林1977）

图23-38（瑞士1976）

图23-39（法国1976）

图23-40（瑞典1976）

图23-42（葡萄牙1976）

图23-44（印度1976）

图23-45（巴基斯坦1976）

图23-46（新赫布里底群岛1976）

图23-48（尼日尔1976）

图23-47（法属波利尼西亚1976）

图23-50（塞内加尔1976）

图23-49（贝宁1976）

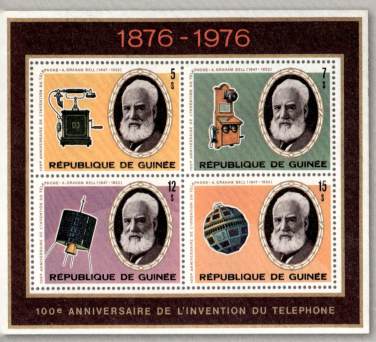

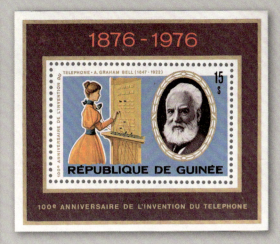

图23-53 电话发明百年（几内亚1976，9/10原大）

图23-51（马里1976）

图23-52（乍得1976）

图23-55 电话发明百年（马尔代夫1976）

图23-54 电话发明百年（多哥1976，小型张4/5原大）

图 23-56 电话百年（英国 1976）

图 23-57（摩纳哥 1965）

图 23-58（几内亚比绍 1983）

图 23-59（莱索托 1987）

图 23-60（柬埔寨 1992）

图 23-61（柬埔寨 2001）

图 23-62（以色列 1997）

图 23-63（保加利亚 1997）

图 23-64（塞拉利昂 2002）

图 23-65（圣多美和普林西比 2008）

明，德国在电话发明第二年就建立电话系统了。新加坡是1879年建立（图23-70，新加坡1979，电话服务百年），荷兰是1881年建立（图23-71，荷兰1981，公共电话服务百年，邮票图案已涉及无线电通信），俄罗斯是1882年建立（图23-72，苏联1982，国内电话通信百年；图23-73，俄罗斯2007，俄国电话通信125年），冰岛是1906年启用（图23-74，冰岛1986，电话服务80年，全2张，另一张是老式电话机）。捷克斯洛伐克在1953年电话就能通到每一社区（图23-75，捷克斯洛伐克1973，电话通达每个社区20年，背景是捷克斯洛伐克的地图）。奥地利则在1986年引进了数字电话（图23-76，奥地利1986，引进数字电话）。图23-77（美国2011，美国工业产品设计先锋）上是美国家庭中常见的电话机。今天，居住在地球相对两端的人，例如住在英国和澳大利亚的人（他们彼此都觉得对方是倒立的）可以通过电话听筒对话（图23-78，英国2007，发明的世界，请与图23-68比较）。

电话的发明权和专利权的归属是历史上争执最多、争执时间也最长的。贝尔是经过多次和长期诉讼后才终于取得电话发明的专利的。在这些诉讼中，有一次是同一位意大利移民莫奇进行的。莫奇（图23-79，意大利1978）年轻时在佛罗伦萨学习机械工程，后来在市立剧院任舞台技师。他曾发明过一种雏形电话系统用于同事间的联络。19世纪30年代，莫奇移民到古巴，在研究疾病的电击疗法时，他发现声音可以以电脉冲的形式沿导线传播。他认识到这一点的重要性，于1850年移民到纽约，继续研究。但是，他的日子过得很不顺遂。他的妻子瘫痪了，他在妻子的卧室和隔壁的工场之间装了一个系统以便于联络。1860年他向公众进行了一场表演，当地的意大利文报纸有报道。他妻子把他的模型卖给旧货店换了6美元，他不得不筹措资金再做一个更精巧的模型。他不会英语，又在一次轮船事故中被严重烧伤，还得接待意大利的政治流亡者，生活穷困潦倒。1871年，他打算为他的"话语电报"（sound telegraph）申请专利，但是交不起专利申请费250美元。于是他只好申请每年更新一次的立案存照，表明自己即将申请专利，这只需10美元。但是到1874年，他连这10美元也交不出了（如果他一直这样每年更新下去，是不会将专利授予贝尔的）。他把他的模型和技术资料寄到西方联合电报公司，却没有下文。后来他要求把这些东西还给他，公司却说东西丢了。两年后，贝尔（他在西方联合电报公司的实验室就是存放莫奇模型的那间屋子）申请了电话专利，成了大名人，并和西方联合电报公司签订了一个很有利的合同。

莫奇提出了诉讼，美国最高法院受理了，对双方作了听证，莫奇官司已接近打赢，当局已着手调查，准备取消给予贝尔的专利，但是1889年莫奇去世，诉讼也就终止了，荣誉仍然属于贝尔。

但是，莫奇去世100多年后，事情有了转机。美国国会共和党众议员Fosella（他的选区就在莫奇100多年前居住的地方）提出了一项议案，2002年6月15日在众议院通过，议案中承认莫奇才是电话的真正发明人。决议通过后，意大利的舆论纷纷叫好，说莫奇终于得到了迟到的公正。意大利人对莫奇的遭遇本来一直耿耿于怀，他们认为莫奇才是真正的电话发明者，是与马可尼并列的大师（图23-80，意大利1965，国际电信联盟100周年）。美国众议院决议通过后，意大利于2003年发行了一枚小型张（图23-81），中间是莫奇的肖像，

图23-66（几内亚比绍2009）

图23-67（马里2010）

图23-68（乌克兰2001）

图23-69（德国1977）

图23-70（新加坡1979）

图23-71（荷兰1981）

图23-72（苏联1982）

图23-73（俄罗斯2007）

图23-74（冰岛1986）

图23-77（美国2011）

图23-75（捷克斯洛伐克1973）

图23-76（奥地利1986）

图23-78（英国2007）

图23-82（南斯拉夫1960）

图23-83（南斯拉夫1979）

图23-84（塞尔维亚和黑山2004）

图23-85（波黑塞族共和国2004）

图23-79（意大利1978）

图23-80（意大利1965）

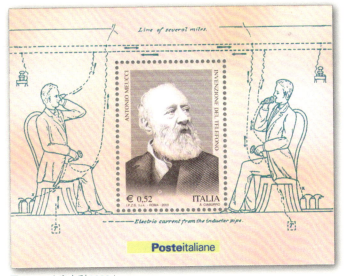

图23-81（意大利2003）

图23-86（法国1972）

图23-87（摩纳哥1965）

上面的文字是"电话的发明者莫奇"，边纸上画的是两个人通电话的情景。上端的英文字（斜体）是"几英里长的电线"，下端的英文字是"从感应管流出的电流"。国家的名片上出现了外国文字，这也许是表示对美国国会通过这个决议的感谢吧。

但是，加拿大不同意这个说法。加拿大国会众议院针锋相对也通过一个决议，重申贝尔是电话的发明人，批评美国众议院为政治原因改写历史。当然，两边的决议都是意向性的，没有法律约束力。时间过了这么多年，事情真相也许查不清了。应当说，贝尔也是一位很优秀的发明家。除了电话以外，他还有许多别的发明专利，涉及留声机、航空器、光电池等。

南斯拉夫裔美国物理学家浦品（图23-82，南斯拉夫1960；图23-83，南斯拉夫1979，浦品诞生125周年；图23-84，塞尔维亚和黑山2004，诞生150周年；图23-85，波黑塞族共和国2004，诞生150周年）发明沿传输线每隔一定距离装置加感线圈的办法，使长途电话通信的范围大大扩展。1901年贝尔电话公司和一些德国电话公司获得了他在长途电话上的发明的专利权。浦品的双亲都是文盲，他写了一本自传《从移民到发明家》曾获得普利策传记奖。

电报（telegraphy）远距离传送文字信息，电话（telephony）远距离传送声音信息，远距离传送记录在纸面上的静止图像信息的则是传真（facsimile，简称fax）。传真的原理不复杂，先对图像通过扫描和光电变换，转化为音频的电信号，也用电话线传送，接收方接收到信息后再通过一系列逆变换，打印出与原稿相似的图像。法国工程师贝林（1876—1963）在20世纪20年代对传真进行了大量开创性工作，今天传真机已成为常用的办公设备。图23-86（法国1972）主图是贝林像，左下方的红色小图示出图像扫描、传送、接收和复印的全过程。纪念贝林的邮票还有图23-87（摩纳哥1965，国际电信联盟百年）和下节的图24-95。

留声机要把声音保存下来并高保真地重放，对电声指标要求比电话更高。留声机的一般结构是使唱针随旋转的圆筒或园盘上的声槽振动使声音重放。一般认为留声机是爱迪生于1877年发明的，虽然这种类型的试验性装置在此之前已经出现。许多国家在1977年发行了留声机发明百年邮票。反映爱迪生发明留声机的邮票有：图23-88（美国1977，声音记录100周年）；图23-89（法属阿法尔和伊萨领地1977，电气科学家）；上张邮票发行没多久阿法尔和伊萨领地便独立了，国名为吉布提共和国，于是邮票上原来的地区名被涂掉，加盖新的国名，即图23-90；图23-91（瓦利斯和富图纳群岛1981，爱迪生逝世50周年）；图23-92（墨西哥1981，爱迪生逝世50周年），图上有电灯和留声机；图23-93（马尔加什1993，爱迪生发明留声机）；图23-94（基里巴斯2006，著名发明家及其发明）；图23-95（科摩罗2009，著名的创新）；图23-96是马里2009年发行的小型张，邮票上是爱迪生的肖像，边纸上有电灯泡、留声机和窥孔式动像镜，这些都是爱迪生的重要发明。图23-97是安提瓜和巴布达1993年的"发明和发明家"邮票中的小型张，小型张上的邮票就是爱迪生的留声机。从这些邮票图（特别是图23-88、91、94、97）可以看到，爱迪生的留声机与后来的留声机是很不一样的。他的留声机是将一张锡纸包在一个圆筒上，一个小针刚好接触圆筒表面。将话筒的输出与小针相连。在人说话时转动圆筒，小针就在锡纸上划出一条刻痕，把声振动记录下来。小型张图23-97的边纸上除了爱迪生的肖像外，还有黑人发明家L. H. Latimer的像。Latimer的父母亲原来都是黑奴，后来教会帮助他们赎买了人身自由并迁移到北方。他是四兄弟中最小的，由于家穷，他只上过几天学，必须工作挣钱养家。他在一个管专利权申请的机构里做杂役。由于他酷爱绘图，有空就练习，他的机械图画得很好。这正好是申请专利权所必需的，于是他就被提升为绘图员。一些发明家注意到他的绘图才能，雇他帮助绘图，他先后成为贝尔、发明机关枪的Maxim和爱迪生的助手。他有自己的发明：列车上的抽水马桶、改进了Maxim的机关枪、空气净化器，但是最著名的是他对爱迪生的白炽灯灯丝的改进。他把专利卖给了爱迪生。他的碳丝一直用到20世纪20年代被钨丝代替为止。

在对留声机的改进中，从德国移民到美国的发明家伯林内尔（E.Berliner，图23-98，圣多美和普林西比2008，伟大发明家）作出了很大的贡献。他把唱片设计成平面的，唱针在上面做水平前进运动，这比上下运动好，减少了爱迪生的唱针由于重力而产生的畸变。他还发明了一种生产唱片的方法。印度1977年的留声机百年邮票（图23-99）的画面就是伯林内尔的留声机。图23-100（苏里南1977，留声机百年），上面一张是爱迪生的留声机，

图 23-88（美国 1977）

图 23-89（法属阿法尔和伊萨领地 1977）

图 23-90（吉布提 1977）

图 23-91（瓦利斯和富图纳群岛 1981）

图 23-92（墨西哥 1981）

图 23-93（马尔加什 1993）

图 23-94（基里巴斯 2006）

图 23-95（科摩罗 2009）

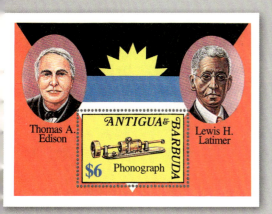

图 23-97（安提瓜和巴布达 1993，2/3 原大）

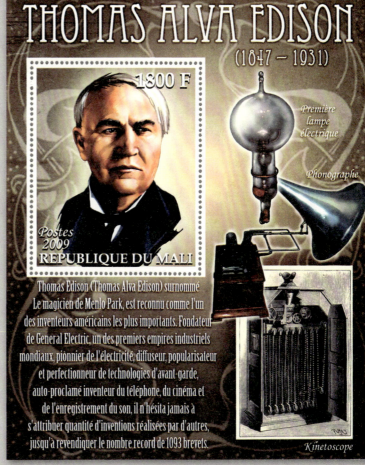

图 23-96（马里 2009）

电话和留声·留声

爱迪生发明录音和留声机

图23-98（圣多美和普林西比2008）

图23-99（印度1977）

图23-100（苏里南1977）

图23-101（西柏林1987）

下面一张是伯林内尔的留声机。图23-101（西柏林1987，留声机唱片100年）显示了早年的留声机和唱片。图23-102（多哥1976，留声机百年）包括了6票1小型张，详细记载了留声机的发展历程：30 F，爱迪生像；60 F，1877年爱迪生原始的留声机；80 F，1888年第一台伯林内尔留声机；200 F，1894年amelidre型伯林内尔留声机；300 F，1900年前后的His master's voice牌留声机；50 F，1905年的Victor牌留声机。

今天，CD光盘又取代了塑胶做的唱片，激光唱机取代了留声机，信息存储的数字方式代替了模拟方式，不再依靠唱片上的沟纹来保存声音信息了。

留声机的成功鼓舞了爱迪生，使他想把影像信号也记录下来和重现出来。他发明了使用感光胶卷连续拍摄的摄影机，并于1894年根据视觉残留原理制成可供一人透过放大镜观看活动影像的窥孔式动像镜（图23-103，加纳2000，发明家）。这同第16节里说的迈布里奇的盒子有些相似。爱迪生声称自己是它们的唯一发明者。1961年，有人查了爱迪生实验室的档案，发现真正从事这项研究的是在爱迪生实验室工作的迪克逊（图23-104，美国1996，发明家）。这时候的爱迪生已成为老板，并不亲自动手搞研究，他的作用就像现代带研究生的导师，是定课题、拉赞助和交流信息。

今天这种投放到屏幕上让许多人看的电影则是法国的吕米埃兄弟发明的（图23-105，法国1955，法国电影业60年；图23-106，马里1970，电影发明75年，下面有影星珍·哈露和玛丽莲·梦露的小像；图23-107，马尔加什1990，重要发明和发明家；图23-108，几内亚比绍2007，伟大发明；图23-109，科摩罗2009，著名发明，图23-107和图23-109中背景的火车是他们拍摄的短片《火车到站》中的场面）。吕米埃兄弟是摄影胶片和彩色照相的改进者(见图16-49)。他们的父亲到巴黎参观爱迪生的窥孔式动像镜的展览，根据他回到里昂后的描述，他们改进了爱迪生的电影摄影机。他们采用在胶片上打孔的办法传动，以

图 23-102（多哥 1976）

图 23-103（加纳 2000）

图 23-104（美国 1996）

留声机百年

爱迪生和迪克逊发明窥孔式动像镜——电影的原型

解决拍摄与放映电影时胶片连续不断运送的问题。他们的设备将拍摄与放映统一在一起，既可用来摄影又可用来把影像放映到银幕上供多人观看。拍摄与放映速度定为每秒16个画面，这是现代电影的原型。他们摄制的电影《工人们离开吕米埃工厂》1895年12月28日在巴黎放映，这一事件被人们认为是电影诞生的标志。进入1896年后，短短半年时间里电影放映就风靡欧美许多国家，远离欧美的中国也在1896年8月11日在上海放映了法国的电影。1995年许多国家发行了电影百年邮票：图23-110（西班牙）；图23-111（阿尔巴尼亚）；图23-112（乌拉圭）；图23-113（古巴，全套8张，其他各张是电影明星）；图23-114（巴西）；图23-115（中国）；图23-116（印度）；图23-117（法国）；图23-118（智利）。四张智利邮票的内容（邮票图下有说明）是：第一张，智利纪念电影百年的海报，上面是摄像机和导演的指挥椅；第二张，卓别林在影片《寻子遇仙记》中，卓别林成了电影的一个象征；第三张，吕米埃兄弟1895年电影初映的海报；第四张，Aldo Francia执导的智利电影《瓦尔帕莱索，我的爱》（1969）中的情景。

电影发明周年邮票中，有两张特别值得一提。一是美国1944年发行的纪念电影诞生50周年邮票（图23-119）。1944年夏，在二战激烈的鏖战中，美国邮政部长沃克给罗斯福总统（罗斯福是个邮迷）写信，建议发行电影题材邮票，以表彰电影在二战中的积极贡献。当年10月31日发行了这张邮票。它的画面是二战期间美军官兵在南太平洋岛屿的丛林中看电影。这样，这张邮票的画面就不是电影史上的事件而是时代的印迹。另一张是荷兰1995年的电影百年邮票，全套两张，第一张（图23-120）上是著名纪录片导演伊文思，他是中国人民的老朋友。早在1938年，他就来华拍摄记录中国人民抗日战争的《四万万人民》，新中国成立后又多次访问中国，拍摄了《早春》《愚公移山》等。他曾荣获世界和平理事会颁发的和平奖。

电影技术的进步也在邮票上留下了记录。最早的电影是无声的。1914年，爱迪生把他的动像镜和留声机同步化，制成第一部机械录音的有声电影。光学录音（把声迹录在胶片上）的有声电影到1926年秋天才上映（图23-121，美国1977，有声电影50周年）。有声电影提高了电影的表现能力，也使电影技术得到进步。为了提高频响范围，将35毫米胶片的传送速度由每秒16幅增加为24幅。人眼视觉的立体感觉是由左眼与右眼的视差造成的，利用这一点，通过使用偏振片眼镜或其他手段，使左眼只看到左眼像，右眼只看到右眼像，便可以使平面屏幕上的电影影像在我们眼中产生立体感觉，这就是立体电影或三维电影。1936年利用双镜头摄影机和偏振片已可以制出具立体效果的影片，1953年立体电影首次放映。IMAX则是加拿大的IMAX集团研发的一种巨型银幕电影。一般商业用35毫米影片为4个齿孔一个画面，IMAX的底片面积有传统35毫米底片的十倍大，而且IMAX底片分辨率高，投射到银幕的画质格外清晰自然。IMAX后来又发展出IMAX 3D技术，制作巨型银幕立体电影。传统的3D影片技术将左右眼影像同时存放在同一个胶卷中，而IMAX 3D技术则使用双胶片分开录制、播放左眼和右眼影像，使影像的立体感更清晰。放映时用两台放映机分开播放，对二者的同步要求很高。加拿大2000年的千年纪纪念张中有一张邮票（图23-122）是IMAX 3D电影。

还有一些邮票反映各国电影产业的发展。如图23-123（巴西1976，巴西电影产业），

图 23-105（法国 1955）

图 23-107（马尔加什 1990）

图 23-108（几内亚比绍 2007）

图 23-106（马里 1970）

图 23-109（科摩罗 2009）

图 23-112（乌拉圭 1995）

图 23-110（西班牙 1995）

图 23-111（阿尔巴尼亚 1995）

图 23-113（古巴 1995）

图 23-114（巴西 1995）

图 23-115（中国 1995）

图 23-116（印度 1995）

图 23-117（法国 1995）

图 23-118（智利 1995）

图 23-119 二战中美军看电影（美国 1944）

图 23-120 伊文思（荷兰 1995）

图 23-121（美国 1977）

图 23-122（加拿大 2000）

电影百年

电影邮票上的时代烙印

电影技术的进步——有声电影和 3D 电影

图 23-123（巴西 1976）

图 23-124（加拿大 1989）

图 23-125（立陶宛 2006）

图 23-126（中国 2005）

画面为电影摄像机；图23-124（加拿大1989，表演艺术），画面为摄像机和导演；图23-125（立陶宛2006），画面为立陶宛产的电影摄像机；图23-126（中国2005，中国电影诞生一百周年），画面是京剧《定军山》中由著名京剧演员谭鑫培扮演的老将黄忠。中国拍摄的第一部电影是京剧舞台纪录片《定军山》，是一部长半小时的默片，1905年为庆贺谭鑫培六十寿辰而拍摄。

24. 电磁学的应用：
无线电

上述两方面（强电和弱电）的各项发明基本上是在19世纪完成的，它们宣告了电气时代的到来。无线电电子学则是20世纪发展起来的。

无线电电子学的诞生依赖两个重要的实验。无线电的发明依赖1887年赫兹验证电磁波存在的实验，而电子学的产生则依赖爱迪生在1883年意外发现的爱迪生效应，它是一切电子器件的基础。无线电和电子学是不可分割的，很难想象，没有各种电子器件无线电怎么能发展。但是，关于无线电的邮票太多了，而且按照逻辑和历史顺序，应当在发现电子以后讨论电子学才合适，因此我们把电子学的主要内容放在后面第66节讨论，这一节只讨论无线电即用电波传送信息和不可分的一些硬件设备。

利用电磁波传送信息最早是无线电报。无线电报的发明充满了发明权之争。首先是马可尼和波波夫谁发明了无线电，还有马可尼是否剽窃了博斯发明的检波器。

俄国物理学家波波夫（1859—1906）（图24-1，苏联1925，纪念波波夫发明无线电接收装置30周年，这是最早一套波波夫邮票；图24-2，苏联1955，纪念无线电发明60周年）是研究电磁波应用的先驱者。他从彼得堡大学毕业后在海军鱼雷学校任教。1895年他发明了接收闪电发出的电磁波的接收装置，安装在彼得堡林学院的气象站。他用的是经他改进的金属粉末检波器，并首次在接收机上安装了天线，因此大大提高了灵敏度。这个雷电检测器比马可尼1896年6月在英国取得专利的无线电报收发报机要早。几个月后，他发表论文指出，这个装置也可以用来接收人工振荡源发出的信号，条件是振荡功率够强。1895年5月7日彼得堡物理学会年会时，他在彼得堡大学两座建筑物之间表演了用电磁波传送信号，传送的是用莫尔斯电码发出的赫兹的名字（图24-3，苏联1989，波波夫诞生130周年，画面为波波夫1895年在彼得堡演示第一台无线电接收机的油画）。1945年苏联政府将5月7日定为苏联无线电节（图24-4，苏联1945，无线电发明50周年，邮票中将5月7日这个日期嵌在

图24-1（苏联1925）

图24-2（苏联1955）

图24-3（苏联1989）

图24-4（苏联1945）

图24-6（苏联1960）

图24-5（苏联1958）

图24-7（苏联1949）

图24-8（苏联1989）

图24-9（苏联1959）

图24-10（苏联1965，4/5原大）

年份中间，其中高面值的一枚为波波夫肖像，另两枚为波波夫在他的无线电接收机前，邮票下部的俄文是"无线电的发明者波波夫"）。以后每逢无线电节苏联常常发行邮票，如图24-5（1958年，无线电节）和图24-6 [1960，无线电节，列宁格勒（圣彼得堡）以波波夫命名的中央电信博物馆大楼]。沙俄海军将领马卡罗夫中将看到无线电对海军通信的巨大功用，热情支持波波夫的研究。1949年是波波夫诞生90周年，为纪念无线电节发行了一套邮票（图24-7），其中两枚邮票的图案是波波夫的肖像和他的接收机，图中的俄文是"世界上第一台无线电接收机（雷电探测器），1895年波波夫"；另一枚是油画"波波夫向马卡罗夫海军中将演示世界上第一台无线电接收机"。马卡罗夫（图24-8，苏联1989）对沙俄海军多有建树，1905年日俄战争时任俄国太平洋舰队司令，因旗舰被击沉而阵亡。图24-3的画面中也有马卡罗夫。1898年，波波夫在无线电接收机上加装天线，实现了海军舰只与海岸之间的通信，距离超过10千米。1906年，波波夫患脑出血逝世，年仅47岁。

苏联为波波夫发行的邮票，还有1959年波波夫诞生100周年发行的一套（图24-9），上面一张的图案是"'叶尔马克号'破冰船拯救浮冰上的渔民"，另一张是"苏联广播是和平的声音"。第一张记载的是真实的事情。1899年11月，俄国战舰"阿普拉克森海军上将号"在芬兰湾中的戈兰岛搁浅了。救援这艘船的活动必须立即开始，因为芬兰湾已开始结冰。结冰对搁浅的船倒是没有立即的危险，但是次年开春后的浮冰有可能使船严重损毁。戈兰岛与大陆之间没有直接的通信联系，信息必须经由别的船只转达。因为芬兰湾已开始结冰，已来不及铺设一条海底电缆与船联系来协调营救的努力。波波夫的无线电设备成了唯一的选择。由于天气恶劣和官僚主义，派往戈兰岛建立无线电站的小分队于1900年初才到达戈兰岛，但是2月5日已经可靠地接收信息了。它收到的第一批电报中有一封警情：芬兰湾中有一块浮冰，上有50名芬兰渔民（芬兰当时属俄国），浮冰已开始破裂，渔民需要紧急救援，命令本来为援救"阿普拉克森号"开到附近的"叶尔马克号"破冰船去救援。收到命令24小时后，"叶尔马克号"就将渔民救出。"阿普拉克森号"最后于4月底脱险。从建站到"阿普拉克森号"脱险，戈兰岛无线电站共收到440份电报，这决定性地显示了无线电对海上船只通信的价值。沙俄海军部被说服了，同意资助波波夫的研究，但是经费数额却少得可怜。

苏联邮政在1965年无线电节为无线电发明70年发行了一枚纪念张（图24-10），它同时又是一个邮电展览会的入场券。上面的6枚票既无面值又无国名，不知单独算不算邮票。总的张是有国名和面值的。《Scott目录》和人民邮电出版社出版的《苏联邮票总目录》上是有这个张的，但Yvert et Tellier目录（即香槟目录）不收。这6幅图案总结了从波波夫发明无线电报到那时无线电的发展和应用：第一幅是波波夫的无线电接收机，第二幅是广播，第三幅是电视，第四幅是雷达，第五幅是射电天文学，第六幅是卫星通信。

苏联解体后，俄罗斯（图24-11）、白俄罗斯（图24-12）在1995年都为发明无线电100周年发行了波波夫邮票。2006年，为纪念波波夫逝世百年，俄罗斯发行了纪念邮资封，图24-13是封上的邮资。2009年波波夫诞生百年之际，俄罗斯发行了小型张（图24-14），其上的圆形邮票是波波夫的肖像，边纸上有波波夫的接收装置的实物图和电路图。

图24-11（俄罗斯1995）

图24-12（白俄罗斯1995）

图24-13（俄罗斯2006）

图24-14（俄罗斯2009）

图24-15（匈牙利1948）

图24-16（保加利亚1950）

图24-17（保加利亚1960）

图24-18（罗马尼亚1959）

图24-19（捷克斯洛伐克
1955）

图24-20（捷克斯洛伐克1959）

图24-21（圣马力诺1994）

图24-22（意大利1938）

图24-23（圣马力诺1982）

图24-24（美国1973）

图24-25（英国1972）

苏联解体后独联体成员国发行的波波夫及有关邮票

其他国家的波波夫邮票

马可尼及其实验用的仪器

冷战时期，属于苏联阵营的东欧国家也发行了许多纪念波波夫的邮票，其中匈牙利一张（图24-15，1948），保加利亚两套（图24-16，1950年无线电节，注意两张邮票上分别使用西里尔字母和拉丁字母；图24-17，1960，波波夫诞生100周年），罗马尼亚一张（图24-18，1959，文化名人），捷克斯洛伐克两张（图24-19，1955，无线电发明60年；图24-20，1959，电学科学家）。冷战结束后，为纪念无线电发明百年，圣马力诺于1994年发行了一枚波波夫邮票（图24-21）。

马可尼（1874—1937）是意大利工程师（图24-22，意大利1938，这是最早的马可尼邮票，是意大利在马可尼逝世半年后发行的；图24-23，圣马力诺1982，科学先驱）。他出身富家，母亲是爱尔兰人。他没有进学校受过正规教育，是请家庭教师在家里进行教育的。赫兹的实验激励他热衷于无线电通信。1894年他首次实现了短距离的无线电信号传送，在家里用无线电波打响了10米外的电铃。之后他改进了赫兹的火花发射机和金属粉末检波器，又在发射机和接收机上都安装了天线，大大提高了灵敏度，增大了传送距离。1895年秋天，他的通信距离已达2.8千米，不但能打响电铃，还能在纸带上记录拍发来的莫尔斯电码。图24-24（美国1973，电子学的进展）上是马可尼所用的增压感应线圈和火花隙等仪器。由于意大利政府对无线电通信态度冷淡，1896年马可尼来到当时最发达的国家英国，进行公开演示，并于6月取得英国专利。他结识了英国邮政总局总工程师普利斯，普对他大力支持，为他争取到所需的研究经费。1897年，马可尼用风筝和气球增高收发天线的高度，使无线电通信距离达到14千米，创造了当时最远的纪录。图24-25（英国1972，马可尼-Kemp实验75周年）上是马可尼的仪器火花发射机等。同年7月组建马可尼公司。1899年马可尼成功实现横跨英吉利海峡的通信。1900年又实现了几个台站以不同的波长无干扰地通信。

1901年年底，马可尼在加拿大的纽芬兰成功地收到横越大西洋从3 200千米外的英国发来的信号。当时一些数学家认为，由于地球曲率，利用电波通信只能局限于100～200英里之内。马可尼的成功打破了这种看法，在世界各地引起了轰动，成为无线电通信、广播等技术发展的起点，是一个里程碑式的成就。这一年他才27岁。纪念这一成就的邮票有：图24-26(马绍尔群岛1997，票边上的英文是"无线电开始了通信革命"，票下还有缩微印刷的小字"马可尼：第一次横越大西洋传送的无线电信号，1901")；图24-27(圣文森特和格林纳丁斯2000，千年纪邮票，下面的小字是：1901年，首次长距离无线电传送)；图24-28(冈比亚2000，世纪回顾邮票，票中的小字是：1901年，马可尼传送了第一个横越大西洋的信号）。

为了减少干扰，马可尼把一艘豪华游艇Elettra号改装为流动实验室（图24-29，捷克斯洛伐克1959，著名电学科学家），这艘游艇还将在下面多套邮票上出现。

由于对发展无线电报技术的贡献，马可尼与德国物理学家布劳恩共获1909年的诺贝尔物理奖（图24-30，瑞典1969，左为马可尼，右为布劳恩）。有关布劳恩的邮票和工作下面有介绍。1930年，马可尼被选为意大利皇家学院院长。1933年，他来远东访问，先访问了日本，也到中国上海访问了交通大学。

马可尼于1937年在罗马Elettra号上逝世，意大利政府为他举行了隆重的国葬。

图24-26（马绍尔群岛1997） 图24-27（圣文森特和格林 图24-28（冈比亚2000）
纳丁斯2000）

下面几套邮票对马可尼生平事迹有较详细的介绍。图24-31（所罗门群岛1996，无线电百年。所罗门群岛在西南太平洋，是英联邦成员）：第一张，马可尼在英国的萨尔斯堡平原演示，大约1896年；第二张，战时无线电的诞生，大约1900年；第三张，第一台地-空发射机Croydon，大约1920年；第四张，马可尼在环游世界中访问日本，1933—1934年。图24-32（英属蒙塞拉特1996，马可尼无线电百年，蒙塞拉特在加勒比海）：第一张，1901年马可尼和他的设备；第二张，马可尼的游艇"电波号"上的无线电实验室；第三张，1901年在加拿大的纽芬兰省，接收到第一个横越大西洋从英国发过来的无线电信息；第四张，第一个空-地无线电站Croydon，1920年。图24-33为其小型张，小型张上的邮票是第一架射电望远镜，它在英国的Jodrell Bank。小型张的边纸上是1960年发射的先锋V号卫星。图24-34（英属皮特凯恩岛1996，马可尼第一次无线电信号传送百年，皮特凯恩岛在太平洋中南部）：第一张，马可尼像，大约1901年；第二张，大约1938年皮特凯恩岛上的无线电设备；第三张，1994年，卫星地面站设备；第四张，1992年，卫星在轨道上。图24-35（卢旺达1974，马可尼诞生百年）：20C，Elettra号游艇实验室；30C，马可尼和Carlo Alberto号轮船；50C，马可尼的无线电仪器与今天的通信卫星；4F，马可尼和由通信电波连接的地球；35F，马可尼的无线电和今天的雷达；60F，马可尼和安装在Poldhu的发射机。图24-36为其小型张，小型张上的50F邮票与20C的图案相同。

纪念马可尼的邮票非常之多。许多国家发行的科学家、发明家邮票中都有马可尼，比如图24-29，图24-37（几内亚比绍1983，电信科学家），图24-38（马尔加什1993，发明家）和图24-39（古巴1996，著名科学家）。由于马可尼是诺贝尔奖得主，因此也出现在诺贝尔奖得主邮票中。如图24-40（上沃尔特1977，诺贝尔奖得主）、图24-41（圣文森特和格林纳丁斯1991，著名的诺贝尔奖得主）、图24-42（加蓬1995，诺贝尔奖设立百年）。

有两次发行马可尼邮票的高潮。一次是1974年马可尼诞生100周年，许多国家发行了纪念邮票，如意大利（图24-43）、摩纳哥（图24-44）、印度（图24-45）、老挝（图24-46，马可尼像，亚热带农民耕作休息时手捧半导体收音机聆听）、葡萄牙（图24-47，这套

1901年马可尼在纽芬兰成功接收到横越大西洋从英国发来的信号

24

电磁学的应用：无线电

243

图24-29 马可尼的Elettra号游艇
实验室（捷克斯洛伐克1959）

图24-30 马可尼获1909年
诺贝尔物理奖（瑞典1969）

图24-31 无线电百年（所罗门群岛1996）

图24-32 无线电百年（英属蒙塞拉特1996）

图24-34 无线电百年（英属皮特凯恩岛1996）

图24-33 无线电百年，图24-32的小型张（英属蒙塞拉特1996）

图24-35 马可尼诞生百年（卢旺达1974）

马可尼的生平

邮票的图比较抽象：邮票1，向四周扩散的无线电波；票2，在空间飘过的信息；票3，帮助导航）、刚果（图24-48）、法属阿法尔和伊萨领地（图24-49）、尼日尔(图24-50)、加拿大（图24-51）、巴西（图24-52，马可尼头部的侧影内为巴西里约热内卢著名的塑像安第斯山上的基督，它位于科尔科瓦山顶，俯瞰全城，为庆祝巴西独立100周年建造，于1931年落成，下面的彩带是巴西和意大利国旗的颜色，这张邮票可能是想要表示马可尼是个虔诚的天主教徒）、哥伦比亚（图24-53）和卢旺达（前面的图24-35及图24-36）。

　　另一次是1995年到1996年，为纪念无线电发明100周年，近一百个国家发行了纪念邮票。特别是马可尼的祖国意大利和意大利文化圈中的圣马力诺各自从1991年开始以同样的设计风格发行系列邮票，每年一张，纪念一位与无线电发明有关的科学家。意大利和圣马力诺又有分工，意大利邮票纪念意大利本国科学家，前四年分别是伽凡尼（图17-26）、伏打（图17-33）、厄内斯提（图24-70）和里纪（图21-15），圣马力诺邮票纪念非意大利科学家，前四年分别是麦克斯韦（图20-1）、赫兹（图21-4）、布冉利（图24-74）和波波夫（图24-21）。1995年两国的邮票都纪念马可尼，而且与梵蒂冈（也属意大利文化圈）、爱尔兰（马可尼的母亲是爱尔兰人）、德国联合发行（图24-54至图24-58），各有邮票两张（德国只有一张），其中一张是马可尼像和早期的收音机，图案统一，另一张则由各国自行设计：意大利是马可尼当年做实验的地点；圣马力诺和爱尔兰是收音机的频率刻度盘，上面特别标出了参加联合发行的5国首都的电台频率；梵蒂冈是现任教皇发表广播讲话。英国出了一套"通信先驱"邮票（图24-59，全套4张，另外两张是邮政创始人罗兰·希尔）。图中两张邮票，一张是年青的马可尼和早期的无线电设备，一张是老年马可尼使用无线电话，背景是下沉的泰坦尼克号发出呼救信号。事实上，泰坦尼克号沉没时，很多幸存者获救的原因之一，就是船上的两位报务员一直坚守岗位，不停发出求救信号，直到断电和报务房进水被淹没为止。这两位报务员，一位获救，一位与泰坦尼克号一起长眠海底。当时

图24-36（卢旺达1974，3/5原大）

英国的邮政总局局长说："那些得救的人，可以说是被一个名叫马可尼的人和他那了不起的发明救起来的。"除了这几个国家外，其他国家和地区也为无线电百年发行了不同风格的邮票，如卢森堡（图24-60）、芬兰（图24-61）、斯洛伐克（图24-62）、爱沙尼亚（图24-63）、马耳他（图24-64）、土耳其（图24-65）、北塞浦路斯土耳其共和国（塞浦路斯岛北部，尚未受到国际社会普遍承认的政治实体，图24-66）、叙利亚（图24-67）、巴西（图24-68）、苏里南（图24-69）、荷属安的列斯群岛（图24-70）、圣赫勒拿岛（在大西洋中，图24-71，无线电通信100年，上图是岛上的无线电设备，下图又看到了Elettra号游艇实验室）、新喀里多尼亚（在南太平洋中，图24-72，左边的邮票纪念无线电发明100周年，右边的邮票纪念当地的地面站20周年）、瓦利斯和富图纳群岛（南太平洋中的群岛，法国海外领地，图24-73）、斐济（图24-74，无线电的诞生，全套4张）、瓦努阿图（图24-75，1896，无线电的诞生）等。

　　20世纪结束和新世纪开始之际，许多国家发行世纪回顾邮票或千年纪邮票，或世纪伟人邮票，里面也有关于马可尼和无线电的邮票，如图24-76（罗马尼亚1998）、图24-77（几内亚1998）、图24-78（葡萄牙2000）、图24-79（加纳2000）、图24-80(摩尔多瓦2000)、图24-81(中非2000)等。罗马尼亚票的背景图是1901年首次实现了美洲与欧洲之间的电报通信。加纳邮票一张是马可尼的肖像，一张是射电望远镜的接收机电路。邮票上写的发射机当是接收机之误。射电望远镜接收到的信号很弱，因此接收机的放大倍数要求很高，一般在1012以上。2002年，加拿大发行了一套以通信技术为题的邮票(图24-82)。左

图24-37（几内亚比绍1983）

图24-38（马尔加什1993）

图24-39（古巴1996）

图24-40（上沃尔特1977）

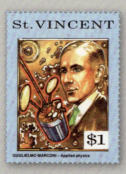

图24-41（圣文森特和格林纳丁斯1991）

图24-42（加蓬1995）

图24-43（意大利1974）

图24-44（摩纳哥1974）

图24-45（印度1974）

图24-46（老挝1974）

图24-47（葡萄牙1974）

图24-48（刚果1974）

图24-49（法属阿法尔和伊萨领地1974）

图24-50（尼日尔1974）

图24-51（加拿大1974）

图24-52（巴西1974）

图24-53（哥伦比亚1974）

电磁波的应用——无线电

马可尼诞生100周年（1974）

边一张纪念加拿大的土木工程师弗莱明，他于1902年领导架设了加拿大和澳大利亚之间的太平洋海底电缆，这一张应属于上一节的内容。右边一张纪念马可尼和无线电报的发明。两张票的图案连在一起，我们不拆开它们。索马里在2002年也出了一套马可尼邮票（图24-83）。此外，马可尼的邮票还有图24-84（圣多美和普林西比2008）和图24-85（几内亚比绍2009）。意大利出过两枚纪念马可尼的纪念邮资封，其上的邮资分别如图24-86（1981年，文字为"马可尼建立加拿大和英国之间的无线电通信80周年"）和图24-87（2001年，文字为"马可尼建立英国和加拿大之间的无线电通信百年"）所示。

在无线电发明权问题上，波波夫起步稍早，但是马可尼的资金、设备条件比波波夫好得多，后来居上，最先将无线电报实用化、长距离化，成就比波波夫大得多。西方国家一般都认为马可尼是无线电报的发明人，而苏联则坚持波波夫才是无线电的发明者。这里面夹杂着民族情绪和政治因素。在冷战时期，世界分成两大阵营，苏联是东方集团的头头。政治上的对立影响到学术，社会主义国家都跟着说无线电是波波夫发明的。20世纪五六十年代上大学的人都还记得，当时用的苏联教科书中从来不提马可尼。这也反映到邮票上，东方集团国家只发行波波夫的邮票（见前），这几乎成了政治上表示忠诚的一个表征。唯一的例外是捷克斯洛伐克的马可尼邮票（图24-29）。而西方国家则只发行马可尼的邮票，从不发行波波夫的。冷战结束后，圣马力诺才发行了一张波波夫邮票（图24-21）。但是俄罗斯和白俄罗斯

图24-54（意大利1995）

图24-55（圣马力诺1995）

图24-56（梵蒂冈1995）

图24-58（德国1995）

图24-57（爱尔兰1995）

图 24-59（英国 1995）

图 24-60（卢森堡 1995）

图 24-61（芬兰 1996）

图 24-63（爱沙尼亚 1995）

图 24-64（马耳他 1996）

图 24-62（斯洛伐克 1997）

图 24-68（巴西 1995）

图 24-65（土耳其 1995）

图 24-67（叙利亚 1996）

图 24-66（北塞浦路斯
土耳其共和国 1995）

图 24-70（荷属安的列斯群岛 1995）

图 24-71（圣赫勒拿岛 1996）

图 24-69（苏里南 1996）

图 24-72（新喀里多尼亚 1996）

无线电发明 100 周年的纪念邮票 其他国家和地区发行的

图24-73（瓦利斯和富图纳群岛1996）

图24-75（瓦努阿图1996）

图24-74（斐济1996）

其他国家和地区发行的无线电发明100周年的纪念邮票

的无线电发明百年邮票（图24-11，图24-12）仍坚持无线电是波波夫发明的。

　　劳埃在他写的《物理学史》中指出，不要过于重视发明优先权。笔者同意他的看法。首先，像无线电这样的人类社会从来没有过的崭新技术，是在科学新发现的基础上成长起来的，这正是科学型技术和经验性技术的区别。从这个意义上说，基础研究更重要。如果没有麦克斯韦对电磁波的预言，没有赫兹证实电磁波存在的实验，就没有无线电技术。而在赫兹的实验之后，许多人都致力于无线电通信的研究，无线电的发明已是历史的必然。其次，技术发明并不是一个孤立的点状的事件，而是一条长河，综合了许多人的聪明才智。早期无线电报接收机中所用的金属粉末检波器，就是许多人先后发明改进而成（见下），不论波波夫还是马可尼都用了他们的成果。

　　实际上，对发明权的过分强调往往发生在一些极权主义国家，其目的是挑动民族沙文主义。以无线电的发明权为例，意大利的墨索里尼法西斯政权就过分夸大马可尼的成就，并且把金属粉末检波器的发明归于意大利物理学家厄内斯提一人（后面我们还会看到，在费米的中子轰击实验中，费米自己认为还没有确切证据，法西斯政权就迫不及待地宣传发现了超铀元素）。而在斯大林统治下的苏联，波波夫是无线电的发明人乃是官方的说法，发表违背这种说法的意见是危险的，甚至带来杀身之祸。1938年，苏联列宁格勒（圣彼得堡）一位年轻的理论物理学家马特维·布朗斯坦响应列宁夫人克鲁普斯卡亚写科普作品的号召，写了一本小册子《无线电报的发明者们》，这个书名就背离官方的说法，怎么还有"们"？内容也有"错误"。但他拒绝修改。结果，书被禁止出版，人也从肉体上被消灭了，他被枪决于

图 24-76（罗马尼亚 1998）

图 24-78（葡萄牙 2000）

图 24-80（摩尔多瓦 2000）

图 24-83（索马里 2002）

图 24-77（几内亚 1998）

图 24-79（加纳 2000）

图 24-81（中非 2000）

图 24-84（圣多美和普林西比 2008）

图 24-86（意大利 1981）

图 24-82（加拿大 2002）

图 24-85（几内亚比绍 2009）

图 24-87（意大利 2001）

20世纪回顾邮票或千年纪邮票中的马可尼和无线电

列宁格勒（圣彼得堡）监狱的地下室，背离官方说法至少是罪名之一。

马可尼和波波夫各自独立地进行了研究，对无线电的发明都作出了贡献，对他们各自的贡献都应当恰如其分地承认。他们取得的成就既与他们的性格有关，也受到社会经济条件的制约。波波夫的学术兴趣更广泛(例如，他是俄国第一个重复伦琴的X射线实验的人)，而马可尼的目标更专一，也更有商业头脑，他就是要造出能够卖出去的东西。他看到在意大利没有发展条件，就跑到当时最发达的国家英国，拉赞助，建公司，不断改善自己的研究条件，结果实至名归。波波夫也找到了自己的伯乐马卡罗夫，但是他费尽力气为波波夫争取到的研究经费，却只有区区三百卢布！1905年日俄战争发生时，俄国不得不向德国购买舰船的无线电通信设备。在关键一役对马海战中，万里迢迢调来的俄国波罗的海舰队在对马海峡遭到日本舰队的伏击，俄舰通信设备落后，指挥不灵，结果全军覆没。这对首先发明无线电的沙皇俄国真是一杯难以下咽的苦酒。

波波夫生前对马可尼的声名鹊起感到有些不解，但他对马可尼还是很友好的。1902年，马可尼访问波波夫所在的喀琅施塔得海军学院，受到波波夫的友好接待，两人进行了真挚的谈话，后来马可尼还收到波波夫送给他的一个银茶炊和一件海豹皮大衣作为结婚礼物。

正如路易·德布罗意后来关于这个问题所说的："我们在这里看到，科学家的不求实利的研究和工程师与技术人员的更有具体目标的努力走到一起来了，就像发源于不同国家的溪流流到一起汇成一条大河，科学发现和工业发明联合在一起，带来了无线电的伟大成就。"德布罗意一战时在军中从事无线电通信工作，因此他对无线电发展史很熟悉。

马可尼1901年底接收到越洋信号的实验，用的是一种水银检波器。这种检波器对这次实验的成功是很关键的。马可尼以自己的名义申请了它的专利。但是，1998年几个美国科学家发现了一篇100年前的论文，表明印度科学家博斯（Jagadish Bose）才是它的发明人（Bose是印度一个常见的姓，另一位物理学界更熟悉的同姓的印度物理学家被译为玻色，但按发音应为博斯）。博斯（图24-88，印度1958）是植物生理学家和物理学家，印度近代科学的开路人，他是英国皇家学会第一名印度籍会员，并于1917年受封为爵士。他1899年3月发表在伦敦皇家学会公报上的论文中描述的检波器与马可尼所用的检波器完全一样。因此这些美国科学家怀疑马可尼把他人的发明据为己有，至少是有意贬低这种检波器的重要性。

在此之前，早期的无线电发明者们用的都是金属粉末检波器：在玻璃管中装入铁屑，管子两端加上电极。当铁屑堆积不紧时，由于粉末之间接触面很小，管两端之间的电阻很大，不通电。但是，如果附近有放电或其他高频电磁场，铁屑会"黏结"在一起，管子两端的电阻就会减小几个量级。这种行为和半导体有些相像。这一现象是意大利物理学家厄内斯提（1853—1922，图24-89，意大利1993）于1884年发现的。法国物理学家布冉利于1890年把它用作赫兹实验中的检测器，比赫兹原来所用的带火花隙的回路的灵敏度高得多（图24-90，法国1944，布冉利诞生百年；图24-91，法国1970，名人附捐邮票；图24-

图24-88 博斯发明水银检波器（印度1958）

92，捷克斯洛伐克1959，著名电气科学家；图24-93，圣马力诺1993，无线电发明100年；图24-94，摩纳哥1965，国际电信联盟成立100周年，布冉利与马可尼；图24-95，厄瓜多尔1966，国际电信联盟成立100周年，布冉利、马可尼、贝尔和贝林）。这种检波器需要定时轻轻拍动，使其中的铁屑再松开。它的外形见图24-92，图24-91中有它在电路中的接法。1894年，英国物理学家洛奇（1851—1940，可惜没有他的邮票）解释了这种效应的机制，是发生了微焊接，并对布冉利的检波器作了改进，命名为coherer（译为金属粉末检波器）。他的改进主要有两点：一是把管内的空气抽空；二是加了一个自动装置，定时把管内的粉末拍松，使管子回到原来不导电状态的装置。后来波波夫和马可尼早期的接收装置中所用的都是这种检波器，直至1905年后被其他类型检波器取代为止。

还有很多科学家也对无线电报的发明和无线电技术的发展作出了重大贡献。德国的布劳恩(1850—1918，图24-96，加蓬1995；图24-97，格林纳达1995；图24-98，几内亚比绍2009)与马可尼分享诺贝尔奖（见前面的图24-30）。早期的发射机，天线是直接放在电源电路中的，布劳恩采用无火花天线电路，通过电感耦合将发射功率送到天线，大大增加了发射机的播达距离。他还发明了定向天线和晶体检波器，这些都是对马可尼系统的根本改进。布劳恩还发明了阴极射线管，他于1897年展示了第一个示波管，也称布劳恩管。他于1915年到纽约去为一件与无线电专利有关的案件作证，美国参加第一次世界大战后，他作为敌国侨民被扣留，1918年战争结束前夕在纽约去世。布劳恩的邮票还有后面的图24-145。德国的斯拉比（图24-99，西柏林1974）采用共振线圈测量波长，还改进了马可尼的天线，用于德国的无线电系统中。

用电磁波载送话语和声音的装置是无线电话和广播。出生于加拿大的美国电子和无线电技术专家费森登（1866—1932，图24-100，加拿大1987，加拿大日）是无线电广播的发明人。他虽然没有受过无线电方面的专门教育，但对它很有兴趣，曾在爱迪生的实验室工作。他产生了用无线电波传送声音的想法，用音频信号对高频连续电波进行调制然后发射。1906年圣诞夜，他用50 kHz频率发电机作为发射机，把麦克风直接串入天线实现调制，使大西洋航船上的报务员听到了他从波士顿播出的音乐。这是调幅广播的首次实现。

20世纪20年代，电子管的发明使无线电发射机和接收机发生了革命性的变化。阿姆斯特朗（图24-101，美国1983，美国发明家；图24-102，捷克斯洛伐克1959，电学科学家）对无线电广播的进一步发展作出了巨大的贡献。他发明了再生电路、超外差电路和调频制。正反馈再生电路可把信号放大上千倍，曾是无线电-电视播放设备的心脏。超外差电路具有很高的选择性和放大倍数，为无线电、电视和雷达接收机普遍采用。宽带调频制提供了实现高保真度广播的方法，调频波很少受天电干扰，现已在无线电、电视、微波中继通信及卫星通信中广泛应用。图24-101中是他制造的调频器，有无线电知识的读者，请判断图24-102中的电路是什么电路。阿姆斯特朗因捍卫调频制而破产，身体又多病，于1954年自杀身亡。

第一个定时播送语言和音乐节目的无线电广播电台于1919年在英国建成，没有关于此事的邮票，但是有BBC（英国广播电台）成立50周年的邮票（图24-103，英国1972），BBC

253

图 24-89 厄内斯提（意大利 1993）　　图 24-90（法国 1944）　　图 24-91（法国 1970）　　图 24-92（捷克斯洛伐克 1959）

厄内斯提、布舟利与金属粉末检波器

图 24-93（圣马力诺 1993）　　图 24-94（摩纳哥 1965）　　图 24-95（厄瓜多尔 1966）

布劳恩和斯拉比

图 24-96（加蓬 1995）　　图 24-97（格林纳达 1995）　　图 24-98（几内亚比绍 2009）　　图 24-99（西柏林 1974）

费森登和阿姆斯特朗对广播的贡献

图 24-100 费森登发明无线电广播（加拿大 1987）　　图 24-101（美国 1983）　　图 24-102（捷克斯洛伐克 1959）

成立于1922年。图中有各种麦克风和扬声器。1920年，在美国匹茨堡也建成一座无线电广播台（图24-104，美国2000，20世纪大事，邮票上的英文是"无线电风行美国"，邮票背面有文字："20世纪20年代，无线电使全美国着迷。全家围在收音机周围收听新闻广播、喜剧、儿童表演和总统讲话"）。此后，无线电广播在全世界普及（图24-105，马绍尔群岛2000，20世纪大事，邮票右侧的文字是"无线电广播到达全世界"）。从邮票上的资料看，各国开办广播或建立某一广播节目的顺序大致如下：美洲国家广播开始得比较早，图24-106（阿根廷1970，阿根廷广播50周年）；图24-107（墨西哥1971，墨西哥广播50周年）；图24-108（智利1992，智利广播70周年）。接着是欧洲国家和澳大利亚：图24-109（西德1973，德国广播50年，图为老式收音机）；图24-110（捷克斯洛伐克1973，捷克广播50年）；图24-111（澳大利亚1973，澳大利亚定时广播50年）；图24-112（澳大利亚1982，澳大利亚电台ABC节目50年）；图24-113（澳大利亚1989，Radio Australia节目50年）；图24-114（奥地利1964，奥地利广播40年）；图24-115（奥地利1974，奥地利广播50年）；图24-116（奥地利1974，奥地利电台50年）；图24-117（南非1974，南非广播50年）；图24-118（丹麦1950，丹麦广播25年）；图24-119（丹麦1975，广播50年）；图24-120（挪威1975，广播50年，头一张上是麦克风和耳机，第二张是发射塔）；图24-121（波兰2005，波兰广播80年）；图24-122（爱尔兰1976，广播50年）；图24-123（日本1977，无线电广播50年）；图24-124（日本1960，对外广播25年）；图24-125（斯洛文尼亚1998，卢布里亚那电台广播70年，这张邮票很别致，将电台比作一只小鸟，收音机一开，美妙的歌声传来，真是隔叶黄鹂传好音）；图24-126（卢森堡1979，广播50年）；图24-127（苏联1979，莫斯科电台播音50年）；图24-128（苏联1988，国家广播和录音大厦50年）；图24-129（梵蒂冈1981，梵蒂冈电台播音50年，全四张，图上的人是马可尼与教皇庇护十一世，圆心中是梵蒂冈电台的徽志）；图24-130（巴西1986，巴西联邦广播系统50年）；图24-131（印度1961，全印播音25年）；图24-132（利比里亚1979，Elwa电台25年）；图24-133（特兰斯凯1977，无线电广播周年）。

有了广播，还得有收音机接收。早期的收音机都要用干电池作直流电源，加拿大Rogers公司生产的收音机自带整流电路，不需电池，一插上电网就能用，大大有助于无线电收音机的普及（图24-134，加拿大2000，千年纪邮票，Rogers生产的不用电池的收音机）。图24-135（美国2011，美国工业产品设计先锋）上是美国家庭常用的收音机。这样，从拾音器（麦克风）（图24-130；图24-136，德国1961，邮票日）开始，将人的语音波形变换为电振动，调制载波波形（调幅波见图24-100和图24-225，调频波见下面的图24-206和图24-246），从发射塔发射出去（图24-122和图24-127），经过在空间传播（图24-110和图24-113），被接收机接收再放出声音（图24-106），各个环节就都在邮票上有所表现了。

下面专门对苏联无线电的发展史作些介绍。俄国十月革命后，新政权很重视发展无线电。1918年8月，全国还处在兵荒马乱中，就建立了下诺夫哥罗德无线电实验室（图24-137，苏联1968，下诺夫哥罗德无线电实验室成立50周年），集中了当时俄国的无线电专

图 24-103（英国 1972）

图 24-104（美国 2000）

图 24-105（马绍尔群岛 2000）

图 24-106（阿根廷 1970）

图 24-107（墨西哥 1971）

图 24-108（智利 1992）

图 24-109（西德 1973）

图 24-110（捷克斯洛伐克 1973）

图 24-111（澳大利亚 1973）

图 24-113（澳大利亚 1989）

图 24-114（奥地利 1964）

图 24-115（奥地利 1974）

图 24-117（南非 1974）

图 24-116（奥地利 1974）

图 24-112（澳大利亚 1982）

图 24-118（丹麦 1950）

图 24-119（丹麦 1975）

图 24-120（挪威 1975）

无线电广播在全世界的发展

图 24-121（波兰 2005）

图 24-122（爱尔兰 1976）

图 24-123（日本 1977）　图 24-127（苏联 1979）

图 24-124（日本 1960）

图 24-125（斯洛文尼亚 1998）

图 24-126（卢森堡 1979）

图 24-128（苏联 1988）

图 24-129（梵蒂冈 1981）

图 24-131（印度 1961）

图 24-130（巴西 1986）

图 24-133（特兰斯凯 1977）

图 24-132（利比里亚 1979）

图 24-134（加拿大 2000）

图 24-135（美国 2011）

图 24-136（德国 1961）

家，是苏联第一个无线电工程科研中心。1920—1922年，国家还在内战，就在莫斯科建成了著名的舒霍夫广播发射塔（见图24-127），这是新政权建立后的第一个大型建筑，塔高148米，为钢质网状结构，由五个落在旋转双曲面上的平行箍与钢网连接构成，是著名建筑设计师舒霍夫（1853—1939）设计的（图24-138，苏联1963，舒霍夫诞生110周年）。舒霍夫塔最初用作莫斯科电台，在落成的第二天，1922年3月19日，就通过无线电波向全俄罗斯乃至全世界播音，成为苏维埃政权的主要宣传工具。下诺夫哥罗德无线电实验室最早的学术领导人有M.A.邦奇-布鲁耶维奇（图24-139，苏联1988，诞生100周年）、列别金斯基（图24-140，苏联1968，诞生100周年）等。通过电子管（特别是大功率发射管，图24-137中就是这个实验室制造的大功率管）的研制和生产、建立无线电广播台站和短波长距离通信等方面的工作，这个实验室对苏联无线电工程的发展起了重要作用。特别是邦奇-布鲁耶维奇，1922年他在莫斯科建立了世界上第一座大功率（12 kW）无线电广播台，1919—1925年设计了大功率水冷振荡真空管，1924—1930年主持研究短波传播，发展了短波定向天线。他也对大气上层的物理问题感兴趣，使用无线电波回波的方法研究电离层。苏联科学院院士明兹（图24-141，苏联1975，诞生80周年）是一位杰出的无线电专家。他于1927—1943年主持设计和修建了苏联多座大功率无线电台，1957—1970年任苏联科学院无线电技术研究所所长，1967年被任命为苏联科学院接收器学术委员会主席。他的主要工作是：设计无线电通信调制系统的理论和方法，实现大功率无线电广播的方法，大功率长波和短波无线电台的定向天线系统，大功率可拆卸振荡管的设计，新的无线电测量方法，无线电电子学方法在带电粒子加速器中的应用。他参加了杜布纳联合核子研究所的加速器的设计和发展。

马可尼1901年横越大西洋的信号传送表明，无线电信号不受直线传播的限制，可以沿地球的弯曲表面传播到很远的地方。为什么会这样？英国物理学家赫维赛猜测，高层大气是导电的，它引导无线电波沿大地的曲率传播，电波的能量在两层同心导电球壳之间保持守恒，不会消散到外层空间去。但是，他的理论没有得到普遍承认，因为缺少导电层存在的直接证据。英国物理学家阿普顿（1892—1965）从1924年年底开始进行了一系列实验，证实了大气中存在一个电离层，高度在50 km～1000 km，它是由太阳辐射中的紫外线、X射线和宇宙线中高能粒子的电离作用生成的。电离层中含有足够多的自由电子，能显著影响无线电波的传播。频率100 kHz～100 MHz的电磁波（中波和短波）在穿透电离层的下层后会被其上层（现在叫阿普顿层）反射。这使可靠的远距离无线电通信成为可能。阿普顿由于对电离层的研究被授予1947年诺贝尔物理学奖（图24-142，乍得1997，诺贝尔奖得主，图中的协和式飞机与阿普顿和电离层没有什么关系，喷气式飞机的飞行高度只有1万米左右，远低于电离层；图24-143，多哥1995，诺贝尔奖设立100周年；图24-144，刚果民主共和国2002，诺贝尔奖得主；图24-145，马尔加什1993，诺贝尔奖得主，阿普顿与布劳恩；图24-146，匈牙利1965，国际宁静太阳年，用雷达发射和接收电磁波脉冲测量电离层高度，这是研究电离层的一个常用方法，但20世纪50年代后改用火箭和卫星直接探测）。

图24-137 下诺夫哥罗德
无线电实验室（苏联1968）

图24-138 舒霍夫塔
（苏联1963）

图24-139 M.A. 邦奇－
布鲁耶维奇（苏联1988）

图24-140 列别金斯基
（苏联1968）

图24-141 明兹
（苏联1975）

图24-142（乍得1997）

图24-143（多哥1995）

图24-144（刚果民主共和国2002）

图24-146（匈牙利1965）

图24-145（马尔加什1993）

图24-147（芬兰1994）

图24-148（美国2000）

图24-149（中国1997）

图24-150（俄罗斯2007）

广播和无线电话都是用电波传送声音信息，不过广播面对千家万户，对象是整个社会，而无线电话则是用户两两之间的对话。移动电话（mobile telephone）或手机（cell phone）作为无线通话的工具，已越来越普及。它不仅可以传递声音，还能传递文字信息（短信），即集电话和电报的功能于一体。（图24-147，芬兰1994，芬兰的技术；图24-148，美国2000，20世纪大事，90年代，邮票背面的文字是："手机的普及程度大大增高，它使电话变得更小、更便宜，音质更好，服务对象更广泛。在1999年，有7 800多万美国人享用手机服务"；图24-149，中国1997，中国电信，中国今天的手机用户已达到10亿了；图24-150，俄罗斯2007，俄罗斯移动通信15年。）

电视用电的方法传送和复现活动的视觉图像。它也是利用人眼的视觉暂留效应来形成视觉的活动图像。电视系统在发送端把景物分解成微小的像素，按其亮度和色度转化为电信号，顺序传送。在接收端，按相应的几何位置显现各像素的亮度和色度，以重现整幅原始图像。1884年，德国的尼普可夫发明螺线旋转扫描器，在一块圆盘上钻一列或几列排成螺线的小孔，挡在一个物体之前，圆盘迅速转动，把该物体分解成像素。用光电管把图像的序列光点转变为电脉冲，实现了最原始的电视传送和显示。图24-151（西柏林1983，纪念国际邮电展览会在柏林举行并纪念电视技术100周年）上是尼普可夫的图像传送系统。图24-152是发行这张邮票的首日封，上面有尼普可夫的肖像。1924年，英国工程师贝尔德（1888—1946）进一步发展了建立在尼普科夫圆盘上的系统，在几米的短距离内实现图像传输。1927年通过电话线在相距数百千米的伦敦与格拉斯哥之间进行了图像传输，1928年在伦敦与纽约间成功地进行了电视收发试验，1929年英国广播公司开始机械电视试播。图24-153（马绍尔群岛1998，20世纪回顾）描绘了这一事件，邮票边上的字是"电视的第一缕微光"，邮票右下角缩微印刷的文字是"贝尔德于1928年发明电视"。1928年，匈牙利工程师和发明家Denes Mihaly（图24-154，匈牙利1996，发明家和发明）也在柏林无线电展览会上演示了一个机械系统，他称之为Telehor，它能传送由10行组成的活动画面，每秒10帧。（Denes Mihaly也是有声电影的发明人之一，他在1918年提交了将声音记录在电影胶片上的专利申请，他称之为Projectofon。）不过他们的电视是一种电动机械电视，并不是现代类型的全电子电视。尼普可夫扫描盘的一个根本的缺点是，清晰度和灵敏度有矛盾。要清晰，孔必须开得很小，这样进光量就小。1934年后它被电子扫描装置取代。现代的全电子电视之父是美国工程师兹沃尔金（图24-155，几内亚比绍1983），他在1923年和1924年相继发明了光电摄像管和显像管。1931年，他组装成世界上第一个全电子电视系统。尼普可夫和兹沃尔金都是俄裔。电子扫描系统是美国人范斯沃斯（图24-156，美国1983）于1930年发明的。图24-157（加蓬2001，20世纪回顾）上列出了从贝尔德的系统到今天的电视。图24-158（英国2007，发明的世界）介绍电视的发明。主持人在演播室里谈话的形象，观众可以在远处的屏幕上看到。

20世纪30年代中期，美、英、德、法等国开始了试验性的电视广播。1937年在英国、1939年在美国开始了定时的黑白电视广播。图24-159（多米尼克2000，千年纪邮票，20世

图 24-151 尼普可夫的图像传送系统（西柏林 1983）

图 24-153 贝尔德发明电视（马绍尔群岛 1998）

图 24-154 Denes Mihaly（匈牙利 1996）

图 24-152 尼普可夫像（西柏林 1983，6/7 原大）

图 24-155 全电子电视之父兹沃尔金（几内亚比绍 1983）

图 24-156 电子扫描系统发明人范斯沃斯（美国 1983）

图 24-157（加蓬 2001）

图 24-158（英国 2007）

电视发明史

纪40年代）的边纸上印着："1940年，定时电视广播开始在美国出现。"50年代初期，黑白电视开始在各国普及。图24-160（马绍尔群岛1999，20世纪大事，50年代）右边的英文字是"1950年世界进入电视时代"，右下角缩微印刷文字是"电视的魔力使美国着迷"。图24-161（澳大利亚2012，今昔技术对比），电视成了休闲时全家的中心。随着中等家庭买得起电视，电视成了一个强有力的教育、娱乐和获得信息的媒体，对20世纪后半世纪的社会生活产生了巨大影响。电视还是进行视听教育的手段（图24-162，海地，年代不详）。

下面是一些记录电视发展过程的邮票：英国是开办电视比较早的，图24-163（英国1967，英国的发现和发明，电视，画面是电视设备）。根据图24-164（俄罗斯2006，俄罗斯定期电视节目75年，画面又是舒霍夫塔），俄国电视是从1931年开始的。根据图24-165（西柏林1985，德国电视50年，图中可看到1936年的电视摄像机，真是个庞然大物），德国的电视始于1935年。战后一切重新开始，1952年有了电视（图24-166，西德1957，德国电视；图24-167，德国2002，德国电视50年）。法国的电视也始于1935年：图24-168(法国1955，电视，从图中可知法国用埃菲尔铁塔作电视发射塔）；图24-169（法国1985，法国电视50年，图上是彩色电视的三基色)。阿根廷电视广播始于1951年，图24-170（阿根廷2001，阿根廷电视50年）。比利时电视始于1953年，图24-171（比利时2003，比利时电视50年）。捷克斯洛伐克电视也始于1953年：图24-172（捷克斯洛伐克1957，电视）；图24-173（捷克斯洛伐克1963，电视10年）；图24-174（捷克斯洛伐克1968，上一张是广播45年，下一张是电视15年）；图24-175（捷克斯洛伐克1973，电视20年）；图24-176（捷克斯洛伐克1978，电视25年）。意大利于1954年开始电视广播：图24-177（意大利1954，开始定时电视广播）；图24-178（意大利2004，电视50年）。保加利亚电视也开始于1954年，图24-179（保加利亚1979，电视25年）。西班牙电视开始于1956年，图24-180（西班牙2006，电视50年）。新加坡电视开始于1963年，图24-181（新加坡1988，电视25年）。苏里南的电视广播于1966年开始，图24-182（苏里南1966，电视开播，电视塔的电波射进眼睛就看到整个地球了）。还有一些邮票，没有确定述说电视开办的年份，但至少说明在邮票发行时已经有电视了：图24-183（匈牙利1958，电视台）；图24-184（中非1975，中非的电视）；图24-185（东德1969），这套票是在东德成立20周年时发行，用来宣传建设成就的，还有一个小型张，见后面图24-197；图24-186（东德1978，世界电信日）；图24-187（东德1980，调频与电视广播）；图24-188（芬兰1988，欧罗巴邮票，通信与运输）。

以下的邮票（及图24-163和图24-165）上是电视摄像机：图24-189（芬兰2007，银箔邮票，电视摄像）；图24-190（西德1975）；图24-191（西柏林1975）；图24-192（英国1972，BCC成立50周年，图面是1972年的电视摄像机）。

人们根据红、绿、蓝三种基色光相加可得到不同彩色感觉的原理，又制成了彩色电视。根据发、收端对三基色信号的不同编码、解码方式，有不同的彩色电视制式。世界上现在一共用着3种彩色制式：NTSC（美国1953年）、PAL（德国1963年，英国也用它）和

图24-159（多米尼克2000）

图24-160（马绍尔群岛1999）

图24-162（海地）

图24-161（澳大利亚2012）

图24-163（英国1967）

图24-164（俄罗斯2006）

图24-166（西德1957）

图24-167（德国2002）

图24-165（西柏林1985）

图24-168（法国1955）

图24-169（法国1985）

图 24-170（阿根廷 2001）

图 24-172（捷克斯洛伐克 1957）

图 24-173（捷克斯洛伐克 1963）

图 24-171（比利时 2003，4/5 原大）

图 24-174（捷克斯洛伐克 1968）

图 24-175（捷克斯洛伐克 1973）

各国电视的发展

图 24-176（捷克斯洛伐克 1978）

图 24-177（意大利 1954）

图 24-178（意大利 2004）

24-179（保加利亚 1979）

图 24-180（西班牙 2006）

图 24-183（匈牙利 1958）

图 24-182（苏里南 1966）

24-181（新加坡 1988）

图 24-184（中非 1975）

图 24-185（东德 1969）

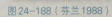

图 24-186（东德 1978）

图 24-187（东德 1980）

图 24-188（芬兰 1988）

图 24-189（芬兰 2007）

图 24-190（西德 1975）

图 24-191（西柏林 1975）

图 24-192（英国 1972）

各国电视的发展

电视摄像机

SECAM（法国1966年，苏联和东欧各国也用它）。我国从70年代初开始实现彩色电视广播，采用PAL制式，每秒25帧，每帧625行，隔行扫描。

电视波段频率很高，电离层不能反射，只能直线传播。要电视传得远，电视天线必须很高，于是许多城市都修建很高的电视塔，成了各地的一道新风景。它们也出现在邮票中。世界最高的电视塔是莫斯科的奥斯坦金电视塔（图24-193，苏联1967；图24-194，苏联1969）。图24-195是俄罗斯1998年发行的20世纪科学技术邮票中关于电视的一张：画面上有4座电视塔，左边两座是奥斯坦金电视塔和世界第二高的上海东方明珠电视塔。电视机屏幕里一个女播音员在播音，左下方一个摄影师扛着摄像机在工作。电视塔下有一辆电视转播车，车上的接收装置正对着天上的电视转播卫星。这张邮票很好地表现了电视从拍摄到接收的过程，也表示了电视从在大城市就地播送到今天利用同步通信卫星覆盖全球的发展过程。图24-196（南斯拉夫1965，国际电信联盟百年）中也是一座电视塔。图24-197（东德1969）是图24-184的邮票的小型张，画面是柏林电视塔。图24-198（马来西亚1996，为台北96邮展发行）也是一枚小型张，画面是吉隆坡电视塔。

上节和本节讨论了电报、传真、电话、广播、电视等各种信息传播方式，邮票上也有对这些信息传播方式的总结。图24-199（瑞士1952，电信100年）的4枚邮票分别是电报、电话、广播和电视。图24-200（西柏林1973，德国广播50年）是一个小全张，4枚邮票分别是当时的收音机、当时德国的邮电部部长工程师布列道、电视和电视摄像机。图24-201（意大利1947）的邮票分为3组，分别是陆上的无线电、海上的无线电和空中的无线电，无线电真是无所不在，无处不用。图24-202（格恩济岛1997，通信）6张邮票分别是无线电、电视、电话、报纸、邮政系统和计算机网络。

柏林有一个两年一度（2005年后改为每年一度）的德国无线电博览会（后来改名为国际无线电博览会Internationale Funkausstellung，简称IFA），在公元单数年份的8月底9月初举行。为这个博览会做宣传，发行过一些邮票：图24-203（西柏林1961），图24-204（西柏林1963），这两张邮票中的熊是柏林的城徽。1965年的博览会在斯图加特举行，有关邮票为图24-205（西德1965）。以后还有图24-206（西柏林1967），图24-207（西柏林1971），图24-208（德国1991）。柏林在1956年举办的德国工业展览会是另外一个系列的展览会，为此次展览会发行的邮票中也有一张以无线电广播为题材（图24-209，西柏林1956），画面是柏林-Nikolassee广播电台。东德1977年为一次邮展（为纪念十月革命60周年举办的社会主义国家邮票展览）发行的邮票也以无线电广播为主题（图24-210）。

国际邮电联盟（ITU）是一个重要的国际组织，1965年是它成立一百周年。各国也发行了纪念邮票：图24-211（美国），图24-212（南非），图24-213（瑞士），图24-214（哥伦比亚），图24-215（列支敦士登），图24-216（冰岛），图24-217（墨西哥）及前面的图24-94（摩纳哥）、图24-95（厄瓜多尔）、图24-196（南斯拉夫），后面的图24-229（摩纳哥）和图24-230（澳大利亚）等。ITU还主办一些活动，这些活动也有邮票，如图24-218（尼日尔1970，世界电信日）。

图 24-193（苏联 1967）

图 24-194（苏联 1969）

图 24-195（俄罗斯 1998）

图 24-196（南斯拉夫 1965）

图 24-197（东德 1969）

图 24-198（马来西亚 1996）

电视塔成了城市的新景观

图24-199（瑞士1952）

图24-200（西柏林1973）

图24-201（意大利1947）

图24-202（格恩济岛1997）

信息传递方式总结

为无线电博览会发行的邮票

图24-203（西柏林1961）

图24-204（西柏林1963）

图24-205（西德1965）

图24-206（西柏林1967）

图24-211（美国1965）

图24-213（瑞士1965）

图24-214（哥伦比亚1965）

图24-212（南非1965）

图24-215（列支敦士登1965）

图24-216（冰岛1965）

图24-217（墨西哥1965）

图24-218（尼日尔1970）

图24-207（西柏林1971）

图24-208（德国1991）

图24-209（西柏林1956）

图24-210（东德1977）

还有许多为其他国际通信组织或会议发行的邮票：图24-219（匈牙利1978，社会主义国家通信合作组织20周年）；图24-220（巴西1987），这张为在日内瓦召开的TELECOM 87发行的邮票很漂亮，地图上各大洲都由鲜花组成；图24-221（斯里兰卡2004），信息及通信技术周；德国1973年为国际刑警组织（interpol）50周年发行的邮票（图24-222）的画面也是广播塔和无线电波，广播对发布案情、通缉逃犯是非常有用的。土耳其为其邮电部设立150年发行了邮票（图24-223，土耳其1990），葡萄牙为其邮电部设立25年也发行了邮票（图24-224，葡萄牙2012）。

在以前分立元件时代，有不少无线电的业余爱好者，到废品公司去淘一些还能用的元件，回来自己组装一台收音机或hifi。笔者也是其中之一。美国和苏联都为这些业余爱好者发行过邮票：图24-225（美国1964，无线电业余爱好者），图24-226（苏联1981，全苏无线电爱好者展览）。可是，到了集成电路时代，电路出毛病的唯一解决办法是换掉整块电路，分析电路找出毛病（像大夫找出病人的病灶一样）的能力无用武之地了。

卫星通信是最先进的通信手段，是地球上各无线电通信站之间利用人造卫星作为中继站而进行的空间微波通信，是地面微波接力通信的继承和发展。先有地面的微波通信（图24-227，琉球1964，日本-琉球间微波通信开通纪念，琉球是冲绳的原名，是美军占领时的称呼；图24-228，肯尼亚1982，ITU中央理事会内罗毕会议，第一图是微波广播系统，第二图是船与岸之间的通信，第三图是农村远程通信系统，地面接力通信见图21-12），然后把中继站放置在空间轨道上，就得到卫星通信。最常用的卫星中继站是地球同步卫星，将通信卫星发射到赤道上空35 860千米的高度上，使卫星运转方向与地球自转方向一致，卫星的运转周期便正好等于地球的自转周期（24小时），从而使卫星始终保持与地球自转同步，静止在地球上一点的上空。静止卫星天线波束最大覆盖面可以达到大于地球表面总面积的三分之一。因此，在静止轨道上，只要等间隔地放置三颗通信卫星，其天线波束就能基本上覆盖整个地球（除两极地区外），实现全球范围的通信。当前使用的国际通信卫星系统，就是按照以上原理建立的，三颗卫星分别位于大西洋、太平洋和印度洋上空。卫星通信一般使用1～10 GHz（吉赫兹）的微波波段，频率范围很宽，可在两点间提供几百、几千甚至上万条话路，还可传输好几路电视。卫星通信路径大部分是在大气层以上的宇宙空间，参数恒定，传输损耗小，通信稳定性好。卫星通信的主要缺点是传送的时间延迟大，信号一上一下需走7万千米，需时1/4秒，一问一答时间间隔半秒，打起电话来感觉不自如。

有不少关于卫星通信的邮票，其特征画面是地面接收站的碟形抛物面微波天线。先看邮票上有通信卫星的：图24-229（德国1965，慕尼黑交通通信展览会）；图24-230（摩纳哥1965，ITU百年，图上的SYNCOM II发射于1963年，是世界上第一颗地球同步通信卫星）；图24-231（澳大利亚1965，ITU百年）；图24-232（澳大利亚1968，气象观测及通信卫星）；图24-233（智利1970，拉丁美洲首座商业卫星通信地面站启用）；图24-234（希腊1970，人造卫星通信地面站启用）；图24-235（瑞典1984，Viking卫星及接收站）；图24-236（中国1986，航天）；图24-237（贝宁1999，中国航天成就）；图24-238（英国

图 24-219（匈牙利 1978）

图 24-220（巴西 1987）

图 24-221（斯里兰卡 2004）

图 24-222（德国 1973）

图 24-223（土耳其 1990）

图 24-224（葡萄牙 2012）

图 24-225（美国 1964）

图 24-226（苏联 1981）

图 24-227（琉球 1964）

图 24-228（肯尼亚 1982）

图 24-229（德国 1965）

图 24-230（摩纳哥 1965）

图 24-231（澳大利亚 1965）

图 24-232（澳大利亚 1968）

1985，图上是欧洲海事通信卫星Marecs）；图24-239（泰国1988，国家通信日）；图24-240（日本1994，ITU全权委员会京都会议）；图24-241（西班牙1979，世界通信日）。

下面的邮票上只有地面站没有卫星：图24-242（日本1963，URSI第14次大会）；图24-243（东德1976），邮票上的字INTERSPUTNIK是一个国际空间通信组织，建立于1971年，邮票图案是德国邮局的雷达站；图24-244（意大利1968，太空通信中心）；图24-245（比利时1971，第三届世界电信日）；图24-246（土耳其1975，无线电联络）；图24-247（罗马尼亚1976，远程通信站）；图24-248（坦桑尼亚1979，卫星地面站）；图24-249（马拉维1981，国际通信）；图24-250（冰岛1981，卫星地面站1周年）；图24-251（比利时1988，欧罗巴，运输与通信，卫星碟）；图24-252（中国澳门2006，全国青少年科技创新大赛）。

图24-233（智利1970）

图24-234（希腊1970）

图24-235（瑞典1984）

图24-236（中国1986）

图24-237（贝宁1999）

图24-238（英国1985）

图 24-239（泰国 1988）

图 24-240（日本 1994）

图 24-241（西班牙 1979）

图 24-242（日本 1963）

图 24-243（东德 1976）

图 24-244（意大利 1968）

图 24-245（比利时 1971）

图 24-246（土耳其 1975）

图 24-247（罗马尼亚 1976）

图 24-248（坦桑尼亚 1979）

图 24-249（马拉维 1981）

图 24-250（冰岛 1981）

图 24-251（比利时 1988）

图 24-252（中国澳门 2006）

雷达利用金属物体对电磁波的反射来测定该物体的方位，是在二战前夕和二战中发展起来的。用脉冲装置测量电离层高度的工作对雷达的发明有启发。二战中英国和美国对雷达的研究付出了大量人力物力，仅次于发展原子弹的曼哈顿计划和德国的V2火箭。1936年，英国科学家R.A.沃森-瓦特设计出世界上第一个实用的雷达警戒系统，设置在英国东海岸，有效地抗击了纳粹德国的空袭。图24-253（英国1991，英国科技成就）和图24-254（英国1967，英国的发现和发明）两张英国邮票的图案都是雷达的屏面。图24-255（西德1975，德国技术成就）和图24-256（西柏林1975）是后来的雷达站。匈牙利物理学家巴乌也独立地对发展雷达作出了贡献（图24-257，匈牙利1996，发明家和发明，匈牙利人是从东方迁移到欧洲的，他们同我们一样，姓在前名在后），图中的仪器为1946年出品的手持雷达。

对雷达的研究使微波技术得到发展，这导致射电望远镜的发明，从而推动了天体物理学的发展。我们将在天体物理学一节中讨论。

格罗斯科夫斯基（图24-258，波兰1995）是波兰无线电电子学界的元老，培养了波兰几代电子学专家。他提出了一种分析非线性电振荡的方法，也是分米波产生的专家，制成世界上第一台磁控管微波发生器，工作在600 MHz。德国占领波兰时期，他破解了V2火箭的无线电制导机制，经由地下工作者把这一情报送到英国，为反法西斯战争作出了贡献。

图24-253（英国1991）

图24-254（英国1967）

图24-255（西德1975）

图24-256（西柏林1975）

图24-257（匈牙利1996）

图24-258 格罗斯科夫斯基（波兰1995）

雷达

25. 热学的宏观理论

　　热学中的重要概念是温度和热量，对它们的定量测量（测温和量热）是热学的开始。温度是物体冷热的程度，要对它进行定量的测量，就必须建立一套温标。确立温标有三个要素：测温物质、测温属性和固定的标准点。第一个温度计是伽利略造的，利用空气的热胀冷缩性质测温。1714年，华伦海特用水银作为测温物质，令大气压下水的沸点为212度，纯水的冰点为32度，这种温标叫华氏温标。今日广为采用的摄氏温标是瑞典天文学家摄尔修斯（图25-1，瑞典1982；图25-2，内维斯2000，千年纪邮票，票中文字误为瑞士天文学家）于1742年提出的，以水银为测温物质，以其热膨胀为测温属性，固定标准点选为水的冰点和沸点（标准大气压下）。原来他把水的冰点定为100度，沸点定为0度，这不合人们的习惯。他的同事建议他倒过来，以冰点为0度，沸点为100度。

　　温度和热量两个概念在历史上曾混淆不清，这从所谓"布尔哈夫疑难"可以看出来。荷兰化学家布尔哈夫（1668—1738）（图25-3，荷兰1927；图25-4，荷兰1938）认为，等体积的任何物质在相同的温度变化下都吸收或放出同样数量的热。可是他令等体积的100°F的水和150°F的水银混合，所得的温度却是120°F而不是125°F。今天我们知道，这根本不是什么疑难，关键是他完全没有比热容的概念，把温度等同于热量，并且把等质量误为等体积。明确区分温度和热量两个概念并对量热术作出很大贡献的是英国化学家布莱克（1728—1799）。他把温度称为"热的强度"，热量称为"热的数量"，提出了"热容"和"比热容"的概念，并发现了冰熔化和水汽化的"潜热"。潜热更突显出温度和热量的不同。

　　区分了温度和热量概念之后，下一个问题是，热的本质是什么？自古以来就有两个学说：热质说和热动说。热质说认为热是一种特殊的物质，称为"热质"。热动说则认为，热是组成物质的微观粒子（原子）运动的表现，可由物体的机械运动转化而来。一些化学家如布尔哈夫、布莱克、拉瓦锡主张热质说。热质说也的确能够解释一些热现象的规律如热传

摄尔修斯

图25-1（瑞典 1982）

图25-2（内维斯 2000）

化学家布尔哈夫

图25-3（荷兰 1927）

图25-4（荷兰 1938）

拉瓦锡

图25-5（法国 1943）

图25-6（圣马力诺 1982）

图25-7（马里 1983）

图25-9（吉布提 2006）

图25-10（马拉维 2008）

图25-8（格林纳达－格林纳丁斯 1987）

图25-12（马绍尔群岛 2012）

图25-11（卢旺达 2009）

递。18世纪下半叶热质说很流行。

注意：热质和燃素是两个不同的概念，不要将它们混淆起来。在早期化学理论中，认为燃素是物质的一种成分，每种可燃物质都含有燃素，燃烧现象是由于释放引起，物质失去燃素后就成为灰烬。而热质则是热的本质，是一种无重量的流体，热的传递是热质的流动。拉瓦锡是近代化学之父，号称"化学中的牛顿"。他否定了燃素说，把燃烧解释为氧化，并总结出质量守恒定律。但是他主张热质的存在。在他著的《化学原理》一书中，将热质作为一个元素引入。拉瓦锡的邮票有：图25-5（法国1943，诞生200周年）；图25-6（圣马力诺1982，科学家）；图25-7（马里1983，将水分解为氢、氧200周年）；图25-8（格林纳达-格林纳丁斯1987，画面上是拉瓦锡的像和他的仪器）；图25-9（吉布提2006，18世纪伟大科学家）；图25-10（马拉维2008，著名科学家）；图25-11（卢旺达2009，伟大科学家）；图25-12（马绍尔群岛2012，伟大科学家）。拉瓦锡对物理学的贡献还有他统一度量单位的工作，见第34节。

1793年，在雅各宾专政下的恐怖时期，拉瓦锡以革命前包税的罪名被送上断头台。在法庭上，拉瓦锡要求缓刑，因为他还有个实验没有做完。法庭的回答是，共和国不需要学者。可见"知识越多越反动"的观点其来有自，并不是现在的发明。拉瓦锡被处决后，拉格朗日悲愤地说："他们砍掉拉瓦锡的脑袋只需一瞬间，可是法国再过100年也长不出这样一颗脑袋。"

近代科学的一些先驱人物如培根、玻意耳、牛顿、胡克以及俄罗斯的罗蒙诺索夫等都赞成热动说，但是没有坚实的实验证据。罗蒙诺索夫1795年在论文《论冷与热的原因》中提出，热无非是微粒的运动。在实验证据还并不明显的情况下，把我们的冷暖感觉归结为是由一些看不见的东西的运动引起的，这真是一个天才的猜测。

英国科学家伦福德1797年观察到大炮膛孔剧烈地发热，因此他否定热质说，认为热是一种运动。拉瓦锡被处死后，他娶了拉瓦锡的遗孀。戴维于1799年做了两块冰摩擦融化的实验，为热动说提供了证据。但是热动说的真正确立，还要再过半个世纪，等到焦耳重复这类实验，测出热功当量的精确结果之后。焦耳（1818—1889）（图25-13，几内亚比绍2009，伟大物理学家；图25-14，马里2011，最有影响的天文学家和物理学家）对热功当量的测定确证热是一种能量，判定性地表明热动说是正确的。焦耳的实验是非常重要的工作，是热力学的基础。为了纪念他，物理学中用他的姓氏作为热量的单位。

在热动说的基础上建立了热力学。热力学是关于各种能量及其转化的科学，其基本内容是三条定律。

热力学第一定律即能量守恒与转化定律。伽利略已具有最初的机械能守恒观念，他指出沿斜面滚下的物体所获得的速度可以使该物体滚上同样的高度。惠更斯证明完全弹性碰撞前后"活力"mv^2守恒。莱布尼茨确立了机械能守恒。长期实践中人们认识到，不付代价不断做功的永动机是不可能的，法国科学院在1775年决定不再受理任何新提出的永动

焦耳

图 25-13（几内亚比绍 2009）

图 25-14（马里 2011）

亥姆霍兹

图 25-15（东德 1950）

图 25-16（西柏林 1971）

图 25-17（德国 1994）

开尔文

图 25-18（塞尔维亚 2007）

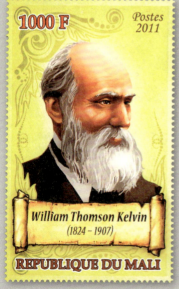

图 25-19（马里 2011）

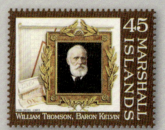

图 25-20（马绍尔群岛 2012）

机方案。能量在自然界中以多种形式存在。19世纪以来，发现了形形色色的物理现象，如电池、电解、电流的磁效应、电磁感应、温差电效应等，实质上就是不同能量形式的转化。在热动说确立热是一种能量之后，不少人想把机械能守恒定律推广为更普遍的定律。肯定形式的广义的能量守恒定律的发现和建立是19世纪中叶的事情。现在公认它的发现者是迈耶（1842）、焦耳和亥姆霍兹（1847）。迈耶是个医生，他根据一些生理现象猜测到，热量与机械功之间有等当关系，他发表论文最早，但是他的论证偏于哲学思辨；焦耳1840年精确地测量了电流的热效应（俄国物理学家楞次不久后也独立进行了这一测量，见第19节），又测定了热功当量（从1843年起用多种方法和多种材料测量了近40年，1850年发表），提供了最确凿的实验证据；亥姆霍兹则最全面而精确地阐发了这一原理。

亥姆霍兹（图25-15，东德1950，德国科学院成立250周年；图25-16，西柏林1971，诞生150年）是19世纪最伟大的科学家之一，研究范围很广，在生理光学、生理声学、电磁学、化学热力学、哲学等领域都有重大的贡献（图25-17，德国1994，逝世百年，图上是亥姆霍兹的肖像、人眼结构和所谓颜色三角形，颜色三角形是用来标示色度的，它的三个顶点是三原色红、绿、蓝，顶点之间是两个原色的光以不同的比例混合时的混合色，三角形的中心是白色），而最著名的成就是发现能量守恒定律。1847年，他在新成立的德国物理学会发表的讲演《论力的守恒》中，总结了当时的科学成果，第一次以数学方式提出了能量守恒定律。他从永动机的不可能性，引出了势能概念和引力场、静电场和磁场能量的表达式。玻尔兹曼评论说："亥姆霍兹在四个领域中——哲学、数学、物理学和生物学——获得同样巨大的成就。"他这篇讲演就显示出这一点，他一开始就提出他的认识论信念：世界是物质的，而物质必定守恒；在论文中，他把牛顿力学和拉格朗日力学统一起来，把当时生理学中的"有生命力的"能量归结为物理学的能量，用数学形式表述了物理学和化学过程中能量转化的统一。亥姆霍兹和迈耶原来都是医生、生理学家，后来转向物理学，而焦耳的本业则是啤酒酿造商。有生物学背景的学者对能量守恒定律这样一条自然界普遍定律的发现起了巨大的作用。所以苏联学者伏尔肯斯坦说，"如果说物理学赠给生物学以显微镜，则生物学回报物理学的是能量守恒定律。"1860年前后，能量守恒定律得到普遍承认。后来表明，它是物理学中最可靠最普遍的定律之一。尽管它是从宏观现象中总结出来的，但它对单个微观事件也成立。牛顿力学在新的领域中失效了，但是能量守恒定律仍然有效。还从来没有观察到它不正确的场合。

热力学第二定律（能量耗散定律）规定了涉及热现象的过程的方向，表达了宏观非平衡过程的不可逆性。它是克劳修斯（1850）和开尔文（1851）在卡诺的热机定理的基础上分别独立建立的，他们各自给出了第二定律的一种说法。开尔文的邮票除了第23节的图23-20（纪念他对铺设大西洋越洋海底电缆的贡献）以外，还有图25-18（塞尔维亚2007，科学家，开尔文逝世百年）、图25-19（马里2011，最有影响的天文学家和物理学家）和图25-20（马绍尔群岛2012，伟大科学家）。克劳修斯在1865年明确提出了"熵"的概念。希腊数学家卡拉西奥多里（图25-21，希腊1994）对热力学第二定律进行了公理化的

图25-21 卡拉西奥多里
（希腊1994）

能斯特建立热力学第三定律

图25-22（东德1950）

图25-23（瑞典1980）

图25-24（尼加拉瓜1995）

不可逆过程热力学　昂萨格建立了

图25-25（挪威2003）

图25-26（马尔代夫1995）

普里戈金和耗散结构

图25-27（马尔代夫1995）

图25-28（比利时2000）

图25-29（瑞典1988）

表述，王竹溪先生的《热力学》书上对他的理论有较详细的介绍，那里译作喀喇氏。

热力学第三定律（绝对零度不可能达到）是德国物理化学家能斯特（图25-22，东德1950，德国科学院250年）于1912年建立的，是能斯特根据低温下各种化学反应的性质总结出来的。绝对零度虽然不能达到，却可以不断趋近。低温技术的发展，使我们越来越接近绝对零度。关于低温技术和物体在低温下的特性（如超导、超流等），见第63节。能斯特由于发现热力学第三定律被授予1920年诺贝尔化学奖（图25-23，瑞典1980；图25-24，尼加拉瓜1995）。能斯特另一著名工作是描述电池的电动势与电池中电解质溶液浓度关系的能斯特公式。

经典热力学研究的是封闭系统的理想的平衡态和可逆过程。但自然界中实际存在的系统都是开放的，总是处于非平衡态，实际发生的过程也都是不可逆过程。挪威物理化学家昂萨格(1903—1976)建立了不可逆过程热力学，俄裔比利时物理化学家普里戈金(1917—2003)建立了非平衡态热力学，先后获得诺贝尔化学奖。

非平衡态同不可逆过程是紧密联系的，在非平衡态中，存在着某一物理量的梯度(如温度梯度)，称为"广义力"，它引起对应的物理量的自发流动(如热流)，这个流动过程(热传导过程)是不可逆的。根据流和力的关系，非平衡态分两种情况：对于偏离平衡态不远的近平衡区，流与力呈线性关系，因此近平衡区也称线性非平衡区；对于远离平衡态的情形，流与力呈非线性关系，称为非线性区。昂萨格于1931年揭示了线性区内不可逆过程的倒易关系（图25-25，挪威2003，昂萨格诞生百年，上有昂萨格的肖像和昂萨格倒易关系）。昂萨格倒易关系是不依赖于具体物质和具体过程的普遍关系，是线性区非平衡态热力学的主要基础之一，昂萨格为此获得1968年诺贝尔化学奖(图25-26，马尔代夫1995，诺贝尔奖设立百年)。

普里戈金对线性非平衡态热力学的贡献是提出最小熵产生原理，即定态(给定的外界约束下不随时间变化的非平衡态)下的熵产生具有最小值。它和昂萨格倒易关系一起是线性非平衡态热力学的理论基础。最小熵产生原理保证了线性非平衡区里定态的稳定性，对定态的任何偶然偏离都将随时间而消失，系统又回到原来的定态。因此在线性区不可能发生突变，系统不可能过渡到新的定态并呈现有序结构。普里戈金更大的贡献是远离平衡区的不可逆过程热力学。一个开放系统，远离平衡区时，非线性的出现将引发许多独特现象。系统不一定是稳定的，在一定条件下，涨落的放大可能引发相变，产生并维持某种宏观的时-空有序结构。这种结构叫做耗散结构，这个概念是普里戈金在长期研究非平衡态热力学的基础上于1967年提出的。普里戈金的邮票有图25-27（马尔代夫1995，诺贝尔奖设立百年）和图25-28（比利时2000，20世纪科学技术，邮票图是以毕加索式的抽象派风格设计的，脸上的五官都挪了地方，钟表指针可能是要表示时间概念与不可逆性的关系）。阐释他的工作的邮票有图25-29（瑞典1988，诺贝尔化学奖，邮票下部4个圆圈中是化学振荡现象即Belousov-Zhabtinski反应中的浓度波花纹，这种化学振荡是一种耗散结构)。所谓耗散是指系统为维持这种有序结构需要与外界交换能量和物质以引入负熵流。普里戈金对耗散结构理论的重大贡献使他获得1977年诺贝尔化学奖。耗散结构理论在物理学、化学、生命科学甚至社会科学中都有广泛应用，生物体就是不断从外界摄入负熵的耗散结构。耗散结构是非线性科学研究的重要课题。

26. 热机

热机是用热能做功的机器。多种能源，例如化学能或核能，都是先转化为热能，然后再用此热能做功，因此热机有普遍的意义。我们知道，热能是分子混乱的随机运动的能量，而宏观功是在十分有序的宏观运动（往复运动或转动）的过程中做的。要将混乱的热能转变为有序的功，我们预先可以猜出两个结论：一是热机是多种多样的，不同的燃料，得出的不同宏观运动形式（旋转还是往复），或者热能转化为宏观运动的不同机制，都对应于不同的热机；二是其效率必然小于1。

热能是品质最低的能量。从别的能量形式变成热能很容易，原始人都知道钻木取火，简单地让电流通过一个电阻就会发热，效率几乎都是100%，并且在各种能量转换过程中都免不了有热产生，虽然转换前后的总能量守恒，品质却降级了；可是反过来，热能转变为别的能量形式则不容易，要用热能做功，必须有高、低温两个热源，理论效率原则上就小于1，而且还必须想方设法，减少耗散，利用余热，才能将效率提高到接近理论值。

热机包括蒸汽机、汽油机、柴油机、汽轮机、燃气轮机、喷气发动机等。它们都是利用工质（工作物质）热胀冷缩的性质来对外界做功。这些形形色色的热机可以分为两大类：外燃机和内燃机。内燃机的工质直接就是燃料的燃烧产物，外燃机的工质与燃料的燃烧产物是分开的，燃料在锅炉外燃烧加热工质。锅炉和烟囱把大量热量散发掉了，因此效率很低，而且还要有笨重的锅炉。一般而言，内燃机的效率比外燃机高。

最早出现的热机是蒸汽机，它是一种外燃机。我们听说过瓦特由于看到蒸汽推动壶盖引发灵感发明蒸汽机的故事，但这个故事是不确实的，在瓦特的时代蒸汽机早已有了。世界上最早的蒸汽机是古希腊数学家，亚历山大里亚的希罗（Hero of Alexandria）于1世纪发明的汽转球，它迄今仍是一种很好的物理示教仪器。制出第一台带活塞的蒸汽机工作模型的是法国出生的物理学家帕潘（图26-1，法国1962，红十字附加值邮票）。他曾协助荷兰物理学

图26-1 帕潘（法国1962）

图26-2 纽科门发明蒸汽机
（英国2012）

图26-3 "缩短时间"（英国1999）

图26-4（阿尔巴尼亚1986）

图26-5（瓦利斯和富图纳群岛1986）

图26-6（马里1986）

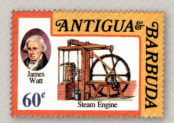

图26-7（安提瓜和巴布达1992）

图26-8（古巴1996）

图26-9（马尔代夫2000）

图26-10（塞拉利昂2002）

图26-11（圣多美和普林西比2008）

瓦特改进蒸汽机

图26-12（几内亚比绍2009）

图26-13（马其顿2011）

图26-14（马绍尔群岛2012）

家惠更斯试制空气泵，1675年又到伦敦同玻意耳一道工作。1679年帕潘发明了蒸汽高压锅（见邮票右上角），大大提高了水的沸点，锅上装有他发明的防爆安全阀。据说他用这种高压锅给英国国王查理二世做了一道菜，平时不容易熟的骨头都酥了，味道极为鲜美。由于发明了这种高压锅，他于1680年当选英国皇家学会会员。他发现密闭锅内的蒸汽经常顶起锅盖，从而提出由汽缸和活塞组成蒸汽机的设想，并造出模型。他的设计以《一种获取廉价大动力的新方法》为题于1690年发表。归于瓦特的传说原来是属于帕潘的。

世界上第一台实用的蒸汽机1702年由英国铁器商纽科门发明并制成（图26-2，英国2012，英国历史名人），用于矿山的抽水。18世纪，英国开始了产业革命，对动力有迫切的要求，蒸汽机迎合了这一要求。它代替了人力和畜力，相当于极大地加强了工人的体力（图26-3，英国1999，千年纪邮票，"缩短时间"）。在与蒸汽机有关的众多发明家中，最著名的是瓦特（1736—1819）。瓦特出生在一个造船工人的家庭，由于家境贫寒，而且小时身体很弱，瓦特很晚才上学，所受学校教育很少，是靠自学成才的。17岁时他到格拉斯哥一个钟表店当学徒，21岁时到格拉斯哥大学当实验员，负责修理教学仪器。1764年，校外送来一台纽科门蒸汽机，要求修理。瓦特开始钻研蒸汽机的原理，发现纽科门机的许多缺点，例如，蒸汽在汽缸中推动活塞做功之后也在汽缸中被冷水冷却，用来产生真空提升地下水，这样汽缸也冷却了。下一次输入高温蒸汽，需要重新加热汽缸。这一冷一热浪费了不少热量，因此效率低下，耗煤很多。瓦特决心对它进行改进。在此后的20多年里，他锲而不舍，陆续发明了分离冷凝器、双向汽缸（使蒸汽交替作用于活塞两端往复驱动）、离心调速器和把活塞的往返运动变为旋转运动的机构，对纽科门蒸汽机作了多次改进，将其效率提高到原来的3倍多，使蒸汽机成为速度可调控的、可用于各种不同用途的原动机。瓦特虽然不是蒸汽机的发明者，可是是他将蒸汽机改进成现代的样式。直到20世纪初，瓦特的蒸汽机仍然是世界上最重要的原动机，后来才逐渐让位于内燃机。1800年瓦特被选为皇家学会会员。为了纪念瓦特，现在以他的姓为功率的单位。

纪念瓦特的邮票有：图26-4（阿尔巴尼亚1986，瓦特诞生250年）；图26-5（瓦利斯和富图纳群岛1986，瓦特诞生250年）；图26-6（马里1986，瓦特诞生250年，票中法文文字为"蒸汽机的效率成倍提高"）；图26-7（安提瓜和巴布达1992，发明家）；图26-8（古巴1996，科学家）；图26-9（马尔代夫2000，千年纪邮票，票中英文文字为"1769年苏格兰工程师和发明家瓦特完善了蒸汽机"）；图26-10（塞拉利昂2002，蒸汽世纪结束及电气世纪开始，英文文字是"詹姆斯·瓦特——蒸汽机的先驱"）；图26-11（圣多美和普林西比2008，伟大发明家）；图26-12（几内亚比绍2009，伟大发明家），图26-11与图26-12中的文字都是"蒸汽机的发明者詹姆斯·瓦特"；图26-13（马其顿2011，瓦特诞生275年）；图26-14（马绍尔群岛2012，伟大科学家）。从图26-5到图26-13以及图26-15的画面上均有瓦特的蒸汽机的实体图或其设计原理图。

瓦特在改进蒸汽机的过程中得到过许多朋友的资助。先是炼铁厂厂主罗巴克，当罗巴克面临破产时，又把瓦特介绍给自己的朋友、机器制造商博尔顿。是博尔顿最终资助瓦特改

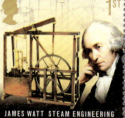

图 26-15 产业革命的先锋人物——博尔顿和瓦特
（英国 2009）

图 26-16 19世纪德国的蒸汽机
（东德 1985）

富尔顿把蒸汽机装在轮船上

图 26-17（美国 1965）

图 26-18（匈牙利 1948）

图 26-19（马绍尔群岛 2012）

图 26-20 特里维西克（马里 2009，4/5原大）

图 26-21（英国 2009）

图 26-22（匈牙利 1948）

图 26-23（匈牙利 1981）

特里维西克和史蒂芬森把蒸汽机装在机车上

进蒸汽机成功，并且生产和推广了瓦特的蒸汽机。在性格上，博尔顿和瓦特也是互补的。瓦特在回忆录中曾深情地回忆："在事业上，能够弥补我容易失望、而且容易失去自信的缺点的人，就是乐天的博尔顿。……现在，世人能够广受蒸汽机之益，全要归功于博尔顿对这项事业的无比关心和费心经营及其高明的远见。"确实，如果没有博尔顿，瓦特的蒸汽机就不能成为现实。因此瓦特的蒸汽机也叫博尔顿-瓦特型蒸汽机。博尔顿也是英国产业革命时期一位著名人物。2009年英国发行的"产业革命的先锋人物"邮票中，有两张分别是博尔顿和瓦特（图26-15）。他们二人的像也并肩出现在50镑面值的英镑钞票上。

图26-16（东德1985）上的两枚邮票分别是1833年和1846年的蒸汽机，这应当都是瓦特改进后的蒸汽机了。

蒸汽机的成功使人想用它驱动交通工具。但是，瓦特的蒸汽机又大又重，用在陆地车辆上是困难的。不过船舶体积大，用蒸汽机还可以。1807年8月，美国发明家富尔顿设计的"克勒蒙特"号轮船在纽约市的哈德逊河下水。这条船长约45米，宽9米多，排水量100吨，蒸汽机带动两侧的明轮旋转，推动船只前进。它的航速达每小时6千米，比帆船快了三分之一。因此，人们把富尔顿当成轮船的发明人（图26-17，美国1965，富尔顿诞生200年；图26-18，匈牙利1948，探险家和发明家；图26-19，马绍尔群岛2012，伟大科学家）。也因为这个原因，我们今天仍然把机动船称为轮船或者汽船，虽然螺旋桨早已代替了明轮推进，动力也早已从蒸汽机换为柴油机了。

1803年，富尔顿曾求见拿破仑。当时拿破仑在欧洲大陆上是所向无敌的霸主，但是海军不行，打不过英国，因此英国凭借英吉利海峡和法国对峙。富尔顿建议用他发明的蒸汽机推动的铁甲船代替木帆船，组成舰队，渡过海峡，远征英国。没有风帆的铁船还能在水面上运动？拿破仑认为这是空想，不予支持。如果拿破仑当时采用了富尔顿的建议，欧洲的历史也许就大不一样了。

要把蒸汽机用在车辆上，蒸汽机必须改轻改小。较小的高压蒸汽机型是1800年另一位英国人特里维西克（1771—1833）设计出来的（图26-20，马里2009）。在此基础上，他于1801年、1803年和1804年分别造了三台蒸汽机车，都能在道路上行驶。但是，第一台在试验的几天后因操作失误而烧毁。第二台在伦敦公开展出时虽然引起了很大的轰动，但由于驾驶失误，撞坏了人家的墙壁，运行表演就此结束。1804年的第三台牵引着载有25吨货物的4辆货车，在有刻纹的钢轨上，以4英里的时速行驶了近10英里。这比史蒂芬森的第一辆机车"布卢赫尔号"早9年。但是，特里维西克没有运营和推广应用他的发明的能力，他只是把他的机车作为伦敦市民的玩物，让它在一条直径30米的环形轨道上兜圈行驶，收费乘坐。一次翻车，就再没人问津了。"火车之父"的荣誉留给了史蒂芬森（图26-21，英国2009，产业革命先锋人物；图26-22，匈牙利1948，探索者和发明家；图26-23，匈牙利1981，史蒂芬森诞生200周年）。

史蒂芬森（1781—1848）出身穷苦，父亲是矿山工人，一家都是文盲。他自己是在17岁当学徒之后才上夜校识字的。但是，他有很强的动手能力，在煤矿负责操作一台蒸汽机。

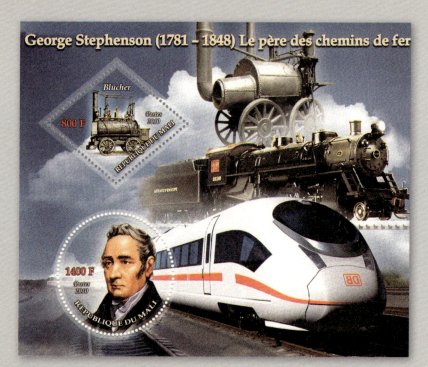

图26-24（马里2010，4/5原大）

图26-25（英国1975）

图26-26（波兰1976）

特里维西克和史蒂芬森把蒸汽机装在机车上

图26-27（洪都拉斯1999）

图26-29（英国2007）

图26-28（贝宁1999，1/2原大）

帕森斯发明多级汽轮机 推进船舶

图26-30（爱尔兰1981）

图26-31（马尔加什1993）

图26-32 Stodola
（斯洛伐克2009）

他充分了解运煤的艰难和对矿山主的重要，开始设计蒸汽机车。1814年，史蒂芬森设计出第一台蒸汽机车，命名为布吕歇尔。（图26-24，马里2010小型张，标题是"乔治·史蒂芬森——铁路之父"。菱形邮票中即布吕歇尔。）这台机车能牵引30吨重的煤炭拖车以每小时6.4千米的速度上坡，是第一台成功使用凸缘车轮的蒸汽机车。蒸汽机车的重量大，对原来走马车的铁轨损害很大。为了减小对铁轨的损害，史蒂芬森增加了机车的车轮数量以减小压力，并且把铁轨从铸铁的改为锻铁的。1821年，英国决定在斯托克顿和达灵顿之间修一条长40千米的铁路，把煤矿出的煤炭运往码头。原本计划仍旧用马牵引煤车在铁路上运煤，但史蒂芬森成功说服了决策者，改为使用蒸汽机车。1825年9月27日，铁道正式开始运营（图26-25，英国1975，英国公用铁路150年）。在开通仪式上，史蒂芬森亲自驾驶机车拖着80吨重的煤车在两小时内行驶了15千米。机车还挂上了一节客车车厢，里面乘坐着好奇的达官贵人们。这是有史以来首次以蒸汽为动力的铁路客运。史蒂芬森为新铁道选定的轨距（4英尺8.5英寸＝1.435米）后来成了世界铁道的标准轨距。史蒂芬森发现，很小的上坡路也会让蒸汽机车耗费极大的功率。因此他得出结论，铁轨必须尽可能水平铺设。1829年，英国政府修建了从利物浦到曼彻斯特的铁道。当局决定举行一次蒸汽机车竞赛，根据竞赛结果决定谁来制造这条铁道上运营的机车。竞赛的优胜者是史蒂芬森的蒸汽机车"火箭号"，它最大的优势是采用了管式锅炉。（"火箭号"出现在以下邮票中：图26-26，波兰1976，各种机车；图26-27，洪都拉斯1999，千年纪邮票；图26-28，贝宁1999，昔日机车小型张，小型张的边纸上是"火箭号"，邮票上则是更老的、牛顿在1760年制造的机车。）"火箭号"能够拖动载有30多人的车厢以每小时45千米的速度行驶，这是巨大的成功！1839年9月15日，利物浦—曼彻斯特铁路竣工。此后，史蒂芬森被任命为建造其他多条铁路的总工程师。蒸汽机车作为铁道运输动力的时代，从此开始（图26-29，英国2007，发明的世界，此枚票纪念的是铁路与特里维西克和史蒂芬森）。

随着蒸汽机在生产中起着越来越大的作用，对热机的理论研究也越来越成熟。热机理论的研究对热学理论的建立起了很大的作用。早期，工程师们如瓦特主要是凭经验摸索来改进机器的。首先从理论上说明热机运行过程的是法国工程师卡诺（1796—1832）。他是在热质说的错误框架中论证的。他认为，热质从高温热源传到低温热源时做功，就像水从高处落到低处做功一样。两个热源的温差相当于热质的下落高度。但是卡诺得到的结论即热机所做的功与锅炉和冷凝器之间的温度差成正比却是正确的。热机的效率只取决于这两个温度，而与所使用的工质以及热机中变化的方式无关。而且这个效率永远小于1，即热不能全部转化为功，这就是热力学第二定律。这样，就为提高热机的效率提供了正确的努力方向和限度。要提高热机的效率，努力方向之一是提高机器入口处工质的温度，这受到热机在高温下材料性质的限制，需要研发新的耐高温材料；更可行的是降低机器出口处工质的温度，这就是我们在发电厂看到的顶端冒白汽的冷却塔存在的原因。卡诺认为热的量在由高温热源流向低温热源中保持不变，就像水从高处流向低处时水量不变一样，后来他知道这是错误的，在这个过程中有一部分热量转化为功。因此他转向热动说，但只写在自己的笔记本内，没有公开发表。

图 26-33 勒诺瓦（摩纳哥 2010）

图 26-34 巴桑梯和迈托奇
（意大利 2003）

图 26-35 奥托－兰根煤气机
（西德 1964）

图 26-36 奥托
（西德 1952）

图 26-37 戴姆勒
（德国 1936）

图 26-38（德国 2009）

图 26-39（刚果 2009）

图 26-41 本茨（德国 1936）

图 26-40（加纳 1998）

图 26-45（德国 2011）

图 26-44（西德 1961）

图 26-42 马拉加什（1993）

图 26-43（乌干达 1994）

汽轮机是将蒸汽的热能转换成为机械能的叶轮旋转式动力机械，也属于外燃机。帕森斯（1854—1931）（图26-30，爱尔兰1981，爱尔兰科学和技术；图26-31，马尔加什1993，发明家）是英国工程师，他1884年发明的多级汽轮机革新了船舶的推进技术。这种汽轮机采用连续多级式，每一级中蒸汽的膨胀都加以限制，使得能获得最大动能而又不使轮叶超速。1897年这种汽轮机用作为"透平尼亚号"轮船的推进装置，其航速高达34.5节（节是航速单位，1节＝1海里/小时＝0.514米/秒），这在当时是罕见的。不久，军舰和其他轮船都采用了这种汽轮机。A.Stodola（1859—1942）（图26-32，斯洛伐克2009，诞生150年）是出生于斯洛伐克（当时属奥匈帝国）的工程师和发明家，曾在苏黎世的瑞士高等工业学校任机械工程教授，爱因斯坦是他的学生之一。他是工程热力学的先驱，于1903年出版了《汽轮机》一书，分析了汽轮机和燃气轮机的工作原理和设计要点，多次再版，一直用到1945年，是这方面的基本参考书。

从燃烧或爆炸获得动力的最初尝试可以追溯到古时的火箭，当然它和能够平稳地提供动力的发动机还是很不相同的。真正的内燃机直到19世纪中后期才发明。内燃机的燃料必须是气体或易于气化的液体，汽缸必须结实不会爆炸。最早的内燃机是煤气机。18世纪末，煤气成了廉价的燃料。比利时出生的法国工程师勒诺瓦（Étienne Lenoir，1822—1900）于1860年最先造出实用的煤气机并投放市场（图26-33，摩纳哥2010，煤气机发明150年）。这种煤气机没有压缩，使用电火花点火，虽然热效率只有4.5%，但能顺利运转，在当时的法国和英国得到广泛运用，卖出了好几百台。意大利人巴桑梯和迈托奇在1853年发明自由活塞式煤气发动机（图26-34，意大利2003，煤气机发明150年）。德国工程师奥托在1864年和德国工业家兰根合作，共同研制成一台煤气发动机，在巴黎博览会上得金奖（图26-35，西德1964，奥托-兰根发动机发明100周年）。1876年，奥托改善了以往的煤气机，对进入汽缸的空气和汽油混合物先进行压缩，然后点火，提高了发动机效率。这种发动机具有进气、压缩、做功、排气四个冲程，利用飞轮的惯性自动实现四冲程的循环往复。为了纪念奥托，人们把这种循环称为奥托循环。这是第一台能够代替蒸汽机的实用内燃机（图26-36，西德1952，奥托煤气机发明75年），其热效率达到15%～20%，淘汰了勒诺瓦的煤气机。

19世纪中叶，人们开始钻井采油并且发明了石油分馏方法，汽油、柴油等燃油投入使用。1883年，德国发明家戴姆勒（1834—1900）（图26-37，德国1936，纪念汽车50年及柏林国际汽车展）制成第一台汽油内燃机。他制成使用液体燃料的内燃机的关键一步是化油器，化油器将液体油料转化为一种可以被压缩的喷雾，于是就可以在类似于煤气发动机的四冲程汽油发动机中用作燃料了。1886年把这种发动机装到一辆买来的美国马车上，成了一辆自动车（图26-38，德国2009；图26-39，刚果2009；图26-40，加纳1998，20世纪重大发明，可是戴姆勒1900年就去世了）。与此同时，德国人本茨（1844—1929）（图26-41，德国1936，与图26-37是同一套票）也于1979年试制成功一台高速内燃机。他也将高速汽油内燃机用到汽车上，制出一辆三轮汽车（图26-42，马拉加什1993，发明家；图26-43，乌干达1994，各种型号汽车的周年）。因此人们都把1886年视为汽车元年，尊戴姆勒

图 26-46（西德 1958）

图 26-47（萨尔地区 1958）

图 26-50（马尔加什 1993）

图 26-48（德国 1997）

图 26-49（直布罗陀 1994）

图 26-51（几内亚比绍 2007）

狄塞耳发明柴油机

图 26-52（圣多美和普林西比 2008）

图 26-53 柴油机的用途及其冲程和狄塞耳逝世 80 周年（古巴 1993）

和本茨为汽车工业的鼻祖。德国有了戴姆勒和奔驰（本茨）两大汽车公司（图26-44，西德1961，汽车代步75周年。绿票上有戴姆勒的签名，图案是戴姆勒1886年的汽车；红票上有本茨的签名，图案是本茨1886年的三轮汽车。图26-45，德国2011，汽车125周年）。1926年两公司合并（即现在的大众汽车公司），实力更为强大。

德国工程师狄塞耳（1858—1913）（图26-46，西德1958；图26-47，萨尔地区1958，诞生100年）于1897年制成第一台自动压缩点火柴油内燃机（图26-48，德国1997，狄塞耳发动机100年；图26-49，直布罗陀1994，欧罗巴系列，发明主题；图26-50，马尔加什1993，发明家；图26-51，几内亚比绍2007，伟大发明；图26-52，圣多美和普林西比2008，伟大发明家）。这种柴油机的原理是：把空气吸入汽缸，然后将空气压缩到使其温度超过任何燃料的燃点。一方面用这种高压空气把燃料喷雾喷入汽缸内，一方面使燃料在汽缸内燃烧。柴油机的用途广泛，除固定动力和机车、轮船、载重卡车外，也可用于小轿车。古巴在1993年为纪念柴油机的发展和狄塞耳逝世80周年发行了一套邮票（图26-53），邮票的画面是柴油机的各项用途（载重货车、小轿车、轮船、机车、拖拉机）和柴油机工作循环中的冲程（进气、压缩、燃烧、排气，50分面值上为放大图）。小型张上是狄塞耳的肖像。

格林纳达和格林纳达-格林纳丁斯于1987年各自发行了一套"伟大的科学发现"邮票，格林纳达票中有一枚的画面是瓦特（图26-54），但是文字注为狄塞耳；格林纳达-格林纳丁斯的票中有一枚的画面是狄塞耳（图26-55），但是文字注的是瓦特。

以上说的是往复活塞式或自由活塞式内燃机。人们也曾致力于制造旋转活塞式的内燃机，但均未获成功。直到1954年，联邦德国工程师汪克尔解决了密封问题后，才于1957年研制出旋转活塞式发动机，称为汪克尔发动机（图26-56，德国2007，汪克尔发动机发明50年）。它有近似三角形的旋转活塞，在特定形状的气缸内做旋转运动。这种发动机功率高、体积小、振动小、运转平稳，但燃料效率较差、排气性能不理想，还只在个别型号的轿车上得到采用。

喷气发动机也属于内燃机，用在飞行器上。它其实就是火箭发动机，区别只在于，火

图26-54（格林纳达1987）

图26-55（格林纳达-格林纳丁斯1987）

图26-56 汪克尔发动机（德国2007）

图26-57（英国1991）

图26-58（英国1997）

箭要飞向太空，太空中完全没有大气，因此除了燃料外还要携带氧化剂如液氧，而飞机仍在大气层中飞行，飞机上的喷气发动机燃料燃烧时所需的氧气仍取自大气。二战前，所有的飞机都采用活塞式内燃机为动力，驱动螺旋桨在空气中旋转，推动飞机前进。到20世纪30年代末，尤其是在二战中，由于战争的需要，飞机性能得到迅猛发展，飞行速度达到700～800 km/h（大气中声速约为1 100 km/h），高度达到10 000米以上，人们突然发现，螺旋桨飞机似乎达到了极限。尽管工程师们将发动机的功率越提越高，从1 000千瓦到2 000千瓦甚至3 000千瓦，但飞机的速度仍没有明显的提高。究其原因，问题主要出在螺旋桨上，当飞机的速度达到800 km/h，由于螺旋桨高速旋转，桨尖部分实际上已接近声速，其直接后果是螺旋桨的效率急剧下降，推力下降，而阻力猛增，而且随着飞行高度的上升，大气变稀薄，活塞式发动机的功率也会急剧下降。这几个因素合在一起，表明活塞式发动机+螺旋桨推进模式已经到了尽头，要进一步提高飞行性能，必须采用全新的推进模式，喷气发动机应运而生。

最早的建造喷气式飞机的计划是英国皇家空军机械工程师惠特耳（1907—1996）于20世纪30年代初提出的，并申请了专利（图26-57，英国1991，英国科学家及其技术，邮票上的文字是"喷气式发动机——惠特耳"）。惠特耳从小就热爱飞行，16岁刚满就加入英国皇家空军。但是，他提出的计划没有得到上级的支持，皇家空军负责人认为该计划"完全不切实际"。他只能在朋友支持下成立一个公司，设计和试制能实际应用的喷气式发动机。1937年第一台喷气发动机完成测试。这时欧洲已经战云密布，英国政府才对惠特耳的工作感兴趣并给予财政支持。1941年5月，第一架装备喷气式发动机的飞机首次试飞。飞行速度达到600 km/h，比最快的螺旋桨飞机还快；并且在8 000米的高空性能良好，操作自如，立即证实了喷气式发动机的潜能。由于战争的需要，研制步伐大大加速。尽管如此，直到1944年喷气式战斗机才进入英国皇家空军服役（图26-58，英国1967，英国科学技术，图中是Vickers 10双子喷气发动机）。而德国人奥海恩发明的燃气轮机虽然1935年才申请专利，比惠特耳晚了好几年，但是在德国政府支持下，在1944年已制成Me-262喷气式战斗机服役。有人认为，如果英国皇家空军一开始就支持惠特尔的喷气式战斗机计划，也许可以提前三年，在1942年就打败德国人。

27．能量和能源

图27-1 能量（匈牙利1984）

图27-2 能源科技
（中国台湾1988）

能量（energy）一词（图27-1，匈牙利1984，节能宣传）是托马斯·杨于1807年引入的。它是物质运动的量度，是物理学中的一个基本量。物质的能量是它做功的本领，而功则是引起能量变化的一个原因（但不是唯一的原因，除做功以外，传热也能改变物体和系统的状态，也会引起能量的变化）。能源是自然界中能够向人类提供能量的物质载体。能源科学研究如何开发和利用能源中所含能量（图27-2，中国台湾1988，能源科技）。

对应于物质的各种运动形式，有不同形式的能量：机械能（包括动能和势能）、热能、化学能、电能、辐射能、核能等。化学能和核能是储存在物质内部的与物质结构有关的势能。存储有化学能或核能的物质就是炉膛中或核反应堆中的燃料。这些能量可以通过燃烧或核反应以热能（微观粒子的不规则运动的动能）的形式释出，经过热机做功。不同形式的能量相互转化的方式多种多样。转化中总能量守恒，但能量的品质会有所降低（其他形式的能量变成热能，以及热量由高温流向低温）。

能量是现代社会存在和发展的基础，能源资源对一个国家十分重要。许多国家出了邮票向公众介绍自然界中的多种能量形式和本国特有的能源资源。有的邮票按照四元素的观念把能量资源归结为风、火（地热）、水、地（矿物燃料）四类，如图27-3（瑞士1997，2000年的能量）。图27-4（巴西1980）也是把能源分为4类，水滴中的绿色植物表示生物质能量（乙醇类能量），灯泡中的分别代表太阳能、风能和水力能。图27-5（葡萄牙1976，天然能源）将能源分为5类，按照邮票面值的顺序，分别是水力能、化石能源、地热能、风能和太阳能。下面两套邮票反映当前使用的能源：图27-6（英国

图27-3（瑞士1997）

图27-4（巴西1980）

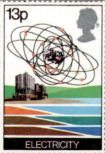

图27-6（英国1978）

图27-7（美国1982）

图27-5（葡萄牙1976）

图27-9（新西兰1988）

各种能量和能源

1978，能源）中的能源是石油（海上采油平台）、煤、天然气和核能（核电站），化石能源占了大部分；图27-7（美国1982，诺克斯维尔世界博览会）中是太阳能、化石燃料、合成燃料和增殖反应堆。图27-8是中国台湾1986年发行的电力建设邮票，共三枚：水力发电、火力发电和核能发电。新西兰发行过两套能源邮票：第一套（图27-9，1988，新西兰电力百年）是抽象图案，四枚邮票分别代表地热发电、火力发电、天然气作燃料发电和水电；第二套（图27-10，2006）则完全排除了化石能源，五张邮票分别是风力、生物气体（沼气）、水力和地热发电厂和太阳能灯塔的风景照片。图27-11（爱尔兰2011）中的五种能量是太阳能、水力能、风能、波浪能和生物燃料（满园金黄色的油菜花）。特克斯和凯科斯群岛（西印度群岛中的英属岛群，位于巴哈马群岛东南端）1983年发行的邮票（图27-12）中有三种能量：太阳能、风能和海洋（波浪、潮汐）能。

自从发明热机之后，易于释放热能的化石燃料（煤、石油、天然气）提供了人类进步的动力（图27-13，印度1999，热动力100年）。这极大地增加了化石燃料的消耗。化石燃料的过度使用造成许多问题，一是化石燃料很快即将枯竭；二是废料的大量排放，造成温室效应、酸雨、环境污染。因此，从20世纪80年代开始，就提倡使用可再生的新能源和节能。各国发行了许多这类题材的邮票。图27-14是联合国1981年发行的，宣传同年召开的可再生新能源会议。实际上这是三套邮票：上面两枚是纽约联合国总部发行的（文字是英文），下左是联合国日内瓦办事处发行的（文字是法文），下右是联合国维也纳办事处发行的（文字是德文）。图27-15（法国1981）是新技术邮票中的一张，主题是新能源。图27-16（瑞典1980，可再生能源）列出各种可再生能源，从上到下依次是太阳能、生物质能、风能、波浪能、地热能。图27-17（德国2004，正兴起的可再生能源）上画的是风能（天空中的云）、太阳能、地热能和生物质能（大树）。图27-18（澳大利亚2004，可再生能源）上是太阳能、风能、水力能和生物质能。印度出过两套与可再生能源有关的邮票：一套是图27-19（2004年，可再生能源日），上面有1991年被刺身亡的前总理拉吉夫·甘地的像。印度是一个燃油资源极度缺乏的国家，比较早就注意开发可再生能源。拉吉夫·甘地在这方面尤其突出，2004年8月20日印度的可再生能源日以他的名字命名。另一套是图27-20（2007年），四张邮票分别是太阳能、风能、水力能和生物质能。西班牙也出过两套可再生能源邮票：一套是图27-21（2009年），四张，水力能、风能、太阳能、地热能；另一套是图27-22（2010年），三张，生物质能、波浪能、潮汐能。图27-23（韩国2009，可再生能源）上是太阳能、风能和水力能。图27-24（瑞典2011，可再生能源）上的四种可再生能源是太阳能、风能、生物质能和波浪能。

图27-8（中国台湾1986）

各种能量和能源

图27-11（爱尔兰2011）

图27-10（新西兰2006）　　　图27-12（特克斯和凯科斯群岛1983）　　　图27-13（印度1999）

图27-14（联合国1981）　　　　　　图27-16（瑞典1980）

可再生能源

图27-15（法国1981）　　　图27-17（德国2004）

图27-18（澳大利亚2004）

27-19（印度 2004）

图 27-20（印度 2007，9/10 原大）

27-21（西班牙 2009）

图 27-22（西班牙 2010）

图 27-24（瑞典 2011）

图 27-23（韩国 2009）

可再生能源

图 27-25（圣马力诺 2012）

图 27-26（阿根廷 2012）

图 27-27（乌拉圭 2012）

图 27-29（斐济 2012）

太阳能和风能

图 27-28（巴拉圭 2012）

联合国宣布2012年为人人享有可持续能源国际年。一些国家为此发行了可持续能源邮票。图27-25（圣马力诺2012，可持续能源）上的四种可持续能源是生物质能、地热能、水力能和海洋能、风能和太阳能。图27-26（阿根廷2012）第一枚强调生物质能（生物燃气、生物材质、生物燃料），第二枚有太阳能、风能、水力发电。图27-27（乌拉圭2012）突出生物质能。上图是田中种植的向日葵，小图表示葵瓜子将转化为生物柴油；下图是甘蔗作物，蔗渣会转化为电能。图27-28（巴拉圭2012）中也强调生物质能，5张邮票的画面分别是风车、太阳能板、油橄榄果实、秸秆和玉米。阿根廷、乌拉圭和巴拉圭都是南方共同市场（MECOSUR）成员。图27-29（斐济2012）的4张邮票则分别是水力能、生物质能、风能和太阳能。人人享有可持续能源国际年邮票还有下面的图27-35。

在各种清洁的可再生能源中，最被看好的是太阳能和风能。实际上，现今人类使用的能源，除核能和地热能外，直接间接都来自太阳能：风是太阳对大气加热不均匀而产生的对流；水力是太阳将水蒸发到天上而得；化石能源是生物的遗骸碳化而成，是太阳光的光合作用生成的化学能留下的储蓄。太阳能是一切生命之母。既然如此，我们何不直接利用太阳能呢？转换太阳能的办法有两种：一是通过光伏效应，直接用太阳能电池发电；另一种是太阳能热水器。图27-30（列支敦士登2011，可再生能源）的3张邮票分别表示光伏效应、太阳能热水器和风能。图27-31（爱尔兰1979）、图27-32（印度1988）、图27-33（智利1992，第23届拉丁美洲能源部长会议）、图27-34（阿根廷2005）、图27-35（西班牙2012）和图27-36（比利时2009）表现的都是太阳能和风能及其在日常生活中的用处。

单独表现太阳能的邮票有：图27-37（尼日尔1979），邮票上的文字是"置于别墅房顶上的200升太阳能热水器"；图27-38（上沃尔特1980），上沃尔特后改名布基纳法索；图27-39（新喀里多尼亚1980），文字是"保护自然·太阳能是生命的源泉"；图27-40（马里1980）描述马里农村中应用太阳能的情况，四张邮票分别是：光伏电池驱动的太阳能抽水站，太阳能中心的3000 m² 的太阳能收集板，巴马科太阳能实验室的太阳能灶，太阳能中心的75 kW太阳能热电厂；图27-41（西德1981，能量研究），太阳能电池板；图27-42（沙特阿拉伯1984，Al-Eyenat附近的太阳能村开张）；图27-43（中非1985，达马拉的太阳能设施）；图27-44（匈牙利1993，国际太阳能学会大会）；图27-45（南联盟2001）。太阳能又来自何处呢？它来自太阳中的氢聚变为氦所放出的聚变能。

风能是一种最清洁和安全的能源（比方说，不像大水坝会造成生态变化和国防隐忧）。图27-46（比利时2001，20世纪的科技成就）是一张风能邮票。这张邮票设计得很有诗意，风车和蒲公英并立在一起。蒲公英靠风力传播种子，风车用风力发电。在西欧和北欧国家，风能是重要的动力之一，风车是常见的景致，我们都记得堂·吉诃德与风车作战的故事。特别是荷兰，由于地势低洼（荷兰的另一名称尼德兰就是低地的意思），而且部分国土是筑坝填海而得，地面比海平面还低，需要常年用风车排水，风车还用来作为磨坊的动力。风车、郁金香和木鞋，是荷兰的三大看点。图27-47（荷兰1965）是荷兰各地的风车。图27-48（丹麦1986）是丹麦著名的风车景点。图27-49（丹麦2007）则是丹麦各地

图27-30（列支敦士登2011）

图27-31（爱尔兰1979）

图27-32（印度1988）

图27-33（智利1992）

图27-34（阿根廷2005）

图27-35（西班牙2012）

太阳能和风能

图27-36（比利时2009）

不同时期的风车。图27-50（东德1981）是东德的一些著名的风车景点，图27-51（南联盟2002）是南斯拉夫的风车，图27-52（法国2010）是法国各地的风车。在一些海滨地方和海岛上，风力很大，更是重要：图27-53（佛得角2004），图27-54（葡属亚速尔群岛2007），图27-55（葡属亚速尔群岛2007，小型张）。最后两个图上不仅有风车的实体图，还有结构图。

图27-56（德国1997，青年福利邮票）上不但有风力磨坊，还有水力磨坊。图27-57（白俄罗斯2006）的两张邮票也分别表示风力和水力。中国和荷兰联合发行的邮票图27-58（中国2005）和图27-59（荷兰2005）中，荷兰的风车和中国南方的水车相映成趣。

水力发电也是重要的动力来源。表现水电动力资源的邮票有：图27-60（瑞典1959，国家动力局成立50周年）；图27-61（巴布亚新几内亚1967，国际水文十年）；图27-62

图27-38（上沃尔特1980）

图27-37（尼日尔1979）

图27-39（新喀里多尼亚1980）

图27-40（马里1980）

图27-41（西德1981）

图27-43（中非1985）

图27-42（沙特阿拉伯1984）

图27-44（匈牙利1993）

图27-45（南联盟2001）

图27-46（比利时2001）　　图27-47（荷兰1965）

图27-49（丹麦2007）

图27-50（东德1981）

图27-48（丹麦1986）

图27-51（南联盟2002）

图27-52（法国2010）

风能

图 27-53（佛得角 2004）

图 27-55（葡属亚速尔群岛 2007）

图 27-54（葡属亚速尔群岛 2007）

风能

图 27-56（德国 1997）

风能和水力能

图 27-57（白俄罗斯 2006）

图 27-58（中国 2005）

图 27-59（荷兰 2005）

图27-60（瑞典1959）

图27-61（巴布亚新几
内亚1967）

图27-62（海地1969）

图27-63（韩国1986）

水力能

图27-64（罗马尼亚2009）

三峡水电站

图27-65（莫桑比克2010）

图27-66（中国2003）

（海地1969，杜瓦里埃水电站，杜瓦里埃是海地的独裁者）；图27-63（韩国1986，第二个五年计划，水力发电）；图27-64（罗马尼亚2009）表示罗马尼亚使用能源的变化。罗马尼亚原来号称油气资源丰富，邮票上的文字是"罗马尼亚——欧洲能量之源"，但是长期的开采，也使油气陷于枯竭，1917年Turda全城的路灯都用天然气点燃，引以为豪，但是现在也转向水力发电了。一般来说，水力能是清洁的可再生能源，不过特大型的水电站，需要筑大坝截断江河，生成大水库，大量移民，对生态造成很大的变化，甚至可能诱发地震，需要慎重。我国的长江三峡水电站属于这种类型。在三峡修建一个水电站以利用长江丰富的水力能是许多人的梦想，孙中山先生在他的《实业计划》里就有这一项（图27-65，莫桑比克2010，孙中山和电力），但是由于它所引发的移民搬迁、环境等诸多问题，使它从开始筹建起便有巨大的争议。在1992年的全国人大七届五次会议上，修建这个电站的决议是以近三分之一的人反对或者弃权的结果通过的。三峡水电站于1994年正式动工兴建，2003年开始蓄水发电，2009年全部完工（图27-66，中国2003，长江三峡工程·发电，共三张：第一张，水库蓄水；第二张，船闸通航；第三张，电站发电）。从装机容量说，三峡水电站是全世界最大的水电站，高程185米，蓄水高程175米，安装32台单机容量为70万千瓦的水电机组，总装机容量2 240万千瓦。年发电量约900亿度，约占全国年发电总量的3%，占全国水力发电量的20%。由于长江的流量季节性变化较大，虽然三峡电站的装机容量大于巴西的伊泰普水电站，但其发电量却少于后者。

新西兰、冰岛等国的地热资源丰富。新西兰出了一张以地热能利用为主题的邮票（图27-67，新西兰1971）。冰岛为地热能的开发利用专门出了一套邮票（图27-68，冰岛2004），5张，前4张邮票表现地热能的显露、运送和控制，第五张"大西洋中脊"说明地热能的来源是由于冰岛位于大西洋中脊之上，地质活动活跃，熔岩涌至离地面几千米的地壳，将附近的地下水加热涌出地面。

此外，节能也很重要，要千方百计降低生产的能耗和减少生活中的能量浪费。美国曾发行两套节能邮票：图27-69（1974，节能，注意英文中conservation有节约和守恒两个意思，这里的energy conservation意义是节能，不是能量守恒）；图27-70（1977，能量的开发和节约使用，下面一张是能量的开发、开源，上面一张是能量使用的节约、节流。节流与开源同等重要）。巴西也发行过两套节能邮票：图27-71（1976，邮票上的文字是"明智地使用不会损失"，太阳出来了就该关灯，天上有云不太热车内就不必开空调）；图27-72（1988，左边一张是"燃料能使用的合理化"，右边一张是"电能使用的合理化"）。图27-73（荷兰1977）的文字是"明智地使用能量"，票面图案是热和光的辐射。由于1979年的伊朗伊斯兰革命和次年发生的两伊战争，两个主要产油国的石油大幅减产，造成能源危机，许多国家在那两年发行节能邮票，如：图27-74（西班牙1979），第一张票开车要一点一滴节约汽油，第二张票房子要尽量绝热以保持温度，第三张票电器不用时就将插头拔出。德国发行过3枚节能邮票：图27-75（西德1979）；图27-76（西德1982）；图27-77（东德1981）。还有图27-78（奥地利1979）；图27-79（南非1979，上面分别用英文和

地热能

图27-67（新西兰1971）

图27-68（冰岛2004）

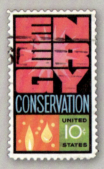

图27-69（美国1974）

图27-70（美国1977）

图27-71（巴西1976）

图27-73（荷兰1977）

节能

图27-72（巴西1988）

图27-74（西班牙1979）

图 27-75（西德 1979）　　图 27-76（西德 1982）

图 27-77（东德 1981）

图 27-78（奥地利 1979）

图 27-79（南非 1979）

图 27-81（意大利 1980）

图 27-82（葡萄牙 1980）

图 27-80（中国台湾 1980）

图 27-83（希腊 1980）

图 27-84（卢森堡 1981）

图 27-85（日本 1981）

图 27-86（以色列 1981）

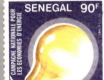

图 27-87（塞内加尔 1983）

节能

309

图 27-88（约旦 1991）

图 27-89（泰国 1997）

图 27-90（印度 2004）

图 27-91（印度尼西亚 2005）

图 27-92（西班牙 2006）

图 27-94（哥斯达黎加 2006）

图 27-93（阿根廷 2006）

图 27-95（智利 2006）

图 27-96（古巴 2006）

节能

荷兰文写着"节约燃料");图27-80(中国台湾1980);图27-81(意大利1980),上一张开发代替能源,下一张合理消费能量;图27-82(葡萄牙1980),文字也是"节能",下面一张是汽车排出的烟雾废气,将节能和减排结合起来;图27-83(希腊1980),左票是一本节能手册,右票寓意节能行为;图27-84(卢森堡1981),邮票上的文字是"停止浪费能量";图27-85(日本1981);图27-86(以色列1981),也是开源节流并重,一方面抓住太阳能,同时厉行节能。节能邮票还有:图27-87(塞内加尔1983),第一张节电,第二张节约汽油,第三张节约煤和木柴;图27-88(约旦1991),第一张电灯泡,第二张太阳能板,第三张台灯;图27-89(泰国1997),泰国的一座节能建筑;图27-90(印度2004);图27-91(印度尼西亚2005),票面图案分别是公共汽车、电源插座和轿车,意思是"多搭公车""把插座上没在用的电器的插头拔掉"和"实行汽车合乘"。美西葡邮政联盟(UPAEP)的成员国每年发行一套UPAEP年度邮票,其2006年度邮票的主题是节能,所出的邮票有:图27-92(西班牙2006);图27-93(阿根廷2006),画面采用儿童画,上图画稿作者9岁,下图画稿作者11岁;图27-94(哥斯达黎加2006),把插头从插销中拔出;图27-95(智利2006),各种形式的能量,它们都来自太阳能;图27-96(古巴2006,能量革命年)。

燃料燃烧释放能量必然也造成废气(特别是温室气体二氧化碳)的排放,因此节能的效果并不仅仅是节能,还与减排温室气体、改善环境紧紧联系在一起。节能减排的邮票非常之多,而且离物理学也比较远了,这里只举几张或与我们联系紧密,或最有特色给人印象特别深刻的。图27-97(以色列2009)中间一张邮票表示全球变暖,地球在锅里被煎得流汤了,因此迫切需要减少二氧化碳的排放,使用绿色能源:左边的地热能(画成地球这把水壶里的热能)和右边的太阳能。图27-98是我国在2010年6月5日世界环境日发行的,邮票图上的剪影图案表示人与各物种和谐共存,以体现联合国环境规划署规定的2010年世界环境日"多样的物种,唯一的地球,共同的未来"的主题。左边邮票图名是"低碳发展",风车代表绿色能源,右边邮票图名"绿色生活",大伞(人和各物种在这把大伞的庇护下生活)不知代表什么。图27-99小型张(图瓦卢2011)宣传全球变暖,小型张边纸上引用了忧心科学家联盟的宣言上的一句话:"更高效地使用能量并转向可再生能源将大大减少我们对温室气体的排放。"Union of Concerned Scientists是关心环境的科学家的一个国际组织,近年在环保方面发挥了很大的作用。笔者根据"知我者谓我心忧,不知我者谓我何求"的古话,将它译为"忧心科学家联盟"。节能减排的急迫性可以从图27-100(苏联1990)的邮票看出:第一枚票,保护大气层,图为工业企业向大气层排放烟雾,玫瑰在酸雨中枯萎,文字是"人啊,救救我!";第二枚票,保护海洋,图为在被原油污染的海洋中挣扎的海鸥,文字是"人啊,怜悯我!";第三枚票是保护绿色植物,图为被锯倒的大树,背景是采伐一空的林地,文字是"人啊,住手!"。西德1981年发行了一张"保护环境"邮票(图27-101),这张邮票的图景足够触目惊心吧?!

图 27-97（以色列 2009）

图 27-98（中国 2010）

图 27-99（图瓦卢 2011，9/10原大）

图 27-101（西德 1981）

图 27-100（苏联 1990）

节能减排

28．热学的微观理论

热学的微观理论用分子的运动来解释热现象。它是热动说进一步发展的必然结果。既然热动说认为热是组成物体的大量微观粒子的内部运动的表现，人们当然想要从分子角度来说明宏观热现象规律的本质。

热学微观理论的发展分为气体分子动理论和统计物理学两个阶段。物态分气态、液态和固态三种，是由分子力和分子运动的相互竞争决定的。分子运动占绝对优势的是气体，其分子运动是完全无序的；分子力占主导地位的是晶体，晶格上粒子排列完全有序；液体的情况则介于二者之间。物质的微观理论从最简单的气体模型开始是很自然的，然后再发展为更普遍的统计物理学。

气体最明显的一个普遍性质是，所有的稀薄气体都遵从同样的状态方程——理想气体状态方程。状态方程是描写气体状态的宏观参数 p, V, T 所满足的方程，属于宏观性质。任何微观理论都应当能够导出状态方程。

英国化学家玻意耳（他的邮票见"真空与大气压"一节）于1662年由实验发现，一定量的气体，在恒定温度下，其体积与压力成反比，即 $pV = $ 常量（玻意耳定律）。由于没有建立一个适当的温标，下一个气体定律经过100多年才由两个法国人发现：1787年查理发现，在体积 V 不变的情况下，一定量气体的压强随温度线性变化 $p = p_0 (1+a_p t)$；1802年盖吕萨克发现，在压强 p 不变的情况下，一定量气体的体积随温度线性变化 $V = V_0 (1+a_V t)$。a_p 和 a_V 分别是气体的压强系数和体膨胀系数，二者之值相等。

盖吕萨克的邮票见图28-1（法国1951）。关于他的有趣故事很多。有一次，他要从德国进口一些玻璃试管，因为当时法国还买不到，但是进口税很高。他就让德国的生产厂商在装船前将这些试管封口，并贴上"德国空气"的标签。试管运到海关后，海关官员在关税守则中查不到"德国空气"的税率，于是这些试管得以免税入关。

图 28-1（法国 1951）

图 28-2（中非 1983）

1804 年，盖吕萨克为了研究地球磁场和大气成分随高度变化的规律，乘热气球升空做实验（图 28-2，中非 1983）。他独自一人在敞口的吊篮中，在没有氧气供应的情况下，升到 7016 米的高度，这个记录保持了 100 多年。为了尽量升高，盖吕萨克把吊篮中的杂物都扔了下来。一把厨房用的椅子掉在一个牧羊女身边，她吓得尖声大叫，羊群也咩咩叫起来，牧羊犬更是狂吠不已。一大群村民围了上来，并叫来了村里的牧师。牧师和他的教区信徒都认为这把椅子是从天堂里掉下来的，但是他不能解释，在极乐的天堂里为什么会有这么破烂的家具。直到几天后，关于气球升空的新闻传到离巴黎 32 千米的这个村庄，才揭开了疑团。

把玻意耳定律和盖吕萨克定律或查理定律联合起来可得 $pV = nRT$，其中 n 是气体的物质的量，R 是气体常量，T 是绝对温标温度。理想气体是一种假想的气体，它永远严格遵守这个状态方程。理想气体是真实气体密度低时的近似。

欧拉和 D. 伯努利都对早期的分子运动论作出过贡献，欧拉的邮票见本书连续介质力学一节。伯努利于 1738 年首先提出气体压强是由大量分子碰撞器壁而产生的理论，并由此导出了玻意耳定律。可惜，当时热动说还没有得到人们普遍接受，因此伯努利的理论没有引起足够的注意，这个思想被延误了一个世纪。

到 19 世纪上半叶和中叶，英国人赫拉帕斯和瓦特斯顿、德国化学家克仑尼希继续对分子运动论作出开创性的工作。他们所用的模型都过于简单。例如，克仑尼希假设气体分子只在三个互相垂直的方向上以相同的速度运动。克劳修斯假设气体分子以相等的概率沿任何可能的方向运动，首次严格用概率论方法计算出压强。克劳修斯还于 1858 年引进自由程概念，用来说明实际观察到的气体扩散和混合的速率比气体分子运动的速率（达数百米每秒）小得多。这几位都没有邮票。

麦克斯韦（邮票见第 20 节）于 1860 年求出了平衡态下气体分子的速度分布律。奥地利物理学家玻耳兹曼（图 28-3，奥地利 1981，逝世 75 周年）于 1871 年得出气体在重力场中的平衡分布。他又把它推广为

$$f(E) = f(0)e^{-E/kT}$$

图28-3（奥地利1981）　　　　图28-4（尼加拉瓜1971）

k为玻耳兹曼常量。这是平衡态下气体分子的能量分布，称为玻耳兹曼分布，是统计物理学重要定律之一。

玻耳兹曼不满足于推导出气体在平衡态下的分布律，他进一步证明，原来不在平衡态的气体，总有要趋于平衡态的趋势。1872年，他提出H定理，这个定理指明了过程的方向性，和热力学第二定律相当。1877年，玻耳兹曼进一步研究了热力学第二定律的统计解释，回答了一些科学家提出的"可逆性佯谬"（个别分子间的碰撞是可逆的，但整个分子体系的过程却是不可逆的）。他指出，实际世界的不可逆性不是由于运动方程，也不是由于分子间作用力的形式所引起的，而是由概率引起的，一个孤立系总是向概率最大的宏观态演化。他证明，系统的熵与系统所在的宏观状态的概率成正比：

$$S = k \ln W$$

这就是熵的统计意义，它是物理学中最重要的公式之一（图28-4，尼加拉瓜1971，改变世界的10个公式。图面上是一部发动机的几个冲程），玻尔兹曼墓碑上刻的就是这个公式。

伟大的美国物理学家吉布斯（1839—1903）对热力学和统计物理学作出了很大的贡献。他使用温度、内能、熵等状态函数为坐标，发展了热力学系统的图示法。他在热力学系统中考虑了化学、引力、应力、表面张力、电磁等因素，扩展了热力学的范围。由于吉布斯的工作，使热力学成为一个逻辑严整、内容丰富的理论体系。吉布斯提出的化学势概念和导出的相律，使物理化学得到很大的发展。1902年，吉布斯发表巨著《统计力学的基本原理》，创立了统计系综方法，建立了平衡态的经典统计力学。系综代表大量性质相同的体系的集合，研究系综在相空间中的分布，求力学量的平均值，是统计力学的基本任务。量子力学建立后，由微观粒子的不可分辨性及不同自旋粒子的不同性质，改造经典统计力学，就得到量子统计力学。美国2005年发行的《美国科学家》邮票中有一张纪念吉布斯（图28-5）。

从气体分子运动理论可以得出真实气体的状态方程，这是荷兰物理学家范德瓦耳斯（图28-6，荷兰1993，荷兰的诺贝尔奖得主）于1873年在其博士论文《论气态和液态的连续性》导出的，方程形式见邮票图中。从微观角度看，理想气体具有以下性质：①分子大小与分子之间的距离相比可以忽略不计；②除弹性碰撞外，分子间及分子与容器壁之间没

吉希斯

图 28-5 吉布斯（美国 2005）

图 28-6（荷兰 1993）

图 28-7（瑞典 1970）

图 28-8（乍得 1997）

图 28-9（马尔代夫 1995）

范德瓦尔斯

图 28-10（格林纳达 2002）

图 28-11（几内亚比绍 2009）

谢格奈

图 28-12（匈牙利 1974）

图 28-13（斯洛伐克 1994）

图 28-14（匈牙利 2004）

有相互作用。范德瓦耳斯则考虑了分子的体积和分子间的引力作用。还有一些由实验归纳出的真实气体的状态方程，它们也许比范德瓦耳斯方程更精确，但是不如范德瓦耳斯方程那样具有非常明确的物理意义。范德瓦耳斯方程除了很好地描述了气体的状态变化之外，还可以描述液态和说明气液相变，还可以估计分子的大小。范德瓦耳斯由于这项工作获1910年诺贝尔物理学奖。（图28-7，瑞典1970，右边是范德瓦耳斯，左边为同年获化学奖的Wallach，注意图中下面有一本打开的书，右边为范德瓦耳斯气体的等温线及方程的形式，左边则是樟脑的结构式，由于太小，要用放大镜才看得清；图28-8，乍得1997；图28-9，马尔代夫1995；图28-10，格林纳达为荷兰邮展发行的小版张"荷兰人对科学的贡献"，2002；图28-11，几内亚比绍2009，诺贝尔奖得主）。

固体的分子是有序排列的，模型也很成熟，固体物理学将在后面讨论。液体介于气体和固体之间，非常难以处理，至今没有统一的理论模型。通常研究液体的办法是从两头逼近，或者把它看成非常稠密的气体，或者把它看成热运动非常剧烈的破损晶格，各自都能说明一些问题。液体有表面张力。最早提出表面张力概念（1751年）的是匈牙利物理学家谢格奈（图28-12，匈牙利1974，诞生270年；图28-13，斯洛伐克1994，诞生290年；图28-14，匈牙利2004，诞生300年）。他把表面张力比拟成拉伸的膜，这种概念为表面张力理论的发展奠定了基础。他还在流体动力学和刚体动力学领域内有贡献，发明了一种单级反击式水车，并研究陀螺理论。他生于匈牙利的波松尼（现属斯洛伐克），在耶拿取得医学学位，然后在德布勒森、耶拿、哥丁根、哈雷（德国）等大学教授物理学、数学和天文学。图28-12的附票上的地名记下了他的履历，图像（水车和旋涡）反映他的工作。月球上一座环形山以他的名字命名，图28-12正票的背景便是谢格奈环形山。

29. 原子论的确立

原子论最早是古希腊哲学家德谟克利特提出的（见本书第一节）。他认为，万事万物都由原子和虚空组成。原子既不可分，也不会变，并且没有内部组成。不同元素的原子不同。它们以机械的嵌合方式结合，构成万物，各种物体及其属性的差别归结为组成它们的原子的数量不同。这个理论带有朴素唯物论的色彩。伊壁鸠鲁继承和发展了德谟克利特的原子论，他的原子可以有内部组成，但仍是不可分的。罗马的卢克莱修的长诗《论物性》系统地阐述和宣扬了伊壁鸠鲁的原子论。

文艺复兴后，原子论也得到恢复。对早期原子论作出重要贡献的是法国哲学家伽桑狄和英国哲学家培根。伽利略和玻意耳也信奉原子论。

牛顿是原子论者。他关于原子论的论述见《原理》及其序言和结论手稿、《光学》附录中的"疑问31"等处。牛顿认为，原子具有惯性（质量）、不可入性、广延、可动性和坚硬性。他说："整体的广延、硬度、不可入性、可动性和惯性，是由部分的广延、硬度、不可入性、可动性和惯性引起的。因此，我们得出一切物体的最小粒子也都是广延的、硬的、不可入的、可动的并赋予它们特有的惯性。这就是全部哲学的基础。"原子之间有相互作用，结合成多层次的粒子，构成万物。牛顿使原子论更科学化，更少一些思辨气息。

南斯拉夫出生的意大利天文学家和数学家博斯科维奇（1711—1787）（图29-1，南斯拉夫1960；图29-2，南斯拉夫1987，逝世200年；图29-3，克罗地亚1943；图29-4，克罗地亚2011，诞生300周年；图29-5，波黑2011，诞生300周年）于1758年出版了一本《自然哲学理论》，系统地阐述了他自己版本的原子论。他说，他的原子论是博采牛顿的思想和莱布尼茨的单子论的长处综合而成。他的原子是几何点，没有广延，有点像牛顿力学中的质点；除了没有广延外，他的原子还是不可分和不会变的。他说，原子具有这些特性才是逻辑上一致的，因为无广延的点决定了它没有大小、形状和内部组成，因而必然不可入和不

图 29-1（南斯拉夫 1960）

图 29-2（南斯拉夫 1987）

图 29-3（克罗地亚 1943）

图 29-4（克罗地亚 2011）

图 29-5（波黑 2011）

图 29-6（马拉加什 1993）

图 29-7（马绍尔群岛 2012）

图 29-8（马里 2010，4/5 原大）

图29-9（瑞典1939）

图29-10（瑞典1979）

图29-11（格林纳达1987）

可分，并且不可变。原子之间有相互作用，不过与牛顿的原子相反，距离远时相吸，近时相斥，随着距离趋于零斥力趋于无穷大。博斯科维奇的原子论对19世纪的理论物理学和力学有一定的影响。图29-4的邮票是克罗地亚与梵蒂冈联合发行的，梵蒂冈票的图案与图29-4全同。

英国化学家道尔顿（1766—1844）（图29-6，马拉加什1993；图29-7，马绍尔群岛2012，伟大科学家；图29-8，马里2010）根据化学中的定比定律和倍比定律，将原子论更加定量化。他提出，化学元素由非常微小、不可再分的物质粒子即原子组成，原子是不可改变的；不同元素的原子的不同主要表现为重量的不同；化合物的最小粒子是分子（道尔顿称其为"复合原子"），分子是由几种原子化合而成；在化学反应中，原子仅仅重新组合，而不会创生或消失。1803年，道尔顿提出了相对原子量的概念。马里的小型张里，圆形邮票是道尔顿的肖像，菱形邮票是想表示原子的图像，但是画的既不是道尔顿的原子，也不是今天的原子。

瑞典化学家贝采里乌斯（1779—1848）（图29-9，瑞典1939，瑞典科学院200周年；图29-10，瑞典1979，诞生200周年；图29-11，格林纳达1987，伟大科学发现）接受并发展了道尔顿原子论。他确认水分子是由两个氢原子和一个氧原子构成的，测得氧的原子量是16。他以氧作为标准测定了40多种元素的原子量，公布了当时已知元素的原子量表。他第一次采用现代元素符号。他发现和首次制取了硅、钍、硒等好几种元素，他发现了同分异构现象并首先提出了催化概念。

盖吕萨克（邮票见上节）于1808年发现气体反应体积定律，参加化学反应的各种气体的体积成简单整数比。意大利物理学家阿伏伽德罗（1776—1856）（图29-12，意大利1956，逝世百年）于1811年据此提出阿伏伽德罗假说：在相同的温度和压力下，等体积的气体含有相同数目的分子（即邮票上的文字）。分子的概念不限于化合物，单质也有分子一级，由几个相同的原子组成。使两个相同的原子结合成一个分子的分子力（"共价键"）的本质只有在将量子力学应用于化学键问题后才得到解释。从这一假说能够知道气体分子与原子之间的区别。奥地利化学家洛施密特（1821—1895）（图29-13，奥地利1995，逝世百年）用

图29-12 阿伏伽德罗（意大利1956）

图29-13 洛施密特（奥地利1995）

图29-14（安提瓜和巴布达1995）

奥斯特瓦尔德

图29-15（瑞典1969）

同一物质在气态和在液态时密度的比和平均自由程的大小，估算出一定容积内的分子数目。现代的精确值是，在标准状态下，单位体积内的分子数为 $n_0 = 2.687 \times 10^{25} \mathrm{m}^{-3}$，这个数叫洛喜密脱数。阿伏伽德罗提出的假说，经过一百多年的大量实验检验，最终被证明是正确的，现称为阿伏伽德罗定律。1摩尔物质的分子数称为阿伏伽德罗常量，其现代精确值为 $N_A = 6.022 \times 10^{23} \mathrm{mol}^{-1}$。于是，原子和分子有了确定的大小和质量，不再是一些抽象观念了。

到19世纪末，原子论已得到许多支持。特别是分子运动论的成就，说明了原子图像的正确。可是，却有几位大科学家，囿于哲学的偏见，固执地反对原子论，在科学界掀起了一场大争论。反对原子论的科学家主要是奥地利物理学家马赫（邮票见第13节）和拉脱维亚出生的德国物理化学家奥斯特瓦尔德（1853—1932）（图29-14，安提瓜和巴布达1995），奥斯特瓦尔德曾因在催化、化学平衡和反应速度方面的开创性工作获1909年诺贝尔化学奖（图29-15，瑞典1969，右为奥斯特瓦尔德，左为同年诺贝尔医学奖获得者柯赫尔）。他们两人的哲学背景不同，马赫是实证论者，奥斯特瓦尔德是唯能论者。实证论者坚持，一切概念和知识都直接来源于实验，都必须经过实证；凡是不能直接经验到的东西，都是形而上学的。马赫承认，原子假说是说明自然现象的一个有用的工具，但终以不能直接感觉到为由，认为原子只是主观构成的模型，而不是客观存在的东西，他反对原子论是出于认识论的原因。唯能论者则认为只有能量才是基本的物理实在，一切物理过程都不外是能量的积聚和弥散、传递和消耗，在此之外不必考虑什么物质结构。他们反对原子论是出于本体论的原因。原子论的主要捍卫者是玻尔兹曼。马赫和玻尔兹曼没有直接交锋过，奥斯特瓦尔德以及其他唯能论者和玻尔兹曼却在几次学术会议上发生过尖锐的争论。尽管玻尔兹曼在争论中占优势，但是他却深感孤独和压抑。1906年，他在意大利海滨休养时，可能是由于病痛的折磨，也可能是精神上的抑郁，自杀身亡。

科学争论是没法通过争辩解决的，只能用实验来判断对错。1903年，马赫在荧光屏上亲眼看到了 γ 粒子引起的闪烁，他说："现在，我相信了原子的存在。"更有力的证明来自布朗运动。1827年，苏格兰植物学家布朗在显微镜下观察到水中悬浮的花粉粒子不停地做无规则的折线运动。图29-16是捷克斯洛伐克1987年为捷克斯洛伐克数学家和物理学家联合会成立125周年发行的邮票中的一张，右边是布朗运动粒子的轨迹，它同邮票上其余两部分图有什么联系笔者还不清楚。50年内，人们一直不了解这种运动的原因。1877年有人提出，这是由于花粉粒子受到其周围分子不规则碰撞所致，是一种涨落现象。1905年，爱因斯坦发表了关于布朗运动理论的论文（图29-17，罗马尼亚1998），把它作为随机行走问题，求出粒子位移的均方值与时间成正比，并且

图29-16（捷克斯洛伐克1987）

图29-17（罗马尼亚1998）

图29-18（法国1948）

图29-19（几内亚2001）

比例系数中含有阿伏伽德罗常量。1908年，在玻尔兹曼自杀仅仅两年之后，法国物理学家佩兰（图29-18，法国1948，纪念其骨灰移入先贤祠；图29-19，几内亚2001，诺贝尔物理奖得主）用实验验证了爱因斯坦的理论，并由实验结果算出阿伏伽德罗常量。佩兰由于这一工作获1926年诺贝尔物理奖。这样，原子和分子的存在已是无可置疑的了。在这样确凿的证据面前，1908年9月，奥斯特瓦尔德在其《普通化学基础》一书第四版的导言中，明确承认原子的存在。1912年，劳厄用晶体对X射线衍射的实验成功（邮票见后），奥斯特瓦尔德承认"原子可以看到了"。而唯能论则逐渐销声匿迹了。

这样，原子论终于得到普遍的承认。大约100种原子，作为建筑的砖瓦，构筑了多姿多彩的大千世界。费曼曾经说过："如果在一次浩劫中一切科学知识都被摧毁，只剩下一句话留给后代，什么话可以用最少的词包含最多的信息呢？我相信，那是原子假说，即万物由原子（最小粒子）组成，它们永恒地运动着，在一定距离以外互相吸引，而被挤压在一起时则互相排斥。在这句话里包含了关于这个世界的巨大数量的信息。"

30. 门捷列夫和元素周期表

　　无机化学在19世纪有很大的发展。从1807年到1844年，通过电解方法制得了钾、钠、钙等活泼金属元素。到了60年代，开创了光谱分析方法，又发现了铯、铷、铟等元素。到1869年，一共发现了63种化学元素。对这些元素及其化合物的性质，积累了大量经验知识。但是，这些知识却显得杂乱无章，缺少一条综合的、有内在联系的规律。不少化学家进行过元素分类的尝试，但是他们的工作只是对部分元素有效，不能把全部元素归纳到一个总系统中。直到俄国化学家门捷列夫提出周期律，才建立了这样一个体系。

　　门捷列夫（图30-1，苏联1934，诞生百年；图30-2，苏联1951，俄国著名科学家；图30-3，苏联1957，逝世50周年）对建立元素体系的问题足足考虑了20年。他是在撰写《化学原理》教程的过程中，在考虑如何更有内在逻辑性地组织教材时得出周期表的基本想法的，即按照原子量的大小来排列元素，元素及其化合物的性质将呈现明显的周期性。具体的突破发生在1869年3月1日（俄历2月17日）。为了纪念周期表发现100周年，苏联于1969年发行了一枚邮票（图30-4）和一枚小型张（图30-5），小型张的边纸上有门捷列夫在那一天的研究笔记，实际上即世界上第一个周期表。2009年，为纪念门捷列夫诞生175周年，俄罗斯又发行了一枚小型张（图30-6），上面是现代形式的周期表（第8族惰性气体被书架遮住了）。

　　我们结合图30-5的小型张，来看看门捷列夫原来形式的周期表（不全，下部被肖像代替，完全的表请参看《科学的假说》一书，科学出版社，1998，第112页）。

　　表上方的通栏标题是"依据元素的原子量和化学性质相似性的元素体系尝试"。和现代的周期表沿横向排列不同，这个表是在竖向按原子量由小到大从上到下排列，性质相似的元素处于同一横行上。表中共有66个位置（图中的？=8，？=22两个位置后来被删去，不算），由于当时镍和钴的原子量都是59，门捷列夫把它们放在同一位置上（图中的

323

图30-1（苏联1934）

图30-2（苏联1951）

图30-4（苏联1969）

图30-3（苏联1957）

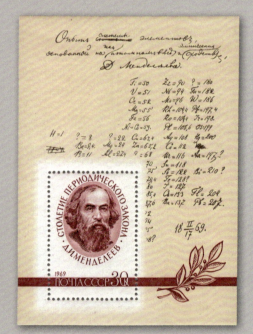

图30-5（苏联1969，4/5原大）

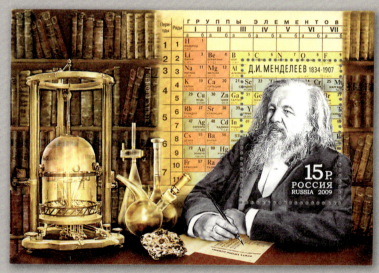

图30-6（俄罗斯2009，9/10原大）

门捷列夫发现周期表
（苏联和俄罗斯发行）

Ni=Co=59）。这样，63个元素占了62个位置。还有4个空位（图中的？=68和？=180，另有？=44和？=70在表的下部，被肖像掩盖），门捷列夫认为这些位置上是原子量应为此值的尚未发现的元素。此外，门捷列夫还怀疑某些元素当时测得的原子量是错的（图上的Te=128？，Au=197？，Bi=210？等），因为按照它们的性质，应当排在表上所在的位置，而这和原子量的大小顺序相矛盾。

发现周期表之后，门捷列夫又写了一篇论文《元素性质和原子量的关系》，由于生病，他委托朋友在俄罗斯化学会上宣读。文章的基本论点是：① 原子量的大小决定元素的特征；② 元素按原子量排列，其性质呈现明显的周期性；③ 根据元素周期表，可以预言未发现的元素；④ 从一元素的同类元素，可以校正该元素的原子量。1871年，他将周期表修订得更加完善，引进了元素的族、列和周期等概念，给出了第二个周期表，并对自己预言的元素的性质作了更精确的预言。

门捷列夫的理论开始并没有引起科学界的重视。但是，他的一系列预言陆续得到了证实。1875年，门捷列夫从法国科学院院报中读到法国化学家布瓦博德朗（P. Boisbaudran）发现新元素镓（这个名字来自法国的古名高卢）的文章，从它的性质门捷列夫确信它就是他预言的"类铝"（即图30-5中的？= 68）。于是他给布瓦博德朗写了一封信，指出镓的比重不应当是报道中所说的4.7，而应当是5.9～6。布瓦博德朗感到奇怪：只有我手中才有镓，门捷列夫为什么这么自信地断定我测的比重值不对呢？经过更准确地测量，比重果然是5.96。这使布瓦博德朗更加吃惊。他读了门捷列夫周期律的论文，这才明白自己是用实验验证了门捷列夫6年前的预言。他写道："我认为没有必要再来说明门捷列夫这个理论的伟大意义了。"1879年，瑞典化学家尼耳森（L. F. Nilson）发现了钪（Sc，即"斯堪的纳维亚半岛"的缩写），它就是门捷列夫预言的"类硼"（？=44）。1886年，德国化学家文克勒（C. A. Winkler）发现了锗（Ge，即日尔曼的缩写），它就是门捷列夫预言的"类硅"（？=70）。有意思的是，这3个元素都以地名为名。

门捷列夫对一些元素的原子量的修正，也得到了证实。以铟（In）为例。它的发现者认定它是2价元素，原子量为75.6，应排在砷与硒之间。但从周期表上看，砷与硒应当相接，中间不应该有空隙。在第一个周期表中，因为铟实在不好排，门捷列夫把它放在表的最下部，并对其原子量存疑。后来门捷列夫根据氧化铟的性质与氧化铝相似，判定铟是3价的，原子量应为113.4。于是很恰当地排在镉（Cd）与锡（Sn）之间原来由铀（当时用的符号为Ur）占据的位置，铟的一切性质都与该位置相符。而铀当时误以为是3价元素，原子量为116。但门捷列夫根据铀的氧化物与铬、钨的氧化物相似，判断它们应当属于同一族，应为6价，于是把铀的原子量改正为240，这一数值与现代的测定值238.07相近。图30-4的邮票上显示了门捷列夫对周期表上铝族元素的大胆预言和改正的兑现：他预言的空位？= 68上填上了镓（Ga = 69），铀的位置（Ur = 116）被铟（In = 113）代替。

于是，周期律受到广泛的赞誉。门捷列夫1889年在英国化学学会上十分欣慰地说："在周期律发现以前，元素只是显示着一些孤立的、偶然的自然现象；我们没有方法预知任

图30-7（波兰1959）

图30-8（保加利亚1984）

图30-11（卢旺达2009）

图30-12（马绍尔群岛2012）

其他国家发行的门捷列夫邮票

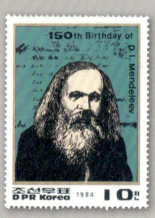

图30-9（朝鲜1984）

图30-10（朝鲜1984）

瑞利和拉姆塞发现氩和其他惰性气体

图30-15（格林纳达－
格林纳丁斯1995）

图30-16（格林纳达－
格林纳丁斯1995）

图30-17（瑞典1964）

图30-19（瑞典1964）

图30-20（刚果2002）

图30-13（塞尔维亚2007）

图30-14（西班牙2007）

图30-18（几内亚比绍2009）

何新东西。因此，一切新发现就全都是一些不速之客。周期律第一次使我们有可能看到还没有发现的元素，而且在新元素还没有发现之前就已经能描绘出它们的许多特性，这是没有武装这一定律的化学观点到现在还不能做到的。"门捷列夫声名鹊起，他成了一位国际知名的大科学家，他的发现是俄国人第一次在世界科学史上写下的有分量的篇章。除苏联和俄罗斯外，其他国家也发行了纪念门捷列夫的邮票。如图30-7（波兰1959）、图30-8（保加利亚1984，诞生150周年）、图30-9和图30-10（朝鲜1984年发行的邮票和小型张）、图30-11（卢旺达2009）及图30-12（马绍尔群岛2012）。1906年，门捷列夫被提名为诺贝尔化学奖候选人，但以一票之差落选，当年的诺贝尔奖授给了法国化学家穆瓦桑（H. Moissan）。今天看来，穆瓦桑的工作（分离出氟）是远远不能和门捷列夫的工作相比的。1907年，门捷列夫去世了（图30-13，塞尔维亚2007，科学家，门捷列夫逝世百年；图30-14，西班牙2007，门捷列夫逝世百年及周期表），于是诺贝尔化学奖永远失去了授给门捷列夫的机会，这是诺贝尔奖的遗憾。

惰性气体的发现使周期表得到一个大扩展。1895年，英国物理学家瑞利（1842—1919）（图30-15，格林纳达-格林纳丁斯1995，邮票中的名字John W.Strutt是他的本名，Rayleigh是他被封为勋爵的封号）通过对气体密度的精确测定，发现从液体空气中除去氧、二氧化碳和水蒸气后分离出来的氮的密度为1.257 2克/升，同从亚硝酸铵中分离出来的氮的密度1.250 8克/升，有微小的差异。他没有放过这小数点后第三位数字上的差异，与化学家拉姆塞（1852—1916，图30-16，格林纳达-格林纳丁斯1995）合作研究这个问题。他们用火花放电使空气中的氧和氮化合，对剩余的气体进行光谱分析，发现有橙色和绿色的亮线，有别于已知气体元素的光谱，于是发现了氩。瑞利由于发现氩获1904年诺贝尔物理奖（图30-17，瑞典1964，1904年诺贝尔奖得主，最右边；图30-18，几内亚比绍2009，诺贝尔奖得主）。

氩的原子量是39.9，应该排在钾（39.1）和钙（40.1）之间，但是已有的周期表在这里并没有留下空位。同年，拉姆塞继续通过光谱方法在地球上发现了原来在太阳光谱中发现的氦。氦和氩的性质相似，都是惰性气体，化合价为0，但在周期表上却没有它们的位置。拉姆塞建议在周期表上列入新的一族，即0族。拉姆塞又用门捷列夫的方法预言了尚未发现的其他惰性元素的大致性质和原子量。1898年，拉姆塞通过光谱分析发现了氖、氪、氙，1900年道纳发现了氡。拉姆塞由于发现惰性气体元素及其在周期系中的位置获1904年诺贝尔化学奖（图30-19，瑞典1964，1904年诺贝尔奖得主，左边；图30-20，刚果2002，诺贝尔奖得主）。整整一族从来没有发现，也从来没有人预料到的惰性气体元素，在周期表上居然有合适的位置，这充分表示出周期表的真理性。拉姆塞还出现在后面图56-7的邮票上。

瑞利是经典物理学中最后一位伟大的多面手，研究的问题遍及物理学几乎全部领域。他对弹性波很有研究，所写的《声学原理》是物理学的经典名著，发现了声表面波。在光学中，他研究了光波在传播过程中与物质的分子或物质中的悬浮微粒作用发生的散射。瑞利假设物质中存在着远小于光波波长的微粒，他于1871年导出的散射公式表明，散射光的强度与波长的四次方成反比。蓝天、白云、如血的夕阳，它们绚丽的颜色都是散射的结果，这些现象直到瑞利的散射理论才得到解释。除对散射的研究外，他还从衍射考虑出发给出了光学仪器分辨率的判据；又在1900年得出一个关于热辐射的公式（瑞利-金斯公式），在长波区域同实验数据符合得很好。瑞利还担任过很多重要职务，如皇家学会会长和剑桥大学校长。1879年他继麦克斯韦之后担任卡文迪什实验室第二任主任，把一个以前只有五六个人的实验室发展成拥有70位实验物理学家的高级实验研究中心，培养出大量人才，对近代物理学的发展有很大的影响。

后来的发展揭示出，决定元素性质的，并不是原子量而是原子序，即原子核中的电荷。这主要是莫塞莱（H.Moseley）关于X射线标识谱的工作。这解释了为什么在周期表中，某几个元素的位置按原子量的顺序是颠倒的。莫塞莱用原子序代替原子量改写了周期表。

周期表是从现象归纳出来的唯象规律，要说明它，就必须揭穿原子内部构造的秘密。因此，周期律为揭示原子内部结构提供了线索。任何关于原子结构的理论都必须能够解释周期表。元素性质的周期性与原子内的电子壳层结构相联系，元素的原子价和化学性质由原子的最外层电子决定，与原子实（即原子核加内层电子）无关。周期表的每一个位置上不止有一种原子，而是有几种原子即同位素，这说明了原子量为什么不是整数。因此，周期表对人们认识原子结构起了关键的导向作用。

31．物理化学

　　物理学和化学是邻近的学科，关系非常密切。物理学研究宇宙间物质存在的各种基本形式及其内部结构、性质、运动和转化的基本规律，而化学则专注于原子和分子层次。自然界中的4种基本力，在原子和分子层次上只有电磁力起作用。在历史上，物理学和化学的相互作用非常之强，原子理论的早期证据就是由化学提供的。不过，由于物理学的研究对象比较简单，物理学比较早就转化为严密科学，而化学则一直到20世纪30年代还基本停留在实验科学的阶段。

　　19世纪末，化学开始了向严密科学的过渡，创立了一个新的分支学科物理化学，它以物理学原理和实验技术为基础，研究化学体系的性质和行为，特别是以物理学的观点、方法和理论研究化学中的理论问题。它的诞生把化学从理论上提高到了一个新水平。创立物理化学的历史背景是：在化学方面，门捷列夫于1869年建立了元素周期表，总结了当时已发现的化学事实和规律，迫切需要更深刻的理论解释；在物理学方面，热力学第一定律和第二定律已经建立，它们为化学提供了能量守恒和转化的概念和普遍的理论工具，以分析化学体系平衡、化学反应方向；电学方面，法拉第1832年宣布了法拉第电解定律，开辟了电化学的天地，而且麦克斯韦于1865年建立了电磁学的完备理论。物理化学建立的标志性事件是1887年德国物理化学家奥斯特瓦尔德与荷兰物理化学家范托夫创办《物理化学杂志》。他们两位与瑞典物理化学家阿仑尼乌斯合称"物理化学三剑客"，是物理化学的奠基人，他们有深厚的物理学素养，都曾在欧洲一些大学担任过物理学教授。

　　物理化学一建立，就显示了蓬勃的发展势头。1901年第一次诺贝尔化学奖，就是授给范托夫的，阿仑尼乌斯和奥斯特瓦尔德也分别于1903年和1909年获得诺贝尔化学奖。不论在诺贝尔化学奖的最初10年还是以后，物理化学工作在诺贝尔化学奖得奖工作中都占有突出地位。

范
托
夫

图31-1（瑞典1961）

图31-2（荷兰1991）

图31-3（格林纳达2002）

阿
仑
尼
乌
斯
创
立
电
离
理
论

图31-4（瑞典1959）

图31-5（瑞典1963）

图31-6（瑞典1983）

　　范托夫（1852—1911）获得诺贝尔奖（图31-1，瑞典1961，1901年诺贝尔奖得主，最左边是范托夫；图31-2，荷兰1991，1901年诺贝尔奖得主；图31-3，格林纳达2002，荷兰人对科学的贡献）是由于他在化学动力学方面的工作和对溶液渗透压的研究，后者属于化学热力学。范托夫指出了化学反应的可逆性和双向性，化学反应的平衡状态是方向相反的两个化学反应达到动态平衡的结果，会随外界条件移动。1884年他出版了巨著《化学动力学研究》，结合大量实验事例系统地讨论化学反应的速率和平衡。1885年他又发表关于稀溶液的论文，证明物质在液体中的溶解类似于气体在空间的扩散，溶液中的渗透压与气体的压强相似，许多气体定律也适用于溶液。范托夫早年还有一项著名的工作，就是提出碳原子的四面体结构，它的4个价键指向正四面体的4个顶点，以此解释了同分异构体旋光性的差异，开辟了立体化学和结构化学的新领域。

　　阿仑尼乌斯（1859—1927）（图31-4，瑞典1959，诞生百年）以他创立的电离学说获得1903年的诺贝尔化学奖（图31-5，瑞典1963，1903年诺贝尔奖得主）。电解质的溶液导电而其本身在固态下并不导电。前人（戴维、贝齐力乌斯、法拉第等）都认为，是电流使溶液中的电解质分子离解为离子的。阿仑尼乌斯于1887年提出（图31-6，瑞典1983，诺贝尔化学奖得主），电解质在溶液中自动离解为正负离子对，电解质溶液可以导电是由于离子对的存在，溶液中的导电粒子是离子而不是电解质分子，电流是离子在两个电极的电位差驱动下运动的结果。电解质分子和离子在溶液中保持化学平衡，这样，利用质量作用定律就可以解释溶液的电导值随溶液浓度的变化规律。1923年，荷兰物理学家德拜和他的学生休克耳研究了强电解质的电离，提出了德拜-休克耳模型，对阿仑尼乌斯的电离学说作出重要改进。除电离理论外，阿仑尼乌斯还深入研究了温度对化学反应速率的影响，他设想，在化学反应体系中，直接参与反应的并不是所有的分子，而是数目不多，但能量极高的活化分子。非活化分子吸收一定能量后可以活化，活化分子的数目随温度急剧增加，导致化学反应的速率随温度急剧上升。基于这个观念，他提出了关于反应速率的指数定律：

$$k = A\exp\left(-E_a/RT\right),$$

其中 k 是化学反应的速率常量，T 为温度，E_a 是化学反应的活化能。这个公式后来以他的名字命名为阿仑尼乌斯公式，是现代化学动力学的基础。

奥斯特瓦尔德（1853—1932）对物理化学的创立起了尤为关键的作用。他的邮票已刊登在原子论一节中（图29-11，图29-12）。他不仅是一位优秀的科学家，而且是一位卓越的组织者、教育家和学科带头人。他与范托夫创办了《物理化学杂志》，亲自担任编辑达35年之久，直至1922年第100卷出版后才移交给继任者；他在阿仑尼乌斯的电离学说受到反对时，全力支持阿的理论并用实验论证其正确性；他与范托夫和阿仑尼乌斯保持了终身的友谊，共同发展了电离学说、化学平衡和化学反应速率理论；他在莱比锡大学建立了世界上第一个物理化学研究所；他写了权威的大学化学教材和给儿童阅读的科普读物，培养了优秀的化学人才。在关于原子和分子的实验证据还不充分时，他曾坚持唯能论，否认原子和分子的存在，对玻耳兹曼为代表的原子论者进行了错误的攻击，但在有了充分的实验证据后，他承认原子和分子的存在，公开向真理低头。他因对催化、化学平衡和反应速度等方面的开创性工作获1909年诺贝尔化学奖。关于催化的工作是奥斯特瓦尔德本人很得意的工作。催化现象是某些物质（催化剂）能够强烈地加速没有它们参与时进行得很慢的反应过程，催化剂并不进入化学反应的最终产物，只是改变该反应的速率。奥斯特瓦尔德认为，催化剂是靠降低物质的活化能而起作用的。在可逆反应中，催化剂只能加速反应平衡的到达，而不会改变反应的平衡常数。

物理化学的进一步发展，逐渐按研究对象的性质分成多个分支学科，一个是研究不同体系的平衡性质，如胶体和表面化学等；另一个研究化学体系的动态性质，研究化学反应过程的速率和机制，称为化学动力学。

匈牙利裔德国物理化学家席格蒙迪（1865—1929）（图31-7，匈牙利1988，匈牙利裔诺贝尔奖得主）是胶体化学的创立者。胶体是一种分散体系（一种物质分散在另一种物质——介质中之后形成的体系），其中分散的物质微粒大小在1～1 000纳米之间。当分散的物质颗粒是以分子或离子形式分布在液体介质中时的体系称为溶液，分散的物质颗粒很大（1 000纳米以上）时称为悬浮液。悬浮液不稳定，容易发生沉积，胶体中的微粒不太大，

图31-7 席格蒙迪创立
胶体化学（匈牙利1988）

图31-8 朗缪尔对表面化学有
重大贡献（密克罗尼西亚2001）

图31-9（俄罗斯1996）

图31-10（俄罗斯2000）

与进行热运动的介质分子频繁碰撞（布朗运动），能够克服重力，不致很快沉降。席格蒙迪1897年在玻璃厂工作时，用电解方法制得极细的黄金颗粒分散在水中的胶体，进而揭开了以前生产"宝石红"玻璃的奥秘：玻璃中分散着极细的黄金颗粒，从而使玻璃呈现玫瑰红色。胶体中的分散颗粒太小，用普通显微镜无法看到，他从理论上提出，通过研究粒子对光的散射来了解物质的胶体状态。为此，他和蔡斯工厂的西登托夫一起发明了"超显微镜"，这是一种专门用来研究胶体粒子的显微装置，用一束与显微镜光轴垂直的强光照射，粒子使光线散射，在黑暗的背景上能看到粒子运动的闪光，但看不到粒子的构造。席格蒙迪用超显微镜全面研究了胶体。他因阐明胶体的多相性和创立现代胶体化学的研究方法获1925年诺贝尔化学奖。

美国物理化学家朗缪尔（1881—1957）（图31-8，密克罗尼西亚2001，诺贝尔奖百年，后面的虚影是诺贝尔的像）对表面化学作出了重大贡献。朗缪尔曾到欧洲留学，于1906年获哥廷根大学哲学博士学位，是能斯特的学生。除在学校工作几年外，从1909年到1950年退休，他一直在产业部门（通用电气公司的实验室）工作。1913年，他解决了钨丝灯泡的寿命问题。早年的钨丝灯泡是抽真空的，使用一段时间后，灯泡玻璃逐渐变黑，灯泡逐渐变暗。朗缪尔发现，玻璃变黑是由于白热钨丝在真空中蒸发，沉积在玻璃表面的结果。朗缪尔提出在灯泡中充气（氮、氩），减少钨的蒸发，大大延长了白炽灯泡的寿命。1916年，朗缪尔提出固体表面吸附气体分子的单分子层吸附理论，认为吸附作用是气体分子在固体表面的凝聚和蒸发两个过程的平衡，推导出著名的朗缪尔吸附等温方程。朗缪尔也对液体表面做了大量研究。他表明，在适当条件下，有机化合物能在液面生成单分子膜。朗缪尔对表面的研究开拓了表面化学的新领域，在催化剂的研究、生物化学中有重要应用。他因此获得1932年诺贝尔化学奖。胶体是高分散的多相体系，具有广大的界面，具体的许多性质与表面现象有关，因此胶体化学与表面化学实际上是一个学科。1934年，他应中国物理学会之邀访问了我国。朗缪尔从对气体放电的研究，还对等离子体物理学的建立作出了贡献。实际上，等离子体这个名称，就是朗缪尔1928年引入的。1929年他指出了等离子体中电子密度疏密波的存在，现称朗缪尔波。1947年，他提出在云层中撒干冰或碘化银以实现人工降雨。朗缪尔是有名的科学多面手，以他的名字命名的各种定律、现象、装置大量出现在物理、化学及其他领域的教科书中，美国化学学会以他的名字冠名设立的物理化学奖，是该领域最高奖，声誉很高。

一个化学反应并不像反应式那样简单，只有左方的反应物和右方的产物，它还有中间生成物；反应并非一步到位，而是由多个基元反应过程串联或并联构成。反应的速率快慢悬殊，如何受浓度、温度等参数的影响；如何从微观的分子运动、碰撞的观点解释反应的机制，这些都是化学动力学的研究对象。

在一般的化学反应中，活化一个分子，只能引起一次化学反应。但是，在由H_2和Cl_2生成HCl的光化学反应中，用波长为400～435 nm的光照射氢氯混合物，体系每吸收一个光量子可以形成10万个HCl分子，也就是说，一个能量足够的光量子可引起10万次化学反应，其量子效率达105。为了解释这类反应，提出了链式反应的概念。人们认为，在光照射氢氯混合体系时，氯分子吸收一个光子而被活化，形成一个氯的活泼的中间体，后来证实是氯的自由基（自由基即具有不成对电子的原子、分子或基团）。氯自由基能与氢气反应，生成氯化氢和氢自由基。氢自由基再与氯分子反应，生成氯化氢分子和氯自由基。如此不断重复，形成一条反应链，在链的每一环节上都生成氯化氢，这个反应链一直到自由基与别的粒子碰撞或与器壁碰撞损失能量而消亡才中断。

苏联的谢苗诺夫和英国的欣谢伍德因对化学动力学的研究分享1956年诺贝尔化学奖。谢苗诺夫（1896—1986）（图31-9，俄罗斯1996，谢苗诺夫诞生百年）毕业于列宁格勒大学（现在的圣彼得堡国立大学）数理系，1920—1930年在列宁格勒（现称圣彼得堡）的技术物理研究所工作，是苏联物理学元老约飞的学生和助手。1931年创立化学物理研究所，任所长。1932年当选苏联科学院院士。他是苏联第一位得诺贝尔奖的科学家。1926年，他将链式反应概念由光化学反应推广到广阔的热化学领域，认识到链式反应在化学中有普遍意义。同年他发现了支链反应，一个自由基可生成两个以上自由基，衍生出更多的反应链，自由基和反应链的数目按照指数规律迅速增加，反应速率在瞬间达到极大，直至爆炸（图31-10，俄罗斯2000，20世纪的俄国科学，图上是谢苗诺夫的肖像和支链反应的图解，但是俄文小字是"1934年谢苗诺夫提出链式化学反应理论"，与我们上面说的年份有不同）。他将链式反应概念应用于燃烧和爆炸过程的研究。后来链式反应理论被用于核裂变，对原子弹的设计起了很大的作用。谢苗诺夫另一张邮票见第62节图62-34。欣谢伍德（1897—1967）主要研究氢和氧化合成水的反应，这是化学中最重要的化合反应之一。他得到结论：火药爆炸和氢氧化合成水，都是按照链式反应机制进行。他还发现，细菌的繁殖也属于链式反应或支链反应。他根据观察到的细菌对环境变化的生物学响应，断定细菌能持久地改变其抗药性。这一发现对了解细菌对抗生素和其他药物的抗药性有重要意义。

32. 对地球重力场
和引力的研究

　　地球的重力中最主要的成分是地球对物体的万有引力，因此我们从卡文迪什对引力的实验研究开始。卡文迪什（1731—1810）（图32-1，马里2011）是英国伟大的实验物理学家和化学家，1760年当选英国皇家学会会员。毕生致力于科学研究，从事实验研究达50年之久。他性格孤僻，很少与外界来往，终身未娶。他于1798年做了测量万有引力的实验，用的仪器是扭秤，它是一根横杆，用一根非常纤细的金属丝悬挂起来。横杆两端各有一个小铅球，另外用两个大铅球吸引它们，金属丝就会扭转。从扭转的角度或所引起的摆动的周期，就可以测出铅球吸引力的大小。知道了铅球的质量，就可以得出万有引力常量 G。然后，从物体所受的重力，就可以算出地球的质量。因此这个实验也被称为称量地球的实验。卡文迪什得到的 G 为 $6.754 \times 10^{-11}\,\mathrm{N \cdot m^2/kg^2}$。这个值相当精确，今天的值的前四位数为6.672。

　　卡文迪什还在化学、热学、电学等方面做了许多实验研究，但很少发表。一个世纪后，麦克斯韦整理了他的实验论文，于1879年出版了《卡文迪什的电学研究》一书，卡文迪什的工作才为人所知。

　　卡文迪什家族的后人曾将部分财产捐赠给剑桥大学，于1871年建成实验室，以卡文迪什命名。这个实验室后来发展为整个物理系的科研与教学中心，出了不少人才。先后培养出的诺贝尔奖获得者迄今已达29人。麦克斯韦、瑞利、J.J.汤姆孙和卢瑟福等先后主持过该实验室。

　　19世纪中叶到下叶，物理学家对地球的重力场进行了更细致的研究。主要有以下几件工作：①法国物理学家科里奥利（1792—1843）于1835年给出了在转动参考系中运动的物体所受的惯性力即科里奥利力的表示式；②法国物理学家傅科于1851年用傅科摆实验验证了地球重力场中科里奥利力的存在，即直接用实验验证了地球的自转；③匈牙利物理学家厄特

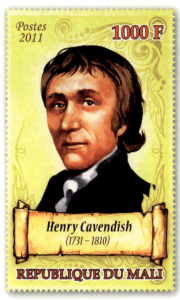

图32-1 卡文迪什（马里2011）

图32-2（法国1958）

图32-3（吉布提2010）

图32-4（法国1994）

沃什对地球重力场的研究，导致厄特沃什扭秤的发展，证明了惯性质量与引力质量相差不超过10^{-9}。就笔者所知，没有发行过与科里奥利有关的邮票，但是傅科和厄特沃什都有邮票。

傅科（图32-2，法国1958，法国科学家；图32-3，吉布提2010，伟大科学家）原来学医，后来转入实验物理研究。他的工作领域很广。1845—1847年，他和斐索合作改善达盖尔照相术，并用于天文摄影。1850年，傅科采用旋转镜法，比较光在空气中和水中的速度，并测定光速。这个实验本来是阿拉戈提出的，用来对光的微粒说和波动说进行判决（因为按照光的微粒说，光在稠密介质中的速度应较大，而按波动说则相反）。但阿拉戈晚年失明，这个实验没有做成。傅科和斐索改进了实验的设计，完成了这个实验。他们发现空气中的光速比水中的大。1852年傅科改进了实验仪器设备，进一步准确测得空气中的光速为（289 000±500）km/s。1855年，傅科发现放在强磁场中的运动圆盘因电磁感应而产生涡电流，后被称为傅科电流。

傅科最著名的工作就是傅科摆，傅科摆其实就是一个单摆，只是摆线很长，摆锤很重，而且悬挂线能在竖直平面内做任何方向的摆动。如果不考虑地球的自转，那么由于惯性，摆在空间的摆动平面应当保持不变。但是地球是自转的，不论从运动学的角度还是从动力学（摆受有科里奥利力）的角度考虑，摆的摆动平面相对于地球都会转动，使摆锤相对于地球留下一个复杂的轨迹。之所以要求摆线长，是希望摆的周期尽可能大一点，与地球自转的周期（24小时）不要相差太悬殊，这样摆动平面的转动看得比较明显，同时在线位移足够大时摆的偏角仍保持很小。由于摆动平面的转动很缓慢，摆必须做长时间的摆动才能观测到这一效应，因而其悬挂点必须几乎没有摩擦，摆锤必须很重以减少空气阻力的影响。傅科本人所用的摆悬挂在巴黎先贤祠，摆长67 m，摆锤是质量为28 kg的铁球（图32-4，法国1994）。北京天文馆里也有傅科摆。

图32-5（匈牙利1932）

图32-6（匈牙利1948）

图32-7（匈牙利1959）

图32-9（匈牙利1967）

图32-8（匈牙利1991）

厄特沃什（图32-5，匈牙利1932；图32-6，匈牙利1948，诞生百年）研究过毛细现象、重力和地磁学。他做过表面张力与液体温度之间的关系的实验。在研究重力的过程中，他制出一种以他的名字命名的双臂扭秤（图32-6左；图32-7，厄特沃什扭秤，匈牙利1959，国际地球物理年；图32-8，厄特沃什扭秤发明百年，匈牙利1991）。扭秤是一种非常精密的测量仪器，它是英国机械师米歇尔（John Michell，1724—1793）发明的。从卡文迪什验证万有引力定律起，许多物理学家如库仑、安培、厄特沃什和皮埃尔·居里为了不同的目的多次改进和使用过扭秤，例如在悬线系统上附加一面小镜子，用镜子反射的光点的移动来测量悬丝的扭转。考察扭秤发展、改进和得出成果的历史应当是物理学史上一个有趣的题目。厄特沃什用他的扭秤证明引力质量等于惯性质量，原理是：一个物体的表观重量由引力和惯性离心力合成，前者与引力质量有关，后者与惯性质量有关。如果引力质量不等于惯性质量，那么两种不同材料的物体的表观重量的方向不同。把这两个物体放在扭秤横杆的两端，把横杆调水平，那么悬线将在两个物体的表观重量的合力方向，而两个物体的表观重量的另一分量则将分别指向南北，形成一个力偶矩，使扭秤在水平面内扭转。厄特沃什的扭秤以10^{-9}的精度证实惯性质量等于引力质量。1906年，哥廷根大学悬赏发起用实验考察物体的引力质量与惯性质量比值的竞赛，厄特沃什和他的小组寄去了他们多年实验得到的测量结果，于1909年得奖。他们的实验结果是广义相对论的一个重要的实验基础。

质量是物理学中很基础的一个概念，一般把它朴素地理解为物质的量。它又是物理学中内涵最多的一个概念。它是惯性的量度，又是引力荷，并且通过质能关系与能量统一起来。作为惯性量度的质量出现在牛顿第二定律中，称为惯性质量；作为引力荷的质量出现在万有引力定律中，称为引力质量。惯性和引力荷是两种完全不同的性质，它们肯定地由同一个物理量代表，这绝不是一件偶然的事。采用非惯性系时，第二定律中将出现惯性力，而惯性质量正是惯性力的荷。惯性质量与引力质量的等同性表明，惯性力荷与引力荷是同一种荷，这意味着，引力和惯性力本质上是同一种力。这就是爱因斯坦提出的等效原理的思想。

厄特沃什还是匈牙利科学和教育事业的一位杰出的组织者。他创办了匈牙利物理学会的期刊。在1894年年底到1895年年初，他还担任过几个月的文化部长，在这段短短的任期内，他拟订了仿照法国高等师范学校建立布达佩斯学院的计划。今天的匈牙利物理学会和布达佩斯大学都以厄特沃什的名字命名。

33. 地球物理学

太阳是一颗再普通不过的恒星,而地球则是太阳系中一颗并不居显著地位的行星。但是，地球是人类的家园，我们定居和生活在地球上，它对于我们是头等重要的，我们必须对它有深入的了解。用物理学观点和方法研究地球的状态、组成、运动、作用力和各种过程的学科称为地球物理学。

地球的平均半径为6 371千米，它具有分层结构，从外到内分为地壳、地幔和地核三个同心球层，见图33-1（卢森堡1995，欧洲地质动力学和地震学中心）和图33-2（东德1980，"地球物理技术"邮票的第四张，全套见下面图33-15）。图33-2下方的文字是"用地震方法研究地球内部结构"，各层的文字由上而下是：地壳，上地幔，下地幔，地核。这种分层结构是根据地震波在地下不同深度传播速度的变化而推定的。

地壳的平均厚度约17千米，与地球半径相比这是很薄的一层。各处地壳的厚度是不一样的，地壳厚的地方隆起为大陆，地壳薄的地方低，积水成为海底。大陆的地壳平均厚度约35千米，青藏高原的地壳厚度更达65千米以上；而海洋下的地壳厚度仅5～10千米。为了探究地壳中地层的情况，曾在地面钻过一些深洞，如苏联的科拉超深钻洞计划（图33-3，苏联1987，现代科学，科拉超深钻洞计划），要在科拉半岛的地壳上，钻一个尽可能深的洞。于1970年5月24日开钻，其中钻得最深的一个洞，在1987年到达了12 262米的深度，成为世界上最深的钻洞。这个记录保持了20年，直到2009年才被卡塔尔的一口深油井超出。原计划是要钻到15 000米深处，但是，由于地下的升温远远超过预期（原来预计在12 000米深处温度为100℃，实际却达到180℃），再往下钻头受不了了，这才停了下来。这个深度只有当地地壳估计厚度35千米的三分之一，到达了太古代（25亿年前）的岩层。利用钻出的深洞进行了广泛的地球物理学研究，得到了一些重要发现。由于资金缺乏，这个计划于2005年中止。

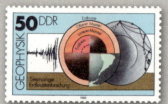

图33-1 地球的分层结构
（卢森堡 1995）

图33-2 用地震方法研究地球结构
（东德 1980）

图33-3 在地壳上钻深洞
（苏联 1987）

图33-4 莫霍洛维奇发现
莫霍面（南斯拉夫 1963）

图33-5（中国 1955）

图33-6（中国 1953）

图33-7（密克罗尼西亚 2000）

张衡与候风地动仪

图33-8（中国澳门 2005）

地壳下面是地幔，厚约2 900千米。地幔顶部存在一个软流层，推测是由于放射性元素大量集中，蜕变放热，将岩石熔融后造成的，可能是岩浆的发源地。地幔中越往下，温度、压力和密度都增大，物质呈可塑性固态。地幔下面是地核，平均厚约3 400千米。地核的温度和压力都很高，估计温度在5000℃以上，地核中心的压力可达到350万个大气压，密度为13克每立方厘米。地核还分为外地核和内地核，外核厚约2 080千米，横波不能在外核中传播，表明物质在高温高压下熔融成液态；内核是一个半径为1 250千米的球心，物质大概是固态的，主要由铁、镍等金属元素构成。内外地核之间有一个厚度约140千米的过渡层。可以把地球内部结构比作一个鸡蛋，地核相当于蛋黄，地幔相当于蛋白，而地壳就是蛋壳。在图33-1中，淡蓝色是地壳，红色是地幔，黄色是外地核，酱色是内地核。这个分层结构模型还出现在下面图33-10中。地壳与地幔之间的界面称为莫霍面，是克罗地亚地球物理学家和地震学家莫霍洛维奇（图33-4，南斯拉夫1963，第3届世界气象日）1909年发现的，他曾担任萨格勒布气象台台长。跨过这个界面，地震初波的速度从地壳下部的6.7 ～ 7.2 km/s突变为地幔上部的7.6 ～ 8.6 km/s，发生折射。地幔与地核之间的界面称为古登堡面，是美国地质科学家古登堡1914年发现的。

地球外圈有陆地、海洋和大气。根据这个划分，地球物理学分为固体地球物理学、海洋物理学和大气物理学。

固体地球物理学有重力学、地震学、地磁学等重要分支。重力学研究地球重力场的分布，见上节。

地震一般发生在地壳之中。地震学研究固体地球的震动和有关现象。它不仅研究天然地震，也研究某些人为的或其他原因（如地下爆炸或岩洞崩塌）造成的地壳震动。早期的地震学着重于地震破坏的描述（如地震烈度的分级）和地震的地理分布（地震带）。到了20世纪才发现，地震发出的地震波是揭露地下情况的有力工具。中国早有了地震波的概念。东汉的张衡（图33-5，中国1955，中国古代科学家第一组）于132年制造了世界上第一台地震仪——候风地动仪（图33-6，中国1953，"伟大的祖国"第一组；图33-7，密克罗尼西亚2000，中国古代科技；图33-8，中国澳门2005，中国的伟大发明），是世界上第一架测验地震的仪器。其出发点就是，地震是沿一定方向由远处传来的地面震动，因此可以触发仪器中的感知元件，产生反应。可惜张衡关于地动仪的工作已经失传。如今王振铎、李志超等推测并模拟了它的原理和结构。候风地动仪还出现在下面的图33-13中。

19世纪，力学中发展了弹性波在三维空间中传播的理论。地震学吸收了这些成果，开展了地震波的研究从而奠定了地震学的基础。特别是20世纪初，德国和英国的科学家，完善了由地面的地震观测资料反演地下不同深度的地震波速度的方法。这是一个重要的突破，从此打开了研究地球内部的途径，地震方法取得了大量地球内部信息，其意义不仅限于地震学。它还可用于矿产的勘探，特别是对勘探储油构造取得显著效果，现已成为石油工业不可缺少的技术。此外，地震观测还是监视地下核爆炸唯一有效的方法。下面是一些有关地震波的邮票：图33-9（新西兰2008，字母邮票，26个字母，每个字母一张邮票，新西兰是

图33-9（新西兰2008）

图33-10（以色列1964）

图33-11（伊朗1991）

地震波

图33-12（西班牙2006）

图33-13（中国2006）

图33-14（苏联1968）

北极光

图33-17（匈牙利1958）

图33-18（匈牙利1965）

海洋科学

图33-19（加拿大1996）

图33-20（匈牙利1958）

图33-21（南斯拉夫1958）

图33-15 地球物理学技术（东德1980）

图33-16 地球物理学家韦谢特（德国2011）

个多地震国家，因此就用Q代表Quake即地震）；图33-10（以色列1964，地震波谱学，建国16周年——以色列对科学的贡献）；图33-11（伊朗1991，第一届国际地震学和地震工程学会议）；图33-12（西班牙2006，火山学与地震学）；图33-13是我国于2006年7月26日发行的《防震减灾》特种邮票，纪念唐山大地震30周年，1976年7月28日凌晨3点42分，中国唐山市发生里氏7.8级大地震，造成242 769人死亡，是历次地震中死人最多的，整个唐山市被摧毁。图33-14（苏联1968，地质学日）表现用航测方法和地震方法探矿。图33-15是东德1980年发行的一套"地球物理学"邮票，表现了各种地球物理学技术。第一枚是用重力计勘探褐煤，第二枚是水的钻探，第三枚是地震法勘探石油和天然气，第四枚是用地震方法研究地球的内部结构。在第四枚邮票上可以看到，地震波在一些界面上发生的全反射。

韦谢特（图33-16，德国2011，诞生150周年）是一位重要的地球物理学家。他对电子的发现及阴极射线物理学也很有贡献，与列纳（A.M.Lienard）分别提出了运动的带电粒子产生的推迟势。他在地球物理学领域中也做出了重要工作。他是第一个提出可检验的地球内部分层结构模型的地球物理学家，他写了地震波如何穿过地球传播的先驱性论文。他设计和改进了地震仪，并且开辟了用人工制造的小地震来进行地质探测的领域。

地磁学研究地磁场。中国关于地磁现象的记载和研究是世界上最早的，见第3节。英国的吉耳伯特于1600年提出第一个对地磁场的解释，他认为地球是一个巨大的磁石，以此来解释地磁场的存在。实际上，地球并不是一块大磁石，但他认为地磁场来源于地球本体则是正确的。前面说过，外地核内的物质是熔融的，它们相对于地壳的"流动"，可能是地球磁场产生的主要原因。1838年，德国数学家高斯首次用球谐分析方法阐明地球磁场的绝大部分来源于地球内部，而不是来自本体之外如电离层等。这是现代地磁学发展的一个里程碑。高斯的邮票见第35节。

地磁场可分为基本磁场和变化磁场两部分，变化磁场只占地磁场的极小部分。变化磁场的大部分来源于地外，同电离层的变化、高空的环电流系统、太阳风和太阳活动有联系。北

图 33-22（列支敦士登 2007）

图 33-23（波兰 2008）

图 33-24（德国 2009）

图 33-25（芬兰 2012）

大气中的物理现象

图33-26 云图（美国2003）

极光（图33-17，匈牙利1958，国际地球物理年；图33-18，匈牙利1965，国际宁静太阳年）是太阳风与地磁场复杂作用的结果。又见图33-58之二。

海洋科学的研究对象是占地球表面71%的海洋，它研究海洋的自然现象、性质及其变化规律。海洋物理学以物理学理论、技术和方法研究发生在海洋中的各种物理现象及其变化规律。图33-19（加拿大1996，科学技术，海洋学）是由科学考察船上的声呐向海底发射超声波，探测海底地形，绘制洋底地图；图33-20（匈牙利1958，国际地球物理年）和图33-21（南斯拉夫1958，国际地球物理年）是海面船只探测鱼群或捕鱼。

大气科学研究大气中的各种现象及其演化规律，以及如何利用这些规律为人类服务。它的分支学科有大气物理学、气象学、天气学等。有关的邮票很多。我们先看几组美丽的关于大气中的物理现象的邮票：图33-22（列支敦士登2007）；图33-23（波兰2008，气象学）；图33-24（德国2009，青年福利加值邮票）；图33-25（芬兰2012，云）；图33-26（美国2003，云图，每枚邮票下有云的名称，如cirrus是卷云，cumulus是积云，stratus是层云，cumulonimbus是积雨云，cirrostratus是卷层云，altocumulus是高积云等。邮票背面有更详细的说明，美国邮政这种利用邮票宣传普及科学知识的做法真值得学习）。原来在神话中，这些自然现象都是由神祇掌管的，现在要用科学手段来研究了。图33-27（格林纳达1973，世界气象组织百年）介绍一些天象和地球物理现象原来的希腊神话解释和现在的科学解释。第一张，太阳的东升西落，原来以为是太阳神阿波罗每天驾车在天上驱驰，现在我

图33-27 自然现象的神话解释和科学解释（格林纳达1973，小型张9/10原大）

们知道是地球的自转和地球绕太阳的公转引起的，邮票左下角是世界气象组织成立百年的纪念徽志；第二张，大海原来是海神波塞冬的领域，现在大海里装设了自动风暴探测器；第三图，主神宙斯掌管雷电，现在可以用雷达探测到大气中的涡旋和雷雨云的形成；第四图，女神Iris和她掌管的彩虹都美丽非凡，不过现在人们释放探空气球探测大气以解释虹的生成；第五张，信使之神Hermes到处跑，他跑得过人造卫星吗；第六张，信风原来是由西风之神Zephyrus掌管的，现在知道这是大气环流的结果；第七张，丰产和农林女神德墨忒尔和在太空拍的风暴图；第八张，月亮女神塞勒涅和降雨图。这套邮票的小型张上的文字是"两位中国气象神祇"，希腊神变成了中国神，不过画的不是风伯和雨师，而是雷震子和龙王。

气象学是大气科学的一个重要分支，和人类的生活有密切关系。与气象有关的邮票很多。国际上有一个世界气象组织，它的前身国际气象组织成立于1873年。1947年9月在华盛顿召开的各国气象局长会议，通过了世界气象公约草案，1950年3月23日该公约生效，国际气象组织改名为世界气象组织。1951年底成为联合国的一个专门机构。联合国为它发行了一套邮票（图33-28，联合国1957）。1973年世界气象组织百年时，许多国家发行了邮票，如：德国（图33-29，画面是一张天气图），比利时（图33-30），芬兰（图33-31），冰岛（图33-32），韩国（图33-33），马尔代夫（图33-34，不全，缺3张高值邮票）。公约生效的日子3月23日被定为世界气象日，也有些不少国家发行邮票，如：第三届世界气象日（1962），图33-35（阿拉伯联合共和国，即埃及与叙利亚的短暂联合）；第四届（1964.3.25），图33-36（科特迪瓦），图33-37（乍得）；第五届（1965），图33-38（达荷美），图33-39（上沃尔特）；1968年，图33-40（萨尔瓦多）。1968年，不少国家和组织发行了气象观测邮票，如：图33-41（联合国）；图33-42（澳大利亚）；图33-43（加拿大1968，第一个长期定点观测200年）。还有以下关于气象学的邮票：图33-44（苏联1961，水文气象服务40年）；图33-45（俄罗斯2009，俄罗斯水文气象服务175周年）；图33-46（匈牙利1970，匈牙利气象服务100周年）；图33-47（以色列1986，以色列气象服务50年）；图33-48（日本1965，富士山顶气象台建成纪念）；图33-49（德国1983，国际大地测量学和地球物理学联合会汉堡全会）；图33-50（波兰1995，波兰的水文气象服务）；图33-51（西班牙2008，气象学）。

再看几位地球物理学家和气象学家的邮票。Schönland（图33-52，南非1991，南非科学家）是南非的著名地球物理学家，对于大气电学、闪电、雷雨云所产生的电场很有研究。南非高原上的雷电特别多，供给他大量的研究材料。二战中他到英国从事军事研究，对军用雷达很有贡献。1944年他任蒙哥马利元帅的科学顾问。战后回到南非，组建科学和产业研究理事会。英国建立原子能管理局后他任研究部主任。挪威的威廉·别克内斯（1862—1951）（图33-53，挪威1962，诞生百年）是近代气象学的先驱，他认识到，必须将流体力学和热力学结合起来，来认识大气的环流运动。他将天气预报置于科学的数学和物理学原理之上。米兰诺维奇（1879—1958）是塞尔维亚的著名数学家和气候学家，他的理论主要是从天体运动的角度来解释地球气候的变化。如果地球是太阳系内唯一的行星，它的轨

图33-28（联合国1957）

图33-29（德国1973）

图33-30（比利时1973）

图33-31（芬兰1973）

图33-32（冰岛1973）

图33-33（韩国1973）

图33-34（马尔代夫1973）

世界气象组织

图33-35（阿拉伯联合共和国1962）

图33-37（乍得1964）

图33-39（上沃尔特1965）

图33-36（科特迪瓦1964）

图33-38（达荷美1965）

图33-40（萨尔瓦多1968）

世界气象日

图 33-41（联合国 1968）

图 33-42（澳大利亚 1968）

图 33-44（苏联 1961）

图 33-43（加拿大 1968）

图 33-45（俄罗斯 2009）

图 33-46（匈牙利 1970）

图 33-47（以色列 1986）

图 33-48（日本 1965）

图 33-49（德国 1983）

图 33-50（波兰 1995）

图 33-51（西班牙 2008）

图 33-52 南非地球物理学家
Schönland（南非 1991）

图 33-53 威廉·别克内斯
（挪威 1962）

图 33-54 米兰科维奇
（塞尔维亚和黑山 2004）

图 33-55 米兰科维奇
（波黑塞族共和国 2004）

图 33-56 竺可桢
（中国 1988）

图33-57（苏联1957）

图33-58（苏联1958）

图33-59（苏联1959）

图33-60（东德1958）

图33-63（波兰1958）

图33-61（哥伦比亚1958）　　图33-62（秘鲁1958）　　图33-64（加拿大1958）　　图33-65（美国1958）

图33-66（印度尼西亚1958）

国际地球物理年

道参数是不会变的。但是它还受到其他行星的摄动，特别是大行星木星和土星的摄动，因此其轨道会有准周期性的改变。这主要有三个周期：① 地球公转轨道的形状，其偏心率在0.005到0.058之间变动（目前是0.0167），周期约为96000年。离心率越小（轨道越接近圆形），四季变化相对较不明显，也不易有冰期的发生；反之，轨道的离心率越大，四季明显，也较易产生冰期。② 地球的自转轴倾角（即赤道面与黄道面之间的交角）的变化（称为岁差），周期约为41000年，在22.1度到24.5度之间变动（目前地球自转轴倾角为23.44度），倾角小比较容易形成冰期。③ 地球自转轴的进动，周期约为26000年。这些轨道要素的变化会影响地球所接收的日照。诚然，即使轨道要素有这些变化，一年内大气圈顶部接受的太阳辐射沿不同纬度及不同季节求和的总量也基本不变，变的只是其纬度分配和季节分配。即，地球轨道的变化进一步引起地球大气圈顶部太阳辐射纬度配置和季节配置的周期性变化，从而驱动气候波动。米兰科维奇认为，当地轴倾角减小、北半球夏季地球处在远日点时，这样的轨道要素配置将导致北半球高纬区夏季太阳辐射量的减小，触发冰期气候的来临。因此，米氏理论可以概括为：65°N附近夏季太阳辐射变化是驱动冰期循环的主因。他的理论解释了历史上的冰期，也对未来的气候变化作出了预言。近年获得的一些古气候变化的地质资料支持他的理论，也显示出同样的周期。因此他的理论得到越来越多的支持。他的理论显示出天体力学与地球科学之间的相互联系。2004年是他诞生125周年，塞尔维亚和黑山（图33-54）及波黑塞族共和国（图33-55）都出了他的邮票。竺可桢（1890—1974）（图33-56，中国1988，中国现代科学家第一组）是我国著名的气象学家，曾任浙江大学校长和中国科学院副院长。他下功夫最深、成就最大的领域，是对中国历史上气候变化的研究。他用近50年的时间，研究了我国近5000年来气候的变迁。在他82岁时，写成《中国近五千年来气候变迁的初步研究》一文，备受学术界推崇。

地球是一个整体，各种自然现象的发生不以国界划分。因此，对于地球科学的研究工作，国际合作是十分重要的。有过多个关于地球科学的国际合作计划，如国际地球物理年、国际宁静太阳年（1964—1965）等。国际地球物理年是世界各国同时对地球物理现象进行观测的一次活动，从1957年7月至1958年12月，为期18个月。内容包括13个项目：(1)气象学，(2)地磁和地电，(3)极光，(4)气辉和夜光云，(5)电离层，(6)太阳活动，(7)宇宙线与核辐射，(8)经纬度测定，(9)冰川学，(10)海洋学，(11)重力测定，(12)地震，(13)火箭与人造卫星探测。许多国家为国际地球物理年发行了邮票。其中有专业内容很强的，也有技术性很弱的。前者如：图33-57（苏联1957，国际地球物理年第一组，第一枚，太阳活动性的研究；第二枚，陨石的研究；第三枚，火箭探测方法，同一套中的邮票大小如此不同，这很少见），图33-58（苏联1958，国际地球物理年第二组，第一枚，地磁学，无磁性的帆船"曙光"号；第二枚，极光的研究，C-180型照相机；第三枚，气象学，"孔雀石"型无线电经纬仪）。苏联邮政部门发行这两套邮票后意犹未尽，又于1959年发行了一套以《国际地球物理学合作》为题的邮票（图33-59，第一枚，冰川学，考察冰川的生成地；第二枚，海洋学，苏联海洋考察船"勇士"号；第三枚，南极考察，苏联南极考察站位置分布图；第

图33-67 田中馆爱橘
（日本2002）

图33-68 寺田寅彦
（日本1952）

图33-69 洛苏多（意大利1980）

图33-70 施密特（苏联1966）

图33-71 施密特（白俄罗斯2001）

图33-72 施密特（苏联1935）

四枚，火箭升空考察）。其他邮票还有图33-60（东德1959，第一枚，苏联于1957年10月4日发射的第一颗人造卫星；第二枚，高空探测气球；第三枚，测洋深），图33-61（哥伦比亚1958，图中为卡尔达斯和他发明的沸点海拔高度计），图33-62（秘鲁1958，邮票上下面一行黑字是"地球的磁赤道"，秘鲁就位于磁赤道上）；专业内容比较少的如图33-63（波兰1958，左图北极熊，右图火箭和卫星），图33-64（加拿大1958，用显微镜详细考察地球），图33-65（美国1958，图中的两只手是米开朗琪罗的壁画《创造亚当》的一部分），图33-66（印度尼西亚1958）。发行国际地球物理年邮票的还有阿根廷、智利、保加利亚、挪威等国。

　　下面再介绍一些出现在邮票上的地球物理学家。田中馆爱橘（1856—1952）（图33-67，日本2002）是日本物理学界的元老，是日本最早派出到西方的在国内上过大学的留学生之一。（明治维新开始于1868年，最早派出留学的是一些武士。）他在1880年测定了东京和富士山顶的重力。1882年毕业于东京帝国大学理学部物理学科。1888年赴英国留学，在格拉斯哥大学从开尔文爵士主攻电磁学，1889年转到柏林大学，1890年获理学博士学位后回国，就任东京帝国大学教授。（作为对比，我国的詹天佑生于1861年，1872年作为第一批幼童赴美留学。）1891年名古屋发生大地震，死7000余人，他因而转入对地震的研究，建立了东京大学地震学研究所，奠定了日本地球物理学的基础。他是日本采用米制度量衡系统的组织者。他在欧洲看到飞机的发展，鼓吹在日本也发展航空业，在自己的实验室里建造了一个风洞，并于1918年在东京大学建立了航空系。他是日本重力、地磁场、地震、测地、度量衡、航空等学科领域的创始人。他终生对日文的拼音化感兴趣，设计了一套拉丁化拼音方案。寺田寅彦（1878—1935）（图33-68，日本1952）是日本的物理学家和散文作家，毕业于东京大学物理系，任东京帝国大学及地震研究所教授。他在物理学方面的研究范围很广，但作为一个散文作家更出名。他是夏目漱石的学生。商务印书馆在新中国成立前出的万有文库中，有他与别人合著的一本《地球物理学》（寺田寅彦、坪井宗二著，郝新吾译）。俄国的楞次（见前面的图19-15）也是一位著名的地球物理学家，在全球科学航行中，他发现并正确解释了大西洋和太平洋赤道南北的海水中含盐量较高，且大西洋的比太平洋的高，而印度洋含盐量低的现象。1845年，在他倡导下，建立了俄国地理学会。洛苏多（1880—1949）（图33-69，意大利1980，诞生百年）是意大利著名物理学家，曾任罗马的物理研究所所长。他的研究领域是地球物理学，包括地震学。他是斯塔克效应的独立发现者，在意大利，这个效应被称为斯塔克-洛苏多效应。1908年发生在麦西拿的地震，他的双亲和除他弟弟以外的其他亲戚都遇难了。他帮助建立了意大利国立地球物理研究所。施密特（1891—1956）（图33-70，苏联1966，诞生75年；图33-71，白俄罗斯2001，诞生110年）是苏联数学家、天文学家和地球物理学家，苏联关于北极资源调查和开发计划的负责人。他曾因率领北极考察队完成考察而获得苏联英雄称号。他在北极考察遇险，考察船被冰封在北极圈内，苏联政府花了很大的力量营救他率领的考察队成功出险，并为此作了大力宣传，包括1935年曾出过一套成功救援纪念邮票（图33-72）。

最后介绍大地构造的板块模型。这个模型认为，薄薄的地壳岩石层浮在地幔的软流层上，分割为一些板块，可以相对运动。这个模型的先驱是德国气象学家和地球物理学家魏格纳（图33-73，奥地利1980，诞生百年）1912年提出的大陆漂移假说（图33-74，东德1980，诞生百年；图33-75，西柏林1980，诞生百年；图33-76，圣文森特和格林纳丁斯2000，千年纪邮票，下方的文字是："1912年，魏格纳的大陆漂移理论"）。魏格纳是奥地利格拉茨大学教授，曾先后四次参加和组织去格陵兰探险（图33-77，丹麦1994，欧罗巴邮票），1930年11月在格陵兰中部探险途中不幸在暴风雪中牺牲。格陵兰于2006年发行了纪念他的邮票和小型张（图33-78）。在魏格纳之前，人们都认为地壳只有垂直方向隆起和沉降的运动，而没有水平方向的运动，海洋和陆地都是固定的。魏格纳根据相隔大洋的两块大陆的种种相似性和连续性，包括海岸线的形状（特别是南美洲东海岸与非洲西海岸的相似性，见图33-75）、地层、构造、岩相、古生物等，认为大陆有水平方向的漂移，而且在地质年代里已漂移了很大的距离。非洲和南美洲原来是连在一起的，最早的古大陆是一块整体的陆地，经过漂移才形成今天的海陆布局。南非地质学家杜特瓦（图33-79，南非1991，南非科学家）也主张大陆漂移说，但是对魏格纳的学说有所修正，他认为有两块古大陆，一是北方的劳亚古陆，一是南方的冈瓦纳古陆，两者为特提斯海（古地中海）所隔。但是，魏格纳不能说明是什么动力引发了这种漂移，因此相信大陆漂移学说的人很少。

到了20世纪50年代末期，大陆漂移有了更多的证据（如古地磁学的证据），学者们

图33-73（奥地利1980）

图33-74（东德1980）

图33-75（西柏林1980）

图33-76（圣文森特和格
林纳丁斯2000）

图33-77（丹麦1994）

图33-78（格陵兰2006）

图33-79 杜特瓦（南非1991）

将它与海底扩张假说结合起来，假设地幔对流引发海底扩张，对流环拖动大陆漂移，提出了板块模型。全球的岩石层划分为几大板块，相对运动时板块的边界相互挤压，集中释放能量，造成剧烈的地质活动并成为地震活动带。板块模型有许多事实支持，解释了许多问题，是20世纪下半叶自然科学四大模型之一，另外三个模型是粒子物理学的标准模型、宇宙学的标准模型和DNA双螺旋模型。这些模型广义上都属于物理学范畴。建立模型的方法，抓住主要矛盾、忽略次要矛盾的方法，本来就是在物理学中发展起来的，并且在物理学中用得最为成功。

34. 测量和物理量单位制

物理学的定量化离不开物理量的测量。为了尽量提高测量的精度，物理学家设计制造了各种测量工具。例如最简单的长度测量，在米尺之外还有游标卡尺（图34-1，西德1988，"德国造"产品）和螺旋测微计（图34-2，瑞士1983，瑞士机器制造商协会100周年），它们的测量精度比米尺分别高一个和两个量级。这种精密量具是其生产国工艺水平的标志和骄傲，熟练地使用它们是技工培训的内容之一（图34-3，美国1962，学徒培训法案25周年）。会使用游标尺和拉计算尺，也是对工程师和技术员的起码要求（图34-4，罗马尼亚1962，工程师和技术员协会即ASIT第二次大会）。

测量需要有单位。在日常生活和社会交往中，也需要有对长度、体积、时间、重量计量的度量衡标准。

一个好的单位制应当满足以下要求：

第一，它应当是统一的，通用于不同国家、地区、人群之间，省去换算的麻烦。正因为如此，秦始皇统一度量衡，至今还为人所称道。

第二，它的基准应当稳定、准确。

第三，它应当便于使用。这包括几个方面：主单位的大小应当同常用的大小同一量级，否则单位前的数字过大或过小，都不方便；而且主单位与辅单位的进位关系应当简单，最好与计数进位一致，也是十进位。像1英尺＝12英寸，1码＝3英尺，1英里＝1760码这样的进位关系，肯定是不方便的。

人类自古以来就进行各种各样的测量（图34-5，荷兰1986，古代的测量仪器，第一张，称量；第二张，时计的内部机构；第三张，气压计；第四张，天文观测），也规定了各种测量单位（图34-6，丹麦1983，度量衡法规300周年）。但是，已规定的单位制不见得是个好单位制。人类历史中单位制的演变就是各国原来的单位制向一个更好的单位制统一的过程。

图34-1（西德1988）

图34-2（瑞士1983）

图34-3（美国1962）

图34-4（罗马尼亚1962）

图34-5 古代测量仪器（荷兰1986）

图34-6 度量衡法规
300年（丹麦1983）

图34-7 塔列朗
（法国1951）

图34-8 法国首先实行
公制（法国1954）

图34-9（墨西哥1957）

图34-10（巴西1962）

图34-11（南斯拉夫1974）

图34-12（芬兰1987）

图34-13（丹麦2007）

图34-14（日本1959）

图34-15（韩国1964）

图34-16（印度2006）

图34-17（巴基斯坦1974）

图34-18（孟加拉国1983）

图34-19（新西兰1976）

图34-20（南非1977）

图34-21（苏联1975）

图34-22（瑞典1975）

图34-23（荷兰1975）

图34-24（韩国1975）

图34-25（保加利亚1975）

单位制的变革涉及社会生活的各个方面，阻力是很大的。法国大革命不愧是一场彻底的资产阶级民主革命，它不仅将国王送上断头台，还对社会生活的方方面面作出了变革。它改革了计量单位，促进了新的、更合理的计量单位制的建立。1790年，法国国民议会在国民议会议员、政治家塔列朗（图34-7，法国1951）的提议下，决定改革度量衡制度，责成法国科学院组成度量改革委员会，成员有拉格朗日、拉普拉斯、蒙日等。次年，委员会提议以经过巴黎的子午线自北极至赤道段的1000万分之一为长度的基本单位，定名为米，并定义1立方分米在4摄氏度下的水在真空中的重量为1千克。在拉格朗日的坚持下选择了十进制（当时很多人主张用十二进制）。这样就从米的定义出发，建立了一套全面采用十进制的度量衡单位系统，所以称为米制（我国又译为公制）。还补充了库仑和著名化学家拉瓦锡等为委员会成员，并由拉瓦锡担任主席。委员会一面派科学家测量从法国敦刻尔克到西班牙的巴塞罗那的一段子午线的长度，一面由拉瓦锡等人精密称量水的重量，积极为米制做准备。

　　在拉瓦锡被处死（见第25节）后，计量改革委员会仍然保持了下来，继续工作。1799年，他们把最后的测量结果铸成一个铂的米原器和一个铂的千克原器，法国政府公布法令，正式建立米制（图34-8，法国1954，第10届国际计量会议及米制150年）。经过40年推行，到1840年米制在法国取代了旧制。

　　米制的简单和方便适应国际通用计量制的要求，逐渐被各国接受。从邮票上的记录可以追踪米制推广的轨迹：欧洲大陆和南美许多国家早在19世纪就采用米制了，见图34-9（墨西哥1957，采用米制100年，图上是米尺、砝码和日晷）；图34-10（巴西1962，采用米制100年，邮票右缘是刻度到毫米的尺子）；图34-11（南斯拉夫1974，采用米制100年，图上是软尺折成的大写字母M，西文中米的简写）；图34-12（芬兰1987，芬兰采用米制100年，图上是米原器）；图34-13（丹麦2007，丹麦采用米制100年）。此外，罗马尼亚于1866年采用米制，匈牙利于1876年采用米制，在百周年时都发行了邮票，这些邮票上有新加的其他基本物理量的单位，后面再介绍。二战后的亚洲国家中，战败的日本于1959年采用米制（图34-14，日本1959，彻底采用米制，图上是天平、量杯和皮尺）；战后独立的韩国于1964年采用米制（图34-15，韩国1964，米制引入韩国，图上是米尺、天平、量杯和米制中的单位米、千克、升的符号）。20世纪70年代，英国决定逐步全面地从英制过渡到米制，英联邦国家纷纷改用米制，见：图34-16（印度2006，世界消费者权利日）；图34-17（巴基斯坦1974，国际度量制，图上是国际度量衡制中的单位名称，重量是克，容量是升，长度是米）；图34-18（孟加拉国1983，引入米制）；图34-19（新西兰1976，改用米制，右边的图案由砝码、尺子、量杯和温度计四种测量质量、长度、容积和温度的用具组成，左边是字母m，英文中量度的首字母）；图34-20（南非1977，采用米制，地图下端的红色区域代表南非的位置，地图上的大M表示米制领导世界潮流）。当时由肯尼亚、坦噶尼喀和乌干达组成的东非共同市场（1971）、澳大利亚（1973）和圭亚那（1982）也为改用米制发行了邮票，宣传米制的常识和与英制如何转换，见下文。美国是现在仍使用英制单位的国家。

图34-26 纪尧姆（瑞典1980）

图34-27 纪尧姆
（马尔代夫1995）

图34-28 沙特林
（苏联1966）

图34-29 乔吉（意大利1990）

　　1875年在巴黎举行了国际会议，有20个国家参加，其中的17国签订了"米制公约"。从此米制就成为一种国际通用的单位制。会后参照法国的米原器和千克原器，制作了一套新的国际原器，分别作为长度和质量（而不是重量）单位的基准。截至1985年10月，米制公约的成员国已发展到47个。我国在1977年参加这个公约，按照国务院1984年的命令，我国应当在1990年年底前完成从市制到米制的过渡。

　　1975年，为纪念米制公约100周年，许多国家发行了邮票。图34-21是苏联的，是米、千克、秒三个单位的符号；图34-22是瑞典的，是软尺卷成的字母m，与南斯拉夫邮票图34-11的设计相似；图34-23是荷兰的，画面上是米尺的一段；图34-24是韩国的，画面上是米原器的截面和米制中度量衡三种单位的名称；图34-25是保加利亚的，上有保存在真空中的千克原器和米原器的详细尺寸。瑞士、法国发行的纪念米制公约100周年的邮票上有新内容，见下文。

　　米制公约规定定期召开国际计量大会，并在巴黎建立国际计量局，任务是：保存单位基准，使之有良好的长期稳定性；组织国际比对（即比较测量）；进行基础研究，以改进参考基准和测量技术，或引入新的参考基准和测量技术。从1915年起到1936年担任国际计量局局长的是瑞士物理学家纪尧姆。他由于发现镍钢合金的反常特性，对精密计量物理学作出重大贡献，荣获1920年的诺贝尔物理奖（图34-26，瑞典1980；图34-27，马尔代夫1995）。他的主要发现是殷钢（invar）和艾林瓦合金（elinvar），前者的热膨胀系数极低，能在很宽的温度范围里保持长度固定；后者是一种镍铁铬合金，在相当宽的温度范围内热弹性系数实际上为零（即杨氏模量不变），热膨胀系数也很低。它们在精密仪器制造中很有用处，如用殷钢制造天文钟的摆，用艾林瓦合金游丝制成精密钟表中的无二次误差的全补偿摆。

　　沙特林（图34-28，苏联1966，苏联科学家）是苏联著名的电气工程师，苏联科学院通信院士。1929年起任苏联中央度量衡局局长，并在1929—1949年任国际度量衡委员会委员。他的工作涉及电工学的一般问题、照明工程、计量学和技术史。

　　除了前面说过的几条之外，物理学中对单位制还有更多的考虑。物理学考虑不同种类的物理量之间的关系，不同的物理量之间是通过定义或物理定律相联系的，它们的单位之间也有联系。选择少数几个物理量（基本量）的单位为基本单位，其他物理量的单位可由它们导出（导出单位）。麦克斯韦强调，应当建立一种一致（coherent）的单位制，即从基本单位导出其他单位（导出单位）时，所用的关系式（定义或物理定律）中的比例常数应取为1。这样，便能得到各个物理量之间的最简单的关系，避免了麻烦的数值因子。

　　基本量的数目和选法不是唯一的。基本量选定之后，用不同的物理公式来导出其他单位，所得到的导出单位的量纲和大小也不相同。因此，要建立一套单位制，首先要选定基本量和基本单位，然后还要选定规定其他物理量单位的物理公式。一般来说，基本量的数目选得多，有助于区别不同物理量的量纲，但物理公式较复杂，将有较多的物理常数出现；反之，公式比较简单，但具有相同量纲的物理量的数目将增多。

　　物理学中最早是选择长度、质量和时间三个量为基本物理量，选择它们在米制中的单位厘米（cm）、克（g）、秒（s）为基本单位，这就是老一辈人熟知的CGS制。对于力学现象来说，三个基本物理量已经够了。

　　19世纪占支配地位的是机械论的观点，认为全部物理学可以归结为力学。因而新发现的电磁现象的单位也可以从力学单位导出。从力学单位导出电磁学单位，可以遵循两条定律：一条是从静电学的库仑定律出发从作用力定义电荷的单位；另一条是从安培定律出发定义电流的单位。二者得出的单位是不同的。如果力学单位采用CGS制，前者得出的叫CGSE单位制，后者得出的叫CGSM单位制。

　　但是，CGSM制中好些单位的量值太小，从事实际工作的工程师们觉得很不方便。于是又补充引入了一些实用单位，如伏特（电动势）、欧姆（电阻）、安培（电流）、瓦特（功率）。它们都是CGSM制中的相应物理量的单位的10的整数次方倍，并且相互之间是一致的。意大利工程师乔吉发现，如果长度、质量和时间的基本单位改用米（m）、千克（kg）和秒（s），得到的机械功的单位刚好就是电功的实用单位焦耳。但是，仅仅在CGSM制中把长度单位换成米、质量单位换成千克，还不足以保证自动得出伏特、安培、欧姆等电学实用单位。问题的关键是，电磁学量不能归结为力学量，因此应当增加一个电学量为基本物理量，具有独立的量纲。这样，就可以直接把它的单位（乔吉原来的建议是欧姆）定义成基本单位，而电学量在量纲上也可以同力学量区别开来了。这样，再规定真空磁导率为 $4\pi\times10^{-7}$ 牛/安^2，不论从库仑定律出发还是从安培定律出发，都能一致地导出整套电学实用单位。1935年，国际电工委员会通过了乔吉的建议。1948年，国际计量大会正式决定采用米–千克–秒–安培制即MKSA制，这基本上就是乔吉的建议，只是第四个基本单位改用安培（图34-29，意大利1990，纪念乔吉发明MKSA电工单位制55周年）。

　　法国物理学家布隆代尔（图34-30，法国1942）因发明电子示波器和发展光度学而闻名。他于1893年发明电子示波器，使电学研究人员能直观地看见各种变化过程（不论是稳

图34-30 布隆代尔
法国1942）

图34-31（罗马尼亚1966）

图34-33（法国1975）

图34-34（古巴1977）

国际单位制（SI）

图34-32（瑞士1975）

图34-35（匈牙利1976）

图34-36（东非共同体1971）

图34-38（澳大利亚1973）

英制与公制单位之间的换算

图34-37（加纳1975）

态还是瞬态）的波形，这是一种重要的测量仪器。1894年他以米和烛光为基础提出了光度学新的计量单位制，1896年经国际会议认可后一直沿用多年。

MKSA制只包括力学单位和电学单位。1954年，国际计量大会决定增加热力学温度单位开尔文和发光强度单位坎德拉为基本单位。1960年，把这套实用单位制定名为"国际单位制"（SI）（图34-31，罗马尼亚1966，罗马尼亚采用米制100周年，第一张邮票形象地表示米原来的定义，即1 m为子午线的一个象限的1000万分之一，第二张邮票上有SI符号，并有SI制中各个基本单位的符号），并重新定义长度单位米为^{86}Kr原子的$2p_{10}$和$5d_5$两条能级之间跃迁对应的辐射在真空中的1 650 763.73个波长的长度。1971年，又决定增加物质的量的单位摩尔。1975年后发行的有些邮票反映了这些新内容。图34-32（瑞士1975，米制公约100年）中有米原器和氪红线的波形，反映了长度基准的改变。图34-33（法国1975，米制公约100年）的内容最全，有1875年公约的签字、氪原子及其辐射和1650763.73这个数字（小字）以及7个基本单位的符号。图34-34（古巴1977，国际单位制）有西班牙文中7个基本单位的名称和古巴地图。图34-35是匈牙利于1976发行的纪念米制引入匈牙利100周年的邮票（全套3张），第一张上是米原器和1876年采用米制的法律，第二张上是千克原器、真空天平和匈牙利科学院院士Krusper Istvan的肖像，第三张上是法布里-珀罗干涉仪和用氪红线为光源生成的干涉图（用来测量波长），以及SI中7个基本单位的匈牙利文名称。

在SI单位制中，除7个基本单位外，还有18个具有专门名称的导出单位，如赫兹、牛顿等。在基本单位和有专门名称的导出单位中，共有18个来自著名物理学家的名字，即安培、开尔文、摄氏度（来自摄耳修斯）、赫兹、牛顿、帕斯卡（压强单位）、焦耳、瓦特、库仑、伏特（来自伏打）、法拉（来自法拉第）、欧姆、西门子（电导单位，欧姆的倒数）、韦伯（磁通量单位）、特斯拉（磁通密度单位）、亨利、贝克勒耳（放射性活度单位）和戈瑞（比授予能单位，授予1千克受照物质以1焦耳能量的吸收剂量，来自Louis H. Gray的名字）。其中韦伯、亨利和戈瑞迄今还没有邮票，其他15个物理学家是有邮票的。这些邮票散见于本书各节，请读者自己去查找。

最后介绍英联邦国家的几套邮票，它们是在这些国家从英制改到公制时发行，介绍公制制单位与原来所用的英制单位之间的换算关系，宣传日常生活中米制单位的应用。图34-36是当时由肯尼亚、乌干达和坦噶尼喀组成的东非共同体1971年发行的。第一枚是质量单位的换算，1千克等于2.2磅；第二枚是温度摄氏表和华氏表读数的换算；第三枚是容积的米制单位升与英制单位加仑、夸脱、品脱的比较；第四枚是长度单位的换算，画面是测地和三国的地图。四周的小字是换算公式。图34-37（加纳1975）内容相同，不过温度一张介绍得更细致一些：水的冰点是0°C，沸点是100°C，人的正常体温是37°C。图34-38（澳大利亚1973）用卡通画形式来做这一工作。那位肥佬高5英尺11英寸，相当于1.8米；重15石10磅（石是英国重量单位，用于体重时1石等于14磅）相当于100千克；他喝的饮料7流量盎司（英国容积单位，1流量盎司 = 1/20品脱，合28.4毫升）相当于200毫升；他躺在床上发低烧，100华氏度相当于38摄氏度。图34-39（圭亚那1982）是圭亚那宣传实行米制的邮

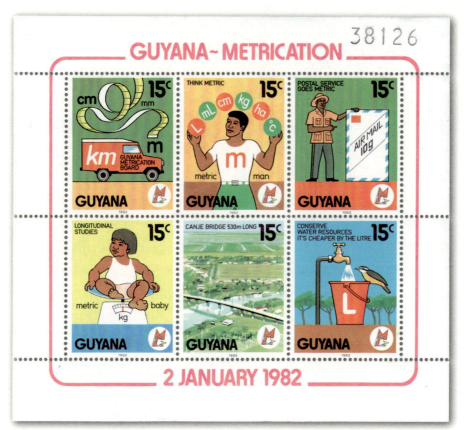

图 34-39（圭亚那 1982）

票。这次改制的徽志由 M（米制）和 G（圭亚那）两个字母组成，像是一台显微镜。第一图皮尺和上有"圭亚那度量局"的卡车；第二图玩魔术的人，他扔的球上写着各种单位，其中的 ha 不知道是什么意思；第三图是邮政也将以公制称量；第四图一个 baby 称体重；第五图是一座桥长 530 m；第六图是节约水资源，一个容量以升计的提桶。这些邮票意在利用邮票巨大的宣传功能向群众普及单位换算知识。

35. 理论物理学独立成军·
物理学的数学工具

　　数学和物理学有着密切的关系。数学首先是帮助物理学、天文学、工程和实用科学进行繁复的算术计算。对数是进行算术计算的一个强有力的工具，它把数的乘除化为加减，简化了算术运算。对数是苏格兰数学家纳皮尔于1614年发明的。他并不是像今天这样从指数函数反过来定义对数函数（当时还没有指数函数的概念），而是要生成两组数，当其中一组数按等差关系增加时，另一组数按等比关系增加。图35-1是尼加拉瓜1971年发行的"改变世界的10个公式"邮票中关于对数的一张。一个多世纪后，斯洛文尼亚人维加（1754—1802。图35-2，南斯拉夫1954，诞生200年；图35-3，斯洛文尼亚1994，欧罗巴邮票，发明与发现）编制出7位和10位的常用对数表。根据对数原理制成的计算尺，一直使用到20世纪60年代计算机初步普及为止。

　　同时，数学逻辑又是物理学理论体系的一部分。自然科学以实验为基础，物理学作为其分支，当然也是如此。19世纪之前的物理学完全是一门实验科学。但是，物理学又包含着极强的理论思维。19世纪下半叶电磁理论和分子运动论的成功，充分显示了理论思维的威力；随着相对论和量子论两次革命，随着数学在物理学中的广泛运用，理论物理学成长为物理学的一个独立的分支。此后，再把物理学说成是单纯的实验科学就不合适了，20世纪的物理学已成为一门理论与实验密切结合的科学。

　　物理学的不同分支需要不同的数学工具。爱因斯坦为建立广义相对论使用黎曼几何是一个例子。矩阵力学需要由了解矩阵的、数学修养很高的玻恩来建立是另一个例子。

　　数学表述是精密的物理学理论的必要条件，但是单个物理定律的数学表述还不是理论物理学。理论物理学立足于物理实验的总和，从假说和模型出发，在严格的逻辑推理的基础上，运用复杂的数学工具，演绎出一个宏伟的、以自然界的统一为目标的理论体系，解释和预言物理现象，发现物质结构、运动和相互作用的基本规律。物理学的每个分支都有自己的

对数的发明和维加编制对数表

图35-1（尼加拉瓜1971）　　　图35-2（南斯拉夫1954）　　　图35-3（斯洛文尼亚1994）

图35-4（西德1955）　　　图35-5（东德1977）　　　图35-6（马绍尔群岛2012）

高斯

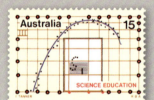

图35-7（澳大利亚1974）　　　图35-8（尼加拉瓜1994）　　　图35-9（几内亚2010）

奥斯特罗格拉德斯基

图35-10（苏联1951）　　　图35-11（俄罗斯2001）

理论问题，而理论物理学则着重各种物理现象的共同规律和普遍方法。

19世纪末，当时作为世界物理学中心的德国大学里，开始设立理论物理学教授的席位（这种职位曾被当时的人视为怪事，曾有人问道："怎么，物理学还有理论？"），建立理论物理研究所，这是理论物理学成为独立分支的标志。普朗克（邮票见第34节）于1888年就任柏林大学的副教授和新成立的理论物理研究所所长，索末菲于1906年担任慕尼黑大学理论物理学教授并主持建立理论物理研究所。他们两人授课的讲义写成两套理论物理学教程，后来都成为名著。这两个理论所和玻恩主持的哥廷根大学理论物理研究所，以及成立更晚的以玻尔为核心人物的哥本哈根大学理论物理研究所（1921年）和美国普林斯顿高等研究所（1930年），都是著名的理论物理中心。

数学是物理学家的重要思维工具，它能以精确的和便于讲授的形式表述自然规律。我们前面说过的一些伟大的物理学家，如阿基米德、牛顿、拉格朗日、拉普拉斯、哈密顿、安培、麦克斯韦，同时又是高明的数学家。数学能够使物理学家的目光更深邃，深入到事物的本质。牛顿强于胡克，麦克斯韦超出法拉第，开普勒和第谷的区别，安培不同于奥斯特，一个重要方面就在于数学素养的高低。正是由于数学素养不同，第谷观测终生，开普勒却从他的观测资料总结出行星运动定律和椭圆轨道；胡克只是模糊地猜想引力与距离的平方成反比，牛顿却提出了万有引力定律，统一了地上的苹果和天上的月球的运动；法拉第从大量实验中提出了力线和场的概念，麦克斯韦却建立了电磁场方程组；奥斯特观察到电流的磁效应，安培却提出了两个电流元的作用力的安培定律。

数学不仅给予物理学家以思维武器，而且一些有名的数学家又是伟大的物理学家，如前面讲过的费马、伯努利、欧拉、柯西。又如高斯（图35-4，西德1955，逝世百年；图35-5，东德1977，诞生200周年，用直尺和圆规画几何图形；图35-6，马绍尔群岛2012，伟大科学家），他是有史以来最伟大的两位数学家之一（另一位是欧拉），有名的数学王子，在纯数学方面有许多杰出贡献，如代数基本定理的严格证明、数论、非欧几何、微分几何、超几何级数、复变函数论等。同时他在物理学方面也有许多贡献，物理学中以高斯命名的东西可谓多矣，如静电学中的高斯定理、电磁学中的高斯单位制、光学中的高斯光学（近轴光学）和高斯型谱线轮廓、实验数据的高斯误差分布等。高斯在地磁学（见第30节）、天文学——小行星轨道的计算、实验数据处理（发明最小二乘法，见图35-7，澳大利亚1974，最小二乘法曲线拟合）等方面也有开创性贡献。他从1807年起任哥廷根大学天文台长直至逝世，见图35-8（尼加拉瓜1994，背景为哥廷根大学）。他提出小行星轨道的计算方法，只根据三次观测就可以确定小行星的轨道。他用这个方法，准确计算出人们发现的第一颗小行星谷神星和第二颗小行星智神星的轨道（图35-9，几内亚2010，下方的文字是"2010年近地小行星2010 AB78的发现）。在电学中，高斯定理是静电场的基本方程之一，它反映了静电场是有源场这一特性。正电荷是电力线的源头，负电荷是电力线的终点。它是由库仑定律直接导出的，完全依赖于库仑力的平方反比特性。把它写成微分形式，就是电位移的散度等于该点自由电荷的体密度。俄国数学家奥斯特罗格拉德斯基（图

数域的扩充：复数和四元数

图35-12 复数（西德1977）

图35-13 四元数（爱尔兰1983）

图35-14 斯捷克洛夫（乌克兰2010）

贝塞耳

图35-15（西德1984）

图35-16（尼加拉瓜1994）

图35-17 希尔伯特（刚果2001）

罗巴切夫斯基

图35-18（苏联1951）

图35-19（苏联1956）

图35-20（俄罗斯1992）

35–10，苏联1951，诞生150年；图35–11，俄罗斯2001，为纪念他诞生200年而发行的邮资封上的邮资图）也独立发现了散度定理，俄国人称之为奥斯特罗格拉德斯基–高斯定理。

高斯使用复数的平面表示，严格地表述了复数理论（图35–12，复数平面，西德1977，高斯诞生200周年）。从实数到复数是数域的一大推广。复数在物理学中有广泛的应用。不过，在经典物理学中，物理量只由实数表示，复数只是作为一种辅助的计算工具，最后求出解以后取实部以得出真实的物理量。在量子力学中情况则根本不同。复数在理论中起着基本的作用，不论是薛定谔方程还是基本对易关系中都出现虚单位i。基本的物理量概率振幅 Ψ 是一个带相位的复数，复相位是一切干涉现象的根源。总之，复数已成为量子力学理论的一个组成部分，没有复数，量子理论的表述是难以想象的。有数学能力的读者，可以试着分别取薛定谔方程的实部和虚部，看得到的是什么东西。

哈密顿推广复数概念发明四元数（图35–13，爱尔兰1983，欧罗巴系列，科学发现，哈密顿四元数乘法公式）。一个四元数 $(a,b,c,d) = a \cdot 1 + b \cdot i + c \cdot j + d \cdot k$，其中 a,b,c,d 是实数，基i，j，k则由图35–12中的规则定义乘法。a 称为一个四元数的纯量部分，$b \cdot i + c \cdot j + d \cdot k$ 称为四元数的向量部分。四元数的乘法不服从交换律，因此在物理学中应用不多，仅在刚体力学中有一些应用。曾有过许多将四元数应用于量子力学、相对论和量子场论的尝试，但除了某些情况下形式较简单外，未获得新的结果。不过 $a = 0$ 的四元数（向量四元数）就是三维空间的矢量，矢量在物理学中有广泛的应用。矢量分析方法是吉布斯在19世纪80年代为研究光学和电磁理论而发展起来的。

数学的多个分支在物理学中有应用。例如，微积分的发明直接有助于加速度（二次微商）概念的建立，因而与牛顿运动定律的建立密切相关。许多物理定律都用微分形式表示，因为用微分形式表示最简单，实际过程的复杂性往往不是由于它所遵从的物理定律复杂所引起，而是由复杂的积分或定解条件引起的。微分方程的初值问题依靠初值条件定解，这直接反映了物理学中的因果律。

偏微分方程是场论天然的数学工具。牛顿的体系是以粒子为基础的，为了建立和求解运动方程，它只需要微商概念和常微分方程组。对于可变形体的力学，如果不考虑它们是怎样由粒子组成的，而把它们当成连续介质，就要用到偏微分方程；而在麦克斯韦建立电磁场理论后，连续的场成为基本的物理实在，偏微分方程就成为基本的数学工具了。爱因斯坦说："偏微分方程进入理论物理学时是婢女，但是逐渐变成了主妇。"许多数学家由于提出了偏微分方程的解法而解决了物理问题。斯捷克洛夫（1864—1926）（图35–14，乌克兰2010，哈尔科夫多科工业大学125周年）是俄国数学物理学派的创始人，1912年被选为彼德堡科学院院士，主要从事关于热传导、旋转物体的平衡和静电问题的研究。

某些常用的偏微分方程在不同的正交曲面坐标系中分离变量，其径向方程的解可表示为一些在物理学和工程中极为常用的特殊函数，如柱面坐标系中常用的贝塞耳函数是德国天文学家贝塞耳（1784—1846）第一次定义和使用的（图35–15，西德1984，贝塞耳诞生200周年，图上是贝塞耳的肖像和零阶与一阶贝塞耳函数的图像；图35–16，尼加拉瓜

1994，著名天文学家）。贝塞耳于1810年在科尼斯堡建立天文台，担任台长直至逝世。他第一个测出恒星的视差（1837年测出天鹅座61的视差）。他又根据天狼星和南河三恒星自行的波浪式起伏，预言它们都有暗伴星存在。

薛定谔创立波动力学，建立的波动方程也是二阶偏微分方程。在薛定谔的文章发表（1926）之前，1924年出版了库朗和希尔伯特的巨著《数学物理方法》，书中有理解薛定谔文章所需的全部数学基础，薛定谔本人也在这本书中找到了他的方程在一些特殊情形下的解法。事实上，这本书的前面讨论了线性变换，这正是矩阵力学要用的数学工具；而它的主要内容偏微分方程，则是波动力学的数学工具。因此，量子力学史专家雅默（M.Jammer）说这本书"正好包括了量子力学发展所依据的代数工具和分析工具，它对量子理论的发展所起的作用怎么估计也不为过"。[1]

希尔伯特（图35-17，刚果2001）是20世纪最伟大的数学家之一，他的数学贡献是巨大的和多方面的。这里我们只说他提出的希尔伯特空间的概念。希尔伯特空间是无限维的可定义内积（即平方和收敛）的空间，它是n维欧几里得空间的推广。希尔伯特空间是描述量子力学的基本工具之一，量子态是希尔伯特空间中的矢量，力学量则是希尔伯特空间的算符。1931年前，匈牙利数学家冯·诺伊曼用希尔伯特理论在数学上最严密地表述了量子力学。由于他的工作，量子力学和算子理论可以看成同一问题的两面。在1932年出版的《量子力学的数学基础》至今仍是这一领域的标准著作。因为冯·诺伊曼更著名的工作是程序存储计算机，他的邮票放到后面第67节计算机和物理学中。

罗巴切夫斯基（1792—1856）（图35-18，苏联1951，俄国科学家；图35-19，苏联1956，逝世百年；图35-20，俄罗斯1992，诞生200周年纪念邮资封上的图）建立了第一种非欧几里得几何。非欧几何是关于弯曲时空的几何，这就打破了时空一定平直的迷信。爱因斯坦运用另一种非欧几何——黎曼几何，建立了广义相对论。广义相对论指出，物质的存在会引起时空弯曲，引力场实际上是弯曲的四维时空。爱因斯坦找到了物质分布影响时空几何的引力场方程。对广义相对论的最好解说是这两句话：物质告诉时空怎样弯曲，时空告诉物质怎样运动。

莫比乌斯环带是一种特殊的拓扑结构，把一个长纸条扭转180°，再首尾相接起来，就成了一个莫比乌斯环带。它具有独特的拓扑性质，一只蚂蚁在它上面爬，无须越过边界，便可以从它的一面爬到另一面。莫比乌斯环带在邮票上出现过好几次（图35-21，巴西1967，第6届数学讨论会，impa是纯粹和应用数学学会的首字母简写，莫比乌斯环带可能是他们的会徽；图35-22，巴西1973；图35-23，荷兰1969，比荷卢关税联盟成立25周年，这个关税联盟是1944年三国的流亡政府在伦敦签字成立的，图上的纽带是莫比乌斯环带结构，图案是三国国旗，荷兰和卢森堡的国旗同样是红、白、蓝三色，但是卢森堡的蓝色浅一些，BENELUX即比荷卢联盟，是三国国名首2～3个字母的合成词）。莫比乌斯环带已经有若干应用，比如，如果传送带做成莫比乌斯环带的形状，那就不会只磨损一面了。莫比乌斯（1790—1868）是德国数学家，他留下了3个数学遗产：莫比乌斯环带（拓扑学）、莫比乌

1 M.Jammer, The Conceptual Development of Quantum Mechanics, McGraw-Hill, 1966, p.217.

图35-21（巴西1967）　　　　图35-22（巴西1973）　　　　图35-23（荷兰1969）

图35-24　雅各布第一·伯努利　　　图35-25　伽罗瓦和群论　　　图35-26　1+1=2（尼加拉瓜1971）
（瑞士1994）　　　　　　　　　　（法国1984）

斯变换（射影几何学）和莫比乌斯反演（数论）。我国陈难先院士将莫比乌斯反演公式创造性地应用于凝聚态物理问题，得到了不少巧妙的结果。

概率论在统计物理学中有广泛的应用，许多数学家都为概率论的发展作出过贡献，瑞士伯努利家族中的雅各布第一·伯努利（1654—1705）得出了概率论中的大数定理（图35-24，瑞士1994，图中为肖像、平均值定义式及大数定律的图像）。在统计物理学中首先应用概率论的物理学家是克劳修斯和麦克斯韦。

群论是关于对称性的理论，创立者是法国天才数学家伽罗瓦（图35-25，法国1984，画面上的字是：革命者和几何学家）。他是在研究高次代数方程求解的过程中得出群的概念的。他刚21岁就死于一次决斗，简直还是个孩子。皮埃尔·居里（邮票见第39节放射性的发现）在研究晶体的对称性时首先把群论的概念引进物理学领域，后来维格纳（邮票见第52节原子核物理学）又在原子核物理学研究中引进了群论。

尼加拉瓜发行的"改变世界的10个公式"邮票中有一枚是"1+1=2"（图35-26）。这个公式虽然简单到幼儿园的水平，却是一切数学计算的基础，其重要性不言而喻。这套邮票的10个公式是：1+1=2，对数的定义（图35-1），勾股弦定理（图1-13），杠杆原理（图2-8），万有引力公式（图10-14），齐奥尔科夫斯基公式（图13-17），麦克斯韦方程组（图20-5），玻耳兹曼方程（图28-4），质能关系（图38-61）和德布罗意关系式

（图46-10）。英国科学期刊《物理世界》也曾让读者投票评选"最伟大的方程"，结果的前10名如下（按名次排列）：① 麦克斯韦方程组，② 欧拉公式 $e^{i\pi} + 1 = 0$，③ 牛顿第二定律 $F = ma$，④ 勾股弦定理，⑤ 质能关系 $E = mc^2$，⑥ 薛定谔方程，⑦ $1 + 1 = 2$（这个方程也出现了）⑧德布罗意关系式，⑨ 傅里叶变换公式，⑩ 圆的周长公式 $c = 2\pi r$（这实际上是 π 的定义）。手头有本书《历史上最伟大的10个方程》（R. P. Crease，马潇潇译，人民邮电出版社2010），书中选的10个方程是（按出现的历史顺序）：勾股弦定理，牛顿第二定律，牛顿万有引力公式，欧拉公式，热力学第二定律，麦克斯韦方程组，爱因斯坦质能关系式，爱因斯坦的广义相对论方程，薛定谔方程，海森伯不确定性原理。从以上入选公式清单可以看到，这些公式除了几个纯数学公式外，都是物理学公式，这反映了物理学的基础性（所以这些公式非常重要）和成熟性（物理学定律都用数学公式定量表示）。

36. 19世纪与20世纪之交

19世纪末，物理学处于一个什么状态呢？当时物理学主要有三方面的内容：经典力学、电动力学、热力学。这些都是关于宏观现象的物理学。对于微观现象，虽然化学家知道原子分子的概念至少已有一个世纪，物理学家在气体分子运动理论中也在很好地运用原子概念，但是对原子的组成和结构则还一无所知。不过，就人们熟悉的日常宏观现象而言，物理学已是一门很成熟的学科。这三门分支都建立了严密的数学形式体系，而海王星的发现、麦克斯韦预言的电磁波的证实，则表明了物理学的预言力量。当时许多人都认为，物理学已经很完善了。1876年，当18岁的普朗克面临专业选择时，他的老师von Jolly劝告说："年轻人，不值得去当一个物理学家。物理学实际上已经完成了，所有的微分方程都已写出，剩下的只在于考虑各种初值-边值条件下的特殊问题。"美国著名物理学家迈克耳孙1894年在为芝加哥大学的一座新物理实验室落成而发表的演说中也宣称，基础物理学中做出新发现的年代可能已经过去了："虽然不能绝对肯定在物理科学的未来发展中一定不会再现比以往更辉煌的奇迹，但似乎可以说，绝大部分基本原理都已牢靠地建立了，进一步的进展主要是探索这些原理对所有那些我们还没有注意到的现象的纯粹应用。……物理科学的未来真理要在第六位小数上去找。"（意即仅仅在于已知结果精度的改进。）

物理学真的已经完成了吗？理论和当时已知的实验之间就没有任何矛盾吗？不然。开尔文勋爵（邮票见图23-20）1900年4月27日在英国皇家学会所作的题为"19世纪热和光的动力理论上空的乌云"的讲演中，就提出了著名的"两朵乌云"。他认为在经典物理学的万里晴空上升起了两朵乌云。"第一朵乌云是随着光的波动理论而出现的。……它包含这样一个问题：地球如何通过本质上是以太这样的弹性固体运动？第二朵乌云是麦克斯韦-玻耳兹曼关于能量均分的学说。"

第一朵乌云涉及以太漂移速度的测定。以太是人们假定的传播光和电磁波的介质，它

斯特藩

图36-1（奥地利1985）　　　　图36-2（斯洛文尼亚1993）

维恩

图36-3（瑞典1971）

图36-4（马尔加什1992）

图36-5（乌干达1995）

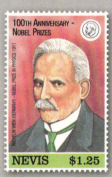

图36-6（内维斯1995）

图36-7（几内亚比绍2009）

洛伦兹

图36-8（荷兰1928）

图36-10（几内亚比绍2009）

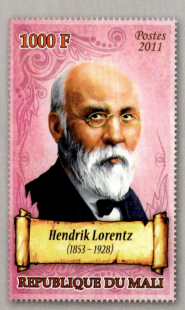

图36-9（马里2011）

充满整个空间，不参与物质的任何运动。这样，它就成了物化的绝对空间。地球在以太中运动，或以太相对于地球漂移，应当可以测出它们的相对速度。一般用在地面测量不同方向上的光速的差值的方法来测以太的漂移速度。麦克斯韦曾指出，地面测光速的方法都是测量光在同一路径上往返的双程时间，以太漂移对这个时间的影响取决于漂移速度与光速之比的平方（二级效应），这个量很小，很难测出。美国物理学家迈克耳孙（邮票见图14-12至图14-15）是当时在精密光学测量方面的著名专家，他发明了以他的名字命名的干涉仪，其灵敏度达10^{-8}，达到了麦克斯韦要求的量级。他第一次于1881年在德国进行实验，后来与化学家莫雷合作对实验精度大加改进后又于1887年在美国进行了这一实验，但是得到的都是零结果，即不同方向的光速相同，没有什么以太风。这与经典物理学的观念矛盾。迈克耳孙后来于1907年获诺贝尔物理奖，获奖的原因是由于他发明的光学精密仪器以及用它们进行的精确计量和光谱学的研究，完全没有提到上述实验结果。这表明当时的科学界对这一实验并不很重视，这与后来把它当成光速不变的判决实验完全不同。

第二朵乌云是关于能量均分定理，即在温度为 T 的平衡态下，每一自由度有相同的能量（1/2）kT。把它用到比热理论，就可以推出，单原子固体的定容摩尔热容为恒量（杜隆-珀替定律）。但是，到19世纪末，随着低温技术的发展，实验发现，固体比热普遍随着温度降低而减小，温度极低时趋于零。理论与实验有了明显的矛盾。

把能量均分定理应用于热辐射同样也会出问题。对热辐射的研究在19世纪发展起来，得到热力学和光谱学的支持，发展很快。1879年，奥地利物理学家斯特藩（图36-1，奥地利1985，诞生150周年）从实验总结出，黑体辐射总能量与温度的四次方成正比，后来得到玻耳兹曼从电磁理论和热力学出发给出的理论证明，称为斯特藩-玻耳兹曼定律（图36-2，斯洛文尼亚1993，逝世100年。注意邮票上的公式 $j = \sigma T^4$）。德国物理学家维恩于1893年提出维恩位移定律，即辐射能谱密度最大值所在的波长与温度成反比。1896年，假设辐射可以看成是服从麦克斯韦-玻耳兹曼分布的气体，他推出了辐射能密度随频率的分布 $u \propto \nu^3 \exp(-a\nu/T)$，称为维恩分布定律。此后几年，这个公式被认为与实验符合得很好。由于维恩对热辐射研究的贡献，他被授予1911年诺贝尔物理学奖（图36-3，瑞典1971，左为维恩，左上角的小字是维恩位移定律 $\lambda_{max}T = $ 常量，右为当年的生理学医学奖得奖者古尔斯特兰；图36-4，马尔加什1992，右为苏联物理学家朗道；图36-5，乌干达1995；图36-6，内维斯1995；图36-7，几内亚比绍2009）。可是，实验技术的进步，表明维恩公式在长波方向有系统偏差。1899年，英国物理学家瑞利爵士（邮票见图30-15、图30-17和图30-19）把黑体辐射看成一系列驻波的叠加，算出单位体积中频率为 ν 的驻波的可能方式的数目正比于 ν^2。再引用能量均分定理，每一驻波相当于一个独立的振动方式，平均能量为 kT，就得到辐射能密度的频率分布 $u \propto 8\pi\nu^3 kT/c^3$，这叫瑞利-金斯公式。这个公式在长波方向与实验符合得很好，但是在短波方向，由于可能的驻波频率并无上限，当 $\nu \to \infty$ 时 $u \to \infty$，造成发散，称为紫外灾难。

当然，乌云并不只是这两朵。当时还有许多实验数据和事实是经典物理学不能解释的，例如光谱学中的大量数据。但是应当说，开尔文的眼光是敏锐的，正是从这两朵乌云，孕育了两个伟大的革命性物理理论——相对论和量子论，下起了物理学革命的倾盆大雨。

除了量子论和相对论的诞生之外，19世纪末在实验上也有很大的突破，即所谓三大发现：X射线、电子和放射性。这三大发现打开了微观世界的大门，使人类的经验从宏观领域扩展到微观领域，其结果是物理革命的全面展开。

这一切都发生在1895到1905年的10年间，这是物理学急风暴雨的10年。这10年间物理学的大事按时间顺序列举如下：

年代	人物	事件
1895	伦琴	发现X射线
1896	贝克勒耳	发现放射性
1896	塞曼和洛伦兹	发现并解释塞曼效应
1897	J.J.汤姆孙	发现电子
1898	卢瑟福	发现α，β射线
1898	居里夫妇	发现放射性元素钋和镭
1900	普朗克	提出能量子假说
1901	考夫曼	发现电子的质量随速度增加
1902	勒纳德	发现光电效应的基本规律
1903	卢瑟福和素迪	发现放射性元素的蜕变规律
1905	爱因斯坦	创立狭义相对论、布朗运动理论和光电效应理论

后面各节我们将讲述这些事件和它们在邮票上的记录，这已进入近代物理学的领域。为了便于讲述，我们不严格按照时间顺序。

在19世纪与20世纪之交，最伟大的理论物理学家无疑是荷兰的洛伦兹和法国的庞加莱。他们都是承前启后的学者。一方面，用自己的工作把经典物理学提高到新的高度；另一方面，又对新领域特别是相对论做了先行的工作。

洛伦兹（图36-8，荷兰1928，儿童福利邮票；图36-9，马里2011，最有影响的物理学家）在物理学上的主要贡献是把麦克斯韦电磁理论与物质的分子理论结合起来，创立了电子论，以说明宏观介质的电磁和光学效应。他认为，宏观介质内的以太与真空中的以太并无不同，也是绝对静止的；宏观介质的特点是其分子都含有电子，阴极射线的粒子就是电子，电子是有质量的小刚球，并提出了电子受力的洛伦兹力公式。他成功地导出了运动介质中光的传播速度。他用电子论成功地解释了塞曼效应，以此获得1902年诺贝尔物理学奖（图36-10，几内亚比绍2009）。

为了说明迈克耳孙-莫雷实验的结果，他于1892年（与爱尔兰物理学家斐兹杰惹各自独立）提出了长度收缩的假说，认为相对于以太运动的物体，在运动方向上的长度缩短。他认

图36-11（法国1952）　　　图36-12（葡萄牙2000）

为这种长度收缩效应是真实的现象，是分子力引起的。但是，这种收缩并没有得到其他实验的证实。例如，如果物体在运动方向缩短，必然会使密度在这个方向上增大，因而不是各向同性的，透明体在运动中应显示双折射现象，但是瑞利做实验并未观察到这种现象。庞加莱一直密切地注视着洛伦兹的理论，对它提出种种批评和改进。实验的否定，加上庞加莱的批评，使洛伦兹对自己的理论作了几次修改。最终，洛伦兹于1904年提出了两个惯性系之间 x 和 t 的变换公式。庞加莱把它命名为洛伦兹变换。洛伦兹还导出了质量随速度变化的公式，以及光速是物体在以太中运动速度的上限。庞加莱证明了一切洛伦兹变换构成一个群，并且表述了相对性原理和光速恒定原理。

　　洛伦兹为人热诚、谦虚，受到青年一代理论物理学家的崇敬。爱因斯坦曾在一篇纪念洛伦兹的文章中说过，他一生中受洛伦兹的影响最大。洛伦兹提倡国际科学界合作，反对狭隘的民族主义；主张和平，反对战争。在同一文中爱因斯坦还引述了洛伦兹给他印象特别深的两段话。一段是："我幸而属于这样一个国家，它太小了，干不出什么大蠢事来。"还有在第一次世界大战期间，有人在谈话中想使他相信，在人类范围内，命运取决于武力和强权，对此他回答："可以设想，你是正确的。但是我不愿意生活在这样的世界里。"

　　庞加莱（图36-11，法国1952；图36-12，葡萄牙2000，20世纪回顾，数学，左1是庞加莱，另外两人是著名数学家哥德尔和柯尔莫戈洛夫）是一位数学家，在数学的许多分支中都作出了开创性的贡献。他又密切注意理论物理学问题。除了上述在相对论方面的先驱工作外，他还是20世纪第三个革命性物理理论——混沌理论的创始者。他在研究天体力学中的三体问题时预感到混沌现象的存在，认识到三体引力相互作用就能产生惊人的复杂行为，确定性动力学方程的某些解有不可预告性。他根据哈密顿函数的数学形式，把动力学系统区分为可积的和不可积的两类，这一划分为后来KAM定理的建立打下了坚实的基础，最终使人们认识到，我们从教科书上得到的关于牛顿力学的一些观念，如完全的确定性等，只是关于可积系统的理论，只适用于极少的特例，而更多的力学系统是不可积系统，这种系统的行为包含有内在的随机性，即会出现混沌。他为现代的混沌研究贡献了一系列重要概念，如动力系统、奇异点、分岔、同宿和异宿轨道等，还提供了许多卓有成效的研究方法和工具，如小参数展开、摄动方法、庞加莱截面等。现在的稳定性理论、奇异吸引子理论都源于庞加莱的早期研究。直至1981年，还有物理学家埋怨说："庞加莱的简明透彻的思想过了3/4个世纪还没有写进初等力学教科书里，这真是物理教育的耻辱。"庞加莱还对自然科学的哲学很感兴趣，在20世纪初经典物理学发生危机时，先后出版了《科学与假设》《科学的价值》《科学与方法》三本书，指出危机孕育着变革，这正是物理学将要进入一个新阶段的先兆。他肯定经典物理学的价值，尖锐批判了"科学破产"的错误论调。因此，庞加莱不仅是伟大的数学家、伟大的物理学家，还是伟大的哲学家。

37. 普朗克和能量子

普朗克（图37-1，西柏林1953，柏林学术名人）没有接受他的老师von Jolly的劝告，出于对"宇宙本性"的强烈兴趣，还是选择了物理学为他的终生职业。他说，选择物理学作为自己的专业并不是渴望作出重大的发现，而是想要了解或深化已经确立了的基础。但是时势造英雄，当时的物理学的形势加上普朗克本人的勤勉、认真和深思熟虑，仍然使他作出了划时代的发现，揭开了（虽然他本人不太情愿地）物理学革命的帷幕（图37-2，冈比亚2000，千年纪邮票，邮票上是普朗克的肖像和签名，右上角的英文是"普朗克提出能量子理论"）。普朗克是从对黑体辐射的研究发现能量子的（图37-3，德国1994，欧罗巴邮票，"科学发现"主题，图为黑体辐射的谱）。普朗克还出现在图54-8的边纸上。

普朗克早年感兴趣的是热力学和物理学的普遍问题。他曾着重研究不可逆过程和热力学第二定律。他写的《热力学讲义》一书，在出版后的三十多年里被公认为一本特别清楚、特别系统和特别精辟的热力学著作。在1900年前后，他已经是国际上的热力学权威。

把普朗克吸引到黑体辐射领域来的，可能是黑体（空腔）辐射能量密度按频率的分布只依赖于腔壁温度而与腔壁材料无关这种简单性和普适性。上节说过，关于辐射能量密度的频率分布，曾提出过两个定律。维恩分布律（1896）

$$u(v, T) = Av^3 e^{-\beta v/T}$$

在辐射频率的高端与实验数据符合得很好，但在频率低端却有系统的偏差。而由经典的能量均分定理推出的瑞利公式却在低频端与实验数据符合，而在高频端出现紫外灾难。普朗克下决心把这两个公式统一起来，他用内插法将维恩公式和瑞利公式衔接起来，得到

$$u(v, T) = (8\pi v^2/c^2) E(v, T) = (8\pi h v^3/c^2) / (e^{hv/kT} - 1)$$

这个公式称为普朗克黑体辐射公式（图37-4，哥斯达黎加2005，世界物理年，图上有黑体辐射分布曲线；图37-5，德国2008，普朗克诞生150年，图上有普朗克公式，图37-4上和

普朗克

图 37-1（西柏林 1953）   图 37-2（冈比亚 2000）   图 37-3（德国 1994）

普朗克公式和普朗克常量

图 37-4（哥斯达黎加 2005）   图 37-5（德国 2008）   图 37-6（东德 1958）

普朗克获得 1918 年
诺贝尔物理学奖

图 37-8（瑞典 1978）   图 37-9（加纳 1995）   图 37-10（科特迪瓦 1978）

图37-5的边纸上有普朗克常量的数值）。1900年10月19日，普朗克向德国物理学会报告了这个结果。他的朋友实验物理学家鲁本斯连夜把这个公式和实验数据对照，发现二者完全符合。这个公式和维恩公式只在分母中差一项 -1。当 $kT \gg h\nu$ 时，它变成瑞利公式；$kT \ll h\nu$ 时，它变成维恩公式。使普朗克确信他的公式正确的，不只是它与实验数据相符，而且还在于他可以通过辐射公式和当时的实验数据，算出 k，N_A（阿伏伽德罗常量）和电子电荷 e 的值，和当时由其他方法得出的值相符。h 是一个新的普适常量，后来称为普朗克常量（图37-6，东德1958，普朗克诞生100周年；图37-7，科摩罗2009，伟大发现，邮票上也写有文字"普朗克常量"）。普朗克根据黑体辐射的测量数据，算出 $h = 6.55 \times 10^{-34}\,\mathrm{J \cdot s}$。我国物理学家叶企荪在1923年与杜安（W. Duane）和帕耳默（H. H. Palmer）合作测定 $h = 6.556\,(9) \times 10^{-34}\,\mathrm{J \cdot s}$，这个值国际物理学界沿用了16年。今日的测量值是 $h = 6.6261 \times 10^{-34}\,\mathrm{J \cdot s}$。普朗克的墓碑上所刻的，除他的姓名外，便是 $h = 6.62 \times 10^{-27}\,\mathrm{erg \cdot s}$ 的字样。

雅默曾评论说：在物理学史上，从来没有一次在数学上微不足道的内差带来过如此深远的物理后果和哲学后果。作为一个理论物理学家，普朗克自然不能对这样一个凑出来的公式感到满意。越是和实验数据相符，越是要探求这个公式的理论基础。他从热力学方法无法得出这个熵表示式，于是便只好用他不太喜欢的统计方法。为此，普朗克把能量分成一个个分立的能量元 ε，为了从玻耳兹曼的公式 $S = k\ln W$ 得出所需要的熵的形式，普朗克发现能量元必须取成 $\varepsilon = h\nu$。经典统计理论的习惯做法是最后取 $\varepsilon \to 0$ 的极限，但是这里不能让 ε 趋于0，因为 $\nu \to 0$ 就返回到瑞利公式。他把 $h\nu$ 称为能量子。由于发现能量子，他被授予1918年诺贝尔物理学奖（图37-8，瑞典1978；图37-9，加纳1995，诺贝尔奖设立100年；图37-10，科特迪瓦1978小型张中的邮票，注意其上诺贝尔奖的年份是错的；图37-11，几内亚比绍2009，诺贝尔奖得主）。另一张乌拉圭的普朗克邮票（纪念诺贝尔奖75周年）见第49节。

能量是物质运动的一种量度。在经典力学中，一个谐振子的能量是可以连续变化的，可以取任意的值。但是现在，普朗克说谐振子的能量是不连续的，最小的单位是 $h\nu$。这完全违反经典物理学的观念。这样，普朗克就把不连续性引入了物理学的许多领域，引起了自然哲学的一次革命。当时的许多物理学家都不能接受，普朗克自己也不满意。普朗克的治学态度严谨而偏于保守，他虽然引进了能量子，却留恋经典物理学的概念，尽量少用和慎用能量子。他曾花了许多时间和努力，力图把自己的辐射理论纳入经典物理学的框架，但都没有成功。相反，不出几年，由于爱因斯坦、玻尔等人的工作，更显示了能量子的重要意义和这个概念与经典物理学是不可能相容的。

在普朗克发现能量子100年后的今天，对这个问题怎样看呢？赵凯华教

图37-7（科摩罗2009）

图37-11（几内亚比绍2009）

图37-12（东德1950）

37-13（古巴1994）

图37-15（加蓬2008）

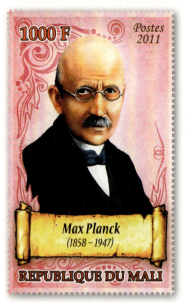

图37-14（马里2011）

授说得好："原子论的精髓就在于承认物质结构的离散性。认为任何物质都是由原子组成的，就等于承认了它们的质量是某个最小单元（一个原子的质量）的整数倍。发现了电子之后，我们又认识到，任何物体所带的电荷量也是某个基本单位（e）的整数倍。现在我们把这样的思想拓展一步，认为能量、角动量这些过去在经典物理中连续取值的物理量在微观世界里也是离散取值的，有什么不可以呢？在今天的信息技术中大家都知道，将模拟量（连续取值的量）数字化（即离散化），可以大大提高信息传输过程中的抗干扰能力。没有稳定性就没有同一性，没有原子结构的同一性就没有物质世界在微观层次上高度的统一性。若在微观世界里没有离散性，要保证物质结构的高度同一性，是不可想象的。从这个角度来看，微观世界里物理量取值的离散性（在近代物理中称为量子性），就是理所当然的了。"（《新概念物理教程·热学》，第16—17页）当然，微观客体本身的离散性同微观客体的运动的离散性还是有区别的，但是把微观量取值的离散性同微观粒子的全同性和稳定性联系起来，无疑是个创见。

普朗克第二个重要"发现"是发现了爱因斯坦。1905年爱因斯坦在物理学杂志发表《论运动物体的电动力学》的论文，文章还在编辑部就引起了普朗克的注意。他及时向物理学界介绍了这个理论。他的大力介绍和推荐，是狭义相对论很快得到承认、爱因斯坦的贡献在德国得到认可的重要原因。1913年，由普朗克领衔的四位最有名望的德国学者联名上书德国教育部，建议选爱因斯坦为普鲁士科学院院士。他又发起筹建物理研究所，在1917年成立了威廉皇帝物理研究所，由爱因斯坦担任所长。

爱因斯坦1905年的光电效应理论提出了光量子的概念，使能量子的概念更"粒子化"了。普朗克的能量子只是振子能量的分立化，而光量子则是辐射场的存在形式。爱因斯坦的理论还提供了又一种测量普朗克常量的方法。美国物理学家密立根对光电效应的实验研究证实了爱因斯坦的理论，他测出的 h 的值与普朗克算出的值非常符合。印度物理学家玻色根据光子概念提出了普朗克公式的另一种推导方法。他们的工作和有关邮票见第43节波粒二象性。1907年，爱因斯坦又把能量子用于固体比热的解释，解释了低温下固体比热的显著下降，解决了能量均分定理引起的又一困难，并得到能斯特的实验验证。能斯特的邮票见第25节热学的宏观理论。

从20世纪20年代起，普朗克成了德国科学界的中心人物。1930年普朗克当选威廉皇帝学会主席，成为德国科学界地位最高的人（图37-12，东德1950，柏林科学院250年，同套邮票中有欧拉、莱布尼茨、洪堡、亥姆霍兹、能斯特等人，都是德国的学界泰斗；图37-13，古巴1994，科学名人；图37-14，马里2011，影响最大的物理学家；图37-15，加蓬2008，著名科学家）。1937年，为抗议希特勒迫害犹太科学家，他辞去了这个职务。二战中普朗克遭受到极大的苦难（见第53节）。战后，1949年7月，威廉皇帝学会改名为马克斯·普朗克学会，恢复活动，这时普朗克已经逝世（1947年10月）了。

38．爱因斯坦和相对论

爱因斯坦是历史上最伟大的物理学家。他的工作影响到我们生活的方方面面。他的名字为公众所熟悉，各国发行了大量纪念他的邮票，反映他的工作和生活。爱因斯坦是邮票最多的物理学家。越来越多的邮票从不同的角度表现爱因斯坦一生的轨迹，必将有助于公众更了解爱因斯坦。现有的爱因斯坦邮票总共有二三百张。由于爱因斯坦的邮票实在太多，这里刊出的邮票离完备还很远，只能介绍主要、常见的邮票。

爱因斯坦于1879年3月14日出生于德国的一个犹太家庭。他从小就坚持独立思考，反抗传统的桎梏，富有叛逆精神，对当时德国学校中窒息自由思想的军国主义教育深恶痛绝。后来他曾说过："对一个随着军乐队在队列中摇头晃脑齐步走的人，我只能给予鄙视。他长着一个脑袋简直是个错误，这样的人一根脊髓就够了。"他终生保持着对德国的厌恶情绪。1894年，他全家移居意大利的米兰，把他一个人留在慕尼黑上中学。由于厌恶德国学校，一年不到，中学还没毕业，他就自动放弃学籍回到意大利家中。1895年，他到瑞士的阿劳进大学预科班。他喜欢瑞士比较自由宽松的气氛，办理了放弃德国国籍的手续。1896年进苏黎世的联邦综合工业大学师范系学习物理学，1900年毕业。1901年，他加入瑞士国籍。此后，终爱因斯坦一生，即使在他回柏林担任普鲁士科学院院士时和入籍美国后，他都保留了瑞士公民身份（图38-1，瑞士1972，瑞士名人）。

大学毕业后，他找不到工作，只能当代课教师和替人补习物理为生。1902年，他的同学格罗斯曼的父亲替他在伯尔尼的联邦专利局找到一份工作，从事专利申请的技术鉴定。他对这项工作挺满意，因为他在处理公务、审定专利之余，还有时间自己思考问题。他在这个岗位上干了七年。

1905年是爱因斯坦奇迹年。在这一年里，瑞士联邦专利局的小职员、26岁的爱因斯坦，用业余时间完成了4篇划时代的论文，连同他的博士学位论文一共是5篇，涉及分子物

图38-1（瑞士1972）　　　图38-2（瑞士2005）

图38-3（摩纳哥2005）　　　图38-4（阿根廷2005）

图38-5（马里1999）　　　图38-6（塞尔维亚和黑山2004）

图38-7（塞尔维亚和黑山2005）

理学、狭义相对论和量子论三个方面，每一篇都足以使他在物理学史上占据不朽的地位，创造了科学史上的奇迹。这种旺盛的创造力，只有当年在伍尔索普农场躲避瘟疫的24岁的牛顿可以相比。2005年被定为世界物理年，正是为了纪念爱因斯坦奇迹年100周年和他逝世50周年。这5篇论文中，关于分子物理学的两篇。一篇是他论测定分子大小的博士论文，他在文中提出了一种测定分子大小和阿伏伽德罗常量的新方法；另一篇是关于布朗运动的理论，他在此文中的预言后来由法国物理学家佩兰以很高的精度在实验上证实。这两篇论文及其成功证实为原子和分子的存在提供了确凿的证据。在关于光电效应理论的论文中，爱因斯坦提出光量子（光子）概念以解释光电效应的规律。光子是普朗克提出的能量子概念的进一步发展。能量子只是辐射场与物质相互作用时以 hv 的整数倍交换能量，而光子则是假设辐射场本身以 hv 的形式存在。关于布朗运动的邮票放在第29节，表示光电效应的邮票放在第46节，本节只介绍关于狭义相对论的邮票。

题为《论运动物体的电动力学》的论文提出了狭义相对论，废除了绝对时间的概念，然后，他又在一篇补充性的短文中推导出著名的质能关系 $E = mc^2$。图38-2是瑞士为纪念相对论创立100周年发行的邮票，再现了1905年在专利局的爱因斯坦。所用的照片是爱因斯坦1905年在专利局留下的不多几张照片中最著名的一张。邮票下部的公式 $E = mc^2$ 中的等号是利用字母 E 的空缺。这张邮票颜色靓丽，非常漂亮。同一幅照片还出现在下面蒙古发行的小型张图38-83中，但是左右反转。图38-3是摩纳哥发行的世界物理年邮票，下面的小字是"爱因斯坦于1905年发表了5项理论"。图38-4是阿根廷发行的世界物理年邮票，背景是德国物理学年刊（Annalen der Physik）的封面，爱因斯坦1905年的5篇论文除博士论文外，都发表在该刊的第17卷和第18卷。

新的时空观是如此超出日常经验，人们不容易接受。因此相对论并没有很快得到物理学界承认。普朗克和他的助教劳厄是最早支持相对论的人。普朗克从《物理学年刊》编辑部看到爱因斯坦的文章后，立即看出它的价值。他给爱因斯坦写信，认为爱因斯坦的工作可以与哥白尼比美。他在柏林大学主持了相对论的讨论班，还在相对论力学方面做了一些工作。爱因斯坦自己也认为，相对论很快引起了物理学界的兴趣，很大程度上是由于普朗克对它的热情和坚决的支持。劳厄参加了普朗克的讨论班，深为相对论所吸引。1906年他专程去伯尔尼拜访爱因斯坦，发现爱因斯坦"教授"原来是一个和自己同岁、不修边幅的年轻人。从此他们成为终生的挚友。1911年，劳厄写了世界上第一本介绍狭义相对论的专著《相对性原理》。

创立狭义相对论是爱因斯坦伟大的贡献之一。前面已经看到，狭义相对论的许多公式，如洛伦兹变换、质量随速率的变化等，洛伦兹和庞加莱在爱因斯坦之前已经得到了。那么，为什么我们说狭义相对论是爱因斯坦创立的呢？这是因为，他们的出发点和思路是完全不同的，得到的公式虽然形式一样，意义却完全不同。爱因斯坦是从麦克斯韦方程应当满足相对性原理出发，把相对性原理和光速不变原理这两条似乎矛盾的原理作为基本假设，突破了绝对时空的框架，推导出简洁明快的理论；而洛伦兹则是要在绝对时空的框架内解决以太漂移的问题，作出种种特定的假设，运动的相对性只是满足一些特定假设的动力学所导出的运动学效应。相对论里的长度收缩是一种空间变换性质，与任何物质的具体结构无关，虚空也会出现收缩，而洛伦兹则假设长度收缩与分子力的变化有关。这里的关键是扬弃牛顿的绝对时间的观念。爱因斯坦曾这样回忆自己发现新观念的过程："忽然我领悟到这个问题（指相对性原理和光速不变原理的表观矛盾）的症结所在。这个问题的答案在于对时间概念的分析，不可能绝对地确定时间，在时间与信号速度之间有着不可分割的联系。利用这个新观念，我第一次彻底解决了这个难题。"他又说："只要时间的绝对性或同时性的绝对性这条公理不知不觉地留在潜意识里，任何想要令人满意地澄清这个悖论的尝试都是注定要失败的。"洛伦兹和庞加莱正是由于没有跳出绝对时空的框架，虽然走到相对论的边缘，却没能创立相对论。

建立了狭义相对论之后，爱因斯坦接着展开了关于广义相对论的研究。狭义相对论研究两个惯性参照系之间的相对性，而广义相对论则研究两个任意参照系之间的相对性。1907年，他根据伽利略发现的惯性质量与引力质量相等的事实，提出引力与惯性力等价的等效原理（见前面第7节的图7-16）。1915年，爱因斯坦建立了引力场方程。1916年发表总结性论文《论广义相对论的基础》，爱因斯坦在广义相对论上花费了整整10年时间。广义相对论是一个时空理论，也是一个引力理论。物质使时空发生弯曲，引力由空间的曲率决定。人们常用这样两句话来通俗表述广义相对论："物质告诉时空怎样弯曲，时空告诉物质怎样运动。"常常用一张二维橡皮膜在重物下的凹陷来形象地表示物质对其附近的三维空间的弯曲。用这个图来介绍爱因斯坦创立广义相对论的功绩的邮票有图38-5（马里1999，世纪伟人）和图38-6（塞尔维亚和黑山2004，爱因斯坦诞生125周年）。图38-7（塞尔维亚和黑山2005，世界物理年）的画面也是物质使时空弯曲并导致星光弯折，但文字却是"狭义相对论百年"。

与量子力学是由多人以"群众运动"的方式建立的情况不同，建立相对论基本上是爱因斯坦一个人的工作。爱因斯坦本人更欣赏他在广义相对论方面的工作。他曾对他的助手英费耳德说："要是我没有发现狭义相对论，也会有别人发现的：问题已经很明确了。但是我认为，广义相对论的情况不是这样。"他这段话强调了，广义相对论涉及的内容和发现它的动机，与其他物理学家的关注和兴趣相去甚远。

随着学术声誉的提高，爱因斯坦的境遇有所好转。1908年兼任伯尔尼大学无公俸讲师，1909年离开专利局任苏黎世大学理论物理学副教授，1911年任布拉格德语大学教授，并被邀出席第一届索耳维物理学会议，1912年任母校苏黎世联邦工业大学教授。德国的物理学家们希望爱因斯坦能回到德国工作。为此，普朗克和能斯特于1913年亲自跑到苏黎世，向爱因斯坦提供优厚的条件，邀请他去柏林担任普鲁士科学院院士、拟建中的威廉皇帝物理研究所所长兼柏林大学教授，有开课的权利，没有讲课的义务。爱因斯坦在保留瑞士国籍的条件下接受了邀请。爱因斯坦于1914年4月去了柏林。东德1979年纪念爱因斯坦诞生100周年的小型张（图38-8）可以为爱因斯坦在德国的这段工作履历在邮票上留下记录。

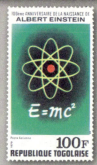

图38-10 爱因斯坦和爱丁顿
（圣多美和普林西比 1990 ）

图38-8 爱因斯坦回德国工作
（东德 1979 ）

图38-9 爱因斯坦诞生百年（多哥 1979，4/5原大）

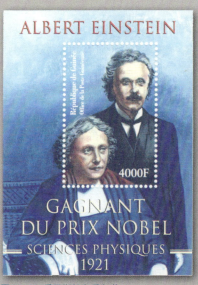

爱因斯坦的两任妻子

图38-11 爱因斯坦和米列娃
（索马里 2000 ）

图38-12 爱因斯坦和爱尔莎
（几内亚 2002 ）

小型张边纸下方是设在柏林近郊波茨坦的德国科学院爱因斯坦塔，塔高18米。这座塔楼的顶部是一座天文台，配备一架口径为8米的折射望远镜，专门观测太阳，测量星光的引力红移，以验证广义相对论。这座建筑是著名建筑师E.门德尔松设计的，他想使它成为一座相对论的纪念碑。图38-9（多哥1979，爱因斯坦诞生100周年的邮票和小型张）中第一张邮票就是爱因斯坦塔。第二张邮票是1931年爱因斯坦在柏林会见英国工党领袖麦克唐纳（曾任英国首相）。

爱因斯坦到柏林后，同年8月第一次世界大战爆发。他参加了公开和地下的反战活动。当时，为了对协约国谴责德国入侵中立国比利时作出反应，德国一些著名学者包括普朗克、伦琴、能斯特在内共93人，发表了一个为德国侵略暴行辩护的《文明世界的宣言》。爱因斯坦拒绝在这个宣言上签名，而在一个针锋相对的宣言《告欧洲人书》上签了名，是总共4名签名者之一。他是地下反战组织"新祖国同盟"的创始人之一，并且同著名法国作家、和平主义者罗曼·罗兰保持着联系。连罗曼·罗兰也惊讶于爱因斯坦对德国的批判的直率和大胆。1918年秋，德国战败，爆发了士兵起义和工人罢工，德皇被迫退位，成立了共和国，爱因斯坦为之欢欣鼓舞。

大战期间，爱因斯坦仍然没有间断他的科学研究。1915年到1917年这3年是爱因斯坦第二个科学创造高峰期。1916年除完成了广义相对论外，还发表论文《关于辐射的量子理论》，在玻尔的量子跃迁概念的基础上，进一步发展了光量子理论，提出了自发辐射和受激辐射这两种辐射形式和跃迁概率的概念，奠定了激光的理论基础。1917年他用广义相对论的结果研究宇宙的结构，开创了现代宇宙学。引进宇宙常数，相当于今天的暗能量。

广义相对论的一个可用实验检验的结论是太阳使经过它附近的光线偏转，广义相对论预言的偏转值是1.74″，而牛顿理论预言的偏转值是0.87″。图38-9之三示意性地画出这一偏转。上面的实线代表真实的光线，下面的虚线代表星星的视位置。1919年发生日全食，英国天文学家爱丁顿等人率两支观测队分赴西非的普林西比岛和巴西的索布拉耳两地观测，观测结果基本符合爱因斯坦的预言。这使爱因斯坦一夜之间世界闻名。图38-10为圣多美和普林西比为纪念爱丁顿此行70周年于1990年发行的小型张上的一枚邮票，是爱丁顿和爱因斯坦（照片摄于1930年）。后来有人问爱因斯坦，如果这次观测没有证实广义相对论，他怎么办，他回答说："那我只会对造物主感到遗憾，因为无论如何这个理论是正确的。"纪念爱丁顿赴普林西比观测日全食的邮票还有后面的图61-13至图61-15。

1919年爱因斯坦整40岁，这是他一生中发生巨变的一年。日食观测的结果使爱因斯坦的声名大噪，他达到了他的科学活动的顶峰，并且受到公众注目。从这一年开始，他参加政治活动明显增多。在个人生活上，这一年他同他第一个妻子塞尔维亚人米列娃·马瑞奇（图38-11，索马里2000，千年纪邮票；图38-7的副票）离婚，同他的表姐爱尔莎结婚（图38-12，几内亚2002，它是与图38-97邮票配套的小型张；又见下面图38-82之三，画面上是爱因斯坦、爱尔莎和继女玛格特）。应当说，爱因斯坦的两次婚姻都不成功。

授予爱因斯坦诺贝尔奖已不能再回避了，可是授给爱因斯坦诺贝尔奖的过程却一波三

爱因斯坦获得1921年诺贝尔物理奖

图38-13（瑞典1981）　　　图38-14（英属维尔京群岛2001）

折。从1909年奥斯特瓦尔德提名爱因斯坦为1910年诺贝尔奖候选人起，几乎年年都有著名科学家提名爱因斯坦，而且提名者越来越多，但是每次都没有通过。在因为相对论而被提名时，评奖委员会的意见是实验还不足以证明相对论的正确性；而在有人提议因爱因斯坦在布朗运动方面的工作授予他诺贝尔奖时，委员会又认为爱因斯坦在统计物理方面的论文不像他在相对论和量子物理学方面的工作那样突出，因而"如果爱因斯坦因统计物理学……而不是因为其他主要论文而获奖，那会让学术界感到奇怪"。拖延给爱因斯坦授奖的原因之一，是当时德国社会上的一股反相对论的潮流。由于爱因斯坦一贯的反战立场和犹太人出身，也由于他在日食观测后声名鹊起，他成了战败的德国一小撮人嫉恨的目标。他们建立了一个组织（爱因斯坦蔑称之为"反相对论公司"），疯狂攻击他们不懂的相对论。参与攻击的不仅有无名政客和三流物理学家，还有像勒纳德和斯塔克这样的诺贝尔物理奖获奖人。他们甚至声称，如果授予爱因斯坦诺贝尔奖，就要退回自己的得奖。因此，瑞典科学院被夹在赞成和反对给爱因斯坦授奖两股巨大压力之中。1921年诺贝尔物理奖就因为意见不一暂时没有评出。1922年，推荐爱因斯坦的人更多。普朗克建议把1921年和1922年的奖分别授予爱因斯坦和玻尔，瑞典乌普萨拉大学的理论物理学教授奥席恩则因为光电效应而提名爱因斯坦，评奖委员会最后按这个意见通过（图38-13，瑞典1981，1921年诺贝尔奖得主；图38-14，英属维尔京群岛2001，诺贝尔奖百年，图中的爱因斯坦像是他得奖时的标准像）。瑞典科学院秘书在给爱因斯坦的信中特别声明："王国科学院决议授予您上年度的诺贝尔物理学奖，以表彰您在理论物理学中的工作，特别是在光电效应规律方面的发现，但是没有考虑您的相对论和引力理论一旦得到证实所应得到的评价。"可以看出，瑞典科学院这个决定是考虑了各种矛盾之后的一个妥协，它避开了相对论这个热点。但是，60年后瑞典发行的诺贝尔奖邮票图30-13上印的仍是 $E = mc^2$ 这个公式。爱因斯坦获奖后，按照他的承诺，把奖金都给了米列娃。

后来没有给爱因斯坦再度颁发诺贝尔奖。但是不少物理学家认为，爱因斯坦有资格至少拿5次诺贝尔奖。他的以下工作都有得奖资格：光量子假说（光电效应理论），布朗运动理论，狭义相对论，$E = mc^2$，广义相对论，激光理论，凝聚态物理（固体比热理论及磁学）。

爱因斯坦是量子理论的创建者之一。普朗克、爱因斯坦和玻尔是量子理论的三大先驱，代表量子理论的三个阶段：普朗克提出能量子概念，爱因斯坦发现光量子，玻尔将量子概念用于物质结构。他们得诺贝尔物理奖的先后次序也与这个次序一致。葡萄牙2000年发行的20世纪回顾邮票（图42-8）用他们三人代表20世纪的物理学，这意味着量子理论是20世纪物理学发展的主线。但是，爱因斯坦对后来的量子力学是不满意的。他承认量子力学在解决实际问题中的重要作用，但不同意量子力学的概率解释，他说："上帝不丢骰子。"在他看来，量子力学的概率特征是其理论不完备的表现，由此开始了他和玻尔之间毕生的争论。爱因斯坦比玻尔大6岁，两人是很好的朋友（图45-10）。

1924年，他建立了玻色-爱因斯坦统计，并从玻色-爱因斯坦气体的统计涨落的分析，论述了波与物质的关系不是光所特有的；又热烈支持德布罗意的物质波假说，为波粒二象性的发现和量子理论作出了重大贡献。

1925年后，他把主要精力用来探索统一场论，脱离了物理学研究的主流，在物理学界显得有些孤立。他的统一场论想要把电磁力场和引力统一起来，这两种宏观作用力是当时知道的自然界中仅有的两种相互作用。但是他失败了。今天看来，他失败并不是由于他追求统一的想法不对，而是由于他错误地想在宏观物理学的基础上寻求统一。宏观物理规律是唯象性的，而不是本原性的。因此在发现了微观世界中的另外两种相互作用（强作用和弱作用）及建立了各种量子场论之后，追求各种相互作用统一的努力又复活了。20世纪60年代后期，人们成功建立了电弱统一理论，将强作用力和引力也包括进来的大统一理论和超统一理论也正在探索之中。爱因斯坦孜孜以求的统一梦想，也许会在全新的基础上实现。

综观爱因斯坦一生的科学工作，涉及的领域既广，又非常有深度，影响极为深远。杨振宁教授认为，评价爱因斯坦的工作最好的两个字是"深广"。他做的东西又深又广。

1933年初，希特勒攫取了德国政权，爱因斯坦是他们在科学界首先要迫害的对象。幸好当时他在美国讲学，免遭毒手，但他在德国的住所被搜查，财产被没收，著作被焚。爱因斯坦谴责纳粹的暴行，声明退出普鲁士科学院，放弃德国国籍，进行了针锋相对的斗争。他从美国回到欧洲，避居比利时。他的挚友劳厄来信，劝他在政治斗争上收敛一些，他回信说："要是布鲁诺、斯宾诺莎、伏尔泰和洪堡也都这样想，这样行事，那么我们的境况会怎样呢？我对我说过的话一个字也不感到后悔，我相信我的行为是在替人类服务。"他10月再赴美国，定居普林斯顿（图38-82之一，1939年摄于普林斯顿寓所），应聘任新建立的高等研究所教授。1940年，他取得美国国籍（图38-78之三，爱因斯坦归化美国入籍宣誓）。他在普林斯顿一直到1955年去世。

爱因斯坦除了在物理学上的重大成就外，留给后人作为典范的还有他强烈的社会责任心。他从不把自己置身于世外，而是把社会公正、人类前途时刻放在心头。在第一次世界大战中，他坚持反战立场。纳粹上台后，他对纳粹的本质有清醒的认识，与纳粹坚决斗争，是非清楚，爱憎分明。他改变了他的绝对和平主义立场，号召各国青年服兵役，与纳粹作殊

由于爱因斯坦遗嘱禁止而不得发行的德国普票

图38-15（德国1961）

图38-16（美国1966）

图38-17（美国1979）

图38-18（犹太国家基金会）

图38-20（冈比亚2005）

图38-21（以色列1998）

与以色列有关的爱因斯坦邮票

图38-19（以色列1956）

图38-22（以色列2005）

图38-23（以色列2005，9/10原大）

想象力比知识更重要

图38-24（直布罗陀1998）

死斗争。到美国后，为了防止纳粹德国抢先制出核武器，他应西拉德之请，写信给罗斯福总统，说服美国启动研制原子弹。战后，核军备竞赛使爱因斯坦忧心忡忡。他说："战争是打赢了，但和平并未赢得。"他反对核军备竞赛，反对使用核武器。

爱因斯坦到底算哪国人？从出生和受教育看，他当然是德国人。但是他从小就放弃德国国籍，加入瑞士国籍。不过德国人认为，爱因斯坦回德国担任职务就自动恢复了德国国籍。1961年，德国计划在其德国名人普票（参看图3-21和图12-19）中发行一张爱因斯坦票，样票已印好了（图38-15，从报审样张上复印下的图案），但是爱因斯坦的家属坚决反对，结果只好作罢，因为爱因斯坦在遗愿中曾表示不允许德国把他的肖像用在任何钱币和邮票上。于是我们也明白了在德国纪念1879年诞生的三位诺贝尔奖得主百年的邮票（图40-2，图46-1，图51-9）中为什么没有得主的肖像，而只有原理的阐明。从这两张未发行的邮票，我们可以看到爱因斯坦的刚烈性格，看到他和德国决绝的毫不妥协的态度。这是物理学史上的珍贵史料。

对于新大陆上的美国，爱因斯坦起初是喜欢和心怀感谢的。他喜欢美国的个人自由，感谢美国在反对法西斯的斗争中所起的巨大作用，感谢美国为他提供避难所。因此他于1940年归化美国。美国为爱因斯坦发行了两枚邮票：一枚是1966年发行的（图38-16），杨振宁教授代表普林斯顿高等研究所出席了这枚邮票的首发式并讲话。另一枚是1979年为纪念爱因斯坦诞生百年而发行的（图38-17）。但是战后，美国企图通过垄断核武器称霸世界，使爱因斯坦非常反感，特别是20世纪50年代初，麦卡锡主义在美国猖獗，侵害公民自由，迫害进步人士，更使他痛心疾首。他自称是世界公民，为了控制核武器，他建议各国放弃一部分主权，将联合国改组成一个世界政府。

爱因斯坦是犹太人。作为一个犹太人，爱因斯坦同情和支持犹太复国运动，支持以色列建国，并同以色列有密切的联系。但是，爱因斯坦不是一个极端的犹太复国主义者，他希望犹太人和阿拉伯人和睦相处。1922年，在访问日本后返欧途中，他访问了犹太人的故地巴勒斯坦（图38-49之五，爱因斯坦访问耶路撒冷）。爱因斯坦1955年去世后不久，犹太国家基金会发行了一套邮票（图38-18，严格来说这并不是邮票，因为它缺乏邮政功能，主要是募款的工具，但以色列仍有许多人收集它）。以色列邮政共为爱因斯坦发行过3次邮票。一张是他去世后赶在1956年1月3日发行的（图38-19），这是世界上第一张正式的爱因斯坦邮票。它后来又作为图案出现在别的邮票上（如图38-20，冈比亚2005，及下面的图38-130），成为票中票。以色列第二张爱因斯坦邮票（图38-21）是1998年发行的"犹太名人"中的一张。2005年世界物理年发行了第三套，包括一枚小型张（图38-22，图38-23），是爱因斯坦的漫画像，寥寥数笔，非常传神。小型张上有2006年举行全国邮展的广告。

1952年11月以色列首任总统魏茨曼逝世，以色列政府(总理本·古里安)曾邀请爱因斯坦继任总统，他谢绝了。他对以色列大使说："我这样的人怎么能当总统呢？对自然，我算是了解一点，而对人，我几乎一点也不了解。"下面加纳2000年发行的世纪伟人小型张（图

图38-25（波兰1959）

图38-26（加纳1964）

图38-27（阿根廷1971）

图38-28（马里1975）

图38-29（马里1979加盖）

38-88）上有爱因斯坦和以色列建国总理本·古里安。小型张上的文字是"爱因斯坦被邀请出任以色列总统"。爱因斯坦拒绝是很明智的。实际上，这一邀请并不是真心的。就在邀请发出后不久，本·古里安就对人说："告诉我，如果他接受了，该怎么办？我必须向他提供这个位置，因为不能不这样做。但是，如果他真的接受了，那么我们就会骑虎难下。"

爱因斯坦说话精辟隽永，言简意赅，饱含智慧和真知灼见。他的许多关于科学信念、人生哲学、世界局势或是对历史人物评价的言论，都已成为人们熟悉的格言。直布罗陀1998年发行了一套格言邮票，其中有一枚（图38-24）是爱因斯坦的一句格言"想象力比知识更重要"，附票上是德文原文。这是至理名言，它对我们中国传统的教育模式和教育工作者提出了挑战：如何培育、发展学生丰富的想象力，而不是一味灌输知识。

1955年4月18日，爱因斯坦与世长辞。对这位人类历史上最伟大的物理学家，这位社会责任心极强，为捍卫个人自由、社会正义和世界和平而斗争不息的世界公民，世界各国人民永志不忘。许多国家都为爱因斯坦发行了邮票向他表示敬意。上面我们已结合着邮票大致介绍了爱因斯坦的生平。下面我们看更多的爱因斯坦邮票，按发行时间的顺序介绍。

在以色列1956年发行了第一枚爱因斯坦邮票后，接着发行的爱因斯坦邮票是波兰1959（图38-25，文化名人），加纳1964（图38-26，科学家），巴拉圭1965三角邮票（图5-121，图5-122），阿根廷1971（图38-27，电子邮政的发展，图上为磷光扫描器），马里1975（图38-28，逝世20周年）。马里邮票在1979年又加盖改值以纪念爱因斯坦诞生百年（图38-29）。

有一些诺贝尔奖邮票上印着爱因斯坦，如图38-30（乍得1976，诺贝尔奖得主）、图38-31（几内亚比绍1977，诺贝尔奖75周年）、图38-32（格林纳达1978，诺贝尔奖得主）、图38-33（斯威士兰1983，诺贝尔诞生150周年）、图38-34（圣文森特和格林纳丁斯1991，著名的诺贝尔奖得主）、图38-35（圣卢西亚1980，诺贝尔奖得主，小型张）；图38-36（塞拉利昂1995，诺贝尔奖设立100周年，小型张）和图38-37（多哥1995，诺贝尔奖设立100周年，小型张）。

1979年是爱因斯坦诞生百年，掀起了发行爱因斯坦邮票的高潮。中国也难得地为这位外国科学家出了一张邮票（图38-38）。中国邮票上迄今只出现过三次外国科学家：哥白尼、约里奥·居里和爱因斯坦。前两位列入选题更多的是出于政治原因（哥白尼是世界和平理事会当年提出的世界文化名人，约里奥·居里是由于他的世界和平运动领导人和共产党员身份），只有爱因斯坦真正是以著名科学家的身份出现在中国邮票上的。许良英先生当年为这张邮票列入选题出了大力。这张邮票是李印清先生设计的，画面素雅，属于上乘之作。笔者见到好几本书如派斯的《一个时代的神话》、法国作者的《阿基米德的浴缸》上都刊载了或提到这张邮票，遗憾的是邮票上的文字不够规范，"纪念爱因斯坦诞辰一百周年"后6个字应为"诞生一百周年"或"百年诞辰"。发行爱因斯坦诞生百年邮票的，除前面的美国（图38-17）、东德（图38-8）之外，还有意大利（图38-39，这张邮票开了用爱因斯坦的漫画像作邮票图案的先河）、摩纳哥（图38-40）、越南（图38-41）、苏联（图38-42）、印度（图38-43）、墨西哥（图38-44）、圣马力诺（图38-45）和刚果（图38-46），都于1979年发行了单张的爱因斯坦邮票（越南为两张），扎伊尔（图38-47）和多哥（图38-9）发行了多张一套并带小型张的，中非1979年发行的国际儿童年邮票的小型张上也是爱因斯坦（图38-48）。

1980年，尼加拉瓜为爱因斯坦诞生百年发行了一套邮票，共8张。这套票后来经过多次加盖（国际扫盲年、奥林匹克、宇航等）。笔者只收集到一套不同加盖的混合票（图38-49）。其中每张邮票上都加盖了"1980扫盲年"，有5张邮票上另外加盖了航天器。还有一套加盖奥运五环图样的（图38-50），但缺最高值的一张。这套邮票各张的内容是：① 爱因斯坦和施韦泽（著名人道主义者，诺贝尔和平奖得主）；② 爱因斯坦的相对论；③ 1939年世界博览会；④ 爱因斯坦和奥本海默；⑤ 爱因斯坦访问耶路撒冷；⑥ 爱因斯坦获得1929年（年代有误！）诺贝尔奖；⑦ 看哪，空间；⑧ 爱因斯坦与甘地。还有有关的两种小型张（图38-51，图38-52）。小型张上画着爱因斯坦穿着白大褂做实验，这是想入非非之作。柯克群岛上的艾图塔基则在1980年为爱因斯坦逝世25周年发行了一套邮票（图38-53），邮票图为爱因斯坦的肖像和禁止核试验。

从1980年到20世纪末，各国发行的爱因斯坦邮票有：图38-54（塞拉利昂1985，联合国组织40年），图38-55（乌干达1987，伟大科学成就，同一套票另一张牛顿见图10-31），图38-56（阿尔巴尼亚1989，名人），图38-57（土耳其1994，欧罗巴邮票，科学发现），图38-58（古巴1994，著名科学家），图38-59（乌拉圭1996，科学家）。

图38-30（乍得 1976）

图38-31（几内亚比绍 1977）

图38-32（格林纳达 1978）

图38-33（斯威士兰 1983）

图38-34（圣文森特和格林纳丁斯 1991）

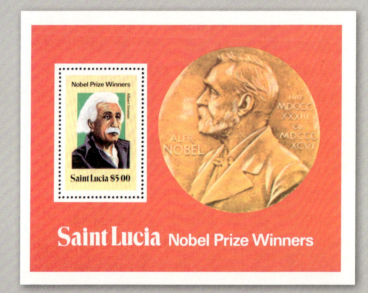

图38-35（圣卢西亚 1980，4/5 原大）

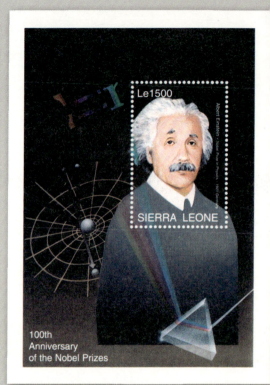

图38-36（塞拉利昂 1995，9/10 原大）

图38-37（多哥 1995，2/3 原大）

诺贝尔奖邮票上的爱因斯坦

图38-38（中国1979）　　图38-39（意大利1979）

图38-41（越南1979）

图38-42（苏联1979）

图38-44（墨西哥1979）

图38-40（摩纳哥1979）

图38-43（印度1979）　　图38-45（圣马力诺1979）

图38-46（刚果1979）

图38-48（中非1979，4/5原大）

图38-47（扎伊尔1979，3/5原大）

图38-49（尼加拉瓜1981加盖，3/4原大）

图38-50（尼加拉瓜1981加盖，3/4原大）

图38-51（尼加拉瓜1981加盖，3/5原大）

图38-52（尼加拉瓜1981加盖，3/4原大）

图38-53（艾图塔基1980，4/5原大）

　　圭亚那发行了一枚小型张（图38-60，圭亚那1993，20世纪的科学与医学），它的邮票上只有 $E=mc^2$ 这个式子，爱因斯坦的肖像在小型张的边纸上。图38-9中邮票之一的主图也是这个公式。质能公式是相对论中对人类生活影响最大的公式，是核能利用的理论基础。在邮票上，这个公式已成为相对论的徽记，本节许多邮票上都有这个公式。尼加拉瓜"改变世界的10个公式"邮票包含这个公式（图38-61）。邮票图上有和平利用核能的核电站，也有原子弹爆炸的蘑菇云，它们都以这个公式为基础。今天，$E=mc^2$ 已成为人人应当知道的知识（图38-62，加拿大1962，教育年，教育带来力量，注意邮票中的小字 $E=mc^2$）。图38-63是以色列2000年发行的千禧年邮票中的一张，图案下方是达·芬奇的人体比例图，上方是宇航员在太空中，中间是这个公式。它形象地表明，人类文明的进步，人类的威力，是以懂得和利用这个公式为基础的。但是有个说法：正是这个公式使原子弹成为可能，因此爱因斯坦是"原子弹之父"，如邮票图38-64（安提瓜和巴布达1998，伟大发明与发明家）和图38-65（蒙古2001，20世纪大事）隐喻的那样，爱因斯坦发明了原子弹，这是错误的。爱因斯坦给罗斯福总统写过信，要求为了抵抗法西斯德国发展原子弹，但是他本人没有参加过任何原子弹设计工作。正如爱因斯坦传作者、物理学家派斯反驳的，这个说法就和"字母的发明使《圣经》的写作成为可能，因此认为字母的发明者就是《圣经》的作者"一样。

　　还有一些航天邮票上也有爱因斯坦，或者用航天器来装饰爱因斯坦邮票，虽然爱因斯坦与航天并无明显联系。其原因之一是，有的航天器或卫星是以爱因斯坦命名。另一个原因可能是出于商业操作，因为爱因斯坦和航天都是热门的邮票题材。这样的邮票有：图38-66（东德1978，苏联-东德合作空间飞行）；图38-67（中非1984，空间技术）；图38-68（乍得1997，名人），邮票图中的卫星是1978年美国发射的高能天文台2号（HEAO-2）X射线卫星，为纪念爱因斯坦100周年诞辰（1979年），这颗卫星又命名为"爱因斯坦X射线

图 38-54 （塞拉利昂 1985）

图 38-55 （乌干达 1987）

图 38-57 （土耳其 1994）

图 38-58 （古巴 1994）

图 38-59 （乌拉圭 1996）

图 38-56 （阿尔巴尼亚 1989）

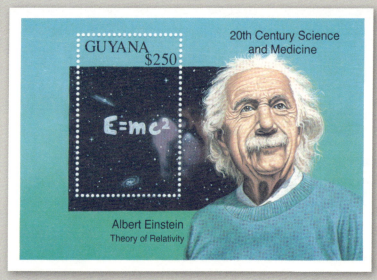

图 38-60 （圭亚那 1993）

图 38-61 （尼加拉瓜 1971）

图 38-62 （加拿大 1962）

图 38-63 （以色列 2000）

图 38-64 （安提瓜和巴布达 1998）

图 38-65 （蒙古 2001）

天文台"；图38-69（科摩罗群岛1998，名人），邮票中的卫星是引力探测器B；图38-70（几内亚比绍2003），邮票中的人物是爱因斯坦、牛顿和第一个宇航员加加林。

新世纪的到来，迎来了又一轮发行爱因斯坦邮票的高潮。各国在发行20世纪回顾邮票、20世纪大事记邮票、千年纪邮票时，不可能不介绍爱因斯坦的功绩。马绍尔群岛于1997年开始发行20世纪大事邮票，每10年的大事印一个全张。1997年的小全张里就有一张爱因斯坦（图38-71）。邮票上的文字是"物理实在的新形式"，右下方缩微印刷的小字（在显微镜下才能看见）是"爱因斯坦的公式 $E = mc^2$"。图38-72是从几内亚1998年的"20世纪科学成就"小型张上截下的邮票，小型张边纸上是拉菲尔铁塔。这类邮票还有图38-73（洪都拉斯1999，千年纪），图38-74（冈比亚2000，20世纪回顾），图38-75（圣文森特和格林纳丁斯2000，千年纪），图38-76（爱尔兰2000，庆贺千年），图38-77（刚果2000，庆贺千年）。马拉加什在1999年出了由4张邮票组成的小全张（图38-78）。东方国家在世纪交替时出的爱因斯坦邮票有图38-79（老挝1999），图38-80（塔吉克斯坦1999），图38-81（安哥拉2000）。

一些媒体在新世纪到来时，曾就"20世纪的伟大人物"进行民意调查，爱因斯坦高居榜首（参看下面的图38-123，爱因斯坦登上1999年最后一期时代杂志封面，像上方的文字就是世纪伟人，在此之前爱因斯坦已几次登上《时代》封面，如1979年他百岁冥诞时）。一些国家为爱因斯坦出了"世纪伟人"（Person of the Century或Man of the Century）邮票，有的是小全张，如图38-82（安哥拉2000）和图38-83（蒙古2000），有的是小型张。

由多张邮票组成的小全张的好处是，可以从多样化的角度来反映介绍爱因斯坦，除了他的事业成就外，还表现他的兴趣和修养。例如，爱因斯坦热爱音乐，他从6岁就开始练小提琴，拉得很不错。图38-82和图38-83中都有他拉小提琴的邮票。他最喜欢莫扎特，曾以音乐为例说明兴趣的重要性："我在六岁到十四岁时学过小提琴，但是都没有碰上好教师。对于这些老师来说，音乐只是机械的练习。我真正学到音乐是在我爱上莫扎特的奏鸣曲以后。我渴望把异常优美的乐曲表达出来，就逼着自己提高演奏技巧。我认为，对一切都一样，兴趣才是最好的教师，它远远超过责任感。"爱因斯坦还喜欢骑自行车，图38-78和图38-82中都有他炫耀车技的邮票，照片摄于1933年，爱因斯坦在加州帕萨迪纳骑车。

对蒙古小全张的邮票（图38-83）还要作些说明。上左：1930年在帕萨迪纳（加州理工学院）讲解他的引力场方程。上中：1933年爱因斯坦在圣芭芭拉太平洋岸边，爱因斯坦是业余的帆船运动爱好者，常到海边转转。下左：1939年摄于新泽西州普林斯顿的寓所。下中：1929年普朗克给爱因斯坦颁发德国物理学会设立的普朗克奖章。下右：这可能是一张宣传画，宣示运动时钟变慢，爱因斯坦对着随身携带的钟说："更多的时间已经流逝。"这是否隐喻着爱因斯坦动荡的一生？也许，这只是我们的体会和发挥，原来设计邮票时没有想这么多。

经过世界邮联协调，有一批小国在2000年发行了"世纪伟人"爱因斯坦小型张。如图38-84（不丹）、图38-85（莱索托）、图38-86（冈比亚）、图38-87（塞拉利昂）、图38-88（加纳，图样是以色列总理本·古里安1951年5月到普林斯顿拜访爱因斯坦的照片，以色列邀请爱因斯坦出任总统的故事前面已经讲过）、图38-89（圭亚那）、图38-90（格

图38-66（东德1978）

图38-67（中非1984）

图38-68（乍得1997）

图38-69（科摩罗群岛1998）

图38-71（马绍尔群岛1997）

图38-73（洪都拉斯1999）

图38-75（圣文森特和格林
纳丁斯2000）

图38-76（爱尔兰2000）

图38-72（几内亚1998）

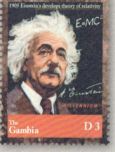

图38-74（冈比亚2000）

图38-80（塔吉克斯坦1999）

图38-81（安哥拉2000）

图38-78（马拉加什1999，9/10原大）

林纳达）、图38-91（多米尼加）、图38-92（安提瓜和巴布达，此张的公式错了，2没有写到平方位置上）和图38-93（格林纳达所属卡里阿库和小马提尼克岛）等。图38-93上的另一人是著名喜剧电影演员卓别林，这幅照片是他们1931年1月30日出席卓别林主演的影片《城市之光》的首映式时拍的，群众认出了他们，对他们鼓掌。卓别林对爱因斯坦说："人们向你鼓掌，是因为他们不懂得你；而向我鼓掌，则是因为他们懂得我。"的确，人人知道爱因斯坦的名字，但对他的工作并不了解。小型张上是他们另外一段对话：爱因斯坦说："这种浮名有什么意思呢？"卓别林回答："毫无意思。"

爱因斯坦"世纪伟人"邮票还有一种形式，就是全部邮票都由爱因斯坦的漫画像组成的小全张，如图38-94（内维斯2000，1/2原大），其上邮票以原大刊出（图38-95），邮票主图是爱因斯坦的漫画像，背景则是爱因斯坦的照片。圣文森特和格林纳丁斯发行的小全张边纸与图38-94全同，我们只刊出邮票（图38-96）。几内亚（图38-97，图38-12是它的小型张）和格林纳达（图38-98）于2002年继续发行了这种漫画风格的邮票。

爱因斯坦为人风趣幽默。在他72岁生日的宴会上（1951年3月14日），人家为他拍照，要他微笑，他却伸出舌头。这个镜头也被用到邮票上，见下面图38-105之二。比利时2001年发行的世纪回顾邮票第3组（科学技术）小全张上有两张邮票中有爱因斯坦伸舌头：一张是图38-99，以抽象派风格画的爱因斯坦像，舌头上又有小爱因斯坦。一层层往下套，图上一共可看到三个不同大小的爱因斯坦。另一张是关于历史科学的（图38-100），主图是历史学家Marc Bloch的肖像，和20世纪一些重要人物和重大事件的照片，可以看清楚的有爱因斯坦上述吐舌头的照片、甘地、和平鸽等。法国2001年发行的世纪回顾小型张（科学技术）的边纸上也有爱因斯坦伸舌头的照片（图38-101）。

2001年到2003年，继续有国家以"世纪伟人""诺贝尔奖得主"等题目发行爱因斯坦邮票。如图38-102（刚果民主共和国2001，世纪伟人），图38-103（安哥拉2001），图38-104（几内亚比绍2003，诺贝尔奖得主），图38-105（索马里2002）。

2004年是爱因斯坦诞生125周年。发行的纪念邮票除前面的图38-6（塞尔维亚与黑山）外，还有图38-106（波黑）和图38-107（波黑塞族共和国）。

2005年是"爱因斯坦奇迹年"100周年，联合国把它定为世界物理年，又掀起了一轮发行爱因斯坦邮票的高潮。各国发行的世界物理年邮票上大多有爱因斯坦。本节一开始我们就看到了瑞士、摩纳哥、阿根廷和以色列的世界物理年爱因斯坦邮票。图38-108是德国的世界物理年邮票。我们看到，爱因斯坦又在德国邮票上出现了。其原因可能是遗嘱已失去时效（爱因斯坦已去世五十

图 38-82 世纪伟人（安哥拉 2000，9/10 原大）

图 38-83 世纪伟人（蒙古 2000，4/5 原大）

爱因斯坦"世纪伟人"小型张

图 38-84（不丹 2000，3/5 原大）

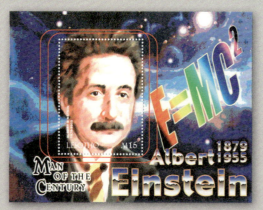

图 38-85（莱索托 2000，3/5 原大）

图38-86（冈比亚2000，3/5原大）

图38-87（塞拉利昂2000，3/5原大）

图38-88（加纳2000，3/5原大）

图38-89（圭亚那2000，3/5原大）

图38-90（格林纳达2000，3/5原大）

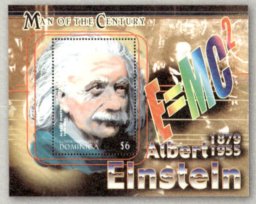

图38-91（多米尼加2000，3/5原大）

图38-92（安提瓜和巴布达2000，3/5原大）

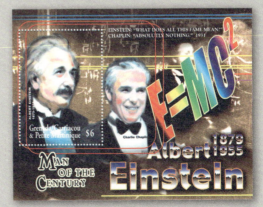

图38-93（格林纳达所属卡里阿库和
小马提尼克岛2000，3/5原大）

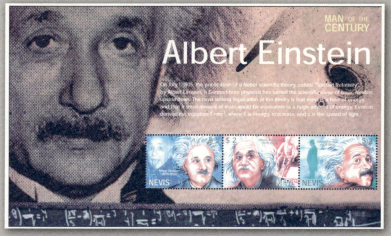

图 38-94 （内维斯 2000，1/2 原大）

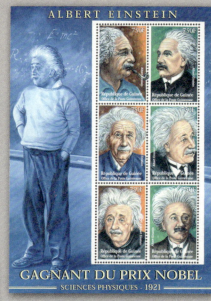

图 38-97 （几内亚 2002，1/2 原大）

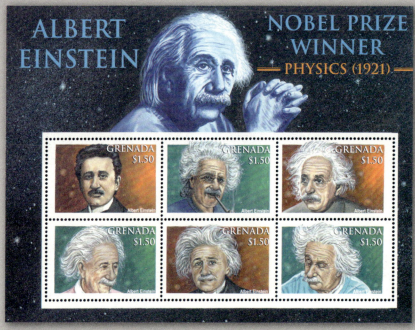

图 38-98 （格林纳达 2002，3/4 原大）

图 38-95 （内维斯 2000）

图 38-96 （圣文森特和格林纳丁斯 2000）

爱因斯坦漫画像邮票

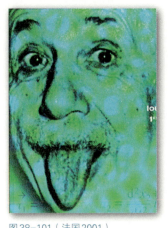

图38-99（比利时2001）　　　　图38-100（比利时2001）　　　　图38-101（法国2001）

年），但不确定。不过，战后的德国政府和绝大多数德国人民对德国的战争罪行已进行了深刻地反省，对犹太受害者进行了悔罪和赔偿，对纳粹组织和思想进行了比较彻底地清算，此次以爱因斯坦奇迹年和爱因斯坦逝世50周年为契机举办世界物理年，德国物理学会是最积极的倡导者之一，如果爱因斯坦能够活着看到这些，想必对德国也会原谅吧。这张邮票庄重肃穆，上面的文字是"相对论－原子理论－量子理论100周年"，原子理论指布朗运动理论，量子理论指光子假说。

　　世界物理年邮票中有爱因斯坦的还有图38-109（法国）、图38-110（罗马尼亚）、图38-111（爱尔兰）、图38-112（哥斯达黎加）、图38-113（葡萄牙）、图38-114（墨西哥）、图38-115（马其顿）、图38-116（土耳其）、图38-117（印度）、图38-118（中国台湾）、图38-119（南非）、图38-120（加纳，全套5张，其中一张是爱因斯坦）、图38-121（刚果）、图38-122（古巴，全套2张，它不是纪念世界物理年，而是纪念爱因斯坦访问古巴75周年）、图38-123（莱索托）、图38-124（斐济，全套4张）。斐济邮票上是爱因斯坦一生从童年到老年不同时期的像。第一张是爱因斯坦3岁时的照片，这是目前所知的爱因斯坦最早的照片。第二张上标明了是他在1905年即"爱因斯坦奇迹年"的像。第三张是根据他在20世纪20年代初即四十一二岁时的照片画的像。第四张是他老年时的画像。

　　我国纪念世界物理年发行的是纪念邮资明信片（图38-125），是著名邮票设计艺术家王虎鸣先生设计的。发行纪念明信片的还有波兰（图38-126，上面贴的邮资是纪念波兰雷达80年）和保加利亚（图38-127）。韩国也发行了一张爱因斯坦明信片（图38-128），发行年份不详。我国为纪念世界物理年还发行了一枚纪念封，上面印有爱因斯坦像（图70-57）。

　　2005年除了是爱因斯坦奇迹年100周年外，又是爱因斯坦逝世50周年。为这个题目也出了不少邮票，如图38-129（刚果2005，爱因斯坦逝世50周年）；图38-130（安提瓜和巴布达2005，爱因斯坦逝世50周年）；图38-131及图38-132（坦桑尼亚2005，爱因斯坦辞世50周年），小全张上的邮票图样全是爱因斯坦的各种纪念品，如钱币、《时代》杂志封面、邮票等；图38-133及图38-134（图瓦卢2005，爱因斯坦逝世50周年），小全张

图38-102（刚果民主共和国 2001）

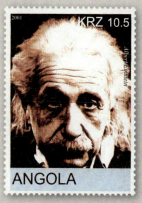

图38-103（安哥拉 2001）

图38-104（几内亚比绍 2003）

图38-105（索马里 2002）

图38-106（波黑 2004）

图38-107（波黑塞族共和国 2004）

图38-108（德国 2005）

图38-109（法国 2005）

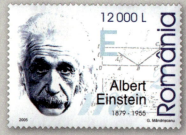

图38-110（罗马尼亚 2005）

图38-111（爱尔兰 2005）　　　　图38-112（哥斯达黎加 2005）　　　　图38-113（葡萄牙 2005）

图38-114（墨西哥 2005）　　　图38-115（马其顿 2005）　　　图38-116（土耳其 2005）

图38-117（印度 2005）

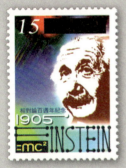

图38-118（中国台湾 2005）　　图38-119（南非 2005）　　图38-120（加纳 2005）

图38-121（刚果 2005）

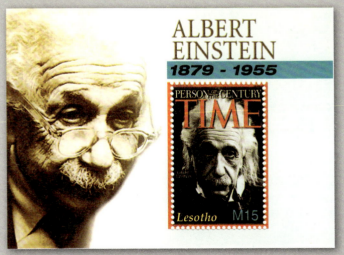

图38-122（古巴 2005）　　　图38-123（莱索托 2005，9/10原大）

爱因斯坦与相对论

"世界物理年"邮票中的爱因斯坦

图38-124（斐济2005）

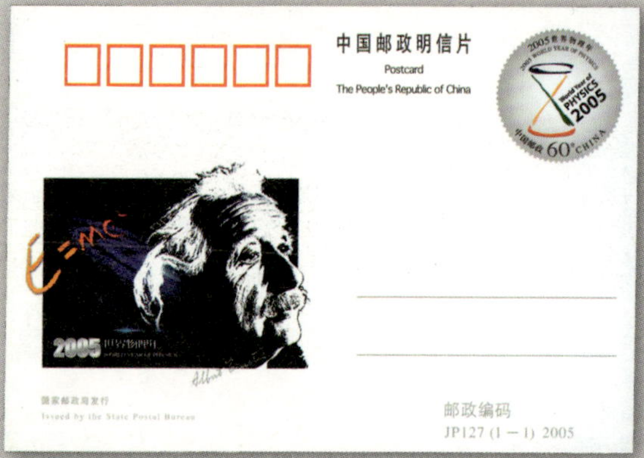

图38-125（中国2005）

图38-126（波兰2005）

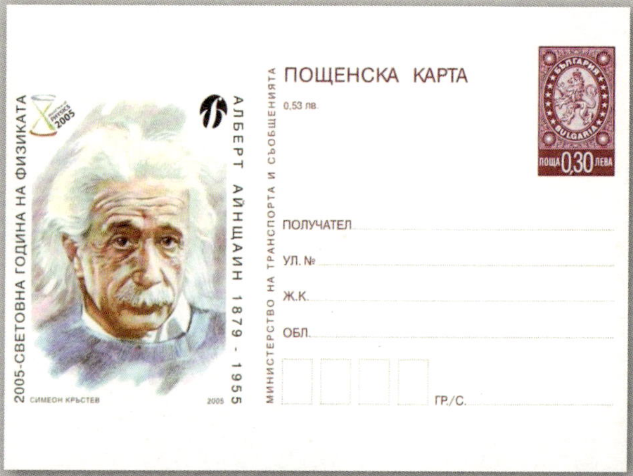

图38-127（保加利亚2005）

图38-128（韩国）

和小型张上邮票图案都是爱因斯坦和朋友在一起，小全张上是洛伦兹、德国犹太人化学家和企业家哈伯、以色列开国总理本·古里安，边纸上是泰戈尔，小型张上是德国作家托马斯·曼；图38-135（冈比亚2005），小全张上有我们前面已熟悉的邮票图38-20；图38-136和图38-137（格林纳达2005），小全张上有爱因斯坦的话，"我想要知道上帝是如何创造世界的，我并不关心这种或那种现象，也不关心这种或那种元素的光谱，我想了解上帝的想法，其他都是细枝末节"；图38-138和图38-139（马尔代夫2005）；图38-140（密克罗尼西亚2005）；图38-141（利比里亚2005），爱因斯坦分别与卓别林、普朗克和W.A.White，后者是美国当年一本著名报刊的主编。

2006年后发行的爱因斯坦邮票有：图38-142（吉布提2006，20世纪伟大科学家）；图38-143（几内亚比绍2008，物理学发现），邮票上写了爱因斯坦的3大发现，即相对论、质能等当关系和光电效应；图38-144（几内亚比绍2009，从"伟大物理学家"小型张上截下），邮票上写的是"著名的广义相对论"；图38-145（圣多美和普林西比2009，国际科学年）；图38-146（卢旺达2009，伟大科学家）；图38-147（马里2011，最有影响的物理学家和天文学家）。关于爱因斯坦的小全张有图38-148（几内亚2006），它配有3个小型张（图38-149，图38-150，图38-151）。还有小型张图38-152（贝宁2008）、图38-153（巴勒斯坦民族权力机构2008）、图38-154（马里2009）、图38-155（加蓬2010）、图38-156（几内亚2012，科学家书写世界的历史）等。爱因斯坦还出现在格林纳达2008年发行的小全张图57-27中。

图38-129（刚果2005）

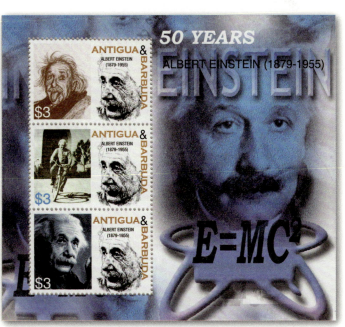

图38-130（安提瓜和巴布达2005，4/5原大）

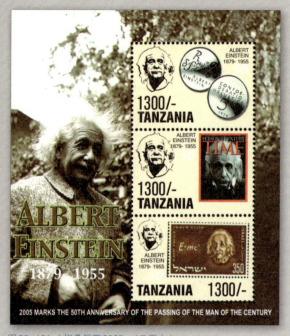

图38-131（坦桑尼亚2005，4/5原大）

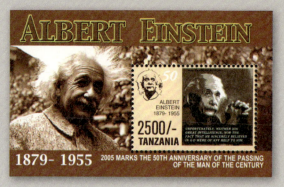

图38-132（坦桑尼亚2005，4/5原大）

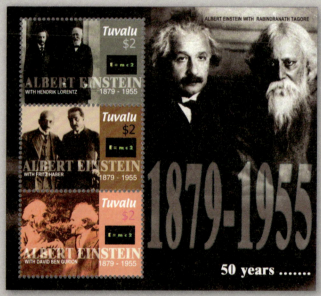

图38-133（图瓦卢2005，4/5原大）

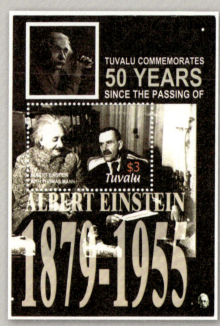

图38-134（图瓦卢2005，4/5原大）

爱因斯坦逝世50周年

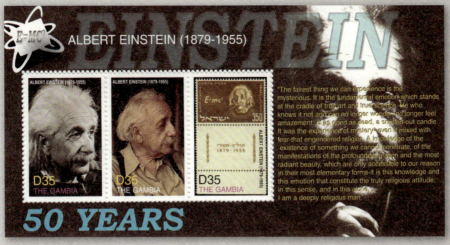

图38-135（冈比亚2005，4/5原大）

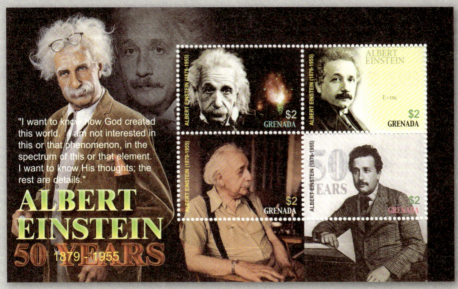

图38-136（格林纳达2005，4/5原大）

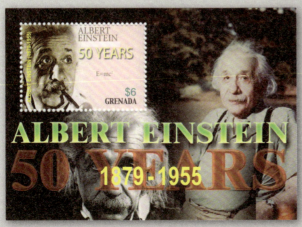

图38-137（格林纳达2005，4/5原大）

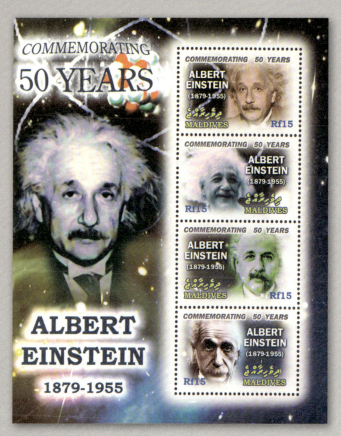

图38-138（马尔代夫2005，4/5原大）

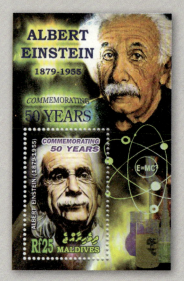

图38-139（马尔代夫2005，4/5原大）

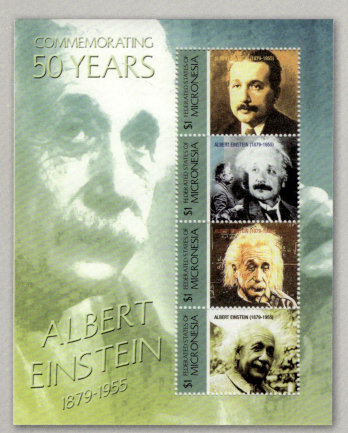

图38-140（密克罗尼西亚2005，4/5原大）

图38-141（利比里亚 2005，4/5原大）

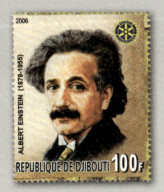

图38-142（吉布提 2006）

图38-143（几内亚比绍 2008）

图38-144（几内亚比绍 2009）

图38-145（圣多美和普林西比 2009）

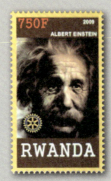

图38-146（卢旺达 2009）

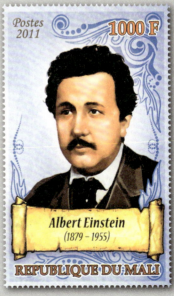

图38-147（马里 2011）

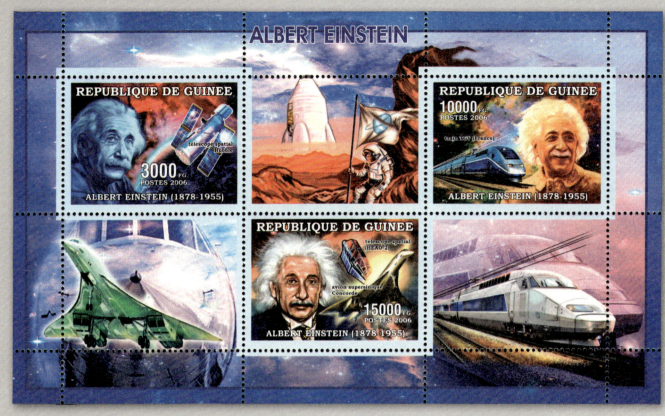

图38-148（几内亚2006）

图38-149（几内亚2006，1/2原大）

图38-150（几内亚2006，1/2原大）

图38-151（几内亚2006，1/2原大）

几内亚爱因斯坦小全张及小型张

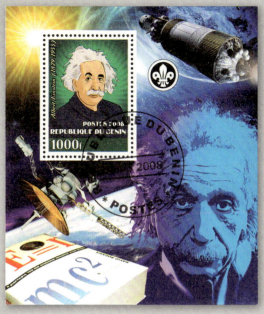

图38-152（贝宁 2008，4/5 原大）

图38-153（巴勒斯坦民族权力机构 2008，4/5 原大）

图38-154（马里 2009，3/5 原大）

图38-155（加蓬 2010，3/5 原大）

图38-156（几内亚 2012，3/5 原大）

39. X射线的发现

　　前面几节介绍了19世纪与20世纪之交经典物理学理论和已知实验事实的矛盾。这些实验事实主要涉及高速和微观领域。19世纪末，实验上还有三大发现，发现了X射线、电子和放射性，进一步打开了微观世界的大门。这三项发现都直接间接和对阴极射线的研究有关。阴极射线是当时的热门研究题目，早在19世纪30年代，法拉第就发现了稀薄气体放电中的辉光现象（图19-12）。随着真空技术不断进步和真空度不断提高，物理学家又发现了阴极射线。它产生于高真空放电管的阴极，射到对面的管壁，使之发荧光。用现在的话来说，所谓阴极射线，就是电场从阴极拉出来的电子流。电子的发现当然直接与阴极射线有关，X射线是伦琴在研究阴极射线时发现的，而放射性则是贝克勒耳研究X射线时发现的。

　　伦琴（图39-1，东德1965，诞生120周年；图39-2，古巴1993，著名科学家）在发现X射线时是德国维尔茨堡大学的物理学教授，已经50岁了。他是一个训练有素的实验物理学家，但在发现X射线之前，他的学术生涯并不突出。

　　1895年11月8日傍晚，伦琴在实验室里做阴极射线管中气体放电的实验。为了避免可见光的影响，他在暗室中做实验，并且用黑纸将放电管包起来。他奇怪地发现，在放电时，离放电管一段距离的一个荧光屏也在闪光。这不可能是阴极射线所引起，因为阴极射线的穿透能力很弱，不能穿过放电管的玻璃外壳。也不会是放电管内的光引起，因为已用黑纸将放电管包住。他在放电管和荧光屏之间放了几本书，荧光屏依旧闪光。他把手伸到放电管与荧光屏之间，吓了一跳，在荧光屏上看到了手的骨骼！（图39-3，意大利1995，纪念X射线发现百年。）伦琴意识到，这不是阴极射线，他发现了一种新的射线。

　　随后7周中，他独自在实验室里做实验，研究这种射线的性质。他发现，这种射线来自放电管上被阴极射线击中的那块管壁；物体对这种射线在不同程度上透明；它直线行进，磁场不能使它偏转；照相底片能够对这种射线感光。由于不了解它的本质，伦琴称它为X射线。

图 39-1（东德 1965）

图 39-2（古巴 1993）

图 39-3（意大利 1995）

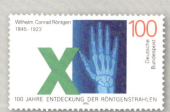

图 39-4（德国 1995）

图 39-5（比利时 1995）

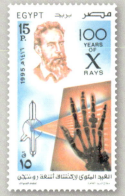

图 39-8（埃及 1995）

图 39-9（摩纳哥 1995）

图 39-6（巴西 1995）

图 39-7（墨西哥 1996）

图 39-10（俄罗斯 1995）

图 39-11（安提瓜和巴布达 1998）

图 39-12（沙迦 1965）

他还用照相底片拍下了手掌的X射线照片。伦琴拍过不止一张手掌的X射线照片。一开始发现X射线，便拍了一张他夫人手掌的照片，后来1896年1月23日在他的研究所作报告时，又拍摄了维尔堡大学著名解剖学教授克里克尔一只手的照片。12月28日，伦琴写了一篇只有10页的报告，题为《论一种新射线》，描述了这种射线及其性质。1896年1月1日，他把这篇报告，并附上手掌的X射线照片，分寄给当时著名的物理学家。因此，许多纪念伦琴发现X射线的邮票中有手掌的X射线照片（图39-4，德国1995，X射线发现百年及伦琴150周年诞辰；图39-5，比利时1995，伦琴诞生150年；图39-6，巴西1995，放射学百年及伦琴诞生150周年，黑、红、黄三色是德国国旗颜色，黄、绿两色是巴西国旗颜色，邮票中用了这些颜色；图39-7，墨西哥1996，X射线百年；图39-8，埃及1995，X射线百年；图39-9，摩纳哥1995，X射线百年；图39-10，俄罗斯1995年发行的邮资封上的邮资图案）。以上的邮票和邮资封都是在1995年至1996年X射线发现百年之际发行的。图39-11（安提瓜和巴布达1998，发明家）和图39-12（沙迦1965，科学、运输和通信）上也是给手掌照X光照片。

由于X射线是人类发现的第一种"穿透性射线"，它能够穿透普通光线不能穿透的某些材料，探测到隐藏在后面的东西，因此在全世界引起了轰动，许多实验室都开展了对它的研究，而且立即广泛应用于实际之中（例如，X射线发现仅3个月后，维也纳的医院在内科治疗中便使用X射线来拍片）。这可能是这项工作获得首届诺贝尔奖的一个原因。伦琴拒绝接受授予他的贵族头衔，也不申请专利。他认为，他的发现应当献给全人类。

X射线最直接的应用是在医学上，它使医生能够看到人体的内部，有助于准确诊断，例如确诊肺结核和发现早期的肿瘤。一些邮票以此为主题。例如图39-13为但泽自由港（即今波兰的格但斯克）1939年发行的邮票，上面的德文是"与癌症斗争，癌症是可以治愈的"。图39-14是荷属苏里南1950年为建立癌症研究基金发行的附捐邮票。图39-15是特兰斯凯1984年发行的医学名人邮票中的一张，把伦琴归到医学专家中去了。图39-16是法属阿法尔和伊萨领地（今吉布提）1974年发行的，用X光可以做人体透视。图39-17是中非1977年发行的诺贝尔奖邮票，图上是大夫为病人进行X光透视的情景。更多的反映X射线用于诊断的邮票放在"医学物理学"（第68节）中。今天，X射线还用于金属探伤、安全检查和海关检查、透视古生物化石，以及X射线天文学。

现在我们知道，伦琴发现的X射线是阴极射线管中被高电压加速的高速电子打到靶上，与靶原子碰撞骤然减速而产生的。按这种机制制成了X射线管。有的邮票上有X射线管，如：图39-18（西班牙1967，在巴塞罗那举行的放射学大会，上面有伦琴的肖像和当时的X射线管）；图39-19（奥地利1991，在维也纳举行的欧洲放射学会议，上面是现代的X射线管）。

X射线发现百年的邮票，除前面的图39-3至图39-10之外，还有：图39-20（马其顿1995）；图39-21（芬兰1995）；图39-22（捷克1995）；图39-23（佛得角1995）；图39-24（韩国1995）和图39-25（印度1995）。

阴极射线管在伦琴发现X射线时已在实验室中使用多年，因此许多人早有机会发现或

图39-13（但泽自由港1939）

图39-15（特兰斯凯1984）

图39-16（法属阿法尔和伊萨领地1974）

图39-14（荷属苏里南1950）

图39-17（中非1977）

图39-18（西班牙1967）

图39-19（奥地利1991）

图39-20（马其顿1995）

图39-22（捷克1995）

图39-24（韩国1995）

图39-21（芬兰1995）

图39-23（佛得角1995）

图39-25（印度1995）

图39-26（德国1951）　　图39-27（瑞典1961）

图39-28（圣文森特和格林纳丁斯1991）

图39-29（尼加拉瓜1995）　图39-30（内维斯1995）　　图39-33（阿尔巴尼亚2001）　　图39-34（格林纳达2001）

图39-31（多哥1995）

图39-32（塞拉利昂1995，5/8原大）

图39-35（几内亚2001，3/5原大）

已观察到X射线（例如存放在阴极射线管装置附近的底片可能会变黑等）。但是这些现象没有受到他们重视而被放过去了。伦琴治学态度严谨，不放过任何可疑之处，才会有这个发现。正像巴斯德所说："机遇只施惠给有准备的头脑。"

　　1901年是20世纪开始的一年，诺贝尔奖也于这一年开始颁发。第一届诺贝尔物理奖就因为发现X射线而颁给伦琴。因此，不仅有记录这一盛事的邮票，而且关于诺贝尔奖历史的邮票

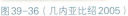

图39-36（几内亚比绍2005）

图39-37（几内亚2006）

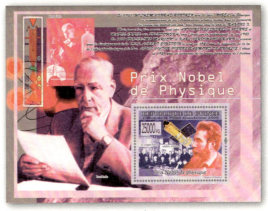

图39-38（几内亚2008，1/2原大）

图39-39（几内亚比绍2008）

也会有伦琴。图39-26为德国1951年纪念第一届诺贝尔物理奖50周年的邮票，除伦琴肖像外，右上角有他在实验中所用的X射线管，邮票两侧的文字是"第一届诺贝尔物理学奖，1901年12月10日"。图39-27为瑞典1961年发行的纪念1901年诺贝尔奖的邮票，最右边一个是物理奖得主伦琴。图39-28为圣文森特和格林纳丁斯1991年发行的诺贝尔奖得主邮票中的一张。上有伦琴像的诺贝尔奖邮票还有图70-47。1995年是诺贝尔奖设立百年，许多小国以此为主题发行了邮票，其中也有伦琴的邮票，如尼加拉瓜（图39-29）、内维斯（图39-30）、多哥（图39-31）和塞拉利昂的小型张（图39-32）。2001年是诺贝尔奖颁发百年，纪念邮票中的伦琴邮票有阿尔巴尼亚（图39-33），格林纳达（图39-34）和几内亚的小型张（图39-35）。

　　近年发行的伦琴邮票，有图39-36（几内亚比绍2005，诺贝尔物理奖得主）、图39-37（几内亚2006）和图39-38（几内亚2008），图39-38是一个小型张，纪念伦琴获得首届诺贝尔物理学奖。小型张上的邮票我们放在第70节（图70-47），因为邮票上除伦琴像外其背景图上还有第一届索尔维会议与会者的合影，反映了索尔维会议的历史。小型张边纸上是电子显微镜发明人鲁斯卡，左上角还有居里夫人在实验室工作的照片。还有图39-39（几内亚比绍2008），邮票上的文字也是1901年诺贝尔物理奖得主伦琴。但是人怎么就跟前面那些邮票上的伦琴长得不一样呢？原来邮票设计者把人给弄错了。这张邮票上的主人不是伦琴，而是英国的亨斯菲尔德（Hounsfeld），他是计算机X射线断层扫描术的发明者，和美国的Commack共同获得1979年的诺贝尔生理学或医学奖。

40. X射线的本性

X射线发现之后，人们对其本性展开了热烈的争论。伦琴本人猜想X射线是以太中的某种纵波。斯托克斯和J.J.汤姆孙认为X射线是电磁波脉冲。W. H. 布拉格则根据在电场和磁场中不偏转以及在物质中穿透力强等事实，认为γ射线和X射线是电子和正电荷组成的中性粒子对。1912年，在发现X射线16年之后，德国物理学家劳厄通过X射线在晶体中衍射的实验，才确证X射线也是与可见光相似的电磁波，只不过波长更短，穿透力更强。

劳厄（图40-1，东德1979，诞生百年）做出上述发现时，在慕尼黑大学任讲师，是索末菲领导下的理论物理研究所的一员。慕尼黑大学是当时的矿物学和晶体学的研究中心，劳厄从同事处了解到当时已很完善的晶体空间点阵假说。他认为X射线是波长很短的电磁波。验证这一点的最有力的办法是观察到X射线的衍射。但是，产生衍射的光栅的刻缝间隔应该与X射线的波长同一量级，这是技术上做不到的。劳厄想到，晶体空间点阵的间隔也很小，应当是一个天然的X射线光栅，能不能用晶体使X射线产生衍射？这个想法受到索末菲和维恩等人的怀疑，他们认为晶体中原子的热扰动会破坏晶格的规律性，破坏任何衍射现象。但是劳厄得到了索末菲的助教弗里德里希和伦琴的博士生克尼平的支持，于是他积极动员弗里德里希和克尼平做实验，最终获得成功，得到了清晰的衍射花样（图40-1；图40-2，西德1979，诞生百年）。1912年6月14日，劳厄在柏林的威廉皇家物理研究所报告了他们的论文。这个实验同时证实了X射线的波动性质和晶体内部的周期结构，被爱因斯坦誉为物理学中最完美的实验。连反对原子论最强烈的奥斯特瓦尔德，在一年以后也承认"原子可以看到了"。这个实验导致两个新学科的诞生：X射线波谱学和X射线晶体学。

由于上述工作，劳厄被授予1914年的诺贝尔物理奖（图40-3，瑞典1974；图40-4，几内亚2001，诺贝尔奖颁发百年）。这一年劳厄35岁，因此图40-3和图40-4上的像更接近他做实验和得奖时的相貌，而图40-1上是他老年时的相貌。得奖名单上只有劳厄一人，

图40-1（东德1979）

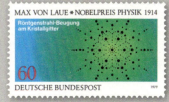

图40-2（西德1979）

图40-3（瑞典1974）

图40-4（几内亚2001）

图40-5（刚果民主共和国2002）

图40-6（几内亚比绍2009）

图40-7（瑞典1975）

图40-9（几内亚比绍2009）

图40-8（马尔代夫1995）

图40-10（马恩岛1983）

图40-11（澳大利亚2012）

图40-12（刚果民主共和国2002）

但是劳厄总是说，这一工作是他们三人共同完成的。他认为自己的贡献占三分之二，弗里德里希和克尼平对此没有异议。1914年的诺贝尔物理学奖奖金，就是按这个比例由劳厄亲手分配的。

劳厄是普朗克的得意门生，爱因斯坦的挚友，为人正直。在希特勒上台之前和之后，他坚持反对排犹主义，捍卫爱因斯坦的科学功绩，不与纳粹当局合作。战后，劳厄由于他一贯的反纳粹立场和高深的学术造诣受到普遍的尊敬，在德国科学的重建中起了重大作用。

纪念劳厄的邮票还有图40-5（刚果民主共和国2002，诺贝尔奖得主）和图40-6（几内亚比绍2009，诺贝尔奖得主）。

下面看劳厄的实验所引发的工作。先看X射线晶体学。1915年，诺贝尔物理学奖又授给了一项晶体对X射线衍射的工作。这次的得主是英国物理学家布拉格父子（图40-7，瑞典1975），由于用X射线研究晶体结构而得奖。这项工作实际上是劳厄工作的逆问题：由X射线的衍射强度分布来测定晶体的晶格结构。在诺贝尔奖的历史上，父子分享同一次奖仅此一例。小布拉格获奖时才25岁，是迄今为止最年轻的诺贝尔奖获奖者。布拉格父子的邮票还有图40-8（马尔代夫1995，诺贝尔奖设立百年）和图40-9（几内亚比绍2009，诺贝尔奖得主）。

老布拉格（W. H.布拉格，1862—1942）毕业于剑桥大学。进剑桥以前，他在马恩岛的威廉国王学院（中学）上学。图40-10是马恩岛1983年为威廉国王学院100周年发行的邮票，上面有这位杰出的校友和他的工作。剑桥毕业后，他去澳大利亚阿德莱德大学任教授（图40-11，澳大利亚2012，诞生150周年）。1909年回英国，任里兹大学教授。老布拉格的邮票还有图40-12（刚果民主共和国2002，诺贝尔奖得主）。小布拉格（W. L.布拉格，1890—1971）出生于阿德莱德，1909年随父亲返回英国后，入剑桥大学三一学院，两年后获得学位，转入卡文迪什实验室在汤姆孙指导下从事科学研究，但常常利用假期到父亲的实验室工作。

老布拉格本来主张X射线是中性粒子对。1912年劳厄的发现发表后，父子俩围绕劳厄的发现进行了热烈的讨论。年轻的小布拉格最先跳出原来的错误思路，接受了劳厄的观点。当年11月，他向剑桥大学哲学学会宣读了一篇论文，用晶体中不同组晶面对连续谱的X射线进行选择性镜面反射的方法，正确而简单地解释了劳厄图，并推导出著名的布拉格公式 $n\lambda = 2d\sin\theta$，这个公式把衍射角与相邻两个晶面之间的距离联系起来，表明能够用X射线衍射获得晶体结构的信息。他还根据衍射照片得到了几种简单晶体如NaCl的结构（图40-13，英国1977，皇家化学学会100周年，画面上是NaCl的晶格图）。但是对较复杂的晶体如金刚石，他遇到了困难。

儿子的想法引起了父亲的注意。老布拉格以这种想法为原理，于1913年3月制造了一台晶面式X射线分光计（图40-10中的仪器）。这台仪器依靠一块具有光滑解理面的晶体对来自X射线管的X射线的反射，能够将X射线的不同波长分离开来。它既可以研究不同元素发射的X射线谱，也可以由反射的X射线按反射角的强度分布研究晶体的结构。老布拉格的兴趣先集中在前者，即X射线波谱学。他全面观察了X射线的反射，按反射角从小到大逐一记录反射束的强度。他发现，除了小丘形的连续谱本底曲线之外，在本底曲线上还叠加有若干峰值，就像山丘上耸立的宝塔，即有确定的单色谱线存在。而且这些单色谱线的波长只和发出X射线的材料（X射线管的对阴极材料）有关。这些谱线就是X射线的标识谱。

1913年夏天，小布拉格到父亲的实验室，正值老布拉格用他的X射线分光计和已测定的NaCl结构获得了钠的标志X射线的波长值。两人立刻意识到，采用单色X射线照射晶体并用X射线分光计测量其反射强度，就能克服用照相法分析晶体结构时遇到的一些困难。他们用这种方法测量金刚石的结构，很快就得到正确结果。这样，老布拉格的兴趣也转到晶体学方面来了。之后，他又对实验方法和分析方法作了不少改进，并且，他在里兹大学的实验室，小布拉格在剑桥（后转到曼彻斯特大学）自己的实验室，分别测定了许多无机物和有机大分子的结构。他们的学生进一步从有机物结构的研究扩展到生物大分子的研究，形成了分子生物学中的结构学派。许多复杂分子结构的测定，如胰岛素的结构（图40-14，中国1976，第四个五年计划）、DNA的双螺旋结构（参看图69-8，上面有女科学家富兰克林拍摄的DNA分子的X射线衍射图），都是依靠X射线晶体结构分析方法。X射线衍射方法使对物质结构的研究从宏观进入微观，从经典进入现代，从简单的结构进入复杂的结构。

卢瑟福去世后，小布拉格于1938年出任卡文迪什实验室主任，又在1954年担任英国皇家学会会长，在二战及战后时期成了英国科学的掌舵人。在卢瑟福领导下，卡文迪什实验室曾是全世界核物理研究中心。但是，在战争中，由于研制核武器，许多这方面的人才流向美国；而且核物理实验规模越来越大，已非被战争拖得筋疲力尽的英国所能负担。小布拉格本人也不是核物理学家，因此卡文迪什实验室作为核物理研究中心的地位在他任内日趋衰落。但是小布拉格自有自己的决策。他一不试图恢复过去的荣誉，二不赶时髦，三不怕正统物理学家笑话，独辟蹊径，扶持两门新学科：一是与他自己的本行X射线衍射技术有关的分子生物学；二是与战争中得到大力发展的雷达技术有关的射电天文学。他说："我们已成功地教会了全世界如何搞核物理，现在，我们来教他们干些别的事情吧！"事实证明，他不是吹牛。当他1953年底离任时，卡文迪什实验室成了这两门学科的世界中心，多项工作得了诺贝尔奖。

荷兰物理学家德拜 (1884—1966)曾是德国著名理论物理学家索末菲的学生和助手。1911年他继爱因斯坦担任苏黎世大学的理论物理学教授，改进了爱因斯坦的低温下的固体比热理论。以后曾在荷兰乌德勒支、德国哥廷根、莱比锡等大学担任理论物理学和实验物理学教授，他是20世纪少有的既搞理论、又搞实验并在两方面都卓具成就的物理学家之一。1916年，他和助手谢乐发明了另一种用X射线测定晶体结构的方法。他们不是用连续谱X射线照射单晶，而是用单色X射线照射多晶粉末。这样，样品的制备便大为简化。与劳厄图不同，德拜方法得到的衍射图是一个个同心圆环，称为德拜相或粉末相。1929年德拜提出极性分子理论，给出测定分子偶极矩的方法。从1916年到1936年，德拜被15次提名为诺贝尔物理学奖的候选人；从1927年到1936年，德拜每年都被列入诺贝尔化学奖的提名。终于在1936年，德拜由于粉末相方法和研究分子的电偶极矩这两项工作，被授予诺贝尔化学奖（图40-15，荷兰1995，诺贝尔奖得主；图40-16，加纳2001，荷兰人对科学的贡献；图40-17，多米尼克2001，荷兰人对科学的贡献）。1935年德拜到柏林主持改建威廉皇帝物理研究所并担任所长，德国纳粹政权逼他加入德国籍，他坚决拒绝。1940年去美国，任康奈尔大学化学系主任，1946年加入美国籍。

再看X射线波谱学。早在1906年，英国物理学家巴克拉就通过对X射线散射的研究，确定了X射线是偏振的并发现了X射线的标识谱。他发现，任何元素发射的X射线的标识谱有两个线系，他把较"硬"（穿透力更强）的一个称为K线系，另一个称为L线系（他不从A排起是为了留有余地，也许还有尚未发现的更硬的线系）。由于这项工作，巴克拉被授予1917年诺贝尔物理奖（图40-18，瑞典1977；图40-19，多哥1995；图40-20，几内亚比绍2009）。偏振表明X射线是横波，它连同劳厄的实验，证实了X射线和光一样是电磁波。不同元素的标识谱的波长不同；正如指纹是人的特征一样，X射线标识谱也是元素的标识。

对X射线波谱学作出极大贡献的还有英国年轻的物理学家莫塞莱。1913年，他在测量了从铝到金总共38种元素的标识X射线后发现，不同元素的X射线标识谱的两个线系的结构相同，只是具体谱线的频率不同。它们的频率和$Z-b$的平方成正比，其中Z是原子序数，而b是一个常数，对K线系$b\approx1$。就在这一年，玻尔发表了他的量子论原子模型，解释了氢原子光谱的各个线系。莫塞莱立即看出，他的公式可以从玻尔的氢光谱普遍公式导出，只不过X射线的谱线是原子的内层电子跃迁发射的。K线系是各层电子跃迁到最内层（$n=1$）的结果，L线系是第二层（$n=2$）以外各层电子跃迁到第二层的结果。而连续谱本底则是高速电子被靶原子减速的轫致辐射。这样，X射线的产生机制就清楚了。莫塞莱定律给出了原子序数Z的物理意义——原子核的电荷（常数b代表内层电子对核电荷的屏蔽效果），而原来只把原子序数看成元素按原子量排列的顺序。这样，就解释了周期表中有几个元素为什么不按照原子量的顺序排列，并为寻找元素周期表中空缺的元素提供了一种方法。不幸的是，莫塞莱在第一次世界大战中应征入伍阵亡，年仅27岁。如果不是英年早逝，他的贡献是够得上得诺贝尔奖的。

莫塞莱死后，X射线波谱学的中心由英国移到瑞典，以后的工作主要是由瑞典乌普萨拉大学的西格班（Karl M. G. Siegbahn）及其学派完成，他发现了X射线标识谱中的M线系。西格班由于在X射线波谱学方面的工作获得1924年的诺贝尔物理奖（图40-21，圭亚那1995）。50多年后，他的儿子Kai M. B. 西格班由于对X射线光电子能谱学的贡献获1981年诺贝尔物理奖。

法国物理学家M.（莫里斯·）德布罗意（图40-22，法国1970）对X射线的研究也卓有贡献。他是贵族的后裔，在巴黎自己的府第内建立了实验室，从事X射线的早期研究。他还抚育和培养了比自己年轻17岁的弟弟L.（路易·）德布罗意，路易后来提出了物质波假说。

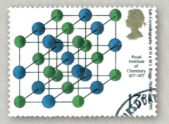

图40-13 简单的：NaCl（英国1977）　　　图40-14 复杂的：胰岛素（中国1976）

图40-15 （荷兰1995）　　　图40-16 （加纳2001）　　　图40-17 （多米尼克2001）

图40-18 （瑞典1977）　　　图40-19 （多哥1995）　　　图40-20 （几内亚比绍2009）

图40-21 老西格班　　　　　图40-22 M. 德布罗意
（圭亚那1995）　　　　　　（法国1970）

41. 电子的发现

19世纪末，经过玻尔兹曼等人的努力，原子论刚刚得到科学界的普遍承认。"原子"本意是"不可分割的"，人们认为，每种元素由一种原子构成，氢原子是自然界中最小的粒子。对于自然界中还存在质量和线度比原子小得多的粒子，人们完全没有思想准备。在这样的背景下，可以想象，在当时提出电子的概念并确定其存在，是多么具有革命性。

电子这个名称，原是英国物理学家斯通尼（G. J. Stoney）于1874年提出的。从法拉第电解定律可以推出，1摩尔任何原子的单价离子永远带有相同的电荷量，即法拉第常量 F。但1摩尔任何原子的数量都是 N，N 是阿伏伽德罗常数，这使人想到，电荷的基本单元应当是 $e = F/N$，斯通尼称之为电子。不过，当时 N 的测量值很不准确，因此斯通尼只能推算出 e 的大概数值。

最先对电子的各项性质作出科学的预言的是洛伦兹。洛伦兹是19世纪和20世纪之交时期最伟大的物理学家，他对物理学最大的贡献是其电子论。电子论的内容是把电磁理论与物质的分子理论结合起来，将宏观介质的电磁和光学性质归于介质分子中的带电粒子。按照麦克斯韦理论，电磁辐射是由电荷的振荡产生的。光也是一种电磁辐射，是原子和分子发出的，那么，光是由什么电荷振荡产生的呢？洛伦兹认为，物质的原子、分子是由带电的粒子构成，这些原子内部的带电粒子的振荡就产生光。洛伦兹是在1892年开始发表电子论的论文的，不过当时他并没有使用电子这个词。

1896年，洛伦兹的学生塞曼（1865—1943）（图41-1，荷兰1991，荷兰诺贝尔奖得主；图41-2，几内亚比绍2009，诺贝尔奖得主；图41-3，马里2011，有影响的物理学家和天文学家）发现，在足够强的磁场中，原子发射的光的谱线会分裂成几条。分裂后谱线的间隔与磁场强度成正比，谱线成分是偏振的：沿磁场方向观察是左、右旋圆偏振光，而垂直于磁场方向观察是互相垂直的两种线偏振光。这种现象后来称为塞曼效应（这里只讨论正常

图41-1（荷兰1991）

图41-2（几内亚比绍2009）

图41-3（马里2011）

图41-4（瑞典1962）

图41-5（几内亚2001）

图41-6（几内亚2001）

图41-7（格林纳达所属卡
里阿库和小马提尼克2001）

图41-8（格林纳达2001）

塞曼效应）。塞曼是在法拉第的工作的激励下做出这个发现的。塞曼很崇拜法拉第。他注意到，法拉第在其对各种"自然力"之间联系的探索中，已尝试过用磁场来影响光。这导致了磁致旋光效应的发现。但是，法拉第晚年还做一个磁影响光的实验，用磁场影响钠光的发射，却未成功。塞曼决心重做这个实验。他分析自己的实验条件比法拉第在世时强得多，法拉第只有棱镜分光计，而自己却有高分辨率的光栅光谱仪，可以发现法拉第未能发现的微弱效应。他果然成功了。洛伦兹立即用电子论对塞曼效应作出了解释：光是由原子内部带电粒子的振荡发射出来的，而带电粒子的运动当然会受电磁场的影响。从光谱线频率的变化能够确定带电粒子的符号和荷质比（单由这个条件不能分别确定其电荷和质量，只能确定二者之比）。结果是：电荷符号为负，荷质比大约是氢离子的荷质比的1000倍。塞曼效应的发现及其解释，实际上确证了原子内部电子（束缚电子）的存在。洛伦兹和塞曼被授予1902年诺贝尔物理学奖（图41-4，瑞典1962，中间是塞曼，右边是洛伦兹；图41-5及图41-6，几内亚2001，诺贝尔物理学奖得主，诺贝尔奖颁发百年；图41-7，格林纳达所属卡里阿库和小马提尼克2001；图41-8，格林纳达2001，得诺贝尔奖的荷兰人）。

斯塔克效应是塞曼效应在电场中的对应：原子光谱线在电场中发生分裂。它是德国实验物理学家斯塔克于1913年发现的，斯塔克为此获1919年诺贝尔物理学奖（图41-9，瑞典1979，画面上可看到实验装置的原理图，电场加在两块平行板之间，大小为5000 V/cm，上部为光谱线分裂情况；图41-10，刚果民主共和国2002，诺贝尔奖得主）。

前面曾说过，从19世纪70年代起，阴极射线就是一个热门研究题目。对于阴极射线本性的看法，当时基本上以国别划界。以赫兹和他的学生勒纳为首的德国学派，认为阴极射线是一种以太波，虽然可能和麦克斯韦理论描述的通常的电磁辐射不同。而英国科学家则认为阴极射线是一种物质粒子流，那时知道的粒子，最小也有原子那么大。英国物理学家克鲁克斯认为阴极射线是带负电的分子流。他认为，管内残留气体的分子做无规运动，碰撞阴极取得负电荷，然后又被推斥开，沿着垂直于阴极表面的方向迅速飞离，这就是阴极射线。后来有人评论说，这两种看法可能反映了两个国家更深刻的文化差异：德国人喜爱抽象哲学，所以偏爱抽象的以太波；英国人比较实际，所以偏爱更具体的粒子模型。

双方都有支持自己的实验证据。双方都确认阴极射线的直线行进和磁偏转，但凭这些还判断不了是粒子还是波。赫兹让阴极射线在两块平行板之间通过，在平行板上加上垂直于阴极射线行进方向的电场，阴极射线并不偏转；又发现阴极射线可以穿透很薄的金属薄片。这似乎表明阴极射线是波。法国物理学家佩兰于1895年将一个圆筒（法拉第桶）装入阴极射线管，让阴极射线射入这个圆筒，将圆筒的引线引出接到验电器上，验电器带负电。这又表明阴极射线是带负电的粒子。不过也可以反驳说，这并不表明阴极射线本身是电荷，而是阴极射线引起的电荷。

出生于匈牙利的德国物理学家勒纳对阴极射线做了大量的研究。他在赫兹的发现的基础上，做了一个精致的装置。1894年，他用极薄的铝箔在阴极射线管上开了一个窗口（勒纳窗），这样，就可以把阴极射线从管内引到外面来做实验。他发现，阴极射线在空气中大约有1厘米的射程，这远大于任何原子粒子在空气中的平均自由程。这一点，连同阴极射线能够穿透铝窗这一事实本身，都被当成它是波而不是粒子的证据。勒纳由于对阴极射线的研究而获得1905年诺贝尔物理学奖（图41-11，瑞典1965，左为勒纳；图41-12，几内亚比绍2009，诺贝尔物理学奖得主）。

英国物理学家J.J.汤姆孙做了一系列实验，判决性地证实阴极射线的本性是电子流。他首先改进了佩兰的实验。他说："以太论者并不否认从阴极有带电粒子射出，但他们认为这些带电粒子与阴极射线的关系充其量就像从枪口射出的子弹与开枪时的闪光一样。因此我以另一种方式重复了佩兰的实验，不给这种反对意见留下余地。"他的办法是不把电荷接收器正对着阴极，在无磁场偏转时阴极射线不能进入电荷接收器。加上磁场，明显可见玻璃管壁上的荧光斑有相应的移动。磁场达到某一合适数值时，接收器接收到的负电荷猛增。"此实验表明，不论怎样用磁力偏转阴极射线，负电荷总是和射线走同一条路，因此，这种负电性是与阴极射线牢不可分的。"他又重做了赫兹的电偏转实验，表明赫兹的结果错了，当放电管内真空抽得足够高时，电场会使阴极射线偏转。赫兹出错的原因是他那时的真空度不够，阴极射线使放电管内的残余气体发生电离，生成的离子把电场屏蔽掉了。为了支持这个结论，他做了不同气压下电离气体的电导率的实验。

上面的结果确认阴极射线是粒子流。是什么粒子呢？汤姆孙用两种不同的方法测量阴极射线的荷质比，得到的结果相近，都在氢离子的荷质比的2000倍左右。他又用不同的气体充入管内，并用不同的金属材料作为阴极，所得到的阴极射线的性质相同，在磁场中有相同的轨迹，有同样的荷质比。这表明得到的是同样的粒子流，与气体成分和电极材料无关。

阴极射线粒子的荷质比 e/m 之值比氢离子大得多，这可以有多种原因，可能是 e 大，也可能是 m 小，也可能兼而有之。汤姆孙敏锐地选择了第二种可能，即 m 小。这是基于以下几个原因：第一，阴极射线能够穿透勒纳窗并在空气中行进一段距离，既然原子和分子不可能这样，那么阴极射线粒子的质量和线度必定比原子和分子小得多。第二，汤姆孙已得出不同气体和不同阴极材料得到的阴极射线粒子是同一种粒子，说明阴极射线粒子是所有物质的共有的组成部分，这意味着它比分子和原子要小。这还得到刚发表不久的塞曼效应结果的支持，从塞曼效应测得的原子内部带电粒子的荷质比与阴极射线粒子荷质比的值大体一致，这表明原子内部的带电粒子就是阴极射线粒子。

1897年，J.J.汤姆孙宣布了他的结果。汤姆孙当时把这种带电粒子称为"微粒"（corpuscle），到1899年才用斯通尼的"电子"来称呼它。电子的发现是一个非常重要的发现（图41-13，波黑1997，电子发现百年，图上画的是电子沿轨道旋转，强调电子作为原子的组成部分），它表明原子不是不可分的，电子是比原子更轻更小的粒子，是从原子上扯下来的。因此，原子是有内部结构的。从不同原子扯下来的电子相同，电子是一切原子的组成部分，是更基本的物质单元。电子是人类发现的第一种基本粒子。汤姆孙由于发现电子获得1906年诺贝尔物理奖（图41-14，瑞典1966，左为汤姆孙；图41-15，马尔加什1993，汤姆孙和斯塔克，诺贝尔奖得主；图41-16，几内亚2001；图41-17，几内亚比绍

斯塔克

图41-9（瑞典1979）　　　　　图41-10（刚果民主共和国2002）

勒纳

电子发现百年

图41-11（瑞典1965）　　图41-12（几内亚比绍2009）　　图41-13（波黑1997）

图41-14（瑞典1966）

图41-15（马尔加什1993）

汤姆孙发现自由电子

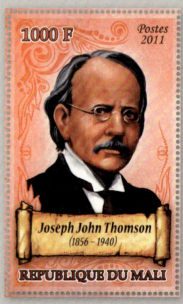

图41-16（几内亚2001）　　图41-17（几内亚比绍2009）　　图41-18（马里2011）

2009；图41-18，马里2011，最有影响力的物理学家和天文学家）。

人们进一步研究了许多别的现象，以证明电子存在的普遍性。汤姆孙测量了热电发射的带电粒子的荷质比，勒纳测量了光电流粒子的荷质比，贝克勒耳测量了 β 射线粒子的荷质比，发现它们都和电子的荷质比相同，证明它们都是电子。汤姆孙又测量了光电粒子电荷的大小，证明它与氢离子所带的电量有相同的量级。因此，它的质量只有氢原子的大约两千分之一。

美国物理学家密立根（1868—1953）（图41-19，美国1982；图41-20，马里2011）进行了著名的油滴实验，用在电场和重力场中运动的带电油滴，精确测定基本电荷。这个实验从1907年开始，直到1913年才最后完成，得到电子电荷的值是 $e = 1.602 \times 10^{-19}$C。由于这个工作和对光电效应的研究，他获得1923年诺贝尔物理学奖（图41-21，几内亚2001）。

通常都说J.J.汤姆孙发现了电子。这个说法简单了点。更准确的说法是汤姆孙发现了自由电子。原子内部的束缚电子是洛伦兹和塞曼预言和发现的。阴极射线、热电子、光电流、β 射线都是自由电子。产生自由电子的方法包括强电场电离和离子轰击、灼热金属、用紫外光照射、放射性物质的自发发射。热电子发射是1884年爱迪生发现的。英国物理学家里查孙详细研究了这一现象的规律，于1911年得出把电子发射率与金属温度联系起来的里查孙定律，它是一切电子管工作的基础。里查孙因此获1928年诺贝尔物理奖（图41-22，几内亚2001；图41-23，马尔加什1993，诺贝尔奖得主，左为里查孙，右为晶体管发明者肖克莱）。光电效应是1887年H.赫兹发现的，他发现紫外线会从负电极上打出带负电的粒子。俄国物理学家、莫斯科大学教授斯托列托夫（图41-24，苏联1951）对光电效应的性质进行了初步的系统研究。汤姆孙发现电子后，勒纳于1900年通过测定带电粒子的荷质比证明金属发射的是电子，这就是光电效应的实质。后来，1902年勒纳发现了光电效应的重要性质：光电子的数目正比于光强，而光电子的动能只取决于光的频率，与光强无关。这个实验事实与经典的光的波动理论相矛盾。1905年爱因斯坦提出光量子假说解决这一矛盾，1916年密立根实验证实了爱因斯坦的理论。这些后话将在波粒二象性一节中介绍。β 射线是1898年卢瑟福发现的，见第44节"卢瑟福"。

图41-19（美国1982）

图41-21（几内亚2001）

密立根

图41-20（马里2011）

里查孙

图41-22（几内亚2001）

图41-23（马尔加什1993）

图41-24 斯托列托夫（苏联1951）

42. 放射性的发现

电子的发现证实了原子是有结构的，X射线是电子向内层轨道跃迁时发射出来的，与原子结构有密切的关系，电子和X射线的发现是原子物理学的开端。而放射性射线则是从原子核发射出来的，它的发现打开了原子核物理学的大门。

放射性是在对X射线的研究中发现的。

1896年初，伦琴将发现新射线的报告，连同用X射线拍摄的手骨照片，分寄给各国知名科学家，其中包括法国的庞加莱。1月20日，庞加莱在法国科学院的例会上介绍了伦琴的发现，并展示了照片。庞加莱指出，X射线是从阴极对面发荧光的那部分管壁发出的，并问道，是否荧光物质发荧光时也发出X射线？他的话触动了在场的物理学家贝克勒耳。

贝克勒耳（图42-1，法国1946，纪念放射性发现50周年；图42-2，马尔代夫1995；图42-3，圭亚那1995；图42-4，马里2011）出身于一个科学世家，从他祖父到他儿子，四代人都是出色的物理学家。他祖父和父亲是研究荧光和磷光的专家，由于家学渊源，他对荧光和磷光也有很深的研究，家中各种荧光和磷光矿物标本不少。听了庞加莱的介绍之后，他开始做实验，但得到否定的结果。他试验的荧光和磷光矿物并不发射X射线。

2月下旬，贝克勒耳改用一种铀盐做实验，它能发磷光。他把铀盐放在包了几层黑纸的底片上，在阳光下曝晒几个小时，然后冲洗底片，发现底片上确实出现了铀盐的轮廓。他认为，这是铀盐在阳光照射下发出磷光时，也发出X射线辐射，透过黑纸使底片感光。他在2月24日向科学院报告了实验情况。

但是，他马上就有了新的认识，而这是天气变化帮的忙。贝克勒耳还想再做几次实验，但是遇上了连雨天，他只好把黑纸包好的底片和铀盐锁在抽屉里。3月1日天放晴了，他准备继续实验，在实验之前他想看看潮湿的天气是否损坏了底片，便冲洗了一张。结果却发现，底片上也有铀盐的深黑色的轮廓！他立即意识到发现了一种新的现象：铀盐无论是否被太阳照射，都自发地发射出能穿透黑纸的射线。这种射线同X射线和荧光完全无关。人们把这种新射线叫做"贝克勒耳射线"，"放射性"的名称是后来居里夫人取的（图42-5，菲律宾1996，放射性发现百年）。

贝克勒耳继续研究。他又发现，这种新射线不仅能穿透黑纸使底片感光，而且也使气体电离，使之导电。这样，就能通过一个样品产生的电离来测量它的放射性。铀盐产生的这种射线的强度与铀盐中铀的含量成正比，而与铀盐的化学形式和温度无关。这种射线是从铀原子内部发射出来的。

在贝克勒耳发现放射性后，对放射性的研究沿着两个方向进行：一个是放射性是否只是铀的特性，还是一种更普遍的性质。换句话说，研究是否只有铀才产生放射性射线，是否还有别的放射性物质。居里夫妇主要沿着这个方向工作，我们下面就要介绍。另一个是放射性现象的本质和放射性现象本身的规律。这主要是卢瑟福早期的工作，见第41节。

居里夫妇是历史上著名的科学家夫妇。居里夫人是波兰人，在娘家的姓名是玛丽·斯科罗多夫斯卡，当时波兰是在沙皇俄国的统治之下。16岁中学毕业后，她做了8年家庭教师。积蓄了一点学费后，1891年买了一张四等车票来到巴黎，考入巴黎大学。1895年，她和法国物理学家皮埃尔·居里结婚（图42-6，乍得1999发行的千年纪小型张），邮票中的照片是居里夫妇婚后骑自行车出游，摄于1895年。这两辆自行车是居里夫人用一位波兰亲戚送给她嫁妆的钱买的，她没有买婚礼礼服，穿着简朴的服装参加婚礼，而用这笔钱买了两辆自行车，以便和皮埃尔在蜜月中出游，享受法国美丽的乡村风光。后来她就留在法国。

皮埃尔的早期工作是晶体的对称性和压电现象，后者是他同他的哥哥雅克一起发现的（图42-7，乍得2004）。后又转向磁性的研究，1895年发现顺磁体的磁化率正比于其绝对温度，即居里定律。铁磁性转变为顺磁性的温度被后人称为居里点。与玛丽结婚时，他已经有很高的科学声誉。婚后，他转而与妻子一起研究放射性，在这方面的发现都是他们共同做出的。1906年，他不幸被马车撞倒压死。1956年是他逝世50周年，世界和平理事会定他为那年的文化名人，因此，许多东欧国家为他出了纪念邮票（图42-8，苏联；图42-9，保加利亚；图42-10，罗马尼亚，这是1894年皮埃尔35岁时的照片）。图42-11（马里1981）和图42-12（瓦利斯和富图纳群岛1981）两枚邮票纪念他逝世75周年，画面上有他的肖像和他设计、制造的精密扭秤。图42-13（塞尔维亚2009）纪念他诞生150周年。

1897年底，为了给自己的博士论文定题目，居里夫人征求丈夫的意见。按照他的建议，她着手研究贝克勒耳新发现的现象。她使用皮埃尔为研究压电现象而设计的更灵敏的扭秤式象限静电计（图42-11，图42-12）来测量放射性射线的电离本领。由于贝克勒耳对铀了解得最多，他总是局限于用铀做射线源。居里夫人却要检查当时已知的所有元素。她发现钍也具有放射性。但是，使她意外的是，有些天然矿石的放射性要远远大于按矿石中铀和钍的含量所应具有的放射性。她做了一个实验。有一种特殊的铀矿石铜铀云母，它的天然矿石具有非常强的放射性，但她用纯物质在烧瓶里制造出铜铀云母，却发现其放射性不比任何铀盐强。结论只能是，天然矿石中一定含有一种比铀和钍放射性更强的元素。她打算找到它。

图42-1（法国1946）

图42-2（马尔代夫1995）

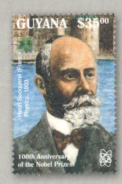

图42-3（圭亚那1995）

图42-4（马里2011）

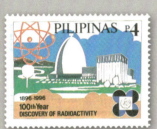

图42-5 放射性发现百年（菲律宾1996）

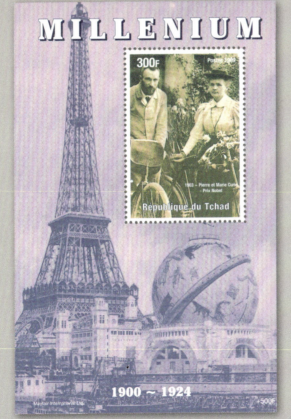

图42-6 居里夫妇（乍得1999，9/10原大）

图42-7 皮埃尔和雅克
（乍得2004）

图42-8（苏联 1956）

图42-9（保加利亚 1956）

图42-10（罗马尼亚 1956）

图42-11（马里 1981）

图42-12（瓦利斯和富图纳群岛 1981）

图42-13（塞尔维亚 2009）

皮埃尔·居里

怎样找？因为不知道这些元素的化学性质，只知道它自发地发射射线，她只能从寻找这些射线来进行搜索。她把一种样品溶解，用标准的化学分析方法将之分解为其组成部分，再用静电计测量放射性在哪里。居里夫人很快就认识到，不断分解、浓缩、测定这么多种样品，是她一个人不可能完成的任务，她建议丈夫也来参加。

在他们的努力下，1898年7月，他们在沥青铀矿的硫族化合物中发现了钋（Polonium），它是以居里夫人的祖国波兰命名的。钋的放射性是同质量的铀的几百倍。9月，他们又宣布在沥青铀矿的钡族化合物中发现了一种新元素，放射性是铀的100万倍以上，命名为镭（Radium，即辐射素之意）（图42-14，喀麦隆1986，皮埃尔逝世80周年，邮票上有钋和镭的符号；图42-15，直布罗陀1994，欧罗巴票，"发现"主题，居里夫人发现钋和镭；图42-16，马尔加什1988，发现镭90周年，邮票图的照片于1904年摄于实验室）。图42-17至图42-20是各国1998年发行的纪念镭发现百年的邮票（图42-17，法国；图42-18，波兰，纪念发现钋和镭100周年；图42-19，摩纳哥；图42-20，葡萄牙）。还有比利时2001年的世纪回顾邮票中也有一枚纪念居里夫妇关于放射性的发现（图42-21）。但是，镭的含量太少，直到1902年，居里夫妇用了三年半时间，才从8吨矿渣中提炼出0.12克氯化镭盐，其代价是艰苦的劳动使居里夫人的体重减轻了20磅。他们测得镭的原子量为225，与今天的正确值226相近（图42-22，波兰1992，塞维尔世界博览会，226.025是镭的原子量的精确值，88是镭的原子序）。他们还拍下了两条明亮的特征谱线。

居里夫妇发现，镭能自发地释放热量。1克镭1小时能发出567焦耳的热量，1千克镭蜕变完放出的热量是燃烧1千克煤所得的热量的40万倍。对于这种能量的来源，他们曾设想：

图 42-14（喀麦隆 1986）

图 42-15（直布罗陀 1994）

图 42-16（马尔加什 1988）

图 42-17（法国 1998）

图 42-18（波兰 1998）

图 42-19（摩纳哥 1998）

图 42-20（葡萄牙 1998）

图 42-21（比利时 2001）

图 42-22（波兰 1992）

图 42-23（瑞典 1963）

图 42-24（几内亚 2001）

图 42-25（几内亚 2001）

图 42-26（几内亚 2001）

图 42-27（几内亚比绍 2008）

图 42-28（几内亚比绍 2008）

在空间存在着一种高能射线，会被铀和钍等元素吸收，这就是放射性能量的来源。

回顾这些发现的日期，可以看到居里夫妇工作得多么勤奋而富有成果：1896年2月，贝克勒耳发现放射性；1897年底，玛丽对贝克勒耳射线发生兴趣；1898年4月，发现钍也有放射性；7月，发现钋；9月，发现镭。

1903年的诺贝尔物理学奖授给了贝克勒耳（由于发现自发放射性）和居里夫妇（由于对贝克勒耳发现的放射性现象的研究）（图42-23，瑞典1963；图42-24至图42-26是几内亚2001年为诺贝尔奖百年发行的诺贝尔物理奖得主邮票中的三枚小型张中的邮票，它们的边纸与图36-31的伦琴小型张相同；图42-27和图42-28，几内亚比绍2008，物理学发现；图42-29和图42-30，几内亚比绍2009，诺贝尔物理学奖得主）。

各国发行了许多邮票来纪念这对伟大的科学家夫妇，我们按时间顺序介绍。第一批居里夫妇邮票是宣传抗癌的邮票。人们发现，镭强烈的放射性对活细胞有很大的杀伤力，这使研究放射性的先驱们（包括居里夫人和她的女儿、女婿约里奥-居里夫妇）的健康受了很大的损害，但同时也可以用它杀死癌细胞，使这种原来的不治之症有了一种治疗手段，而且放射性疗法是当时唯一的治疗手段。1938年，居里夫人逝世4年后，在国际抗癌联盟推动下，几个国家发行了纪念镭发现40周年的附捐（用作国际抗癌基金）邮票。法国本土发行一枚（图42-31，法国1938），当时法国的21个海外属地也各发行一枚。法国邮票和各属地的邮票图案略有差别，各属地邮票的图案则完全相同，仅地名铭志不同。为了节省篇幅，这些图案完全相同的邮票，我们只选取了两张刊登在这里（图42-32，法属赤道非洲；图42-33，法属喀里多尼亚领地）。古巴邮票一套两张（图42-34），图案与法国本土邮票非常相似，但左下角加了一个被刺中的螃蟹，象征癌症被征服（为什么用螃蟹代表癌症见下节）。阿富汗全套2张（图42-35），摩纳哥也是全套2张（图42-36），一张是皮埃尔和玛丽夫妇的像，另一张是当地（喀布尔和摩纳哥）的医院。从1939年到1949年，巴拿马有7年每年发行一套居里夫妇邮票，有的一套四张，有的一套一张。这些邮票的图案和面值都相同，仅仅邮票的颜色不同，邮票上的年份铭志不同。我们刊出1939年（4张，图42-37）、1942年（1张，图42-38）和1949年（1张，图42-39）的，其他年份的张数是：1940年（实际为1941年发行）4张，1942年1张，1943年4张，1945年4张，1947年4张。阿富汗于1964年又发行了一套红新月会三角邮票，也以居里夫妇为主图（图42-40），全套3张，两张有齿，一张无齿的是航空信函邮票。

其他的居里夫妇邮票有：图42-41（中非1977，诺贝尔奖得主）；图42-42（吉布提1984，皮埃尔·居里诞生125周年，居里夫人逝世50周年）；图42-43（古巴1994，著名科学家）；图42-44（刚果2000，著名科学家）；图42-45（索马里2000）；图42-46（安哥拉2001，20世纪著名科学家），邮票图是一幅著名的漫画，漫画的作者是英国画家J. M. Price，1904年首刊于《名利场》杂志；图42-47（摩纳哥2003，居里夫妇获得诺贝尔奖100周年）。除居里夫妇邮票外，还有许多居里夫人的邮票，见下节。

图 42-29（几内亚比绍 2009）

图 42-30（几内亚比绍 2009）

图 42-31（法国）

图 42-32（法属赤道非洲）

图 42-33（法属喀里多尼亚领地）

图 42-34（古巴 1938）

图 42-35（阿富汗 1938）

图 42-36（摩纳哥 1938）

图 42-37（巴拿马 1939）

图 42-38（巴拿马 1942）　　图 42-39（巴拿马 1949）

贝克勒耳和居里夫妇获得
1903 年诺贝尔物理学奖

法国和各属地 1938 年
发行的抗癌附捐邮票

其他国家发行的
抗癌基金邮票

42

441

图 42-40 居里夫妇三角邮票（阿富汗 1964）

图 42-41（中非 1977）

图 42-42（吉布提 1984）

图 42-43（古巴 1994）

图 42-44（刚果 2000）

图 42-45（索马里 2000）

图 42-46（安哥拉 2001）

图 42-47（摩纳哥 2003）

近年的居里夫妇邮票

43．居里夫人

1906年皮埃尔因车祸去世后，居里夫人接替丈夫担任巴黎大学教授，她是巴黎大学破例聘请的第一位女教授。开始上课那天，她二话没说，就从皮埃尔中断的地方将他的放射性课程继续下去；并继续提纯镭。1910年她提炼出纯粹的金属状态的镭。1911年，由于发现钋、镭和提炼出纯镭的工作，她独自获得诺贝尔化学奖（图43-1，瑞典1971），成为第一个两次获得诺贝尔奖的人。

镭的发现，使原来的不治之症癌症有了一种治疗方法，拯救了千万个癌症患者的生命。但是，居里夫人绝不从这一发现牟取一丝个人的好处。她说："不要任何专利。我们为科学工作，镭不应使任何个人变富。镭是一种元素，它属于所有的人。"

也是在1911年，居里夫人接受朋友们的建议，竞选法国科学院院士（对手是发明无线电检波器的布冉利）。她得到许多著名科学家的热烈支持。但是主持会议的主席在会上公然宣称："把科学院的大门敞开，让所有的人进来，但妇女除外。"在这种对妇女的歧视下，居里夫人在第二轮投票中以28对30落选。后来她始终未被法国科学院接受为院士。

在第一次世界大战中，居里夫人把X光透视设备装在汽车上，自己驾驶汽车，在前线为伤员诊断，她的大女儿伊仑是她的助手。大战结束后，她创建的镭学研究所成为当时核物理和放射化学的一个主要研究中心。

1921年，她应邀访问美国，接受美国总统哈定代表美国妇女赠送的1克镭（当时值10万美元，是美国妇女捐款购买的）。1922年，由于她对放射性物质的化学及其医学应用的贡献，被选为法国医学科学院院士。

1932年，她回到故乡华沙，参加以她的姓氏命名的镭学研究所的开幕典礼。

由于实验条件的恶劣和劳动的繁重，以及当时不知道放射性防护因而受到过量辐射，居里夫人的身体受到严重的伤害。她做饭时用过的烹调书竟保持放射性达50年之久。她的手被放射性严重烧伤，异常粗糙，总是戴着手套。她得了恶性贫血白血病，晚年身体非常虚弱。在下面这些邮票上，我们可以看到她苍老的容颜（图43-2，波兰1947，波兰文化名人；图43-3，东德1967，诞生百年；图43-4，印度1968，诞生百年）。她于1934年去世（图43-5，达荷美1974，逝世40周年），死于所受到的过量放射性照射的累积效应。去世前，她幸运地看到她女儿和女婿的重大发现——人工放射性。居里夫妇是第一对双双获得诺贝尔奖的夫妇，居里夫人是第一个两次诺贝尔奖获得者。他们的女儿和女婿也双双获得诺贝尔奖。居里家族对科学的贡献的这个纪录，至今没有被打破。

1995年，居里夫妇的骨灰被移入巴黎先贤祠。居里夫人是享此殊荣的第一位妇女。

居里夫人留给后人的，除了巨大的科学成就之外，还有她伟大的人格。爱因斯坦称誉居里夫人是20世纪唯一不被盛名败坏的人。他在居里夫人追悼会上的讲话中说："第一流人物对时代和历史进程的意义，在其道德方面也许比单纯的才智成就方面更大。即使后者也取决于品格，其程度远远超出通常认识到的。……我幸运地同居里夫人有20年崇高而真挚的友谊，我对她人格的伟大越来越钦佩。她的坚强，她的意志的纯洁，她的律己之严，她的客观，她的公正不阿的判断——所有这一切都难得地集中在一个人身上。她在任何时候都意识到自己是社会的公仆，她的极端的谦虚，永远不给自满留下任何余地。"居里夫人的高贵品格，表现在她对祖国的热爱，对科学的忘我献身精神，向着既定目标前进的坚强意志和执着追求，克服困难的顽强作风，不求名利的价值观以及科学的工作态度。她的榜样，永远鼓舞着千千万万立志献身科学的青年学子，特别是女青年。

居里夫人是一个邮票大户，关于她的邮票（包括居里夫妇的邮票）特别多。这当然是由于她伟大的科学成就和人格，备受各国人民景仰。除此之外，还有几个原因。第一，居里夫人是波兰人，又入籍法国，两个国家都为她发行了许多邮票。法国发行的除上一节所说1938年法国与其海外领地同时发行的22张居里夫妇邮票和图42-17外，专为居里夫人发行的还有图43-6（法国1967，百年诞辰）。波兰更是把这个伟大的女儿看成是民族英雄，和哥白尼一样是波兰的象征，为她发行的邮票有：图43-7（1951，波兰第一届科学大会），图43-8（1963，波兰伟人），图43-9（1967，百年诞辰，三张邮票分别为肖像、诺贝尔奖证书和塑像），图43-10（1969，塑像，波兰人民共和国成立25周年），图43-11（1982，波兰的诺贝尔奖得主），图43-12（2003，外国邮票上的波兰名人。这是一张票中票，图案就是法国票图43-6），以及上节的图42-18和图42-22，本节的图43-2。第二，镭的发现既是物理学的重大成就，又在医学上有重要应用。因此许多居里邮票与医学和抗癌的主题有关。除上节图42-31至图42-39外，还有图43-13（荷属苏里南1950，癌症研究基金，它和图39-12的伦琴邮票是同一套邮票，伦琴发现的X射线提供了早期发现癌症的诊断工具，而镭的放射性则是杀死癌细胞的治疗手段）；图43-14（中非1968，螃蟹是癌症的象征，希腊人把癌症看成是一只毒蟹深深钳入受害者的肉体，并把这种蟹取名为cancer）；图43-15（圣赫勒拿岛2004，医学名人）；图43-16（格林纳达1973，世界卫生组织成立25周年）；另外图43-4左边用放射性照射治疗乳癌的小图也与此有关。第三，居

图43-1（瑞典 1971）

图43-2（波兰 1947）

图43-3（东德 1967）

图43-4（印度 1968）

图43-5（达荷美 1974）

图43-6（法国 1967）

图43-7（1951）

图43-8（1963）

图43-9（1967）

图43-10（1969）

图43-11（1982）

图43-12（2003）

居里夫人

43
居里夫人

波兰发行的居里夫人邮票

445

医
学
邮
票
中
的
居
里
夫
人

图43-13（荷属苏里南1950）

图43-14（中非1968）

图43-15（圣赫勒拿岛2004）

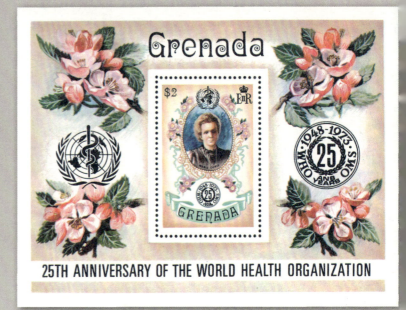

25TH ANNIVERSARY OF THE WORLD HEALTH ORGANIZATION

图43-16（格林纳达1973）

杰
出
女
性
邮
票
中
的
居
里
夫
人

图43-17（土耳其1935）

图43-18（法属圣克里斯多菲－
内维斯－安奎拉1975）

图43-19（利比里亚1975）

图43-20（坦桑尼亚1993）

图43-21（摩尔多瓦1996）

图 43-22（摩纳哥 1967）

图 43-23（罗马尼亚 1967）

图 43-24（法属阿法尔和
伊萨领地 1974）

图 43-25（圣马力诺 1982）

图 43-28（朝鲜 1984）

图 43-26（中非 1984）

图 43-27（巴布达 1981）

图 43-30（阿尔巴尼亚 1989）

图 43-29（苏联 1987）

图 43-31（圭亚那 1993）

图 43-32（土耳其 1994）

图43-33（冈比亚1995）

图43-34（尼加拉瓜1995）

里夫人是杰出的妇女，她从一个孤身来到巴黎的穷学生成为两次诺贝尔奖获得者，简直是一部传奇故事，她开辟了女性参加科学研究的道路。因此她又成为杰出女性邮票的主图，例如土耳其1935年发行的全世界第一张居里夫人邮票（图43-17）是为纪念国际妇女联盟第12届大会的召开而发行的，这张邮票可能是物理主题邮票中最珍贵的一枚。还有图43-18（法属圣克里斯多菲-内维斯-安奎拉1975，国际妇女年）；图43-19（利比里亚1975，国际妇女年）；图43-20（坦桑尼亚1993，20世纪伟大妇女）；图43-21（摩尔多瓦1996，欧罗巴邮票，该年主题为杰出妇女）。

还有许多纪念居里夫人的邮票，我们大致以时间为序。20世纪发行的有：图43-22（摩纳哥1967，百年诞辰）；图43-23（罗马尼亚1967，百年诞辰）；图43-24（法属阿法尔和伊萨领地1974）；图43-25（圣马力诺1982，科学先锋）；图40-26（中非1984，空间技术）；图43-27（巴布达1981）；图43-28（朝鲜1984，居里夫人逝世50周年，邮票及小型张）；图43-29（苏联1987，诞生120周年，右边副票上的文字是：玛丽·斯科罗多夫斯卡-居里，两次诺贝尔奖获得者，关于放射性物质的奠基性著作的作者）；图43-30（阿尔巴尼亚1989）；图43-31（圭亚那1993，20世纪的科学和医学，人像旁是镭管）；图43-32（土耳其1994，欧罗巴邮票，当年主题为"发现"）；图43-33（冈比亚1995）；图43-34（尼加拉瓜1995，著名科学家）。21世纪发行的有：图43-35（帕劳2000，20世纪名人）；图43-36（爱尔兰2000，千年纪邮票）；图43-37（几内亚2001）；图43-38（刚果2001，20世纪伟人）；图43-39（几内亚比绍2003，著名科学家）；图43-40（几内亚比绍2005，诺贝尔化学奖得主）；图43-41（卢旺达2009，著名科学家）；图43-42（贝宁2009）；图43-43（吉布提2009）；图43-44（几内亚比绍2009）；图43-45（马里2009，科学家与兰花）；图43-46（马里2009，小型张）。

2011年是居里夫人获诺贝尔化学奖100周年，国际上定为国际化学年。不少国家发行了纪念邮票，邮票中都有居里夫人。它们是：图43-47（法国）；图43-48（西班牙）；图43-49（波黑塞族共和国）；图43-50（泽西岛）；图43-51（波兰），图43-52（瑞典），波兰和瑞典两国联合发行；图43-53（斯里兰卡）；图43-54（朝鲜）；图43-55（巴拉圭）。

图43-35（帕劳 2000）

图43-36（爱尔兰 2000）

图43-37（几内亚 2001）

图43-38（刚果 2001）

图43-39（几内亚比绍 2003）

图43-40（几内亚比绍 2005）

图43-41（卢旺达 2009）

图43-42（贝宁 2009）

图43-43（吉布提 2009）

图43-44（几内亚比绍 2009）

图43-45（马里 2009）

图43-46（马里 2009，4/5原大）

2000—2010年间发行的居里夫人邮票

图43-47（法国）

图43-48（西班牙）

图43-49（波黑塞族共和国）

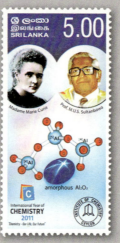

图43-53（斯里兰卡）

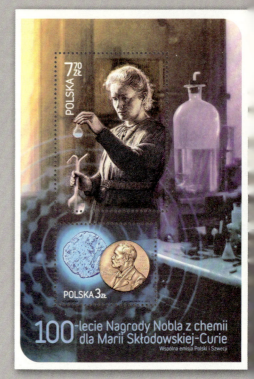

图43-51（波兰，4/5原大）

图43-50（泽西岛）

图43-54（朝鲜）

图43-52（瑞典，4/5原大）

图43-55（巴拉圭）

图43-56（多哥，2/3原大）

图43-57（多哥，2/3原大）

图43-58（马里）

图43-59（马里，3/5原大）

以下的邮品虽然没有标明纪念国际化学年，但都是2011年发行的：图43-56（多哥小全张）；图43-57（多哥小型张）；图43-58（马里，最有影响的物理学家和天文学家）；图43-59（马里，小型张）。

44. 卢瑟福

新西兰出生的英国物理学家卢瑟福是20世纪一位很重要的物理学家，是原子核物理学的奠基人。他的故国新西兰一共为他发行过3套邮票：图44-1，1971年，诞生百年，这套邮票的背景图显示了卢瑟福的主要工作，上面的邮票是α散射，下面的邮票是人工核嬗变的反应式；图44-2，2000年，20世纪大事，左边和下部的英文是"领路先行，打碎原子"；图44-3，2008年，字母邮票，这套邮票的全张上对应于26个字母共有26张邮票，涵盖新西兰的方方面面，对于新西兰，字母R就代表卢瑟福Rutherford，他是新西兰的骄傲。

卢瑟福一生的科学工作大致可以分为两段：前期是1898年到1907年他在加拿大麦基尔大学，主要是对放射性的研究（图44-4，加拿大1971，诞生百年，右下最下一行的英文和法文是"原子核科学"），这方面的杰出贡献使他获得1908年诺贝尔化学奖（下面的图44-6至图44-9）；1907年他回到英国，先在曼彻斯特大学，1919年回到剑桥接替J.J.汤姆孙任卡文迪什实验室主任。这一段的主要工作，是用α粒子轰击各种原子。对于重原子，这导致α粒子的散射实验，从而建立了原子的有核模型（图44-1上）；而对于钾以下的轻原子，则导致人工核嬗变的发现（图44-1下）。这些成果比他对放射性的研究成果意义更大。1925年，他当选英国皇家学会会长（图44-5，英国2010，皇家学会350年）。

卢瑟福在新西兰读完大学并获得硕士学位。在校时他从事电磁波的研究，发现被磁化的钢丝可以用来做电磁波的检波器。1894年，他获得一笔奖学金，于1895年来到英国，进入剑桥大学卡文迪什实验室，成为J.J.汤姆孙的研究生。他继续改善他的钢丝检波器，并同汤姆孙一起研究X射线在空气中致电离的现象。1898年，贝克勒耳发现铀的放射性射线，并且这种射线也在空气中产生电离，卢瑟福立即把研究工作转移到这个新领域。同年，卢瑟福在汤姆孙推荐下，到加拿大的麦基尔大学担任教授。麦基尔大学的环境对卢瑟福很有利：他不仅得到捐助人资助建立的新实验室，系主任还免除了他的教学任务，让他专职从事科研。

图44-1（新西兰1971）

图44-2（新西兰2000）

图44-3（新西兰2008）

图44-4（加拿大1971）

图44-5（英国2010）

图44-6（瑞典1968）

图44-7（刚果2001）

图44-8（安提瓜和巴布达2001）

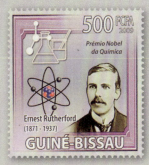

图44-9（几内亚比绍2009）

图44-10（马绍尔群岛1997）

图44-11（苏联1971）

图44-12（罗马尼亚1971）

1898年，卢瑟福还在卡文迪什实验室时，就通过铝箔对铀射线的吸收，判定铀射线中至少有两种明显不同的成分：一种非常容易被吸收，在空气中致电离能力强，他称之为α射线；另一种有更强的贯穿本领，在空气中致电离的能力较弱，他称之为β射线。

这一结果随即被别的科学家用磁场使铀射线偏转的实验所证实。在磁场作用下，铀射线分成两种成分，一种不偏转，另一种偏转。居里夫妇证明，这两种成分就是α射线和β射线，不受磁场偏转的成分是α射线（实际上α射线在磁场中也是偏转的，只不过偏转很小，因为α粒子的质量比β粒子大得多）；受磁场偏转的成分是β射线，并且从偏转方向证明β射线带负电。贝克勒耳测出β粒子的荷质比与阴极射线粒子相同，肯定β粒子就是电子。1900年，法国物理学家维拉德（P. Villard）在不受磁场偏转的成分中用铝箔吸收掉α射线后，发现了γ射线，它类似于硬X射线。1902年底卢瑟福总结出，放射性物质发出三种不同的射线：α，β和γ射线。

1903年，卢瑟福终于测出，α射线也受磁场偏转，并由偏转方向判定它带正电。1905年测出其荷质比与氦离子相同。1909年（已在曼彻斯特），卢瑟福用光谱实验做出判决，α粒子就是氦离子。这样，就弄清楚了放射性射线的本性。

1900年，卢瑟福发现钍放出放射性气体，他称之为钍射气，并发现钍射气还产生别的沉积物。1902年，他和英国青年化学家索迪合作，发表论文《放射性的原因和本质》，提出了原子蜕变的大胆假设：放射性原子是不稳定的，通过放出α或β粒子而自发地变成另一种元素的原子。这种从一种原子变成另一种原子的变化是一般的物理和化学变化达不到的，它打破了经典物理学中元素不变的观念。原子能分，元素会变，能量不连续，这是新物理学与经典物理学的几个主要不同。他和索迪在后继的几篇论文中，还提出放射性物质及其产物链式蜕变的理论：放射性蜕变构成几个放射系；每种放射性物质在单位时间内蜕变的数量与它当时的存量成正比，即按负指数规律蜕变，$N_t = N_0 e^{-\lambda t}$，λ是放射性物质的特征常量（这意味着每一个放射性原子在单位时间内有确定的蜕变概率，与其年龄或所处的环境无关，或每种放射性物质有确定的半衰期）；奠定了元素蜕变的移位规则。于是，外表非常复杂的放射性现象和放射系蜕变规律就弄清楚了。卢瑟福因此于1908年获诺贝尔奖。由于当时人们认为这是对元素性质的研究而归入化学领域，授给卢瑟福的是化学奖（图44-6，瑞典1968，1908年诺贝尔奖得主，最右边是卢瑟福；图44-7，刚果2001，诺贝尔奖颁发百年；图44-8，安提瓜和巴布达2001，诺贝尔奖颁发百年；图44-9，几内亚比绍2009，诺贝尔奖得主）。在授奖后的宴会上，卢瑟福幽默地说，他曾经遇到和处理过多种不同的变化，但他遇到的最快的变化就是他自己在一瞬间由一个物理学家变成了一个化学家。

卢瑟福到曼彻斯特后，建议他的助手盖革和学生马斯登用α粒子轰击不同的物质，系统地考察不同物质对α粒子的散射作用（图44-10，马绍尔群岛1997，20世纪回顾，右边的英文是"科学家探测物理世界"）。他们用金箔做实验，实验中观察到出人意料的现象：约有1/8000的α粒子的散射角超过90°，有的粒子甚至达到150°（图44-11，苏联1971，卢瑟福诞生百年，左方是卢瑟福的论文中的理论推导用图，抛物线是α粒子的运动轨迹；

图44-1上图）。这是当时流行的原子模型汤姆孙模型完全不能解释的。用卢瑟福的话说："这是我平生遇到过的最难相信的事情，难以相信的程度就好像你向一张薄纸发射一枚15英寸口径的炮弹，而炮弹却被碰了回来并打了你自己一样。"

这意味着什么呢？大角度散射的存在，表明原子内部有一个很"硬"的核，而散射概率很小意味着这个硬核很小。因此，在α粒子散射实验的基础上，卢瑟福于1911年得出了原子核存在的结论，提出了原子的有核模型（图44-12，罗马尼亚1971，诞生百年）：原子的正电荷和绝大部分质量集中在原子内一个很小的区域原子核里，金原子的原子核半径不超过3×10^{-12}cm（原子本身大小的量级为10^{-8}cm），而电子则在原子核外绕核转动。

应当说明，原子的有核模型并不是卢瑟福第一个提出的，例如，日本物理学家长冈半太郎于1903年提出的土星环模型（见下节）就是一种有核模型，但是其中思辨的成分多，到卢瑟福才把有核模型置于坚实的实验基础上，并由玻尔发展，得出丰硕的成果。

α粒子散射实验后，用高能粒子轰击微观客体成了微观物理学中的一种常规方法，只是所用的炮弹在变化，例如改用中子或经过加速的高能电子。

第一次世界大战期间，卢瑟福开始进行用α粒子轰击干燥空气使氮核衰变、放出质子的实验。1919年实验完成。发现有五万分之一的概率发生以下反应：${}^{14}_{7}N + {}^{4}_{2}He \rightarrow {}^{17}_{8}O + {}^{1}_{1}H$（图44-1之二）。这是历史上第一次实现用人工方法把一种元素变成另一种元素，也就是古人梦想的炼金术。1921—1924年，卢瑟福的实验室证实，从$Z = 5$的硼到$Z = 19$的钾，除了碳和氧之外，都有类似的反应。这里有一个故事：就在卡文迪什实验室进行人工核嬗变实验的同时，从维也纳的镭学研究所传来更令人鼓舞的消息：任何元素都可以发生嬗变，而且很容易成功，不像卡文迪什实验室要求那么苛刻的条件。这是怎么回事？卢瑟福便派他的助手查德威克去维也纳镭学研究所访问。查德威克注意到，维也纳的实验过程很奇特，他们雇一些斯拉夫族妇女来观察闪烁屏，据说是因为斯拉夫族妇女工作细心，而且眼睛睁得又圆又大，适合观测。查德威克还注意到，这些妇女出活特别快，而且数据整齐，很少差错。彼此熟悉以后，维也纳方面同意由查德威克来组织一次实验。他按照卡文迪什实验室的规矩行事，事先不告诉观测者任何信息，更不告诉她们预期的结果，只要求她们客观读数，见到闪烁就记下来。最后得到的结果与卡文迪什实验室的数据完全一致。原来维也纳方面组织这些妇女观测时，不但告诉她们反应过程，甚至还告诉她们预期的结果。而这些受雇的临时工，为了让管理人员高兴，就按预期的结果编造数据，要什么给什么。

1937年10月，卢瑟福因病在剑桥逝世。现在人类社会已经进入了原子能时代，我们永远怀念这位对原子和原子核世界作了奠基性研究的伟大物理学家。（图44-13，吉布提2006，20世纪伟大科学家；图44-14及图44-15，几内亚2008，日全食。）马里将卢瑟福列入最有影响的物理学家（图44-16，马里2011），他是当之无愧的。

除了上面三方面（放射性的规律、α散射实验和原子的有核模型、人工核反应）的伟大成就外，卢瑟福的另一成就是培养人才。出身于新西兰农民家庭的他性情憨厚，与人合作得很好，被科学界誉为"从来没有树立过一个敌人，也从来没有失去过一个朋友"。他是一个卓有

伟
大
物
理
学
家
卢
瑟
福

图 44-14 （几内亚 2008 ）

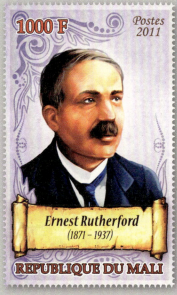

图 44-13 （吉布提 2006 ）

图 44-15 （几内亚 2008 ）

图 44-16 （马里 2011 ）

索
迪
、
阿
斯
顿
和
同
位
素

图 44-17 索迪（瑞典 1981 ）

图 44-18 同位素（以色列 1968 ）

图 44-19 阿斯顿（加蓬 1995 ）

赫
维
西
发
明
同
位
素
示
踪
方
法

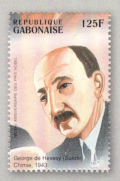

图 44-20 （匈牙利 1988 ）

图 44-21 （加蓬 1995 ）

图 44-22 （瑞典 1983 ）

图44-23 （圣文森特和格
林纳丁斯1991）

图44-24 （摩纳哥2005）

图44-25 （瑞典1988）

成效的学术带头人，在他领导的实验室里，合作者们在他指导下做出了许多发现。例如加拿大时期的哈恩、索迪，曼彻斯特时期的盖革、马斯登、玻尔、赫维西和莫塞莱，剑桥时期的查德威克、卡皮查、布莱克特、考克饶夫、瓦耳顿、阿普顿、鲍威尔等，其中有11个诺贝尔奖得主。他们许多人也有邮票，见以后有关各节。索迪由于对放射化学的研究，特别是提出同位素概念获得了1921年诺贝尔化学奖（图44-17，瑞典1981）。以前是没有同位素这个概念的，每种放射性产物都被认为是一种新元素，可是有些放射性产物用任何化学方法也无法分离出来。索迪提出，同位素的放射性不同，但是化学性质完全相同，原子量不同但是原子序数相同，在周期表中处于同一位置。不久，同位素概念扩展到稳定的原子核。汤姆孙发现，氖（没有放射性）具有质量分别为20和22的两种核素。因此，同位素不仅限于放射性元素，而是许多元素都具有的普遍性质。如氧元素中除了占绝大多数的^{16}O原子外，还有^{17}O和^{18}O。（图44-18，以色列1968，以色列输出商品，这可是真正的高科技产品，不需要原料的！）同位素概念轻易地解释了为什么原子量不是整数。一战后，英国物理学家阿斯顿根据荷质比不同的粒子在电场和磁场中的轨迹不同的原理制成质谱仪，可以用1/1000的精度测定原子和分子的质量，发现了大量同位素（他发现了天然存在的287种核素中的212种），获得1922年诺贝尔化学奖（图44-19，加蓬1995）。

同位素得到了广泛的应用。匈牙利化学家赫维西（图44-20，匈牙利1988；图44-21，加蓬1995）在曼彻斯特随卢瑟福工作时，卢瑟福把从铅中分离RaD的任务交给他，说："如果你是个称职的化学家，就分开它们。"由于RaD其实是铅的同位素，赫维西苦干了两年毫无结果，只好放弃了事。可是赫维西以此为契机，发明了同位素示踪方法，转败为胜，于1943年获得诺贝尔化学奖。这种方法用放射性同位素作为示踪剂以研究化学或生物学过程，例如，药物或代谢物质在体内的分布及运动、变化情况（图44-22，瑞典1983，图为人体内器官），它是现代科学中最强有力的技术之一。美国化学家利比（图44-23，圣文森特和格林纳丁斯1991，著名的诺贝尔奖得主；图44-24，摩纳哥2005）发明的放射性碳（碳14）年代测定技术获1960年诺贝尔化学奖，它是考古学家、人类学家和地质学家极有价值的手段（图44-25，瑞典1988，诺贝尔化学奖得主）。

卢瑟福是一个实验物理学家，具有英国人求实的特点，对过于抽象的理论不感兴趣。意大利物理学家塞格雷说，要卢瑟福和爱因斯坦交流物理概念是不可设想的。但是，他具有极强的物理直觉，能抓住问题的关键，擅长于用简单的实验仪器做出重大的发现。卡皮查认为，卢瑟福的这种非凡的直觉能力是他长期刻苦的智力活动的结果。卢瑟福知道理论的重要性，密切注意理论结论，自己也预言过质量和质子相近的中性粒子、氚和氦3的存在。后来中子和氦3都由他的学生发现，绝不是偶然的。

45. 玻尔和原子模型

原子的希腊文（ατομ）本义是"不可分割的"，原来是把它看成一种不可分割的基元实体，因此没有内部结构可言。1897年J.J.汤姆孙发现电子之后，人们认识到，原子还有内部结构，是可分的，原子中含有电子，中性的原子应当由带负电的电子与等量的正电荷组成。问题是，原子中含有多少个电子？正电荷在原子内又以什么形式分布？

对于第一个问题，直到1906年，J.J.汤姆孙才从X射线散射实验发现，一个原子中的电子数等于该元素的原子序数。在此以前，人们不知道一个原子中到底有多少个电子，一个有代表性的看法是，金斯在1901年估计氢原子中大约有700个电子，其他元素的原子中的电子数随原子量递增。

对于第二个问题，答案分为两派：一派受行星系的启发，猜测原子中的正电集中于原子的中心，电子围绕着它转动，就像一个微型的太阳系，这种模型叫做"有核模型"；另一派则认为原子中的正电荷均匀地或球对称地分布在整个原子中，而各个电子则嵌在这个正电球上（就像"布丁中的葡萄干"一样），能在其平衡位置附近做小振动。这就是J.J.汤姆孙1904年提出的 "葡萄干布丁"模型（实际上最早由开尔文于1901年提出，汤姆孙做了进一步的发展）。用这个模型可以解释一些现象。特别是，它首先提出了电子壳层概念，把电子壳层与元素性质的周期性联系起来。

有核模型最大的问题是稳定性问题。实际的原子非常稳定，这正是原子"不可分割"或"不可击破"的经验依据，而一切按照经典物理理论建立的有核模型却是不稳定的，因此最初流行的模型是汤姆孙模型。稳定性包含两方面内容。第一是电动力学稳定性。维系电子绕原子核转动的力是电磁力，电子绕原子核转动是加速运动，按照经典电动力学理论，这会辐射能量，因此运动轨道会越来越小，在亿分之一秒内电子就将落到正电核中，同时发射出连续光谱。但事实上原子亘古不变，而且原子光谱是离散的线状光谱。第二是力学稳定

图45-1 长冈半太郎
（日本2000）

图45-2 长冈半太郎建立原子
的土星环模型（日本2003）

性。原子具有同一性和再生性。同一元素的原子完全相同，所有的碳原子，不论来自中国一棵植物、南非一颗钻石、古埃及的木乃伊，甚至来自太空的陨石，都是完全一样的。这和太阳系的情况不同，今天的太阳系是由形成时的初始条件决定的，宇宙中没有第二个完全一样的太阳系。原子的同一性是由再生性保证的，一个原子受到外来作用其状态会发生变化，一旦解除这个作用，这个原子马上恢复到原来的状态，就像未曾发生过任何事情一样。换言之，原子内部的运动与初始条件无关。而太阳系一旦受到外来天体入侵，即使这颗天体离去后，太阳系的状态也将永不可能再恢复到原来的状态。原子的电动力学稳定性表明原子在自由状态（不受干扰）下是稳定的，而力学稳定性则表明原子在受到外界（不太强烈的）干扰时也是稳定的。

日本物理学家长冈半太郎（图45-1，日本2000，日本文化名人，生卒年见邮票；图45-2，日本2003，科学技术与动画）是日本明治、大正和昭和时期著名物理学家，被称为日本物理学之父。他于1887年在东京帝国大学理学院毕业，并升入研究生院。1890年任东京帝国大学理学院的副教授。1893年到德国留学三年，1896年回国后，成为东京帝国大学教授。他培养的学生遍布物理学的各个学科领域，如仁科芳雄便是他的研究生。他在1903年提出的土星环原子模型属于有核模型，模型中考虑了尽量减小不稳定性。他假设，一个大而重的正电球位于原子的中心，几千个电子排成一个电子环围绕它旋转，与土星的光环相似（见两枚邮票特别是第二枚的画面上部）。其所以这样布局是由于拉摩尔的一个定理：当诸电子等角间隔地排列成一个圆环，以等角速度绕圆心旋转时，与电子单独绕圆心旋转相比，系统消耗的能量极其微小；而且成环电子越多，能量消耗越小。长冈还根据麦克斯韦关于土星环的理论，粗略地计算了环上电子的小振动模式，将它们与光谱频率联系起来；并论证了系统的力学稳定性。但是，在汤姆孙1906年发现原子中的电子数等于其原子序数之后，土星环模型的稳定性问题就变得严峻了。

卢瑟福的α粒子散射实验否定了汤姆孙模型，把有核模型从思辨性的变成具有坚实的实验基础。但是卢瑟福清醒地认识到，他的模型在稳定性方面有很大的困难。

提示原子有内部结构的，还有当时已经很丰富的光谱学资料。在很低的气压下，使气体受很强的电场的作用，气体中的离子和电子被电场加速到很高的能量，碰撞气体分子，不但使分子裂成原子，使原子电离，还使原子发光。不同元素发出的光的光谱线频率分布各不相同，成为不同元素的特征。人们从经验发现，各种元素的光谱线的频率有规律可循。瑞士的一位中学教员巴耳末，便为氢原子光谱中几根谱线的频率，找出一个简单的公式。要说明元素为什么会发出具有这种规律的光谱线系，其原因只能到原子的内部结构中去找。

丹麦的青年物理学家玻尔（图45-3，马尔代夫1995，诺贝尔奖设立百年；图45-4，几内亚比绍2005，诺贝尔物理奖得主；图45-5，马里2011，最有影响的物理学家和天文学家；中年的玻尔像还出现在小型张图54-8的边纸上）综合和统一了卢瑟福的有核模型、普朗克的量子理论和光谱学知识（具体说是里德伯和里兹的组合定则），提出了自己的原子结构模型。玻尔在1911年以金属电子论为题的论文获得博士学位后，得到一个基金会的资助到英国深造一年。他本来是打算进J.J.汤姆孙主持的剑桥大学卡文迪什实验室，跟汤姆孙研究金属电子论的，于1911年9月底到达剑桥。但是汤姆孙对他不是很热情。1912年3月，玻尔从剑桥转到曼彻斯特大学，在卢瑟福那里停留了四个月。正是在此期间，玻尔熟悉了卢瑟福模型及其困难，酝酿了自己的模型。7月初，他交给卢瑟福一份论文提纲，在其中对基态氢原子进行了计算。他7月底离开英国回国，回国后于8月1日结婚，并在哥本哈根大学任教。1912年下半年，部分是由于对氦原子的计算遇到困难，玻尔的工作陷于停顿。1913年2月，玻尔遇到哥本哈根大学的光谱学家汉森，汉森要他在研究原子结构时充分注意光谱资料，并向玻尔提到巴耳末公式。这次谈话使玻尔的思路大开，他的心思不再限于原子的基态，而是也考虑起激发态来。这称为玻尔的"二月转变"。他后来说："我一看到巴耳末公式，对整个问题就全清楚了。"（当时人们认为，原子光谱太复杂，不会是基础物理的一部分，因此玻尔在此前不知道巴耳末公式并不足为奇。）这使他提出定态之间"跃迁"的概念。1913年下半年，玻尔在英国的《哲学杂志》上分三次发表了他的论文《论原子构造和分子构造》，阐述了他的模型。

玻尔认识到，用经典理论是无法说明原子的稳定性的，因此，他根本不试图用经典理论来说明原子的稳定性，而是承认它为一个基本事实，承认原子可以处于某些稳定的状态即"定态"，并认为对于原子这样的微观客体，量子假说是成立的，参照量子假说来探索定态应满足的"量子化条件"。玻尔假设：

1.原子中电子的稳定轨道不是任意的，电子只能在一系列分立的轨道上运动，在这些轨道上运动电子不发射电磁波。即用量子化来保证稳定性，现代电子学中通过模拟量的数字化提高抗干扰能力的做法与它有相通之处。一条轨道对应于一个能量值。因此，原子内的电子不能具有任意的能量，只能具有特定的分立的能量值，或处于一定的能级。玻尔并根据一些考虑推出稳定轨道所满足的条件——角动量量子化。

2.只有电子在不同轨道之间发生跃迁时才会发生光的辐射和吸收，辐射和吸收的光子的频率由两轨道的能量差决定，$h\nu = |E_{末} - E_{初}|$。这种跃迁没有中间态，也不需要时间。这种辐射机制同经典辐射机制完全不同，辐射频率一般不等于电子绕核转动频率。

图45-6和图45-7分别是丹麦及其属地格陵兰在1963年为纪念玻尔的原子模型提出50周

图 45-3（马尔代夫 1995）

图 45-4（几内亚比绍 2005）

图 45-5（马里 2011）

图 45-6（丹麦 1963）

图 45-7（格陵兰 1963）

图 45-8（丹麦 1985）

图 45-9（几内亚比绍 2008）

图 45-10 爱因斯坦和玻尔
（马尔加什 1993）

图 45-11 爱因斯坦、普朗克和玻尔
（葡萄牙 2000）

年发行的邮票，每套两张，两套邮票的画面相同。画面左方是电子轨道和频率条件。

玻尔模型非常成功，能够解释大量的光谱实验数据，把许多观测事实纳入一个统一的理论体系。它预言了氢原子光谱中位于紫外区的当时还未发现的赖曼线系，又把里德伯常量表示为一些基本物理常数的组合，算出的值与光谱测定的值相当符合，只有万分之五的误差。玻尔指出，这个误差是由氢原子核的质量有限引起的。根据二体运动理论，应当用电子和氢核的折合质量代替电子质量，代进去算出来的值就一点都不差了。在实验上它还受到类氢光谱（皮克灵谱线——氦离子光谱以及氚光谱）和夫兰克赫兹实验（见下）的支持。更重要的是，它首先用量子理论来解释原子结构，它用到的"定态""能级""跃迁"等概念，为以后的波动力学的建立奠定了基础。玻尔因对原子结构和原子辐射的研究获1922年诺贝尔物理奖（邮票见"量子力学的建立"一节）。玻尔理论的缺点是，它在逻辑上是不自洽的，不是一个彻底的量子力学理论，而是经典力学和量子概念的混合：它使用经典力学来讨论电子的运动，又使用量子化条件加以限制；电子在定态中绕核运动用经典力学处理，而定态电子轨道半径以及定态之间的变化（跃迁）则用量子条件处理；电子的角向运动用经典理论，径向运动用量子理论。正是要克服这种逻辑不自洽的努力，导致了量子力学的建立。

玻尔模型后来在以下几方面得到推广：从电子的平面圆运动变为空间轨道和立体原子，从圆轨道推广为椭圆轨道，并且对电子的运动进行了相对论修正。椭圆轨道和相对论修正是德国物理学家索末菲引入的。椭圆轨道带来了角量子数和能级简并的概念，相对论修正带来了能级的精细结构。

1921年，在玻尔的倡议下，建立了哥本哈根大学理论物理学研究所（玻尔逝世后于1965年改名为尼耳斯·玻尔研究所），玻尔主持这个研究所40余年。许多量子物理学家，如海森伯、泡利都曾在这里工作过，他们组成所谓哥本哈根学派，以玻尔为精神领袖。玻尔对量子力学的孕育、诞生和哲学诠释都有很大的贡献，提出了"互补原理"和"对应原理"。玻尔也是原子核物理学的创立者之一，他在20世纪30年代中期提出了历史上第一种相对正确的核模型——原子核的液滴模型。他预言了由慢中子引起核裂变的是铀235而不是铀238。他是有史以来最伟大的物理学家之一。图45-8是丹麦于1985年为纪念玻尔诞生100周年发行的邮票，画面上是玻尔和他的夫人。图45-9是几内亚比绍2008年的"物理学发现"邮票的一张，左边是原子模型，中间有玻尔1922年得奖前后的像，右边是老年玻尔的像，左上方的文字是"原子结构和量子力学的探索者"。

图45-10是马尔加什1993年发行的诺贝尔奖得主邮票中的一张，画面是爱因斯坦和玻尔。爱因斯坦长玻尔6岁，他们是很好的朋友。1920年他们在柏林第一次见面后，爱因斯坦就写信给玻尔："一个人像您那样一出现就给我带来那么大的欢快，这在生活中是少有的。"1922年他们同时获得诺贝尔物理奖（爱因斯坦是获得上一年未评出的1921年奖，玻尔则是获得1922年奖）。玻尔在得到通知的当天写信给爱因斯坦："对我来说，能够和您同时被考虑获奖是最大的荣誉和喜悦。……您在我致力的领域中的基本贡献……能在我获得这一荣誉之前得到承认，我觉得这是个好兆头。"而爱因斯坦则回信说："您的来信给了我

和诺贝尔奖同样大的喜悦。特别使我感动的是您害怕在我之前获奖——这是个典型的玻尔式的想法。"但是，他们对量子力学的诠释和自然定律的因果性有着不同的看法，毕生都在争论。派斯在他写的爱因斯坦的传记《一个时代的神话——爱因斯坦的一生》中对他们二人作了详细的比较。

图45-11是葡萄牙2000年发行的20世纪回顾邮票中的一张，爱因斯坦、普朗克和玻尔被选来代表20世纪的物理学，这意味着承认量子理论是20世纪物理学发展的主线。他们三人是量子理论的三大先驱，代表着量子理论的三个不同的阶段。普朗克提出了能量子的概念，但是他是个不情愿的革命者，并不充分认识量子理论的革命性，它意味着经典物理学的终结。爱因斯坦发现了光量子，他立即认识到量子与经典理论是不协调的，他对这种理论局面感到不舒服。玻尔是物质结构的量子理论的创立者，他把量子概念用于单个微观体系原子或分子。他也立即意识到量子理论的革命性，适应了新的理论局势，并对这种局势作出哲学概括。派斯（见上书）和戈革（见所著《学人逸话》）还对他们三人的其他许多方面作了有趣的比较，例如，在对待教学上，普朗克是典型的大学教授，他讲课，带博士研究生。爱因斯坦不太关心讲课，从来没有正式带过一个博士研究生，他习惯于独自工作。玻尔也不关心讲课，不带研究生，但他指导许多博士后或访问学者的研究工作。他是在和别人讨论中进行工作的，他需要身边有些青年人和他争论。

玻尔逝世于1962年。2012年，莫桑比克和几内亚为他逝世50周年发行了纪念邮票。图45-12和图45-13是莫桑比克发行的小全张和小型张。几内亚小全张（图45-14）上3张票分别是玻尔与海森伯、玻尔与奥本海默及玻尔与爱因斯坦，边纸上是玻尔与海森伯。小型张（图45-15）的邮票上是玻尔与爱因斯坦，边纸上是玻尔与奥本海默。

德国物理学家夫兰克和G.赫兹（发现电磁波存在的H.赫兹的侄儿）于1914年用低速电子碰撞气体原子，证实了原子内存在分立的能级，这是玻尔模型在光谱学证据之外的一个证明。他们本来是试图通过碰撞测定原子的电离能，玻尔正确地解释他们的测量结果是原子由基态到激发态的激发能。他们为此获得了1925年的诺贝尔物理奖。他们两个都是犹太人，希特勒上台后，他们都被解除了大学中的教授职务。夫兰克于1932年逃出德国，流亡美国。在二战期间，夫兰克参加了美国研制核武器的曼哈顿计划；而G.赫兹则未能离开德国，在西门子公司的研究实验室担任了一个职务，设法存活了下来，在苏军攻占柏林后于1945年被苏军送到苏联做研究工作，并获得1951年斯大林奖金，然后于1954年回到东德，任莱比锡物理研究所所长，1961年退休，于1975年去世。在冷战时期，西德只发行了纪念夫兰克的邮票（与玻恩一起，见后"希特勒政权下的德国物理学家"一节图53-6），而东德则只发行纪念赫兹的邮票，共两次：图45-16是1977年发行的，画面上有用多次扩散法分离氖的同位素的仪器（赫兹在1932年曾发明用级连的气体扩散法分离氖同位素的方法）；图45-17是1987年为纪念赫兹诞生100周年发行的，画面上有夫兰克-赫兹实验的实验仪器和实验结果曲线。

1995年一些小国为纪念诺贝尔奖设立100年发行的邮票中，既有纪念夫兰克的邮票（图

图45-12（莫桑比克2012，3/5原大）

图45-13（莫桑比克2012，3/5原大）

图45-14（几内亚2012，2/3原大）

图45-15（几内亚2012，1/2原大）

纪念玻尔逝世50周年

东德发行的纪念 G.赫兹 的邮票

图45-16（东德1977）

图45-17（东德1987）

图45-18（尼加拉瓜1995）

图45-19（格林纳达－
格林纳丁斯1995）

图45-20（格林纳达1995）

图45-21（圣文森特和格林纳丁斯1995）

图45-22（格林纳达1995）

图45-23（圣文森特和格林纳丁斯1995）

45-18，尼加拉瓜；图45-19，格林纳达-格林纳丁斯；图45-20，格林纳达；图45-21，圣文森特和格林纳丁斯），也有纪念赫兹的邮票（图45-22，格林纳达；图45-23，圣文森特和格林纳丁斯）。

　　G.赫兹的后半生给物理学史留下了两个问题：一是在希特勒灭绝犹太人的残酷政策下，他是怎样活下来的；二是他在苏联进行什么研究。笔者迄今还没有看到有关的任何资料。对第二个问题的一个合理的猜想是，他可能参与了发展苏联的核武器，并以此工作获得斯大林奖金，因为他曾发明用级连的气体扩散方法分离氖同位素，而美国人就是用这种方法分离出原子弹用的铀235的。图45-12的邮票可以作为一个佐证，西德不发行纪念他的邮票是另一个佐证。

46．波粒二象性

在经典物理学中，辐射场和实物是完全不同的实体。场是连续的波动，而实物是由分立的粒子组成的。在20世纪的前25年中，这个界限模糊了。人们发现，辐射场具有粒子性，而实物粒子也具有波动性，二者走向更高的统一。

先看光的粒子性。

光的本性是一个由来已久的争论。在17世纪，笛卡儿和牛顿坚持微粒说，而胡克和惠更斯则坚持波动说。到了19世纪，通过干涉实验和杨、菲涅耳、阿喇果等人的工作，确立了光是以太中的横波。1865年，麦克斯韦预言了电磁波。1888年，赫兹用实验确证了电磁波的存在，其波速和各种性质均与光波相同，从而表明光波只是电磁波的一个频段。在19世纪与20世纪之交时，光的波动说以麦克斯韦电磁理论为基础，正处于兴旺的顶峰，人们都在为光现象和电磁现象的统一、为光的波动说最后战胜微粒说而欢欣鼓舞。但是，光的波动说只说明了光的传播行为，而对于光的发射和转化现象则无能为力。就在这时，又提出了辐射场的粒子性，微粒说又回来了。当然，这不是简单的回复，而是辩证的、螺旋式的上升。光子不是单纯的粒子，因为它的能量和动量是同频率相联系的，而频率是一个波动概念。

量子化起源于普朗克提出能量子概念。但是，普朗克的能量子只是量子论的初级阶段。他只认为构成空腔壁的谐振子的能量是量子化的，而辐射场的能量则不量子化，仍然是连续的，只是与器壁交换能量时以量子进行。真正提出辐射场量子的是爱因斯坦。

爱因斯坦在他著名的1905年论文《关于光的发射和吸收的一个启发性观点》中提出了光量子（后来在1926年由G.Lewis定名为光子）的概念。他说："尽管光的波动理论在衍射、反射、折射、散射等方面已完全为实验证实，但仍可以想象，将它应用到光的发射或转换等现象时会与实验产生矛盾。我认为像黑体辐射、荧光、紫外线产生阴极射线以及其他类似的光的发射及转化现象，用光的能量在空间不连续分布的假设更容易理解。这个假设认为，从点源发出的一光束的能量不是连续地分布在逐渐扩大的空间范围内而是由有限数目的能量子组成的，这些能量子定域在空间内的点上，运动时不分裂，而且只能以完整的单元被发射或吸收。"显然，和普朗克相比，爱因斯坦对量子的态度更具有革命性和创新精神。他的光量子更像是一种高速运动的粒子，不仅是辐射发射和吸收的最小份额，而且是辐射本身的存在形式；不仅存在于光的产生和吸收过程中，也存在于光的传播过程中。不难想象，在当时的背景下，爱因斯坦的光量子概念具有何等的革命性，爱因斯坦是如何逆潮流而行。普朗克虽然提出了能量子概念并且第一个热情支持狭义相对论，但直到1913年还不接受爱因斯坦的光子概念，认为这是爱因斯坦的一个"失误"。他在和其他三位院士推荐爱因斯坦为普鲁士科学院院士的推荐信中郑重其事地说："现代物理学涉及那么多重大问题，很难说爱因斯坦在哪个问题上没有作出过重大的贡献。要说他的推论可能有错的地方，那就是光量子假说，不过这一点并不影响他成为院士，因为即使是真正的科学家，要引进新思想也不可能不冒风险。"

爱因斯坦提出光量子的概念是为了解释光电效应的实验规律。光电效应的基本规律是勒纳发现的。勒纳根据光是一个电磁波的概念，提出了光波使电子发生共振，把电子摇下来的假说，但是无法解释光电效应的许多实验规律，例如射入的光与射出的电子之间完全没有时间延迟。而爱因斯坦用光量子概念却轻而易举地解释了已知的光电效应规律，还预言了实验上尚未观察到的遏止电压与照射光的频率之间的线性关系。他假设一个光量子的能量为$h\nu$，电子吸收一个光量子的全部能量，电子逸出时要做一定量的功W。于是逸出电子的最大动能为$h\nu-W$。如果V为遏止电压，则

$$eV = h\nu - W$$

即所谓光电效应方程。于是由实验得到的$V-\nu$数据应当是一条直线，其斜率与发射材料无关。这也给出了测量h的一个新方法。美国物理学家密立根（邮票见"电子的发现"一节）从1910年开始光电效应的实验研究，其困难主要是电极表面有接触电势差，氧化膜也影响实验结果。为了克服这些困难，密立根设计了特殊的真空管。在真空中刮除样品表面的氧化膜，一切测量操作都通过电磁铁在管外进行。他于1916年发表了实验结果，完全证实了爱因斯坦的理论。他测出的h值为6.56×10^{-34}J·s，与普朗克根据黑体辐射数据算出的值符合得极好。爱因斯坦由于"对理论物理学的贡献，特别是发现光电效应的规律"被授予1921年诺贝尔物理奖。图46-1是西德1979年为纪念几位诺贝尔奖获奖人（爱因斯坦、劳厄、哈恩）百年诞辰发行的一套邮票中关于爱因斯坦光电效应理论的一张，这张美丽的邮票用不同的颜色代表光的频率，用箭头的长短代表电子动能的大小，非常形象地表示了光电效应的规律。图46-2是波黑2001年发行的邮票，纪念爱因斯坦因光电效应理论获诺贝尔奖，邮票上有光电效应方程。

印度物理学家玻色（图46-3，印度1994）于1924年把他的论文《普朗克定律和光量子假说》寄给爱因斯坦，这篇文章完全不用经典理论，把辐射看成光量子的理想气体，推导出普朗克定律，其中用到了粒子的全同性。爱因斯坦亲自把这篇文章译成德文，并写了评

图46-1（西德1979）　　　　图46-2（波黑2001）

图46-3（印度1994）

图46-4 康普顿（圭亚那1995）　　图46-5 吴有训（中国1988）

注，推荐发表在《物理学杂志》上。玻色的工作既是普朗克定律的论证的完成，又是量子统计物理学的肇始。爱因斯坦把玻色的方法推广到单原子气体，是为玻色-爱因斯坦统计法。

　　爱因斯坦用光量子解释光电效应只涉及光子的能量。爱因斯坦提出，光子还应有动量，因为根据狭义相对论，能量和动量是相互联系的。1916年，爱因斯坦发表一篇文章，提出光子之动量为 $p = h\nu/c = h/\lambda$。1921年，德拜计算了光子和电子的碰撞，得出碰撞后光的波长变长。1923年，美国物理学家康普顿（图46-4，圭亚那1995）在研究X射线与物质散射时，发现X射线经散射后波长有变化，波长的变化随散射角的不同而不同，而与入射X射线的波长无关，这就是康普顿效应。康普顿花了几年工夫试图用光的波动说解释这个现象而不成功，最后发现，这个效应要用光量子假说才能解释。起作用的不仅是X射线光子的能量，还有它的动量 $h\nu/c$，因此，它进一步肯定了光量子假说。有人说，康普顿对光量子假说的贡献，不亚于菲涅耳对光的波动说的贡献。康普顿于1927年获得诺贝尔物理学奖。

　　我国物理学家吴有训，当时正在康普顿指导下在芝加哥大学攻读博士学位。在康普顿研究X射线散射的开创性工作中，吴有训是康普顿的得力助手。他测试了多种元素对X射线的散射曲线，结果都满足康普顿的量子散射公式，证实了康普顿效应的普遍性，从而促成了物理学界对康普顿效应及其解释的普遍承认。图46-5是我国1988年发行的纪念吴有训先生的邮票，背景是康普顿效应的示意图和吴有训测得的不同元素对X射线的散射曲线。

在光的干涉实验中把光强减弱到每一时刻只有一个光子射入，仍然会观察到干涉图样。这表明，干涉图样不是不同光子之间的干涉造成的，每个光子与自己干涉，波动性是每一个光子的属性。

适应了黑暗环境的人眼的视觉阈值功率约为100个黄光光子/秒，因此有可能用眼睛观察微弱光流的量子结构和涨落现象。苏联物理学家谢·瓦维洛夫做了这样的实验，这样就"亲眼"看到了光的量子行为。他写了一本书《光的微观结构》。他的邮票见第65节"现代光学"。

光的波粒二象性无法用简单的图像来表示。曾有人问英国物理学家、诺贝尔奖得主老布拉格，如何解释光的波粒二象性。布拉格开玩笑地回答说："星期一、三、五物理学家当它是一个波，星期二、四、六物理学家当它是一个粒子，星期天物理学家休息。"但是，可以建立起一套理论同时概括光的电磁理论和光的量子理论，那就是量子电动力学。

再看实物的波动性。和光不同，实物的本性在历史上从未有过争论。因此，1924年法国物理学家德布罗意（图46-6，乌干达1995，诺贝尔奖设立百年；图46-7，马尔代夫1995，诺贝尔奖设立百年；图46-8，马里2011，最有影响的物理学家）提出实物粒子也具有波动性，更使人有石破天惊之感。

路易·德布罗意出身法国的望族，他的祖先担任过法国的元帅、大臣。法国革命虽然推翻了王政，但并没有废除贵族制度，因此他还有公爵的头衔。他年少时父母就相继去世，比他年长17岁的哥哥莫里斯照料他长大。莫里斯是一个实验物理学家，对X射线的研究卓有贡献（邮票见图40-22）。路易本来在大学主修历史，在哥哥影响下，对物理学越来越感兴趣，于是他转学物理，倾心于理论物理学。

他是在博士学位论文中，类比着光的波粒二象性提出这个论点的。他写道："在光的情况中我们不得不同时引入微粒和周期性的思想。另一方面，在原子中，确定电子的稳态运动引入了整数。迄今我们看到的是，物理学中涉及整数的少数现象是在干涉和简正振动情况下才发生。这个事实提醒我，也不能简单地把电子看成微粒，也必须同时赋予它们周期性。"然后，德布罗意通过相对论的论据，提出了这个波的波长和动量的关系$\lambda = h / p$即德布罗意关系式（德布罗意在论文里并没有明确写出这个公式，但是已经隐含了这个式子），它是物理学中最重要的关系式之一（图46-9，法国1994，纪念物质的波动性发现70年，欧罗巴系列"发现"主题；图46-10，尼加拉瓜1971，改变世界的10个公式，上有德布罗意关系式及其应用——电子显微镜）。

当时，光的波粒二象性已使物理学家感到困惑了，而德布罗意更将波粒二象性类推到物质粒子。大学当时不知道该如何评价这篇论文。朗之万就寄了一份论文给爱因斯坦，论文得到爱因斯坦的高度评价。于是朗之万接受了这篇论文。爱因斯坦还在自己关于量子统计的论文中加了一段，介绍德布罗意的工作，这使德布罗意的工作受到广泛注意。

1926年，薛定谔在德布罗意的思想的基础上，建立了波动力学。1927年，美国科学家戴维孙和革末（L. H. Germer）、英国科学家G. P. 汤姆孙通过电子衍射实验各自证实电子的确

图 46-6（乌干达 1995）

图 46-7（马尔代夫 1995）

图 46-9（法国 1994）

图 46-10（尼加拉瓜 1971）

图 46-8（马里 2011）

图 46-11 戴维孙（刚果民主共和国 2002）

图 46-12 戴维孙（几内亚 2001）

图 46-13 G. P. 汤姆孙（几内亚 2001）

图 46-14（罗马尼亚 1999）

图 46-15（格林纳达 1995）

具有波动性，并且测出波长与德布罗意的理论推断的结果相一致。1929年，德布罗意获得诺贝尔物理学奖。

戴维孙和革末的实验是镍单晶表面对能量为100电子伏的电子束的散射，G.P.汤姆孙的实验则是用能量为2万电子伏的电子束透过多晶薄膜，这和X射线的德拜粉末法相似。戴维孙在贝尔实验室工作，他的实验本来的目的是研究真空管电极的次极电子发射。开始时他并没有意识到他的实验与物质波有什么联系。倒是一些德国的物理学家，如夫兰克和玻恩，认识到他的实验可能提供德布罗意波的证据。戴维孙在1926年的一次国际会议上听到这种意见后，才重新设计仪器，自觉寻找电子波的实验证据。G.P.汤姆孙则是一开始就自觉进行电子衍射实验，进展顺利。戴维孙（图46-11，刚果民主共和国2002，诺贝尔奖得主；图46-12，几内亚2001，诺贝尔奖得主）和G.P.汤姆孙（图46-13，几内亚2001，邮票上的名字拼错）分享了1937年的诺贝尔物理奖。G.P.汤姆孙是J.J.汤姆孙的儿子，父亲证实了电子的粒子性，而儿子又证实了电子的波动性，这倒是一件有趣的事。

电子的波动性的一个直接应用是电子显微镜。按照德布罗意的理论，电子波的波长与电子的动量成反比。用足够高的加速电压产生的高速电子束，其电子波的波长比普通可见光的波长小几个量级。由于波长越短，分辨本领越大，所以电子显微镜的分辨本领比光学显微镜大好几千倍，其放大倍数达10万倍以上。最早发明的是透射显微镜，是德国科学家鲁斯卡（图46-14，罗马尼亚1999，千年纪，左边是电子显微镜的光路；图46-15，格林纳达1995，诺贝尔奖得主；又见图39-38的边纸中）于1932年发明的，1986年才和扫描隧道显微镜分享来得太迟的诺贝尔物理学奖。得奖时鲁斯卡年已80，是诺贝尔物理奖得主中得奖时年龄第三高的人（年龄最高的是俄国的金兹堡，获奖时已87岁，其次是苏联的卡皮查，得奖时84岁）。图46-16（日本1986）是电子显微镜的光路示意图，其成像方式与光学显微镜相似，只不过是用电场对电子束聚焦。电子显微镜的外形见图46-17（中国1966，工业新产品，纪念我国首台自己生产的电子显微镜，它是1965年在上海制造的，分辨本领7，最大放大倍数20万倍）、图46-18（东德1975，德国科学院275周年）、图46-19（中国台湾1988，经济建设-科技发展）、图46-20（加拿大1988，圆圈中为电子显微镜拍得的病毒照片）和图46-21（罗马尼亚1978，罗马尼亚工业）。

电子显微镜不但本身是得诺贝尔奖的工作，而且又是问鼎诺贝尔奖的有力武器。它是微结构分析的非常有用的工具，许多得诺贝尔奖的工作是用电子显微镜完成的。例如1982年得诺贝尔化学奖的克鲁格，他因研究病毒以及其他由核酸与蛋白质构成的粒子的立体结构而得奖，所用的方法叫做晶体学电子显微镜技术，是用电子显微镜从不同的角度对粒子成像，综合出它的立体结构。图46-22是瑞典1988年发行的诺贝尔化学奖得主邮票，瞧，生物化学家克鲁格正在电子显微镜前辛勤工作呢。

图46-16（日本1986）

图46-17（中国1966）

图46-18（东德1975）

图46-19（中国台湾1988）

图46-20（加拿大1988）

图46-21（罗马尼亚1978）

图46-22（瑞典1988）

电子显微镜

47．量子力学的建立

量子力学的兴起和发展，是20世纪物理学史上最伟大的事件。它是研究原子、分子、凝聚态以至原子核和基本粒子的基础理论，是从19世纪末以来对微观世界进行的越来越深入的探索的总结。

量子力学的兴起是由不同的物理学家、在不同的地方、从不同的角度、按不同的思路开始的。其中有两条主要线索：德国物理学家海森伯1925年建立的矩阵力学是玻尔的对应原理的嫡传后裔；而奥地利物理学家薛定谔1926年建立的波动力学则是为了回答"德布罗意波遵循什么样的波动方程"这个问题。薛定谔随即论证了矩阵力学和波动力学的等价性。英国物理学家狄拉克1925年读到海森伯的论文后，用算符形式重新表述了量子力学，也可以把它叫做算符力学，看成量子力学兴起和发展的第三条线索。海森伯因创立量子力学获1932年诺贝尔物理学奖，薛定谔和狄拉克因建立原子理论的新形式分享1933年诺贝尔物理学奖。

玻尔1913年最初建立的原子模型，相当好地解释了氢原子和类氢离子光谱的频率，但不能计算谱线的强度。而且玻尔的目标并不限于氢原子，而是对各种不同原子和分子的系统研究，并对周期表所反映的元素性质的变化规律作出说明。更重要的是，玻尔理论在逻辑上是不自洽的，人们迫切需要建立一个与量子概念协调的全新的力学。进一步发展玻尔模型有两条道路：一条是进行修补，这是玻尔本人和索末菲所做的，玻尔一步步归结出对应原理，研究了多电子原子，获得了对元素周期表的理论认识；索末菲则引进了椭圆轨道和相对论修正等。另一条则是超越它，建立适用于微观世界的全新的力学。

当时世界上研究原子物理学有3个中心，组成3个学派：一个是玻尔的哥本哈根学派，一个是索末菲主持的慕尼黑大学物理系，还有一个是理论物理学家玻恩主持的哥廷根物理学派。只有哥廷根学派在探索新力学，为新力学的诞生作准备。

玻恩是德国犹太人，生于1882年。在哥廷根上大学时，他曾考虑过以数学为职业，担

图47-1 海森伯
（尼加拉瓜1995）

图47-2 海森伯
（内维斯1995）

图47-3 玻恩（加纳1995）

图47-4 玻恩（几内亚2006）

任过希尔伯特的私人助手，他有很强的数学背景，但最后他选择了物理学。1909年，他成了哥廷根大学的讲师，与冯·卡门合作开展了对固体比热和晶格动力学的研究。后来到柏林、法兰克福等地任职。1921年，他被母校哥廷根大学选聘为物理系教授。

索末菲的学生海森伯，毕业后到哥廷根随玻恩工作。玻恩从爱因斯坦的相对论中吸取了"可观察性原则"，强调只有可观测的物理量才有实质意义。海森伯受其影响，也试图抛弃看不见的电子轨道的经典概念，直接由可观测的物理量如光谱频率和谱线强度来计算氢原子谱线的强度。由于氢原子的计算太烦琐，他先计算一维非简谐振子。7月，他写成文章《论运动学关系式和力学关系式的量子理论诠释》，由玻恩推荐发表（图47-1，尼加拉瓜1995，诺贝尔奖设立百年；图47-2，内维斯1995，诺贝尔奖设立百年）。海森伯文章中的独特之处是两个物理量的不可对易性，这是物理学中从未遇到过的。玻恩经过思索，想起这种量是数学中的矩阵。当时海森伯尚不知矩阵为何物，于是玻恩找到年轻的数学家约丹合作，于1925年秋发表论文《论量子力学》，这是对矩阵力学最早的严密表述。后来人们称这篇文章为"二人文章"（海森伯的那篇文章则称为"一人文章"）。随后，通过和正在哥本哈根的海森伯通信，于1925年初冬又用三个人的名义发表论文《论量子力学Ⅱ》（后称"三人文章"）。这几篇文章奠定了矩阵力学的基础。这三篇文章中，海森伯的"一人文章"只是讨论一个特例，玻恩领头的"二人文章"和"三人文章"才完善了矩阵力学理论，奠定了矩阵力学系统的理论基础。玻恩对建立矩阵力学的贡献怎样评价也不为过，没有玻恩的"二人文章""三人文章"殿后，海森伯那篇文章很难读懂，也很难引起人们注意，估计很快就会被人们遗忘，直到"若干年后，偶尔可能会有个人，发一篇小文章证明，曾经有过海森伯这么一篇文章，它借助于数学上的矩阵表示也可以解决许多原子问题，而且本质上和波动力学是等价的"。[1]在"二人文章"中，得出了著名的对易关系 $qp - pq = ih/2\pi$，这是玻恩最引以为豪的发现，后来铭刻在他的墓碑上，但人们却称之为海森伯对易关系。1932年的诺贝尔物理奖是奖励创立矩阵力学，它只授奖给海森伯而不提玻恩的贡献，这是很不公平的。玻恩一直到1954年退休后，才因另一重要贡献——量子力学波函数的统计解释获得诺贝尔奖（图47-3，加纳1995，诺贝尔奖设立百年；图47-4，几内亚2006，诺贝尔奖得主）。

1 厚宇德，《玻恩研究》，人民出版社，北京2012，第67页。

玻恩作为一个学派的主持人，培育了大量人才。仅在哥廷根大学期间，培养的博士毕业生至少有24位。他的学生和助手中，获得诺贝尔奖的有海森伯、费米、施特恩、泡利、迈耶夫人、德尔布吕克等。没有获得诺贝尔奖，但也成了著名科学家的有朗德、约当、洪德、诺德海姆、罗森菲尔德、奥本海默、特勒、韦斯科普夫、英费尔德、海特勒、福克斯等。这些人中许多人如海森伯、朗德、约当、泡利、施特恩都对量子力学的建立和发展起过重大作用。他的中国学生有彭桓武、黄昆、程开甲、杨立铭、王福山等。

1925年9月，英国剑桥大学的研究生狄拉克（图47-5，圭亚那1995）看到了海森伯的论文，十分感兴趣。他开始创立自己的一套独具风格的量子力学表述形式。他定义了c数和q数，左矢和右矢，引用了δ函数，特别是从与经典分析力学泊松括号的对应得出了海森伯的对易关系。狄拉克的表述形式非常优美、简练，比海森伯的形式更普遍适用。1928年，狄拉克又成功地把量子力学和狭义相对论统一起来，建立了电子的相对论性运动方程即狄拉克方程，从狄拉克方程可以自然推出电子的自旋，并预言了正电子的存在。

狄拉克和海森伯的思维方式和表述风格迥然不同，是理论物理学家思维方式和表述风格的两种类型。狄拉克（还有爱因斯坦）是从第一性的原理出发，经过严密的逻辑推理和数学演绎，来获得对物理现象的深入和全新的理解；而海森伯（以及玻尔）则是从具体的物理实验和现象的分析中发掘新的思想观念和物理原理，再在此基础上建立理论体系。实验错综复杂，海森伯有很强的直觉力，善于把握问题的关键。杨振宁教授这样比较他们的风格：狄拉克的特点是"话不多，而其内含有简单、直接、原始的逻辑性。一旦抓住了他独特的逻辑，他的文章读起来便很通顺，就像'秋水文章不染尘'，没有任何渣滓，直达深处，直达宇宙的奥秘"。而"海森伯所有的文章都有一共同特点：朦胧、不清楚、有渣滓，与狄拉克的文章的风格形成一个鲜明的对比。读了海森伯的文章，你会惊叹他的独创力（originality），然而会觉得问题还没有做完，没有做干净，还要发展下去；读了狄拉克的文章，你也会惊叹他的独创力，同时却觉得他似乎已经把一切都发展到了尽头，没有什么再可以做下去了"。其所以如此，是因为虽然两个人"都达到物理学的最高境界，可是……途径却截然不同：海森伯的灵感来自他对实验结果与唯象理论的认识，进而在摸索中达到了他的对易关系式；狄拉克的灵感来自他对数学的美的直觉欣赏，进而写出他天才的方程"。

德布罗意在提出物质波假说时就已注意到，光学有两种形式：一种是和经典质点力学很相似的几何光学；另一种是强调光的波动性质的波动光学。几何光学可以作为一种近似和极限形式从波动光学推出。那么，能不能建立一种力学，它与经典力学的关系就像波动光学与几何光学的关系一样呢？薛定谔（图47-6，奥地利1987，诞生百年；图47-7，圣文森特和格林纳丁斯1995）建立了这种力学。薛定谔1925年前后在瑞士的苏黎世大学当教授。他是通过爱因斯坦的文章知悉德布罗意的物质波假说的。苏黎世还有一所联邦技术大学，是爱因斯坦的母校，德拜在那里当教授。两校联合轮流举办讨论班。一次讨论会上，薛定谔介绍了德布罗意的工作，德拜评论说，这些介绍都太一般，要描述一种波，必须有一个波动方程。这句话触动了薛定谔。过了几个星期，他就在讨论会上提出了自己的波动方程。紧接着，他扩充和发展了自

图47-5 狄拉克
圭亚那 1995）

薛定谔

图47-6（奥地利1987）

图47-7（圣文森特和格林纳丁斯1995）

量子力学的创立者

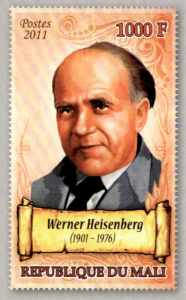

图47-8 海森伯（马里2011）

图47-9 狄拉克（马里2011）

图47-10 薛定谔（马里2011）

泡利

图47-11（奥地利1983）

图47-12（圣文森特和格林纳丁斯1995）

图47-13（格林纳达1995）

图47-14（几内亚2006）

图47-15（马拉加什1992）

己的理论，以《量子化作为本征值问题》为题，接连发表了四篇论文（1926年），奠定了波动力学的基础。在第二篇与第三篇文章中间，还发表了一篇题为《论海森伯-玻恩-约丹量子力学和我的量子力学的关系》的论文，论证了矩阵力学和波动力学的数学等价性。

矩阵力学和波动力学都是关于微观运动的理论，概括的是相同的经验领域，但是外观却显得如此不同。波动力学使用的微分方程数学工具更为物理学家所熟悉，并且易于用来解决各种问题，这就使它被物理学家更迅速和更普遍地接受，并成为讲授量子力学的主要形式。它具有一种"连续的、经典的"外貌，以波为基本概念。矩阵力学相反，它的数学工具是代数，强调的是不连续性。

薛定谔比海森伯、狄拉克年长十多岁，建立波动力学时已是近40岁的中年人了。他生性浪漫，多才多艺，对西方文化中的文学和美学非常熟悉，自己还写诗，而且写得不错。他后来把兴趣转向生命科学。1944年，他写了一本书《生命是什么》，提出了"非周期晶体""负熵""密码传递""量子跃迁"等概念，用来解释和理解生命现象，影响很大。

马里在2011年发行的"最有影响的物理学家和天文学家"邮票中，量子力学的三种形式（矩阵力学、算符力学、波动力学）的创立者都入选了。我们把他们的邮票并列在这里（图47-8，图47-9，图47-10）。

讲量子力学的创立不能不提泡利的贡献（图47-11，奥地利1983，逝世25年；图47-12，圣文森特和格林纳丁斯1995，诺贝尔奖设立百年；图47-13，格林纳达1995，诺贝尔奖设立百年；图47-14，几内亚2006，诺贝尔奖得主；图47-15，马拉加什1992，诺贝尔奖得主，左为泡利，右为玻恩）。海森伯1925年摸索着建立量子力学时，由于没有把握，征询过泡利的意见，泡利支持他进行下去。然后，泡利又用海森伯的方法解决了氢原子问题，加强了矩阵力学的地位。泡利对量子力学的最大贡献是他在1925年1月（矩阵力学建立之前）提出不相容原理：一个完全确定的量子态中至多只能有一个电子。泡利是研究反常塞曼效应和光谱线的多重结构，分析了大量的原子能级数据之后提出这个原理的，同时提出，确定电子的量子态取通常的 n, l, m 三个量子数还不够，电子还有第四个量子数，这个量子数只可取双值，在经典物理中没有对应的物理量。在此之前，玻尔为了说明元素周期表，提出了"组建原理"，说一个原子的电子是这样安排的，它们从能量最低的轨道开始，依次填充能量尽可能低的轨道，每一轨道上可以容纳两个电子，这已有不相容原理的内容。不相容原理所反映的这种严格的排斥性的物理本质，今天还不清楚。

泡利不清楚这第四个自由度及其双值性的物理意义。不久，荷兰物理学家埃伦菲斯特的两个年轻的学生，乌伦贝克和古兹密特，根据碱金属光谱的双线、施特恩-格拉赫实验和反常塞曼效应等，提出电子还有一个内部转动自由度，即自旋，其量子数为1/2，在 z 方向的分量只能取值 ±1/2。但其磁矩为1个玻尔磁子，即其朗德因子 $g = 2$。这就是泡利的第四个量子数的物理图像。这个假说受到泡利等人的强烈反对。因为，泡利认为，这个量子数只取双值，是没有对应的经典图像的，怎么可以像经典的陀螺一样绕自己的轴自转呢？（实际上，在乌伦贝克和古兹密特之前，美国物理学家克朗尼希曾提出过类似的想法，但鉴于泡利的强烈反对态度，他不敢写成文章发表。）特别是，洛伦兹指出，如果把电子看成一个具有经典半径 $r = 2.8 \times 10^{-15}$ m 的小球（目前的实验证据表明，电子的线度远小于 10^{-16}m），若要它旋转产生 $h/2\pi$ 数量级的角动量，其表面的线速度将比光速 c 大两个数量级。听到洛伦兹的意见后，乌伦贝克和古兹密特想撤回自己的文章。但是文章已被埃伦菲斯特寄走了。埃伦菲斯特安慰他们说，你们还年轻，做点荒唐事不要紧。可是，在文章于1925年10月登出来以后，由于它能解释许多实验现象，得到了海森伯、玻尔的大力支持，泡利"完全投降了"。事实表明，自旋概念是微观物理学中极重要的概念。不相容原理、矩阵力学和自旋是1925年物理学的三大发现。

不过泡利也没有错：自旋的确是一个纯粹的量子力学量，没有经典对应物。我们只能把它看成一个微观粒子的内禀角动量，而不能想象一个电子像陀螺一样自转。实际上，如果把电子看成点粒子，则不可能有角动量；如果把电子看成有限大小的粒子，则有上面洛伦兹指出的问题。而且电子自旋生成磁矩的朗德因子为2，也是经典物理不能解释的。

当泡利确信自旋概念时，新量子力学已经建立了。于是泡利于1927年引入了二分量波函数的概念和著名的泡利矩阵，把自旋概念纳入非相对论量子力学之中。1928年，狄拉克方程显示了自旋是电子相对论性理论的固有特征。狄拉克方程的波函数是4分量的，荷兰物理学家范德瓦尔登说："从一分量到二分量是一大步，从二分量到四分量是一小步。"

泡利另一历史性贡献是提出了中微子概念。他在量子场论和粒子物理学方面也做了很重要的工作。1945年，泡利由于发现了不相容原理而被授予诺贝尔物理学奖。乌伦贝克和古兹密特发现电子自旋却没有获奖。许多人认为这是诺贝尔奖评奖工作的缺失。

泡利是一个锋芒毕露的人，说话尖刻，不留情面。物理学界称他为"上帝之鞭"——这是欧洲人对横扫东欧的匈奴人首领阿提拉的称呼。上述玻恩的"二人文章"，玻恩本来是想找他昔日的助手泡利合写的。当他在火车上巧遇泡利并征询他的合作意向时，得到的回答却是："是的，你总是热衷于乏味而复杂的形式主义，你只能用你的无用的数学损害海森伯的物理思想。"玻恩只好找约当合作。

施特恩-格拉赫实验是验证空间量子化的实验。空间量子化（即角动量在空间取向的量子化）的概念是索末菲提出的，它能令人满意地解释许多物理现象，如正常塞曼效应和斯塔克效应，但是一直不能用实验演示空间量子化的存在。施特恩是分子束方法的开创者，他设计了用分子束通过非均匀磁场的方法来显示空间量子化的存在。角动量量子数为 l 的原子束，角动量的 z 分量有 $2l + 1$ 个本征值，通过不均匀磁场后分裂为 $2l + 1$ 束。若 $2l + 1$ 为偶数如 2，就证明了量子数为半整数的自旋角动量的存在，因为轨道角动量的量子数只能为整数，$2l + 1$ 为奇数。因此，它又是一个独立于光谱实验的证明自旋存在的实验。施特恩用分子束方法做的著名实验还有验证气体中的麦克斯韦分子速度分布定律、测量质子磁矩、用原子和分子射线产生干涉以显示原子和分子的波动性等。他因发展分子束方法和测定质子磁矩被授予1943年诺贝尔物理学奖（图47-16，多哥1995，诺贝尔奖设立百年；图47-17，安提瓜和巴布达1995，诺贝尔奖设立百年）。分子束方法后来成了实验物理学的一个重要方法，在近代物理学和化学的发展中起了重要作用，如发现核磁共振、建立原子钟、发明微波激射器和光激射器——激光等。最近的实例是Hershbach与李远哲用交叉分子束方法（由两个不同喷嘴喷出两股不同的分子或原子束，在一高真空的反应腔中形成交叉，使分子或原子产生碰撞而散射）研究化学反应中的分子动力机制，获得1986年诺贝尔化学奖。

　　量子力学的形式体系建立起来之后，它的诠释（即如何"翻译"成关于物理实在的论述）就提上日程了。一个物理理论必须和物理实在建立足够的联系。量子力学是关于微观世界的科学，它的研究对象和我们的日常经验相距甚远，这就使它的物理意义更加曲折而隐晦。矩阵力学从一开始就摈弃形象化思维，它提供的是一套算法。至于这套算法后面的物理过程，那是不清楚的。波动力学似乎提供了一种"连续的物理图像"，但事实上也只是一套算法的伪装而已。就连薛定谔方程所描述的复数波函数ψ到底代表什么，人们也并不明确。薛定谔本人的解释是，世界上没有粒子而只有波，观察到的粒子其实是波包，这种波的运动就用ψ代表，而ψ的绝对值平方ψ*ψ就代表物质密度。但是，这种解释不能贯彻到底。例如，它不能解释波包扩展，也不能解释多体问题的高维位形空间中的波函数。玻恩1926年提出概率诠释，ψ是概率幅，ψ的绝对值平方是概率。玻恩因此获得1954年诺贝尔物理学奖（图47-3，图47-4，图47-15）。波动力学的本质是：粒子运动遵从概率定律，而概率本身按照因果定律来传播。一个完全确定的力学方程，被确定的量本身却是一个概率幅，这真是神奇！正是在这一点上我们说量子力学实质上是一个统计理论，也是在这一点上爱因斯坦对量子力学不满意，爱因斯坦认为，至少量子力学对自然的描述是不完备的。"我相信有可能建立一个理论，它能给出实在的完备描写，它的定律确立事物本身之间的关系，而不仅仅是它们的概率之间的关系。……量子力学给人的印象是深刻的。但是一个内部的声音告诉我，这还不是真正的理论。这个理论给出了许多结果，但是并没有使我们离上帝的秘密更近一些。无论如何，我确信他不玩骰子。"为此爱因斯坦和玻尔终生都在争论。对爱因斯坦的话，玻尔回应说："阿尔伯特，别吩咐上帝他该做什么。"

　　ψ除了绝对值平方对应于概率以外还有相位，这个相位极为重要，它是所有干涉现象的根源。狄拉克认为，量子力学的主要特征并不是不对易代数，而是包含相位的复数概率幅的存在。

　　海森伯是因为想要抛弃电子轨道之类的概念而建立矩阵力学的，但是在描述微观现象时，仍然在使用这些概念，如云室中的电子径迹。为了澄清它们的意义，海森伯在1927年导出不确定关系，表明不能同时准确测定微观客体的坐标和动量（图47-18，德国2001，海森伯诞生100周年，图上是海森伯肖像和不确定关系式；图47-19，几内亚比绍2009，诺贝尔奖得主，图上是海森伯肖像和各种不确定关系式，对海森伯的赞语是"量子力学的先驱"；图47-20，密克罗尼西亚2000，千年纪，邮票上的小字是"海森伯表述了物理学的不确定原理"）。以前不确定关系曾被格外强调，一些人，用各种思想实验来说明测量必然带来干扰，是测不准的原因，这个关系式是对人类认识能力的一个基本限制；现在我们知道，它只是建立在波函数统计解释上的一个推论，只不过是熟知的傅里叶变换对偶宽度之间

施特恩

图47-16（多哥1995）　　　图47-17（安提瓜和巴布达1995）

海森堡测不准关系

图47-18（德国2001）　　　图47-19（几内亚比绍2009）　　　图47-20（密克罗尼西亚2000）

的关系：波包越窄，其频谱越宽。但是把动量和系统的频率联系起来，这里面有着深刻的波粒二象性的原因。

图47-18的邮票是以小版票的形式发行的，每版10枚。在邮票的边纸上，印出了海森伯的履历如下：

1925 量子力学的建立者	1932 诺贝尔物理学奖得主	1942—1945 柏林威廉皇帝物理研究所所长	1946—1958 哥廷根马克斯·普朗克学会会长	1949—1951 德国研究协会会长
1949—1952 哥廷根德国科学院院长	1952 欧洲核物理研究理事会副主席	1953—1975 亚历山大·洪堡基金会会长	1957 被授予"美德勋章"	1958—1970 慕尼黑马克斯·普朗克学会会长

除了在量子力学基本原理上的进展外，人们还用量子力学说明了许多物理现象，例如海森伯关于氦原子的理论，海特勒和伦敦关于连接同种原子的共价键（如氢分子）的理

图47-21 量子力学建立史
瑞典 1982）

论，泡令的化学键理论，布洛赫对周期场中 ψ 波的计算，海森伯的铁磁性理论，伽莫夫用位垒穿透解释 α 衰变等。量子力学获得了巨大的成功。量子力学的数学基础也由诺伊曼严密地表述。到1930年前后，应当说，非相对论量子力学已经是一门定型的学科了，一些优秀的教科书也出版了（例如，狄拉克的《量子力学原理》初版出版于1930年）。量子力学已具有与今天基本上相同的面貌。但是，对它的一些基本概念及其认识论含义则难以理解。玻尔就说过："如果谁在第一次学习量子概念时不觉得糊涂，他就一点也没有懂。"许多物理学家对量子力学都抱着"知其然，不知其所以然"的态度，会用，但是不懂。费曼说："我想我可以有把握地说，没有人懂得量子力学。……我来告诉你自然界如何行事。如果你接受我的说法，认为也许她的确这么行事，那么你将发现她是令人愉悦而且着迷的。千万不要问'她为什么会这样'，如果那样你就会走进一条死胡同，到现在还没有人能走出来，因为没有人知道自然为什么会这样。"盖耳曼说："全部近代物理学受那个叫做量子力学的宏大的、整个使人糊涂的学说支配。……它已经经受住一切检验，没有任何理由相信它含有任何瑕疵。……我们全都知道怎么用它，怎样把它应用到具体问题上去；因而我们已经学会与这一事实共处，但就是没有人能够懂得它。"

瑞典1982年发行的诺贝尔物理奖小本票（图47-21）很好地总结了量子力学兴起的历史。这套邮票的名称是"诺贝尔奖得主——原子物理学"，是瑞典的诺贝尔奖邮票从按年份发行改为按类别发行的第一次（在此之前瑞典每年发行的诺贝尔奖邮票的主题是60年前的诺贝尔奖得主，如1981年的邮票主题是1921年的诺贝尔奖得主爱因斯坦等人）。全套共5张，纪念5位诺贝尔物理奖得主：玻尔、薛定谔、德布罗意、狄拉克和海森伯。邮票发行时，德布罗意和狄拉克两位还在世。从上到下，第一张是纪念玻尔的，上面是氢原子中的电子轨道和玻尔的签名；第二张纪念薛定谔，上面是氢原子内薛定谔方程的解的电子云（左为3d态，$m=0$；右为2s态）；第三张是德布罗意波的摹示图；第四张纪念狄拉克，是云室中电子–正电子对产生的照片；最下一张是纪念海森伯的，瑞典邮政总局在这套邮票的首日封上所附的说明中说："海森伯的贡献是说明原子怎样结合在一起构成分子。"

如上所述，在20世纪20年代，特别是在1925—1928年这几年里，建成了量子力学的宏伟大厦。不同的人物在不同的地方大显身手，新的概念和理论泉涌而出，又在很短的时间内达到殊途同归，融会贯通，建立了完整的体系。人们把这段时期叫做物理学史上的"英雄时代""黄金时代"。狄拉克回忆说："在那些日子里，任何一个第二流的物理学家都很容易做出第一流的工作，而从那以后却再也没有出现过那么令人神往的时期，现在第一流的物理学家做第二流的工作都很困难了。"

1987年，在布达佩斯召开过一次有关量子力学的会议，匈牙利为此发行了一张邮资明信片（图47-22）。在这张明信片里，有波函数、薛定谔方程、电子双缝衍射实验，量子力学的主要内容都齐了。

原子和分子微观世界的基本规律是量子力学。量子化学应用量子力学理论来说明化学的一些基本问题。将量子理论应用于原子体系还是分子体系，是区分量子物理学与量子化学的一个标准。最早的量子化学计算是1927年两位物理学家海特勒和弗里茨·伦敦对最简单的分子——氢分子的计算，他们用量子力学基本原理讨论氢分子的结构，说明了两个氢原子能够结合成一个稳定的氢分子的原因，并且近似算出其结合能。在海特勒和伦敦对氢分子计算的基础上，化学家们建立了三套阐释分子结构的理论：鲍林在最早的氢分子模型基础上发展了价键理论，并且因为这一理论获得了1954年的诺贝尔化学奖；1928年，物理化学家马利肯提出了分子轨道理论；1931年，贝特提出了配位场理论。价键理论、分子轨道理论和配位场理论是量子化学描述分子结构的三大基础理论。贝特和有关邮票放到第61节再介绍，这里先介绍鲍林的价键理论和分子轨道理论。

人们通过实践发现了关于分子结构的许多事实和规律，如氢分子是由两个氢原子组成的，而惰性气体却以单原子分子的形式存在于自然界中，但是对这些事实和规律却无法解释。人们提出了化学键的概念。化学键分离子键和共价键两类。离子键还好理解，当事的两个原子如氯原子和钠原子，钠原子金属性很强，容易失去一个外层电子形成Na^+，氯原子非金属性很强，容易获得一个电子形成Cl^-。Na^+和Cl^-的电子都是满壳层，很稳定。它们靠静电力结合成NaCl分子。但共价键则不同。例如氢分子，它的两个氢原子之间并没有电子转移，是靠什么力结合在一起呢？海特勒和伦敦的计算表明，共价键是由两个电子自旋配对造成的。两个电子由两个原子共有，自旋相反，使整体能量下降，形成了新的束缚态即氢分子。自旋是一个量子力学量，在经典物理学中是没有这个概念的，因此共价成键作用是一个纯粹量子力学效应。

两位美国化学家鲍林和马利肯沿不同的途径发展了海特勒和伦敦关于氢分子的工作，推广到更普遍的情形和更复杂的分子。鲍林（图47-23，美国2008，美国科学家第二组）是20世纪影响最大的化学家之一，他的研究领域极其广阔，从简单分子到复杂的蛋白质，从实验到理论。他本是实验化学出身，从事X光衍射晶体结构分析。1926年和1929年，量子力学诞生之后，他两度赴欧洲慕尼黑、哥本哈根、苏黎世等量子力学中心留学、访问，结识了几乎所有量子力学的创立者。他在慕尼黑大学随索末菲学习波动力学，在哥本哈根与提出自旋概念的古德斯密合作研究光谱结构，在苏黎世听薛定谔和德拜的讲座。他的量子力学素养很高，1935年他和他的博士后助手威尔逊合著的《量子力学导论》，是根据他开设的课程"波动力学及其在化学上的应用"的笔记整理出版的，叙述清晰、严密，是特别适合化学家阅读的著名的量子力学教材，至今不断再版。1931年到1933年，他在海特勒和伦敦工作的基础上，接连发表7篇论文，提出化学键的价键理论。这个理论的核心思想是，分子中各原子两两之间交换价电子，两个价电子的自旋配对，形成共价键，将这两个原子核拉在一起。他用杂化轨道的概念说明了碳原子键的正四面体指向。鲍林因研究化学键的本质并用于阐明复杂物质的结构被授予1954年诺贝尔化学奖。1962年，他又因倡导核裁军获得诺贝尔和平奖。他是居里夫人之后第二位两次诺贝尔奖获得者（图47-24，上沃尔特1977，诺贝尔奖得主，图上有复杂的分子式，还有原子弹爆炸的蘑菇云，这表示鲍林获得化学奖和和平奖两种奖项）。

马利肯（1896—1986）与鲍林一样也于20世纪20年代末到欧洲学习量子力学，他是在哥廷根大学玻恩的研究组里，在洪德（F.Hund）的指导下研究分子光谱，回国后在芝加哥大学从1928年到1961年担任物理学教授。马利肯和洪德于1928年提出分子轨道理论（量子力学中是没有轨道概念的，化学中说的轨道都是指单电子波函数，分子轨道就是分子中的单电子波函数）。这个理论把分子看成是由多个原子核和多个电子组成的体系，单个电子在分子中各原子核和其他电子的平均场中运动，不一定密集在两个原子核之间，而是分布在整个分子内。分子中的电子运动由分子轨道波函数描述，分子轨道波函数由原子轨道波函数组合而成。电子填入分子轨道要遵守泡利定则、能量最低原理和洪德定则。分子轨道理论与价键理论的不同在于，价键理论认为化学键是原子核两两之间的关系，而分子轨道理论考虑单个电子的行为（轨道和能级），单个电子也可把3个或更多个原子核束缚在一起。在数学上，分子轨道理论是试图将难解的多电子运动方程简化为单电子方程处理，因此它是一种以单电子近似为基础的化学键理论。它的数学处理更简便，更统一。许多计算化学方案都是在分子轨道理论的框架内进行的。马利肯因研究化学键和分子中的电子轨道获1966年诺贝尔化学奖。

化学中另一个基本问题是化学反应。1953年，日本化学家福井谦一（1919—1998）把分子轨道理论应用于研究化学反应，提出了前线轨道理论。所谓前线轨道，包括最高已占分子轨道（Highest Occupied Molecular Orbit，缩写为HOMO）和最低未占分子轨道（Lowest Unoccupied Molecular Orbit，缩写为LUMO）。这个理论认为，分子的许多性质（特别是化学反应的方向）主要由分子中的前线轨道决定。原因是，在分子中，HOMO上的电子能量最高，所受束缚最小，所以最活泼，容易变动；而LUMO在所有未占轨道中能量最低，最容易接受电子。因此，这两个轨道决定着分子的电子得失和转移能力，决定着分子间反应的方向等重要性质。这个理论可以令人满意地解释各类化学反应，福井谦一为此获得1981年诺贝尔化学奖（图47-25，马尔代夫1995；图47-26，加蓬1995；图47-27，圣文森特和格林纳丁斯1995，都是纪念诺贝尔奖设立百年）。福井谦一原来是学工业化学的，但是，他对应用不感兴趣，而是努力学习物理学方面的基础课程，他的成功来自物理学和化学的结合。他后来回忆说："我是学应用化学的，却不喜欢这个专业，固执地厌恶化学那种只凭经验的特征，怎么也合不来……如果我过早地迷上化学实验，肯定就不会去钻研物理理论，我也就不会得诺贝尔奖了。"

1998年诺贝尔奖的颁奖公告中，瑞典科学院宣称："量子化学将化学带入一个新时代……化学不再是纯实验科学了。"也就是说，理论化学成了化学中一个独立的分支学科。而"理论化学实际上就是物理学……理论化学最终的归宿是在量子力学中"（著名物理

图47-22 量子力学明信片（匈牙利1987，4/5原大）

鲍林

图47-23（美国2008）

图47-24（上沃尔特1977）

福井谦一

图47-25（马尔代夫1995）

图47-26（加蓬1995）

图47-27（圣文森特和格林纳丁斯1995）

学家费曼语）。从19世纪末创立物理化学，从物理学中寻求概念、理论和方法解决化学问题，提高化学的理论水平，到理论化学独立成军，经过了大半个世纪。

理论物理学是在麦克斯韦电磁理论建立之后，在19世纪末成为一门独立学科的。在理论物理学建立一个世纪后，理论化学也建立起来了。严密化和理论化将成为一切学科的发展趋势，理论地质学、理论生物学都将出现。科学历来有两种模式：博物学模式和数理模式。卢瑟福所说的"一切科学，要么是物理学，要么是集邮"，就是这个意思。所谓博物学模式，就是搜集和记述事实，加以分类，进行简单的对比，总结出经验规律。任何一门科学的幼年期都处于这个模式。随着这门学科的发展成熟，它越来越系统，越来越严密，数学用得越来越多。使用数学并不只是为了定量化，更是为了逻辑的严密化，从几条基本原理出发，用演绎的办法建立起统一的理论体系，解释已知事实，预言新的现象，再用实验检验，这就是数理模式。一般来说，一门学科的研究对象越简单，这门学科就越早进入数理模式。物理学研究的对象是最简单的，正如费曼所说："物理学家有个习惯，对任何一种现象，只研究它们最简单的例子，把这称为'物理'，而把更复杂的情况看成其他领域的事。"因此，物理学发展得最成熟，最早进入数理模式。它以探索自然界的最终奥秘、建立关于自然界的统一理论为自己的追求，积累了丰富的经验，掌握了一套成熟的方法（如建立模型的方法）。这样，当姐妹学科从博物学模式向数理模式转换时，物理学就有可能向它们提供不可或缺的帮助。从这个意义上说，物理学思想并不只属于物理学，而是一切自然科学的基础。

48. 1932年

在物理学史上，有一些年份闪耀着特别耀眼的光芒，如1895年前后微观世界中的三大发现，1905年爱因斯坦在《物理学杂志》上接连发表4篇论文，1925—1928年建立量子力学那一段"英雄年代"。1932年也是这样一个年份。这一年也有三大发现，按照时间顺序是发现中子、发现氘和发现正电子。

中子是卢瑟福的学生和助手查德威克发现的，它的发现经历了一个曲折的认识过程。卢瑟福早就设想过可能存在一种质量与质子差不多的中性粒子，以解释原子核的质量与电荷不相同。他把它想成是一个电子和一个氢核（质子）紧密结合在一起形成的体系，像是一个电子落入核内将核电荷中和了的氢原子。1920年，他在一次讲演中提出了这个想法。为了检验卢瑟福的假说，查德威克在卡文迪什实验室从1921年就开始了实验工作，但早期的实验都未成功。1929年，卢瑟福和查德威克总结了以往采用过的各种寻找中子的办法，并讨论了可能的方案。他们寄希望于在人工核蜕变实验中不发射质子的某些元素，特别是铍，因为据说铍矿中往往含有大量的氦，也许铍核在 α 粒子轰击下会分裂成两个 α 粒子（氦核）和一个中子。查德威克让他的学生用钋源发出的 α 粒子辐照铍，做了大量实验，但因钋源太弱，无法作出判断。

1930年，德国物理学家博特发表了他的实验结果。他也是用钋源的 α 粒子轰击铍，发现铍会发射穿透能力极强的中性射线，他把它解释为穿透力更强的 γ 射线。在法国，居里家族的年青一代这时登上了科学舞台。约里奥-居里夫妇也在镭学研究所做类似实验，他们有强大的钋源，很快就证实了博特的结果。为了测量不同物质对铍辐射的吸收，他们将各种物质放在铍与辐射测量仪器之间，意外地发现，当所放的物质是石蜡时，测量仪器记录到的粒子数不仅没有减少，反而比不放石蜡时多得多。这表明，铍辐射从石蜡中打出了新的粒子。经过鉴定，新打出的粒子是质子。但是，他们仍然沿袭博特的解释，认为铍发出

图48-1（加蓬1995）

图48-2（马尔代夫1995）

图48-3（几内亚2008）

的中性辐射是强力的γ射线，而它从石蜡中打出质子则被解释为一个与康普顿散射类似的过程，尽管质子的质量比电子大1800多倍。可是这很难使人信服：一颗弹子撞击另一颗弹子，后者容易被打出来；但是一颗弹子撞击一辆汽车，要使汽车高速移动，这颗弹子得有多大的动量和能量！

查德威克读了约里奥-居里夫妇的报告，把他们的看法告诉卢瑟福，卢瑟福很激动地说："我不相信！"罗马的一位年轻的物理学家马约拉纳嘲讽说："真傻！他们发现了中性质子，却不认识它！"查德威克则抓紧时间、争分夺秒地进行了实验工作。他不仅用氢（石蜡），而且用氦和氮同铍辐射碰撞，仍然产生反冲质子。因此，反冲质子不是来自石蜡，而是由别的元素蜕变来的。通过比较不同元素产生的反冲质子的能量，他证实，铍辐射中有一种质量近似等于质子质量的中性粒子。1932年2月17日，他写了一篇通讯给《自然》杂志，宣布了这一结果，这离约里奥-居里夫妇的文章发表不到一个月。就这样，一项重大发现从约里奥-居里夫妇手中溜走了。约里奥-居里夫妇吃亏在思想上没有准备。约里奥-居里后来表示，如果他们知道卢瑟福1920年报告内容的话，也会得出中子存在的结论的。

中子被发现了。不过并不是卢瑟福所设想的质子和电子的复合粒子，而是一种全新的粒子。自由中子是不稳定的，通过弱相互作用变为质子、电子和反中微子，平均寿命约为15分钟（898秒）。卢瑟福设想的那种中性粒子的自旋只能是整数，而中子的自旋是1/2。今天我们知道，质子和中子是夸克的两种不同的组合态，前者是（uud），后者是（udd）。

查德威克因发现中子获1935年诺贝尔物理奖（图48-1，加蓬1995；图48-2，马尔代夫1995，都是纪念诺贝尔奖设立百年；图48-3，几内亚2008，诺贝尔奖得主）。卢瑟福坚持把诺贝尔奖发给查德威克一人。有人提出，约里奥-居里夫妇也作出了必不可少的贡献，卢瑟福回答说："发现中子的诺贝尔奖应单独授给查德威克，至于约里奥夫妇嘛，他们是那么聪明，很快就会因别的项目得奖的。"

中子的发现有深远的意义。从粒子物理学来说，中子是人们在电子和质子之后发现的

图48-4 尤里发现氘（罗马尼亚1999）

图48-5 安德森在宇宙线中
发现正电子（几内亚2001）

第三个基本粒子。在原子核物理学方面，中子发现的意义更大。在查德威克的文章发表不久，苏联的伊万年柯和德国的海森伯就各自独立地提出，原子核不是由质子和电子组成，而是由质子和中子组成。中子是费米子，这个假设立即解决了某些原子核中的费米子数目是奇数还是偶数的矛盾。这个假说还非常简单地解释了同位素：它们是质子数相同但中子数不同的原子核。中子由于不带电，在接近原子核时不须克服库仑力；它们又不像电子，电子是感受不到强作用力的，中子一旦溜进原子核就和原子核强烈地相互作用。因此它是轰击原子核引发原子核变化的更有效的炮弹。用中子轰击原子核引发了一系列研究，其中最重要的是费米用中子系统地轰击各种元素的工作和核裂变的发现，我们将在以后讨论。产生中子的中子源，除了放射性元素如铍外，还可以利用加速器加速的带电粒子轰击适当的靶核，通过核反应来产生中子。核裂变反应堆也可以产生大量的中子。"加速器"一节中的图57-6是南斯拉夫1960年为核能展览会发行的邮票中的一张"中子发生器"，它是用静电加速器加速的粒子轰击靶产生中子。

氢的同位素氘是美国化学家尤里发现的（图48-4，罗马尼亚1999，千禧年邮票。图中D是氘的符号，D_2O是重水的分子式）。由于氢的原子量为1.008，早就有人以为，普通的氢可能是两种同位素的混合物，一种的原子量为1，另一种的原子量为2。尤里采用对液体氢分馏的方法来浓缩后者，从光谱学上证实氘的存在。尤里因发现氘被授予1934年诺贝尔化学奖。

狄拉克于1928年预言了正电子的存在，即真空中负能态未被填满的空穴。美国物理学家安德森1932年（在不知道这个理论预言的情况下）用云室观察宇宙线时发现了正电子。

密立根在加州理工学院组织了对宇宙线的研究并取得不小成绩。安德森是密立根的学生，他用云室来观察宇宙线。云室置于磁场中，并内置几块铅板，粒子穿过铅板会失去能量，这样他就能够判断粒子的运动方向。1932年8月2日，他得到一张照片，从照片中粒子轨迹的曲率判断，这应属于一个电子，但却带正电。他发表了这个结果，物理学家立即相信，他观察到了狄拉克的正电子。这是人们观察到的第一个反粒子。1936年的诺贝尔物理学奖由赫斯（由于发现宇宙辐射）和安德森（由于发现正电子）分享。安德森（图48-5，几内亚2001，诺贝尔奖颁发百年）获诺贝尔奖时年31岁，属于最年轻的诺贝尔奖得主之一。

安德森发现正电子之后几个月，卡文迪什实验室的布莱克特和奥恰利尼（他们的邮票见第58节）用改进的云室（用符合电路使云室摄影自动化），获得了正负电子对产生的照片（见第47节瑞典的狄拉克邮票，图47-21之四），正确地解释了正电子产生的机理。我国物理学家赵忠尧，1930年前后与安德森同时在加州理工学院修读博士，在1930年发现了钍C″的 γ 射线（能量为2.65 MeV）被重元素"反常吸收"和在铅中的"额外散射射线"，额外散射射线的波长对应于能量为0.5 MeV的光子。现在知道，前者实际上是用于正负电子对产生，而后者则来自电子–正电子对湮灭。安德森和奥恰利尼后来都强调赵忠尧的工作激发了他们的研究工作。

约里奥–居里夫妇在安德森之前，在研究铍的中性辐射时，就已在云室中看到了正电子的径迹。但是他们却把它解释为向着放射源运动的电子，而不是从放射源发出的正电子。得知安德森的发现后，1933年4月，他们又运转起自己的云室，5月23日证实，他们使用的钍加铍源发射的硬 γ 射线能够产生正负电子对。7月又记录了单个正电子的径迹。于是，他们又和一次重大发现失之交臂。

1932年还有一些其他的进展，例如，考克饶夫和瓦耳顿用他们建造的高压倍加器加速质子，实现了第一个由人工加速的粒子束引起的核反应；劳伦斯在前一年制成的第一台回旋加速器开始运行。关于加速器见第57节。

49. 宇宙线物理学

宇宙线是来自宇宙深处的高能射线。我们知道的许多种粒子是在宇宙线中首先发现的。

宇宙线是在研究大气的电导率时偶然发现的。20世纪初，人们用电离室观察放射性时已注意到宇宙线的踪迹，虽然静电计屏蔽良好，仍测出有小的漏电，当初一度猜测，这种残余漏电是由于空气或大地所含的放射性物质使空气电离造成的。在地面附近观测到残余电离随着离地面的高度而减小，似乎证实了这一看法。判定这种电离现象是由来自太空的宇宙线引发的，是奥地利物理学家赫斯（图49-1，奥地利1983，诞生百年；图49-2，乌拉圭1977，诺贝尔奖颁发75年；图49-3，几内亚2001，诺贝尔奖百年；图49-4，刚果2002，诺贝尔奖得主）。赫斯是一个业余的气球飞行爱好者。1911年到1912年，他多次用气球把电离室带到高空，结果发现，在最初的1千米，电离电流随高度下降，但以后则随高度加大，到5千米高处已是海平面的值的数倍。由于在日食时或在晚间进行气球放飞都未发现辐射减少，因此赫斯指出，这种辐射不是来自太阳，而是来自宇宙空间（图49-5，奥地利2012，宇宙线发现百年）。赫斯由于发现宇宙辐射，被授予1936年诺贝尔物理学奖（与安德逊分享）。

宇宙线有初级射线和次级射线之分。进入地球大气层之前的宇宙线称为初级宇宙线，进入大气层后与大气层的原子核相互碰撞产生的各种粒子称为次级宇宙线。还观测到宇宙线粒子引起的电磁级联簇射和广延大气簇射。

宇宙线中的粒子与加速器输出的粒子束相比，具有能量高、能域宽、能量不单一、流强弱、粒子成分复杂等特点。在观测时，要求探测面积大、观测时间长，要区分不同类型和不同能区的粒子，区分初级和次级宇宙线。

对宇宙线的研究，大致有这样几个目标：一是高能物理研究。在宇宙线中探测到一些

图 49-1（奥地利 1983）

图 49-2（乌拉圭 1977）

图 49-3（几内亚 2001）

图 49-4（刚果 2002）

图 49-5（奥地利 2012）

图 49-6 皮埃尔·奥格宇宙线
观测站（阿根廷 2007）

图 49-7 卫星探测空间 50 周年（英属蒙特塞拉 2008，4/5 原大）

能量超过10^{20}电子伏的粒子，这个能量超过了费米国家加速器实验室Tevatron加速器可以加速的质子能量的1亿倍。这些超高能宇宙射线是什么特殊事件产生的？在宇宙线中有没有磁单极子和暗物质粒子？对宇宙线的观测极有可能取得多项重大发现。为此目标服务的宇宙线观测站一般设在地面（包括高山）或地下（例如对中微子的观测，见第60节）。为了研究超高能强作用并采集足够多的事例，需要在高山上用大面积探测器进行观测。阿根廷的皮埃尔·奥格宇宙线观测站（图49-6，阿根廷2007）就是为了这个目的兴建的。它是世界最大的宇宙线观测站，占地112平方千米，安装有1600个地面探测器，同时也研究初级宇宙线的起源。我国在云南建立的高山站和西藏甘巴拉山的乳胶室也用于此目的。

另一目标是弄清初级宇宙线中各种粒子的丰度、分布和变化，通过它了解日地空间物理。这主要依靠在大气层顶部或大气层外进行观测。1957年发射第一颗人造卫星后，有了多种运载观测仪器到大气层外的手段，为这种观测创造了好条件，开创了研究日地空间宇宙线现象的新纪元。1958年1月31日美国发射的卫星"探测者1号"上携带的盖革计数器，记录了地球上空有两个粒子带，并查明袋中的粒子主要是质子和电子。美国物理学家范艾伦将它解释为这是由地球磁场俘获的带电粒子构成的两个环形带，后来命名为范艾伦带。它在赤道上方最强，而在两极实际上不存在。范艾伦曾在约翰·霍普金斯大学应用物理学实验室主管高空研究工作，监督用缴获的德国V2火箭探测高层大气的实验。图49-7的小全张（英属蒙特塞拉2008）纪念卫星探测空间50年，4张邮票分别是：卫星"探测者1号"在发射火箭顶端上（注意"探测者1号"卫星很小，才重8.2 kg，图中的主体是发射的火箭，卫星只是火箭顶端上的小东西）；范艾伦博士与"探测者1号"卫星；"探测者1号"卫星；皮克林、范艾伦和冯布劳恩几位博士高举"探测者1号"的模型。

阿里哈诺夫（图49-8，亚美尼亚2000，"亚美尼亚人对20世纪文化的贡献"小本票）和阿里哈年（图49-9，这不是邮票，是上述小本票的插图，阿里哈年与耶里温高山宇宙线站的控制室）是苏联的两位物理学家，1948年因对宇宙线的研究获得斯大林奖金（他们曾多次获得斯大林奖金或列宁奖金）。他们都是亚美尼亚人，实际上是亲兄弟，阿里哈年是原来的亚美尼亚姓，阿里哈诺夫则是它的俄罗斯化。他们的父亲是一个火车司机，四个子女都受了良好的高等教育，其中他们兄弟俩分别成了苏联科学院的院士和通讯院士。哥哥阿里哈诺夫（1904—1970）是院士；弟弟阿里哈年（1908—1978）是通讯院士。他们的大部分工作也是二人合作做的，其研究领域是实验粒子物理学和宇宙线。1934年他们发现了处于激发态的原子核引发的电子-正电子对产生，1935年他们确定了β谱与原子序数的关系，1936年他们和阿基莫维奇（邮票见图54-32）一起实验证明电子-正电子对湮没时动量守恒定律成立，1947年他们得到宇宙线中有质量大于μ介子质量的介子存在的迹象。阿里哈诺夫于1949年与同事一起建成了苏联第一座以重水为减速剂的核反应堆。阿里哈年则建立了高山宇宙线站。

墨西哥物理学家瓦拉塔（1899—1977）是研究宇宙线的专家。他于1921年毕业于MIT（麻省理工学院），1924年从MIT得到博士学位。1927年他得到Guggenheim奖学金赴德国留学两年。回美洲后先在MIT和墨西哥国立自治大学任教（平分时间），后来专门任职于墨

图 49-8 阿里哈诺夫
（亚美尼亚 2000）

图 49-9 阿里哈年
（亚美尼亚 2000）

图 49-10（墨西哥 1982）

图 49-11（墨西哥 1988）

西哥国立自治大学。他曾与比利时神父、宇宙学家勒梅特合作发现：由于宇宙线中的带电粒子与地球磁场的相互作用，宇宙线的强度随纬度变化。后来他从政去了，做过大学校长和教育官员，代表墨西哥出席一些有关文教的国际会议。墨西哥为他发行了两枚邮票：图49-10，1982年，墨西哥科学家；图49-11，1988年，名人大厅（大概相当于法国的先贤祠）中的墨西哥人。

50. 人工放射性

约里奥-居里夫妇错失了发现中子和正电子的机会。但是，他们是聪明能干的实验物理学家，又有很好的实验条件，"失之东隅，收之桑榆"，就像卢瑟福预言的那样，他们因另一项工作——发现人工放射性获得了1935年诺贝尔化学奖。

1934年，他们用钋的α射线轰击铝箔，发现当钋源移去后，铝箔有放射性，其强度随时间按负指数律下降。这种放射性是由α粒子打在铝27上发出一个中子形成磷30

$$\alpha + {}^{27}Al \rightarrow n + {}^{30}P$$

而磷30不稳定又发射正电子

$$^{30}P \rightarrow {}^{30}Si + e^+ + \nu$$

而产生的。他们还发现其他一些由α粒子轰击而生成的放射性同位素。现在，人工放射性核素主要利用裂变反应堆和粒子加速器制备。

人工放射性是人工嬗变的一种。不同的是，卢瑟福发现的人工核嬗变，其生成物是稳定的核素，而人工放射性的嬗变生成物是放射性核素。天然的放射源大都为β衰变，发射电子，表明源中中子太多；而人工放射性得到的放射源大多为反β衰变，发射正电子，表明源中质子太多。因此人工放射性的发现表明了原子核里质子和中子的对称性。

人工放射性在实用上有很大的意义。人工放射源可以代替昂贵的镭源，这为普及放射性的应用开辟了道路。例如，医学上治疗肿瘤最常用的γ放射源钴60，便是在反应堆中用中子辐照出来的。老居里夫人听到发现人工放射性的消息后非常高兴，当时她已病得很重，在疗养院疗养，她给女儿写信说："老实验室的光辉时代又回来了。"可惜，不久她就去世了，没有看到女儿、女婿得诺贝尔奖。

伊仑（图50-1，塞拉利昂1995，女性诺贝尔奖得主，诺贝尔奖百年；图50-2，吉布提2009，诺贝尔奖得主；图50-3，马里2009，诺贝尔奖得主）是老居里夫妇的大女儿。父

图50-1（塞拉利昂1995）

图50-2（吉布提2009）

图50-3（马里2009）

伊仑·居里

图50-4（法国1982）

图50-5（毛里塔尼亚1977）

图50-6（几内亚比绍1977）

约里奥－居里夫妇

亲死时她才9岁，从小就受到母亲的科学教育，第一次世界大战时，居里夫人亲自开车，带着透视设备在前线救护伤员，伊仑便是她的助手。很自然，她也选择以科学为职业。1927年，她和母亲实验室里年轻的科学家约里奥结婚。约里奥具有极高的技术才能，是朗之万介绍到居里夫人的实验室来的。为了保留居里这个值得纪念的姓氏，他们把两家的姓结合在一起改成了复姓约里奥－居里。这是历史上又一对著名的科学夫妇（图50-4，法国1982；图50-5，毛里塔尼亚1977，诺贝尔奖得主；图50-6，几内亚比绍1977，诺贝尔奖75周年）。他们都不到60岁就去世了，这是由于在实验工作中防护不够，受到放射性伤害。

约里奥是法共党员，并且是法共中央委员。他是英勇的反法西斯战士。第二次世界大战中法国沦陷后，约里奥让助手把224磅重水带到英国，自己留在法国投入抵抗运动，曾任解放阵线主席。二战后，约里奥担任法国国家科学中心主任及法国原子能高级专员，为建立法国第一座原子反应堆作出了巨大贡献，后来由于他的政治信仰被解职。他积极参加世界和平运动，担任世界和平理事会主席，直至他1958年逝世。当年的社会主义阵营国家，许多都发行了纪念他的邮票。图50-7至图50-12是1959年为世界和平运动10周年发行的邮票：图50-7，苏联；图50-8，捷克斯洛伐克；图50-9，罗马尼亚；图50-10，匈牙利

图50-7（苏联1959）

图50-8（捷克斯洛伐克1959）

图50-9（罗马尼亚1959）

图50-10（匈牙利1960）

图50-11（中国1959）

图50-12（阿尔巴尼亚1959）

图50-13（东德1964）

图50-14（东德1980）

图50-15（古巴1974）

封口纸

图50-16（匈牙利）

图50-17（匈牙利）

（1960）；图50-11，中国；图50-12，阿尔巴尼亚（一套3张）。图50-13和图50-14是东德发行的邮票：图50-13，1964，和平运动15周年；图50-14，1980，伟大科学家。图50-15是古巴1974年发行的世界和平运动25周年邮票，是毕加索为约里奥画的漫画像。图50-16和图50-17是两张封口纸，是匈牙利出的。

除了错过发现中子、正电子之外，下一节将会讲到，约里奥-居里夫妇还错失了另一个重大发现，即发现核裂变。事实上，图50-4法国邮票上的图案便是核裂变。这三个发现都是他们比别人更早在实验中观察到，作出了重要的贡献，但他们的理论视野不够开阔，在思想上没有准备，对自己的实验结果作了错误的解释，错过了这些发现。为什么他们会一而再、再而三地犯这样的错误呢？这可能同老居里夫人的思想影响有关系。居里夫人是一个实验物理学家，崇尚实验研究，认为自然科学只有靠实验推动才能发展。由于她的成就和威望，使这个观点在法国科学界占统治地位，而对理论，仅仅怀有敬意而已。对于外国同行提出的新概念、新理论，并不热心学习、交流。因此，在实验中观察到新现象时，便只能往老的理论概念的框架中套，而不能有新的、概念性的突破。

51. 核裂变的发现

发现核裂变的故事应当从发现中子接着往下讲。发现中子之前，用得最多的轰击原子核的炮弹是α粒子。例如，历史上的第一个人工核蜕变就是卢瑟福用钋源发出的α射线轰击氮核，把它嬗变成氧原子。约里奥-居里夫妇曾用钋源α射线轰击各种原子核，轰击铍产生了中子，轰击铝发现了人工放射性，但是对于Z大于20的原子核，α粒子轰击不能引起核反应。这是因为，原子核的正电荷的推斥力使α粒子不能进入原子核。发现中子后，1934年，意大利物理学家费米（邮票见下节）和他的团队试着用中子而不是α粒子来轰击原子核以产生人工放射现象。费米认为，中子由于不带电，进入原子核应当比α粒子容易得多。他们从最轻的元素氢开始，系统地由轻到重一直到周期表上最重的天然元素铀。从氢到氧都没有反应。从氟（$Z = 9$）开始产生放射性同位素。他们一共轰击了68种元素，生成了40多种新的放射性同位素。但是，轰击铀的结果模糊不清：他们在轰击后发现了几个放射性半衰期和若干种放射性物质，并用化学方法证明，这些在铀中生成的放射性没有一种可以归因于原子序数在铅之后的已知元素。而他们对其他元素轰击的结果，不论是（n,α）、（n,p）还是（n,γ）反应（括号中第一项是使用的炮弹即轰击的粒子，第二项是放出的粒子或射线），中子都只能从原子核上打下一些碎片来，生成物的原子序数都和原来的元素很相近。于是他们以为，他们可能生成了超铀元素，即在（n,γ）反应后发生β衰变，生成了93号元素。

德国女化学家诺达克（Ida Noddack）曾在论文中指出："人们可以假定……在用中子产生核衰变时，会发生一些以前未曾观察到的全新的核反应……也许当重原子核被中子轰击时……核会破裂成几块大的碎片。"并把自己的论文寄给费米。可是在1934年，她的先知性的话被人们普遍忽视了。

人工生成的超铀元素，这是多么轰动的题目。当时意大利的法西斯政权，立刻抓住了这个题目，大吹大播这是法西斯主义在文化领域里的胜利。但是，费米是一个严肃的科学家，他对这种做法极为不满，专门发表了一个声明，说还要做许多精密实验，才能肯定93号元素的生成。不过，费米在他1938年的诺贝尔领奖演说中还是提到了生成超铀元素的可能性。1938年，伊仑·居里和助手南斯拉夫人萨维奇重做了慢中子轰击铀的实验。他们发现，产物中有一种放射性元素的化学性质接近镧（原子序数57）。他们已经接近于发现裂变，但是他们未作分析和解释，只是发表了实验结果（邮票见上节图50-4）。

当时世界上的放射性研究中心，除了巴黎和罗马以外，还有柏林的威廉皇帝学会化学研究所，其领头人是所长化学家哈恩和研究所的物理学部主任奥地利女物理学家迈特纳。哈恩早年曾去加拿大做过卢瑟福的助手，终生研究放射化学。哈恩和迈特纳长期合作，曾于1918年3月发现放射性元素镤（$Z = 91$）。中子发现以后，迈特纳在柏林又倡议开展用中子轰击铀的研究。迈特纳是犹太人。1933年希特勒在德国上台，残酷迫害犹太人。迈特纳由于是外国人，她的奥地利护照曾保护她免遭德国反犹主义的迫害。可是1938年希特勒德国吞并了奥地利，使她成了一名德国公民，她在德国待不下去了。7月，她冒险用当时已经无效的奥地利护照越过国境，先到荷兰，最后来到瑞典的斯德哥尔摩。

哈恩看到巴黎的报告后，不相信他们的结果，和助手斯特拉斯曼重做实验复核。但是，他们的实验再次证实了产物中镧的存在，还发现了产物中有钡（$Z = 56$）。他不能理解，把实验结果写信告诉迈特纳。迈特纳和应邀从哥本哈根来过圣诞节的外甥弗里施，根据玻尔提出的原子核的液滴模型，猜测到可能是中子把铀核打成大小相差不多的两个碎片，并仿照细胞的分裂称之为裂变（fission）（图51-1，东德1979，诞生百年，邮票上是哈恩像和裂变反应式；图51-2，罗马尼亚1999，千年纪邮票，上有哈恩的肖像和核裂变的示意图，一行小字写着"1938年哈恩和斯特拉斯曼发现了铀的核裂变"；图51-3，古巴1994，著名科学家；图51-4，乍得1997，诺贝尔奖得主，图上的船是日本的一条核动力货轮；图51-5，多米尼加1995，诺贝尔奖设立百年；图51-6，安哥拉2001，诺贝尔奖颁发百年；图51-7，几内亚比绍2005，诺贝尔化学奖得主；图51-8，马尔加什1993，诺贝尔奖得主，左边是哈恩，右边是日本物理学家汤川秀树）。裂变前后有质量亏损，按照爱因斯坦的质能关系式，这会放出大量的能量，每一个铀核裂变会放出200 MeV左右的能量。同时一次裂变还放出2~3个中子，这就有可能发生链式反应。

弗里施回到哥本哈根后，把裂变的发现告诉了正要到美国开会的玻尔，并很快做了实验证实裂变的推测，观察到了裂变碎片在电离室中产生的巨大脉冲。弗里施通过长途电话与迈特纳讨论几次后，将这一发现写成文章，在1939年2月11日的《自然》杂志上发表。玻尔把发现裂变的消息带到美国，引起轰动。许多物理学家都在他们的实验室里重复了裂变实验。许多科学家都想到，链式反应会释放巨大的核能。1939年初，玻尔和美国物理学家惠勒指出，在中子轰击下发生裂变的是铀的稀有同位素铀235而不是丰量同位素铀238。铀235是自然界中仅有的能够由热中子引起裂变的核。铀238会吸收中子变成一种更重的元素，这种元素也可能会发生裂变。

哈恩出生于1879年，和爱因斯坦、劳厄是同龄人，西德于1979年他们出生百周年时为

图51-1（东德1979）

图51-2（罗马尼亚1999）

图51-3（古巴1994）

图51-4（乍得1997）

图51-5（多米尼加1995）

图51-6（安哥拉2001）

图51-7（几内亚比绍2005）

图51-8（马尔加什1993）

哈恩发现核裂变

图51-9（德国1979）

图51-10（德国1964）

图51-11（摩尔多瓦2000）

图51-12（圣文森特和格林纳丁斯2000）

核裂变

他们发行了一套邮票，爱因斯坦和劳厄的前已刊出，图51-9是关于哈恩的，这张邮票很好地说明了核裂变的原理。图51-10是西德1964年发行的纪念核裂变发现25周年的邮票，主图是一座原子反应堆在运转状态下的发光（切伦科夫辐射），边上写着哈恩和斯特拉斯曼的名字。图51-11是摩尔多瓦2000年的20世纪邮票，也是裂变的示意图。图51-12是圣文森特和格林纳丁斯2000年发行的千年纪邮票，1900—1950年，是迈特纳和哈恩在实验室里工作的照片，下面的小字写着："1938：发现裂变"。

裂变打开了利用原子能的大门。在当时的战争环境下，原子能立即被引向军事用途。美国实施曼哈顿计划制成了原子弹。1945年8月，美国用原子弹轰炸了日本的广岛和长崎，核裂变成了公众关注的热门话题。瑞典科学院把1944年的诺贝尔化学奖授给哈恩（此前的几年由于战争没有发奖）。当时哈恩正同其他九位德国的原子科学家一起，被美国搜索德国原子弹研究工作的小分队拘捕并软禁在英国。这时获得诺贝尔奖对哈恩本人和濒于毁灭、百废待兴的德国科学不啻是雪中送炭。不久哈恩就在普朗克推荐下当上了新成立的马克斯·普朗克学会主席。但是，这次授奖完全没有提到迈特纳的贡献。哈恩本人在其1939年的论文中没有提迈特纳的名字，这在当时的政治环境下是可以理解的，但是在战争已经结束的这时，哈恩仍然不提迈特纳的贡献，而且还造出一种舆论，说发现核裂变是纯粹的化学工作，与物理学（也就是与迈特纳的工作）无关，并成为德国关于裂变发现史的半官方说法。这引起了许多科学家的不平（例如以玻尔为代表的一大批物理学家和科学史家就更重视迈特纳和弗里施的功绩），迈特纳和哈恩之间多年的友谊也蒙上了瑕疵。

迈特纳生于1878年11月，比哈恩他们稍微年长一点。普朗克曾开玩笑说："1879年出生的都是物理学的宠儿：爱因斯坦、劳厄、哈恩都是1879年出生的。迈特纳也应该列入他们三人之中，尽管她提前了一点点于1878年11月来到人间，这是因为这个充满好奇心的女孩迫不及待地要来到这个令人好奇的世界。"在迈特纳很小时，她就对数学和物理感兴趣，为了实现自己的志愿，从事自己热爱的科学研究，她克服重重困难和当时社会对女性的歧视，于1901年进入维也纳大学，师从玻尔兹曼学习物理学。1905年，她在维也纳大学获得博士学位，是维也纳大学的第二个女博士。她在维也纳找不到合适的科学工作，曾写信给居里夫人，询问到她的实验室工作的可能性，但是那里也没有空位子。出于对普朗克的仰慕，她于1907年来到柏林。但是，柏林对妇女从事科学工作的歧视比维也纳有过之而无不及。幸运的是，她在柏林得到了普朗克的友谊和保护，先旁听普朗克的讲课，然后又在大学的化学研究所找到一个工作，从此开始了和哈恩（当时是化学研究所的一个助教）长达30年的合作。化学所的工作既无职称又无薪金，只有一点津贴，她还得依靠父母给她补贴过日子。1911年，普朗克任命迈特纳做他的助教——普鲁士的第一个女助教，这才在学术阶梯上踏上第一步，也是她的第一个有薪金的职位。1912年，威廉皇帝化学研究所落成，哈恩任放射性研究室主任，迈特纳也正式加入进来。在20世纪20年代，她成了核物理学的开创者之一。我国物理学家王淦昌曾在她指导下研究β衰变能谱，并获得博士学位。在柏林物理学界，她被爱因斯坦称为"我们的居里夫人"。她终生未婚，物理学是她一生的欢娱和爱

图 51-13（奥地利 1978）

图 51-14（西德 1988）

图 51-15（西柏林 1988）

图 51-16（马里 2011）

悦。图51-13是迈特纳的祖国奥地利为她诞生百年发行的邮票，图51-14和图51-15分别是西德和西柏林于1988年发行的杰出妇女邮票。图51-16是马里2011年发行的有影响的物理学家和天文学家邮票。

　　我国物理学家钱三强和何泽慧于1946年在居里实验室发现了铀核的三分裂和四分裂现象，并对三分裂的机制作出了科学的解释。三分裂和四分裂发生的概率很低，分别只有二分裂裂变的概率的千分之三和万分之一。钱三强和何泽慧也是一对著名的科学家夫妇，被称为"中国的居里夫妇"。钱三强先生是我国著名的原子核物理学家，他父亲是五四时期新文化运动闯将钱玄同。何泽慧是他在清华物理系的同班同学，著名的才女。1936年他们从清华毕业时，全班10人（哲学家于光远也是他们的同学），毕业论文成绩何泽慧第一，钱三强第二。毕业后，何泽慧到德国柏林高等工业大学技术物理系攻读博士学位，出于抗日爱国热忱，她选择实验弹道学为专业方向。1940年得博士学位。1943年到威廉皇家学院核物理研究所，在玻特指导下开始核物理研究工作，发现了正负电子的弹性碰撞现象。钱三强为严济慈当助手一年后，于1937年到法国留学，在居里实验室从事核物理研究，师从伊仑·居里。1946年初，何泽慧到巴黎，与钱三强结婚，也在居里实验室工作。当时人们对核裂变的概念就是一个重原子核分裂为两个较轻的原子核。在核乳胶上看到一些三分岔的径迹，当时被简单地解释成裂变的两个碎片伴以裂变产物发射的一个 α 粒子。钱三强和何泽慧通过对三分岔事例每条径迹物理性质的仔细研究，令人信服地证明这是原子核三分裂的结果，这是一种新的核裂变方式，轻的裂片除 α 粒子外还可能是氚核和 ^{6}He核。在研究三分裂现象的过程中，何泽慧又于1946年12月20日（有人考证为11月20日）首先发现了一个四分岔径迹，作为第一个四分裂事例证据。钱三强和何泽慧于1948年回国。回国后他们献身于新中国的近代物理研究和国防事业。钱三强是中国发展核武器的组织协调者和总设计师，

图51-17（中国2011）

图51-18（莫桑比克2009）

两弹元勋。何泽慧主持了核乳胶的研制，开展了中子物理学和宇宙线的研究。何泽慧也有集邮的兴趣。她从德国到巴黎时只带了一个小箱子，箱子里除了一些实验观测记录外就是许多邮票。纪念钱三强的邮票有图51-17（中国2011，中国现代科学家第五组）和图51-18（莫桑比克2009，中华人民共和国成立60周年）。图51-17中的钱三强，沉稳大气，庄重朴实。背景图就是何泽慧发现四分裂的四分岔径迹照片。莫桑比克票的背景图是田湾中心核电站。

核子(质子和中子)结合成原子核，总是要放出能量，按照爱因斯坦的质能等当关系，这将使原子核的质量小于原子核中各个核子质量之和，这叫质量亏损，相应的能量叫结合能。每个核子的平均结合能随原子核的质量变化的曲线是两头低，中间铁核附近最高。也就是说，铁及其附近的核素是能量最低的核。这样，就有两种方法释放核能：一种是重核裂变，还有一种是轻核聚变。

核裂变虽然能提供巨大的能量，但裂变燃料铀235的资源是有限的。核聚变是更理想的能源。实际上，太阳的辐射能就是依靠四个氢核聚合为一个氦核的聚变反应来供应的。在地球上，无法实现完成这个反应的条件。但是有可能实现别的燃料的聚变反应，例如以氘为燃料：

$$6D \rightarrow 2He + 2p + 2n + 43.15 \, MeV$$

聚变时每个核子释放的能量是裂变时每个核子释放的能量的4倍。聚变燃料氘可从海水中提取，可以说是取之不尽、用之不竭。它的产物没有放射性，不会污染环境。但是，参加聚变反应的氘核带电，库仑斥力妨碍它们聚集在一起发生反应。必须有很高的温度（约$10^8 K$），才能使它们有足够的动能，克服库仑势垒进入核力力程，产生聚合反应。即使考虑到氘的能量有一分布，以及量子力学中的隧道效应，温度也要达到$10^7 K$的量级。

在这样高的温度下，所有的原子都完全电离形成等离子体。要实现自持的聚变反应并获得能量增益，单靠高温还不够，还必须满足两个条件：等离子体的密度必须足够大，所要求的密度和温度必须维持足够长的时间。这可不是一件容易的事情。我们需要有个"容器"，它不仅能耐受10^8K的高温，而且不能导热，不能因等离子体与容器碰撞而降温。把高温等离子体约束起来实现核聚变的方法有以下几种：在天体中是依靠强大的引力约束产生核聚变，这是恒星（包括太阳）辐射能的主要来源。在聚变炸弹中用惯性约束。而在聚变能的和平利用的托卡马克装置中则是磁约束。与用各种方法实现核聚变有关的邮票见后面各节。

52. 希特勒政权下的
德国物理学家

图52-1 德国面值2亿马克的
普通邮票（德国1923）

这一节我们不讨论物理学本身，而讨论外部社会环境如何影响科学的存在和发展：一个法西斯独裁政权如何断送了德国的物理学在世界上的领先地位，以及不同的德国物理学家在这个特殊的环境下的不同表现。

1918年，德国在第一次世界大战中失败，德皇退位，成立了共和国。割地赔款，经济崩溃，马克急剧贬值，通货膨胀达到天文数字（图52-1是德国1923年发行的一张普通邮票，面值为2亿马克，这还不是面值最高的，最高的面值为500亿马克），人民生活困苦，社会上充满不满情绪，民族主义恶性膨胀。希特勒于1920年组织国家社会主义工人党（即纳粹），公然号召种族主义（特别是排犹主义）、重整军备和复仇。

在这一片混乱中，德国的物理学，特别是理论物理学，却奇迹般地维持着在世界上的领先地位，矩阵力学就创立在当时的德国。这固然是由于德国物理学的基础深厚，19世纪末的三大发现，有一个半是在德国发现的（X射线完全是德国人发现的，电子的发现德国人做了大量工作），而20世纪两大物理理论（量子论和相对论）的创立者都在德国（爱因斯坦于1914年来到柏林），但也多亏了当时德国科学界领导人普朗克的苦苦支撑，为科学界在困难的财政中多争得一些预算。

当时德国物理学有三个中心：柏林（普朗克、爱因斯坦、能斯特等）、慕尼黑（索末菲，从事量子化规则的实际应用和推广）和后来居上的哥廷根（玻恩和夫兰克）。在这些地方工作的不仅有德国的物理学家，还有德语文化圈国家和邻国的许多著名物理学家，如奥地利的薛定谔、泡利、迈特纳、弗里施，匈牙利的维格纳、西拉德、特勒、伽柏，瑞士的布洛赫，荷兰的德拜。薛定谔在20世纪20年代曾说："人们学习德语是为了用物理学的母语研究物理学。"

1919年日全食证实了爱因斯坦的广义相对论，使他的声名大振。德国一些人为此自豪，因为"一个德国科学家的理论受到英国最高科学殿堂的赞赏"，"他的相对论著作是战后在英国出版的第一部德国著作"；但爱因斯坦的犹太人身份，他一贯的毫不隐晦的反战立场，他和德国军国主义的格格不入，以及他的名声，又使他受到另一些人（包括一些头脑僵化、不能理解相对论和量子论的物理学家）的嫉妒和仇视，成为德国反动势力的眼中钉。爱因斯坦对这个局面有清醒的认识，他在1919年为《泰晤士报》写的一篇介绍相对论的文章的末尾，开玩笑地举出了"相对性原理的另一种应用"："今天我在德国被称为'德国学者'，而在英国被称为'瑞士的犹太人'。但是，总有一天我会成为一个'讨厌鬼'，那时将倒过来，对德国人我成了'瑞士的犹太人'，而对英国人则成了'德国学者'了。"

果然，爱因斯坦成了纳粹分子迫害的第一个对象。1920年8月，一些家伙搞了一个专门反对爱因斯坦和相对论的组织，爱因斯坦蔑称之为"反相对论公司"。9月，在瑙海姆举行的德国自然科学家和医生协会的年会上，爱因斯坦和勒纳进行了尖锐的斗争。爱因斯坦想离开德国，但他的朋友普朗克、索末菲等则大力挽留，要他"不要开小差"。

1933年，纳粹攫取了政权（图52-2，德国的国徽老鹰抓着纳粹党徽。这是德国1935年为纳粹党在纽伦堡召开党代会发行的邮票。他们没有想到，10年后，盟国的军事法庭就在同一地方对他们进行了审判，并判处其中许多人绞刑）。幸好就在同一天，爱因斯坦全家离开德国去了美国。纳粹一上台就颁布了种族歧视法令，解除犹太人的公务员和教学科研职务。

图52-2 庆祝纳粹上台的邮票（德国1933）

纳粹当局对犹太人赶尽杀绝的政策，在哈伯解职的事件上表现得最典型。德国化学家哈伯（图52-3，乌干达1995）是犹太人，曾发明用空气和水合成氨，对解决氮肥问题作出了重大贡献，人们说他"从空气中制得了面包"。为此他于1918年获得诺贝尔化学奖（图52-4，瑞典1978，诺贝尔奖得主）。在第一次世界大战中，他领导毒气的研制和在战场上的施放。他妻子也是个化学家，恳求他放弃研制杀人武器，被他拒绝后自杀而亡，而他在妻子死去的第二天早上就去了前线。战后他被协约国方面定为战犯，为英、法的科学界所不齿。就是这样一个为德国军国主义效尽犬马之劳的科学家，只因为他是一个犹太人，就被剥夺了一切：职位、名声和工作机会。1933年后，希特勒政权把国外称为战犯的那些人誉为英雄和爱国者，但哈伯却不能获得这种"赞誉"，因为他是犹太人。他到英国剑桥，那里的同行对他避之唯恐不及。他两边不讨好，里外不是人，精神完全崩溃。最后只好去中立国瑞士，于1934年1月死于瑞士。希特勒在毒气室里大规模屠杀哈伯的犹太同胞所用的毒气，就是哈伯发明的。

图52-3（乌干达1995）

在这种局势下，犹太科学家纷纷出走。1933年走的有玻恩、夫兰克、斯

图52-4（瑞典1978）

犹太人哈伯

图52-5 德奥合并邮票
（德国1938）

特恩、伽柏、伦敦、弗里施、西拉德、贝特、西蒙等。在此之前，维格纳、卡门和诺伊曼已于1930年去美国，布洛赫于1934年去美国，特勒于1935年去美国。1938年3月12日德军开入奥地利，宣布德奥合并（图52-5，德国1938年4月8日发行的关于在刺刀下举行的德奥合并"公民投票"的邮票，上面的德文是纳粹口号：一个民族，一个国家，一个领袖）。迈特纳立即经荷兰逃往瑞典。泡利虽然已经两代皈依天主教，但有犹太血统，他从1928年起已在瑞士任教，为了安全1935年也去了美国。希特勒德国的盟国意大利，1938年也颁布了反犹太法律，费米的妻子是犹太人，他趁年底领取诺贝尔奖之机带全家去了美国。喇卡于1939年离开意大利移民巴勒斯坦。还有一些物理学家，虽然不是犹太人，但是厌恶法西斯独裁政权，也离开了德国和意大利。例如薛定谔，是正宗的雅利安人，又是虔诚的天主教徒，1933年他正在柏林大学继任普朗克的理论物理学教授职位，为了抗议纳粹对犹太科学家的迫害，他愤而辞职，去了英国。但他思念故乡，又于1936年回到奥地利的格拉茨大学任教。1938年德国并吞奥地利后，薛定谔的处境非常危险，他只带了一个帆布背包，里面只有一点私人物品，来到罗马找费米，要求把他带到梵蒂冈，在那里找到了暂时避难所，由那里再次去英国，1939年转赴爱尔兰。塞格雷也于1938年离开意大利去美国。德拜继爱因斯坦担任威廉皇帝学会物理研究所所长，他一直保留着荷兰国籍。二战爆发后，纳粹当局要他加入德国国籍，他严词拒绝，并于1940年去美国。为了援助大量的流亡科学家，卢瑟福在英国、玻尔在丹麦都成立了专门的机构。费米的出逃就是玻尔有意违背诺贝尔奖评奖的规定，事先将可能得奖的消息透露给费米本人，让他做好准备的。玻尔也有犹太血统，他在德国侵占丹麦后仍留在丹麦，与地下抵抗运动有密切联系，在1943年德军下令逮捕前，地下抵抗组织帮助他全家逃往瑞典，英国立即用飞机把玻尔和他的儿子奥格·玻尔接到英国。

在上面这些人中，玻恩和夫兰克是特别的一对。他们都是犹太人，是大学同学，是好友，又是同龄人，先后得了诺贝尔奖。1921年他们同时来到哥廷根，又都于1933年离开德国出亡。本来哥廷根是聘请玻恩来担任第二物理研究所的所长、教授，按照德国的体制，每个研究所只有一个教授。但是玻恩不愿意也不善于管理实验室，提出要同时聘请好友夫兰克为教授，获得同意。于是，玻恩负责理论，夫兰克负责实验，很快便将哥廷根变成德国的另一个物理学中心。德国1982年为玻恩和夫兰克诞生百年发行的邮票（图52-6）记录了他们的功绩和友谊，也为这段历史留下了印痕。

图52-6 玻恩和夫兰克
（德国1982）

上面只谈到一些最有名的科学家。据不完全统计，1934年冬至1935年春，德国的大学和技术学院的7758名教职员中，有1145名教授和大学教师被解职，占总数15%，物理学界比例更高。在一次会议上，大数学家希耳伯特坐在纳粹教育部长旁边。后者搭讪道："阁下，我希望犹太数学家的离开不会严重影响您的研究所的活动吧？"希耳伯特回答说："噢，部长大人，根本不影响——研究所已经不存在了。"这种做法不仅反映了纳粹的凶残，也反映了他们的愚蠢。就这样，德国在物理学中的领导地位结束了，转移到大洋彼岸的美国。

走的走了。剩下的怎样呢？留在德国的科学家大致分三种类型。一种是正直的科学家，如普朗克、索末菲、劳厄、哈恩等。那时德国的知识分子，由于所受的教育，一般都对国家政权有一种根深蒂固的尊敬。可是，面对纳粹当局对学术自由的践踏和对犹太人的迫害，他们还是勇敢地站出来反对，对受迫害的犹太科学家表示声援，并大力反对纳粹当局把一些不学无术的纳粹积极分子塞到学术领导岗位上。当然，由于他们的年龄、个性、地位不同，他们的行事方式也有所不同。1938年普朗克已是80岁了（索末菲70岁，劳厄和哈恩近60岁），任科学院秘书，是德国科学的代言人，德高望重，就更稳重一些（图52-7，乌拉圭1977）。可是他在希特勒统治下却受到最大的苦难。他儿子厄尔文由于卷入1944年一些军人暗杀希特勒的密谋，被纳粹处决。相比之下，劳厄是他们之中最勇敢的，他多次写文章或在各种会议上发言捍卫爱因斯坦，一直到1943年在一次于斯德哥尔摩举行的国际会议上还这样做，当迈特纳提醒他会议上有纳粹密探时，劳厄回答说："这正是需要这样做的又一个原因。"1938年，一个德国物理学家在普林斯顿访问了爱因斯坦，辞行时问爱因斯坦有什么话要带回德国，爱因斯坦说："请向劳厄致意。"来客问是否还要问候其他人，爱因斯坦重复说："请向劳厄致意。"

物理学家中也有强硬的纳粹分子，以勒纳和斯塔克为首。这两个人都是得过诺贝尔奖的实验物理学家，但是他们的理论思维不行，理解不了相对论和量子论。他们从反犹主义出发，最初是诽谤、攻击爱因斯坦的相对论，后来则攻击全部现代理论物理学，斥之为"犹太物理学"，是"犹太人搞的伪科学"。他们强调的是物理学的工业应用。勒纳在1924年就已经是希特勒的忠实追随者，鼓吹希特勒是"头脑清晰的哲学家"。斯塔克于1930年加入纳粹。这两个人的行为又各有特点。斯塔克权欲利欲熏心。1919年获诺贝尔奖后，他违背诺贝尔奖的奖金不得用于赢利的规定，用来投资办瓷器厂，引起科学界的非议。由于当时德国经济总体萧条，瓷器厂破产了，他又试图回到学术道路上来。纳粹上台后，斯塔克先后得到了国家物理技术局局长和德国研究资助协会主席的职位，他还想当德国物理学会主席和普鲁士科学院院士，因劳厄等人的坚决反对而受挫。而勒纳则热衷于为官方的意识形态捧场，要建立没有相对论和量子论的所谓"德意志物理学"。他在1936年至1937年间，以十几年的讲稿为基础，出版了一部四卷本的实验物理学著作，书名就叫《德意志物理学》。在其前言中充斥着纳粹种族主义的谰言："德意志物理学的意义是什么？在我看来，应该是雅利安人物理学，或北欧人种的物理学……有人或许会反对我的说法，说科学现在是将来也仍然是国际性的，但是他们错了，实际上，科学像人类创造的其他产物一样，是受限于种族和血统的。"他们所谓的德意志物理学，只不过是他们年轻时学的19世纪的经典物理学，加进一些新的实验数据，而这些数据又不能用他们的德意志物理学的框架解释。

纳粹当局逐渐认识到勒纳等人的无能，靠他们是造不出什么尖端武器打赢这场征服世界的战争的，于是他们逐渐失宠。1939年，斯塔克被解除职务。二战后，勒纳被勒令离开海德堡去梅塞尔豪森，死在那里。斯塔克被判四年苦役，但因年老，未实际执行。

像他们一样成为忠实的纳粹分子的还有矩阵力学建立者之一约丹。

这些人在他们的专业上是有造诣的，但是在政治上是极端反动的。20世纪的一个大是

图 52-8 勒纳
（尼加拉瓜 1995）

图 52-9 斯塔克
（尼加拉瓜 1995）

图 52-10 斯塔克
（内维斯 1995）

大非问题是对待纳粹法西斯的态度，在这一点上绝不能含糊。关于勒纳和斯塔克的邮票不多。瑞典发行的诺贝尔奖邮票中有过他们的邮票，见前面"电子的发现"一节。德国没有发行过关于他们的邮票。勒纳是匈牙利出生的，匈牙利是一个很为自己的科学家自豪的国家，在它发行的诺贝尔奖百年邮票（见本书最后一节图70-43）上有勒纳的名字，但是没有发行勒纳的邮票。倒是1995年一些小国发行的诺贝尔奖设立百年邮票中有他们的邮票。（勒纳：图52-8，尼加拉瓜。斯塔克：图52-9，尼加拉瓜小型张上的邮票；图52-10，内维斯。）

图 52-11 另类海森伯
（乌拉圭 1977）

海森伯（图52-11，乌拉圭1977）属于上面两类之外的另一类。在勒纳等人反对"犹太人物理学"、攻击现代理论物理学时，身为量子力学创始人之一的海森伯自然表示了鲜明的反对态度，这使得勒纳等人也以海森伯为敌，给他扣上了"白色犹太人"的帽子，同普朗克、劳厄一起，在纳粹党刊上受到点名批判。1937年7月，海森伯通过私人关系给党卫军头子希姆莱写了一封信，请求澄清事实，并询问对他的攻击是否出于最高当局的意旨。与最高阶层有紧密联系的空气动力学家普朗特等人，多次向戈林、希姆莱等人陈词，陈述真正的科学的重要性，并且为海森伯说项，说明海森伯对他们是有用之才。这样，随着那些"德意志物理学家"逐渐失宠，海森伯逐渐得到重用。二战爆发后，他和另外一些科学家应征入伍，参加德国军方关于铀核裂变链式反应及用它做武器的可能性的研究（负责人为盖拉赫，参加的重要科学家还有博特、魏茨泽克等）。1942年4月，海森伯被任命为威廉皇帝物理研究所的代理所长（所长德拜去了美国）。应当说，海森伯在"铀计划"中是卖力的，这从他在开始时不到几个月就写出了关于裂变过程的理论综合报告，到最后在盟军来到前他从研究基地出走时还命令部下把原料和器材坚壁起来不交给盟军可以看出来。海森伯自己曾说："官方的口号是利用物理学为战争服务，而我们是利用战争为物理学服务。"实际上，他主观上把什么当手段什么当目的并不重要，重要的是他把他的物理学知识和侵略战争连在一起。所谓海森伯在德国铀计划中消极怠工一说，只不过是一些人后来为他辩解之词。战后他和盖拉赫、博特、劳厄、哈恩等10名德国核科学家被拘禁在英国近一年，1946

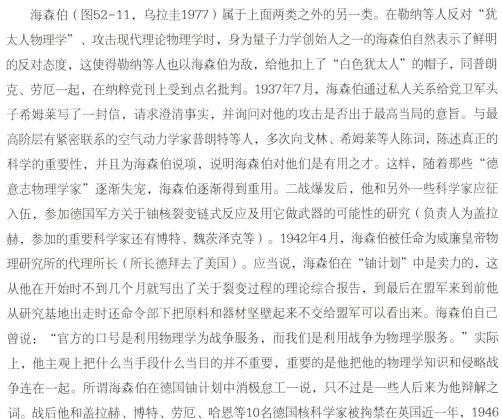

年获释返回德国。

1941年10月，海森伯到当时被德国占领的丹麦访问，曾与玻尔有过一次密谈，结果不欢而散。自此之后，海森伯永远地、无可挽回地失去了玻尔的信任和友谊。由于当时没有第三者在场，也没有任何记录，他们到底谈了些什么，现在已是一个谜，对此有各种各样的推测。一种说法是，海森伯力图通过玻尔来和全世界科学家达成谅解，大家都不制造原子弹；另一种说法是，海森伯想向玻尔刺探核情报。这两种说法都不太可能。前者未免把海森伯描绘得太天真，而后者则海森伯很清楚玻尔研究所只是一个学术机构，只有公开的学术成就，没有什么可刺探的科技情报。比较合理的推测是，海森伯以半官方文化大使的身份，挟战胜者的余威，劝告玻尔不要对德国人太强硬（当时全体丹麦人民都对德国占领者采取不合作态度，玻尔从不和德国人应酬，并且和地下抵抗运动有密切联系）。他可能还以为他是出自善良的动机想要保护玻尔呢，但是却极大地伤害了玻尔的民族尊严和爱国心。证之以玻尔1961年访问苏联时和塔姆的谈话中对1941年"一位很杰出的德国物理学家"对丹麦的访问的回忆（回忆中这位德国物理学家说了更过头的话），这个推测是合理的。

德国投降后，迈特纳曾托人给哈恩带过一封信，但带信人没有带到。在这封未送达的信中，迈特纳问候了哈恩和普朗克一家的安全，并且作为朋友，对他们提出了严厉而恳切的批评："你们全都为纳粹德国工作了，可你们却连消极的反抗也没有试过。就算你们为了安抚自己的良心，在这里或那里帮助过被压迫的人，但是数以百万计的人被杀害却没人抗议。"信里特别写道："应当强迫像海森伯那样的人，以及上百万像他那样的人，去看看集中营和牺牲的人们。海森伯1941年在哥本哈根的表现，是不能被忘记的。"

总之，对于海森伯的人品，特别是他和纳粹政权的关系以及他在二战中为德国研制原子弹，存在着不少争议。这些争议是由一些德国科学家对海森伯的粉饰引起的，玻尔周围的科学家则对海森伯这方面的表现持否定的态度。笔者读了有关的材料后，认为否定态度是符合实际的。有人对海森伯开头受纳粹迫害而后来为纳粹核计划服务感到不可理解，实际上在生活中可以看到不少这样的人。我们中国有"为虎作伥"的成语，它肯定是有其生活原型的。

我国的物理学史学家戈革教授，曾比较过爱因斯坦、玻尔和海森伯这三位20世纪最伟大的理论物理学家对待纳粹的态度：爱因斯坦性格坦率而坚毅，是非分明，在原则面前决不让步，语言尖锐，不留情面。他恨透了纳粹，用各种手段和纳粹对着干，既联系民主国家的上层人士，也直接诉诸广大群众。战后他对德国和德国学术界基本上采取了断绝关系的态度（对个别人除外）。玻尔性情温和，既坚持原则又谦逊礼让，能团结各色人等。他也和纳粹势不两立，在原则上决不妥协，但他更多是从理智上痛恨纳粹。他较多地走上层路线，向高层人士说项，而很少诉诸群众集会、游行示威之类的方式。战后他对作为一个群体的德国科学家采取了宽恕和团结的态度，只对海森伯及其一些门徒不能完全释然。而海森伯却和他们两人大相径庭。他的性格争强好胜，不能容忍旁人损及他的地位。他仍抱着民族主义的爱国观，明知迫害犹太人是非正义的，但认为和"爱德国"相比，这些只是次要的。他和纳粹也有斗争，但不是反抗纳粹政体，而是反抗一些荒谬的纳粹实验物理学家。他的斗争方式是

图52-12 马普学会（德国1998）

争取更高层纳粹当权者的支持，即用大纳粹压小纳粹。斗争的结果是争得了在德国讲授现代理论物理学的权利。

纳粹覆灭以后，重建濒于瓦解的德国科学机构是一个急迫的问题。87岁高龄的普朗克重新担任了德国最高学术机构威廉皇帝学会的主席，在西方三国占领区恢复活动。但是，美国人坚持学会要改名，改一个不带军国主义色彩的名字。1948年，学会改名为"马克斯·普朗克学会"，正式恢复，由哈恩任主席，劳厄任秘书，海森伯任物理研究所所长，其时普朗克已经去世。由此德国的科学开始走上复兴之路。1998年，德国发行了马普学会成立50年的纪念邮票（图52-12）。邮票下部是1948年2月26日成立大会的照片，坐着的右第三人是劳厄。上部是由月球的X光照片、激光冷却离子陷阱中的镁原子和金鱼神经组成的一幅复合图，代表马普学会在空间物理学、量子光学和生物学方面所做的工作。

53. 费米和核能

意大利物理学家费米是把核裂变能的天火盗给人类的普罗米修斯。

一个铀235原子核裂变时放出的能量约为200 MeV，是一个碳原子氧化时放出的能量（4.1 eV）的5×107倍。考虑到一个铀235原子的质量是一个碳原子的质量的20倍，铀235裂变放出的能量是同质量的煤燃烧放出的能量的250万倍，或1千克铀235裂变放出的能量相当于2500吨煤燃烧发出的热量。爱因斯坦在他1905年的论文《物体的惯性取决于它所含的能量吗？》里推导出公式 $E = mc^2$ 之后，在文章的最后说："借助于一种能量可以作很大变化的物体（例如镭盐），这个理论的验证不是绝对不可能的。"但是他没有谈到开发和利用原子能（正确的名称是核能）的可能性。而卢瑟福直到1933年还明确宣称："通过毁灭原子产生能量是一个馊主意。任何指望从转变这些原子得到能源的人都是在空口说白话。""我们无法控制原子能，使其具有任何商业价值，并且我相信我们永远也做不到这一点。"就他已知的核反应而言，这种论断也是有事实根据的。但是，就在他去世的次年发现了核裂变，而此后用了不到4年时间，就建立了链式反应堆，实现了从科学到技术的转移。这样快的速度在科技史上是空前的，为此费米作出了最大的贡献。

费米本来是理论物理学家。1925年，泡利总结出电子服从不相容原理。1926年初，费米就根据不相容原理，提出电子应服从的统计规律。这个统计规律也适用于服从不相容原理的其他粒子，如质子和中子，因而对理解物质的结构及其性质十分重要。几个月后，狄拉克独立地提出了相同的理论，后来把这种统计方法称为"费米-狄拉克统计"，把服从不相容原理（即自旋为半整数）的粒子称为费米子。1927年冬，费米根据费米-狄拉克统计原理建立了一个原子结构模型理论，在此之前，英国的托马斯提出过相同的理论。他们的工作是独立进行的，后来这个模型被称为"托马斯-费米模型"。

为了解释 β 衰变中电子的连续能谱，泡利于1930年提出中微子假说。费米在中微子假

图53-1（几内亚2001）　　　　图53-2（摩纳哥2001）

说的基础上，于1933年提出了β衰变理论，成功地解释了β衰变的许多特征。这是费米的理论杰作，但在投稿给英国的《自然》杂志时，编辑部却以含有抽象猜想、远离物理实在、不令人感兴趣为由，拒绝发表。β衰变是一种新相互作用——弱作用引起的。到20世纪50年代，杨振宁和李政道作了一个重要补充：弱作用中宇称不守恒。70年代初，它和电磁相互作用统一为电弱统一理论。一般认为费米是弱作用理论的开创人。

　　费米是在20世纪30年代由一个理论物理学家变成一个实验物理学家的。1934年发现中子后，费米认为，由于中子不带电，用它轰击原子核的效率应当比用 α 粒子高得多。于是他转而从事实验，和他的研究团队用中子轰击由轻到重各种原子核。在几个月内，他们一共轰击了68种元素，生成了40多种新的放射性同位素。在这个过程中，他们还发现了慢中子效应，即中子的速度被减慢后，产生核反应要比从中子源直接发出的中子更有效得多。其实它的道理也很简单，中子既然不带电，进入原子核便不需要克服位垒，中子越慢，穿越原子核的时间便越长，引起核反应的概率也越大。这就是所谓 $1/v$ 定律（v 是中子的速度，碰撞截面和 $1/v$ 成正比）。后来表明，慢中子是核能利用的关键。前面还说过，费米小组用中子轰击铀时发现了异常现象，他以为生成了超铀元素，实际上是裂变。由于这些工作，费米被授予1938年诺贝尔物理学奖（图53-1，几内亚2001，诺贝尔奖百年；图53-2，摩纳哥2001，诺贝尔奖百年）。

　　1938年，意大利法西斯政权对德国纳粹政权亦步亦趋，也颁布了迫害犹太人的法令。费米的妻子是犹太人，他便趁领取诺贝尔奖的机会，带领全家去斯德哥尔摩，领奖后直接去了美国。1944年7月，费米归化为美国公民。

　　利用原子能的关键是要找到一种自持的链式核反应。匈牙利科学家西拉德（邮票见图54-3）早在发现核裂变之前，在1933年就有了链式核反应的基本思路，并于1934年申请了英国的专利，在专利说明书中他第一次系统地提出链式核反应的原理，并第一次提出"临界质量"这一重要概念。他回忆说："1933年我在伦敦，为一批德国物理学家找工作奔走，他们在纳粹上台后失去了大学的职位。一天早晨我在报上看到卢瑟福在皇家学会年会上说，'那些谈论原子能的工业应用的人简直是疯了。'当权威人士宣布有什么事不能做时，我总会被激怒。我沿着南安普敦街散步，心里思考着卢瑟福是对还是错。只要我们能找到一种元素，它在中子作用下蜕变，并且只用掉一个中子却发射两个中子，那么把足够多的这种元素放在一起，就可以实现链式核反应，释放具有工业价值的能量。"要有"足够多"的这种元素是因为，如果裂变材料数量太少，发射出来的中子就很容易从表面逃逸掉，自持反应无法进行。只有当它大于一定的"临界质量"时，才能发生链式反应。临界质量同裂变材料的形状和密度有关。球形的临界质量最小，因为同样的体积，球形的表面积最小。致密材料的临界质量比疏松材料小。约里奥-居里则在理论上提出了"中子过剩"问题：由于不带电的中子是一种特别好的核"胶"，重元素含有的中子数目比质子多很多，于是铀裂变得出的较轻的碎片所含的中子应当比同样原子序数的正常核素的中子多，因此在反应中应当会放出单个的中子，它们又会使别的铀核裂变。

1939年玻尔将发现铀核裂变的消息带到美国后，许多科学家都想到了核裂变链式反应的可能性。这首先在于铀核吸收中子发生裂变时是否放出足够的中子，其次放出的中子还得有效地引起别的铀核裂变。很多人都做起了核裂变实验。费米（哥伦比亚大学）和西拉德（纽约大学）用实验证实，每次铀核裂变放出多于一个自由中子。玻尔和美国物理学家惠勒提出了重核裂变理论，指出能够被慢中子裂变的是同位素铀235，中子越慢效率越高，而铀238只能被快中子裂变，中子能量必须在1 MeV以上。中间能量的中子将被铀238吸收而不裂变，生成铀239，再通过衰变形成放射性的超铀元素。这样，实现自持链式反应便必须依靠在天然铀中仅占1/140的铀235。因此，要实现链式反应，要么尽量浓缩和提纯铀235，要么用合适的减速剂使中子减速，以利用慢中子和铀235的高裂变截面。减速剂对中子的吸收应当尽量小，而又使中子有效地减速，石墨和重水是合适的中子减速剂。减速过程由费米提出的扩散方程描述。

在费米领导下，在芝加哥大学体育场西看台下的室内网球场上，建造了世界上第一座可控自持原子核裂变链式反应堆。费米和西拉德首先用普通的水为减速剂，当实验遇到无法克服的困难时，西拉德提出了铀-石墨系统，并提出铀与石墨的格子分布方案。他们用60吨金属铀、58吨氧化铀和400吨石墨堆成的反应堆于1942年12月2日开始运转。为了应付万一，还由三个年轻物理学家组成了"敢死队"，手中拿着几瓶吸收中子的液体（镉盐溶液），准备在出现任何故障时倒进反应堆。但是什么意外也没发生，一次运转成功，达到临界状态。中子增殖系数达到了1.0006，费米在功率为0.5 W下让反应堆运行了4分半钟，为多年的争论和实验写下一个完满的句号。匈牙利科学家维格纳当时在场，后来人们问他对这一动人时刻还记得什么。他答道："费米启动反应堆，它开始运行。我们并不感到惊奇，大家事先都知道它会运转，所发生的事情正是我们预料的。"费米的反应堆是人类历史上第一座可控的链式反应堆，它既为原子弹的研制提供了大量有用的数据，也是和平利用核能的肇端。虽然得到的功率仅有0.5 W，但却是人类第一次实现了核能的可控释放，是原子能开发的里程碑，是人类进入原子能时代的标志，也是费米的重大成就（图53-3，意大利1967，第一次原子

图 53-3（意大利 1967）

图 53-5（柬埔寨 2001）

图 53-4（罗马尼亚 2000）

图 53-6（蒙塞拉特 1995）

图 53-7（加蓬 2000）

图 53-8（坦桑尼亚 2001）

图 53-9（意大利 2001）　　图 53-10（美国 2001）

图 53-11（马里 2010）

图 53-12（马里 2011）

核链式反应25周年；图53-4，罗马尼亚2000，世纪邮票，上面的字是："1942，费米，第一座核反应堆"；图53-5，柬埔寨2001，著名科学家，左下方的法文是："费米，核能"）。1955年，费米和西拉德共同获得反应堆技术的专利（图53-6，蒙塞拉特1995，二战结束50周年，二战中的科学成就，画的是人在隔离室操作反应堆，右下方的小字是：第一次驯服核能的成功实验，1942年；图53-7，加蓬2000，20世纪的发现，1942年核反应堆）。反应堆成功后，当然有两种用途：和平或战争。在当时的环境下，战争无疑是更迫切的任务。费米参加了原子弹的研制，是曼哈顿计划的技术领导人之一。图53-8是坦桑尼亚2001年发行的"他们塑造了20世纪"邮票之一，票上的文字是："1945年一颗炸弹摧毁了广岛（费米的工作实现了首次链式反应）"。

1946年，费米回到芝加哥大学任教，转入粒子物理学这个新领域。他的学生有杨振宁、李政道、盖耳曼、丘、张伯伦等，后来都是有重要贡献的物理学家。图53-9和图53-10是意大利和美国2001年为费米百年诞辰联合发行的邮票。票面的图是费米1948年3月26日在芝加哥大学讲课拍的照片。这次拍的照片可能较多，例如，中国大百科全书《物理卷》彩图10中费米的照片一定也是这次拍的，只是角度不同。图中有个错，但不是邮票设计问题，而是费米本人的错：费米本来要在黑板上写精细结构常数 $\alpha = e^2/hc$，但因笔误写成了 h^2/ec。费米是个细心人，这样的错误他很少犯。美国票的左下方一个碳原子图，这可能是要表明反应堆中用的减速剂是石墨。

费米于1954年11月因癌症逝世，享年仅53岁。这与他在工作中受到过多的放射性照射有关。

费米是一个全能的物理学家，在理论和实验两方面都有极高的造诣，在物理学的许多领域都作出了重要贡献，甚至是开创性的贡献，这在20世纪是绝无仅有的。他是最后一位既做理论，又做实验，而且在两个方面都有一流贡献的大物理学家。杨振宁教授认为，费米之所以能取得这样的成就，是因为他的物理学是建立在稳固的基础上的，扎扎实实，双脚落地，对具体的事情懂得很多，对于大的规律又有很直观的了解。从简单到复杂的所有的问题，经过费米一处理，都变得非常清楚。费米的物理学风格是"厚实"。

近年发行的费米邮票有图53-11（马里2010，从小型张上截下）和图53-12（马里2011）。

54. 曼哈顿计划·核武器的发展

图54-1（圣文森特和格林纳丁斯2000）

图54-2（南斯拉夫1986）

图54-3（匈牙利1998）

核裂变链式反应首先用于军事用途：制造原子弹。

发现核裂变时，欧洲正处于二战前夕。许多犹太科学家受纳粹迫害，从德国、意大利流亡到英国和美国。这些人对法西斯的凶残有切肤的体验，他们了解独裁国家的体制和组织效率，知道在德国一切科学研究都被纳入战争努力。他们对德国可能把核裂变用于军事用途无不忧心忡忡。在美国的匈牙利物理学家西拉德早在1933年就猜想核裂变链式反应和核能的军事应用的可能性（图54-1，圣文森特和格林纳丁斯2000，千年纪邮票；图54-2，南斯拉夫1986，欧罗巴邮票）。图54-2将核武器爆炸产生的蘑菇云画成人的大脑的形状，是想说明这种破坏力也是人的大脑的产物。原子能可用于战争，也可用于和平用途，存乎一念之间。西拉德得知德国正在加紧研究核裂变，并禁止被其占领的捷克铀矿矿石出口，马上意识到德国可能正在研制核能炸弹。如果这种武器被法西斯掌握，人类的未来不堪设想。他想到应当把这一情况提请美国政府注意，并说服美国政府率先研制。而具有足够的威望能担负这一任务的科学家唯有爱因斯坦。1939年7月，西拉德和另一位匈牙利物理学家维格纳（邮票见第56节图56-11和图56-12）一起去拜访爱因斯坦，爱因斯坦完全同意他们的看法，于是，西拉德起草了一封信，由维格纳译成英文，爱因斯坦签名后通过总统顾问萨克斯交给罗斯福总统。萨克斯并向罗斯福讲了富尔顿建议拿破仑造汽船登陆英国遭拒绝的故事。看来罗斯福听懂了这个故事的含义。

西拉德（图54-3，匈牙利1998，诞生百年）是一位非常出色的物理学家。他早年（20世纪20年代）从事统计力学和信息论的开拓性工作，30年代开始从事核科学研究，战后转而研究生物物理学。他很注意科学成果向实用的转化，20年代末至30年代初，他完成了很多有商业价值的技术发明。1927—1930年他与爱因斯坦合作取得了有关制冷装置的6个专利权，他们设计的液态金属泵在许多年后研制增殖反应堆时起了重要作用。1928年，他提出直线加速器和环形加速器的基本原理并申请了专利，可惜没有付诸实施。1934年，早在发现核裂变之前，他提出了链式反应的原理和临界质量的概念，并申请了专利。西拉德又是一位社会责任感极强的科学家。他关心政治，对纳粹的本质有清醒的认识。他在核科学研究中始终表现出强烈的政治和社会意识。为了防止纳粹占有核机密，他把自己对链式反应的专利移交给英国海军。在纳粹威胁全世界时，他提出研制原子弹；当德国失败已成定局时，他最先提出继续发展原子弹的意义何在的问题；当美国政府决定将原子弹投向日本时，他站出来反对。战后，他是反核战争和平运动的领导人之一。他和爱因斯坦终生保持了亦师亦友的关系，爱因斯坦很欣赏西拉德对社会问题深邃的洞察力，在一些问题上也深受西拉德的影响。

在英国的流亡者们也对原子弹的可行性进行了认真的研究。弗里施从德国出逃后，本来在丹麦玻尔处工作。在德国入侵丹麦前夕，他来到英国伯明翰大学。当时英国科学家为战争的努力集中在雷达的研制上，弗里施是"敌国公民"，不允许他参加雷达研制，他只好从事他的老本行核物理研究（当时认为核裂变离军事应用还很远，因此只算是基础研究）。他同意玻尔的看法，认为在外来中子轰击下发生裂变的只是铀235，因此铀235的分离和浓缩就成为关键问题。只要能得到足够纯的铀235，那么不必使中子减速，就可以引发裂变的链式反应。他计算后得出，铀235的分离是做得到的，而对纯铀235，发生链式反应的临界质量并不大。他把这个结果同不满希特勒政权早已来到英国的德国理论物理学家派厄耳斯讨论后，写了一份报告呈交给有关部门。这份报告第一次从理论上和技术上讨论了原子弹的可行性。它引起了极大的关注，英国安排了力量进行了实验研究。但是，正和希特勒德国作战的英国的人力、物力和资源都严重不足，英国人认识到，必须加速与美国的核合作。

1939年9月，德国进攻波兰，第二次世界大战爆发。10月，罗斯福总统收到爱因斯坦的信后，成立了一个委员会。但是，这些客卿的意见并没有真正得到重视，对核武器研究的第一次拨款一年才区区6000美元。直到1941年10月，在一些英国和美国本国科学家的呼吁和推动下，美国才下决心全力以赴发展核武器。康普顿（图46-4）和劳伦斯（邮票见第57节图57-9至图57-12）等美国大科学家都积极参与进来。12月6日，核武器终于得到了政府的大笔拨款。第二天，日本偷袭珍珠港，美国对日、德、意正式宣战。

1940年初，美国科学家麦克米伦用中子照射氧化铀薄片，发现了第一个超铀元素镎(镎239)。它是由铀238吸收一个中子后β衰变而得。1941年，美国化学家西博格在回旋加速器中用氘核轰击铀靶，第一次得到第94号元素钚(钚238)。他又查明，镎239进一步衰变为钚239，钚239的半衰期为24 000年，很容易裂变，它就是玻尔预言的更重的可裂变元素。于是除了铀235，人类还有了第二种裂变燃料，而原子弹也有铀弹和钚弹两种。西博格发明了一种萃取技术从铀中分离钚，对用于原子弹的钚的大量生产发挥了关键作用。(后来还发现了第三种裂变燃料铀233，它是由钍232吸收一个中子后两次β衰变而成。)西博格后来对其他超铀元素的研究也起了重要作用。麦克米伦和西博格因对超铀元素的研究被授予1951年诺贝尔化学奖。在第56节"原子核物理学"中有他们的邮票。

康普顿认为，原子弹的研究工作应当集中在一个大学里，这比分散在几个大学进展会更快。于是，在哥伦比亚大学进行链式反应研究的费米于1942年4月转移到康普顿所在的芝加哥大学，成功地研制了人类历史上第一座可控的链式反应堆（见第52节）。建立反应堆是研制核武器必经的一步，核反应的许多参数需要在反应堆上测量，钚更是要在反应堆中生成。

反应堆和核炸弹的用途不同，因此实现的机制不同。反应堆中的可控链式反应依靠慢中子实现，减速剂把中子速度减慢，以得到大的裂变截面。原子弹爆炸则是不用减速剂使中子慢化，而且不加控制的链式反应。不慢化的中子的裂变截面小，这就要靠提高裂变材料的纯度来弥补。做核爆炸材料的铀235的纯度要到90%以上，而反应堆燃料只需达到3%，甚至可使用天然铀。

原子弹引爆的物理原理非常简单，只要把两块分别不到临界质量的核燃料合在一起，使它超过临界质量就行了。要攻克的是大量的技术问题，包括：核燃料的加工、起爆装置、核弹的小型化、如何提高单位质量核燃料的爆炸力等。核燃料如果是铀235，要把它同丰量同位素铀238分开后富集起来，但是同位素无法用化学方法分离，而二者的质量相差又很小，用物理方法也很困难。如果是钚，先要制备，还有如何与铀分离的问题。起爆方法有两种：一种叫压拢法，把核燃料分为两三块，装入金属容器，并装入高爆炸力的炸药。起爆时引爆炸药，强大的压力推动核燃料迅速合拢，超出临界质量，产生核爆炸。另一种叫压紧法或爆聚法，把海绵状的核燃料放在一个球形金属容器中，把高爆炸药放在其周围。起爆时引爆炸药，产生强大的内聚冲击波，压缩核燃料使之达到超临界状态，产生核爆炸。对起爆方法的要求是，起爆时间要小于链式反应的时间常量。否则核反应进行到一定程度核燃料仍未全部合在一起，一些核燃料就会因高热而蒸发掉，不能全部利用，影响爆炸力。钚弹由于含有一些同位素钚240而后者的自发裂变率高，使链式反应时间常量减小，必须用爆聚法起爆，铀弹则两种起爆方法都可以。

1942年夏天，美国军方开始介入研制原子弹的工作，实施"曼哈顿计划"，对原子弹的研制投入更大的力量。整个计划由格罗夫斯准将负责。他在新墨西哥州的洛斯阿拉莫斯建设了与外界隔绝的实验城，选择奥本海默担任实验室的领导人。奥本海默本人的主要学术贡献是在天体物理方面，他预言了黑洞的存在和恒星塌缩为黑洞的条件，见第61节。在尼加拉瓜发行的爱因斯坦邮票图38-49和图38-50之四上，我们已经见过奥本海默了。不过爱因斯坦与奥本海默会面是在1947年，已在曼哈顿计划结束之后。奥本海默的邮票还有图54-4（比利时2001，20世纪回顾），几内亚在2007年为他发行了一个小全张（图54-5）和三张小型张（图54-6至图54-8）。小全张上，中间两张邮票里有格罗夫斯准将；之一和之六里有高压物理学家布里奇曼（Percy Williams Bridgman），他是奥本海默在哈佛的老师。奥本海默在哈佛本来是学化学，是布里奇曼的热力学课将他吸引到实验物理的，他称布里奇曼是很棒的老师，后来奥本海默申请到卡文迪什实验室工作，是布里奇曼写的推荐信，信中承认，奥本海默在实验室里笨手笨脚，他的天赋显然是在理论方面而不是实验方面。另外两张邮票（之三和之四）里的observation de la mission STEREO是一项太阳观测任务，STEREO是Solar TErrestrial RElations Observatory的缩写。将两颗几乎全同的卫星发射到环绕太阳的轨

图54-4（比利时2001）

图54-5（几内亚2007，1/2原大）

图54-6（几内亚2007，1/2原大）

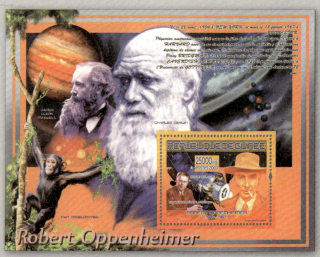

图54-7（几内亚2007，1/2原大）

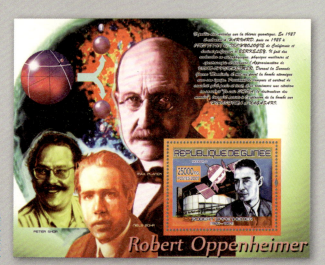

54-8（几内亚2007，1/2原大）

奥本海默

道上，太阳的引力使一颗卫星超前于地球，另一颗卫星逐渐落后于地球，这样就能对太阳和太阳上发生的现象进行立体成像。这一任务与奥本海默没有什么关系。放在邮票上可能是因为，这枚小全张是2007年发行的，而两颗卫星是2006年发射的，当年正是时髦的话题，用它为图可以增加邮票的销量。在三枚小型张的边纸上，可以看到一些熟悉的科学家的像：图54-6上有伽利略和庞加莱；图54-7上有达尔文和麦克斯韦；图54-8上有普朗克和玻尔，还有Peter Shor，他是当代美国的数学家，从事量子计算研究，以他提出的因数分解量子算法而著名，比经典算法要快一个指数因子。

参加曼哈顿计划的著名侨民科学家有费米、西拉德、夫兰克、维格纳、弗里施、贝特、特勒、塞格雷、乌拉姆（波兰数学家）、韦斯科夫（奥地利人）、布洛赫、富克斯等。这个名单简直就是从纳粹德国势力范围逃出的科学家名单的复印件。美国本国的著名科学家先后参加此计划有奥本海默、康普顿、劳伦斯、尤里、安德森、惠勒、康登、拉比、西博格、麦克米伦、阿耳瓦雷兹、费曼、张伯伦等。查德威克是英国原子能委员会驻美国的代表，弗里施是作为英国代表团的成员来的。玻尔父子从丹麦出逃到英国后不久也来到洛斯阿拉莫斯，玻尔拒绝了英国政府要他们以英国专家的身份来的要求，是以自由人士的身份来的。

分离铀235有三种方法：电磁分离法、气体扩散法和离心法。为了争取时间，美国政府决定每种方法各建一座大工厂。曼哈顿计划共动员了50多万人（其中科研人员15万），共耗费22亿美元（当时的币值），占用了全国近1/3的电力。在这样大的投入下，1945年初，制成了三颗可以用B29运载的原子弹。其中两颗钚弹，一颗铀弹。1945年5月德国投降。在德国投降前一段时间人们已经知道，虽然德国一直在研制原子弹，但离成功还很远。在这种情况下，发展了核武器的原子科学家们，由于他们对核武器的破坏力的深刻了解和强烈的社会责任感，又开始呼吁不要使用原子武器。西拉德写了一个备忘录，准备面见罗斯福总统，爱因斯坦为他写了给总统的推荐信。可惜罗斯福于4月突然去世，没有看到爱因斯坦的信和西拉德的备忘录。7月，西拉德起草了给白宫的请愿书，呼吁不要在战争中使用原子弹。弗兰克组织了一个"原子能的社会和政治影响委员会"，于6月交给美国政府一份反映大多数核科学家意见的报告，报告写道："不给警告就对日本使用核弹是不可取的。如果美国首先对人类使用这种残酷的摧毁力量，它将失去世界的支持……先在日本无人烟的地方作一次演示将有助于达成对这种武器的国际控制协议。"大多数核科学家反对使用核武器的态度是明确的。玻尔和爱因斯坦多次表示反对发展和垄断核武器，呼吁对核武器进行国际管制。但是，原子弹一经造出并掌握在政治家手中，其使用就不由科学家做主了。

1945年7月16日，在新墨西哥州的沙漠中，美国成功地试爆了一颗钚弹，当量2万吨（即释放的能量相当于2万吨TNT炸药释放的能量）。当时研制原子弹的科学家认为，铀弹的原理和技术是如此简单，已不必试验，钚弹采用了内聚法起爆，技术复杂一些，需要试验一次。奥本海默回忆自己在原子弹试验成功后现场的心情："我心中浮现出薄伽梵歌中的一行诗句：'我成了毁灭大千世界的死神。'我想我们多少有这样的感觉。"图54-9的邮票是马绍尔群岛1998年发行的20世纪40年代大事邮票中的一张，纪念首次原子弹试验，画面表现的也许就是这种内心感觉吧。邮票右边的文字是"人类面对原子时代"，邮票画面右下方缩微印刷的文字是"曼哈顿计划的科学家们于1945年在新墨西哥的Alamogordo附近试验第一颗原子弹"。图54-10是纪念阿克拉裁军大会的邮票（加纳1962），画面相似，上面的英文是"阿克拉大会，没有炸弹的世界"。图54-11是墨西哥1977年为纪念特拉特洛科条约10周年发行的纪念邮票，特拉特洛科条约是拉丁美洲和加勒比海国家禁止核武器的条约，签约国不得获取、拥有核武器，并且不允许别国在其领土上贮存和发展核武器。我国签署了这个条约的附件，承担了不在这些国家贮存和发展核武器的义务。这张邮票的画面是达·芬奇的人体比例图（参看图4-28），但是人体改成了骷髅。由于人们对人体比例图非常熟悉，因此这张邮票的视觉效果非常震撼，就像在蒙娜丽莎嘴上画上胡子一样。看到这张邮票的人都会提出这个问题：人类发展高技术就是为了毁灭自己吗？

1945年7月26日，中、美、英三国发布波茨坦宣言，要求日本在一周内无条件投降，否则将遭到毁灭性打击，日本没有答复。8月6日，第一颗原子弹投在广岛，这是一颗铀弹，绰号"小男孩"，当量为1.2万吨，摧毁了这座城市，40万居民中有14万人当场死亡，受伤人数也达14万。（图54-12，马绍尔群岛1995，二战结束50周年，在广岛投掷原子弹的Enola Gay号轰炸机，它是以飞机驾驶员母亲的名字命名的，邮票上的字是"1945年原子弹投到广岛"，注意远处的蘑菇云；图54-13，北库克群岛的彭林1995，二战结束50周年，邮票左上角写着"广岛1945年8月"；图54-14，坦桑尼亚1996，20世纪大事，也是Enola Gay号轰炸机和蘑菇云，邮票左下角写着广岛；图54-15，尼加拉瓜1996，20世纪大事，原子弹轰炸广岛，但据行家说，图上的蘑菇云不是广岛原子弹的，而是氢弹实验的；图54-16，比利时2000，世纪回顾邮票，邮票上的文字是"第一颗原子弹"，蘑菇云下是炸后广岛的断壁残垣；图50-17，圣马力诺2000，世纪回顾邮票，蘑菇云和核爆炸实验时海面上的靶船；图54-18，马绍尔群岛2000，飞机史，B29重型轰炸机和蘑菇云，Enola Gay号是B29型，邮票左下角的文字是"B29超级空中堡垒"。）日本仍然拒绝投降。9日美国又把另一颗钚弹"胖子"投在长崎，当量为2.2万吨，当场炸死7万人（图54-19，日本2000）。图54-19左边，广岛被炸，炸后的惨状；右边，长崎被炸，新建的和平公园里的塑像。（这些死伤数字来自Hobson《物理学：基本概念及其与方方面面的联系》一书。）次日，日本天皇命令其首相接受波茨坦宣言，8月14日，日本政府正式宣布无条件投降。图54-12的附票上是日本天皇裕仁宣布投降的广播讲话中的话："我们必须向不可避免的命运低头，我们必须尽快结束这场战争。"

美国不惜冒首先使用核武器的恶名，用原子弹炸日本，当然有在战后对付苏联的战略考虑。原子弹是独霸天下、威慑他国的有力工具。美国也想用原子弹抢在苏联对日出兵之前（斯大林在雅尔达会议上曾承诺在8月对日宣战）结束第二次世界大战（但苏联还是抢着在8月8日对日宣战）。除此以外，美国还有一个考虑，就是用原子弹迅速结束战争，以减少双方的伤亡。当时美军正在太平洋上与日本进行逐岛争夺作战，由于日本军国主义的垂死挣扎，美军伤亡惨重。美国于1944年7月制定了1945年10月1日登陆九州、12月1日攻占东京

图 54-9（马绍尔群岛 1998）

图 54-10（加纳 1962）

图 54-11（墨西哥 1977）

原子弹，死神！

图 54-12（马绍尔群岛 1995）

图 54-13（北库克群岛的彭林 1995）

图 54-15（尼加拉瓜 1996）

先炸广岛，再炸长崎

图 54-14（坦桑尼亚 1996）

图 50-17（圣马力诺 2000）

图 54-18（马绍尔群岛 2000）

图 54-19（日本 2000）

54

History Denied
Since 1893, the U.S. Postal Service has been designing and issuing stamps to commemorate significant events, places and people in American history. After protests from Japanese government officials and intervention by President Clinton, the Postal Service reluctantly rescinded a planned stamp commemorating the swift conclusion of WW II through the use of atomic bombs. This is the only commemorative stamp ever rescinded by the U.S. Postal Service. Ironically, the announcement was made public by the White House on December 7, 1994, exactly 53 years to the day after Japan's attack on Pearl Harbor. This commemorative poster stamp was created in place of the cancelled stamp to honor the sacrfices made by a generation of Americans.

图54-20 用被取消发行的邮票图案印制的封口纸（美国1995）

的计划，估计当时日本还有500多万军队，要在日本本土登陆，美国至少也需要动员500万军队，加强对日本的常规轰炸，而日本人的抵抗也必定更加激烈。这样美日双方的伤亡肯定异常巨大。而且据说日本人制订了在万不得已时放弃日本本土、把政府迁到"满州"、凭借关东军顽抗的计划，那将给中国人民带来更大的灾难。1945年正是中国人民抗日战争最困难的时候，南方各邻国都被日本占领，除了驼峰飞行之外，外援渠道全部断绝，日军深入中国腹地，一直打到贵州的独山。原子弹迫使日本提前投降，对中国人民是有利的。

美国在1995年发行的二战胜利50周年邮票中，原计划有一张原子弹爆炸的邮票，但是日本政府抗议，说这会伤害日本的民族感情。于是美国邮政当局便取消了这张邮票，代之以杜鲁门总统宣布日本投降图案的邮票。可这样一来一些美国人又不干了，一家美国邮商为了表示抗议，便用原来的邮票图案印制了一张封口纸（图54-20）。封口纸上有原来邮票上的文字"原子弹结束了二战"。下面边纸上的文字是："历史被否定了：从1893年起，美国邮政部门便一直设计和发行邮票以纪念美国历史上的重大事件、地点和人物。在日本政府官员抗议和克林顿总统干预之后，美国邮政不情愿地取消了一枚原计划的纪念二战因使用原子弹而迅速结束的邮票。这是美国邮政部门取消发行的唯一一枚纪念邮票。具有讽刺意味的是，白宫将此事布告周知是1994年12月7日，正是日本袭击珍珠港的57周年纪念日。这枚纪念封口纸就是用来代替被取消的邮票的，以纪念美国一代人作出的牺牲。"当然，它也给这位邮商带来一笔不小的利润。还有多家邮商或出版商印制过类似的封口纸。一种封口纸上写着："1945年日本投降。1994年美国投降。"愤懑之情溢于言表。

广岛和长崎无辜死难的平民，无疑值得同情。但是事情有它的前因后果。没有日本军国主义的疯狂侵略，没有九一八事变、卢沟桥事变和珍珠港事件，何来广岛和长崎被炸？有的人只字不提南京大屠杀和七三一部队的细菌战罪行，不反省日本军国主义给中国人民造成的巨大苦难，而只谈广岛长崎，装成一副纯受害者的模样，这没有吸取历史教训。

在二战中已着手研制原子弹的国家，除了美国和英国外，还有德国、日本和苏联。上节大致谈过德国的核计划，主持其事的是海森伯。德国核计划失败的具体原因可以列出很多，最基本的一条，是由于希特勒的倒行逆施，疯狂迫害犹太知识分子，使德国的科学受到致命的伤害。我们在上面看到，盟军方面研制原子弹的倡议、规划和实施中，从法西斯铁蹄下逃出的犹太科学家起了重要的作用。希特勒把他们从德国赶到美国来制造原子弹，又通过屠杀他们的亲人来激发他们的干劲，这真是"为渊驱鱼，为丛驱雀"，是反动头子典型的暴行和蠢行。因此，是希特勒自己阻止了德国核计划的成功。日本虽然是被原子弹轰炸的国家，但在广岛长崎被炸之前，已经着手发展核武器了。根据已透露的情报，1941年日本陆军开始研制核武器，以东京日本理化研究所为基地进行，由仁科芳雄（邮票见图57-13）主持。仁科立即研究铀235的分离方法，但选用的是陈旧低效的气体热扩散法。1942年夏，日本海军也成立了一个秘密委员会，由从台北帝国大学（今台湾大学前身）回到京都大学的荒胜文策（他曾于1934年在台北成功地进行了亚洲第一例人工轰击原子的实验）主持，成员有嵯峨良吉、菊池正士等，于是日本就同时有两个机构从事原子弹研究工作。海军的委员会既研究通过核裂变取得能量为舰船提供动力，也评估制造原子弹的可能性和代价。评估的结果是造成原子弹至少需时10年，而且美国和德国都不能及时地造出原子弹用于战争。到1943年春，由于日本在太平洋战争中的失利，日本军方已无力支持原子弹的研制，这个委员会便解散了。但是仁科继续为日本陆军研制原子弹。帝国空军司令部（日本的空军归陆军统辖）批准了一个秘密计划研制原子弹，代号为"仁方案"（以负责人仁科芳雄名字第一个音节命名）。日本造原子弹的一个最大的困难是缺乏铀。日本和朝鲜没有铀矿，事先又没有购存足够的铀矿石。它向德国求助。1943年年末，德国派一艘潜艇运送1吨铀矿石前往日本，由于情报外泄，潜艇被埋伏在马六甲海峡的美军击沉。"仁方案"组6次分离铀235的试验也以失败告终。1945年春，美国开始轰炸日本城市。4月13日，美国空军大规模轰炸东京，"仁方案"实验室和铀同位素分离器被炸毁，已无法继续研究。日本投降前，日本军部下令销毁了一切有关文件，因此这方面的情况透露出来的不多。苏联物理学界早在1939年初就知道核裂变，1940年已得出结论，在铀中可以实现链式反应。二战中，苏联在1942年成立了专门机构"二号实验室"，有几十名苏联科学家从事同位素分离和设计原子弹工作，领导研制的是库尔查托夫。这是后来苏联庞大的原子能科学和工业体系的开端。

最好当然是不要把原子弹这个恶魔从瓶子里释放出来，但是在当时人们抢着要释放它的情况下，在当时技术上有可能研制出原子弹的几个国家中，原子能落到美国人手里而不是德日法西斯或其他极权主义国家手里，可以说是最好的结果。如果当年是法西斯国家首先掌握了核武器，不知更要有多少人头落地，人类历史不知要走多少弯路！试想，如果在纳粹的V2火箭上装上核弹头，英伦三岛上还有噍类吗？

曼哈顿计划除了研制成功原子弹以外，在其实施过程中也取得了多项学术成就，例如计算机和计算机模拟方法的发明和使用、超铀元素的发现等。曼哈顿计划也为美国培养了人才。当时美国参加这一工作的一些20来岁的"小青年"，如费曼、张伯伦等，后来都成了摘取诺贝尔奖的大家。参与过曼哈顿计划而后来得诺贝尔奖的共有10人，他们是（按年龄顺序）：拉比，1944年物理学奖；维格纳，1963年物理学奖；塞格雷，1959年物理学奖；布洛赫，1952年物理学奖；贝特，1967年物理学奖；麦克米伦和西博格合得1951年化学奖；阿耳瓦雷兹，1968年物理学奖；费曼，1965年物理学奖；张伯伦，1959年物理学奖。前8人在40年代时是三四十岁，刚刚步入中年，后2人只有20来岁。更年轻的A.玻尔（1978年诺贝尔物理学奖得主）也陪同父亲在洛斯阿拉摩斯工作过。曼哈顿计划留下了巨大的工厂和实验室。曼哈顿计划的实施经验，对美国以后成功地施行一些巨型科研计划如阿波罗登月计划、人类基因组计划有重要的意义。

战后，美国为了保持对核武器垄断和领先地位，一方面改进并生产了大量的裂变武器，一方面研制威力更大的核聚变武器氢弹。为了这两个目的，美国进行了大量的核试验，以提高吨当量、杀伤力和实现小型化。据美国官方数字，从1945年7月16日新墨西哥州第一次核试验算起，至1992年9月23日，美国共进行了1054次核试验。由于有的核试验是多重试验，爆炸多个核装置，实际试验的核装置和核爆炸次数比这个数字大。这又分两个阶段：在1962年11月以前主要是大气层实验，由于大气层中的核试验产生的放射性污染物太多，而且容易传播到别的地方，受到舆论的严厉谴责，加以大气层实验很容易被人发现，此后改以地下核试验为主。美国一贯的做法是，先是肆无忌惮地进行核试验，等到自己需要的数据到手以后，就提出签订国际条约禁止实验以限制对手。美国战后第一次核试验于1946年7月在西太平洋马绍尔群岛中的比基尼环礁上进行，代号为"抉择关头"行动（Crossroads Operation），由美国海军负责进行，主要目的是试验原子弹对海上目标的破坏力。为这次试验，美国调集了95艘舰只，包括退役的老舰只（如运输舰萨拉托加号，见图54-21的小型张）和俘获的日本和德国舰只，停泊在礁湖中作为靶舰。这次试验分两次引爆，每次引爆一颗23000吨当量的原子弹。第一次的代号为ABLE，7月1日由一架B29轰炸机投掷，在155米的高度爆炸（图54-22之三）；第二次的代号为BAKER，7月25日在水下27米深处引爆（图54-21的小型张；图54-22之四）。从此，马绍尔群岛成了美国的一个核试验场，从1946年到1958年，美国在马绍尔群岛共进行了67次核试验，其中23次在比基尼进行。这67次核试验包括原子弹和氢弹实验，总当量相当于7000枚投在广岛的原子弹，相当于在这12年中每星期投11枚。这造成了极大的放射性污染。直至结束试验30年后，试验地区才重新可以住人。2001年3月1日，美国一个核赔偿法庭裁决比基尼岛居民获赔5亿多美元。马绍尔群岛原为德国属地，第一次世界大战后被日本占领。二战后由美国占领，联合国交给美国托管，1991年独立。马绍尔群岛为这次试验40周年、50周年和60周年都发行了邮票（图54-21，1986；图54-22，1995；图54-23，2006）。图50-21主要表示岛民原来自给自足的平静生活如何被这次行动打乱，图54-22副票中的文字详细记述了"抉择关头"行动的经过，能看懂英语的读者请自己参看。图54-23和图54-22的邮票图案和副票上的文字说明完全相同，仅仅面值与在全张上排列的版式不同。

图 54-21 "抉择关头" 行动 40 周年
（马绍尔群岛 1986，4/5 原大）

图 54-23 "抉择关头" 行动 60 周年
（马绍尔群岛 2006，1/2 原大）

图 54-22 "抉择关头" 行动 50 周年
（马绍尔群岛 1995，3/4 原大）

我们知道，核聚变比核裂变能放出更多的能量。那么，能不能用核聚变作为武器呢？这就引出了氢弹。氢弹利用核聚变产生爆炸，是一种不可控的热核反应。氢聚合成氦的反应，在地球上是无法实现的，但氢的重同位素的聚合需要的温度较低。氢弹是基于以下反应：

$$D+D \rightarrow {}^3He+n+3.25\,MeV$$

$$D+3H \rightarrow {}^4He+p+18.3\,MeV$$

它需要用原子弹引爆，利用裂变炸弹"点火"产生的高温和中子流实现核聚变。氢弹燃料没有临界质量的限制，因此氢弹可以做得很大，其TNT当量可达数百万吨至数千万吨，比原子弹高两到三个量级。1949年苏联试爆原子弹以后，美国决定发展氢弹。奥本海默由于受到原子弹在广岛和长崎的摧毁力的震撼，反对再发展氢弹，发展氢弹的负责人是一直对氢弹感兴趣的特勒。特勒（1908—2003）是匈牙利犹太人（图54-24，匈牙利2008，特勒百岁诞辰），1926年离开匈牙利去德国，在海森伯指导下在莱比锡大学获得博士学位。他在慕尼黑的一次电车交通事故中受重伤，截去一条腿，终生戴假肢瘸着走路。1930年移民美国，1935年任乔治·华盛顿大学物理学教授。他是曼哈顿计划的早期成员，参与研制第一颗原子弹。他政治立场保守，痛恨法西斯主义和共产主义，鼓吹核军备和核试验。特勒开始时走了一段弯路：按照他的初步估算，原子弹爆炸是可以引发上述反应的，但用计算机进行计算后发现，原子弹爆炸后产生的温度和压力条件，根本不足以引发氘-氘反应，氘-氚反应倒是勉强有可能引发，但氚在自然界不存在，全靠人工生成，生产成本极高。1951年，来自波兰的数学家乌拉姆提出一种"辐射内爆"设计，才解决了问题。1952年11月1日，美国在比基尼环礁的Enewetak岛进行了第一次氢弹试验，当量为1000万吨，相当于500颗广岛原子弹。由于用的是液态氚，体积太大(相当于一座二层小楼)，没有飞机可以携带它，是放在一座钢架上爆炸的，爆炸后小岛消失了（图54-25，马绍尔群岛1999，20世纪50年代大事，邮票画面是这次爆炸的蘑菇云，右侧的文字是"美苏卷入军备竞赛"，邮票画面右下方的缩微小字是"美国1952年在Enewetak环礁爆炸第一颗氢弹"；图54-26，多米尼克2000，20世纪重大事件，这枚邮票按文字是纪念原子弹试爆的，上面的文字是"在新墨西哥州试爆原子弹"，但是新墨西哥的沙漠中，怎么会波光粼粼而且有棕榈树呢？原来是用错了照片，这是美国在比基尼试验氢弹的照片）。

奥本海默和特勒对发展氢弹有不同意见，后来又有新的过节。奥本海默的许多看法，如逐步公开原子能研究的秘密技术资料以换取苏联合作，对原子能进行国际控制，在国防上改进原子弹优先于发展氢弹等，代表着美国大多数核科学家的意见。随着战后美国政治气氛越来越向右转，美国统治集团感到与奥本海默的意见越来越相悖。可是他作为"原子弹之父"，声誉在美国正如日中天，1946年年底，他担任原子能委员会科学顾问委员会主席，1947年年初，又担任普林斯顿高等研

图54-24 氢弹之父特勒
（匈牙利2008）

图 54-25（马绍尔群岛 1999）

图 54-26（多米尼克 2000）

究院院长。20世纪50年代初麦卡锡主义在美国的盛行一时，为把奥本海默赶下高位提供了可能。奥本海默早年政治上左倾，在许多问题上持自由主义观点，于是，一些右翼政客，就罗织了奥本海默的"罪名"，向联邦调查局提出控告，说奥本海默以前是美国共产党员，可能是苏联的间谍，延误了氢弹发展等。国会为此举行听证。这个消息震惊了美国，许多科学家纷纷发表声明或写信给总统，要求停止对奥本海默的迫害。在听证会上，许多科学家和奥本海默的同事包括格罗夫斯将军都肯定奥本海默的忠诚，唯有特勒一人，虽然不认为奥本海默对美国不忠，但是是不可靠人物："我对奥本海默对许多问题的处理感到迷惑不解……我感到，如果公共事业由他人掌握，我会感觉更安全些。"特勒这段话很有分量，除指控人的发言外，这是对奥本海默表示不信任的最严厉的证词。会后，得出了"不能肯定奥本海默博士的清白"的结论，停止了他在原子能科学顾问委员会的职务，不许他接触国家机密。于是，奥本海默在为美国的核研究和国防服务了12年并立下汗马功劳后，背上了"不清白"的黑锅，被迫离开美国政府高级职位。

失去政府信任后，奥本海默仍担任普林斯顿高等研究院院长。有人劝他出国，他回答说："妈的，我就是爱这个国家！"不过，许多科学家和朋友对他的爱戴和同情使他感到安慰。而特勒则在科学界陷于孤立。一次聚会上，特勒见到一位老朋友，立即离座举杯前去并伸出右手，但对方却冷冰冰地看他一眼转身离去。这使特勒无法自制，回家大哭一场。肯尼迪当选总统后，决心为奥本海默平反，他决定将1963年度的费米奖（美国在原子能研究领域的最高奖）授予奥本海默，并准备亲自出席授奖仪式，但在仪式前10天肯尼迪遇刺身亡，接替他的约翰逊出席了仪式。

在教廷对伽利略审判后，自然科学曾有几百年时间比较平稳地发展。但到了20世纪，科学发展又遭遇几次挫折，大者有四：一是纳粹政权对爱因斯坦和相对论学说、对所有犹太科学家的镇压；二是苏联对所谓"资产阶级科学"的批判，包括对孟德耳-摩尔根遗传学、化学中"共振论"、控制论的批判（本来还要批判现代物理学的，但被抵制，见下），批判的结果是批判什么苏联就在什么领域落后，甚至在原本领先的领域落后；三是美国麦卡锡主义猖獗时期，不仅奥本海默，还有别的一些科学家受害，例如物理学家玻姆就出走巴西转英国，终身不回美国；四是中国的"文化大革命"，大革文化之命，仅仅在物理学界，两位元老叶企荪和饶毓泰，就一位以莫须有的罪名被拘禁关在监狱，一位自杀。

回到本题上来。美国对核武器的垄断地位并没有维持多久，二战之后，各大国很快都自行研制出核武器。美国对广岛、长崎的轰炸使苏联加快了脚步。苏联的核计划是1942年秋天开始的。基于获得的情报和苏联物理学家的提醒（苏联年轻的物理学家弗廖罗夫，注意到有关核裂变的文章在物理学期刊中不再出现了，敏感地想到别的国家可能已在研制原子弹，于1942年初上书斯大林提请他注意，弗廖罗夫的邮票见图56-8），斯大林决定发展核武器。1942年9月28日，作为国防委员会主席的斯大林签署了《关于组织铀研究》的密令。当时的核计划由人民委员会主席（总理）莫洛托夫负责。斯大林明白，要有一个有威望的大物理学家来当头。可是老一辈物理学家如约飞、卡皮查都对炸弹不感兴趣，也不适宜合于同与内卫部门（秘密警察）进行紧密合作。于是选中了约飞推荐的相对年轻的库尔查托夫。1943年3月10日，在苏联科学院成立了秘密的原子能科学研究所，为了保密，取名为"二号实验室"，库尔查托夫被任命为这个实验室的"首长"。下面的各分实验室的负责人是：库尔查托夫主要负责建立铀-石墨反应堆和分离钚，阿里哈洛夫领导建立重水反应堆，基科因负责通过气体扩散分离铀同位素，阿基莫维奇负责利用电磁场分离同位素，哈里顿和晓尔金则负责铀弹和钚弹的整体制造。

这个工作班子早期的重要工作是消化、吸收情报部门得到的西方国家发展核武器的情报，这些情报对苏联早期的原子弹发展起了不小的作用。情报的提供者，在英国是富克斯，在美国则是费米的亲密助手、意大利人蓬泰科尔沃。富克斯（Klaus Fuchs）是德国出生(1911年)的英国物理学家，1932年在基尔大学读书时加入德国共产党。二战时在英国获得博士学位，并入籍英国。他从事核物理研究，1944年被派到美国参加曼哈顿计划。战后回英国，任哈威尔原子能研究院物理部主任。蓬泰科尔沃（Bruno Pontecorvo）是意大利共产党党员。出于政治信仰的原因，他们主动向苏联提供核武器的情报。1945年7月在波茨坦，当美国的杜鲁门总统故作不经意地向斯大林透漏"美国已拥有一种有巨大杀伤力的新式武器"时，实际上斯大林早已了然于胸，因此闻变不惊。特别是富克斯的情报，对苏联发展核武器起过很大的作用。苏联早期的反应堆都照着美国的石墨减速反应堆设计，苏联的第一颗原子弹几乎就是美国的"胖子"的复制品。库尔查托夫在对这些情报的鉴定中写道：这些材料"对我们国家和科学具有重大的、无可估量的意义"，"这些材料表明了在很短的期限里解决铀问题的技术可能性，这比不了解国外这项工作进展的我国科学界所想象的期限要短得多"。例如，苏联物理学家是从这些情报才得知建造石墨反应堆的可能性的，原来以为唯有重水才能做中子减速剂建造反应堆。发现钚元素和制造钚弹对他们也是新闻。

这些材料是绝密的，只有库尔查托夫和他极少的同事才获准接触这些秘密，并且不得透漏自己所了解的情况的来源，否则可能导致整个间谍网的暴露。于是，他们不得不把自己从这些情报获得的知识说成是自己的发明和发现，这为他们创造了天才的光环。常常发生这样的情况：某位专家对某个问题进行复杂的计算后把结果交给库尔查托夫，然后库尔查托夫开始深思，突然令大家都吃惊地说："这个我清楚了，不用计算了。"并给出一个不用复杂公式的简单论证。

尽管情报表明美国很快就将制成原子弹，苏联的进展还是不大，原因是苏联缺乏铀。对德战争的胜利使苏联得到一个争夺铀的机会。苏联也组织了一个小分队去到德国，小分队里有内务部官员和一些精通德语的核科学家，包括弗廖洛夫、基科因、哈里顿、阿基莫维奇等。他们在德国找到100多吨氧化铀，并且把金属铀生产专家里尔和同位素分离专家、诺贝尔奖得主G.赫兹送到苏联去工作。

对日战争结束后，苏联的核武器计划全力进行，改由克格勃的头头贝利亚领导。8月20日，在国防委员会内成立了一个享有全权的原子能专门委员会，贝利亚任主席。物理学家在这个委员会内有两个代表：卡皮查和库尔查托夫。这个专门委员会的执行机关为苏联人民委员会第一管理总局。库尔查托夫的研究中心也从科学院转到第一管理总局。这一阶段苏联政府的方针是：不计代价，尽快实现核爆炸。第一管理总局的订货要优先满足，对第一管理总局无限地提供资金，数十万集中营因徒从事核工业基地建设。斯大林指示，一定要在1948年造出原子弹。

卡皮查虽然是委员会内两名物理学家之一，也积极地参加工作，却始未能接触那些秘密情报。他根本不知道有这些情报存在。于是，在很多问题上，如同位素的分离，卡皮查作为学者，觉得需要进行认真的学术研讨，而贝利亚和库尔查托夫却知道，这些问题都已经解决，只要对来自美国的情报进行检查核实就行了，这使他们不可避免地产生了冲突。卡皮查一气之下，给斯大林写了两封信，对贝利亚提出了尖锐的批评："他手里拿着指挥棒……但指挥不但应当挥舞指挥棒，还应当明白总谱。贝利亚这一点不行。"卡皮查要求辞职。"同贝利亚一起工作，根本不会取得什么成就。我完全不喜欢他对科学家的态度……我不能做一个盲目的执行者。"两周后，卡皮查被免去了研制原子弹的工作，但他在科学院的各种职务还保留着。卡皮查离开核计划显然也使库尔查托夫感到轻松，他可以更轻易地扮演不经过计算，甚至没有经过实验就迅速解决复杂的物理问题的"超级天才"角色了。又过了快一年，1946年8月，卡皮查突然被免去了所有的职务。卡皮查"失宠"了，他不得不离开他创建的物理问题研究所。有人分析，这是因为，在此之前苏联的核计划主要是造原子弹，卡皮查的研究所对制造原子弹并不起关键作用，因此允许他待在所领导的位置上。而在此之后，氢弹的研制提上了日程，这就需要发挥卡皮查研究所的学术潜力了。例如气体的液化就是卡皮查的拿手好戏。为了把研究所的学术方向从解决液态氧和氦的问题扭过来，转向分离氢的同位素，提取氘，得到它的液态形式，就必须更换研究所的领导人，免得碍手碍脚。9年以后，研制热核武器的主要问题都解决了，卡皮查才返回原来的所长职位。

1947年，开展了3个秘密原子工业城的建设工作。两个在斯维尔德洛夫斯克州，用来分离铀同位素，一个在高尔基州，命名为阿扎马斯-16，用来制造原子弹。仿照美国的洛斯阿拉莫斯，后者有个小名，叫做洛斯阿扎马斯，苏联解体后，才恢复原名萨罗夫。1948年年初苏联积累了工业反应堆所需的足够的铀，这年6月，建成了功率为10万千瓦的反应堆，昼夜运行。1949年8月29日，爆炸了第一颗原子弹，这已比斯大林规定的期限晚了一年。这是一颗钚弹，当量为2.2万吨，如前所述，它是美国的"胖子"的复制品。1951年苏联才造出铀弹。

通过对爆炸物的成分分析，英美专家得出结论，苏联的炸弹是精确仿制美国的，紧急追查信息泄露的渠道。富克斯于1950年1月在英国被捕，被英国法庭判刑14年。比起美国把原子间谍罗森堡夫妇用电椅处死，这算是很宽厚的了（罗森堡实际上并没有提供多少核心机密）。富克斯1959年因狱中行为良好被提前释放，获释后去东德，任东德中央原子核研究所副所长，1988年去世。蓬泰科尔沃则于1950年同全家经芬兰逃到苏联，被苏联接纳，在杜布纳联合核研究所得到一个实验室，并很快当选苏联科学院院士。

苏联所有的优秀物理学家，几乎都为研制核武器做过工作。其中有些人如塔姆、朗道、阿里哈诺夫等的邮票在别的地方讲，这里介绍的几位都是以发展核武器为主要工作的。库尔查托夫是苏联原子弹之父（图54-27，苏联1963，60诞辰；图54-28，苏联1979，"库尔查托夫院士号"科研船；图54-29，俄罗斯2003，百年诞辰）。他早期研究电介质物理学，1933年转向研究原子核物理学，领导建造了苏联第一台（也是当时欧洲最大的）回旋加速器。1939年他开始研究重原子核裂变获得链式反应的问题。在他指导下，弗廖罗夫和彼得扎克于1940年发现铀原子核有自发裂变。哈里顿（图54-30，俄罗斯2004，百年诞辰）可以说是苏联发展原子弹的第二把手。他于1925年毕业于列宁格勒工业大学。1926—1928年，他被苏联政府选派到卡文迪什实验室，在卢瑟福指导下工作，并获博士学位。他是卢瑟福的学生中去世最晚的。1931年他在化学物理研究所工作，研究金属蒸气的凝结和离心法分离气体的理论。1939年他和泽尔多维奇（Я.Б.Зельдович）对铀的链式裂变反应进行了计算，他们发表于1939—1941年的一系列论文为后来苏联发展原子武器打下了基础。他和库尔查托夫一起开始了苏联的核武器计划，领导秘密基地阿扎玛斯-16的选址和建设，担任阿扎玛斯-16的首任科学总监45年。库尔查托夫去世后，他领导苏联核武器科技部门，带领苏联的核武器走向成熟。亚历山大罗夫（图54-31，俄罗斯2003，百年诞辰）的专业是电介质物理、高分子物理和核物理，他在苏联核武器发展中主要从事用热扩散方法富集铀235的工作。1936年他和库尔查托夫一起发明了一种保护船舰不受磁性水雷袭击的装置，在卫国战争中得到应用。他被称为苏联核潜艇之父。卡皮查被解职后，由他担任物理问题研究所的所长。1960年库尔查托夫去世后，他担任苏联科学院原子能研究所所长。他于1975—1986年担任苏联科学院院长。邮票画面的背景是"北极号"破冰船。阿基莫维奇（图54-32，苏联1974，逝世一周年）是苏联科学院院士，他在1936年与阿里哈诺夫等证明在电子-正电子对湮没时动量守恒。他对苏联核计划的贡献是在苏联首先实现了用电磁方法分离同位素，还做了大量与可控热核反应有关的高温等离子体实验，首先在稳定的等离子体中得到物理的热核反应。晓尔金（图54-33，俄罗斯2011，诞生百年）也是苏联发展核武器的负责人之一，他的专业是燃烧和爆炸，他是车里雅宾斯克核中心的创建者和首任学术指导。科查良兹（图54-34，亚美尼亚2000，亚美尼亚人对20世纪文明的贡献；图54-35，亚美尼亚2009，诞

苏联原子弹之父 库尔查托夫

图54-27（苏联1963）　　图54-28（苏联1979）　　图54-29（俄罗斯2003）

图54-30　哈里顿（俄罗斯2004）　　图54-31　亚历山大罗夫（俄罗斯2003）

图54-33　晓尔金（俄罗斯2011）

苏联发展核武器的科学家

图54-32　阿基莫维奇
（苏联1974）

图54-34　科查良兹
（亚美尼亚2000）

图54-35　科查良兹
（亚美尼亚2009）

生百年）是苏联三代核武器（原子弹、氢弹、中子弹）的策划者之一。

　　第31节介绍过苏联物理化学家谢苗诺夫和他的链式反应理论。链式反应理论虽然是对化学反应提出的，但是完全适用于核反应。谢苗诺夫本人虽然没有直接参加苏联发展核武器，但是参与苏联核计划的许多重要科学家，如哈里顿、泽尔多维奇、晓尔金等，都是他领导的化学物理研究所的。

　　苏联的热核武器计划是在1948年年中开始全力运作的。氢弹的情况与原子弹的情况有所不同：原子弹美国已经造出来了，苏联有详尽的情报，只要对情报加以核实、检验就行了；而氢弹美国还没有造出来。而且在造原子弹之前，可以先建反应堆，实验测量各种参数，而氢弹所凭借的热核反应，只能在恒星温度下发生，在地球上是无法做实验的，只能依靠理论计算。因此在苏联发展核武器的过程中，造原子弹的物理学家主要是约飞学派（列宁格勒物理技术研究所）培养出来的，他们主要是实验物理学家；而氢弹的最初的研究，则要求理论物理学家参与。其代表是莫斯科的几个学派：主持科学院物理研究所理论部的塔姆、领导卡皮查的物理问题研究所理论部的朗道和主持化学物理研究所理论部的泽尔多维奇。朗道早在1943年就参与了苏联的核计划。1943年3月，库尔查托夫就给上面一个报告，"必须吸收朗道和卡皮查参加工作"，卡皮查成了库尔查托夫实验室的分离同位素的顾问，朗道成了计算铀弹爆炸过程的顾问。泽尔多维奇是1947年调到阿扎马斯-16的。而塔姆的小组则是在1948年年中氢弹方案遇到困难后被吸收进来研究氢弹方案的。

苏联在进行科学计算方面有一个很大的弱点：它的电子计算机大大落后于美国。解决的办法是动员全国的数学工作者特别是苏联科学院的所有数学研究所进行计算。把计算任务分解，每人受领一项计算任务，但不知道总的情况，甚至不让知道计算的总目标。协调这一计算工作的是泽尔多维奇。为此，各大学的数学物理系大量扩招，1950年前夕，苏联学数学的人数居世界首位。

泽尔多维奇从计算发现，美国特勒的方案是错误的，单纯原子弹爆炸并不足以使氘产生链式热核反应，于是苏联人比美国人更早地终止了按照这个方案进行的工作。在这一关键时刻，塔姆小组的几个年轻人萨哈罗夫、金兹堡等很快(在1948年年底)提出了替代方案，对苏联的氢弹研制作出了很大的贡献。萨哈罗夫1921年出生于莫斯科，1942年毕业于莫斯科大学物理系，毕业后到兵工厂当技术员。战后他到科学院物理研究所当研究生，导师是塔姆。结业后参加苏联核武器计划。他提出所谓的"千层饼"方案，即将聚变燃料像一条毯子似的包在起爆的原子弹外面，它们再放在常规炸药的内爆装置内，这样当内爆引起原子弹爆炸时就可以保证产生聚变反应的温度和压力。聚变燃料又与天然的铀分成一层层相间的薄层，以利用氘氚聚合反应放出的 14 MeV 的快中子进一步引起廉价的铀238发生裂变，增加能量输出。因此整个过程是一个裂变—聚变—裂变的过程，总输出能量中裂变能占大部分，但聚变的确是爆炸机制的一部分。金兹堡则提出用锂的轻同位素 ^{6}Li（在天然锂中占7.5%，提取费用不及生产氚的费用的1/1000）代替氚，这是利用以下的核反应：

$$^6\text{Li} + \text{n} \rightarrow ^3\text{H} + ^4\text{He} + 4.9\,\text{MeV}$$

更具体地说，是用氘化锂（^{6}Li^{2}H）做聚变燃料，既能生成氚，氘也有了，而且氘化锂是固体，可以减轻氢弹的重量，使氢弹实用化。从1949年年底起，从事氢弹研究的苏联物理学家全力投入实现萨哈罗夫-金兹堡氢弹模型。最后于1953年8月试验成功，这是苏联的第一次氢弹试验，当量为40万吨。

萨哈罗夫-金兹堡的氢弹，核聚变和裂变是同时发生的，称为"一阶段"的氢弹。它爆炸时核聚变并没有发生链式反应，而是用聚变来放大裂变炸弹的威力。它的聚变燃料必须和裂变燃料成一定的比例，不能无限增多。这就限制了爆炸的能量，这种炸弹的当量只是普通原子弹的20～40倍。因此也可以说它还并不是真正的氢弹。真正的氢弹是"两阶段"的，裂变和聚变发生在两个阶段，先发生裂变，第二阶段发生链式核聚变。

因此，虽然"千层饼"方案试验成功，并且产生了巨大的精神效应和政治效应，这种炸弹并没有继续研制和批量生产。在美国人进行1000万吨当量氢弹试验的刺激下，他们也找到了辐射爆聚方法，其理论基础是萨哈罗夫完成的。1955年11月22日，爆炸了按他们的新方法设计的氢弹，这是全世界第一枚用飞机投掷的氢弹，当量为160万吨。

金兹堡生于1916年，比萨哈罗夫年长5岁。他是联共（布）党员，而萨哈罗夫是非党群众。但是，金兹堡的妻子由于受到指控从事"反革命活动"被流放，因此金兹堡被认为是政审不合格的，虽然他是"千层饼"方案的一个共同提出者，却未得到国安机关允许去阿扎马斯–16。他留在莫斯科。萨哈罗夫成了苏联氢弹的首席理论家，被誉为"氢弹之父"，金兹堡却未能分享这一荣誉。但是他总的情况还不错，苏联第一枚氢弹试验成功后，他也被授予列宁勋章，1956年当选苏联科学院院士。他是苏联一位重要的理论物理学家，在超导和超流方面做过重要工作，2003年获诺贝尔物理奖。

苏联重奖科学家参加军工工程。能够参与核计划这样的绝密工作，政治地位和物质待遇都显著提高，比方说，可以分得高档房子。可是，分到房子的人却不知，这些房子都装有窃听装置，处于内卫部门的监听下。根据窃听材料来看，最大的问题出现在朗道身上。朗道大概是重点监控对象，他的每句话都被记录下来。根据解密的苏联克格勃档案，他常发牢骚，骂苏联的政制是法西斯主义，又埋怨说他本人是一个"学术奴隶"。但是，没有记录到任何泄密情况。后来朗道还是被授予斯大林奖金。

当量最大的一次核试验是苏联1961年10月30日在北极圈内的新地岛进行的，当量为5800万吨。赫鲁晓夫还想试爆一亿吨级的，但受到苏联核科学家的一致抵制。就这样，苏美两国，为了争夺霸权，进行了疯狂的军备竞赛。赫鲁晓夫在他的回忆录《最后的遗言》中说："我记得肯尼迪总统一次说过……美国具有的核导弹能够把苏联从地球上清除两次还有余，而苏联的原子武器只够把美国从地球上清除一次……有记者要求我对这段话表示意见，我开玩笑地说，是的，我知道肯尼迪说过什么，他非常正确。但是我并不感到遗憾。能够在第一回合中消灭美国，已经让我们满意了。一次已经足够。把一个国家消灭两次有什么好处？我们又不是一个嗜血的民族。"从这段话可以看出他多么踌躇满志。他没想到，几十年后，苏联竟被这种军备竞赛拖垮了。

苏联物理学家建造的核盾牌，除了保护苏联与美国对抗外，还有第二个功能，那就是保护了苏联的物理学和这些物理学家自己免受"唯心主义"和"世界主义"的指控，从而使苏联的物理学没有像苏联的遗传学和生物学那样遭到毁灭性的打击。事情发生在1948年。那年8月，农业科学院开会批判遗传学，使苏联的生物学尤其是遗传学惨遭灭顶之灾。会议被当局认定为是反对唯心主义和世界主义成功的样板。斯大林想在物理学领域内发动类似的清洗，计划在物理学界召开一次类似的批判大会。预备会议已经开过了，列出了黑名单，大多数列在黑名单上被冠以"唯心主义"和"世界主义"罪名的物理学家都是一流的理论物理学家，包括弗仑克尔、福克、塔姆、朗道、栗弗席兹、金兹堡等。形势十分险恶。幸运的是，虽然经过周密筹划，正式会议还是被取消了。流行的说法是：库尔恰托夫和他领导的小组向当局阐明，会议可能会阻碍原子能计划的如期完成。据说，在1949年初的一次会议上，贝利亚问库尔恰托夫，相对论和量子物理是否真的是唯心主义的，并且非放弃不可？库尔恰托夫回答说："我们正在制造原子弹，它的理论基础就是相对论和量子力学。如果我们放弃相对论和量子力学，那么我们也得放弃原子能计划。"贝利亚显然被这个回答镇住了。他向斯大林作了报告，斯大林随之下令取消了这个会议。

由于萨哈罗夫在发展热核武器上的成就，他被称为苏联氢弹之父。1953年不到32岁就被选为苏联科学院院士。这在两方面是苏联空前的：一是年轻，院士的平均年龄大约为60岁；二是直接当选正式院士，跳过了通讯院士阶段，大多数人要在通讯院士阶段度过10年或更长时间后才能成为院士。除当选院士外，他还数次获得斯大林或列宁奖金，三次获得社会主义劳动英雄称号，工资比苏联最低工资高几百倍。可是，他的理念却与苏联官方的意识形态和穷兵黩武的政策渐行渐远。

萨哈罗夫认为核试验会污染环境、引起癌症，自己作为核科学家对此负有责任。从1957年起，他建议停止核试验。这和赫鲁晓夫追求实力地位的政策是背道而驰的。1961年，他在一次会议上和赫鲁晓夫公然唱反调。1968年，他决定把全部积蓄13.9万卢布捐献给苏联红十字会作为诊治癌症之用，这相当于一个清洁女工上千年的工资。

1958年，他和泽尔多维奇反对赫鲁晓夫的教育改革计划，赫鲁晓夫提出中学毕业后要先在实际工农业岗位上干几年，才允许上大学。而萨哈罗夫他们却认为，应该提前而不是推迟培养出更年轻的科学家，因为科学研究最出成果的年龄在30岁之前。1964年，在选举李森科主义者努日金入科学院的会上，萨哈罗夫在投票前发言，呼吁投反对票："让那些与努日金、李森科沆瀣一气的人去投努日金的票吧，他们应当为给苏联科学发展带来的羞辱和痛苦负责。幸运的是，这个时代快结束了。"通过秘密投票，努日金以悬殊的比数被否决，赞成者仅22人，反对者126人，这件事特别触怒赫鲁晓夫。

1966年后，萨哈罗夫转向理论物理基本问题的研究，涉及引力、宇宙学、基本粒子和场论。

1968年，萨哈罗夫写了一篇文章《对进步、和平共处和思想自由的看法》，在苏联知识界引起的反响不亚于一颗氢弹爆炸。

图54-36（苏联 1991）

图54-37（瑞典 1991）

图54-38（塞拉利昂 1995）

图54-39（安提瓜和巴布达 1995）

萨哈罗夫

图 54-40（科特迪瓦 2011，3/5 原大）

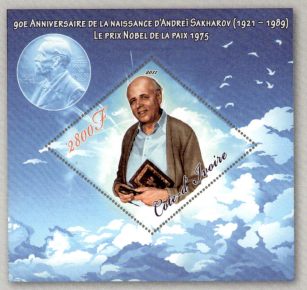

图 54-41（科特迪瓦 2011，3/5 原大）

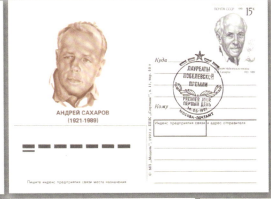

图 54-42 萨哈罗夫明信片（苏联 1991，1/2 原大）

1975年萨哈罗夫被授予诺贝尔和平奖，授奖公告中说："萨哈罗夫对精神自由的勇敢捍卫，他的大公无私以及强烈的人道主义信念，使他成为人类良心的代言人。"苏联政府不许他去领奖。

1980年苏联入侵阿富汗，萨哈罗夫强烈抗议。苏联当局剥夺了授给萨哈罗夫的一切荣誉，把他发配到高尔基城，靠养老金为生。戈尔巴乔夫上台后为他平反，图54-36的邮票（苏联1991）是这次平反的结果。关于他的邮票还有图54-37（瑞典1991）、图54-38（塞拉利昂1995）和图54-39（安提瓜和巴布达1995），都是纪念他获得诺贝尔和平奖。科特迪瓦于2011年发行了萨哈罗夫的小全张和小型张（图54-40，图54-41）。苏联还发行了一套萨哈罗夫的明信片，全套5张（图54-42），从中我们可以看到不同年龄段的萨哈罗夫的风采。

欧洲议会于1988年设立萨哈罗夫奖（全称为萨哈罗夫思想自由奖），颁发给奉献力量捍卫人权和思想自由的个人和组织，每年一次，金额5万欧元。图54-43和图54-44是几内亚2008年发行的萨哈罗夫奖邮票小全张和小型张，上面有萨哈罗夫和历届奖金得主曼德拉（1988年得主）、塔丝丽玛·纳斯琳（孟加拉国女权主义作家、医生，1994年得主）、亚历山大·米林科维奇（2006年得主，白俄罗斯政治家，2006年反对党联合提名的总统候选人）等人的像。萨哈罗夫奖的得主还有捷克的杜布切克（1989年）、缅甸的昂山·素姬等。

美、苏以外各国发展核武器的情况如下：英国于1952年试爆原子弹，1956年试爆氢弹。彭尼是英国核计划的负责人（图54-45，直布罗陀1994，欧罗巴邮票系列）。法国第一枚原子弹于1960年2月13日在阿尔及利亚撒哈拉沙漠爆炸成功，1968年试爆氢弹。1960年至1966年，法国军方在阿尔及利亚撒哈拉沙漠进行了4次大气层核试验和13次地下核试验。那里的一些居民后来因为接触了放射性物质而患病。阿尔及利亚政府要求赔偿并且发行了邮票（图54-46，阿尔及利亚2010，邮票上的文字是"纪念法国在阿尔及利亚进行的核

图54-43（几内亚2008）

图54-44（几内亚2008）

图54-45 英国核试验（直布罗陀1994）

图54-46 法国核试验（阿尔及利亚2010）

图54-47 原子弹（中国武汉市邮局1964）

图54-48 氢弹（越南1967）

图54-49 邓稼先（中国安庆市邮局1999）

试验的牺牲者"）。

约里奥·居里在我国放射化学家杨承宗先生1951年从他门下回国时，让他给我国领导人带了一个口信："要反对原子弹，自己就得拥有原子弹。"诚哉此言！在核时代，如果不拥有核武器，中华民族就无法立于世界大国之林。中国领导人决定研制核武器。这是为了打破核大国的核垄断，最后消灭核武器。中国在任何时候、任何情况下都绝不会首先使用核武器。1960年中苏交恶，苏联毁约撤专家，对中国的核工业造成很大的损失，也坚定了中国自力更生的决心。1964年10月16日，中国成功试爆了第一颗原子弹，当量2万吨以上（图54-47，中国武汉市1999年年底地方发行的邮资封上的邮资）。同日赫鲁晓夫下台，这虽然只是一次巧合，却使中国的成就更引人注目。有些西方人士曾猜测这是一颗钚弹，"从反应堆积累几年得到一些钚，没什么了不起"。但是这是一颗铀弹。这表明我们已掌握原子弹的核心技术铀同位素分离技术，而且是采用先进的爆聚式起爆方法。两年多以后，1967年6月17日中国又成功地试爆了第一颗氢弹，当量为330万吨。正处于抗美战争中的越南，当年就发行了祝贺的邮票（图54-48，越南1967）。中国发展氢弹的速度使全世界都感到惊异。这次氢弹爆炸抢在了法国的前面，曾使戴高乐总统大发雷霆。据说，戴高乐把法国原子能委员会的官员和主要科学家叫到他的办公室，质问为什么法国的氢弹迟迟搞不出来，而让中国人抢先了。在场的人都无言以对，因为谁也解释不清楚为什么中国这么快就试制出氢弹。戴高乐拍了桌子，怒气冲冲地说："必须检查原因，尽快爆炸氢弹，否则，你们集体辞职！"1968年8月，法国爆炸了第一颗氢弹，这已是我国试爆氢弹1年多之后了。中国的氢弹为什么上得这么快？这是因为，主持中国核计划的领导人钱三强等早就先行一步，当原子弹的具体设计还在进行时，就已经安排力量探索氢弹的原理。"在专业设计机构抓原子弹设计的同时……原子能研究所有一部分理论骨干集中精力探索氢弹原理，等到两支部队一会师，就比法国快得多地把氢弹关突破了。"中国原子能科学从无到有，从小到大，钱三强卓有远见的安排和调度有方的组织工作起了关键作用，他是真正的帅才。

中国的原子弹和氢弹完全是中国的物理学家自己研制的。钱三强推荐邓稼先（图54-49，安庆市邮局1999年发行的明信片，邓稼先祖籍安徽）具体负责中国的核计划。

邓稼先的父亲是清华大学和北京大学的哲学教授，他从小在清华园内长大，与杨振宁是邻居，而且两个人的祖籍都是安徽，是最好的朋友。杨振宁比他高两班。后来在中学、大学，两人都曾同学，在美国留学时还曾住同屋，50年的友谊，亲如兄弟。北平被日本人占领后，他也去了大后方昆明，于1941年考入西南联大物理系。1947年赴美国留学，由于他学习成绩突出，两年便读满学分，并通过博士论文答辩。此时他只有26岁，人称"娃娃博士"。1950年8月，邓稼先在美国取得博士学位九天后，便决然决定回国。同年10月，邓稼先来到中国科学院近代物理研究所任研究员，进行原子核理论研究。1958年秋，钱三强找到邓稼先，说国家要放一个"大炮仗"，征询他是不是愿意参加这项必须严格保密的工作，邓稼先义无反顾地同意了。

从此，邓稼先的名字便从一切公共场合消失。他带领着十几个大学毕业生，钻研原子弹的理论。当时苏联政府停止了在这方面对中国的援助，邓稼先带领团队，自力更生，完成了原子弹的理论设计。1964年10月，中国成功爆炸的第一颗原子弹的设计方案，就是由他最后签字确定的。

原子弹成功爆炸后，他又同于敏等人投入对氢弹的研究。按照他们的方案，最终制成了氢弹，并于原子弹爆炸后的两年零8个月试验成功。从原子弹试爆成功到氢弹试爆成功，法国用了8年，美国7年，苏联是10年。国际上把中国的氢弹设计方案称为邓-于方案，邓是邓稼先，于是于敏。称美国的设计方案为特勒-乌拉姆方案，苏联的为萨哈罗夫方案。

试验中免不了出些事故。一次航投试验，降落伞没有打开，原子弹坠地被摔裂。邓稼先深知危险，却抢上前把摔破的原子弹碎片拿在手里仔细检查，受到严重的放射性侵害。邓稼先一生主持过15次核试验，长期的劳累和过量的辐射严重损害了他的健康，他患上了癌症。他在确知自己患的是癌症时，平静地说："我知道这一天会来的，但没想到它来得这样快。"他于1986年辞世。

参加我国核计划的主要物理学家有钱三强、彭恒武、王淦昌、邓稼先、朱光亚、于敏、黄祖洽、周光召、郭永怀、王大珩、陈芳允、程开甲等。他们全是我国著名物理教育家、物理学界元老叶企荪的学生或学生的学生。叶先生是忠贞的爱国者，在抗日战争时期，他就派遣他的亲密助手和学生熊大缜及汪德熙、阎裕昌去到冀中抗日根据地，自己则在天津组织后勤供应，从技术、物质和财力上支持冀中人民对日军展开地雷战。他培养的高足弟子，又制成了我国的核武器。中国人民永远铭记他们的功绩，他们中一些人将来一定会出现在邮票上。

当时国外有传言，说美国友人寒春曾参与中国原子弹工程。寒春（Joan Hinton）在20世纪40年代初曾在洛斯阿拉莫斯实验室做费米的助手，参加了美国原子弹的制造，那时她是年轻的研究生。由于同情中国人民的解放事业，她于40年代后期来中国，一直在农场从事奶牛科学饲养的示范和推广。杨振宁先生1971年第一次回国，向老同学邓稼先问起此事。邓稼先给杨先生写了一封短信，确认中国的核武器工程除1959年底前曾得到苏联的极少援助外没有任何外国人参加。这封信是在上海的一个宴会上交给杨先生的，他读后受到极大的感动，一时热泪盈眶，不得不去洗手间调整情绪。只有亲身体验过旧中国的苦难和屈辱、切盼中国强盛起来并且看到中国已经初步强盛起来的人，才能体验这种感情激荡。

其实早在抗日战争结束后，蒋介石也想制造原子弹。他任命当时的军政部次长俞大维筹组顾问委员会，找到物理学家吴大猷、化学家曾昭抡、数学家华罗庚，展开原子弹研究计划。先派一些留学生到美国学习，由吴大猷、曾昭抡、华罗庚分别选拔。吴大猷挑选了朱光亚、李政道，曾昭抡挑选的是唐敖庆、王瑞酰，华罗庚挑选了孙本旺、徐贤修。1946年秋，三位科学家率学生赴美。这不仅是国民党原子弹"种子计划"的起步，更是中国原子科学史上的重要篇章。但是，处于萌芽状态的这一计划，却由于国共内战庞大的军费支出而夭折。1949年蒋介石退守台湾后，吴大猷和李政道留在美国，华罗庚、曾昭抡、朱光亚、唐敖庆等都回到大陆，为大陆发展核武器提供了人才。大陆两弹试验成功，使蒋介石深陷恐惧之中，他的几个常驻的官邸大兴土木，修筑严实的防核防空洞，台湾各地密集实施防空演习，空袭警报声不绝于耳。蒋介石并不甘心坐等挨打，决心重启原子弹研制计划，与大陆竞赛。1963年，他邀请以色列的核弹之父大卫·伯格曼秘密访问台湾。伯格曼得知蒋发展核武器的决心后，建议仿照以色列发展核弹和原子能计划的模式，成立专责机构。于是启动"新竹计划"，1969年"中山科学研究院"正式成立，主要任务就是研制原子弹与火箭。但是在征询吴大猷和吴健雄的意见时，却遭到他们一致反对。而且美国媒体大量报道台湾研制核武器的传闻，引起各方的严重关注。蒋介石不得不暂时搁置"新竹计划"。但在伯格曼鼓动下，1970年又出台了"桃园计划"，建造一座4万千瓦的重水核反应堆，作为研制原子弹之用，并兴建核能发电厂。1975年，蒋介石在台北去世。巧合的是，伯格曼也于第二天病逝于以色列。此后国际局势变了，美国为了推动与大陆关系正常化，从尼克松政府时期开始逐步调整原先暗助与放任台湾发展核武的政策。1978年，中美建交前一年的某日，由4名美国核武技术专家组成的一个工作小组飞抵台北。这群美国专家由美国驻台北"大使馆"的官员带领，前往中山科学院核能研究所，强行拆除了核子装备及一批已精炼的浓缩铀。要不是美国强行拆除，台湾极可能在30年前已拥有原子弹。而若不是台湾的原子弹梦碎，两岸关系恐怕更加复杂。

1998年5月，南亚的印度和巴基斯坦对抗着进行了一系列核试验。印度的核弹是钚弹，利用特朗姆贝的两座反应堆（见下节图55-15和图55-16）产生的裂变材料制成。主持这次核试验的是号称印度导弹之父的卡拉姆，他已当选为印度总统，将来肯定会发行他的邮票。巴基斯坦的核弹是铀弹，图54-50（巴基斯坦1999）是巴基斯坦纪念核试验一周年的邮票。主持巴基斯坦核武器研制的是卡迪尔·汗，他曾在德国留学，在荷兰的同位素分离工厂工作，有丰富的实际经验。在他领导下，巴基斯坦于20世纪80年代掌握了核技术，巴基斯坦民众曾把他看成民族英雄。但是，他卷入了核扩散丑闻，涉嫌通过黑市向伊朗和利比亚出卖核机密，于2004年初被解职。

图54-50 巴基斯坦核试验一周年
（巴基斯坦1999）

以色列一直对自己是否拥有核武器讳莫如深。据以色列国会传出的消息，以色列至少拥有300件核武器。外国观察家认为这个数字在250～400之间。

全世界至今共有8个国家确知拥有核武器，它们是：5个安理会常任理事国中、美、俄、英、法，加上印度、巴基斯坦和以色列。还有一些国家如伊朗和朝鲜可能正在大力发展核武器，是否做出来了尚不明朗，国际社会正试图加以制止。核武器扩散不是好事。

现在全世界（主要是俄、美两国）已储存了上万件核武器，足以将人类文明摧毁多次。在相互摧毁的恐怖平衡下，世界维持了冷和平。人类生活在死亡的阴影中。各国人民强烈要求停止核试验，反对核扩散，禁止发展和使用核武器，使所在地区成为无核地区。这也反映在邮票上。下面是一些以反对核武器为主题的邮票（按发行年代的顺序）：图54-51，东德1950，这是第一张上面出现蘑菇云的邮票，一只大手竖立在蘑菇云和和平鸽之间，保护鸽子不受核爆炸的杀伤，右上的德文是"为和平而斗争"（全套四张，另外几张图案相似，不过代替蘑菇云的是爆炸的炸弹、坦克、墓地）；图54-52，东德1964，纪念柏林邮展，以前一邮票为图案的票中票；图54-53，联合国1964，停止核试验；图54-54，捷克斯洛伐克1969，世界和平运动20周年，邮票图案是抽象派绘画，注意中间的蘑菇云；图54-55，联合国1972，反对核扩散；图54-56，保加利亚1982，核裁军；图54-57，刚果1984，为控制大规模杀伤性武器而斗争；图54-58，孟加拉国1986，国际和平年，这张邮票的画面上，美丽的鲜花和蝴蝶，由劫后的断瓦颓垣衬托着，对比强烈，强调了生命力的强大，令人不禁低吟"战场霜后菊，犹对故园开"；图54-59，肯尼亚1986，国际和平年；图54-60，古巴1992，保护环境；图54-61，墨西哥1997，特拉特洛科条约（见图54-11的说明）30年，图上的文字是"特拉特洛科条约·禁止在拉丁美洲和加勒比海地区拥有核军备"，上面充满生机的绿树和下面的蘑菇云成强烈的对比；图54-62，哈萨克斯坦1999，停止核试验10周年，UNEP是联合国环境规划的简写；图54-63，古巴1999，没有武器的新千年，Upaep是"西语美洲和葡语美洲邮政联盟"的简写；图54-64，多米尼加1999，同古巴票。

这些邮票和前面的一些邮票上都有蘑菇云，它是核武器爆炸时的一道特殊的景观。蘑菇云是由强烈的爆炸产生的，形状像蘑菇，上大下小，因此得名。除核武器爆炸外，火山爆发或天体撞击也能生成蘑菇云。核爆炸发出大量热量，爆点周围突然出现大量温度很高的高热空气，夹着地面的粉尘、碎片急速上升，造成向外向下翻的旋涡，称为"烟云"，而中央则烟和杂物向上翻腾，形成"尘柱"（蘑菇柄）。云柱升高膨胀的过程中会降温。降到与周围空气几乎等温时，将减速上升，然后改变运动方向，向四周平移，最后逐渐变为下降，蘑菇顶得以形成。蘑菇云的高度因爆炸的当量（初始温度）的不同而不同，原子弹的蘑菇云带黄色，氢弹的蘑菇云呈白色。

再看一些上面没有蘑菇云的反对核武器、争取世界和平的邮票：图54-65（东德1958），反对原子武器；图54-66（卢旺达1966），核裁军，左边的文字是"反对核武器"；图54-67（苏联1958），斯德哥尔摩裁军和国际合作大会，右下角为"列宁号"原子破冰船；图54-68（苏联1962），争取普遍裁军与和平大会，图案是销毁原子弹，A代表原子弹；图54-69（苏联1963），禁止在大气层、宇宙空间和水下试验核武器条约；图54-70（苏联1983），消灭核武器，把核武器扫除到地球之外，示威人群举的标语是用各种语言写的"和平"；图54-71（日本1949），将广岛建设为和平纪念城市；图54-72（日本2005），广岛和平纪念公园，显然，广岛能帮助日本人记住历史教训；图54-73（新西兰2008），字母邮票，字母N对应于没有核武器，它将英文NO中的O写成禁止核武器的图标（图54-66中也有这个图标）。

最后谈一下贫铀弹。1991年的海湾战争中，美、英两国军队对伊拉克使用了贫铀弹，这是世界战争史上的首次。1999年在科索沃战争中，以美国为首的北约部队又使用了贫铀

图 54-51（东德 1950）

图 54-53（联合国 1964）

图 54-54（捷克斯洛伐克 1969）

图 54-52（东德 1964）

图 54-55（联合国 1972）

图 54-56（保加利亚 1982）

图 54-57（刚果 1984）

图 54-58（孟加拉国 1986）

图 54-60（古巴 1992）

图 54-63（古巴 1999）

反对核军备的蘑菇云邮票

图 54-62（哈萨克斯坦 1999）

图 54-59（肯尼亚 1986）

图 54-61（墨西哥 1997）

图 54-64（多米尼加 1999）

图 54-65（东德 1958）

图 54-67（苏联 1958）

图 54-66（卢旺达 1966）

图 54-68（苏联 1962）

图 54-70（苏联 1983）

图 54-71（日本 1949）

图 54-69（苏联 1963）

图 54-73（新西兰 2008）

图 54-72（日本 2005）

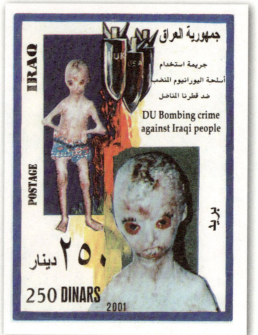

图54-74　反对贫铀弹（伊拉克2001）

弹。所谓 "贫铀" 是指从天然铀中提炼出铀235以后的废料，其主要成分是铀238，放射性不高，但仍有轻微的放射性。它与别的金属制成贫铀合金，强度和硬度很大，用这种合金做弹芯制造的炮弹或炸弹在击中目标时，其穿透力和产生的高温远远超过一般的弹药，可以穿透很厚的装甲，是对付装甲的最好武器。海湾战争中美军的A-10型攻击机使用贫铀弹，击毁了1000余辆伊拉克坦克。贫铀弹不是核武器，它不是利用核反应释放的巨大能量来达到战争目的。但是国际上对贫铀弹的研制和使用始终存有争议。铀238也是有放射性的，贫铀弹中的铀238高度浓集，会使被炸地区铀的浓度骤然升高，比地壳中的天然铀浓度高得多。贫铀弹爆炸时产生的高温使弹体发生尘化，变成细微颗粒随空气流动而四处飘散，造成严重的放射性污染，被人吸入体内为害。铀238的半衰期比铀235更长，可以长期破坏环境，受污染地区人群肿瘤患病率增加。除了放射性外，铀还有重金属的化学毒性。实际上，伊拉克和南联盟发生战斗的地区在战后都出现大量癌症患者，放射性远高于正常水平，连美军和北约军队自身也有许多人在战后患 "海湾战争综合症"。特别是伊拉克儿童受害最严重，在遭贫铀弹打击最厉害的伊拉克南部巴士拉地区，畸形和患有各种怪病的儿童很多。伊拉克于2001年海湾战争10周年之际发行邮票（图54-74），控诉美国使用贫铀弹。

55. 核能的和平利用

二战后，核能的和平利用提上了日程。核能的独特优点是：① 地球上的石油40年后即将耗尽，煤也只可开采200多年，煤和石油还是重要的化工原料，而核能是地球上储量最丰富的能源，地球上的核裂变燃料即铀矿和钍矿资源，按其所可释放的能量计算，是化石能源的20倍，开发和利用核能来替代煤和石油作为后续能源已是当务之急，而聚变燃料氘更是广泛存在，如能实现可控聚变，人类就不会再为能源担心了；② 核能是清洁的能源，不产生二氧化碳，不会引发温室效应，产生的其他污染物也少，有利于保护环境。不过，裂变燃料产生的废料具有放射性，有的放射性废料的半衰期很长，其处理是一大难题。最近，提出了用加速器或反应堆加以照射以处理的建议。

要开发和利用核能，首先要使核裂变链式反应是可控的，这靠热中子反应堆来实现。原子弹爆炸利用的是不用减速剂使中子慢化，而且不加控制的裂变链式反应，使用的核燃料要高度提纯，使裂变材料达到90%以上；而反应堆则使用低浓度的核燃料或天然铀，这就必须用减速剂使中子减速，把中子的动能从2 MeV左右减小到1 eV以下（称为热中子），以加大裂变截面（可加大几百倍）。裂变后放出的中子，绝大部分是裂变后10^{-14}秒时间内产生的瞬发中子，但也有千分之几的中子，是不稳定的裂变产物再作β衰变放出的，根据裂变产物的半衰期，在裂变后经过几秒甚至几分钟后才放出。这些缓发中子是核裂变实现可控的关键。设计反应堆时，考虑达到临界的条件时将缓发中子包括进来，这样就有充分的时间来控制反应的速率了。

热中子反应堆由4个基本部分构成：裂变燃料、减慢中子速度的减速剂、将热能从燃料中带出来的冷却剂、用镉做的吸收中子的控制棒。裂变燃料共有3种：铀235、钚239和铀233。其中只有铀235是天然存在的，在天然铀中占0.72%，其他两种都要在反应堆中人工生成。因此，天然铀是最基本的燃料。天然铀是从沥青铀矿中开采出来的，沥青铀矿最早在

图55-1（捷克斯洛伐克
1966）

图55-2（加拿大1980）

图55-3（南非1977）

捷克的Jachymov发现，图55-1（捷克斯洛伐克1966）的邮票宣传Jachymov这个地方，左上角的文字是"Jachymov：原子时代的摇篮"。图55-2（加拿大1980，铀资源）的画面是沥青铀矿的分子结构，其主要成分是二氧化铀。图55-3（南非1977）的主题是南非的铀开发25年，南非是全球铀矿主要贮存地之一。燃料一般制成圆棒形，外有金属包壳。燃料棒按格子状分布在减速剂中，排成六角形（图55-4，捷克斯洛伐克1967，蒙特利尔世界博览会）。减速剂应为原子序数小的物质，中子通过和它们的原子的弹性碰撞而减速。常用的减速剂有重水、石墨、轻水（普通水）和铍。其中重水和石墨最为理想，它们对中子的减速效率高，对中子的吸收又小，可以使用天然铀燃料。轻水便宜，但对中子的吸收截面较大，必须用轻度浓缩（浓度达到3%～4%）的核燃料。反应堆常用的冷却剂有轻水、重水、某些气体（如CO_2、He）及液体金属钠等。将控制棒插入燃料中，吸收中子；改变插入的深度，便可改变反应发生的快慢，进而实现自动调节。

图55-4 反应堆芯的截面
（捷克斯洛伐克1967）

轻水或重水在用作减速剂时，同时也用作冷却剂。这样的反应堆叫轻水堆或重水堆。用石墨作减速剂的反应堆叫石墨堆，按照冷却剂的不同而分为石墨水冷堆和石墨气冷堆。轻水堆是目前最流行的堆型，在核电站中占85%以上。它的主要优点是，水比气体的密度大，导热和减速中子的性能好，因此轻水堆的结构紧凑，堆芯体积小，投资低。它的缺点除了对中子吸收较强不能用天然铀燃料外，还有水的沸点低，为了使作为冷却剂的水在出口处有较高的温度以提高热效率，反应堆必须在高压下运行以提高水的沸点。因此轻水堆又分为压水堆（水在反应堆内不沸腾）和沸水堆（水在反应堆内沸腾）两种。压水堆(PWR)、沸水堆(BWR)、重水堆(HWR)和石墨气冷堆(GGCR)是热中子动力堆中技术比较成熟的四种堆型，尤其是压水堆，其装机容量约占核电装机总容量的70%。

为了确保核电站及环境的安全，防止放射性物质逸出，现代的核电站将裂变燃料和产物严密封闭在三道屏障内（参看下面的图55-29）。第一道屏障是燃料元件包壳。第二道屏障是压力壳，是反应堆冷却剂的边界，壳体是一层厚合金钢板，厚160～200 mm，能承受175大气压的压力，350℃的温度。其功能是万一燃料包壳损坏，放射性泄漏到水中，也仍然受到屏障。第三道屏障是安全壳即反应堆厂房，顶部是球形的预应力钢筋混凝土建筑，壁厚1 m，内衬6~7 mm厚的钢板，能够抵抗一架喷气式飞机坠毁的冲击力。它的功能是即使在极限事故或严重灾难的情况下，仍能把事故影响控制在安全壳内，防止放射性物质外泄，保证周围环境不受污染。因此，我们看到邮票上的核电站厂房都有一个穹顶。

反应堆按照用途，可分为研究堆、生产堆和动力堆三大类。研究堆的功率低，主要用于试验和各种参数的测量。生产堆用于生产核武器用的钚239和氚。动力堆用于供电或供热。世界上第一座反应堆是费米在芝加哥大学建造的试验堆，它以天然铀为燃料，石墨为减速剂，空气冷却，于1942年12月2日达到临界，得到的功率为0.5 W。第一座生产堆于1943年在美国建成并投入运行，用以生产制造原子弹的钚239。

不论是核能的军用或民用，首先得有研究堆。20世纪50年代中期起，世界上大量建造用于各种研究工作的反应堆。图55-5至图55-9是中国和东欧各国在20世纪50年代建造的反应堆，它们都是苏联援建的（图55-5，中国1958，这是座重水堆；图55-6，捷克斯洛伐克1958，捷苏友好条约15周年；图55-7，东德1959，民主德国10周年；图55-8，罗马尼亚1960；图55-9，南斯拉夫1960，贝尔格莱德核能展览会）。它们是如此相像，也许是按照苏联的同一套图纸修建的吧。还有图55-10（匈牙利2009，布达佩斯研究反应堆50年），这个反应堆也是苏联援建的，用轻水减速和冷却。于1959年首次达到临界，初始热功率为2 MW。1967年第一次升级，用一种新型燃料和一个铍反射罩，使功率增加到5 MW。1986年全面改建和升级，功率增加到10 MW。

图55-11至图55-17是亚洲一些国家和地区在不同时期建造的反应堆：图55-11，中国台湾1961，注意第二枚票堆芯中的淡绿色辉光，就是切伦科夫辐射；图55-12，日本1957，JRR1核反应堆竣工纪念；图55-13，韩国1962，纪念韩国第一座核反应堆竣工；图55-14，以色列1960，研究用原子堆；图55-15（印度1965）和图55-16（印度1976）都是特朗姆贝反应堆，注意这两枚邮票仅面值铭记不同；图55-17，巴基斯坦1966，位于伊斯兰堡的巴基斯坦第一座反应堆竣工。图55-18是比利时1961年发行的纪念欧洲原子能联营的邮票，第一枚是BR2（BR是比利时反应堆的缩写）反应堆，它是一座高通量研究用反应堆，用于测试反应堆中的材料和燃料；第三枚是BR3反应堆，第二枚是BR3反应堆的主操作台。BR3是欧洲第一座压水堆，它于1961年启动，1987年关闭，有10 MW的电功率输出。它用来对核电站的工作人员进行培训和测试核燃料。图55-19是南越1964年发行的"原子能用于和平"邮票，图案是反应堆，我们也放在这里。南越是没有反应堆的，不知邮票中的反应堆是哪里的。

核电站与火力发电站相似，只是以反应堆代替锅炉，把反应堆产生的高温、高压蒸汽送入汽轮机发电。1954年6月27日，苏联建成世界上第一座核电站——科学院奥布宁斯克核电站，它是一座实验性石墨沸水堆，以天然铀为燃料，石墨为中子减速剂，电功率为5 MW（图55-20，苏联1956，第一和第三枚票为电站的地面建筑，第二枚票为反应堆的顶部，

图55-5（中国1958）

图55-6（捷克斯洛伐克1958）

图55-7（东德1959）

图55-8（罗马尼亚1960）

社会主义阵营国家的反应堆

图55-9（南斯拉夫1960）

图55-10（匈牙利2009）

各国早期的反应堆

图55-11（中国台湾1961）

图55-13（韩国1962）

图55-12（日本1957）

图55-14（以色列1960）

图55-15（印度1965）

图55-16（印度1976）

图55-17（巴基斯坦1966）

图 55-18 BR 反应堆（比利时 1961）

图 55-19 反应堆（南越 1964）

图 55-20（苏联 1956）

图 55-21 英国（蒙特塞拉 1995）

图 55-22（法国 1959）

图 55-23（日本 1965）

图 55-24（阿根廷 1969）

图 55-27（捷克斯洛伐克 1975）

图 55-25（韩国 1971）

图 55-26（巴基斯坦 1972）

图 55-28（芬兰 1977）

反应堆的大部分在地下，只有顶部超出地面，最上方的俄文字是"原子能为人类服务"）。从此开始了核能发电的时代。1956年英国建成卡德霍尔核电站（图55-21，蒙特塞拉1995，二战中的科技成就），它是一座天然铀石墨气冷堆核电站，是世界上第一座商用核电站，有4座反应堆，每个反应堆的输出电功率为50 MW，1956年开始运行。实际上它是军民两用的动力-生产堆，产生电力供民用，军用目的是生产钚，是英国核武器计划的重要组成部分。邮票上的文字是"从1942年芝加哥到1956年英格兰卡德霍尔第一座原子能电站"。法国第一座动力堆G1堆于1945年5月在马库尔兴建，于1956年1月7日达到临界。该堆为气冷堆，一直运行到1968年。图55-22（法国1959，法国技术成就）中就是马库尔核电站。在20世纪50年代，只有苏联、美国、英国和法国4个国家建成核电站。1960年，全世界核电装机容量只有860 MW。从1954年到1965年是实验示范阶段，在此期间共有38个机组投入运行，属于"第一代"核电站，即早期原型反应堆。

图55-29（中国台湾1978）

1966年，核能发电的成本已低于火力发电的成本，这标志着核能发电真正进入实用阶段。1966年至1980年是核电高速发展时期，在此期间，全世界共有242个机组投入运行，属于"第二代"核电站。

以下是出现在邮票上的各国在20世纪所建的一些核电站（有些核能邮票作为成套的能量邮票中的一枚已在前面第27节"能量和能源"中出现过）：图55-23（日本1965，国际原子能机构第9次大会），东京核电站；图55-24（阿根廷1969），阿图查核中心，它是阿根廷第一座核电站，在布宜诺斯艾利斯附近，输出电功率360 MW；图55-25（韩国1971，第二个五年计划）；图55-26（巴基斯坦1972），卡拉奇核电站落成；图55-27（捷克斯洛伐克1975，解放30周年）；图55-28（芬兰1977），Hastholm岛上的核电站落成；图55-29（中国台湾1978，台湾第一座核电站），画面是一座反应堆的剖面图，配合反应堆堆芯的截面图图55-4、图55-10等，我们可以大致想象反应堆内的样子；图55-30（中国台湾1986，电力建设，核能发电）；图55-31（捷克斯洛伐克1987，核能发电产业）；图55-32（南非1989，能源），南非Koeberg核电站；图55-33（罗马尼亚2008，罗马尼亚国营核电公司10周年），策尔纳沃达的核电厂，其发电量占罗马尼亚全国发电量的10%，右上角的文字是"原子为人类服务"。

英国人比较偏爱石墨气冷反应堆。他们的第一座核电站卡德霍尔核电站便是石墨气冷堆，以金属天然铀为燃料，二氧化碳为冷却剂。后来做了改进，燃料改用二氧化铀，需将铀235的丰度提高到2%～3%，冷却剂的出口温度从400℃提高到650℃，热效率提高不少。英国自1965年起修建了14座这样的改进型气冷堆，总装机容量8000 MW。图55-34（英国1966，英国技术）

图55-30（中国台湾1986）

图55-31（捷克斯洛伐克1987）

图55-32（南非1989）

图55-33（罗马尼亚2008）

图55-34（英国1966）

图55-35（英国1978）

图55-36（加拿大1966）

图55-37（阿根廷1982）

图55-38（苏联1958）

图55-39（苏联1965）

图55-40（苏联1977，4/5原大）

是Windscale的反应堆，邮票下方的文字是"Windscale先进的气冷堆"；图55-35（英国1978，能源），Oldbury核电站。最近又出现了高温气冷堆，采用陶瓷涂敷颗粒燃料，以He为冷却剂。冷却剂出口温度可达800℃，热效率达40%。我国在"863"计划中规定要建造一座热功率为10 MW的研究型高温气冷堆。

加拿大、日本、英国和德国都对重水堆进行了开发，以加拿大的技术最先进（图55-36，加拿大1966，和平利用原子能），其商品的注册商标为CANDU(Canada Deuterium Uranium)，简称坎杜堆，是压力管式的重水动力堆，以天然铀为燃料。加拿大现在运行的核电站全部为重水堆，并向全世界输出，阿根廷科尔多瓦省的Embalse－RIO Ⅲ核电站便是坎杜堆（图55-37，阿根廷1982，左图为反应堆建筑，右图为控制室）。我国秦山核电站三期工程的加压重水堆也从加拿大引进。

核动力堆除了用于核电站外，还用于舰、船的驱动，特别是破冰船、潜艇等难以或不便从港口补充燃料的舰船。图55-38（苏联1958，全苏工业展览会）是苏联的"列宁号"原子能破冰船；图55-39（苏联1965，北极和南极考察）是"列宁号"破冰船牵引船队通过维利基茨基海峡；图55-40是原子能破冰船"北极号"航行北极以纪念十月革命60周年。图55-41和图55-42也是原子能破冰船（苏联1978），图55-41是"列宁号"，图55-42是"北极号"。图55-43（苏联1988）是"西伯利亚号"原子能破冰船在北极海中进行高纬度考察。图55-44（俄罗斯2009）是俄罗斯破冰船队，第一枚邮票仍是"列宁号"。图55-45至图55-47是苏联、法国和美国的核动力潜艇：图55-45（苏联1970）是苏联的"列宁共青团号"，图55-46（法国1969）是法国的"堪畏号"，图55-47（美国2000）是美国的洛杉矶级核潜艇。还有核动力的航空母舰。潜艇和航空母舰都是武器，不属和平应用，但为了叙述方便，我们把这些邮票都放在本节。图55-48（日本1969）纪念日本第一艘核动力船只"陆奥丸"下水。图55-49（罗马尼亚1959，第一艘原子破冰船）仍是"列宁号"原子破冰船。图55-50（巴拿马1965，和平利用原子能）中有3张邮票是核动力船，所以也放在这里。其中第一枚是核动力潜艇"鹦鹉螺号"；第二枚是世界第一艘原子动力的客运和货运船美国的"萨凡纳号"；第四枚是核动力破冰船，又是"列宁号"。"列宁号"原子破冰船还出现在上节图54-67的右下角，还有下面的图55-122和图55-123。据统计，列宁是肖像邮票最多的人，那么"列宁号"原子破冰船便是邮票最多的船。图55-50的其他三枚：第三枚，第一座原子能电站，英国的卡德霍尔电站（又见图55-21）；第五枚，停泊在海上的由核能供给动力的观测台；第六枚，核动力空间飞船。

80年代前后，核电站出了两次大事故。两次事故都带有人为操作错误的

图55-41（苏联1978）

图55-43（苏联1988）

图55-46（法国1969）

图55-42（苏联 1978）

图55-44（俄罗斯 2009）

图55-45（苏联 1970）

图55-47（美国 2000）

图55-48（日本 1969）

图55-49（罗马尼亚 1959）

图55-50 和平利用原子能（巴拿马 1965，9/10原大）

因素。一次是美国三哩岛，发生在1979年3月28日凌晨，导致堆芯熔化，经济损失严重。但因有安全壳屏障，从安全壳向环境释放的放射性物质不多，对环境和居民未造成大的损害。另一次是1986年4月26日，苏联的切尔诺贝利（在乌克兰境内，邻近白俄罗斯）核电站的第4号反应堆发生爆炸，引发了大火，堆芯熔化，石墨燃烧，并散发出大量高辐射物质，释放出的辐射线剂量是广岛原子弹的400倍以上。部分厂房倒塌，两名工作人员当场死亡。有237名专业人员和救援人员确诊患了辐射病，其中29人在一个月内死亡。有56人直接死于此事故，估计在高度辐射线物质下暴露的大约60万人中，有4000人将死于癌症。白俄罗斯是遭受灾难影响最严重的国家，由于风向，切尔诺贝利事故产生的污染60%掉落在白俄罗斯境内，造成该国23%的领土和25%的人口都暴露在核污染之下。放射性污染还被风吹送扩散到东欧和北欧各邻国。事故发生后，发生爆炸的4号反应堆被钢筋混凝土封起来，电站30千米以内的地区被定为"禁入区"。切尔诺贝利本是苏联核电的展览橱窗，它提供全苏总电力的1/6。它的堆型属于过时的石墨沸水堆，其性能存在严重隐患（有正温度系数，即温度上升反应率增大，这就形成了正反馈），又没有安全壳，因此出事故后造成的损害非常严重。事后疏散了附近的13.5万居民，国际上成立了一个Chabad切尔诺贝利儿童基金会，帮助把切尔诺贝利地区的儿童撤往别的国家。图55-51至图55-58是切尔诺贝利事件的直接当事国发行的纪念这次事件的邮品：图55-51（苏联1991），切尔诺贝利事故5周年，图上一片荒烟衰草，不仅是切尔诺贝利无人区内的景象，而且也是当时苏联风雨飘摇的写真，半年后苏联就解体了；图55-52（乌克兰1996），切尔诺贝利灾难10周年，厂房烟筒喷出的火焰像是一支悼念的蜡烛；图55-53（白俄罗斯1996），切尔诺贝利悲剧10周年，3枚邮票与副票组成四方连，副票上是事故现场的景象，3枚邮票上分别是悼念的眼睛（眼珠内是电离辐射的符号）、放射性污染和人们离家后封闭的门窗；图55-54（白俄罗斯2001），切尔诺贝利悲剧15周年，滴泪的眼睛；图55-55（乌克兰2003），欧罗巴邮票——海报艺术，也是为了悼念切尔诺贝利核电站事故的遇难者，两枚邮票的图案，左边是圣母和鸽子，右边是守卫天使，手中拿着电离辐射的标志；图55-56（白俄罗斯2006），切尔诺贝利悲剧20周年；图55-57（乌克兰2006），明信片，切尔诺贝利悲剧20周年，左下为切尔诺贝利原来的厂房，邮资图案是电离辐射标志；图55-58（白俄罗斯2011），切尔诺贝利悲剧25周年；乌克兰原也准备发行切尔诺贝利悲剧25周年邮票，网上已传出图片（图55-59，比实物缩小，左图为消防官兵抢救灭火，右图为出事的4号反应堆附近的一棵形状奇特的树），但不知何故最后未发行。1996年，切尔诺贝利核事故10周年之际，联合国教科文组织在全球开展了"帮助切尔诺贝利的孩子们"活动，许多国家在1997年发行了邮票，多以Chabad基金会为题，如图55-60（以色列1997），画面上是撤出的孩子们到达目的地的情景。安提瓜和巴布达、不丹、多米尼加、冈比亚、格林纳达、加纳、圭亚那、科威特、利比里亚、圣文森特和格林纳丁斯、塞拉利昂、坦桑尼亚、乌干达和牙买加等国于1997年联合发行了切尔诺贝利儿童邮票，各国邮票的图案相似，每套邮票2张，主图案相同，都是一张儿童的脸，文字不同，一张上写着"Chabad切尔诺贝利儿童基金会"，一张上印着教科文组织的

图 55-51（苏联 1991）

图 55-52（乌克兰 1996）

图 55-53（白俄罗斯 1996）

图 55-54（白俄罗斯 2001）

图 55-56（白俄罗斯 2006）

图 55-55（乌克兰 2003）

图 55-58（白俄罗斯 2011）

图 55-57（乌克兰 2006，3/5 原大）

图 55-59（乌克兰未发行）

图 55-62（帕劳 2000）

图 55-60（以色列 1997）

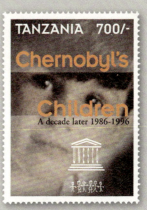

图 55-61（坦桑尼亚 1997）

徽记，如图55-61（坦桑尼亚1997）。切尔诺贝利事故是20世纪的一件大事，帕劳（图55-62）和马绍尔群岛（图55-63）于2000年发行的20世纪大事邮票中都有有关的邮票。马绍尔群岛的邮票和马尔加什1992年的小型张（图55-64）画的是消防员和消防直升机如何扑灭大火。直升机撒了几千吨沙土才把大火压住，最后用混凝土堆了一个棺材将出事的四号反应堆封起来。不少消防员和直升机驾驶员受到严重的放射性伤害。马绍尔群岛邮票右边的英文是"灾难向公众提出关于核风险的警示"，右下角缩微印刷的小字是"1986年发生在乌克兰的切尔诺贝利核电站的历史上最糟的核灾难污染了东欧的广大区域"。

这两次事故（特别是切尔诺贝利事故）在全世界造成很大的震动，引发了对核能安全性的忧虑，反核势力抬头，核能发展进入低潮。然而，一些缺乏能源的国家如法国、日本、韩国，仍坚持以发展核电为主。近年来，经过分析论证，并正确吸取两次核事故的教训（例如两次事故后果的对比凸显了安全壳的作用和必要性），反应堆的安全性能有了很大的改进，人们又增强了对核安全的信心，发展核电的势头又高涨起来。截至2011年6月1日，全世界有29个国家共运行着441台核电机组，总装机容量为376400 MW，主要分布在北美、西欧和东亚的一些发达国家；有13个国家正在建设60台核电机组，总装机容量为63000 MW，主要集中在亚洲的中国、印度和俄罗斯等国。核电发电量约占总发电量的16%。按发电量，美国、法国、日本、俄罗斯、韩国是5个最大的核发电国家。美国有104台核电机组，装机容量11万MW，占全世界核电总装机容量的29%，占美国总发电量的20%。某些缺乏能源的国家核电所占比例更高，如法国（现有58台核电机组运行，总装机容量6万MW）核能发电量占总发电量的75%，瑞典和斯洛伐克都超过一半，这使它们摆脱了对进口能源的依赖。

我国大陆地区也于90年代实现了核电零的突破。1991年12月15日，我国第一座工业规模的试验性核电站秦山核电站（在浙江海盐）并网发电（图55-65，中国1990）。中国核

图55-63（马绍尔群岛2000）

图55-64（马尔加什1992，4/5原大）

图 55-65　秦山核电站（中国 1990）

图 55-66　查什马核电站（巴基斯坦 2001）

图 55-67　大亚湾核电站（中国 1994，3/5 原大）

图 55-68（美国 1982）

图 55-69（英国 1964）

图 55-70（法国 1974）

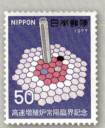

图 55-71（日本 1977）

图 55-72（日本 1994）

图 55-73（韩国 1995）

电从秦山起步，秦山核电站是我国自行设计建造的一座核电站，采用压水堆，设计电功率300 MW。秦山一期工程的主要目的是掌握技术，培养队伍，积累经验，为中国进一步发展核电打好基础。秦山一期的经验是成功的，投入运营十多年来，放射性流出物的排放量和固体废物的产出量远低于国家规定的指标，周围环境的辐射水平一直保持在天然本底，表明它是安全可靠的。利用秦山一期的经验，我国援助巴基斯坦设计、建设了查什马核电站，已于2000年9月开始供电（图55-66，巴基斯坦2001，查什马核电站）。它是巴基斯坦的第二座核电站，也是300 MW的压水堆。然后在秦山核电站二期工程，我们又继续自行设计和建造了两座600 MW的机组，已分别于2002年4月和2003年5月投入运营。

我国发展核电事业的方针是自行设计与从国外引进并举，相互促进。广东大亚湾核电站是引进国外资金、设备和技术建设的第一座核电站（图55-67，中国1994）。它是从法国引进的两座984 MW压水堆，1987年8月动工兴建，两台机组先后于1994年2月和5月投入商业运营。此后，广东岭澳核电站一期引进了相似的2×984 MW法国压水堆，1997年5月动工，先后于2002年5月和2003年1月投入商业运营。二期也是两台压水堆，采用中广核CPR1000技术，单台装机容量1040 MW，2005年年底动工，分别于2010年9月和2011年8月建成投产。岭澳核电站与大亚湾核电站离得很近，都在深圳东南的大鹏半岛上，仅在组织上分为两个实体。秦山三期工程引进加拿大2×728 MW重水堆，先后于2002年11月和2003年6月并网发电。江苏田湾核电站引进俄罗斯2×1060 MW压水堆，分别于2004年和2005年建成投产。到2011年底，我国共有4座核电站13台机组运转，装机容量11 100 MW，核电发电量占全国总发电量1.9%。

面对我国经济的迅速发展，电力供给显得不足。由于化石燃料的紧张，我国将迎来一个核电大发展的时期。预计到2020年，为了使国民经济翻两番让GDP达到4万亿美元，电力供应需达到90万MW，而现在已有的装机容量为35万MW。除了新建火电和水电站外，缺口准备采用核电。计划到2020年使核电发电能力达到7万MW，占总发电能力的8%。这同世界平均水平还有不小的距离，但已是目前的核电发电能力的6倍还多了。现在已上马的有广东阳江、浙江三门、辽宁红沿河等13个核电站，装机容量34000 MW。有关我国核电事业的进展和世界核电的动态，有兴趣的读者可以浏览中国核信息网（http://www.atominfo.com.cn）。

铀235毕竟只占天然铀的0.72%，在核能大发展的前景下，几十年后也会耗尽。解决这个问题的办法是增殖反应堆。增殖反应堆是继热中子反应堆之后，人类开发和利用核能的又一步。如果核裂变时产生的快中子，不像热中子堆中那样予以减速，当它轰击铀238或钍232时，铀238或钍232便会以一定比例吸收这种快中子，变为钚239或铀233核。钚239裂变放出的中子数比铀235或铀233裂变时放出的中子多，因此增殖堆多用钚239为燃料。每消耗一个钚239核，释放出能量，还可以得到一个以上新的钚239核，这便实现了核燃料的增殖，可使铀资源的利用率提高60～70倍，几乎可以百分之百地利用。这样的反应堆称为增殖堆，又称为快中子增殖堆（FBR）或快堆。

快中子的裂变截面小，为了维持链式反应，使用的核燃料量比同功率的热中子堆要大

图55-74 托卡马克
苏联 1987）

得多，浓度也更高，一般要浓缩到20%左右。快堆使用直径约1米的由核燃料组成的堆芯，铀238包围着堆芯的四周，构成增殖层，铀238转变成钚239的过程在增殖层中进行。因为快堆中核裂变反应十分剧烈，要求冷却剂传热性能好而又不使中子减速，金属钠符合这个要求。美国（图55-68，美国1982，诺克斯维尔博览会，增殖反应堆）、英国（图55-69，英国1964，第20届国际地理学大会，Dounreay快中子反应堆，1955年开始运行，1959年达到临界，电功率为14 MW，1977年3月退役）、苏联、法国、日本先后建了一些试验性快堆，但还没有哪个国家建成大功率的商用增殖堆。法国后来居上，1968年开始建造世界最大的"凤凰"示范快堆核电站（图55-70，法国1974，"凤凰"核反应堆建成），电功率250 MW。日本建造了实验快堆"常阳"（图55-71，日本1977，"常阳"快增殖堆达到临界，画面是插入反应堆芯的控制棒），又建造了原型快堆"文殊"（图55-72，日本1994，"文殊"快增殖堆达到临界，画面是反应堆建筑）。由于钠的化学性质活泼，遇见空气会燃烧，碰到水会爆炸，在技术上带来许多难题。快堆常常由于钠泄漏而停堆或关闭，快堆关闭后拆除时如何将金属钠取出也是个难题。图55-73（韩国1995）的Hanaro反应堆是一座高通量中子应用反应堆，功率30 MW。由韩国自主研制，供科研用，1995年2月启动。

　　开发利用核能的第三步是可控自持核聚变。目前最有希望实现可控自持核聚变的方法是磁约束，即用磁场将高温等离子体约束在一个小区域里，这个想法是萨哈罗夫和他的老师塔姆提出的。20世纪60年代末苏联科学家建成了托卡马克装置（环流器），它利用电磁感应造成的环电流的"极向"磁场配合纵向磁场约束等离子体。图55-74（苏联1987）是托卡马克的外形。上节说过，苏联科学家阿基莫维奇（见图54-32）对高温等离子体进行了大量研究，在稳定的等离子体中首先获得物理的热核聚变。另一个可能实现可控热核聚变的方法是惯性约束，用激光束射到球形氘氚靶丸上，利用粒子的惯性，在靶丸未严重飞散以前的短暂时间（$10^{-10} \sim 10^{-11}$秒）内达到足够高的热核燃烧，可说是可控的微型核爆炸。

　　除以上的"硬"成果外，二战后，各国和国际上还建立了一些机构，制定了一些法案，有助于核动力的开发利用。这些也反映在邮票上。1946年，美国参议员麦克马洪提出原子能法案并在参院通过，对美国二战中在曼哈顿计划下发展起来的庞大的原子能产业顺利地军转民起了积极作用（图55-75，美国1962）。这个法案规定战后美国的原子能开发研究由文官组成的原子能委员会管理，只对与武器有关的技术严格保密而不限制基础科学研究。联合国召开过几次和平利用原子能大会（首次于1955年在日内瓦召开），担任主席的是印度理论物理学家巴巴，他也是印度原子能计划之父（图55-76，印度1966），从印度的塔塔基础科学研究所成立起就担任它的所长（图55-77，印度1996，塔塔研究所50周年），对印度的物理学发展、科学人才的培养起了很大的作用（图55-78，印度2009，诞生百年）。他的科学工作主要是在宇宙线、基本粒子和量子电动力学方面，他是宇宙线级联簇射理论的创始人之一。他于1960年至1963年担任国际理论物理与应用物理联合会主席，1966年死于空难。埃及人巴拉迪（1942—　　），曾连任3届（1997—2009）国际原子能机构总干事，于2005年获得诺贝尔和平奖（图55-79，埃及2005）。

图55-75 麦克马洪参议员（美国1962）

图55-76 巴巴（印度1966）

图55-77 巴巴（印度1996）

图55-78 巴巴（印度2009）

图55-79 巴拉迪（埃及2006）

图55-80 （联合国总部1958）

图55-83 （喀麦隆1967）

图55-84 （加蓬1967）

图55-81 （比利时1958）

图55-82 （瑞士1958）

图55-85 （毛里塔尼亚1967）

图55-86 （联合国1977）

图55-87（联合国日内瓦办事处1977）

图55-88（奥地利1977）

图55-89（苏联1982）

图55-90（苏联1987）

图55-91（保加利亚1987）

图55-92（奥地利1979）

图55-93（摩纳哥1986）

图55-95（巴西1976）

图55-96（印度1979）

图55-94（墨西哥1972）

图55-97（南斯拉夫1961）

图55-98（芬兰1970）

　　1957年成立了联合国监督下的政府间组织国际原子能机构（英文缩写为IAEA）。它的宗旨是加速并扩大原子能的和平利用，并监督受援国不将援助用于军事目的。在它成立一年时，发行邮票的有图55-80（联合国总部1958）和图55-81（比利时1958）。1958年在日内瓦召开了第二届联合国和平利用原子能会议（图55-82，瑞士1958）。IAEA成立10年时发行的邮票有图55-83（喀麦隆1967）、图55-84（加蓬1967）和图55-85（毛里塔尼亚1967），在这些邮票上已可看到IAEA的正式徽记——麦穗包围原子图；纪念它成立20年的邮票有图55-86（联合国1977）、图55-87（联合国日内瓦办事处1977）和图55-88（奥地利1977）；图55-89（苏联1982）纪念它成立25年，ＭＡГＡТЭ是它的俄文缩写；纪念它成立30年的邮票有图55-90（苏联1987，画面是其在维也纳的总部大楼）和图55-91（保加利亚1987）。IAEA总部位于联合国维也纳总部内（图55-92，奥地利1979，联合国维也纳总部开幕及多瑙河公园；图55-93，摩纳哥1986，IAEA所属国际海洋放射性实验室成立25周年）。它组织和展开的国际会议也有纪念邮票：第9届大会，见前面的图55-21；第16届大会，图55-94（墨西哥1972）；第20届大会，图55-95（巴西1976）；第23届大会，图55-96（印度1979）；核电子学会议，图55-97（南斯拉夫1961）；核数据会议，图55-98（芬兰1970）。

由于核能的重要，各国都建立了专门的机构管理核研究和核活动。法国原子能委员会（CEA）对发展法国的核武器和核能的和平利用进行了卓有成效的工作，法国核能发电在总发电量中所占的高比率是他们工作成效的证明。约里奥·居里夫妇曾领导这一机构多年。图55-99是纪念它成立20周年的邮票（法国1965），画面是罗尼河口省的卡达拉哥原子能研

图55-99（法国1965）

图55-100（土耳其1963）

图55-101（巴西1963）

图55-102（智利1984）

图55-103（墨西哥1996）

图55-104（秘鲁2000）

图55-105（土耳其2006）

图 55-106（西德 1955）

图 55-107（埃及 1961）

图 55-108（巴勒斯坦 1961）

图 55-109（印度尼西亚 1962）

图 55-110（马拉加什 1962）

图 55-111（捷克斯洛伐克 1963）

图 55-112（土耳其 1966）

图 55-113（哥伦比亚 1987）

图 55-114（韩国 1968）

图 55-115（锡兰 1969）

图 55-116（埃及 1984）

图 55-117（美国 1955）

图 55-118（阿富汗 1958）

图 55-119（苏联 1962）

图 55-120（伊朗 2007）

原子徽志作为科技和教育标志

Atoms for Peace
原子用于和平

55

核能的和平利用

565

究中心。图55-100（土耳其1963）邮票纪念土耳其核研究中心成立一周年。图55-101（巴西1963）纪念巴西核能理事会成立一周年。图55-102（智利1984）纪念智利核能理事会成立20周年。图55-103（墨西哥1996）上是墨西哥国立原子核研究所。图55-104（秘鲁2000）纪念秘鲁核能研究所（IPEN）成立25周年。图55-105（土耳其2006）纪念土耳其原子能机构50年。

原子徽志还被当做先进科技和文化教育的标志出现在邮票上。下面是一些例子：图55-106（西德1955），促进科学研究；图55-107（埃及1961），教育日；图55-108（巴勒斯坦1961），教育日；图55-109（印度尼西亚1962），科学促进发展；图55-110（马拉加什1962），马达加斯加的工业化，原子能；图55-111（捷克斯洛伐克1963），科技知识协会大会；图55-112（土耳其1966），中东技术大学10周年；图55-113（哥伦比亚1987），麦德林国立大学采矿系百年；图55-114（韩国1968），提倡科学技术；图55-115（锡兰1969），公共教育百年，图案据邮票目录说是铀原子；图55-116（埃及1984），革命32周年。

反对核军备竞赛、将原子能用于和平是全世界人民人心所向，一些国家发行了以"原子用于和平"为主题的邮票：图55-117（美国1955）；图55-118（阿富汗1958），图案与美国邮票很相像；图55-119（苏联1962），上面的邮票上是克里姆林宫和原子图，下面的邮票上是苏联地图和原子图，及用11种语言写的"和平"一词；图55-120（伊朗2007），和平使用原子能。不过我们也知道，美国、苏联和伊朗曾不惜投入极大力量发展核武器。

1994年欧罗巴邮票的主题是科学发现。这一年梵蒂冈发行的欧罗巴邮票除了有一张为伽利略平反(见图7-81)外，还有一张的题目是"从轮子到原子能——技术进步史"（图55-121）。轮子的发明和核能的释放是人类文明史上的两件可以比美的大事。图55-122是苏联1962年发行的配合苏共二十二大的宣传邮票中的一张，右边的文字是"到1980年将通过协调一致地发展各种形式的运输工具，完全满足国民经济和居民对运输的要求"。左上方破冰船的船头上，船名"列宁号"（ЛЕНИН）依稀可见。图55-123是俄罗斯1998年发行的20世纪科技成就邮票中的一张，表示核能的用途和俄罗斯在开发核能方面的成就。图上有核电站、核动力破冰船（也像是"列宁号"），也有氢弹爆炸的蘑菇云。

图55-121（梵蒂冈1994）

图55-122（苏联1962）

图55-123（俄罗斯1998）

56. 原子核物理学

前面说过的放射性、同位素、裂变、聚变、反应堆都属于原子核物理学。本节讨论原子核物理学更进一步的内容。

先看实验。早期的一个著名实验原子核物理学家是德国物理学家盖革。他在爱尔朗根大学获得博士学位，论文题目是关于气体电离。1906年至1912年，他在曼彻斯特大学担任卢瑟福的助手，参与了著名的α粒子散射实验，1912年回到德国。盖革的著名发明是以他的名字命名的计数管（图56-1，安提瓜和巴布达1998）。小型张右侧的边纸上是计数管的结构和原理图。玻璃管壳内封装有稀薄的气体，中有一对电极：中央的金属丝带正高压，周围的圆柱面负极接地。当有α粒子射入时，就使正负极之间的气体电离，产生一个电流脉冲，被放大后由电子计数器自动计数。这是他把他的气体放电的知识应用于放射性衰变的结果。早年探测α粒子都是依靠肉眼观察α粒子在硫化锌屏幕上引起的闪烁，卢瑟福和他的助手们为了进行这种计数，得先在黑暗中静坐15分钟，使眼睛感觉敏锐后再静下心来计数，显然这样做的主观成分甚大又极易疲劳。想想这些，就可以知道盖革这项发明的意义了。盖革用这个仪器探明1克镭每秒钟发射大约3.4×10^{10}个α粒子，于1925年证实了康普顿效应，1931年后用它研究宇宙线。它还可用于测量环境中的放射性（小型张边纸的左侧）和探测放射性矿物。小型张下方的英文是："汉斯·盖革，1882—1945。德国物理学家，1906年至1912年协助卢瑟福发明了一种α粒子计数器，使放射性研究有很大的进展。然后盖革回到德国并指导放射性研究。1928年，盖革领导一个小组发明了一种以他的名字命名的手提辐射计数器。他和他的同事缪勒（A.Müller，票上的Miller拼错）改进了这种计数器。盖革计数器在医学中特别有用，用来检查威胁生命的恶性肿瘤。"这段说明大致是不错的，更准确地说应当是，盖革于1908年发明了探测α粒子的计数管，1912年他改进了计数管，使它也能探测β粒子和其他致电离辐射，1928年与缪勒最后定型为今天使用的样子，定名为盖革-缪勒计数管。

博特（图56-2，圣文森特和格林纳丁斯1995；图56-3，格林纳达-格林纳丁斯1995；图56-4，格林纳达1995）是普朗克的学生，他以理论物理学开始他的科学生涯，但却因一项实验技术获诺贝尔物理奖。他先在盖革手下任职，第一次世界大战中在俄国被俘，被送到西伯利亚，在那里他学习俄文并研究数学，还和一个俄国女子结了婚。战后回到原来的单位。他于1924年发明了符合计数法：把两个计数管这样连接，只有当两个计数管同时有粒子通过产生电离时计数器才计数，而只有一个计数管产生电离时产生的电脉冲则不予记录。

博特和盖革用符合计数法证明，对每一次光子-电子碰撞事件，能量守恒和动量守恒都成立。由于对β衰变中电子的连续能谱感到困惑，玻尔、克拉默斯和斯莱特曾发表过一篇论文，提出在单次光子-电子碰撞中能量和动量可能并不守恒，能量守恒和动量守恒只是统计地成立。博特和盖革用符合计数法判明，反冲电子和散射X光子的确是同时出现的，并且像爱因斯坦和康普顿认为的那样，遵守两个守恒定律。

宇宙线研究中广泛应用符合计数法。把几个计数管沿某一方向直线排列，按符合法连接，就可构成一台"宇宙线望远镜"，以研究宇宙射线的角分布。各种材料对宇宙线的吸收也可用符合法测量：在计数管之间插入一层材料，从符合计数的减少即可测出这种材料对宇宙线的吸收率。博特正是因为发明符合计数法和用它研究宇宙线，与玻恩分享了1954年诺贝尔物理学奖。

1930年，博特和他的学生贝克用钋源发出的α粒子轰击铍，探测到从铍发出的具有高穿透力的中性辐射。他们将其解释为高能γ射线，后来查德威克发现这是中子。

二战中博特参与了德国的铀计划。德国铀计划失败的一个技术原因，是博特的一个错误：博特根据他的实验结果断言纯石墨由于对中子的吸收太强而不适宜作为减速剂。这样就只剩下重水一条路了，而德国人获得重水异常困难。德国自己没有重水工厂，挪威的重水工厂积存的重水被法国买断后运到英国，然后工厂又被英国破坏。于是，德国人始终没有能建成一座能进行自持核裂变的反应堆。

超铀元素是核物理中一个迷人的题目。天然存在的元素只到第92号元素铀（uranium，字根来自希腊神话中的天王）为止。这是因为随着质子数目的增加，电斥力越来越大，而将核子维系在一起组成原子核的短程核力已不能与它抗衡，构成一个稳定的原子核。但是，能不能用人工方法合成不稳定的超铀元素呢？吴大猷先生在密西根大学修学位时，于1932年发表了《最重元素低能态》一文，预言铀后元素的存在，为后来超铀元素的发现作出了开创性的理论贡献。1934年，费米认为用人工方法合成超铀元素是可能的。他从中子照射过的铀中分离出放射性产物，认为就是超铀元素。1938年发现核裂变后，判明这实际上是某些裂变产物。1939年，美国科学家麦克米伦（图56-5，圭亚那1995）用快中子照射氧化铀薄片。他发现，的确产生了哈恩观察到的原子核裂变，但也有很少一部分铀与中子合成了比铀更重的元素，于是发现了第一个超铀元素镎（neptunium，海王元素，符号为Np），它是由铀238吸收一个中子后β衰变而得。1940年，美国化学家西博格（图56-6，马尔代夫1995）在回旋加速器中用氘核轰击铀得到第94号元素钚（plutonium，符号为Pu，Pluto是

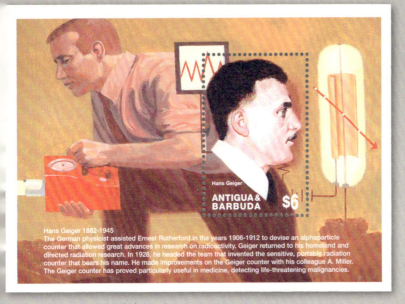

图56-1 盖革（安提瓜和巴布达 1998）

图56-2（圣文森特和格林纳丁斯 1995）

图56-3（格林纳达-
格林纳丁斯 1995）

图56-4（格林纳达 1995）

图56-5 麦克米伦
（圭亚那 1995）

图56-6 西博格
（马尔代夫 1995）

图56-7 西博格和拉姆塞
（马尔加什 1992）

图56-8 弗廖罗夫（俄罗斯 2013）

希腊神话中幽冥之王）。西博格对发现超铀元素的兴趣很高，他领导他的小组从1944年到1959年间发现了从95号到98号以及第101号和102号一共6个超铀元素。至于第99号元素和第100号元素，则是1952年从热核爆炸的尘埃中发现的。西博格并指出，超铀元素中前11个（从锕到锿）属于锕系元素，逐个填充5f内电子壳层，彼此在化学性质上相似，就像从镧到镥的15个元素组成镧系元素一样。锿以后的元素继续填充6d电子壳层。这为新元素化学性质预言和分离方法指出了方向。麦克米伦和西博格因对超铀元素的研究被授予1951年诺贝尔化学奖。图56-7是马尔加什1992年发行的邮票，右边是西博格，左边是因发现惰性气体元素而获1904年诺贝尔化学奖的拉姆塞，他们两人都大大扩充了元素周期表，把他们并列在一起是合适的。

随着反应堆、加速器和探测技术、分离技术的发展，迄今用人工方法已合成了从第93号到第109号元素，共约160种核素。从第95号元素起，它们的名称分别是镅（americium，符号为Am，$Z = 95$）、锔（curium，Cm，$Z = 96$）、锫（berkelium，Bk，$Z = 97$）、锎（californium，Cf，$Z = 98$）、锿（einsteinium，Es，$Z = 99$）、镄（fermium，Fm，$Z = 100$）、钔（mendelevium，Md，$Z = 101$）、锘（nobelium，No，$Z = 102$）、铹（laurencium，Lr，$Z = 103$）、𬬻（rutherfordium，Rf，$Z = 104$）、𬭊（dubnium，Db，$Z = 105$）、𬭳（seaborgium，Sg，$Z = 106$）、𬭛（bohrium，Bh，$Z = 107$）、𬭶（hassium，Hs，$Z = 108$）、鿏（meitnerium，Mt，$Z = 109$）。领导发现和合成第102号到107号元素的，分别是美国的吉奥索和苏联的弗廖罗夫。至于第108号和109号元素，则是西德的达姆斯达特重离子研究所的闵曾贝格等人于1984年和1982年发现的。这些元素的名称分别来自人名（纪念某位核科学家）或地名（发现的地方，如dubnium来自杜布纳联合研究所，hassium来自重离子研究所所在的黑森州），从英文字根容易看出其意义。

苏联核物理学家弗廖罗夫（1913—1990）（图56-8，俄罗斯2013，诞生百年）较早地参加了核裂变的研究。1941年他与彼得扎克一起发现铀的自发裂变。1942年他上书斯大林，指出美、英、德等国可能都在研究裂变武器，苏联也必须抓紧这方面的研究催生了苏联的原子弹。1953年起他研究超铀元素的合成，先后发现了原子序从102号到107号的6个新元素。

人工合成超铀元素的方法主要有两种：一种是中子俘获反应，用铀核作为起始核，通过一次或几次俘获中子，再经过一次或几次 β 衰变，最终获得所要的超铀元素。$Z \leqslant 100$ 的超铀元素用此法生成。钚作为一种核燃料，目前全世界的年产量达吨级，镎、镅、锔的年产量达千克级，后面的元素的年产量则低得多，如锎仅为克的量级。另一种方法是用带电粒子如 α 粒子或重离子轰击靶元素，再发射几个中子后生成。$Z > 100$ 的超铀元素都用此法生成。它只能获得示踪量的元素，一次实验仅能产生几十个或几个原子。

以质子数 Z 和中子数 N 为轴，在 N-Z 平面上已知的核素（包括稳定的和不稳定的）沿着所谓 β 稳定线两侧连续分布，像是一个伸入不稳定性海洋的一个长长的半岛。现有的原子核理论预言，在已知的核半岛的顶端以外，还可能存在一系列相当稳定的超重核稳定岛。第一

图 56-9（加纳 1995）

图 56-10（加蓬 1995）

个岛的中心的原子核是 $Z = 114$，$N = 184$ 的核。2000年，弗廖罗夫实验室用钙原子轰击钚原子，成功地合成了 $Z = 114$ 的原子核。这种元素被定名为 Flerovium，中国台湾有关方面将其中文名称定为"𫓧"。

1958年，29岁的德国物理学家穆斯堡尔在做博士论文的过程中发现了无反冲 γ 射线共振吸收，或称穆斯堡尔效应，这是原子核物理学中又一重要实验发现，并且作为一种精密测量方法，在其他学科中得到广泛的应用。穆斯堡尔为此获得1961年诺贝尔物理学奖（图56-9，加纳1995；图56-10，加蓬1995）。

共振吸收是物理学中常见的一种现象。例如，音叉在一处振动，远处另一自然频率相同的音叉会吸收能量发生共振；原子由激发态跃迁到基态发出的光，会被处于基态的原子吸收使它跃迁带激发态。那么，原子核发射的 γ 射线，是否也有共振吸收呢？

这里我们必须考虑发射体的反冲。发射时，相当于能级差值的能量并不是都变成 γ 光子的能量，也要给反冲的原子核一些能量，因此发射的 γ 光子的频率由

$$h\nu_1 = E - E_{反冲}$$

给出。而吸收光子时原子核也有反冲，要使原子核能够跃迁到激发态，光子的能量必须满足 $h\nu_2 = E + E_{反冲}$。因此发射的光子和吸收的光子的频率是不同的，二者差 $2E_{反冲}/h$。如果这个差值远小于谱线的宽度，即发射的谱线和吸收谱线基本重叠，就可以发生共振吸收，如原子光谱的情况，否则就不行。由动量守恒，知原子核的反冲动量为 $p = mv = h\nu/c$，因此反冲能量 $E_{反冲} = mv^2/2 = (h\nu)^2/2mc^2$，而能级宽度 $\Gamma = h/2\pi\tau = 4.7 \times 10^{-9}$ eV 则可根据其半衰期估计得到。例如，^{57}Fe 由第一激发态跃迁到基态时放出 14.4 keV 的 γ 光子，其半衰期 τ 为 9.8×10^{-8}s。这时 $E_{反冲} = 2 \times 10^{-3}$eV，它固然比光子本身的能量 14.4 keV 小得多，但和能级的宽度 $\Gamma = h/2\pi\tau = 4.7 \times 10^{-9}$ eV 相比则很大，因此发射谱线和吸收谱线不相重叠，也就是说，对于自由的 ^{57}Fe 核，不会发生共振吸收。

穆斯堡尔发现，当放射性原子核束缚在固体晶格中时，发生反冲的就不是单个原子核，而可能是整块晶体。这时 $E_{反冲}$ 趋于零，可看作无反冲过程，因而可以发生共振吸收。这就是穆斯堡尔效应。迄今发现的穆斯堡尔元素（有穆斯堡尔效应的元素）有47个，穆斯堡尔核素超过90个，最常用的核素是 ^{57}Fe 和 ^{119}Sn。

在穆斯堡尔效应的情况下，可测量的 Γ/E 达到 3×10^{-13}，任何与此相应的微小扰动都能测出。这样的测量精度相当于测量地月之间的距离达到了 0.01 mm 的精度。因此，穆斯堡尔效应在各个学科的各种精密测量中得到广泛的应用，如测量引力红移。

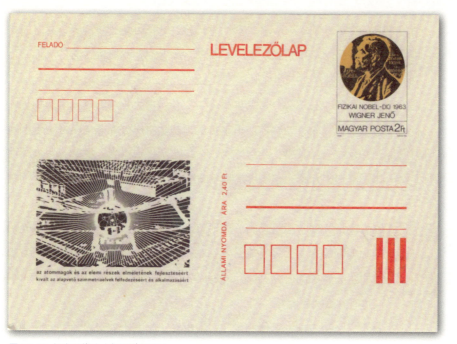

图56-11 纪念明信片（匈牙利1988）

图56-12（匈牙利1999）

　　再看理论。首先该说维格纳，他是20世纪一位著名的理论物理学家，在原子核和亚原子粒子的基础理论方面作出了一系列重大贡献。他首先认识到在量子力学中对称性概念的重要性，把群论应用于原子物理和量子力学，发现了核力的对称性。特别是一些抽象空间中的非常规对称性，如宇称对称性和同位旋对称性。这些对称性是同不变性、守恒定律和群论概念相联系的。他还提出了重子数守恒定律。他写的《群论及其在量子力学和原子光谱中的应用》一书是物理学家经常参考的一本专著。1963年，他由于对原子核和基本粒子理论所作的贡献，特别是对称性基本原理的发现和应用而被授予诺贝尔物理学奖。

图56-13 喇卡（以色列1993）

　　维格纳是匈牙利犹太人，毕业于德国柏林高等技术学校，1931年去美国，在普林斯顿大学工作，1937年入美国籍。二战期间他在曼哈顿计划中起过重要作用，负责第一座反应堆的理论设计。1995年元旦那天在普林斯顿逝世，享年93岁。他妹妹是狄拉克的妻子。他的自传《乱世学人》已译成中文出版。1988年，匈牙利曾为本国诺贝尔奖得主发行过一套邮票，当时维格纳还在世，便只为他发行了一张邮资明信片（图56-11，邮资中是诺贝尔的肖像）。他去世后，匈牙利于1999年为他发行了纪念邮票（图56-12）。

　　以色列物理学家喇卡（图56-13，以色列1993）在将群论用于原子光谱和原子核结构方面也做了许多工作，量子力学中角动量耦合理论中的喇卡系数就是用他的名字命名的。喇卡出生于意大利的佛罗伦萨，得到博士学位后在罗马为费米做过一年助手，又到慕尼黑跟泡利进修一年，然后在比萨大学任教。1938年意大利法西斯政权颁布反犹法律，他因是犹太人被解职，就去了巴勒斯坦，任教于耶路撒冷的希伯来大学，并参加了犹太复国主义军事组织，在以色列独立战争和6日战争中任地区司令。1965年，他到荷兰去参加一个国际原子光谱会议，路过佛罗伦萨在故居过夜时，由于煤气泄漏中毒而死。

模型在物理学研究中非常重要，它是人类认识自然的必要途径，也是理论思维的一种方式。一个好的模型，是建立在大量实验事实的基础上的，它能抓住事物运动的主要矛盾，说明已知的实验事实，并预言新的现象。原子核的结构是极其复杂的，随着原子核物理的发展，曾提出过多种原子核模型，它们各自反映了原子核运动规律的某些特征，能够说明一些实验事实，但是都不全面。最早费米在1932年提出过原子核的气体模型。1935年玻尔提出了液滴模型，它的主要事实根据有二：一是除少数极轻的原子核外，原子核中每个核子的平均结合能近似为一常量，即总结合能与核子数成正比，这显示了核力的饱和性，即每个核子只和近旁的几个核子发生作用，而不是和所有的核子相互作用，否则结合能应当同核子数的平方成正比；二是原子核的体积正比于核子数，即核物质的密度近似为常量，显示了原子核的不可压缩性。这两点都和液滴的性质相似。迈特纳和弗里施用液滴模型成功地说明了核裂变，液滴模型还能解释原子核的结合能公式。

但是，还有许多实验事实是液滴模型不能说明的，其中之一是"幻数核"的存在。所谓幻数核，是核中的质子或中子的数目等于以下7个数之一的原子核，这种原子核特别稳

图56-14（美国2011）

图56-15（塞拉利昂1995）

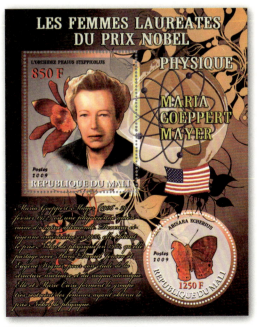

图56-16（马里2009，3/5原大）

图56-17（乌干达1995）

图56-18 A.玻尔
（多米尼克1995）

图56-19 莫特森
（马尔代夫1995）

定。这7个数是2、8、20、28、50、82和126，称为幻数。这使我们想起原子中电子的壳层结构，幻数核对应于周期表中的惰性气体元素，即电子填满某一壳层的情况。据此提出了原子核的壳层模型，它是迈耶夫人（玛利亚·戈佩特-迈耶，戈佩特是她的娘家姓）（图56-14，美国2011，科学家邮票第三组；图56-15，塞拉利昂1995，诺贝尔奖设立百年；图56-16，马里2009，女性诺贝尔奖得主）和延森（图56-17，乌干达1995）于1949年提出的。他们为此与维格纳分享1963年诺贝尔物理学奖。图56-14和这一套的其他邮票（如图69-27）上没有面值，左上角有一行小字FOREVER，意思是这些邮票的面值永远等于第一类邮件标准重量的邮资，不受邮资调整的影响。我们何尝不可以理解为，这些科学家的工作将会流传永久呢？

壳层模型认为，在原子核内，核子的运动也是分层的，就像洋葱一样。质子和中子各自有一套能级，不相混淆。由于质子之间有电斥力，其能级比相应的中子能级要高一些。质子和中子都是费米子，根据泡利不相容原理，每个量子态最多只能有一个粒子。他们在势阱中把核子的自旋与轨道角动量的耦合考虑进来，计算由此引起的能级分裂和壳层（相对集中的能级）。结果发现，从内到外，填满每一层后的核子总数正好就是幻数。除了说明了幻数即结合能曲线上的局部极大外，壳层模型还很好地说明了原子核的自旋和宇称，对原子核基态磁矩的预言也大致正确。

迈耶夫人是德国人，毕业于哥廷根大学，是玻恩的学生。1930年和美国物理化学家迈耶结婚后，随丈夫去美国。他们夫妇合作写了一本《统计力学》，是这个领域内的优秀专著。由于是女性，她在求职上曾尝尽艰难，备受挫折。由于她的名字是玛利亚，又提出壳层模型，泡利曾戏称她为洋葱圣母。她是继居里夫人之后第二位得诺贝尔物理学奖的女物理学家，而她是以理论工作获奖的。世界上女物理学家本来就不多，可是一批优秀女物理学家集中在核物理学中，如居里夫人母女、迈特纳、迈耶夫人、吴健雄、何泽慧等，这是一个有趣的现象。

延森也是德国人，1932年获汉堡大学博士学位后留校任教，1949年成为海德堡大学教授。他和迈耶夫人同时并彼此独立地提出壳层模型。后来他们合作写了一本《原子核壳层结构的基本理论》。

液滴模型和壳层模型各自解释了原子核的一些性质和行为，但它们都不全面。事实上，它们代表的是两种极端的情况：液滴模型把原子核作为一个整体看待，完全不考虑单个核子的运动；而壳层模型则认为核子在原子核内独立地运动。实际情况是，原子核内单个核子既在位能场中独立运动即壳层轨道运动，核子之间又有很强的作用，产生集体的运动。我们应当考虑这两种运动及它们的结合，这就是A.玻尔（图56-18，多米尼克1995）和莫特森（图56-19，马尔代夫1995）提出的原子核的集体模型，为此他们获得1975年诺贝尔物理学奖。集体模型能够进一步说明壳层模型说明不了的实验事实。例如，用壳层模型算出的核四极矩只有实验值的几十分之一。在集体模型看来，这是因为，原子核中核子的集体运动使原子核发生了形变，不再是球形，因此四极矩大多了。

A.玻尔是尼耳斯·玻尔的第四子。他小时既受到正规教育，又从父亲那里耳濡目染。1940年他进入哥本哈根大学学习物理，希特勒德国入侵丹麦打断了他的学业，他随全家出逃。1943年，他作为父亲的秘书和助手，随父亲去洛斯阿拉莫斯参加曼哈顿计划的工作。二战后玻尔全家回到丹麦，A.玻尔继续在哥本哈根大学完成他的学业，于1954年得博士学位。他1949年至1953年曾在美国哥伦比亚大学进修。

莫特森是美国人，1950年从哈佛大学得博士学位后，到哥本哈根的理论物理研究所做博士后，从此开始了与A.玻尔的长期合作。莫特森后来留在丹麦，入了丹麦籍，并继A.玻尔后担任北欧理论原子物理研究所所长。

57．加速器·物理实验的大型化

　　加速器是原子核物理学和粒子物理学中的重要仪器，它利用不同形式的电磁场，把各种带电粒子（电子、质子、轻离子、重离子）加速到很高的能量。（请注意：中性粒子是不能加速的！）用加速器得出的高能粒子轰击各种原子核，观察所引起的核反应，就可以深入研究原子核结构及其变化规律。几十年来，人们在加速器上发现了上千种人工放射性核素，发现了绝大部分超铀元素，使原子核物理学迅速发展成熟；又用加速器发现了上百种新的粒子包括重子、介子、轻子和各种共振态粒子，建立了粒子物理学。除了用于基础研究之外，大量的小型加速器还广泛应用于同位素生产、肿瘤的诊断和治疗、射线消毒、无损探伤、高分子辐照聚合、材料辐照改性、农作物种子辐照等各个领域。

　　物质结构的层级越低，分解它所需要的能量就越高，观察它的"光"的波长就越短，按照德布罗意关系式就是动量越大。分解原子的能量仅为约10 eV，分离原子核就需要MeV量级的能量，再下一个层次将需要GeV量级的能量。这就是我们需要的加速器能量越来越高的原因。

　　按照所用加速电压形式的不同，加速器可分为直流高压加速器、交流谐振加速器和电磁感应加速器三大系列。

　　直流高压加速器也称静电加速器，它在概念上最简单，但在时间上并不是最早的（大致与劳伦斯的回旋加速器同时）。按照得到直流高电压的方式，又分为倍压整流器和范德格拉夫起电机两种。1932年，英国剑桥卡文迪什实验室的考克饶夫和瓦耳顿用高压倍压整流电路得到的直流高压将质子加速到500 keV，轰击锂靶产生以下的核反应：

$$p + {}^7Li \rightarrow \alpha + \alpha$$

这是第一个用人工加速的粒子引起的核反应，它也证实了伽莫夫关于量子力学隧道贯穿的理论（虽然粒子的能量并未超过势垒高度，但由于粒子的波动性，仍可以穿透势垒）。他们为此获得1951年诺贝尔物理学奖。考克饶夫的邮票还没有见到过，但是瓦耳顿已有三张邮票（图57-1，爱尔兰2003，诞生百年，瓦耳顿是爱尔兰人，当时爱尔兰受英国统治；图

57-2，圣文森特和格林纳丁斯1995，诺贝尔奖设立100周年；图57-3，马尔代夫1995，诺贝尔奖设立100周年）。

倍压整流器有种种不同的电路。有一种称为"地那米"加速器（dynamitron）的，用高频交流电整流得到直流高压，它的纹波较小，可以使用电容值较小的电容器，得到的加速电子束电流较大。

1931年，美国物理学家范德格拉夫发明了范德格拉夫起电机（或简称静电加速器）。它根据的原理是，导体上的电荷总是分布在表面上。因此，如果源源不断地将电荷输送到一个空心导体的内壁，这些电荷将立即分布到该导体的外表面上，该导体可处于任意高压。其具体结构是，一个10 kV左右的高压电源的正极通过放电梳把正电荷转移到绝缘的输送带上，马达带动输送带，把电荷从下部送到上部，再通过吸针（金属梳）转移到导体内部。导体上的电荷会通过漏电逸掉一些，当传送来的电荷等于逸掉的电荷时，导体上的电位就不再增高了。范德格拉夫静电加速器的工作电压可达（2～10）MV。

图57-4（中国1966，工业新产品）是我国生产的第一台范德格拉夫电子静电加速器，1965年由上海先锋电机厂制成，能量0.2 MeV，利用它加速的电子轰击靶时产生的γ射线来进行金属的无损探伤等。图57-5（南斯拉夫1960，核能展览会）是南斯拉夫卢布尔雅那（今斯洛文尼亚首都）的一台静电加速器，图57-6（南斯拉夫1960）是"中子发生器"，它是用静电加速器加速的粒子轰击靶产生中子。

直流高压加速器的加速电压受材料击穿电压的限制，不能太高。当被加速的粒子是离子时，近年来建造了一种"串列"式（tandem）静电加速器，它可以用同一加速电压把粒子加速到更高的能量。负离子从一端进入加速管，到达管中央的正高压加速电极时，已有很高的速度。在这里通过一个电子剥离器，部分负离子被剥去电子后变成正离子，在加速管的另一端继续受加速电场加速，结果可以得到原来两倍的能量。这种加速器的离子源和靶都处于低电位，十分安全，便于操作。除二级串列外，还可以有多级串列的。以色列魏茨曼学院的Koffler加速器（图57-7，以色列1977）便是一台串列式静电加速器，能量为14 MeV，于1976年开始运行，至今仍为该学院加速器实验室的主要设备。

重离子加速器加速的是重离子。加速重离子的目的是用它们作为炮弹轰击原子核，发生重离子核反应。这是人工合成超钚元素的主要手段。人们期望用重离子加速器研究远离β稳定线的核素、原子核高自旋态的性质以及合成超重核。在应用方面，离子注入用于半导体器件的制造和材料的表面处理，重离子束在生物学、医学上也有应用。重离子加速器的主要类型有直线加速器、回旋加速器和串列静电加速器。图57-8（阿根廷2000，阿根廷国家原子能委员会50周年纪念）中的是阿根廷国家原子能委员会的重离子加速器，设在布宜诺斯艾利斯，它也是一台串列式静电加速器。

电磁感应加速器利用交变磁场感生的涡旋电场加速带电粒子。这种系列的加速器常见的只有电子感应加速器（betatron）一种，第一台电子感应加速器由克斯特于1940年建成，把电子加速到2.3 MeV。1945年建成了100 MeV的电子感应加速器。笔者没见过这方面的邮票。

瓦耳顿

图57-1（爱尔兰 2003）

图57-2（圣文森特和格林纳丁斯 1995）

图57-3（马尔代夫 1995）

静电加速器

图57-4（中国 1966）

图57-5（南斯拉夫 1960）

图57-6（南斯拉夫 1960）

串列式静电加速器

图57-7（以色列 1977）

重离子加速器

图57-8（阿根廷 2000）

劳伦斯发明回旋加速器

图57-9（马绍尔群岛 1998）

图57-10（圣文森特 1991）

图57-11（几内亚 2008）

图57-12（几内亚 2001）

得到最大发展的是交流谐振式加速器，它用一个相对不太高的交变电压多次加速一个带电粒子到高能量。它有直线式和回旋式两种。直线式加速器又分漂移管式和波导式。前者用于离子的加速，它将许多圆柱形的电极（叫漂移管）交替地接到高频交流电源的两极，离子在每个漂移管中飞行的时间是交流电周期的一半。若离子在某一时刻正好在两个漂移管之间受到交流电压的加速，那么当它飞出漂移管时正好赶上电压改变极性，再一次受到加速。由于离子的速度越来越快，漂移管的长度需要越来越长。后者用于加速电子。它是在微波波导管中用传播速度与电子运动同步的行波电场加速电子。在波导管内装上适当安排的圆片，可使管内传播的电磁波的相速与被加速的电子的速度一致，推着电子前进使之加速。著名的斯坦福直线加速器中心（SLAC）的主加速器便是这样加速的，它全长3.2 km，能产生20 GeV能量的电子，流强达30 mA，微波频率为2900 MHz，总功率达5880 MW。相对于回旋加速器，直线加速器的主要优点是：粒子不走圆形轨道，所以不用磁铁；辐射损耗比做圆周运动的电子小得多。

　　回旋加速器是加速器中最兴旺发达的一族。它的原理是，洛伦兹力永远垂直于运动的带电粒子的速度，因此带电粒子在均匀磁场中在垂直于磁场的平面内做圆周运动，其角速度 $\omega = eB/mc$ 是固定的，其中 e 为粒子的电荷，m 为粒子的质量，B 为磁感应强度，c 是光速。这样，用两个D形盒拼成圆形放在一对磁极之间，使带电粒子在两个D形盒内做圆周运动，两个D形盒当成电极，上加交流电压，其频率与粒子运动的圆频率相同，粒子每次穿越两个D形盒之间的空隙时便受电场加速。粒子在D形盒内实际上是走螺旋轨道，你可以想象把前述的漂移管弯成半圆形，一根接一根排起来就构成回旋加速器中粒子的轨道。

　　回旋加速器是美国物理学家劳伦斯发明的。1930年，劳伦斯让他的研究生利文斯顿做了一个小模型，真空室的直径只有4.5英寸（11.4 cm），它已具有回旋加速器的一切主要特征。1931年1月2日，在这台微型回旋加速器上加不到1 kV的电压，可使质子加速到80 keV。这次实验标志了回旋加速器的成功。劳伦斯和第一台回旋加速器的邮票见图57-9（马绍尔群岛1998，20世纪大事，邮票右边的文字是"科学家分裂了原子"，右下角的缩微文字是"1931年劳伦斯建造了第一台回旋加速器"）和图57-10（圣文森特1991，著名的诺贝尔奖得主）。1932年，劳伦斯又做了直径为9英寸（22.9 cm）和11英寸（28 cm）的回旋加速器，可把质子加速到1.25 MeV。这时考克饶夫和瓦耳顿在高压倍压整流器上用快速质子实现锂转变的消息传来，劳伦斯用11英寸回旋加速器轻易地重复了他们的结果。接着，劳伦斯和利文斯顿又设计建造了更大的、D形盒直径为27英寸（68.6 cm）的回旋加速器，计划把质子加速到5 MeV。它的运行带来了丰硕的成果。许多放射性同位素在劳伦斯的实验室中发现，劳伦斯所在的加州大学伯克利分校成了核物理研究的中心。1936年，劳伦斯又主持将27英寸回旋加速器改装成37英寸（94 cm）的，用它测量了中子磁矩，并产生出第一个人造元素锝（Tc）。劳伦斯由于发明和发展了回旋加速器以及用它得到人工放射性元素获1939年诺贝尔物理学奖（图57-11，几内亚2008，诺贝尔物理学奖得主；图57-12，几内亚2001，诺贝尔奖颁发100周年）。

此后，劳伦斯一心专注于组织管理工作，他筹措经费，招揽了电工、无线电、探测器各方面的人才，发挥高超的组织才能，分工协作，在自己周围形成了一个有实力的研究集体。回旋加速器加速粒子的能量，在实际上受到D形盒大小（即磁极大小）和磁场强度的限制。要提高粒子的能量，加速器越做越大，带来许多技术问题。例如D形盒内高真空度的保持，磁铁的建造和供电等。劳伦斯只对加速器的开发和性能的提高感兴趣，将各种技术工作以及加速器在科学上的应用研究都交给合作者去完成。他的合作者之一塞格雷评论劳伦斯说：“从本质上看，他更像一个发明家，而不太像个科学家。他受的教育比爱迪生多，但他和这位伟大的发明家之间却有一些共同的特点。J.J.汤姆孙曾准备和爱迪生谈谈有关X射线的知识，但他发现，换个话题可能更合适。费米在与劳伦斯谈话时，也出现过类似的情况。许多物理学家，包括劳伦斯自己的辐射实验室里的物理学家们，对核物理，甚至对加速器科学的了解都要比劳伦斯强。但在辐射实验室里，劳伦斯却是关键人物，无人可以比拟。劳伦斯按照自己的方式建立了这个实验室，用专制的方法指导实验室的工作，并取得了极大的成功。他的非凡的领导能力、极大的热情和他个人的品格所起的作用，比他的科学知识的作用更大。”1939年，他们又建成了60英寸（1.52 m）的回旋加速器，用这台机器发现了一系列超铀元素，为此麦克米伦和西博格获1951年诺贝尔化学奖（见上节）。后来劳伦斯的辐射实验室中得诺贝尔奖的，还有塞格雷和张伯伦（因发现反质子获1959年物理学奖）、格拉泽（因发明气泡室获1960年物理学奖）、卡尔文（因用^{14}C作示踪原子研究光合作用过程获1961年化学奖）和阿耳瓦雷茨（因发展氢泡室技术并由此发现许多共振态粒子获1968年物理学奖）。

在亚洲，日占台湾时期的台北帝国大学的物理学讲座教授荒胜文策于1934年建造了亚洲首台Cockcroft-Walton加速器，完成人工轰击原子核的实验，这是在卡文迪什实验室后亚洲地区首次实验成功，比日本本土更早。荒胜随后被调回日本京都大学。亚洲第一台回旋加速器是仁科芳雄负责建造的。图57-13是日本1990年为纪念物理学家仁科芳雄诞生100周年、日本第一台回旋加速器运转50周年和放射性同位素在日本应用50周年的邮票，仁科是长冈半太郎的学生，他建造回旋加速器的图纸是劳伦斯给他的。日本的放射性同位素首先在他这台回旋加速器上生产出来。仁科在量子电动力学中也有贡献，有计算自由电子的康普顿散射截面的克莱因-仁科公式。仁科所在的理化研究所对日本科学的发展发生过很大的影响，大部分杰出的日本物理学家都和仁科学派有关系。

图57-13 仁科芳雄
（日本1990）

图57-14是我国1958年底发行的回旋加速器的邮票，这台回旋加速器在原子能所，是苏联援建的。图57-15（比利时1982）是比利时位于Fleurus的回旋加速器，主要用于医用放射性同位素的生产。

经典的回旋加速器加速粒子的能量在原理上受到限制。这是因为，带电粒子在回旋加速器中的回旋频率不变的前提是粒子的质量m是常量，这只在非相对论情况下成立。当粒子被加速得越来越快，接近于光速时，相对论效应明显，m增大，粒子回旋周期与加速电压的周期不再相等，共振条件破坏，粒子就不再能被加速。正因为这个原因，经典的回旋加速器不能加速电子，因为电子能量为1 MeV时，速度已达0.94c，共振条件早已破坏。就是质子，在经典的回旋加速器中能量的限度也只有15～20 MeV。解决这个问题的一个办法是随着粒子质量的加大，同步地降低加速电压的频率，使粒子每次通过电极之间的缝隙时仍是正好被加速。这种加速器叫同步回旋加速器或调频回旋加速器。每当加速电压的频率调变一次，从最高值减到最低值，就出来一群粒子，所以从它出来的粒子是脉冲束，流强只有经典的回旋加速器的0.1%～1%。这种加速器的结构与回旋加速器非常相似，加速粒子的最高能量也是由磁极大小和磁场强度限制。

在调变加速电压的频率时，严格地说，只有"同步"粒子才准确满足谐振加速条件。好在苏联的韦克斯勒（图57-16，俄罗斯2000，20世纪俄国科学，上端的俄文是"韦克斯勒于1944年至1945年发现带电粒子在加速器中自动稳相"）和美国的麦克米伦在1945年各自独立地提出了谐振加速的"自动稳相"原理，它保证同步粒子周围有一群粒子稳定地加速。这是回旋加速器突破经典模式进一步发展的理论基础。

大型加速器的重量主要在磁铁。1台将质子加速到700 MeV的同步回旋加速器，其磁极直径达6 m，重量达7000吨。而且磁铁的重量将与粒子能量的3次方成正比增加。如果在粒子加速的过程中，粒子的轨道不是充满整个圆平面，而是在一个圆环内，那么就可以把磁铁的心挖掉，挖成一个环形磁铁，这就可以大大减小磁铁的重量和加速器的造价。这样的加速器叫做同步加速器。这又分两种情况。对于质子同步加速器，它要求随着质子速度的增加，磁场强度增加，这样才能把粒子约束在同样大小的轨道上；同时还要求加速电压的频率增高，使粒子能够被同步加速。对于电子同步加速器，因为电子已经接近光速，能量增高时速度几乎不变，因此回旋频率几乎不变，加速电压的频率不需要调整，这种加速器可以把电子加速到12 GeV，只受电子圆运动所产生的辐射的限制。同步加速器需要有前级加速器对粒子进行预加速。质子同步加速器的磁场强度和加速电压需进行调变，因此只能脉冲式运行。

苏联在杜布纳曾秘密建造了一台10 GeV的质子同步加速器，1955年才在日内瓦召开的和平利用原子能会议上宣布。这台加速器就是次年成立的联合核研究所（图57-17，苏联1976，联合核研究所成立20周年；图57-18，匈牙利1966，杜布纳联合核研究所成立10周年）的看家设备。我国物理学家王淦昌领导的小组于1959年底用这台加速器发现了反Σ负超子，是这台加速器上取得的最重大的成果。

冷战时期世界分成两极，这也反映在科学研究机构上。杜布纳联合核研究所是社会主义阵营国家集团的核物理研究机构，同西方的CERN等唱对台戏的，图57-19（波兰1976，联合核研究所成立20周年）形象地表现了这一点。邮票上是各成员国的国旗，其中没有中国的，由于中苏交恶，中国于1965年退出了。联合核研究所今天有19个成员国，这是苏联解体成立了许多新国家和捷克斯洛伐克分成两国的结果，实际上成员国并没有增加，匈牙利退出了，但加了一个古巴。另一张杜布纳邮票见下节图58-13。图57-20是杜布纳联合核研究所的一张明信片。杜布纳的加速器并不是俄国最大的加速器，俄国最大的加速器是高能物

回旋加速器

图 57-14（中国 1958）

图 57-15（比利时 1982）

图 57-16 韦克斯勒提出自动稳相原理
（俄罗斯 2000）

杜布纳联合核研究所

图 57-17（苏联 1976）

图 57-18（匈牙利 1966）

图 57-19（波兰 1976）

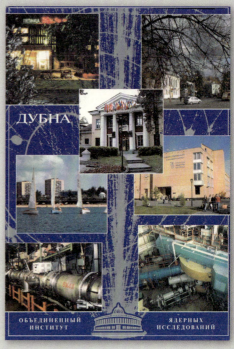

图 57-20（苏联 1980，3/5 原大）

CERN

图 57-22（瑞士 1966）

图 57-25（西班牙 2004）

图 57-23（法国 1976）

图 57-24（瑞士 2004）

理研究所设在谢尔普霍夫的70 GeV质子同步加速器。

原来的加速器都是把加速后的粒子轰击固定靶。这样，很大的一部分能量成为靶粒子的动能，而用于内部激发的有效能量只占一小部分。比方一辆高速行驶的汽车撞上一辆停在前方的质量相同的汽车，二者都将向前冲一段距离，而损坏程度还不致太大。但是两辆高速汽车迎头相撞，情况就完全不同。两辆汽车都停了下来，被撞得惨不忍睹，即二者的全部能量都用在相互破坏上了。把这种想法用到粒子加速器，就发明了对撞机。图57-21（中国1989）是我国1988年建成的北京正负电子对撞机（BEPC），有效能量为（2.8+2.8）GeV。对撞机的好处是有效能量高，缺点是产生对撞的概率小，能够对撞的粒子种类也有限。它的缺点正是固定靶加速器的优点。

图57-21 BEPC（中国1989）

今天，物理实验已经大型化，需要大型的仪器、大量的经费、成百上千人协作、持续数月至数年，再也不是18世纪和19世纪时的个人行为了。加速器是一个典型。加速器的直径，从劳伦斯最初的模型10 cm左右增加到今天的大型加速器的10 km左右，差5个量级，而能量则增大了8个量级。管理、运行一台大型加速器的是一个大型实验室，有上千个科学家和技术人员。我们就邮票上有反映的略作介绍。上面介绍的杜布纳联合核研究所就是这样一个机构。更大的欧洲核物理研究组织（CERN）成立于1954年，设在日内瓦，接近瑞士和法国边界，现有20个成员国。图57-22（瑞士1966）是当时的成员国的国旗和云室照片。图57-23（法国1976）是CERN建造和串接加速器的计划。图57-24（瑞士2004）和图57-25（西班牙2004）纪念它成立50周年。它的主要设备原来有：超级质子同步加速器SPS（Super Proton Synchrotron），能量400 GeV，1982年建成；大型正负电子对撞机LEP（Large Electron Positron collider），1983年兴建，1989年建成。有效能量（100+100）GeV，存贮环周长27 km，如果在LEP的地下隧道中步行，要花差不多一天时间，并且不知不觉间跨越瑞士和法国的边界。它串接在几级预加速器之后。后来拆除了LEP，在原来的隧道中安置超导磁铁，改装成大型强子对撞机LHC（Large Hadron Collider），这是世界上最大的粒子加速器。对于质子的对撞，预期能量为（7+7）TeV。建造LHC的目的是研究关于我们宇宙的一些基本问题，例如：希格斯玻色子是否存在？物质和反物质为什么不对称？暗物质和暗能量是什么？能在时空中撕裂出虫洞吗？等等。它于北京时间2008年9月10日开始运作。但运转几天后，在2008年9月19日，LHC第三与第四段之间用来冷却超导磁铁的液态氦发生了严重的泄漏，导致对撞机暂停运转。此后几次发生事故，导致一些重要实验如质子束对撞延期，但均得到修复。2010年3月30日，首次质子束流对撞成功。2012年7月4日，喜讯传来，在LHC上进行的两个实验中发现了与希格斯玻色子性质非常相似的粒子。图57-26（几内亚比绍2009，新

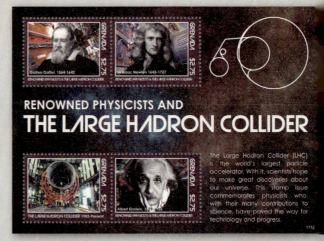

图 57-26（几内亚比绍 2009，3/5 原大）

图 57-27（格林纳达 2008，3/5 原大）

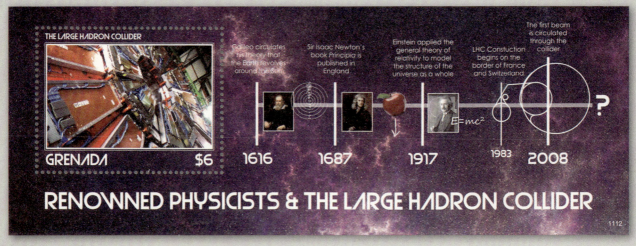

图 57-28（格林纳达 2008）

图 57-29（CERN2008，3/5 原大）

技术）是关于CERN的小型张，上面的海森堡邮票已出现在第47节量子力学中
（图47-19）。上部的小图是LHC，下部的小图是建筑的外貌，CMS、LHCb、
ALICE等是各个研究项目的简称，如LHCb是用大型强子对撞机寻找底夸克
（b）的计划。图57-27和图57-28是格林纳达专为大型强子对撞机发行的
"著名物理学家和大型强子对撞机"小全张和小型张，邮票图中将伽利略、牛
顿和爱因斯坦作为物理学各个阶段的代表，并列举了物理学史上几个关节点和
关键事件：1616年伽利略宣传日心说，1687年牛顿的《原理》在英国出版，
1917年爱因斯坦用他的广义相对论建立宇宙整体结构的模型，1983年在法
国-瑞士边境上开始建设LHC，2008年第一束粒子束通过对撞机绕转。圆形线
条图既是粒子在LHC中被加速过程所走的路径，也成了LHC的图标。图57-29
是CERN于2008年为启用LHC所出的明信片的正面和背面。

　　图57-30（西德1984，DESY 25周年）是关于德国电子同步加速器研究
中心（DESY）的，邮票画面是DESY的鸟瞰图。DESY在德国汉堡，它得名于
1960年至1964年建造于此间的德国电子同步加速器（Deutsches Elektronen
SYnchrotron）。当时，这是世界上同类粒子加速器中最大的。后来又建造
了一系列粒子加速器：1969年至1974年，正负电子双存储环DORIS（the
electron-positron DOuble RIng Store）建成；1975年至1978年，周长2300 m
（直径700 m）的正负电子串列环形加速器PETRA（Positron Electron Tandem
Ring Accelerator）建成（邮票上的红色小圆圈）；1984年至1990年，强子-电
子环形加速器HERA（Hadron Electron Ring Accelerator）建成（邮票上的黑
色大圆圈），这是世界上唯一的正负电子-质子对撞机，周长6300 m（直径
2000 m），能量为正负电子30 GeV，质子820 GeV。2002年初，德国有关部
门在长达10年的论证后终于决定在DESY兴建太电子伏能量超导直线加速器
TESLA（Tara Electronvolt energy Superconducting Linear Accelerator）。它全长
33 km，预定2012年建成投入使用。

　　就像关于微处理器集成度的穆尔定律一样，关于加速器的发展速度也有一
条经验定律：发明回旋加速器70年以来，粒子加速器的能量增长率约为每十
年一个数量级以上，而单位能量的造价则大致以十年一个数量级的速率下降。

图57-30　DESY 25周年（西德1984）

58. 粒子物理学：
实验

原子核是由质子和中子构成的。亚原子粒子是比原子核更低的一个物质层次。人们对原子核有一定了解后，自然要向亚原子粒子的层次进军。

在粒子物理学的发展过程中，理论和实验不可分地交织在一起。特别是在后来的阶段，理论对实验起了很大的指导作用。人们经常是为了验证理论的预言，设计建造专门的仪器到某个能区寻找理论预言的粒子。不过为了叙述方便，我们仍然分成实验和理论两节来叙述。这里先说实验。粒子物理学中主要的实验仪器是加速器和粒子探测器，加速器在上节已说过了，这里主要介绍各种粒子探测器和用它们做出的工作。

粒子探测器分两类：一类是计数器，它对射入的某种粒子的总数计数。最早的计数器是人眼对 α 粒子射到硫化锌屏幕上引起的闪烁进行计数，后来有盖革计数管。这在前面已讲过了。另一类是径迹探测器，它能够显示单个粒子的径迹，如果加上磁场，那么从粒子径迹的弯曲方向和曲率大小以及径迹的粗细和射程的长短，就可以判断粒子所带的电荷、粒子的质量、速度和能量。在径迹探测器中可以直观显示粒子发生的反应。

最早的径迹探测器是云室，发明云室的是英国物理学家C.T.R.威耳孙，他是由模拟云雾的生成而发明云室的。它的原理是，使一个充满饱和蒸汽的容器在绝热条件下急速膨胀，蒸汽温度骤降，形成过饱和状态，这时若有带电粒子进入过饱和区，使路径上的气体分子电离，则这些离子就可能作为凝聚中心使蒸汽凝成可见大小的液滴，从而把粒子的路径显示出来。图58-1至图58-3是利比里亚2000年发行的千年纪发明与发展小版张中关于威耳孙云室的三张邮票（图58-1，威耳孙；图58-2，云室；图58-3，云室中拍得的照片）。威耳孙因发明云室与康普顿分享1927年诺贝尔物理学奖。

安德森用云室于1932年在宇宙线中发现了正电子（见第48节"1932年"），又于1936年与尼德迈耶在云室的宇宙线实验中发现了 μ 子。图47-21之四中电子-正电子对产生的照

图58-1 威耳孙
（利比里亚 2000）

图58-2 云室
（利比里亚 2000）

图58-3 云室中拍得的照片
（利比里亚 2000）

图58-4 布莱克特
（几内亚 2002）

布莱克特对云室作了重大改进

图58-5 鲍威尔
（格林纳达－格林纳丁斯 1995）

图58-6 奥恰里尼
（塞尔维亚 2007）

图58-7 张伯伦（加蓬 1995）

片就是用云室拍的。

布莱克特（图58-4，几内亚2002，诺贝尔奖百年）1932年发明了自动云室，对云室作了重大改进。他在云室上下各放一个计数管组成符合电路控制云室，使得当有粒子射入时云室才膨胀工作并照相，这样就不会拍得一无所有的空白照片，大大提高了效率，特别是用云室研究宇宙线的效率，把照片上有射线径迹的比率从3%～5%提高到80%。1932年他用云室拍摄粒子撞击氮原子核的径迹，证实了卢瑟福发现的第一个人工核反应 $^{14}_{7}N + \alpha \rightarrow ^{17}_{8}O + p$。他与奥恰里尼发现了宇宙线中的簇射现象，验证了正电子的发现，并提出了正确的正电子产生机制是由宇宙线中γ射线产生的电子－正电子对。他于1948年获得诺贝尔物理学奖，1965年至1970年任英国皇家学会主席。

另一种记录单个带电粒子径迹的手段是核乳胶。用乳胶探测射线并不新奇，贝克勒耳就是因为铀盐使照相底片感光变黑而发现放射性的，而且此后人们一直利用照相底片探测射线的总强度。为了改进乳胶探测粒子的性能，提高它对带电粒子的灵敏度，英国物理学家鲍威尔做了大量的工作。核乳胶中的溴化银含量比普通照相乳胶高得多，颗粒小而均匀，乳胶层厚度也比照相乳胶厚得多。1947年，鲍威尔在用气球送到高空的核乳胶拍摄的宇宙线初级射线照片中发现了新粒子，经过仔细认证，证实这就是日本物理学家汤川秀树1934年所预言的传递核力的粒子，命名为π介子。鲍威尔由于发展了核乳胶记录方法和发现π介子获1950年诺贝尔物理学奖（图58-5，格林纳达-格林纳丁斯1995，诺贝尔奖设立百年）。用核乳胶还发现了许多别的粒子。人们通过增加乳胶的厚度，发展适当的显影方法，并在乳胶中添加一些敏感材料，将乳胶技术发展得非常完善，使我们能够测量出在乳胶上留下径迹的粒子的质量、速度、电荷和其他特性。在一段时期内，乳胶技术几乎垄断了基本粒子的研究。

意大利物理学家奥恰里尼长期在英国工作。他是乳胶技术的专家，是布莱克特用云室研究宇宙线的团队的一员，又是鲍威尔发现π介子的副手。图58-6的邮票纪念他诞生百年（塞尔维亚2007，科学家）。他于1979年获得沃尔夫物理学奖。

早期在宇宙线中发现了各种基本粒子如正电子、μ子和π介子等，以及K粒子和各种超子，开启了粒子物理学的大门。不过宇宙线的主要成分是质子。随着加速器的发展及其能量的不断提高，新粒子主要在加速器上生成。

1932年安德森发现正电子，是发现反粒子的第一例。后来的粒子物理学理论认为，任何粒子都有其反粒子（一些中性玻色子如光子、π^0介子的反粒子是它自身）。反质子是美籍意大利裔物理学家塞格雷和美国物理学家张伯伦于1955年在加速器上发现的。他们为此获得1959年诺贝尔物理学奖。塞格雷是费米带的第一个博士，在罗马时是费米学派的得力成员。1938年去加州大学伯克利分校，1943年到1946年参加曼哈顿计划，后来又回到学校。张伯伦在二战中中断了自己在加州大学伯克利分校的研究生学业，参加曼哈顿计划，就在塞格雷指导下工作。战后随费米完成博士论文，1948年起在伯克利任教（图58-7，加蓬1995，诺贝尔奖设立百年）。

每个质子的静止质量能大约是1 GeV，要产生质子-反质子对至少需要2 GeV能量（在质心坐标系中）。这相当于在实验室坐标系中质子的能量达到6 GeV。于是在伯克利按这个要求设计建造了同步稳相加速器，1954年建成。1955年，塞格雷和张伯伦的实验小组在这台加速器上把质子加速到6.2 GeV，撞击铜靶，在这个过程中产生出质子-反质子对。在出射束中大部分是质子、中子和介子，要从这样的强本底中筛选出稀少的反质子，他们使用了一种新型的探测器——切伦科夫计数器。切伦科夫计数器根据的原理是切伦科夫效应，这个效应的原理及有关的人物和邮票将在第65节"现代光学"中讨论。切伦科夫计数器的分辨时间短，计数率高，能分辨带电粒子的传播方向和速度，避免低速粒子的干扰。用切伦科夫计数器除了发现反质子外，1956年，科克等人也是用切伦科夫计数器，在加速器上的反质子-质子湮没中探测到中子-反中子成对产生中的反中子。

另一种给粒子物理学带来许多新发现的探测器是气泡室，由美国物理学家格拉泽于1952年发明，他因此获得1960年诺贝尔物理奖（图58-8，几内亚2002，诺贝尔奖百年）。得奖时他34岁，是最年轻的诺贝尔奖得主之一。气泡室的工作原理与云室相似，可以看成云室中过程的逆过程，工作物质由过饱和蒸气换成过热液体。密闭容器内的工作液体在一

图58-8 格拉泽（几内亚2002）　图58-9 气泡室照片（保加利亚1981）　图58-10 阿耳瓦雷茨（几内亚2002）

定温度和压力下进行绝热膨胀，在短时间内处于过热的亚稳态。此时如果有高能带电粒子通过，在路径上产生电离，就会以离子为中心产生气泡，对它照相，就得到径迹的照片。由于液体的密度比气体大得多，高能粒子撞上工作物质的一个原子核而产生次级粒子的机会便大得多，这就极大地缩小了观察现象的空间范围，因此初期的气泡室比云室小得多。而且气泡室的分辨率更高，径迹更清楚。它兼有云室和乳胶的优点。格拉泽建造的第一个气泡室长3厘米，直径只有1厘米，所用的液体是乙醚。后来他又改用其他种液体进行实验。用液氢做工作液体有特别的意义，因为高能粒子与质子的作用最简单，容易得到明确的物理结果。王淦昌先生领导的小组在杜布纳用能量为8MeV的π⁻介子照射24升丙烷气泡室，发现了反Σ^-超子。图58-9是保加利亚1981年发行的纪念杜布纳联合核研究所成立25周年的邮票，画面是一幅气泡室照片。上节的图57-23也是气泡室照片。

格拉泽发明了气泡室，但是后来他的兴趣转向分子生物学去了，进一步发展气泡室的是加州大学伯克利分校的阿耳瓦雷茨（图58-10，几内亚2002，诺贝尔奖百年）。他建造的氢泡室体积大得多，最大的一个直径有1.8米，有一个浴缸那么大，能装500升液氢。而现在的气泡室甚至装有上万升液氢，造价与加速器相当。从这里我们也看到近代物理实验的大型化。阿耳瓦雷茨用氢泡室发现了大量的共振态粒子（寿命极短，约10^{-24}秒的不稳定粒子）。他因发展了氢泡室技术和发现了许多共振态获1968年诺贝尔物理学奖。

阿耳瓦雷茨有多方面的兴趣和才干。他1939年首先测量了中子磁矩；二战中从事雷达研究，发明了用雷达导航的飞机盲目着陆系统；在参加曼哈顿计划中，他发明了聚爆型原子弹的起爆技术；战后，他领导建造了第一台质子直线加速器。他提出用宇宙线探测埃及金字塔是实心还是空心，经埃及和美国联合小组的探测，最后结论是实心的。1980年，他和他儿子（一位地质学家）提出恐龙灭绝的灾变假说。他们认为，地球在6500万年前受到一颗直径约10 km的小行星的撞击，造成大面积的尘埃云，遮蔽阳光，引起长达3～6个月的黑暗，植物光合作用停止，食物链破坏，导致恐龙和食物链上层的生物灭绝。其根据是：他们在白垩纪上界的黏土层中发现铱元素含量异常富集，而且分布广泛，层位稳定，而铱元素在地球上很稀少但陨石中则含量很高；并且地壳表面存在着大的撞击坑。

多丝正比室是在正比计数器和火花室基础上发展起来的一种新型探测器，是夏帕克（G.Charpak，波兰裔法国人，1924年生）于1968年发明的。丁肇中（图58-11，圭亚那1995，诺贝尔奖设立百年）和里希特（B.Richter）于1974年发现 J/Ψ 粒子，工作中就用了几种多丝正比室。他们因此获得1976年诺贝尔物理学奖（发现 J/Ψ 粒子的意义在下节讲）。夏帕克因发明多丝火花室于1992年获诺贝尔物理学奖。

在弱作用方面，1930年底，泡利为了在 β 衰变中保持能量和角动量守恒，假设存在一种粒子中微子（按现在的命名规则应称为反中微子），不过实验上长期没有发现。中微子不带电，和物质的作用非常之微弱，穿过地球的每1万亿（10^{12}）个中微子只有一个会停下来。因此对中微子的探测非常困难，几乎是没法发现的。泡利提出这个假说是冒物理学之大不韪。他自己说："我做了一件理论物理学家无论何时也不应该做的傻事：提出了一个实验上永远检验不了的东西。"要探测到中微子，必须用非常庞大的探测器，对着非常强的中微子源，持续非常长的时间。等了20多年，美国科学家莱因斯（F.Reines）和科恩（C.L.Cowen）1953年终于直接探测到反中微子，又在1956年直接探测到中微子。他们是用反应堆发出的中微子流射入装有200升氯化镉水溶液的靶箱中，用1682 L液体闪烁体做探测器（都埋在很深的地下），用很长的时间，按反应 $v+\mathrm{p}\rightarrow \mathrm{e}^{+}+\mathrm{n}$ 而检验出中微子的。这也就证明了能量守恒定律在微观事件中仍然成立。莱因斯因此获得1995年诺贝尔物理学奖（科恩当时已去世）。

美国物理学家莱德曼（L.Lederman）、施瓦茨（图58-12，马尔代夫1995，诺贝尔奖设立百年）和斯坦伯格（图58-13，安提瓜和巴布达1995，诺贝尔奖设立百年）3人于1960年实验发现，存在有与 β 衰变中产生的与电子相联系的中微子不同的另一种中微子 μ 中微子。他们为此获得1988年诺贝尔奖。现在我们知道，中微子共有3种，除上两种外，还有第三代 τ 中微子，和它相联系的重轻子 τ 子是美国的佩尔于1975年发现的，佩尔和莱因斯分享1995

图 58-11 丁肇中
（圭亚那1995）

图 58-12 施瓦茨
（马尔代夫1995）

图 58-13 斯坦伯格
（安提瓜和巴布达1995）

图58-14 范德梅尔
多米尼克 2002）

年诺贝尔奖。2000年，美国费米实验室观测到τ中微子转变为τ子的过程。

弱作用方面的重要实验还有1983年意大利物理学家鲁比亚等人发现中间玻色子W$^±$和Z^0（参看下节的邮票图55-20之一）。20世纪60年代末，建立了电弱统一理论，它预言有三种中间玻色子存在并预言了它们的质量，但是当时实验能量还达不到产生中间玻色子的水平。当时最大的加速器是CERN的270 GeV的SPS（超级质子同步加速器），它的质心系能量只有23 GeV。如果把它改建成质子–反质子对撞机，则质心系能量能提高到540 GeV，足以产生中间玻色子了。意大利物理学家鲁比亚提出了这样的建议。他领导的实验组成功地建造了对撞机，于1983年发现了W$^±$和Z^0，其质量与理论预言符合得很好。很快，鲁比亚和荷兰科学家范德梅尔便被授予1984年诺贝尔奖，范德梅尔（图58-14，多米尼克2002，荷兰人对科学的贡献）得奖是由于他对建造质子–反质子对撞机中的反质子储存环的贡献。

在粒子物理中，重要的实验工作还有1956年霍夫斯塔特用1 GeV的高能电子被核子散射显示质子和中子有结构（获1961年诺贝尔奖）；1957年吴健雄实验证实弱相互作用中宇称不守恒；1964年克洛宁和菲奇从长寿命K^{0}介子的衰变实验发现弱作用中CP联合对称破坏（获1980年诺贝尔奖）；1968年弗里德曼、肯达耳和泰勒三人用20 GeV的高能电子深度非弹性散射证实夸克在质子和中子中存在（获1990年诺贝尔奖）；1995年费米实验室发现顶夸克存在。不过这些都还没来得及反映在邮票上。

59. 粒子物理学：
观念和理论

粒子物理学开始于1897年汤姆孙发现电子。其发展可分为三个阶段，每个阶段三四十年。

第一阶段从1897年到20世纪30年代中期。那时实验上发现的亚原子粒子只有电子、质子、光子和中子四种。这四种粒子都是物质（包括实物和场）的组元：质子和中子组成原子核，电子环绕原子核，组成原子；光电效应和康普顿效应确定了光子的存在，光子是电磁场的基本组成单元。因此，当时的观念是，这些粒子是组成物质的更基本的层次，是"基本粒子"。1932年还发现了正电子，物理理论预言，每一种粒子都有反粒子，但更多的反粒子到20世纪50年代后才陆续发现。

这一阶段里，随着原子核物理学的发展，知道在自然界中，除了宏观世界里已知的引力作用和电磁作用之外，还存在两种新的相互作用：强作用（如把核子结合成原子核的力）和弱作用（如β衰变中的相互作用）。它们都是短程的，在宏观世界里感觉不到它们的存在。

第二阶段从20世纪30年代中期到1964年。这一阶段的开始以提出核力介子的假说为标志。1935年，日本物理学家汤川秀树为了解释核子之间的短程强作用力，基于同电磁作用（由电荷之间交换光子而引起）的类比，提出这种力是由质子和（或）中子之间交换一种具有质量的粒子而引起的，力程短是由于交换粒子的质量大（打一个不太确切的比方，两个人之间扔一个球，一个小皮球可以扔很远，但若是一个铅球便扔不远了），由核力力程算出其质量为电子质量的200倍左右，介于电子和核子之间，称为介子（图59-1，日本1985，汤川秀树提出介子理论50周年，邮票中人像下的公式是 $m = 2 \times 10^2 \times$ 电子质量），这个假说开始并没有受到物理学家注意。但是，1936年，安德森和尼德迈耶等在宇宙线中发现了一种新粒子，质量是电子质量的207倍。汤川和奥本海默分别指出，这可能就是汤川预言

图59-1（日本1985）

图59-2（日本2000）

图59-3（乌干达1995）

图59-4（圭亚那1995）

图59-5（冈比亚1995）

图59-6（圣文森特和格林纳丁斯1995）

图59-7（马尔代夫1995，4/5原大）

图59-9（几内亚比绍2007）

图59-8（安哥拉2001）

的介子，这才使人们注意汤川的论文，而把这个粒子取名为 μ 介子。可是，人们详细研究后，发现这个粒子除质量相近外并不具有汤川预言的性质，它完全不参与核力作用，而是很像电子。一直到1947年，鲍威尔（上节图58-5）才在用核乳胶拍摄的宇宙线照片中发现汤川预言的介子，其质量为电子质量的273倍，被命名为 π 介子。π 介子衰变为 μ 子。汤川的理论预言被证实，他被授予1949年诺贝尔物理学奖（图59-2，日本2000，20世纪大事；图59-3，乌干达1995，诺贝尔奖设立百年；图59-4，圭亚那1995，诺贝尔奖设立百年；图59-5，冈比亚1995，诺贝尔奖设立百年；图59-6，圣文森特和格林纳丁斯1995，诺贝尔奖设立百年，从小型张上截下；图59-7，马尔代夫1995，诺贝尔奖设立百年小型张；图59-8，安哥拉2001；图59-9，几内亚比绍2007；另见第51节图51-8）。汤川是日本第一个科学诺贝尔奖得主，而且获奖是在日本战败投降后几年，起了振奋日本民心的作用。汤川没有出国留过学，完全在日本受教育。他从小在祖父教育下学习汉学，受道家思想影响较深。他获得诺贝尔奖表明日本的物理学已达到世界先进水平。

杨振宁教授对汤川的工作有很高的评价。他说，汤川这一工作有四个创新之处：① 他提出了一个不是物质组元的新粒子，在当时这是十分大胆的。② 他提出了一个传递核力的新机制。③ 他把中间粒子的质量与核力的力程联系起来。④ 这个工作提出了 β 衰变的机制，这个提议的带电的形式就是中间玻色子假说。因此杨先生说：“汤川秀树1935年的文章是我们这一领域中的一个里程碑。不仅如此，它的重要性远远超出了粒子物理学的狭窄范围：汤川和他的弟子们……开创了一个日本物理学派，这个学派不仅在物理方面，而且也在其他有关领域，培养了许多年青一代的科学家。汤川秀树在年青一代中影响是巨大的。可以毫不夸张地说，由于汤川秀树1935年的文章，他对今天的日本，这个生气勃勃的高效率的工业社会，作出了巨大的贡献。”

图59-10 马约拉纳
（意大利2006）

在20世纪30年代做粒子物理学方面的工作，并有邮票纪念的还有意大利物理学家马约拉纳（1906—1938）（图59-10，意大利2006，马约拉纳诞生百年）。马约拉纳是一位数学神童，在大学本科是学工的，毕业于罗马大学；在塞格雷的劝告下读研究生时改行学物理，并在同校取得博士学位，加入费米的研究团队。是他首先提出，约里奥-居里夫妇用 α 粒子从铍中打出的中性粒子，应当具有与质子差不多的质量，即中子。费米让他就此问题写篇文章，但是他懒得揽这个麻烦，后来发现中子的荣誉就归于查德威克了。一切粒子都有反粒子，反粒子的质量、寿命、自旋、同位旋与粒子相同，但是电荷、重子数、轻子数、奇异数等内部相加性量子数则相等相反。一些中性玻色子如光子、π^0介子等，其反粒子就是自己，但是费米子的反粒子不能是自己。马约拉纳推广了狄拉克方程（推广后的方程叫做马约拉纳方程），它的解容许有一种费米子，其反粒子是它自身，这种粒子叫做马约拉纳费米子。现在还没有发现这种粒子。有人猜测宇宙中的暗质量一部分可能是由马约拉纳费米子贡献的。马约拉纳还从理论上计算中微子的质量。

马约拉纳得了严重的胃病，病痛折磨使他和家庭的关系疏远了。他将自己反锁起来，过着遁世的生活。1938年，他坐船由巴勒莫到那不勒斯，在船上神秘失踪。有人说他自杀了，有人说他躲到修道院里去了，还有人说他跑到南美洲去了，在阿根廷发现过长得酷似他的人。他的失踪当年曾闹得沸沸扬扬，是一件大疑案。

1947年，在宇宙线中还发现了K介子，这是所谓“奇异粒子”发现的开始。由于大型加速器的建成和各种新型探测器的使用，1960年前发现了大批奇异粒子，既包括质量比质子轻的奇异介子$K^\pm$和K^0，也有质量比质子重的超子Λ^0、$\Sigma^\pm$、Σ^0、Ξ^0、Ξ^-等。它们都是不稳定的粒子，平均寿命在$10^{-10} \sim 10^{-6}$秒之间。由于它们的独特性质，粒子物理中引进了一个新的量子数——奇异数。此外，还发现了大量寿命极短（约10^{-24}秒）、经强作用衰变的共振态粒子，见上节。

进入20世纪60年代后，包括共振态在内，发现的粒子总数已达300多个，远多于周期表上元素的数目。人们曾把这一大群粒子戏称为"粒子动物园"。费米曾说："如果我能记住所有这些粒子的名称，我早就当植物学家去了。"这不得不使人们的观念发生变化，怀疑"基本粒子"的基本性，它们（特别是参与强作用的粒子）不可能都是基本的。以前对粒子主要按质量分类，把它们分为光子（静止质量为零）、轻子（e, v）、介子（质量在轻子和核子之间）、核子（p, n）、超子（质量大于核子）等。此后则按粒子参与的作用来分类：一切参与强相互作用的粒子统称强子，强子又分为自旋为半整数（费米子）的重子和自旋为整数（玻色子）的介子；轻子是不参与强作用的费米子，特别是中微子，只参与弱作用，它的出现是一个过程属于弱作用的标志；电磁作用则只有带电粒子参与。这样，μ 介子就不属于介子了，改称 μ 子，属于轻子。而轻子这个名称本身也不科学，以致后来又出现了"重轻子"这样矛盾的名称。

这一阶段理论上最重要的进展是量子电动力学重正化理论的建立，以及相互作用中对称性质的研究。

波粒二象性是物质（不论是实物还是辐射场）的普遍性质。它的意思是，物理实在的本质是一个场，而这个场是量子化的。因此，场是基本的物理实在，它同时满足量子理论原理和相对论原理，粒子是场量子化的结果。基础的物理理论应当是量子场论。电磁作用是我们了解得最清楚的相互作用，因此最早建立的和最成熟的是关于电磁力的量子场论，即量子电动力学。初等量子力学只对电子场量子化，对电磁场的处理仍然是经典的，没有反映电磁场的粒子性，不能容纳光子。而量子电动力学则把电磁场和电子场都加以量子化，以讨论电子和光子的各种现象（光子的发射和吸收、电子的产生和湮没、电子与光子间的散射、带电粒子之间的散射等），它概括了所有微观电磁现象的普遍规律。它是在相对论量子力学的基础上，由狄拉克、泡利、海森伯等人提出辐射的量子理论而奠定理论基础的。它用微扰论方法计算上述各种电子和光子现象，其最低级近似都与实验相当符合，说明这个理论基本上是正确的。但是，计算更高级的近似时，一定得到无穷大的结果，这就是所谓发散困难。它应当是由于某种数学处理不当而造成，可是，由于没有找到合适的处理方法，这个问题被搁置了十多年。

但是实验提出了挑战。以前，人们认为狄拉克方程描述电子的性质和氢原子的能级是十分成功的，它给出电子的磁矩是一个玻尔磁子，氢原子的能级 $2P_{1/2}$ 和 $2S_{1/2}$ 是简并的。由于微波技术的发展，能够对这些物理量进行更精确的测量。1947年，兰姆用微波共振法测出这两条能级是分裂的，这称为兰姆移位。库什在同一年用分子束磁共振方法测出电子磁矩与玻尔磁子有一个小偏差。人们认识到，这些小偏差是可以用电子和电磁场的真空涨落的相互作用来解释的，但是计算时遇到发散困难。这个问题必须解决，不能再搁置了。人们曾想出一些办法，例如让无穷大和无穷大相消，以从无穷大分出有意义的结果，但这样做很烦琐而且不太可靠。需要找出一个明确、简洁和有理论根据的办法来消除发散困难。在1948—1949年，日本物理学家朝永振一郎、美国物理学家施温格和费曼各自独立地循不同途径找到了解决这一困难的重正化方法，把发散量归入电荷与质量的重新定义中。他们为此获得了

1965年诺贝尔物理学奖。

朝永振一郎是汤川秀树在中学和京都大学物理系的同学。他1937年曾留学德国，在海森伯指导下研究原子核理论和量子理论。他的邮票有图59-11（乍得1976，诺贝尔奖得主）、图59-12（塞拉利昂1995，诺贝尔奖设立百年小型张）、图59-13（尼加拉瓜1995，诺贝尔奖设立百年小型张）等。施温格是一个物理神童，14岁就高中毕业，18岁获哥伦比亚大学学士学位，21岁获博士学位。有人夸赞"他对物理学就像莫扎特对音乐一样"。费曼是一个特立独行、很有个性的人，总是用自己独特的方法去解决问题。他发展了路径积分方法，成了量子力学的一种新的表述方法。他于1949年提出的费曼图方法（图59-31之三）为各种量子场论广泛采用，用它可以系统而方便地计算各种过程的概率，而且物理意义十分直观。他写的三卷本《物理学讲义》是一套独特的物理教材。美国"挑战者号"航天飞机失事后，他被任命为调查委员会委员，他敏锐地注意到橡胶O形环在低温下的脆弱性，一下就抓住了问题的关键，并且用一杯冰水在会上进行了非常形象的演示，使他在美国成了非常著名的公众人物。图59-14是美国2005年发行的纪念他的邮票（美国科学家邮票第一组）。纪念他的邮票还有图59-15（圣多美和普林西比2009）和图59-16（马里2011）。费曼还有一张邮票显示他是纳米技术之父，见图62-19。

重正化后的量子电动力学是最精确的物理学理论之一。量子电动力学有三个实验支柱：兰姆移位、电子和μ子的磁矩。兰姆于1947年用微波共振法测出 $2P_{1/2}$ 和 $2S_{1/2}$ 两条能级之差为 $\Delta v = \Delta E/h =$ （1057.845 ± 0.009）MHz，而计算得出的理论值则为 $\Delta v =$ （1057.860 ± 0.009）MHz，二者符合得很好。在量子电动力学中，由于电子或μ子与外电磁场发生作用的过程中产生虚光子，其固有磁矩与狄拉克理论预言的值要差一个约为 10^{-3} 的小因子。库什在1947年用分子束磁共振方法测出电子磁矩（单位玻尔磁子）为1.00119 ± 0.00005，而施温格的计算值为1.00116，也符合得很好。后来对电子和μ子的更精确的计算值和测量值符合得更好。1981年，考虑到四阶修正后电子磁矩之计算值是1.001 159 652 460（148）个玻尔磁子，而实验值是1.001 159 652 209（31）个玻尔磁子，符合到10位数字。因此，量子电动力学得到精确的验证。兰姆和库什的邮票见第65节图65-3至图65-6。

理论上的另一进展是对弱相互作用中对称性和守恒量的研究。原来以为，在各种相互作用中都有空间反射变换P、电荷共轭变换C和时间反演变换T下的不变性。不过，这只是人们的一种观念，除了泡利1955年曾在一般前提下从理论上证明了在CPT联合变换下量子场论的不变性以外，其他的都未曾在实验或理论上得到过证明。1955年，出现了所谓θ-τ之谜：实验中发现有θ和τ两种粒子，衰变方式不同。θ衰变为2个π介子，τ衰变为3个π介子。如果宇称守恒，那么θ的宇称为+1，τ的宇称为-1，二者是不同的粒子。可是它们的质量、寿命等各种性质却完全相同。这怎么解释呢？1956年，李政道和杨振宁分析了以往的实验，他们发现，在弱作用中宇称守恒从来没有得到过实验的确证。因此他们提出，弱相互作用中宇称不守恒（没有空间反射变换下的不变性），这样也就没有θ-τ之谜了，它们是同一粒子（现在称为K⁺介子），只是有两种不同的衰变方式。1957年，吴健雄领导的小组按照李政道和杨

图 59-11（乍得 1976）

图 59-13（尼加拉瓜 1995）

图 59-12（塞拉利昂 1995）

图 59-14（美国 2005）

图 59-15（圣多美和普林西比 2009）

图 59-16（马里 2011）

朝永振一郎

费曼

粒子物理学　观念和理论

59

图59-17（马尔代夫1995）

图59-18（圭亚那1995）

图59-21（几内亚2008，2/3原大）

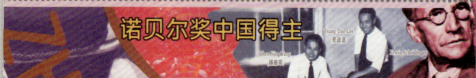

图59-20（几内亚2008）

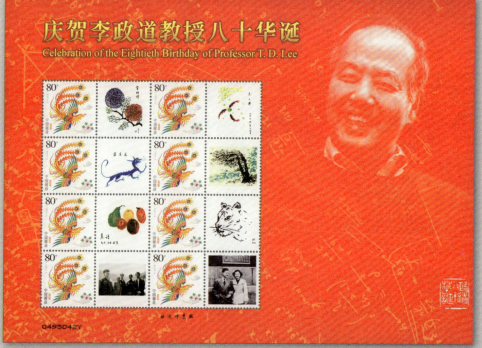

图59-26 庆贺李政道教授八十华诞（北京2006，1/2原大）

图59-22（中国北京2006，1/2原大）

图59-24（新加坡2007，1/2原大）

图59-23（中国北京2006，1.5倍原大）

图59-25（中国安徽2007，1/2原大）

振宁的建议，进行了极化原子核钴60的β衰变实验，证实宇称不守恒。随后不久，其他的弱作用实验也证实了宇称不守恒，而且C宇称也不守恒。杨振宁（图59-17，马尔代夫1995，诺贝尔奖设立百年；图59-18，圭亚那1995，诺贝尔奖设立百年）和李政道（图59-19，内维斯1995，诺贝尔奖设立百年）获得1957年诺贝尔物理奖（图59-20和图59-21，几内亚2008，中国的诺贝尔奖得主）。李、杨的论文是1956年10月发表的，吴健雄实验证实是在1957年3月，同年10月就获诺贝尔奖。一项科学工作在发表的第二年就获得诺贝尔奖，这是第一次。获奖时李先生才31岁，杨先生34岁，都属于最年轻的诺贝尔奖得主。这是华人首次得诺贝尔奖。他们的得奖，就像半个世纪前詹天佑自力修建京张铁路一样，大长了中国人的志气，改变了中国人觉得自己不如人的心理状态，提高了民族自信心。

图59-22是著名画家范曾先生绘制副票的文化巨人张，副票包括杨先生的肖像。范曾先生是杨先生的好友。图59-23是杨先生的票图放大到1.5倍。图59-24是新加坡大学为杨先生85岁寿辰举行的学术会议印制的邮品，范曾先生绘画并题诗。

杨先生于1922年出生于安徽合肥。安徽省邮政公司收集了杨先生不同时期的照片作为素材，于2007年发行了一套《科学巨匠　华夏赤子——杨振宁》邮资明信片，全套30张，装订成一册。安徽省邮政部门又为这套明信片的发行出了一个纪念封，见图59-25。

图59-26是中国高等科学技术中心为庆贺李政道先生八十大寿委托北京邮票厂印制的祝寿张。副票上的画是李先生画的，李先生艺术修养很高，画画得很好。

在弱相互作用中，不仅宇称不守恒，C宇称不守恒，而且CP联合变换的不变性也受到破坏（克洛宁与菲奇于1964年实验证明），因而时间反演变换T的不变性也受到破坏，在粒子世界，过去和将来是不对称的。不过，与宇称不守恒的程度很高不同，CP不守恒的程度很微弱。能量守恒和动量守恒是普遍成立的守恒定律，而宇称守恒等只在强作用、电磁作用下成立，在弱作用下不成立。

在强作用方面，美国物理学家盖耳曼于1961年提出了用SU（3）对称性对强子进行分类的"八重态法"，取得了很大的成功。它像化学中的门捷列夫元素周期表，不但给出了当时已发现的强子的适当位置，还准确预言了新粒子Ω^-的存在。

总结一下第二阶段结束时粒子物理学的概况是：发现了大量的新粒子，使基本粒子的基本性受到猛烈冲击；确立了量子电动力学作为微观领域中电磁相互作用的基本理论，但强作用和弱作用还缺乏这样的基本理论；确定了各种离散量守恒定律在弱作用中不成立；成功地提出了强子分类的SU（3）对称性。

粒子物理学发展第三阶段以1964年提出强子结构的夸克模型为起点。

八重法分类得到极大的成功，它的物理基础是什么呢？门捷列夫周期表的本质是在发现原子结构后才得到解释的。要解释八重法分类，也必须研究强子的内部结构。盖耳曼和茨威格于1964年分别独立提出了强子结构的夸克模型（图59-31之五）。按照这个模型，当时已知的强子由3种夸克粒子u（上夸克）、d（下夸克）和s（奇夸克）组成。夸克的自旋为1/2，属于费米子。重子由三个夸克粒子组成，介子由一个夸克和一个反夸克组成。有

图 59-27 盖耳曼
（几内亚 2002）

图 59-28 萨拉姆
（巴基斯坦 1998）

图 59-29 霍夫特（格林
纳达所属卡利亚库和小马
提尼克 2002）

图 59-30 韦尔特曼（格
林纳达所属卡利亚库和
小马提尼克 2002）

的重子必须由3个同样的夸克构成，而按照泡利不相容原理，同一量子态中只能有一个费米子，因此夸克还有一个量子数，取3个不同的值，比照色觉理论中的三原色，把这个量子数叫做"色"量子数，分别取值"红""绿""蓝"。也就是说，有3种不同"颜色"的夸克。重子都由三个不同颜色的夸克组成，介子则由两个同色的正夸克和反夸克构成，它们都是"无色"的（图59-31之五）。夸克有一个很奇特的性质：以前都认为电子电荷的绝对值e是自然界最小的电荷，但夸克的电荷却是 $-e/3$ 或 $+2e/3$。不过由夸克组成的重子和介子的电荷都是 e 的整数倍。

盖耳曼对粒子物理学作出了极大的贡献。1953年他（刚24岁）提出了奇异量子数概念和盖耳曼-西岛定则。1958年他和费曼合作提出弱作用的矢量-赝矢量型（V-A）理论。1961年提出强子的八重态法分类，1964年提出夸克模型。他因对粒子分类和相互作用的贡献获得1969年诺贝尔奖（图59-27，几内亚2002，诺贝尔奖百年）。他会多种语言，兴趣广泛，学识渊博，风趣幽默。他对他的工作成果的叫法反映了这一点。"八重态"来自佛教教义，而"夸克"则来自乔伊斯的小说 *Finnegan's Wake*，原意是海鸥的叫声。

人们以分数电荷为标志来寻找夸克。甚至从历史档案中翻出了密立根做油滴实验的笔记本，那上面有一个被密立根抛弃的数据，其电荷为电子电荷的1/3。但是，人们为寻找夸克而进行的大量实验，在宇宙线中、加速器上以及自然界中都没有发现自由的夸克。后来的解释是，把夸克拉出核子要做无穷大的功，因此夸克永远被囚禁在强子里，即所谓夸克禁闭。夸克禁闭对物质无限可分的观念提出了挑战。但是，没有自由夸克不等于说夸克只是一个不能用实验证明的数学符号。1968年，弗里德曼、肯达耳和泰勒领导的实验组用斯坦福直线加速器加速到20 GeV的高能电子轰击质子和中子，进行电子-核子高度非弹性散射实验，以探测质子和中子的内部结构。这与当年卢瑟福用 α 粒子散射实验探测原子内部结构相似。实验结果显示出，每个核子内部有3个硬的点状力心，这就是夸克。而且还表明，在核子内这些点状结构可以认为是自由的。

原来的夸克模型只有3种夸克。随着发现的粒子越来越多，必须增加夸克的数目。1970年，格拉肖等人预言了粲夸克（c）的存在，1974年发现 J/Ψ 粒子，证明了这一点，J/Ψ粒子是（c$\bar{c}$）。1974年重轻子τ子发现后，轻子增为三代，人们也问夸克是否有三代。1977年发现Υ粒子，证实了底夸克（b）的存在，Υ=（b$\bar{b}$）。1995年，费米实验室宣布发现顶夸克（t）。现在一共有6种夸克，分为三代，与轻子的三代对应（图59-31之四）。根据今天实验的分辨率，夸克和轻子都是没有结构的点粒子，是新的基本粒子。第一代粒子即上下夸克和电子是构成普通物质的基石，而另外两代粒子在宇宙演化过程中起过重要作用。

夸克模型认为，夸克之间的作用（有的书称之为超强作用）是强子之间的强作用的基础，强子之间及强子与其他粒子之间的作用应当归结为夸克之间及夸克与其他粒子之间的作用。夸克之间的作用的来源是夸克的"色荷"（色量子数），就如同电磁作用的来源是电荷一样，因此夸克之间的作用力称为"色力"。强子之间的强作用是束缚在强子内部的夸克之间的色力在组成强子后的剩余作用，就如同范德瓦尔斯作用力是静电力的剩余作用一样。色力的特征是：高强度、短力程、高对称性以及在极短距离下（小于10^{-14}cm），其强度随距离减小反而减弱，它解释了夸克在核子内的近似自由状态——"渐近自由"，也解释了夸克禁闭，因为夸克距离拉大时，色力趋于无穷大。1973年前后，提出了描写色力的量子场论——量子色动力学（图59-31之五）。根据量子色动力学，夸克之间通过交换8种胶子来传递色力。但是胶子是带色荷的，因此胶子之间可以直接相互作用，这同光子不带电荷，它们本身之间不能直接相互作用不同。量子色动力学的创立者——三位美国物理学家格罗斯、普利策和维尔泽克由于揭示了强作用理论中的渐近自由现象获2004年诺贝尔物理学奖。我国科学家也曾在同一方向上进行研究，并于1965年取得重要阶段性成果，提出层子模型。

再看弱作用理论。弱作用的特点是力程特别短（是四种作用中最短的）和对称性低。第一个弱作用理论是费米1934年提出的β衰变理论，又叫"四费米子理论"，四个费米子在一个时空点上直接作用。弱作用中宇称不守恒发现后，弱作用理论不必受空间反射不变的限制，其数学形式的选择范围增大，于是修改为V-A型普适理论。这个理论在低能下基本正确，但在能量高时包含不可避免的发散。为了能够描写高能现象，人们便设想弱作用也是由粒子传递的，而不是直接作用。传递弱作用的粒子叫中间玻色子，都是自旋为1的规范粒子。

由于弱作用和电磁作用规律有某些相似之处，人们提出了电弱统一理论。这个理论描述轻子之间的弱作用和电磁作用，它们通过交换光子和3种中间玻色子W$^{\pm}$和Z^{0}而发生（图59-31之一）。这个理论认为，这两种作用实际上是一回事，只是由于中间玻色子通过真空对称性自发破缺的希格斯机制（图59-31之三）获得巨大的质量（图55-31之二），才显得不一样。中间玻色子的质量大（W$^{\pm}$的质量是质子质量的86倍，Z^{0}是质子的97倍），因此弱力作用微弱，力程短。

电弱统一理论的建立和完善是许多科学家工作的成果。这个概念最早是由施温格于1957年倡导的。他的学生格拉肖于1961年为理论选择了正确的对称性SU（2）×U（1），引进了中性的中间玻色子Z^0。格拉肖在中学和康奈尔大学的同学温伯格与巴基斯坦物理学家萨拉姆于1967年分别独立提出中间玻色子依靠希格斯机制获得质量。

萨拉姆（1926—1997）是伊斯兰世界近代最杰出的科学家（图59-28，巴基斯坦1998）。他对理论物理学的国际交流特别是培养发展中国家的物理学家十分热心。在他的努力下，1964年在意大利的里雅斯特创建国际理论物理中心，这是帮助发展中国家物理学家的研究机构，他担任主任直到去世，去世后该中心以他的名字命名。他把所获得的诺贝尔奖奖金全部捐献用于培养发展中国家物理学家。1983年，他发起成立第三世界科学院，以加强第三世界科学家之间的联系与合作，促进发展中国家的科学发展，总部设在的里雅斯特。

但是，当时的温伯格-萨拉姆理论还不能重正化。它虽然预言了新粒子$W^{\pm}$和Z^0的存在，但不能计算它们的精确质量。荷兰物理学家霍夫特和韦尔特曼（图59-29和图59-30，格林纳达所属卡利亚库和小马提尼克2002，荷兰的诺贝尔奖得主，荷兰人对科学的贡献）于1971年实现了电弱统一理论的重正化。霍夫特是韦尔特曼的博士生，韦尔特曼致力于非阿贝尔规范理论的重正化，他开发了一个计算机符号演算程序对量子场论中的复杂公式进行简化。霍夫特取得了突破。他们的方法也适用于量子色动力学，因此他们为粒子的标准模型奠定了坚实的数学基础。用他们的方法算出的顶夸克的质量，与后来的实验值符合得很好。

电弱统一理论是20世纪物理学理论的一座高峰。统一是物理学永恒的追求。17世纪，牛顿统一了天上和地上的运动。19世纪，麦克斯韦的电磁理论统一了电学、磁学和光学现象。现在，电弱统一理论把4种基本作用中的两种统一起来了，其重要意义不言而喻。它的创立者陆续被授予诺贝尔奖。施温格已因量子电动力学的重正化获1965年诺贝尔奖。格拉肖、温伯格和萨拉姆被授予1979年诺贝尔奖。电弱统一理论有两个重要预言：一是中性弱流的存在；二是3个中间玻色子的质量。前一预言于1973年被CERN证实，但是在1979年，中间玻色子尚未发现，也就是说理论尚未完全证实，便被授予诺贝尔奖，这在诺贝尔奖的历史上是少见的。这反映了当时物理学界对这个理论的信心。霍夫特和韦尔特曼也因对非阿贝尔规范理论的重正化方法的贡献获1999年诺贝尔奖。

把电弱统一理论与描述强作用的量子色动力学综合起来，就是所谓粒子物理学的标准模型。它的主要内容是：物质的基本组成单元是3代夸克和3代轻子（各6种），它们之间有4种基本相互作用。除了可以忽略的引力作用外，其他3种作用的媒介都是规范场。传递强作用的是8种胶子，传递电磁作用的是光子，传递弱作用的是3种中间玻色子。还有带来质量的希格斯粒子。这个模型能解释现有的许多实验事实。当然，它还不是粒子物理学的完善理论。因为这个理论含有多个参数，它们的值必须由实验数值来确定，还不能由理论本身给出。

从粒子物理学发展的三个阶段，我们看到科学辩证发展的一个例子。原来人们期望基本粒子的研究能够给物质世界带来一幅很简明的图像，哪里料到结果却相反，粒子的种数比化学元素还多！而进一步的探索，又在更深的层次上得出了比较简明的规律。这种情况对许多学科的发展都是典型的。

我国的澳门特别行政区，于2002年年底以"粒子物理学的标准模型"为题，发行了一套6枚邮票（图59-31）和一枚小型张（图59-32）。用这样现代和抽象的科学理论为主题发行邮票是很少的，它可以发挥邮票在普及科学知识方面的作用，引发公众对科学的兴

图 59-31 粒子物理学的标准模型（中国澳门 2002）

一．电弱统一理论
二．中间玻色子通过对称性破缺获得质量
三．希格斯机制
四．粒子的三代
五．夸克模型
六．统一场论之梦

图 59-32 粒子物理学的标准模型——W$^\pm$ 的探测（中国澳门 2002，3/4 原大）

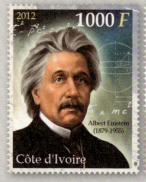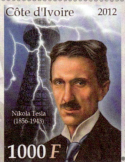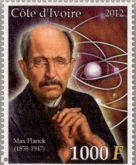

图 59-33 伟大物理学家爱因斯坦、特斯拉、玻尔、普朗克和希格斯
（科特迪瓦 2012）

趣。前面已经多次提到过这套邮票，再逐枚介绍一下。邮票上的文字是中文和葡萄牙文。图59-31的第一枚介绍电弱统一理论，轻子和（或）反轻子之间通过光子和3个中间玻色子$W^\pm$和Z^0相互作用。整个理论是$SU(2)\times U(1)$对称的，通过对称性自发破缺，对称性破缺到只剩下对应于电荷的$U(1)$对称性。残留的$U(1)$对称性对应的电磁场分量仍无质量，表现为光子；破缺掉的对称性所对应的3个规范场分量则获得质量，成为3个中间玻色子。对这个理论贡献最大的是格拉肖、萨拉姆和温伯格三人。第二枚形象地表示中间玻色子（以Z^0为代表）通过对称性破缺获得质量（Z^0的质量为$91.2\,\mathrm{GeV}/c^2$），由鲁比亚于1983年用实验证实。第三枚表示费曼于1949年提出的费曼图，除量子电动力学外，它也可用于其他量子场论。邮票上的图表示的机制是希格斯1964年提出的，表示玻色子和费米子都可以通过与普遍存在的希格斯场（希格斯玻色子）相互作用而获得质量：上方的图简单地表示规范粒子（玻色子）与希格斯粒子的作用（散射）；下方的图是一个费米子发射一个虚希格斯粒子后再吸收它。普通物质（质子、中子）的质量的95%来自夸克自身的力场的能量，其余的大约5%来自夸克粒子和希格斯场的相互作用。第四枚表示轻子和夸克的3代。代的数目为3，是CERN在其大型正负电子对撞机LEP上于1989年证实的。图中的白色曲线是此次实验所获得的Z^0的共振峰，从它的宽度可判定轻子有多少代，由此得到的代的数目为2.96 ± 0.06。只有3代的另一个证据来自宇宙演化理论。通过对宇宙中最古老物质的观测，得知宇宙的组成中大约有75%的氢和25%的氦。而宇宙演化理论预言的氦的百分比依赖于轻子有多少代：代的数目越多，预言的氦的百分比就越大。如果存在3代轻子，预言的氦的百分比与观测值符合。第五枚表示盖耳曼和茨威格于1964年提出的夸克模型，3个不同色的夸克通过交换胶子组成一个重子，一个夸克和一个反夸克组成一个介子。理论的对称性是SU(3)，描述色力的理论是量子色动力学。第六枚"统一场论之梦"是对理论发展远景的展望。统一场论是爱因斯坦毕生努力从事的工作和梦想，他想把两种宏观力引力和电磁力统一起来。他失败了，这并不是他追求统一的想法不对，而是因为他想在宏观物理的基础上寻求统一，宏观物理规律是唯象性的，而不是本原性的。现在，在量子场论的基础上，又开始了统一各种作用的种种努力。电磁力和弱力已经统一在电弱统一理论中，别的作用还能统一起来吗？加速器上的实验表明，随着能量的增高，各种基本力之间的差别减小。电弱统一理论提出，在较高的能量下，弱力的强度会增大，一直增加到与电磁力的强度相等。而所谓大统一理论则提出，在更高的能量下，电弱力的强度会达到大致与强力的强度相等。超统一理论提出，在还要更高的能量上四种力统一。这些都表示在邮票的曲线图中。邮票把弱作用的曲线画在电磁作用曲线的上面，这是因为，这些曲线是用$SU(2)$与$U(1)$的耦合强度来表示的。邮票上四种力的曲线分实线和点线两种，点线表示这个区域还没有在实验上探测过。整条引力曲线都是点线，因为迄今在实验上还没有发现过任何量子引力效应。按照现有的量子场论，引力是无法量子化的。统一四种基本作用的一个有希望的理论是所谓超弦理论。小型张的邮票上画着一次对撞实验，上面写的文字是$W^\pm$的探测，这是对1996年在CERN的LEP上准确测定$W^\pm$质量的实验的描绘，DELPHI是LEP上一个对撞区也是一个实验组的名字（每个对撞区由一个实验组负

图59-34 南部阳一郎

图59-35 小林诚

图59-36 益川敏英

图59-37 南部阳一郎

责）。1989年在LEP上准确测量了Z^p的质量，但$W^{\pm}$的质量测量是在1996年完成的。LEP已于2000年10月底关闭，在它的原址修建大型强子对撞机（LHC）。

希格斯玻色子是粒子物理学标准模型中最后一种未发现的粒子。它是希格斯场的场量子化激发，它通过自相互作用而获得质量。它是质量的来源，被称为"上帝粒子"。希格斯机制是彼得·希格斯提出的。希格斯（1929年5月29日— ）是英国物理学家，1980年到1996年任爱丁堡大学教授，于2004年获得沃尔夫奖。2012年7月4日，欧洲核研究组织宣布，在LHC上进行的两个实验中发现了与希格斯玻色子性质非常相似的粒子。科特迪瓦2012年发行的一套伟大物理学家邮票（图59-33）中有希格斯（另外几位是爱因斯坦、特斯拉、玻尔和普朗克）。2013年诺贝尔物理学奖授给了希格斯玻色子的预言者希格斯和比利时的恩格勒。

2008年诺贝尔物理学奖颁发给三位日本粒子物理学家南部阳一郎（美籍）（图59-34，图59-37）、小林诚（图59-35）和益川敏英（图59-36）。这些邮票取自科摩罗2009年发行的2008年诺贝尔奖小全张和小型张。南部阳一郎在粒子物理学领域开展了许多先驱性的研究工作，提出了量子色动力学的色荷，发现了粒子物理学中的自发对称性破缺机制，奠定了粒子物理学的标准模型的基础，他也是弦论的奠基人之一。小林诚和益川敏英发现了对称性破缺的起源，从而预言了自然界至少存在三代夸克。

超对称性是自然界基本规律的一种假想的对称性。它假定自然规律对于玻色子与费米子交换具有对称性，该对称性至今在自然界中尚未被观测到。物理学家认为这种对称性是自发破缺的。

60．天体物理学：
新的观测手段

　　天体物理学是天文学三大分支中最现代和最活跃的一个分支（另外两个分支是天体测量学和天体力学），也是物理学的一个重要分支，研究的对象是自然界中尺度最大的客体天体和宇宙，而且它们是处在人类在地球上无法实现的极端物理条件（超高温、超高压、超高密度、超强磁场、超强辐射等）之下。除此之外，它和物理学其他分支的区别还在于研究方法。物理学的一个重要研究方法是实验，但是对于遥远的天体和宇宙，我们无法进行主动安排的实验，只能进行被动的观测。从大量的观测资料总结出经验规律，然后结合现有的物理理论，建立物理模型和理论体系。因此，观测对天体物理学是极其重要的。观测手段越多、越好，得到的信息就越丰富。近几十年里，正是由于采用了新的观测手段，特别是射电天文学和空间天文学手段，而且结合原子核物理学和粒子物理学理论的新发展，天体物理学和宇宙学得到很大的进展，正处于它们的黄金时期。与此相应，各国发行了不少以宇宙、天体及其观测手段为主题的邮票。

　　我们从观测手段讲起。传统的天文观测都是在地面进行的，主要手段是光学望远镜，利用的是可见光这一狭窄的频段。新的观测手段，一是从可见光频段扩展到电磁波全波段，包括射电、红外、X射线、γ射线等；二是从在地面观测转为在空间观测，以避免大气的干扰。图60-1的小全张是美国2000年发行的，主题是"探测广阔无垠的太空"，介绍美国的大型天文观测手段，特别是新的观测手段，也包括传统的光学望远镜，如20世纪20年代已建成的美国威尔逊山天文台的2.5 m口径反射望远镜（图60-1之五），哈勃就是用这架望远镜发现天体光谱红移与距离的关系的。托洛洛山美洲天文台（图60-1之四）是美国基特峰天文台的南天分台，设在智利的托洛洛山，由美国国家科学基金会（NSF）于1965年建成，

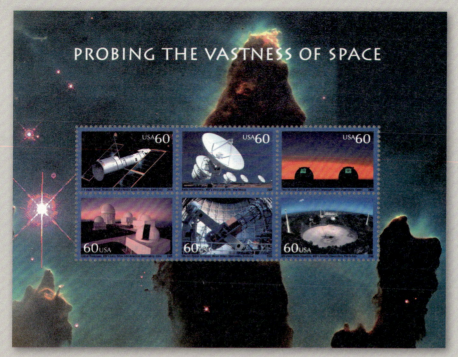

图 60-1 探测广阔无垠的太空
（美国 2000）

一． 哈勃空间望远镜 HST
二． 甚大阵 VLA 射电望远镜
三． 凯克天文台双子望远镜
四． 托洛洛山天文台的望远镜群
五． 威尔逊山天文台 100 英寸望远镜
六． 阿雷西博 305 m 口径射电望远镜
边纸：鹰状星云

图 60-2 麦克斯韦望远镜（马里 2010）

图 60-3 射电望远镜（圭亚那 1993）

与基特峰天文台各有一架4 m口径望远镜。这架望远镜虽然不是世界上最大的，但托洛洛山上的黑暗天空和宁静大气使它成为地面望远镜中效率最高的，在银心、麦哲伦云、类星体和X射线源的光学证认等方面做了许多工作。凯克天文台（图60-1之三）位于夏威夷的莫纳克亚，有两架10 m口径的光学望远镜，是现在世界上最大的，分别建成于1991年和1996年。望远镜的焦面上既有近红外照相机，也有可见光成像装置和光谱仪，因此既可用在可见光也可用在近红外波段。建两台双子望远镜是为了进行光干涉观测。它的一个重大成果是测定了氘的丰度。

　　天体的辐射到达地面要穿过地球的大气层。大气层只是对电磁辐射的几个波段才是透明的，或者说，只在几个波段开了窗口：① 光学窗口，波长从300nm到700 nm，包括了全部可见光波段。这个波段被大气吸收很少，主要的减弱原因是散射。波长小于300 nm的紫外辐射被大气吸收，地面几乎观测不到。② 红外窗口，对红外辐射的主要吸收者是二氧化碳和水蒸气。在它们的各个吸收带之间，有一些支离破碎的窗口。③ 射电窗口，天体发射的无线电波叫做射电波，从毫米波到30 m波长的射电波可以穿过大气。

　　麦克斯韦望远镜是设在夏威夷莫纳克亚天文台的一架亚毫米波（红外波段）望远镜（图60-2，马里2010，取自马里发行的麦克斯韦小型张），其抛物面天线直径为15米，由英国、荷兰和加拿大合作研制，爱丁堡皇家天文台管理，1986年底投入运行。

　　透过射电窗口观测天体的是射电望远镜。射电望远镜有其独特的优越性，射电波可以穿过光波透不过的尘雾，可以观测光学望远镜观测不到的天区。射电望远镜是在二战以后迅速发展起来的，只有几十年的历史。这是因为人们很晚才知道天体也辐射这个波段的电磁波。1933年，美国无线电工程师K.Jansky为探明对短波通信的天电干扰的来源，发现了来自银河系中心区域的射电辐射。而二战中发展起来的雷达技术则为战后射电望远镜的发展准备了条件，从事雷达研究工作的大量人力、物力在战后军转民流入射电天文学领域。著名理论物理学家戴森当时在小布拉格主持下的卡文迪什实验室，他回忆当时的情景说："布拉格乐于支持一些怪人，他们搞的那些东西在搞高能的人看来是很难称为物理学的。有个叫赖尔的，他刚打完仗从军队复员，带回一车乱七八糟的无线电零件，想用这堆破烂在宇宙空间寻找射电源……"正是这个赖尔，后来因为射电望远镜的工作获得1974年的诺贝尔物理学奖。射电望远镜导致20世纪60年代的天体物理学四大发现（脉冲星、类星体、星际分子、微波背景辐射），1974年发现射电脉冲双星和1992年首次发现太阳系外行星，也是靠射电望远镜。而卡文迪什实验室，由于布拉格的远见，成了全世界的射电天文学中心。

　　射电望远镜的基本原理和光学反射望远镜相似，投射来的电磁波被一精确镜面反射后，同相位到达公共焦点。用旋转抛物面作镜面易于实现同相聚焦，因此，射电望远镜天线大多是抛物面。射电望远镜的特色是它巨大的天线（图60-3，圭亚那1993，这是前面图5-90中的一张）。射电望远镜天线的形状和卫星站的微波天线相像，不过尺寸大得多，因为接收的天体射电波的波长比微波通信用的波长大得多，而且，大口径（至少几十米）的天线是得到一定的灵敏度和分辨本领所必需的。望远镜的分辨本领等于望远镜的口径和观测所

图 60-4 Lovell 射电望远镜（英国 1966）

图 60-6 Parkes 射电望远镜
（澳大利亚 1986）

图 60-7 Effelsberg 射电
望远镜（西德 1976）

图 60-8 Effelsberg 射电
望远镜（西柏林 1976）

图 60-5 Lovell 射电望远镜（阿森松群岛 1971）

图 60-9 Ooty 射电望远镜（印度 1982）

图 60-10 半可转型：法国南锡的
射电望远镜（法国 1963）

图 60-12（英国 2009）

图 60-13（加蓬 1995）

图 60-11 固定型：拉坦 600
射电望远镜（苏联 1987）

图 60-14（苏联 1964）

图 60-15（西班牙 2007）

图 60-16（澳大利亚 1975）

图 60-17（葡属亚速尔群岛 2009）

用的波长之比。射电波的波长比光波波长大得多，这样，要达到一定的分辨本领，射电望远镜的口径就必须很大：几十米，上百米。波动理论还要求天线反射面精度保持在波长的十几分之一（比方工作在3 cm波长，反射面的公差和变形必须保持在2 mm以内）。要求这样大的天线在温度变形和应力变形下保持这样的精度是困难的。工作波长越短，精度要求越高；天线越大，保持精度越困难。能够建成多大的天线，反映了一个国家的工艺水平。

从机械结构看，天线大致分两种：一种是全可转型。将旋转抛物面天线放在支架上，可绕两个相垂直的轴旋转，这是常见的雷达天线的翻版。这种天线有集中的面积，适用于较宽阔的波段，容易对天体进行跟踪和扫描。但由于运动带来应力变形，保持精度困难。另一种是固定型。将反射面附着于地面的固定不动的结构，从而减少了加工难度，排除了应力变形。这样的系统可以做得很大。固定型的观测范围受限，跟踪能力差。在全可转型与固定型之间，还有半可转型，仅能改变赤纬指向，赤经方向利用地球的自转进行周日扫描。

著名的全可转抛物面天线射电望远镜有：英国焦德雷尔班克的Lovell（人名）射电望远镜（图60-4，英国1966，英国技术），1955年投入使用，反射面直径76 m，是当时世界上最大的射电望远镜（图60-5，阿森松群岛1971）。1957年它在追踪苏联第一颗人造卫星中大显身手，使它声名大振。但由于抛物面精度不足，工作波长只能到几十厘米。澳大利亚Parkes的64 m天线射电望远镜（图60-6，澳大利亚1986，哈雷彗星）于20世纪60年代初建成。它对南天的射电源、脉冲星研究作出了巨大贡献。它与Lovell射电望远镜一南一北，覆盖了整个天区。1971年，联邦德国马普天体物理所建成直径100 m的可动抛物面天线的Effelsberg射电望远镜（图60-7，西德1976；图60-8，西柏林1976，德国工业与技术）。它能够工作到短厘米波段。印度塔塔基础科学研究所设在Ooty的射电望远镜（图60-9，印度1982，印度科技节）建成于1970年，天线是长530 m、宽30 m的抛物柱面截带，装在24个可动的抛物线支架上。Ooty是南印度的一座海拔甚高的避暑城市。

半可转型如法国南锡的射电望远镜，其天线是长300 m、高35 m的抛物柱面（图60-10，法国1963，南锡的射电望远镜）。固定型如美国天文台（在波多黎各）的射电望远镜（图60-1之六），其反射面是固定球面，于20世纪60年代利用一个天然死火山口建成，口径为305 m（1986年扩建后增为366 m）；苏联专门天体物理台的拉坦（俄文缩写，意为科学院射电望远镜）600号射电望远镜（图60-11，苏联1987），建在高加索，反射面为环形带状抛物面，口径600 m。世界最大的单口径射电天文望远镜——500米口径球面射电望远镜（Five hundred meters Aperture Spherical Telescope，简称FAST），2014年将在我国贵州省平塘县建成。与阿雷西博射电望远镜相比，综合性能将提高大约10倍。

单天线射电望远镜，即使口径大到几百米，分辨率也很低。射电望远镜的分辨角公式同光学望远镜一样是 $\theta = 1.22 \lambda/D$，由于射电波长比光波波长大$10^4 \sim 10^8$倍，要得到同样的分辨角，望远镜的口径也要大同样的倍数。比如一架10 cm口径的小型光学望远镜，在550 nm的波长上，其分辨角为1.4′。那么要达到这样的分辨角射电望远镜的天线的口径就得有1 km（工作在毫米波段）至1000 km（工作在米波波段）。这是做不到的。正是因为分辨率差，早期的射电望远镜只能测量到一个射电源的存在及其强度，定不出它的空间位置，更谈不上成像了，因此并不为人们重视。

1962年，英国剑桥大学卡文迪许实验室的赖尔（1918—1984）（图60-12，英国2009）利用干涉的原理发明了综合孔径射电望远镜，大大提高了射电望远镜的分辨率。其基本原理是：用相隔两地的两架射电望远镜接收同一天体的无线电波，两束波进行干涉，其等效分辨率最高可以等同于一架口径相当于两地之间距离的单口径射电望远镜。加大两地之间的距离d当然比加大口径D容易得多。他进一步用多具天线（或一具固定天线与一具活动天线）两两相配得出天体亮度分布的各个空间傅里叶分量，然后通过二维傅里叶变换综合成像（只能对亮度不变的射电天体成像，因为获得所需的大量数据需要很长的测量时间）。赖尔由于这一工作获得1974年诺贝尔物理学奖（图60-13，加蓬1995，诺贝尔奖设立百年；下节图62-75之五，邮票的画面是从一个射电星系——应当是半人马座A，发出的信号被两具天线接收）。著名的大型综合口径射电望远镜有美国的VLA（甚大阵，very large array），在新墨西哥州（图60-1之二），建成于20世纪80年代末，由27台25 m口径的天线构成（25 m×27），排列成Y形，每臂长21 km，在厘米波段上它可以在8小时内获得一张分辨角达到角秒量级的图像。

除了这些大型射电望远镜外，各国也建造了一些口径在10 m以下的小型射电望远镜，用于观测太阳等，如图60-14（苏联1964，国际宁静太阳年）。太阳的射电爆发是人类最早认识的天体射电辐射之一，1946年赖尔用他的射电干涉仪发现，太阳黑子和耀斑是强大的射电辐射源。图60-15（西班牙2007）是西班牙Yebes天文学中心的射电望远镜。图60-16是澳大利亚1975年发行的"科学发展"邮票。上面的文字是："射电天文学依靠检测星体、星系和气体云所发射的射电波来考察和勘测天空。澳大利亚对射电望远镜的发现和发展作出了独特的贡献。"澳大利亚对射电天文学的独特贡献，一是"米尔斯十字"，这是澳大利亚天文学家B.Y.Mills首先研制成的十字形天线，可以一举得到两个方向上的高分辨率；二是R.Hanbury Brown和R.Q.Twiss的强度干涉仪，Hanbury-Brown是英国物理学家，二战中与R.Watson合作研究雷达，战后从事射电天文学研究，与Twiss合作发明了强度干涉仪，即不是像杨氏实验中那样，用光的振幅相加以发生干涉，而是把光的强度的涨落分量送入非线性器件相乘，利用高阶相干性得到复相干因子绝对值的估值。这个想法很令人惊奇，有人断言这不可能工作，但是他们在澳大利亚的Narrabri安装了强度干涉仪，用它测出了许多以前不知道其存在的射电星。图60-17（葡属亚速尔群岛2009，国际天文年）上是设在亚速尔群岛上的卫星追踪站的抛物面天线，不是射电望远镜，不过它是纪念国际天文年的邮票，邮票图的背景又是满天星斗，接收的是卫星信号，我们就当它是一架射电望远镜吧。

空间技术的发展，使得有可能建造空间观测站，到太空去观测，由此建立了空间天文学。它带来的好处是：①突破大气窗口限制，把观测波段从可见光和射电波扩展到电磁波全波段，包括红外、紫外、X射线和γ射线。我们还记得，天体物理学是伴随着光谱分析建立起来的，依靠望远镜收集的一点星光，通过测量天体的亮度和分析天体的光谱，就建立了天体物理学，现在将观测扩展到全部电磁波段，得到的信息、发现的现象就更多了。②对地面能观测的波段，也减轻或消除了大气湍动的影响，提高了分辨本领。对光学望远镜成像主要有三个限制：衍射、大气宁静度、望远镜本身的缺陷。事实上，对一些大口径地面望远镜，大气湍动对成像的破坏作用远远超过了衍射限制。

美国航空航天局（NASA）于20世纪90年代制订并实施了大型轨道天文台计划，发射4架精密的大型空间望远镜，分别工作在可见光、γ射线、X射线和红外波段。这四个轨道天文台是：哈勃空间望远镜，康普顿γ射线天文台，钱德拉X射线卫星和斯皮泽（Spitzer）空间红外望远镜。工作波段决定了各自的用途：哈勃空间望远镜配备了可见光与近红外镜头，可观测多种天体；康普顿γ射线天文台和钱德拉X射线卫星主要用于高温天体和宇宙中发生的高能物理现象；而空间红外望远镜则用于观测低温天体。

哈勃空间望远镜（图60-1之一；图60-18，爱尔兰1991，欧罗巴邮票；图60-19，罗马尼亚2001，20世纪大事；另见图7-68面值为D2的一张，主图为哈勃空间望远镜，左下角是天文学家海耳的像）是这个计划的开路先锋。它于1990年4月15日由"发现号"航天飞机运载升空，轨道半径为地球半径加600 km，绕地周期为96 min。这架望远镜的光学主镜的口径为2.4 m，总重11.6 t。为纪念伟大的天文学家哈勃，以他的名字命名（图60-20，尼加拉瓜1994）。但发射不久，就发现球像差问题。原因是主镜表面与设计要求相差2 μm，这一微小误差使其性能大为下降。美国宇航局决定对它进行空间维修，1993年12月"奋进号"航天飞机载着7个宇航员上天，通过太空行走为哈勃望远镜换上一面新副镜，即通常所说的为哈勃望远镜"戴眼镜"。帕劳1998年发行的纪念哈勃空间望远镜维修的小型张上有它的剖面图（图60-21）。矫正后的望远镜不仅消除了像差，而且分辨率比原来设计的更好，有70%的光聚焦在0.1″内，接近于衍射极限，比地面上口径更大的望远镜的分辨率还高10倍。后来又经过几次维修，虽然不像第一次那样戏剧化，但每次维修都添加了新设备，扩展了观测能力。用它测得的哈勃常量的精度好于10%，使我们对宇宙膨胀的速度和宇宙年龄有更精确的认识。它拍摄了几万张精美的宇宙和天体图片，广泛传播，极大地普及了天文知识。美国邮政总局2000年为在加州安纳海姆举行的世界邮展，从哈勃望远镜拍摄到的天体图像中挑出5张发行了一套邮票，见下节的图61-49。

X射线和γ射线只能在空间观测。对于探测天体的高能现象，X射线比紫外辐射和γ射线更为重要。这是因为，在天体的高能现象中，产生的光子数目随光子的能量增高而迅速减少，因此，最大量的信息集中在能量较低的波段上；而星际气体大量吸收能量大于13.6 eV（氢原子的电离电势）的紫外辐射，对X射线却相当透明，因此X射线可以穿越漫长的路程，把有关信息传递到地球。钱德拉X射线天文台（这个名字是为了纪念著名天体物理学家钱德拉塞卡，又名高等X射线天体物理站）是1999年7月23日由"哥伦比亚号"航天飞机搭载升空的，工作在软X射线波段。在此之前，1958年，28岁的美国物理学家贾科尼参加了著名宇宙线物理学家罗西（B.Rossi）主持的美国科学与工程公司，开始了他从事X射线天文学研究的科学生涯。1962年底，贾科尼和罗西等把3个盖革计数器装入Aerobee火箭发射到230 km高

图60-18（爱尔兰1991）

图60-19（罗马尼亚2001）

图60-20（尼加拉瓜1994）

Hubble cutaway, based on NASA schematic drawing

图60-21（帕劳1998）

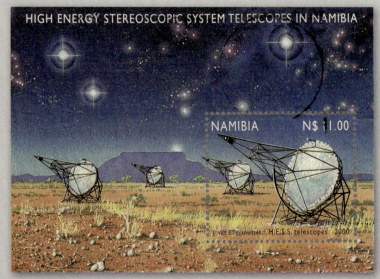

图60-22 高能立体观测系统（纳米比亚2000）

空，发现了来自太阳系以外的第一个宇宙X射线源天蝎座X-1。接着又发现了均匀的X射线背景和另外两个X射线源，其中之一就是著名的蟹状星云，是我国古代天文学家于1054年观测到的超新星的遗骸。这些X射线源的光谱性质与太阳迥然不同，天蝎座X-1的X射线强度与光学强度之比是太阳的几千倍，而蟹状星云的X射线强度更强10^{10}倍，它们都是新型天体。

1970年美国发射了第一颗专门用于X射线观测的卫星Uhuru（斯瓦希里语自由之意，因为这颗卫星是在肯尼亚的独立日在肯尼亚发射的）。1978年，美国发射了高能天文台2号（HEAO-2）X射线卫星，为纪念爱因斯坦诞生100周年（1979年），这颗卫星又命名为"爱因斯坦X射线天文台"（见图38-68以及图7-68中面值为D10的一张），它上面装了第一架X射线望远镜。这两颗卫星都是贾科尼发起研制或领导发射的。它们发现了许多不同类型的X射线源。其中银河系内一些双星X射线源特别有意思，如天鹅座X-1、武仙座X-1、半人马座X-3等。它们都是密近双星，一颗子星是致密星，另一颗子星是普通恒星。后二者的致密子星是中子星，天鹅座X-1的致密子星可能是黑洞。

1990年6月，欧洲的伦琴射线天文卫星（ROSAT）发射升空。它的工作波段为0.1～0.2 keV，灵敏度和分辨本领分别是HEAO-2的5倍和3倍。它的首要任务是对全天区进行X射线巡天成像。现在X射线源已多达6万多个。它还观测到超新星遗骸60多个，其中之一见图60-23之三。

X射线天文学今天已成为可与光学天文学和射电天文学并列的新兴天文学分支。2002年，贾科尼因发现宇宙X射线源和对X射线天文学的开创性贡献获得诺贝尔物理学奖。

γ射线的观测更困难：γ射线流量极低，仪器的背景辐射又高，因此γ射线天文学进展比X射线天文学慢。但是，γ射线有很强的物质贯穿力，使我们能够探测到宇宙深处。1967年，监测核爆炸的人造卫星无意中发现了γ射线爆。1991年4月，"亚特兰蒂斯号"航天飞机把康普顿γ射线天文台（CGRO）送入地球轨道。它是NASA要送上天的4座巨型空间天文台继哈勃空间望远镜之后的第二座。1999年结束观测任务。2000年6月4日在人工引导下坠入太平洋。德国研究人员与美国航天局合作在CGRO上用γ射线得到的全天图见图60-23之五。

不过，科学家还是想出了在地面观测太空射来的γ射线的方法。人们可以不观测γ射线本身，而是观测它造成的后果。图60-22是设在纳米比亚的高能立体观测系统，简称HESS（这也是为了纪念发现宇宙线的赫斯）。它由4台直径为12米的切伦科夫γ射线望远镜组成。一个入射的高能γ射线粒子在高空与大气相互作用，产生二次粒子的空气簇射。由于簇射粒子的速度很高，它们发射切伦科夫辐射，一种很弱的蓝光。切伦科夫辐射在入射的初级粒子方向的周围形成光束。切伦科夫γ射线望远镜通过对这种切伦科夫辐射成像来探测入射的初级粒子，这比在卫星上用望远镜直接探测入射初级粒子的效率高得多。用单架望远镜难以重建空气簇射在空间的精确方位，用多架望远镜在摆脱地点同时观测，就可以对空气簇射的几何方位精确重建，正如双眼带来立体视觉。

斯皮泽空间红外望远镜于2003年8月25日由德尔塔Ⅱ型火箭发射升空。它的轨道不是围绕地球，而是围绕太阳运行。其工作波长是3～180微米。

图60-23 宇宙（德国1999）

一．仙女座星云
二．天鹅座
三．X射线暴
四．彗星撞木星
五．γ射线全天图

　　图60-23是德国在1999年发行的一套以"宇宙"为题的社会福利加值邮票。这套漂亮的邮票表现了用尖端的天文观测手段描绘的宇宙图像，邮票所依据的照片是德国马普学会的3个研究所拍摄的。第一张上的小图是用6 cm波长射电波"看"到的仙女座星云，大背景是可见光所看到的这一星系。第二张是用11 cm射电波看到的天鹅座中的一段银河，背景的星座图取自德国天文学家Bode于1801年发表的星图Uranographia。第三张是用ROSAT得到的船帆座中的超新星遗骸。第四张是1994年彗星和木星相撞的照片，是在西班牙的Calar Alto天文台用红外照相机记录的，相撞过程制成了全息图，改变观看全息图的角度，可以看到彗星从木星中出来后逐渐离开木星。第五张是德国研究人员与美国航天局合作在CGRO生成的γ射线全天图（制成全息图），背景是用可见光看到的银河的一段和CGRO。

　　除电磁波外，关于天体的另外3种信息来源是宇宙线、引力辐射和中微子。关于宇宙线的早期研究已在第49节介绍过。不过，宇宙线是带电粒子，在传播过程中受到星际磁场的复杂作用，人们不能依据地球上测出的宇宙线方向来寻找发射源。引力波太微弱，在地球上的探测装置还从未探测到来自宇宙空间的引力波。只有对中微子的观测获得了进展。前面（第58节）说过中微子很难探测。太阳是靠核聚变维持发光的，每生成一个氦核，就产生两个e中微子，因此是一个很强的中微子源。20世纪60年代，美国物理学家戴维斯（图60-24，几内亚2006，国际热核聚变实验堆计划）开始直接检测太阳发射出的中微子。他依据的原理是，能量高的e中微子能引起如下的核反应：$\nu + {}^{37}Cl \rightarrow {}^{37}Ar + e^-$。他把一个装有615 t四氯乙烯的大罐子放在南达科他州地下1500 m深的一个废弃的金矿中，罐中共有大约2×10^{30}个氯原子。按他估算，每月应有大约20个中微子与氯核发生反应，亦即每月应生成大约20个氩原子。他向四氯乙烯中通氦气，氩原子就附着在氦气上。用这个方法探测中微子，真是比大海捞针还难，他坚持了约30年，直到1994年实验才结束，总共探测到大约2000个中微子。这只有理论计算值的1/3，这就是有名的"太阳中微子丢失"。到20世纪80年代，日本物理学家小柴昌俊（图60-25，几内亚2006，国际热核聚变实验堆计划；图60-26，几内亚

图60-24 戴维斯
（几内亚 2006）

图60-25 小柴昌俊
（几内亚 2006）

图60-26 小柴昌俊（几内亚 2008）

图60-27 小柴昌俊（几内亚比绍 2007）

2008，诺贝尔奖得主；图60-27，几内亚比绍2007，诺贝尔奖得主）等人也开始观测太阳中微子。他在日本神冈废弃的砷矿井中建造了一台大型中微子探测器，这是一个大水池，四周密布光电倍增管。当一个中微子在水池中发生一次碰撞产生一个高能电子，电子在水中产生的切伦科夫光子就会被光电倍增管探测到。到90年代，小柴昌俊造了一个更大的超级神冈中微子探测器，用了50000 t水和1万多个光电倍增管。与戴维斯的方法不同，小柴昌俊的方法是实时的，并且可以辨别中微子的入射方向，确定中微子确实来自太阳。小柴昌俊得到三大成果：① 确实观测到太阳中微子丢失；② 探测到超新星爆发的中微子，1987年2月，在大麦哲伦星云中爆发了一颗超新星SN1987A，这是400年来第一次有如此近的（离地球17万光年）可以用肉眼看到的超新星。估计共有10^{58}个中微子从它发射出来，神冈探测器观测到通过探测器的约10^{16}个中微子中的12个。这是人类首次观测到来自太阳系外的中微子。美国另外几个单位也观测到这次超新星爆发发射的中微子，但数据质量没有神冈的好。③探测到大气 μ 中微子振荡现象：小柴昌俊用超级神冈探测器观察了在大气中产生中微子的效应，发现了一种全新的现象中微子振荡，即一种中微子可以转变为另一种中微子，这解释了太阳中微子丢失，因为 e 中微子在由太阳到地球的路途上变为 μ 中微子和 τ 中微子了，而后两种中微子是戴维斯的方法所不能测的。他并给出了中微子振荡的相关参量的可能值。中微子振荡现象意味着中微子具有非零质量，这样粒子的标准模型将不得不修改，而且这个质量对宇宙中物质的总质量也有非常重要的意义。由于这些工作，小柴昌俊和戴维斯与贾科尼分享了2002年诺贝尔物理学奖，他们的工作开创了一个新学科：中微子天文学。

这些探测中微子的设备，原本是用来探测质子自发衰变的事例的。传统的粒子理论认为质子是稳定粒子，但是大统一理论预言质子会自发衰变，寿命为10^{30}年。这需要验证，进行这一探测很不容易。探测器必须非常庞大，而且为了屏蔽各种诱发质子衰变的因子如宇宙射线，探测器必须建立在深深的地下。即使这样，中微子仍无法屏蔽掉，因此中微子是这种实验最大的噪声源。但是反过来看，这种设备却是探测中微子的最佳设备。小柴昌俊是在一个废弃的砷矿井中进行实验。后来有个美国科学家参观他的实验室后表示：像这样的废弃砒霜矿井，按美国的环保标准，被认为是污染严重超标，是不许人进入的。小柴昌俊带领他的

图60-28 天文学的过去、现在和未来（以色列2009）

研究组在这个矿井里经过20年的奋斗，虽然没有探测到大统一理论预言的质子衰变的可信事例，却在中微子天文学方面作出了巨大贡献，获得诺贝尔奖。

我国首个极深地下实验室——锦屏地下实验室，已于2012年12月在四川雅砻江锦屏水电站正式投入使用。它是清华大学和二滩水电开发公司合作，利用二滩公司为建设水电站修建的锦屏山隧道建成的。它是世界上岩石覆盖最深的实验室，其垂直岩石覆盖达2400米。极深地下实验室是开展粒子物理学、天体物理学及宇宙学领域的暗物质研究、中微子实验研究等重大基础性前沿课题的重要研究场所，也是低放射性材料、环境核辐射污染检测的良好环境。世界上主要大国都建有地下实验室。

以色列于2009年发行的国际天文年邮票（图60-28）的内容是天文学的过去、现在和未来，全套3张。面值2.3：Gersonides是中世纪的一位犹太哲学家和天文学家，Jacob's staff是他发明的一种测量天体之间角距的仪器，也可用来在航海中测量纬度——北极星的高度。面值3.8：引力透镜效应，天体的引力使光线弯曲，今天，通过引力透镜效应可以拍摄到极远的天体的照片。在邮票上，哈勃空间望远镜正对着一个星系，星系的巨大质量使周围的空间弯曲，使来自后面的红色类星体的光围绕星系弯折，结果在星系的每一侧成一个类星体的像。通过计算得到，作为引力透镜的星系质量远大于星系中可见星体的质量总和，这表明星系中有大量的暗物质，它们不参与电磁作用，是看不见的，但是产生引力，泄露了它们的存在。面值8.5：激光干涉仪空间天线。将来，还将开展对迄今尚未研究过的一些领域的探索，如引力辐射。虽然从爱因斯坦的引力理论可以导出引力辐射的存在，但是实验上还没有检测到。正在计划用未来的激光干涉仪空间天线（LISA）系统来探测和测量引力波。将3个航天器排成一个等边三角形，中间用激光束连接。引力波使航天器周围的空间弯曲，使航天器相背或相向运动。大三角形每边长500 km，哪怕只变动10^{-8}m，也可被激光束测出，从而揭示引力波的存在。

61. 天体物理学：
恒星、星系和宇宙

天体物理学的研究对象，按照其尺度可以分为四个层次：行星和行星系（特别是我们自己的太阳系）、恒星、星系和宇宙。天文学的历史表明，对每个层次的认识都经历了积累观测资料、归纳出经验规律（数学模型）、建立理论体系（物理模型）三个阶段。在这个三部曲中，归纳经验规律处于重要地位，既是观测和资料积累的目的，又是建立模型和理论的起点。下面我们将按照这一线索，来介绍我们对每个层次的认识和有关的邮票。

这个三部曲在对太阳系的认识中表现得最为典型。三部曲的每一部有自己的主人公：第谷殚精竭虑改善观测仪器，使定位精度达到半角分，并且毕生观测行星运动积累了大量资料；开普勒处理、分析第谷的资料，以惊人的坚韧性和洞察力归纳出行星运动三定律；牛顿根据开普勒的行星运动定律，结合地面上的力学实验结果，提出万有引力定律和牛顿运动定律，建立了力学体系。牛顿以后200年，是天文学的天体力学时代。有关的内容和邮票，前面已经介绍了。

太阳是太阳系的主人，是离我们最近、与我们关系最密切的恒星。太阳给我们送来了光和热，带给我们食物、生命和能量（除了核能和地热能之外，其他形式的能量都是有太阳能转化来的）。人们发现，太阳中有许多黑子，即太阳光球中的暗黑斑点，磁场比周围强，温度比周围低。现在认为，太阳黑子实际上是太阳表面气体的巨大旋涡，温度大约为4500摄氏度。而太阳光球层表面温度约为6000摄氏度，所以看上去像一些深暗色的斑点。黑子通常成群出现，有明显的活动周期，约为11.2年，活跃时会对地球的磁场和电离层造成干扰，甚至使无线电通信中断，并在地球两极地区引发极光。

1964年和1965年是太阳黑子活动的低谷年，国际上把它定为国际宁静太阳年（IQSY），趁此机会对太阳进行观测研究。许多国家发行了有关的邮票。如图61-1（苏联1964，4戈比面值邮票上是射电望远镜，6戈比面值的图案是国际宁静太阳年的图标，其他

图61-1（苏联 1964）

图61-6（阿根廷 1965）

图61-2（波兰 1965）

图61-3（保加利亚 1965）

图61-4（匈牙利 1965）

IQSY（国际宁静太阳年）

图61-10（加蓬1965）

图61-11（毛里塔尼亚1964）

图61-12（中非1964）

图61-8（尼日尔1964）

图61-9（上沃尔特1964）

图61-5（东德1964，2/3原大）

图61-7（多哥1964，小型张1/2原大）

国家的国际宁静太阳年邮票上也有这个图标，10戈比上是太阳的粒子辐射），图61-2（波兰1965，中间两张是射电望远镜，下面两张是太阳系），图61-3（保加利亚1965，三张分别是日全食、范艾伦带和太阳耀斑），图61-4（匈牙利1965，各种探空仪器，这套邮票要表示的不是太阳本身，而是太阳与地球各种现象之间的关系，面值30 f、60 f、1.5 Ft与2 Ft的前已用过，见图24-146、图33-18、图18-1及图33-17），图61-5（东德1964，三枚小型张，画面分别是电离层的探测、太阳活动探测和辐射带探测），图61-6（阿根廷1965），图61-7（多哥1964，画面为太空太阳观测站），图61-8（尼日尔1964，太阳耀斑），图61-9（上沃尔特1964），图61-10（加蓬1965），图61-11（毛里塔尼亚1964，雷达天线），图61-12（中非1964）。发行IQSY邮票的国家还有捷克斯洛伐克、葡萄牙、马里、尼日利亚、中非、加纳、达荷美、蒙古、越南等。

多尼奇（图61-13，摩尔多瓦2009，国际天文年，摩尔多瓦2003年发行的名人邮票中也有一张纪念多尼奇）是罗马尼亚天文学家，生于比萨拉比亚的贵族家庭，毕业于沙俄的敖德萨大学，是沙皇俄国科学院院士、罗马尼亚科学院院士和海德堡大学名誉博士。他的主要兴趣是研究太阳、日食和行星天文学。1948年共产党取得罗马尼亚政权后被逐出罗马尼亚，流亡巴黎。小行星9494 Donici以他的名字命名。

太阳及恒星的主要特征是发光。它们已经发光亿万年，其能源是什么？曾经以为，恒星是靠不断收缩将引力位能转化为热能来维持辐射的，但这样只能维持几千万年时间，而太阳稳定发光已经50亿年了。1926年，英国天体物理学家爱丁顿（图61-14，圣多美和普林西比2009，国际天文年邮票，纪念爱丁顿为检验广义相对论到普林西比观测日全食90周年；图61-15，圣多美和普林西比2009，从小型张上截下；图61-16，几内亚2008，从日全食小型张上截下）认为恒星能源只能来自核反应，但是要使两个质子克服库仑位垒进入核力力程发生核反应，需要几十亿摄氏度的高温，普通恒星内部是达不到这样的温度的。量子力学发展后认识到，质子不必克服位垒，通过隧道效应就可以产生核聚变，这只要温度达到几千万摄氏度就行，恒星中心能够达到这样的温度。氢是宇宙中含量最丰富的元素，恒星最主要的能源是氢聚变为氦。其反应式为

$$4p \rightarrow \alpha + 2e^+ + 2\upsilon + 26.7\,\text{MeV}$$

但是4个粒子同时碰到一起的概率太低，上面这个反应是分几步实现的。美籍德裔物理学家贝特于1938年提出两种实现这个反应的过程，一种是碳氮循环，一种是质子-质子循环。两个循环对温度都很敏感（质子-质子反应的反应速率与温度的3.5次方成正比，碳氮循环的反应速率与温度的18次方成正比），中心温度低于1800万摄氏度的星，以质子-质子循环为主；高于1800万摄氏度的星，以碳氮循环为主，温度低于700万摄氏度时，两种反应都停止。贝特当时高估了太阳中心的温度，以为这两个过程在太阳中占同等重要的地位，实际上太阳中心的温度只有1500万摄氏度，质子-质子循环在产能率中占96%。贝特由于对恒星能源的发现获得1967年诺贝尔物理奖（图61-17，加蓬1995，诺贝尔奖设立100周年；图61-18，格林纳达1995，诺贝尔奖设立100周年；图61-19，几内亚2006，诺贝尔物理奖得主，国际热核聚变

图61-13 多尼奇（摩尔多瓦2009）

图61-14 （圣多美和普林西比2009，4/5原大）

图61-15（圣多美和普林西比2009）

图61-16（几内亚2008）

图61-17（加蓬1995）

图61-18（格林纳达1995）

图61-19（几内亚2006）

阿耳文创建磁流体力学

图61-20（几内亚 2006）

图61-21（塞拉利昂 1995）

图61-22（刚果 2002）

图61-23 埃弗谢德效应（印度 2008）

图61-24 萨哈（印度 1993）

图61-25 赫罗图（墨西哥 1942）

图61-26 褐矮星（爱尔兰 2009）

图61-27 蟹状星云（爱尔兰 2009）

钱德拉塞卡

图61-28（几内亚 2006）

图61-29（几内亚 2008）

实验堆计划）。实际上，这不过是贝特的诸多贡献之一，他在理论物理的许多方面（量子力学、固体理论、分子结构的配位场理论、原子核物理、粒子物理）都作出了重要贡献。他还是《国际物理学大百科全书》的主编。

与恒星层级上的天体物理学有关的工作还有瑞典天体物理学家阿耳文创建的磁流体力学。天体上普遍存在磁场，同时宇宙中也普遍存在等离子体。为了描述它们的相互作用，等离子体在磁场中怎样运动，等离子体的运动又怎样引起磁场的变化，阿耳文把流体力学和电动力学结合起来建立了磁流体力学，提出了许多新概念，特别是阿耳文波，并把它应用于解释天体物理现象，特别是太阳黑子。他还将磁流体力学应用于太阳系的起源，定量地解释了太阳系中的角动量分布。总的来说，阿耳文的学说强调了电磁力在宇观层级上的作用。阿耳文因对磁流体力学的基础研究及其对等离子体的应用而获得1970年诺贝尔物理奖（图61-20，几内亚2006，诺贝尔物理奖得主，国际热核聚变实验堆计划；图61-21，塞拉利昂1995，诺贝尔奖设立100周年；图61-22，刚果2002，诺贝尔奖得主）。

与太阳有关的还有所谓埃弗谢德效应（图61-23，印度2008，埃弗谢德效应发现百年），是在印度工作的英国天文学家埃弗谢德于2009年发现的。它指的是在太阳黑子的半影上所观察到的夫琅禾费吸收线的特征性的多普勒频移。它是由太阳黑子上空大气低层的物质从黑子内部沿径向外流到光球、高层物质由色球流入黑子所引起的。它的机制很复杂，需要磁流体力学的知识来解释，此处就不多谈了。

对一般的恒星，从19世纪中叶起，将光谱学方法、光度学方法和照相技术用于天文观测，开始了对恒星的实质性研究，诞生了天体物理学。这些观测资料中，恒星的光谱可以定性或定量地测定恒星的化学成分，直接或间接确定恒星的表面温度、磁场。恒星的光度则包含恒星的大小、距离等信息。开始时，将恒星光谱根据氢原子的某些谱线的强度来分类，并按拉丁字母的顺序标记，A型星的氢谱线最强，B型星的氢谱线稍弱，等等。但后来认识到，光谱型主要由恒星的有效温度决定，因此将光谱型按温度顺序排列更恰当。这就打乱了原来的顺序，随着温度由高到低，光谱型分O, B, A, F, G, K, M七型（这个顺序可以借助一句英语俏皮话来记：Oh Be A Fair Girl, Kiss Me）。由谱线强度确定成分时要注意，谱线强度不仅依赖于元素含量，而且跟恒星大气中的物理条件有关。这是印度物理学家萨哈（图61-24，印度1993，诞生百年）在20世纪20年代澄清的，他研究了温度和压力对原子电离的影响，得出了以他的名字命名的原子按电离次数分布的公式。大多数恒星的化学成分与太阳相差不大，少数恒星的化学成分很特殊。

到20世纪初，已积累了近10万颗恒星的亮度和光谱分类资料。根据这些资料，丹麦天文学家赫茨普龙（E.Hertzsprung）于1911年、美国天文学家罗素（H.N.Russell）于1913年各自独立地发现了关于恒星性质的重要的经验规律。他们绘制出恒星的光谱–光度图，后来叫赫罗图。这个图以恒星的光谱型（或颜色，实质上正比于恒星的表面温度的对数）为横坐标（温度左高右低），以绝对星等（或恒星光度的对数）为纵坐标，把已知的恒星画到图上，每颗恒星是图中的一点。图61-25（墨西哥1942，Tonanzintla天体物理天文台启用）是罗素

1913年发表的原图。结果发现，绝大多数恒星都落在从左上至右下的一条带上，这条带叫主序，主序上的星叫主序星。主序星的温度越高，光度就越大。太阳是一颗普通的主序星，位于主序中部偏右。还有一群星出现在主序的右上方，它们比同样颜色的主序星的光度大得多，这表明它们的体积大得多（因为同样温度的星每单位表面面积辐射的能量相同），这些星叫红巨星。另有不多的星在主序的左下方（邮票上看不出来），叫做白矮星。赫罗图表示了恒星的光度和其光谱（表面温度）之间的内在关系，它是恒星层级上的经验定律，是发展恒星结构和演化模型的根据。恒星在光度和直径方面相差很大，质量差别却小得多，在0.08 $m_⊙$ 至65 $m_⊙$（$m_⊙$ 为太阳质量）之间，相差只4个数量级。但是质量却是恒星最重要的一个物理量，恒星的结构和演化过程主要由其质量决定。在主序上，观测到恒星的质量越大，光度也越大，即主序星从左到右质量减小，定量的质光关系是爱丁顿发现的。

任何关于恒星结构和演化的理论，必须解释这些事实：① 为什么恒星的大多数分布在主序上；② 不同质量的恒星在赫罗图上的位置及其演化进程的巨大差异。

牛顿最早提出恒星是由弥漫物质通过引力收缩形成的，今天大多数天文学家仍然赞同这个观念。由星云碎裂成的原恒星，由于引力收缩而发热。当它的中心温度达到700万摄氏度，能够引发氢合成氦的热核反应时（别的元素的核聚变要克服更高的库仑位垒，需要更高的温度才能发生），一颗恒星便诞生了。质量小于0.08 $m_⊙$ 的星体中心的温度不够高，热核反应不能点火，叫做褐矮星（图61-26，爱尔兰2009，国际天文年），褐矮星既不算恒星，也不属行星，是介于两者之间的星体，是一颗失败的恒星；质量大于65 $m_⊙$ 的星体不稳定，会发生爆发而瓦解。在这两个质量之间的星体，在氢燃料点火后，恒星自动调整到达一个温度，使产生的热量与向外辐射的能量相等，这时恒星的体积就不再收缩，能源全部来自核能，演化进入一个相对平稳的演化阶段——主序阶段。

质量越大的恒星，引力越大，需要有更大的辐射压力来平衡，中心温度更高，光度越大。因此质量大的恒星在赫罗图上落在左上方，质量小的恒星落在右下方。不同质量的恒星排成一条带，就是主序。氢是宇宙中最丰富的元素，是星体成分中最丰富的，恒星中的热核反应进行得相当温和而缓慢，恒星在其发光的生命历程中停留在主序阶段的时间最长，占总寿命的80%以上，因此恒星绝大部分在主序上。在主序上停留的具体时间取决于恒星的质量。恒星质量越大，燃烧越猛烈，演化越快，在主序上逗留的时间越短。太阳的发光可以延续100亿年。质量为10 $m_⊙$ 的恒星在主序上只有3000万年。

在主序燃烧阶段，恒星的质量不会有显著的变化。因此，恒星在主序中的位置基本不动。但是，在恒星中心区的氦质量约占到整个星体质量的12%时，恒星结构发生明显变化，开始离开主序。这时，恒星的外壳中仍有丰富的氢燃料，紧靠核心的包层的温度升高到1000万摄氏度，氢燃烧转移到那里进行，这又加热周围的壳层，引起包层膨胀，星体的半径增大上百倍，有效温度降低，成了又红又大的红巨星。红巨星的中心，因为氢燃料已经烧完，变成一个氦核。它停止了产能过程，没有了辐射压力，将在引力下进一步收缩，温度急剧上升，如果升高到上亿度，就能引发氦核合成碳核的反应（三个氦核合成一个碳核，叫做

3α反应）。类似的过程继续下去，还将合成氧、硅等越来越重的元素，直至最稳定的铁为止。作为核反应停止后的演化末态，星体最后的成分应当是最稳定的原子核^{56}Fe，但是，如果星体质量小，核聚合过程过早结束，^{12}C也可能占压倒优势。恒星在主序阶段质量不会显著变化，但是在红巨星阶段，体积庞大，质量易于抛失，这对演化有重要作用。

超新星爆发事件是大质量恒星的一种"暴死"的方式。对于质量大于$8\,m_\odot$的恒星，在它们演化到后期，当核心区硅聚变产物^{56}Fe积攒到一定程度时，往往会发生大规模的爆发，即超新星爆发。根据估算，在银河系大小的星系中，超新星爆发的概率约为50年一次，它们在为星际物质提供丰富的重元素中起到了重要作用。同时，超新星爆发产生的激波也会压缩附近的星际云，这是新的恒星诞生的重要启动机制。在银河系和许多河外星系中都已经观测到了超新星，总数达到数百颗。在历史上，人们用肉眼直接观测到并记录下来的超新星爆发，只有6颗。其中《宋史·天文志》记载的1054年出现在金牛座的超新星SN1054〔"至和元年五月已丑，（客星）出天关东南可数寸，岁余少没"〕，其残骸就是蟹状星云（图61-27，爱尔兰2009，国际天文年）。SNR是Supernova remnant（超新星残骸）的缩写，截至2006年，在本星系银河系中已发现了200余个超新星残骸，其中SNR G1.9+0.3是最年轻的。它位于射手座，是由射电和X射线两种望远镜观测到的。依据NASA的Chandra X射线天文台和甚大望远镜阵列测得的资料综合估计，它只有140岁。因此，SNR G1.9+0.3为人类有记录以来，地球所处的银河系中最年轻的超新星残骸。几内亚2008年为SNR G1.9+0.3发行了一枚小全张和一枚小型张，图61-29至图61-31和下面的图61-74都来自这套邮票。

恒星到了红巨星阶段就进入了老年期，它最后的归宿（核能耗尽后的演化末态）是三类致密天体：白矮星、中子星和黑洞。到底是哪一类由其质量决定。

1.白矮星。质量较小的恒星将变成白矮星。白矮星核能已耗尽，它依靠什么力与引力平衡呢？英国物理学家福勒（R. H. Fowler）根据当时最新的费米-狄拉克量子统计理论认识到，是简并电子气的压力。核能耗尽后，没有辐射压力与引力抗衡了，星体继续塌缩，引力能转化为热能，温度变得很高，使原子中的电子全部电离，所有的电子变成自由电子，物质处于原子核和自由电子构成的等离子态。同时恒星尺寸减小到只有行星大小，密度增至$10^5 \sim 10^9\,\mathrm{g/cm^3}$。

电子是费米子，服从泡利不相容原理。在这样高的密度下，电子气体表现出显著的量子特征，称为简并气体。电子随速度的分布明显受泡利不相容原理的影响，泡利原理迫使相当一部分电子占据很高的能态，具有很大的动量，从而产生很大的压力，这种压力叫做简并压力。正是电子气体的简并压力再次抗拒了星体的自引力收缩，形成了白矮星。

但是，福勒没有完全认识白矮星中简并压力与引力之间平衡的细节，也没有计算白矮星的星体结构。这些工作是他的研究生、年轻的印度天体物理学家钱德拉塞卡完成的（图61-28，几内亚2006，国际热核聚变实验堆计划；图61-29，几内亚2008，超新星SNR G1.9+0.3，从小型张上截下）。1934年，刚在剑桥大学三一学院念完研究生的钱德拉塞卡用简并电子气体的物态方程（电子气体的简并压与温度无关，对于非相对论性电子气体

$p \propto \rho^{\frac{5}{3}}$；对于相对论性电子气体 $p \propto \rho^{\frac{4}{3}}$，这就是简并电子气体的物态方程）计算白矮星的结构，得出了令人惊奇的结果：① 白矮星的质量有一上限，钱德拉塞卡求出为 $5.75\,\mu_e^{-2}\,m_\odot$，其中 μ_e 是一个参量——白矮星成分中对质量即引力作贡献的核子数与对简并压力作贡献的电子数之比，即A/Z，其倒数为每个核子平均拥有的电子数。钱德拉塞卡引入这个参量，以使计算适用于不同的成分。李政道在博士学位论文中论证 μ_e 之值应取为2，因此极限质量为 $1.44\,m_\odot$，现在称为钱德拉塞卡极限。质量更大的星体，简并电子气压力不足以与引力抗衡，星体将一直塌缩下去（实际上就是塌缩为中子星或黑洞）。② 白矮星的质量越大，其半径越小。这两个结论同天文学中熟悉的观念完全不同，许多不熟悉量子观念的天文学家感到难以接受。当时的天文学权威爱丁顿就认为，任何质量的星体最后都会塌缩为白矮星，自然界自有阻止无限引力塌缩的机制（实际上就是否定黑洞的存在）。他几次在国际学术会议上批评钱德拉塞卡的理论，并且不让钱德拉塞卡有答辩的机会。这使钱德拉塞卡觉得很难长期在英国工作下去，促使他在1937年趁访美之便接受芝加哥大学的邀请永远去美国工作。但是钱德拉塞卡得到量子物理学家玻尔、泡利等的支持。终于1939年形势发生了变化。爱丁顿也认识了自己的错误，他和钱德拉塞卡建立了友好的通信关系。

人们早已发现白矮星。天上最亮的天狼星实际上是一个双星系统，天狼星的伴星天狼B就是一颗白矮星。它的质量与太阳差不多，体积只有地球的一半。由于白矮星有一质量上限，质量小于这个极限值的恒星可以直接演化为白矮星，质量更大的恒星必须经过不稳定的变星阶段，通过某种形式的质量抛失，由行星状星云（见后）变为白矮星。理论上，白矮星应当占恒星总数的10%，但由于光度小观测困难，现在只发现1000多颗。它们的质量都不超过 $1.4\,m_\odot$，而且质量和半径的关系完全符合钱德拉塞卡算出的理论曲线。1983年，钱德拉塞卡在发表对白矮星的理论研究工作50年后由于这一工作获诺贝尔物理学奖（图61–76之二，邮票上的表示式是白矮星的质量上限，但不是钱德拉塞卡原来的式子，改成了 $6.65\,\mu_e^{-2}\,m_\odot$。对于核反应的最后产物 ^{56}Fe，$\mu_e = 56/26 = 2.15$，表示式之值仍为 $1.44\,m_\odot$）。钱德拉塞卡对天体物理学的贡献是全面的，关于白矮星的研究只是他的贡献之一。白矮星没有能源，全靠余热发光，会逐渐冷却变成红矮星和黑矮星。由于简并压力与温度无关，星体仍然维持稳定。

2. 中子星。质量超过钱德拉塞卡极限的恒星，电子简并压抵御不住引力，继续塌缩下去。下一道可能抗衡引力塌缩的防线是中子简并压。强大的引力把等离子体中的自由电子挤进铁原子核，电子开始与原子核里的质子发生逆 β 衰变：$e^- + p \rightarrow n + \nu_e$，变成中子和中微子。这使星体中的原子核成为富中子核，而原子核中出现过多的中子会使原子核的结构变得松散。当密度超过 4×10^{11}g/cm^{3}时，中子开始从原子核中分离出来，成为自由中子。当密度达到 4×10^{14}g/cm^{3}时（这相当于原子核的密度），物质中的原子核大部分瓦解，形成自由中子气，由它构成的星球就叫中子星，就像是一个巨大的原子核。

和白矮星不同，中子星是理论上先预言，然后才观察到的。1932年，正在哥本哈根访问的苏联物理学家朗道刚听到发现中子的消息之后几个小时，就提出了完全由中子组成的致

图61-30 巴德（几内亚2008）　　　　　图61-31 茨威基（几内亚2008）

密星的设想。1934年巴德（W. Baade，图61-30，几内亚2008，超新星SNR G1.9+0.3）和茨威基（F. Zwicky，图61-31，同上）各自提出了比较完整的中子星理论，并指出中子星是大质量恒星经过猛烈的超新星爆发抛掉外壳后遗留下来的内核塌缩而成。1939年，奥本海默和沃尔科夫（G. M. Volkoff）计算了中子星的结构。中子星上引力很强，必须考虑广义相对论效应。中子星中对引力和简并压力的贡献都来自中子，$\mu_n = 1$。但是在中子星的高密度下，中子之间的相互作用不能忽略，简并中子气的物态方程究竟是怎样的现在还不清楚。因此中子星的质量上限现在还不像白矮星的质量上限那样确定，估计在$2 \sim 3\ m_\odot$之间，叫做奥本海默极限。中子星的半径的典型值为$10 \sim 20\ km$，平均密度在$10^{14}g/cm^3$的量级。

对中子星的这些理论探讨，在当时都只是纸上谈兵，像是物理学家的智力游戏，无法得到观测证实——也根本不知道怎样去观测证实，因为不知道中子星会发射什么类型的辐射。一直过了30年，随着脉冲星的发现，才证实了中子星的存在。

1967年，剑桥大学卡文迪什实验室的射电天文学家休伊什领导一个小组，研制了一台射电望远镜，以观测小角直径射电源的行星际闪烁现象。和其他射电望远镜相比，它的特点是时间分辨率达到0.1秒，能够记录快变化的信号。（当时不知道有发射快变信号的射电源，为了平滑掉噪声，普遍将接收机设计成只能接受经过几秒钟积分的平均信号。）休伊什让他的研究生贝尔（女）负责观测和分析数据。贝尔做事极其认真细致。8月6日子夜，她发现有一个射电源还在闪烁。照理半夜里太阳风（太阳抛射出的高速带电粒子流，它是使射电波产生闪烁的重要原因）被地球挡住了，射电源不应该这样闪烁的。她向休伊什汇报，休伊什认为那可能是地球上的什么信号，并不在意。然而贝尔接着发现，闪烁现象每隔一个严格的恒星日出现，而且射电源没有视差，这表明它是一个很远的天体。他们用快速记录仪记下了射电信号，发现它是一系列脉冲，脉冲周期固定，为1.337秒，每个脉冲的持续时间约0.3秒。贝尔又从5000多米长的记录纸中找到3颗这样的射电源。休伊什以为，这种规则脉冲可能是外星人发出的信号，以致他们把这4个射电源命名为LGM-1,2,3,4号（Little Green Man，即"小绿人"，科幻小说中的外星人，他们身上有叶绿素，能自己合成碳水化合物等营养物质）。不过这个看法很快就被否定了。休伊什利用精确的时标，惊讶地发现脉冲周期可以测量到10^{-7}秒的精度，测得的周期为1.3372795秒。他们终于确认脉冲信号来自一种新型天体——脉冲星（pulsar）。1968年2月，休伊什和贝尔署名的文章在《自然》杂志发表，文中只提到他们发现的第一颗脉冲星，并且推测脉冲信号来自白矮星或中子星的纵向振荡，这个解释是错的。

脉冲星的正确解释是帕齐尼（F. Pacini）和戈尔德（T. Gold）给出的。他们指出，脉冲星是有强磁场的快速自转的中子星（图61-32，希腊2009，国际天文年，邮票上的文字是"中子星"）。脉冲星有极强的磁场（表面的磁场强度达10^8特斯拉的量级，而地磁场只有0.5×10^{-4}特斯拉），又自转得很快（周期从秒到毫秒量级），由于中子星是从半径为10^6 km的恒星坍缩而来，坍缩过程中磁通量和角动量守恒，这两点是可以理解的。中子星半径只有10 km，虽然自转这么快，赤道上的线速度不会超过光速，离心力也不会超过引力。磁场的存在使中子星的辐射不是各向同性的，而是在磁极方向或磁赤道的切线方向（具体是什么方向还没有定论，依赖于能量转换机制，而具体的能量转换机制尚未有定论）形成一个辐射锥。磁轴和中子星的自转轴不重合，中子星自转时辐射锥随着转动，就像一座旋转灯塔射出的光束。当辐射锥扫过地球上的射电望远镜时，就接收到一个脉冲。脉冲的周期就是中子星自转的周期，而脉冲持续时间则取决于辐射锥的宽度。这样，所预言的中子星及其奇特性质便都得到证实。辐射的能量来自中子星的转动能，因此脉冲频率将不断降低。这也得到观测证实。后来，在蟹状星云的中心发现了一颗脉冲星，这样，中子星是超新星爆发的遗骸的预言也证实了。蟹状星云核心这颗星是特别著名的脉冲星，周期为33.1 ms。我们不仅接受到它的射电脉冲，还接收到它的可见光、X射线和γ射线即电磁波全波段的脉冲。

休伊什由于发现脉冲星与赖尔分享了1974年的诺贝尔物理学奖（图61-76之一，邮票画面为测量脉冲星得到的脉冲信号，背景为蟹状星云）。但是，在脉冲星发现的过程中作出很大贡献的贝尔，不仅没有被授予诺贝尔奖，而且休伊什几乎绝口不提她的贡献，唯一的一次是在接受诺贝尔奖讲话的最后，说贝尔的贡献"使我发现了脉冲星"。许多物理学家都为贝尔抱不平。

发现脉冲星引起了巨大的轰动，带来了深远的影响。首先，它证实了30年前预言的中子星及其奇特性质，充分显示出物理学中的微观粒子物理学在宇观层级的重要作用。其次，中子星具有超高压、超高温、超强磁场和超强辐射，使它成为实现地球上不可能有的极端物理条件的太空实验室。奇特的是，在高温高压条件下，中子星却存在着地球上只有在极低温条件下才有的超导和超流现象。最后，脉冲星的周期极其稳定，可以测量到很高的精度，这就可以从脉冲星得到许多信息。于是，脉冲星迅速成为天文学家观测和研究的热点。1968年4月，休伊什公布了另外3颗脉冲星的数据，两个月后，美国的泰勒等人就发现了第5颗脉冲星。现在，已发现脉冲星1000颗左右。但是估计本星系中中子星的数目要比这多得多。首先，脉冲星的辐射锥不一定扫过地球。而且，中子星不都是脉冲星，脉冲星只是中子星一生中的一个阶段。

美国物理学家泰勒和赫尔斯1974年发现了更使人惊奇的射电脉冲双星，这是由两个中子星构成的双星系统。它是一个理想的引力实验室，按照广义相对论，任何具有质量的物体做加速运动时都会产生引力波，这类双中子星系统有很强的引力辐射，这会使双星系统的轨道半径不断变小，周期变短。计算给出，这个系统的轨道周期的变化率是-2.6×10^{-12}。

图61-32 中子星（希腊2009）

图61-33 沃尔什奌（波兰 2001）

图61-34 史瓦西天文台（东德 1975）

如果能够测量出脉冲双星轨道周期的变短，便能间接确认引力辐射的存在。泰勒从1974年到1993年用了20年时间，用阿雷西博射电望远镜进行了上千次测量，观测结果与广义相对论的预期值符合得很好，只有0.4%的误差，因而间接证实了引力辐射的存在，开辟了引力波天文学的新领域。泰勒和赫尔斯因为这个工作获1993年诺贝尔物理学奖。现在已发现的脉冲双星有100对左右。

脉冲星不仅构成双星系统，而且还能构成行星系。人类发现的第一个太阳系外行星系的中心恒星就是脉冲星。波兰天文学家沃尔什奌1992年用阿雷西博射电望远镜探测出，在室女座中一颗脉冲星外有三颗行星围绕它旋转。这是通过中心恒星的轻微摆动而分析出来的，能够观测到这种轻微变动与脉冲星自转周期极其稳定分不开。这颗脉冲星是一颗毫秒脉冲星，平均脉冲周期为6.2 ms，离我们大约1400光年。三颗行星的质量分别为地球的0.015、3.4、2.8倍，离中心恒星的距离分别为日地距离的0.19、0.36、0.47倍，公转周期分别为25.34、66.54、98.22天。这3颗行星有可能是由脉冲双星系统中质量较小的那颗星瓦解而成。波兰邮政把沃尔什奌登上了波兰千年纪邮票（图61-33，波兰2001）。邮票画面的前景是沃尔什奌的像，背景是哥白尼的像、《天球运行论》和阿雷西博射电望远镜，表示对波兰天文学传统的继承。沃尔什奌说："我很高兴登在邮票上，不过也感到有些惊奇，因为我没想到他们会走这么远。我既高兴也有点发窘。" 2008年9月，沃尔什奌承认他从1973年到1988年曾担任波兰前政权的内务部秘密警察的有偿线人，稍后辞去他担任的托仑哥白尼大学的教授职务。

3. 黑洞。质量超过奥本海默极限的恒星塌缩，物理学中就不知道还有什么力能够阻挡了。一般认为星体将无限塌缩下去，形成黑洞。

对于一个质量为 m 的不旋转的球形天体，存在一个半径 $R_S = 2Gm/c^2$（G是引力常量），若 m 完全在 R_S 之内，那么光将不能从 R_S 内逃逸出来。从经典力学取逃逸速度等于 c 可以得出这个结果；德国天文学家史瓦西（图61-34是德国科学院以史瓦西的名字命名的天文台，东德1975，科学院275周年，这个天文台有全世界最大的施密特折反射望远镜，球面镜直径2 m，焦距4 m，改正透镜的直径1.34 m）根据广义相对论也得出这个结果。R_S 叫做史瓦西半径，半径为 R_S 的球面叫做视界。在一个天体塌缩过程中，还处于其视界之外时，它可以被外界的观察者看见；进入史瓦西半径之内后，它就变成了一个黑洞，光跑不出去，观察者就看不到它了。在视界内部，物质将被引力挤压到中央的一点，质量虽然有限，但密度和时空曲率都是无穷大。因此黑洞的结构就是包在视界里的一个奇点。黑洞区域以视界为界，视界的半径与质量成正比，而黑洞的平均密度与质量的平方成反比。地球要成为黑洞，其半径必须小于9 mm，太阳的 $R_S \approx 3$ km。

图61-35（赞比亚2000）

图61-36（帕劳2000）

图61-38（格林纳达所属卡利亚库和小马提尼克2000）

图61-37（吉布提2006）

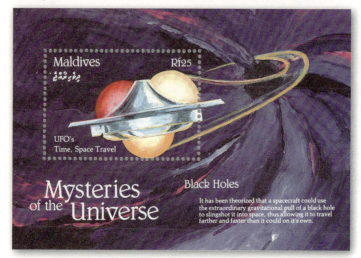

图61-39（马尔代夫2006）

　　长期以来认为，黑洞吞噬一切，只进不出，任何物体或信号都不能从黑洞跑出来。英国物理学家霍金（1942—　）改变了这一看法。霍金（图61-35，赞比亚2000，千年纪邮票；图61-36，帕劳2000，千年纪邮票；图61-37，吉布提2006，科学家）对黑洞（图61-38，格林纳达所属卡利亚库和小马提尼克2000，黑洞的新理论，千年纪邮票；图61-39，马尔代夫2006，宇宙中的神奇，边纸上的图是黑洞的摹想图）研究作出了重大贡献。他参与证明了"黑洞无毛定理"：黑洞性质仅由质量、角动量和电荷三个参量决定，没有别的特性；他在1972年与人共同证明了黑洞动力学四定律，特别是"黑洞面积不减定理"。根据这条定理，两个黑洞可以相碰撞结合为一个黑洞，合成的黑洞的视界面积一定不小于原先两个黑洞的视界面积之和；但一个黑洞不能分裂成两个黑洞，因为这会违反这条定理。这条定理与热力学第二定律（熵不减定理）很相似。如果把黑洞视界面积看成黑洞的熵，把黑洞视界上的引力强度看成黑洞的温度，那么黑洞四定律就和热力学四定律完全对应。霍金起初反对这种对应，因为黑洞如果有温度就应当有热辐射，而我们知道黑洞是不会发射任何东西的。但是1975年前后，他把量子力学理论应用于黑洞，发现了一种机制，可以使黑洞"蒸发"从而产生辐射，而且辐射的谱与黑体辐射谱相同。霍金转而相信上述对应不是偶然的，黑洞动力学定律就是黑洞热力学定律。

根据量子场论，真空不是绝对虚空，而是在不断产生正反粒子对，又很快湮没，叫做虚粒子对。其中一个粒子能量为正，另一个能量为负。黑洞外面邻近视界处产生的虚粒子对在湮没之前有一个粒子可能被吸入黑洞，剩下的一个失去了湮没的对象。如果它是负能量粒子，随即也掉进黑洞；如果它是正能量粒子，则有一定的概率通过隧道效应穿透黑洞的引力势垒逃逸出去。掉进黑洞的粒子中负能量的多于正能量的，导致黑洞的质量减小。这就是黑洞的蒸发。黑洞蒸发过程中，逃逸的粒子实际上是从视界的外面发出的，和视界内的物质不能逃逸出去的论断并不矛盾。但是，在远方的观察者看来，它和黑洞向外发射并无区别。用霍金自己的话来说，就是"黑洞并不是这么黑"。这是量子效应，量子力学允许粒子从黑洞逃出来，经典力学是不允许的。霍金的这个理论引起了轰动。图61-35的邮票下面的字是"1974年霍金关于黑洞和宇宙的新理论"，图61-38邮票上的字是"一个新的黑洞理论"，指的都是霍金的黑洞蒸发理论。

黑洞蒸发理论是黑洞研究的一大进展。但同时又引出一个新的难题。霍金认为，黑洞辐射不含任何关于黑洞内部的信息，在黑洞蒸发完之后，所有的信息都会丢失。而根据量子力学定律，信息是不可能被彻底抹掉的，霍金的说法与之矛盾，这叫"黑洞信息佯谬"。霍金说，这是因为，黑洞的引力场过于强大，量子力学定律不适用了。但这种解释学术界并不信服。

霍金从1979年开始担任英国最高荣誉的学术职位——剑桥大学卢卡斯讲座教授，这是牛顿和狄拉克担任过的职务。他身患不治的肌肉萎缩性脊髓侧索硬化症，被禁锢在轮椅上几十年，现已丧失说话能力，只能靠计算机语音合成系统与人交流，却取得了这样大的成就，我们佩服他的天才，更佩服他坚忍不拔的毅力。

宇宙中有三种不同质量的黑洞可能是现实的：一种是 10^{12} kg 左右的小黑洞，视界半径只有 10^{-14} m，只有质子那么大，这是在早期宇宙高密介质中由于密度涨落而造成的；第二种是正常恒星演化的可能结局，质量几个到几十个 $m_\odot$（太阳质量，$m_\odot$ 约为 2×10^{30} kg）；第三种是超重星、星团或星系核塌缩而成的巨黑洞，质量是 $10^4 \sim 10^9 \ m_\odot$ 量级。黑洞的温度与其质量成反比，寿命与质量的立方成正比。例如，上面三种黑洞的温度分别为 10^{11} K、10^{-8} K 和 10^{-16} K，寿命分别为 10^{12} 年、10^{69} 年和 10^{80} 年。后二者的寿命远大于宇宙年龄，但小黑洞的寿命与宇宙年龄相当，因此，宇宙早期形成的小黑洞现在应已蒸发完了。在蒸发的晚期，温度越来越高，可能引起爆发，大量发射 γ 射线。

探测黑洞的方法主要是看其引力效应。例如，天鹅X-1是一个强大的X射线源，但是看不见，它与另一颗可见星组成一个双星系统，由可见星的运动可估计出天鹅X-1的质量不小于 $6 \ m_\odot$，大于奥本海默极限，因此天鹅X-1很可能是一个黑洞。此外，向黑洞下落的气体绕黑洞旋转形成一个气盘，气盘中因气体的黏性摩擦发热，会引起X射线辐射（图61-38画的可能是这幅图景），以及小黑洞蒸发晚期的 γ 射线爆发，这些都是探测黑洞的可能途径。

总结一下恒星的演化。现代恒星演化模型的图像非常简洁：所有的恒星最初都由仅含氢和氦的原始气体云凝聚而成；发生在恒星核心的核聚变制约这个演化过程。天空中形形色色的恒星，归根结底只在于原始云的质量不同和年龄不同。恒星的一生主要分四个阶段：① 从星际物质浓缩成恒星，并相当快地形成稳定结构，进入主星序。恒星质量越大，亮度也越大，处于主星序的左方。理想的主序是不同质量的零龄星在赫罗图上排成的一条从左上到右下的直线。② 主序星阶段（氢燃烧阶段）。在这个阶段上氢燃料稳定地燃烧，恒星度过一生中最大部分时间。恒星质量越大，演化越快。③ 红巨星阶段。内核的氢耗尽后，恒星很快移到赫罗图上的巨星支。星的外壳中的氢聚变为氦，而内核中逐步发生 3α 反应和合成更重的原子核的反应以提供能量。④ 最后恒星的能源全部耗尽，核反应停止，星体按照质量的不同有三种末态：白矮星、中子星或黑洞。

恒星演化模型在说明恒星演化的同时，还一箭双雕地说明了化学元素的起源和演化。不同核素的原子核依靠热核反应合成，它需要一定的温度。这样的温度条件在宇宙演化过程中有两次机会遇到。一次是在大爆炸后宇宙膨胀过程中，叫做原初核合成；另一次是在恒星演化过程中。原初核合成时间很短暂，在大爆炸后3分钟至1小时，只生成了D、T、^{3}He和^{4}He很少几种原子核。别的核素的原子核要以它们为原料在更高的温度下合成，但宇宙随膨胀不断降温，就没有机会了，只能在恒星演化过程中合成。恒星演化过程中，热核反应是动力，较重的原子核的生成则是反应的结果，两个问题关系十分密切。恒星的能源供应以引力收缩和热核反应两种方式交替提供，以核能为主（在星体停止收缩的相对平稳阶段），而引力收缩则主要使恒星中心的温度升高，使不同的核反应点火。随着温度一步步升高，较重的核聚合为更重的核。

美国物理学家福勒（W.A.Fowler）长期从事恒星演化过程中元素合成的理论和实验研究。1956年，他和英国剑桥大学的伯比奇（Burbidge）夫妇和霍伊耳（Hoyle）联合发表了题为《恒星中元素的合成》的论文，全面阐述了他们的重元素如何在恒星内部的核反应中合成的理论。作者按字母顺序排列，人们因此将这个理论称为B^2FH理论。实际上福勒是核心作者，他和他的小组对各种元素合成核反应的反应速率、反应截面及反应要求的温度和压强条件，一一进行了测量和计算，为建立B^2FH理论做好了准备。B^2FH理论摈弃了全部元素通过单一过程一次合成的想法，提出了与恒星不同演化阶段相应的8个形成过程。所有的元素及其同位素都是由氢通过发生在恒星的不同演化阶段的这8个过程逐步合成的。它们合成后，被恒星抛射到宇宙空间，形成了我们所观测到的元素的丰度。B^2FH理论与实验观测到的元素丰度相当符合，受到很高的评价，后来也得到一些补充和修正。这里不详细讲8个过程及后来的修正，只综合讲几点：① 恒星中的氢燃烧（发生于温度$T \geq 7 \times 10^6 K$的条件下）不足以说明自然界中氦的高丰度。氦主要是在恒星生成之前宇宙早期阶段生成的。② 氦燃烧（发生在$T \geq 10^8 K$条件下）是氦核聚变为碳核^{12}C和氧核^{16}O等的过程。后来又提出了碳燃烧（发生在$T \geq 6 \times 10^8 K$条件下）、氧燃烧（发生在$T \geq 10^9 K$条件下）、硅燃烧（发生在$T \geq 4 \times 10^9 K$条件下）等过程，碳燃烧可以说明Ne到Si的观测丰度，氧燃烧可以说明Si到Ca的观测丰度，硅燃烧可以说明铁峰元素（即元素周期表上铁附近的元素，它们在平均结合能

图61-40（亚美尼亚2000）　　图61-41（亚美尼亚2008）

曲线上构成一个平缓的峰）的观测丰度。③ 合成重元素要求特别高的温度和压强，所以只有少数大质量恒星能够发生合成重元素的核反应。④ 比铁峰元素更重的元素通过慢中子和快中子俘获过程产生，它们只能发生于超新星爆发的短暂瞬间。随着超新星爆炸，众多的重元素散入宇宙空间。太阳系是50亿年前才形成的，是第二代恒星，现存的所有比铁重的元素，都是50亿年以前超新星爆发的遗留物。今天仍然有新恒星形成。福勒由于对宇宙中化学元素形成理论的贡献与钱德拉塞卡分享了1983年诺贝尔物理学奖（图61-76之三，邮票中是铪和铅之间的稳定重核的核素图）。

　　恒星有明显的成团分布倾向。由两颗恒星组成、绕共同的引力中心旋转的系统叫双星，只有双星系统中恒星的质量才可准确测定。几颗星在引力作用下聚集在一起组成的系统叫聚星。由十个以上恒星组成，并由彼此的引力作用束缚在一起的集团叫星团（star cluster），其成员星的密度显著地高于周围的星场。星团分疏散星团和球状星团两种。疏散星团包含几十至几千颗恒星，它的多数恒星起源于同一个巨大星云，大致在同一时期形成，具有相近的年龄，离我们的距离可以认为相同。昴星团（下面的图61-45之二，图61-50之二）是一个著名的疏散星团，又叫七姐妹星团，在金牛座中，距离地球410光年。它是数百个年轻的蓝色星的星群，用肉眼可以分别其中最亮的7颗星，年龄可能才5000万年。星光照亮了周围的云雾，好像七姐妹飘散着的美丽的长发。球状星团形状接近于球对称，包含数量级为$10^4 \sim 10^7$颗恒星，恒星十分密集，离我们十分遥远，即使用最大的望远镜也不能把大多数成员星分解为单个恒星。球状星团的成员星都是贫金属恒星，金属丰度很低，只有疏散星团成员星的百分之一，因此球状星团是银河系内十分古老的恒星集团，一般年龄为100亿年。星协（stellar association）的概念是苏联著名天文学家、亚美尼亚人阿姆巴楚米扬（图61-40，亚美尼亚2000；图61-41，亚美尼亚2008，百年诞辰）提出的。所谓星协是由光谱型大致相同、物理性质相近的恒星组成，例如O型星和B型星在天球上的分布是不均匀的，集中在某些天区内，阿姆巴楚米扬认为这不是偶然现象，而是组成一个具有物理联系的系统。他论证星协是很年轻的不稳定的恒星系统。阿姆巴楚米扬是苏联理论天体物理学的创始人，曾任国际天文学联合会主席。他还提出，恒星的起源不是由弥漫物质形成，而是由密度极大的星胎形成的，这个主张赞成的人似乎不多。

　　比恒星更高的天体层次是星系。我们怎么知道有星系这个层次存在？我们自己属于哪个星系？在天穹上可以看到一条淡淡的光带，就是银河。伽利略用望远镜观测银河后发现，

图61-42 洪堡（西柏林1969）　　　　图61-43 哈雷关于星云的最初工作（格林纳达1989）

它是由大量恒星组成。也就是说，它是一个很大的恒星系统。这个巨大的系统一定是扁平的，而且我们的太阳系处于其中，它才会呈现为带状。德国哲学家康德用牛顿力学和旋转论证了银河系的圆盘形状。赫歇耳父子（见前面的图16-21）采用恒星计数方法，发现各个方向上恒星的数目差别不显著，得出银河系恒星分布呈扁盘状、太阳位于银河系中心的结论。后人注意到，由于星际介质对星光的吸收，远处的恒星是看不到的，能被计数的只是能被我们看到的那一部分，而不是全部银盘，因此，上述结论只是星际介质的消光效应产生的误导。美国天文学家沙普利（H.Shapley）根据银河系内球状星团的分布，认为银心（银河系中心）应当是球状星团的对称分布中心，在人马座方向，太阳不在银河系中心，而是远离银心。20世纪20年代发现银河系的自转后，他的银河系模型得到天文界的公认。沙普利把太阳从银心的地位移开，是人类第二次破除自己处于宇宙中心的观念，意义重大。

太阳虽然远离银心，但位于扁盘的对称面附近，因而地球上观察到的银河（即银河系盘面方向的投影）的中线大致是天球上的一个大圆。

按照今天测定的数据，银河系是一个透镜形的系统，直径约为8万光年，厚3000～6000光年，中心为一大质量核球，直径约为15000光年。银河系拥有（1～2）×10^{11}颗恒星，总质量为$1.4\times10^{11}\ m_\odot$（太阳质量），其中恒星的质量占90%，其余为星际物质的质量。太阳在银道面以北25光年处，离银心约2.5万光年，因此太阳在银河系内是很偏的。银河系整体做较差自转（即不是作为一个刚体那样自转，自转角速度随离银心的距离增大而减小）。太阳绕银心的转动速率为250km/s，绕银心的转动周期为2.46×10^{8}年。

从地心过渡到日心和银河系的确立是人类认识宇宙及自己在宇宙中的地位的两次飞跃。下一个飞跃是河外星系的发现。

18世纪中叶，在推测银河是一个庞大的恒星系统的同时，人们就提到宇宙中有许多这样的系统存在。康德（图12-18至图12-22）在1755年明确提出在"广大无边的宇宙之中有数量无限的世界和星系"。这可以形象地比拟为汪洋大海中的岛屿，即所谓"宇宙岛"。"宇宙岛"这个词是在德国博物学家洪堡（图61-42，西柏林1969，诞生200周年）1850年的著作《宇宙》中首次出现的。

关于宇宙岛是否存在的争论是围绕着星云的观测展开的。18世纪，天文学家在天空中用望远镜发现了许多云雾状斑点的天体，称之为星云。后来，随着望远镜口径的加大和照相方法的使用，又观测到更多的星云。这些天体常用它在一些星团和星云表中的编号

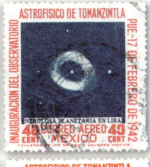

图61-44 Tonanzintla天体物理天文台
启用（墨西哥1942）

一、 猎户座暗星云（马头星云）
二、 日全食
三、 猎犬座的旋涡星系M51
四、 旋涡星系NGC4594
　　（即草帽星系M104）
五、 天琴座的行星状星云
　　（环形星云M57）
六、 赫罗图（图61-25）

来称呼。最早的是1715年，哈雷发表有六个星云的表（图61-43，格林纳达1989，哈雷关于星云的最初工作，邮票中的年份是哈雷最初观察星云的年份）。法国天文学家梅西耶（C.Messier）1784年发表的星团星云表（简称M），包括110个天体；最常用的是英国天文学家赫歇耳1864年编制、丹麦天文学家德雷耶1888年修正增补的《星云星团新总表》（New General Catalogue of Nebulae and Clusters，简称NGC），包括7840个天体，还有其《补编》（Index Catalog，简称IC）中有5386个天体。用望远镜拍摄的这些天体的照片是非常美丽的，许多国家直接用它们的照片作为邮票的图案。墨西哥1942年为Tonanzintla天体物理天文台启用发行的邮票（图61-44）是第一套这样的邮票。后来，澳大利亚（图61-45，1992，国际空间年；图61-46，2009，凝望南天星空，国际天文年）、英国（图61-47，2002，宇宙；图61-48，2007，夜空，为纪念BBC专栏电视节目"夜空"创办50周年而发行）、美国（图61-49，2000）和德国（上节的图60-23；图61-50，2011，天文学），还有别的一些国家都发行了这样的邮票（图61-51，加拿大2009，国际天文年；图61-52，韩国2009，国际天文年）。

以星云为图案的邮票还有图61-53（联合国纽约总部1963，外层空间）、图61-54（以色列1965，创世纪）、图61-55（捷克斯洛伐克1967，国际天文学联合会第13届大会，Ondrejev天文台）、图61-56（古巴1980，宇宙物理学）、图61-57（比利时1982，比利时皇家天文台）、图61-58（中国1992，国际空间年）、图61-59（孟加拉2009，国际天文年，仙女座星系）、图61-60（葡属马德拉群岛2009，国际天文年，M51星系即猎犬座星系）等。

这些星云究竟是什么？随着望远镜口径的不断增大，分辨率越来越高，越来越多原来模糊的星云分解成了恒星，但也有一小部分是明显不能分解的。光谱方法的应用进一步证实这

图61-45 国际空间年
（澳大利亚1992）

一、螺旋星云
二、昴星团
三、旋涡星系NGC2997
邮票上方是哈勃空间望远镜

图61-46 凝望南天星空
（澳大利亚2009，4/5原大

一、草帽星系M104
二、猎户座的反射星云M7
三、旋涡星系M83

图61-48 夜空（英国2007）

一、土星状星云
二、爱斯基摩星云
三、猫眼星云
四、螺旋星云
五、火焰星云
六、纺锤星云

星云邮票

图61-47 宇宙（英国2002）

一、天鹰座行星状星云（后面的
　　数字是它的赤经和赤纬）
二、飞马座塞弗特II型星系
三、矩尺座行星状星云
四、圆规座塞弗特II型星系

图61-49 哈勃空间望远镜拍摄的天体图像（美国2000）。这套邮票包括4个星云和一个星系。邮票背胶上印有说明如下：

一、鹰星云　这幅美景是一个引人注目的恒星生成区域。这个新生星体托儿所的特征是
　　一缕缕的尘埃和气体柱，它们是星胚的茧子。
二、环形星云　它是由一颗正在死亡的、与我们的太阳相似的恒星甩出来的大量气体。
　　这些气体是在这颗星的寿命的最后阶段在几千年中形成的，像是一个环。
三、礁湖星云　这个星体生成的摇篮叫礁湖星云。巨大的尘埃气体云可能是高速的星际
　　风而成形的，而星际风是新生成的恒星在云中产生的。
四、蛋形星云　这幅图使我们"听"到蛋形星云中一颗与太阳相似的恒星临死前的最后
　　几声喘息。引起人们兴趣的"探照灯"光束是隐藏在黑暗的中央尘埃带后面的正
　　在死亡的恒星发射出来的。
五、星系NGC 1316　这幅图显示两个星系古时的一次碰撞的后果。小星系的残骸表现
　　为在大星系的发光的核心（NGC 1316）背景上的暗团块。

图 61-50 天文学（德国 2011）

一、马头星云
二、昴星团
三、四为太阳系

图 61-52 国际天文年（韩国 2009）

一、旋涡星云
二、行星状星云 NGC3132

图 61-51 国际天文年（加拿大 2009）

一、马头星云
二、鹰星云
边纸上方为船底座星云

以星云为图案的邮票

图 61-53（联合国总部 1963）

图 61-55（捷克斯洛伐克 1967）

图 61-54（以色列 1965）

图 61-56（古巴 1980）

图 61-57（比利时 1982）

图 61-58（中国 1992）

图 61-59（孟加拉国 2009）

图 61-60（葡属马德拉群岛 2009）

图 61-61（美国 2008）

图 61-64（圣文森特和
格林纳丁斯 2000）

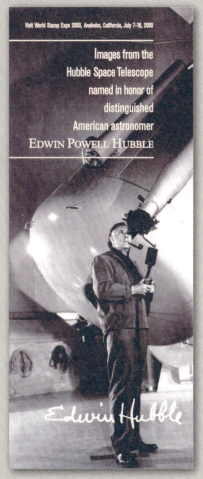

图 61-62（美国 2000）

图 61-63（帕劳 1998，4/5 原大）

图 61-65（吉布提 2006）

图 61-66（马里 2011）

些星云分为截然不同的两种：一种是"星状"的，其光谱与恒星的光谱相同；另一种是"气状"的，其光谱是一些发射明线，类似于炽热气体的光谱。星云到底是恒星集团还是气体云，天文学家意见分歧，各执一词。高倍数望远镜发现了许多星云的旋涡结构，不同天文学家对这种旋涡结构的解释也大相径庭，有人认为它是正在形成中的行星系统，有人认为它是类似银河系的恒星系统。看来，最后解决问题只能依靠测定和比较银河系的直径和旋涡星云距离的大小，来判断旋涡星云是河内天体还是河外天体。

沙普利对确立银河系的结构作出了巨大贡献。但他使用了错误的测距离的尺度，并且没有考虑星际消光效应，给出的银河系的直径达25万光年，大大地夸大了。而当时对旋涡星云距离的估计又太小，使已知的天体的距离都小于银河系直径，因此沙普利一直反对宇宙岛的概念。在他的权威地位影响下，20世纪20年代前有一个错误印象，以为银河系就是整个宇宙了。

1920年4月，美国科学院在华盛顿召开"宇宙的尺度"讨论会。会上天文学家柯蒂斯（H.D.Curtis）同沙普利就银河系的大小和旋涡星云的本性展开了激烈的论战。柯蒂斯以旋涡星云有新星出现为由，认为旋涡星系是恒星系统，因为只有恒星系统中才可能出现新星爆发。他并以旋涡星云的角直径相差很大为由，认为它们之间的距离很大，超出了银河系的直径，因而不可能是银河系的成员。双方的论据都不够充分，这次辩论没有结论。

几年后，形势急转直下。1922年，在仙女座星云（M31，图61-59）中发现了变星。1923年，美国天文学家哈勃用威尔逊山2.5 m望远镜通过照相将M31的外围部分分解为单个恒星，并证认出其中的一颗变星是造父变星，接着又在M31中与M33和NGC6822中发现了几颗造父变星。哈勃用哈佛大学女天文学家勒维特（H.S.Leavitt）发现的造父变星周光关系，推出M31的距离为46万光年，M33和NGC6822的距离更大。这已大于沙普利的银河系直径。哈勃的发现结束了宇宙岛的论战，确认旋涡星云是与银河系同类的恒星系统。这是20世纪天文学最重大发现之一，人类对宇宙的研究从此跨过了银河系的疆界。

因此，这些云雾状天体实际上包括三类：绝大多数位于银河系之外，光谱与太阳光谱相似，是和银河系类似的庞大的恒星系统；也有一些（很早就被望远镜分解为单颗恒星的）是银河系内的星团；一小部分在银河系内，无法分辨成星星，光谱主要是一些发射明线，是银河系内的气体和尘埃云。现在我们把第一类叫做星系（galaxy），如M31应称为仙女座星系，星云（nebula）只指第三类。

但是，我们还是把星云和星系放在一起讨论，因为它们的邮票在一起。先说星云。星云按形态可分为行星状星云、弥漫星云和超新星遗迹。行星状星云呈环状，中央有一颗高温核心星，星云气体是从核心星排出的，并且在不断扩张，离开核心星。核心星很快过渡为白矮星而濒于死亡，行星状星云的出现象征着恒星已到晚年，行星状星云的平均寿命为3万年左右。最亮的行星状星云之一是天琴座的环状星云M57（NGC6720）（图61-44之五；图61-49之二；图16-26的右侧）。离我们最近、角直径最大的行星状星云是宝瓶座的螺旋星云NGC7293（图61-45之一），离太阳450光年。邮票上的行星状星云还有图61-46上的两个和图61-51上的一个。超新星遗迹如蟹状星云（图61-5之一图中的背景），它是梅西耶表中的第一号（M1），是1054年爆发的超新星的剩余物质云，仍在不断地扩散。

弥漫星云广袤而无定形，按其发光性质可分为发射星云、反射星云和暗星云。发射星云的原子自己发光，其光谱主要是一些明线。这是因为它的近旁有一颗或多颗高温恒星，表面温度达30 000 K，其辐射主要在紫外波段，紫外辐射激发星云中的原子和离子，使它们发射可见光。这也是行星状星云发光的机制（行星状星云的核心星温度更高，表面温度为50 000 K）。它们的光谱中有两条绿色谱线最有特征，只在星云的光谱中存在，在地球上的实验室里不能产生。人们曾以为它是星云中特有的一个元素产生的，把这个元素命名为氢，可是周期表中找不到它的位置。后来发现，这一对谱线是由二次电离的氧原子内电子的禁戒跃迁造成的。由于星云中物质密度和辐射密度极小，可以有大量氧原子处于亚稳态，它们自发跃迁就产生这样的谱线，地球实验室中没有这样的条件。发射星云如巨蛇座中的鹰星云（M16，距我们5500光年）（图61-48之一；上节图60-1的边纸）；人马座中的礁湖星云（M8即NGC6523，图61-48之三）。反射星云依靠反射和散射近旁的照明星的光而明亮可见，自己不发光，因此其光谱与照明星的光谱相似，只是多一些吸收暗线。这是由于反射星云的照明星温度不够高，不能发射紫外辐射激发星云中的原子和离子，因此星云的光谱中没有发射线。发射星云和反射星云合称亮星云。而暗星云则近旁没有照明星，但它们吸收来自后面的远方恒星或亮星云的光而被发现。图61-43之一是一个著名的暗星云——猎户座中的马头星云。夜空中一些黑暗的天区，并非一无所有的空洞，而是暗星云。

因此，一个星云究竟是发射星云、反射星云还是暗星云，同它本身的物质性质关系不大，而同它的位置和照明星的温度直接相关。三种星云的物质并无明显不同，都属于星际物质，星云只不过是密度稍大的团块。星云的分子数密度为$10^2 \sim 10^4/cm^3$，比地面空气分子的数密度$10^{19}/cm^3$小得多。星云同它附近的恒星有密切的关系。恒星不仅是星云的能量来源，影响星云是否能被看见和星云的温度，而且和星云还有演化关系。行星状星云和超新星爆发遗迹都是恒星抛射出来的，属于恒星逐渐变为星际物质的过程。而银河系中的发射星云大都分布在银河面附近和旋臂上，与一些年轻的恒星群的分布是一致的，很可能是恒星诞生的地方。

再说星系。哈勃是星系天文学的奠基人。他从1919年起，在威尔逊山天文台工作了30多年，直至去世。哈勃是20世纪一个很重要的天文学家，对近代天文学有诸多贡献，其中最重大的有三：一是发现暗淡的星云是遥远的星系，确认星系是与银河系类似的恒星系统，建立了大尺度宇宙结构的新概念，开创了星系天文学；二是对星系进行了分类；三是1929年提出哈勃定律，发现红移-距离关系，促使现代宇宙学的诞生。他的邮票有：图61-61（美国2008，近代科学家第四组）；图61-62是图61-48邮票小版张边纸上的图，为哈勃在帕洛玛山天文台操纵122 cm口径的施米特望远镜；图61-63（帕劳1998，邮票下的英文是："美国天文学家，他证明了河外星系的存在"）；图61-64（圣文森特和格林纳丁斯2000，世纪回顾邮票）；图61-65（吉布提2006，20世纪伟大科学家）；图61-66（马里2011，有影响的物理学家和天文学家）。

哈勃按照星系的形状，把星系分成椭圆星系（E）、旋涡星系（S）、不规则星系（Irr）三大类，后来又细分为椭圆、透镜（S0）、旋涡、棒旋（SB）、不规则5个类型。椭圆星系没有旋涡结构，按照扁度不同，又分为从E0到E7八个次型。旋涡星系从星系中央部分向外有两条或更多的旋臂缠卷着，星系形状相当扁平。旋涡星系的中央部分呈椭球状，若中央部分为棒状，则是棒旋星系。它们按照旋臂缠绕由紧到松，各分为a、b、c三个次型。透镜型星系比E7更扁，开始出现旋涡，是椭圆星系和旋涡星系之间的过渡型。

哈勃曾绘制了一幅形如音叉的图（见图61-63邮票边纸的上部）。曾认为这幅图具有演化意义，有人认为星系是由E0经S0演化到Sc和SBc，也有人主张是反过来，但后来都被否定了。毕竟星系离我们的距离太远，从观测资料还未能总结出像开普勒定律那样凭之足以建立模型和理论的经验定律。这个分类不是星系的演化序列，正如恒星赫罗图上的主序不是恒星的演化序列一样。星系的不同形状可能与它们的初始角动量的大小有关，E0星系的角动量最小，Sc和SBc最大。

在观察到的星系中，不规则星系只占约3%，旋涡星系（包括棒旋星系）和椭圆星系分别占77%和20%。不过由于旋涡星系的光度一般很大，而在距离很远的地方只能看到光度大的星系，因此上面这个百分比不一定代表宇宙中各类星系的真实比率。银河系是一个旋涡星系，属于Sb或Sc型。

星系的尺度大小相差悬殊：小的矮星系直径才几百光年至一万光年，大的巨星系直径超过30万光年。旋涡星系的直径在1.5万～15万光年范围内。椭圆星系的质量范围很弥散，在$10^6 \sim 10^{13} m_\odot$的范围内，旋涡星系的质量在$10^9 \sim 10^{12} m_\odot$之间。星系由几十亿颗至几千亿颗恒星组成，加上星际气体和尘埃物质。整个宇宙大约有1011个星系。星系的分布在大尺度上看是近于均匀的，从较小的尺度看，星系分布不均匀，有成团的倾向。离本星系最近的星系是大麦哲伦云（16万光年）和小麦哲伦云（19万光年），它们都只出现于南半球的天空。最近的旋涡星系是仙女座星系（图60-23之一），离我们220万光年，是用肉眼能看到的宇宙中最远的天体。对河外星系的许多研究和观测是从它开始的。银河系和它们以及其他30多个星系构成一个集团，叫做本星系群。仙女座星系的质量为$4 \times 10^{11} m_\odot$，是本星系群最大的成员，银河系第二。

最后看看邮票上的星系。图61-43之三是猎犬座旋涡星系（M5或NGC5194），之四是室女座的草帽星系（M104或NGC4594），它距离我们4600光年。这两个图分别是正对着星系的对称平面的方向看和沿着星系的对称平面的方向看时一个旋涡星系的面貌。图61-44之三是旋涡星系NGC2997，图61-48之五是星系NGC1316。图61-46中的两个塞弗特星系是1943年美国天文学家塞弗特发现的一种特殊的旋涡星系，它的星系核有强烈的活动，非常明亮，有很宽的气体发射谱线。它又分Ⅰ型和Ⅱ型两个次型，Ⅱ型的氢线宽度较窄。迄今已发现一百多个塞弗特星系。

同星系天文学方面的工作相比，哈勃更重要的贡献是关于红移-距离关系的哈勃定律的发现（图61-64，邮票下方的文字是"1929年：哈勃和膨胀的宇宙"）。星系光谱的频移是美国天文学家斯里弗（V.Slipher）发现的，绝大部分红移，个别同我们距离近的蓝移。对光谱频移现象最现成的解释是多普勒效应：红移表示星系离我们而去。星系的这种退行并不是以我们为中心，而是整个宇宙的膨胀，如同一个膨胀气球的表面上的各点，每一点都相对于其他点退行。个别星系的谱线蓝移表示离我们距离近的一些星团或星系的本动超过了膨胀运动。1929年，哈勃利用勒维特发现的造父变星的周光关系确定星系的距离，发现了星系光谱的红移与星系离我们的距离成正比。当时他掌握的资料只有33个近距离星系的数据，距离测量也不准确，数据分布非常弥散，离拟合的直线很远。但是后继研究却证明了它的正确。两年后，1931年，哈勃积累了更多的更远的星系的数据，发现这个关系仍然成立，而且拟合的质量好多了。把它写成今天形式的数学式子，就是 $z = H_0 d/c$，其中 $z \equiv (\nu - \nu_0)/\nu_0$，$\nu_0$ 是本来的频率，d 是星系同我们的距离，c 是光速。H_0 是一个常量，叫做哈勃常量。多普勒效应的 $z = \nu/c$，ν 是星系在视线方向的速度。代入后得 $\nu = H_0 d$，即星系退行的速度与离我们的距离成正比。这是一种保持宇宙介质的均匀性的膨胀方式。

承认哈勃定律显示了宇宙膨胀，将有三个重要后果：第一，如果宇宙正在膨胀中，那么回溯过去，整个宇宙必定都压缩在一个极小的范围里，密度极大，温度极高，然后在某个时刻发生了一次"大爆炸"，启动了宇宙膨胀；第二，如果哈勃定律的普遍性得到承认，那么就得到一种根据谱线的红移来测量星系距离的方法，这是目前估计遥远的天体距离的唯一方法；第三，由于光速是有限的，我们测量到的距离为 d 光年的天体的信息实际上是 d 年以前的状态，这样，我们测到的不同距离序列的天体即等同于不同演化年龄的序列，这是我们能够实际观测宇宙演化的依据。因此，哈勃定律是宇宙层级上关于宇宙的整体运动的一条重要的经验规律，特别是，大爆炸宇宙模型就是根据它提出的。

宇宙学从整体角度研究宇宙的结构和演化。牛顿最早用科学方法研究宇宙问题，把他的力学应用到整个宇宙。他的宇宙空间是无限而又空虚的三维欧几里得空间，物质在宇观尺度上均匀地分布和运动在这个无限的虚空中。因为如果宇宙是有限的，就有边界和中心，而万有引力就会使全部物体落向中心，这与事实不符，而在一个无限的宇宙中，每一团物质受到来自各方向的引力总体上说相等，可以停留在原地。此外，牛顿也需要一个无限的空间使不受其他物体作用因而做惯性运动的物体一直运动下去。但是，许多事实，例如奥尔伯斯佯谬，对牛顿的静态无限宇宙模型提出了挑战。

爱因斯坦1915年创立的广义相对论，为宇宙学提供了新的理论基础。爱因斯坦的宇宙空间是弯曲的三维空间，把引力解释成空间弯曲的效应，而空间曲率是由物质决定的。1917年，爱因斯坦用广义相对论考察宇宙，发表了论文《根据广义相对论对宇宙学的考察》。他将广义相对论的引力场方程用于整个宇宙并试图求得一个解。传统的观念认为宇宙是静态的，不随时间变化。虽然早几年在美国已经发现了星系的谱线红移，引起宇宙膨胀的猜测，但当时正值第一次世界大战，消息没有传到欧洲。即使是富于创造性如爱因斯坦，也囿于传统观念，他想得到一个均匀各向同性的静态解。可是从他的引力场方程怎么也得不出这样的解，于是他在引力场方程中人为地引入一个"宇宙常数"项，起着斥力的作用。由此

图61-67（比利时1994）

图61-68（马里2011）

图61-69（密克罗尼西亚2000）

图61-70（马绍尔群岛1998）

爱因斯坦得出一个有限无界的静态宇宙模型，它是四维空间中的三维超球面。

在哈勃定律发表、宇宙膨胀成为公论之后，爱因斯坦的静态宇宙模型被否定了。1930年，爱丁顿更证明这个模型是不稳定的，小扰动就会使它膨胀或收缩。爱因斯坦对他在引力场方程中引入"宇宙常数"项非常后悔，认为这是他一生中最大的失误。本来宇宙膨胀是广义相对论的自然结果，爱因斯坦却偏偏放弃了它。但是，这篇论文首先用广义相对论来研究宇宙，仍被认为是现代宇宙学的开端。

1922年，苏联数学家弗里德曼求得不含"宇宙常数"项的原来的引力场方程的均匀和各向同性通解，称为弗里德曼宇宙模型。在这个模型中宇宙是膨胀的。它分为空间曲率指数 $k=1$、$k=0$ 和 $k=-1$ 三种情况，$k=1$ 对应于三维超球面空间，有限无界，宇宙的膨胀最后将停止并转为收缩；$k=-1$ 和 $k=0$ 分别对应于三维双曲面空间和平直空间，是开放的无限宇宙，宇宙膨胀将无限地继续下去。哈勃定律发现后，弗里德曼宇宙模型成为后来发展起来的一些宇宙模型的基础。$k=1$ 和 $k=0$ 两种情况下的宇宙膨胀解见后面的图61-75第一张邮票中的下面两条曲线。

1927年，比利时天文学家勒梅特（他同时是一位天主教神职人员）（图61-67，比利时1994，欧罗巴系列；图61-68，马里2011，有影响的物理学家和天文学家）独立地求出爱因斯坦方程的弗里德曼解。他的文章发表在一家不知名的比利时杂志上，他设想，宇宙早期处于极端稠密的状态，现在宇宙中的全部物质集中在一个大约只有太阳30倍大的球里，他把这个球称为"原初原子"，像一个巨大的原子核，宇宙起源于这个"原初原子"的爆炸。他的学说比较粗糙，是后来的大爆炸宇宙学的先河（图61-69，密克罗尼西亚2000，千年纪邮票，上面的文字是"勒梅特的思想用大爆炸理论改变了现代宇宙学"，图上表示宇宙膨胀就像气球膨胀时表面上的两点一样，离得越远相对速度越大；图61-70，马绍尔群岛

1998，20世纪大事记——20年代，邮票上的文字是"人的宇宙在膨胀"，右下角的缩印小字是"大爆炸理论解释了宇宙的膨胀，1927"，邮票上有一个爆炸图样和达·芬奇画的人体比例图，也许是想表示人类文明也是大爆炸后宇宙演化的产物）。

1948年，俄裔美国物理学家伽莫夫运用粒子物理学和原子核物理学的知识，将宇宙膨胀和各种物质的生成联系起来，建立了大爆炸宇宙学。它的基本观念是：宇宙整体起源于一次最初事件，那时温度极高，密度极大，既没有原子和分子，更谈不上恒星和星系；随着宇宙空间不断膨胀，温度下降，在这个过程中发生了一系列相变，宇宙间的万事万物，就是在这不断膨胀冷却的有限时间里形成。所谓"大爆炸"，并不是发生在三维空间中的一次爆炸，物质向虚无的空间中飞散，而是空间本身的膨胀。它的原文big bang，字面意义是"砰的一声"，原是持稳恒态宇宙学观点的宇宙学家霍伊耳对这个模型的嘲弄之辞，现在成了它的正式名称。它能解释最多的观测事实，而且迄今没有观测事实与它矛盾，现在被公认为宇宙演化的标准模型。

这里不详细介绍大爆炸宇宙学的具体内容，关于宇宙的简史，在什么时期处于什么状态，请读者参看有关书籍，例如温伯格的《最初三分钟》。要指出的只是，由于时间越往前温度越高，能量越高，早期宇宙就成了高能粒子物理学家的用武之地。粒子物理学家提出的大统一、超统一理论描述的状态，在大爆炸宇宙学中都在宇宙的早期历史上短暂地存在过。物理学中研究最大对象和最小对象的两个分支——宇宙学和粒子物理学——就这样密不可分地联结在一起。

伽莫夫是一个奇才。他先后在原子核物理学、宇宙学和分子生物学这三个20世纪关键的科学领域工作过，在每个领域都有重大的成就。在核物理学中他用量子力学的隧道效应说明了α衰变并提出了原子核液滴模型，在宇宙学中他建立了大爆炸宇宙学，在分子生物学中他提出遗传密码概念并指出遗传密码单元由3个碱基构成（见后）。他兴趣广泛，喜欢探讨自然界最根本的问题，除科研外还写了许多深入浅出的科普著作。他于1904年生于敖德萨，后进入列宁格勒大学，是弗里德曼的学生，从他那里接触到宇宙学。1928年他获得博士学位后，赴哥廷根大学、哥本哈根理论物理研究所和卡文迪什实验室访问，这三所学术机构正好是当时以量子力学诞生为标志的物理学革命的中心。他的α衰变理论就是在哥廷根提出的，液滴模型是在哥本哈根提出的。1931年他回到苏联。由于难以适应斯大林统治下的苏联生活，他曾两次偷越国境未成。1933年获准去布鲁塞尔参加第7届索尔维会议，从此一去不复返，1934年移居美国。钱德拉塞卡移居美国和伽莫夫建立大爆炸宇宙学这两件事，意味着美国在20世纪不仅是观测天文学的中心，也成了理论天文学的中心。伽莫夫爱开玩笑，在与他的研究生阿尔费（R.Alpher）一起发表《化学元素的起源》一文（此文是大爆炸宇宙模型的经典论文）时，为了让作者名字与希腊字母的前三个字母α，β，γ对应，他把贝特的名字也加了进来；这篇文章发表的日期又正好赶上4月1日愚人节，这让伽莫夫更得意了。后来这篇文章就叫αβγ论文。对于它所讨论的内容，这倒真是一个合适的名称。

大爆炸宇宙学有三大证据。第一个是星系红移的普遍存在。第二是宇宙微波背景辐射

图61-71 彭齐亚斯（安提瓜和巴布达1995）

图61-72 威尔逊（圭亚那1995）

的存在。大爆炸宇宙模型的一个重要的、可以观测的预言是：宇宙早期曾处于辐射占主要地位的阶段，辐射能量密度远大于 $E = mc^2$ 给出的实物能量密度，由于实物和辐射的紧密耦合，辐射应服从黑体辐射的谱分布。随着温度降低到一定程度，宇宙变成由实物主宰，但辐射仍保留下来，充满整个宇宙，但是随着宇宙的冷却移到了微波波段。据他们计算，对应的温度在5 K左右，仍应保持黑体辐射谱和各向同性的特性。这种背景辐射就好像是早期宇宙遗留下来的化石。但是他们的预言没有得到人们（包括预言者自己）认真对待，20世纪50年代，虽然射电天文学正在兴起，却没有人想到去检验这个预言。直到美国普林斯顿大学的物理学家迪克的小组于1964年想到并着手寻找这种辐射。但是，他们却获知，这种辐射已被贝尔实验室的两个工程师发现了。

这两位工程师是彭齐亚斯（图61-71，安提瓜和巴布达1995，诺贝尔奖设置百年）和威尔逊（图61-72，圭亚那1995，诺贝尔奖设置百年）。他们是在调试一台用于卫星通信的天线时，发现天空中有一种各向同性的本底噪声，呈黑体辐射谱分布，温度相当于3 K左右（图61-76之四）。他们不懂为什么会有这种噪声，听人说迪克能够解释，彭齐亚斯便给迪克打了一个电话。很快就查明，这就是要找的宇宙大爆炸的残余。后来用多种不同的探测手段对它进行测量，现已充分证明，宇宙间弥漫着微波波段的背景辐射，它的谱型是严格的黑体辐射谱，相应的温度是（2.728 ± 0.002）K，与各向同性的偏离为 5×10^{-6}。

背景辐射的发现是大爆炸宇宙学的重大胜利。它表明，大爆炸宇宙学并不是一场智力游戏，而是真正描述了宇宙的起源和演化，因而引起科学界的普遍重视。许多物理学家因此转到宇宙学领域。1978年，诺贝尔奖委员会决定把诺贝尔奖授予这一发现。但是伽莫夫已于1968年去世，于是这一年的诺贝尔物理学奖就颁给了彭齐亚斯和威尔逊，尽管他们起初并不了解他们的发现的意义。

第三个证据是宇宙中轻核素的丰度。通过热核聚变合成核素需要几百万摄氏度的高温，前面讲过，在宇宙演化过程中有两次这样的机会：一是在宇宙早期，大爆炸后第3分钟的原初核合成，主要产物为氦4，可算出其丰度约为25%；二是前面讲过的恒星演化过程，在主序星的演化中，其核心部分最终会有10%左右的氢合成为氦4，但是这对整个宇宙中氦4的丰度影响不大。观测结果表明氢和氦4是整个宇宙中两个最大的成分，氢约占3/4，氦4约占1/4，其他元素总量不到1％，这与大爆炸理论相符。如果所有的化学元素都是通过恒星演化的核燃烧过程产生的，就应该能够在宇宙中找到氦4质量明显低于25%的区域，然而在宇宙中没有发现任何低氦4区。我们可以对最古老的、不含重核素的恒星的光谱进行测量得出这些轻核素的原初丰度。它们与大爆炸理论算出的理论值符合得很好，尽管各个轻核素的丰度之间相差9个量级（氦4的丰度和锂7的丰度）。从氦4的丰度还可以决定中微子的代（种类）数。理论表明，轻子的代数越多，氦4的丰度越高。这样，由氦4的丰度的观测值，可以给中微子的代数定一个上限。用这个方法定出的中微子代数≤4。这与从Z^0粒子的宽度给出的结果一致（见前）。

这三个证据相应于宇宙年龄不同的时段。宇宙膨胀探究的是$t > 10^9$年的情况；微波背景辐射是$t ≈ 10^5$年的遗留物；而核合成时期则在宇宙历史的最初3分钟。

假设星系退行的速度不变，那么$d/v = 1/H_0$，这是大爆炸发生到现在的时间，也就是说，哈勃常量的倒数就是宇宙的年龄。由于星系的距离很难准确测定，以前测得的H_0很不准确，甚至使宇宙的年龄比古老的岩石还小，这也是大爆炸理论当年不被人看好的原因之一。哈勃当年测得H_0为500 km·s⁻¹·Mpc⁻¹（Mpc为百万秒差距），相应的宇宙年龄只有20亿年。现在H_0的值已被相当肯定地确定为（50～80）km·s⁻¹·Mpc⁻¹，相应的宇宙年龄约为200亿年。而已知的最老的恒星或陨石的年龄都不超过200亿年，这已被认为是大爆炸宇宙学的第四个证据。

宇宙膨胀导致天体相互分离即退行。观测天体退行的速度变化，可以判断宇宙的膨胀速度是恒定的，还是越来越慢或不断加快。一般人总是以为，由于引力总是倾向于使物体收拢而不是分开，它会对抗宇宙膨胀，使宇宙膨胀的速度变慢。三位美国科学家珀尔马特、施密特（美国和澳大利亚双重国籍）和里斯领导的两个研究小组研究了超新星爆发后生成的超新星光度的变化。他们用先进的天文观测工具对准了一种"Ia型超新星"，这种超新星是由密度极高而体积很小的白矮星爆炸而成。由于每颗Ia型超新星爆发时质量都一致，它们爆炸发出的能量和射线强度也一致，因此在地球上观测"Ia型超新星"亮度的变化，可以准确推算出它们和地球距离的变化，并据此计算出宇宙膨胀的速度。两个研究小组总共观测了50来颗遥远的"Ia型超新星"，它们显现的光度比预期的暗淡。1998年他们得到了一致的结论：宇宙的膨胀速度不是恒定的，也不是越来越慢，而是不断加快，即宇宙正在加速膨胀。这个结论撼动了整个天体物理学界，于2011年获得诺贝尔物理学奖。是什么原因突破了引力的牵制，使宇宙膨胀越来越快呢？这只有一种可能，那就是宇宙之中存在着一种与引力作用方向相反的神秘力量！物理学界把这种人类至今还未认识的神秘作用力称为"暗能量"。2011年诺贝尔物理学奖的公布和颁发，意味着物理学界正式接纳"暗能量"为一个科学概念。图61-73（莫桑比克2011）是2011年诺贝尔物理学奖得主，左为珀尔马特（他领导一个研究小组），中为施密特，右为里斯（他们二人领导另一个研究小组）。图61-74（几内亚2008）上是施密特。值得指出的是，图61-74的邮票是2008年发行的，而施密特获诺贝尔奖是在2011年，这表明邮票的设计者在选题时经过调研，知道了施密特工作的意义。

图61-73 2011年诺贝尔物理学奖得主（莫桑比克2011）

图61-74 施密特（几内亚2008）

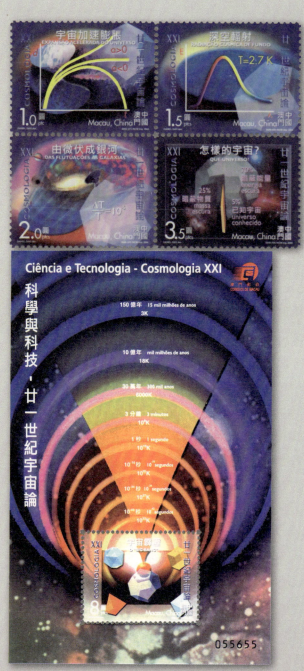

图61-75 廿一世纪宇宙论（中国澳门2004，小型张4/5原大）

图61-76 天体物理学诺贝尔奖获奖工作（瑞典1987）

一、休伊什发现脉冲星，1974年奖；
二、钱德拉塞卡的白矮星理论，1983年奖；
三、福勒关于化学元素起源的理论，1983年奖；
四、彭齐亚斯和威尔逊发现宇宙背景辐射，1978年奖；
五、赖尔发明综合口径射电望远镜，1974年奖。

我国澳门特别行政区于2004年10月发行了一套《廿一世纪宇宙论》邮票（图61-75，共4枚邮票和一枚小型张），比较全面地介绍了宇宙创生的大爆炸理论。第一枚上的3条曲线是前面说的引力场方程在不同参数值下的解，这是大爆炸的理论基础。现在观测表明，宇宙不但在膨胀，而且在加速膨胀，这表明爱因斯坦当年假设的产生斥力的宇宙常数（即暗能量或真空能）的确是存在的。实物的引力大小与其密度有关，随着空间的膨胀，物质密度越来越小，而宇宙常数的斥力却是常数，因此一旦斥力超出了物质的引力，宇宙的膨胀将会越来越加速。当年，爱因斯坦由于宇宙被证实是膨胀的而称引入宇宙常数是他一生最大的失误，而现在如果爱因斯坦还活着，也许会认为仓促放弃宇宙常数是他一生中第二个最大的失误吧。第二枚邮票表示宇宙背景辐射的谱分布，我们看到，它的确具有黑体辐射谱。第三枚邮票说明，今天宇宙的层级结构是由早期宇宙物质的密度涨落引起的，用规范的汉语科学术语应当是"由微小的起伏生成星系"（在英文中，galaxy是星系，而我们的本星系即银河系应当是the Galaxy，即第一个字母大写并加定冠词。其他西文如葡萄牙文仿此）。早期宇宙物质的密度涨落反映在宇宙背景辐射的非各向同性（即前面说过的温度涨落）中。计算表明，这个量级大小的涨落刚好是形成今日的结构所需要的，不能再小，过小的密度涨落将来不及在今天之前形成星系。第四枚邮票说明今日宇宙物质的组分。今天的测量（主要是对宇宙背景辐射精细结构的测量）已经确定，宇宙物质的总密度非常接近于临界密度，于是曲率因子$k = 0$，即三维空间是平直的。这在过去一直是理论家的猜想，现在已证实了。同时测量也发现，这个总密度中约有2/3来自真空能，即今天宇宙以真空为主。与实物不同，真空能产生的引力（gravitation，非attractive force）为排斥性的。既然宇宙以真空为主，引力就以排斥为主，于是宇宙应当在自引力作用下做加速膨胀。今天实际上是处于加速膨胀的初期。实物密度是随宇宙膨胀而减小的，而真空能密度是常量，所以在早期宇宙中实物的密度比真空能密度大得多，引力是吸引性的，膨胀是减速的。真空能的发现只影响我们对宇宙未来的认识，对宇宙过去的历史影响很小。宇宙密度的另外1/3应当是物质密度。但是，能够用各种望远镜观察到的通常物质（即由质子和中子构成的重子物质）组成的星体、星系和星云仅占宇宙总密度的大约4%，只有上值的1/10左右，因此宇宙中一定还存在不发射电磁辐射因而看不见、只能通过其引力效应来判定其存在的暗物质。暗物质还直接得到两类观测的证实。一类是测量星系外围气体云绕星系中心旋转的速度，结果表明，除非有5～10倍于我们观察到的物质的引力将气体云拉住，否则这个速度将使气体云飞走。另一类是从遥远的星系到达地球的光通过其路径上的星系的引力场时的弯曲，这叫做"引力透镜"效应。分析光的路程的弯曲，天文学家就可以确定中间的星系的质量，结果表明，它们包含的物质必须比能够看到的多很多。这些看不见的暗物质是什么呢？曾在我们的银河系的外沿发现过已经冷却、不再发光的白矮星，但是所发现的这些不发光的天体的质量远远不足以说明暗物质。宇宙演化理论也指出，重子物质的数量很少，充其量只能构成使气体云具有观察到的旋转速度星系所应具有的质量的一小部分。2001年发现中微子具有质量后，也曾以为中微子可能是暗物质的候补者，但经过估算，宇宙中中微子的密度至多与可见物质的密度相当，也不足以解释全部暗物质。

因此，暗物质必定有全新的形式。邮票上说宇宙中已知物质占5%，暗物质占25%，暗能量占70%，由于现在这类测量的精度不高，这些数字与我们所说的是一致的。

小型张上画出了大爆炸发生后宇宙演化过程中一些关节点和相应的温度。这些关节点是：10^{-42}秒，相应的温度10^{32}K，即所谓"普朗克时间"，发生大爆炸，即对应于超统一的真空相变，引力从其他3种力分出，这就是时空的起源；10^{-34}秒，温度10^{27}K，发生对应于大统一的真空相变，即暴胀，强作用与电弱作用分离；10^{-10}秒，温度10^{15}K，发生对应于电弱统一的真空相变，弱力与电磁力分离；1秒，温度10^{10}K，开始进入核物理学能量范围，此前都属粒子物理学范围；3分钟，温度10^{9}K，开始发生原初核合成；30万年，温度6000 K，原子核与电子结合成中性原子，宇宙介质成为普通的中性原子气体（此前为原子核与自由电子构成的等离子体），原来存在的热光子失去了热碰撞对象，作为背景辐射保存下来；10亿年，温度18 K，物质开始结团，生成结构，星系开始出现；150亿年，温度2.7 K，也就是现在。

澳门回归以后，特区邮政近年发行邮票的选题中每年都有一套"科学与科技"邮票，而且多涉及基础科学。例如2001年的DNA邮票（图70-16和图70-17），2002年的"粒子物理学的标准模型"邮票（图60-31和图60-32），这套《廿一世纪宇宙论》邮票（这三套邮票已涉及20世纪下半世纪4大模型中的3个了），2005年还将出一套以数学为题的邮票。这是非常值得内地的邮政部门学习的。内地发行的邮票中科技题材太少，特别是基础科学的题材更少。这表示邮政部门对现代科学的重要性和对"科教兴国"国策的认识都不够。

天文学和物理学长期以来被认为是不同的学科，因此，以前诺贝尔物理学奖是不授给天文学家的。否则哈勃完全有资格得奖。但是，在现代的天体物理学中，天文学和物理学已密不可分地结合在一起。反映这一趋势，国际最权威的物理学组织国际纯粹与应用物理联合会已设立了天体物理学委员会，与粒子物理、凝聚态物理等委员会平行，诺贝尔奖也于1967年开始对天体物理学的杰出工作颁奖。迄今为止，45年里，共有9届、18人因12项天体物理学方面的工作获得诺贝尔物理学奖，所占比例是不低的。它们是：1967年贝特关于核反应理论和太阳的能源方面的工作，1970年阿耳文的磁流体力学研究，1974年赖尔对射电天文学的贡献、休伊什发现脉冲星，1978年彭齐亚斯和威尔逊发现宇宙背景辐射，1983年钱德拉塞卡的白矮星理论、福勒的恒星演化和元素合成理论，1993年赫尔斯和泰勒发现脉冲双星，2002年贾科尼在X射线天文学方面的工作、戴维斯和小柴昌俊在中微子天文学方面的工作，2006年马瑟和斯穆特等通过COBE卫星对宇宙微波背景辐射的谱形式（黑体辐射谱）和各向异性（在不同方向上温度有着极其微小的差异）的研究，2011年珀尔马特、施密特和里斯发现宇宙加速膨胀。图61-76是瑞典1987年发行的有关天体物理学的诺贝尔奖得奖工作邮票，从上到下依次是：休伊什发现中子星、钱德拉塞卡的白矮星理论、福勒的元素合成理论、彭齐亚斯和威尔逊发现3K宇宙背景辐射和赖尔发明综合孔径射电望远镜（参看上节对这枚邮票的说明）。邮票的背景是暗蓝色或黑色的夜空。

62. 凝聚态物理学

图62-1 材料科学
（中国台湾1988）

图62-2 朗之万
（法国1948）

凝聚态指固体与液体，和介于固、液之间的居间态（液晶、玻璃、凝胶）以及超流体。凝聚态物理学研究处于凝聚态的物质的结构和性质及二者的关系，它是材料科学（图62-1，中国台湾1988，科技发展，材料科技）的基础。

磁学是凝聚态物理学的一个重要分支学科，研究宏观物质的磁性及其应用。宏观物质的磁性来自原子磁矩，即原子中各个电子的轨道磁矩和自旋磁矩的矢量和。法拉第从1840年前后对物质的磁性进行了系统的观察和测量，发现物质的磁性分三大类：抗磁性、顺磁性和铁磁性。此后近百年都保持了这样的看法。

1895年，皮埃尔·居里发表了他对三类磁性物质的实验结果：① 抗磁体的磁化率不依赖于磁场强度而且一般不依赖于温度；② 顺磁体的磁化率不依赖于磁场强度而与绝对温度成反比（居里定律）；③ 铁在某一温度（称为居里温度）以上失去强磁性，从铁磁体变为顺磁体。法拉第和居里的邮票见前。

法国著名物理学家朗之万（1872—1946）是居里的学生，他于1905年解释了抗磁性和顺磁性的微观机制。顺磁质分子中电子的轨道磁矩和自旋磁矩总体不抵消，因而有固有磁矩。无外磁场时，热扰动使分子的磁矩杂乱无章地排列，相互抵消，不显出磁性。顺磁性来源于固有磁矩沿外磁场方向的定向排列，但热扰动要打乱这种排列，因此磁化率与温度成反比。抗磁质分子没有固有磁矩，但轨道运动的电子在外磁场中会受到洛伦兹力的作用，洛伦兹力的力矩使电子以外磁场方向为轴进动，从而感生一个附加磁矩Δm，Δm必定与外磁场方向相反，这就是抗磁性的来源。物质分子普遍都有抗磁性，顺磁质是因为较强的顺磁性掩盖了抗磁性。

朗之万（图62-2，法国1948，纪念骨灰迁入先贤祠）的研究领域极其广阔，除磁学外，在气体电离、相对论（他独立地得出质能等当公式）、超声学等方面都作出了突出的贡献。他还是一位坚定的哲学唯物主义者，又深刻地关注科学家的社会责任，关注社会正义和公平，也是一位坚强的反法西斯战士，参加了法国共产党，并曾被德国占领军逮捕入狱。他是中国人民的朋友。1931年，中国政府邀请国联派遣教育小组到中国考察，以改进中国的教育，朗之万是小组成员。来华时适逢九一八事变发生，他对中国进行声援，批评国联对日本侵略者的纵容。他呼吁中国物理学界联合起来，成立中国物理学会，加入国际纯粹与应用物理联合会。在他的促进下，中国物理学会迅速成立，朗之万是中国物理学会的第一位名誉会员。

铁磁性起源于原子磁矩之间强大的相互作用。为了解释铁磁性，外斯（P.E.Weiss）于1907年提出磁畴假说和铁磁性的分子场理论。磁畴是在居里温度以下铁磁体内部自发磁化到饱和强度的磁化区域。但各磁畴的磁化强度方向杂乱，互相抵消，不表现宏观磁性。较弱的外场就足以使磁畴的磁化强度取向趋于一致，表现出很强的磁性。1919年，德国物理学家巴克豪森发现，铁磁体的磁化和退磁，不是随着磁化磁场的变化连续发生的，而是一步步突然跳跃，使绕在铁磁体上的线圈中产生脉冲电流，经放大后在扬声器中发出一系列咔嚓声。这叫巴克豪森效应，它证实了假想的磁畴的存在。巴克豪森的邮票见后面电子学一节，因为巴克豪森在电子学上很有建树。

铁磁体中在居里温度以下磁畴的存在，表明相邻的原子磁矩之间的交换作用很强，胜过了热运动，使相邻的原子磁矩有序地平行排列起来。因此，这种磁性属于序磁性。1932年，法国物理学家奈耳指出，序磁性还有一种可能，那就是相邻的原子磁矩反平行排列。如果相邻的原子磁矩大小相等，那么就相互抵消，这种磁性叫做反铁磁性。如果相邻的原子磁矩大小不相等，那么就不能完全抵消，留有净磁矩，这种磁性叫做亚铁磁性（亚铁磁性是奈耳1948年指出的）。许多铁氧体的磁性就是亚铁磁性。这样，物质的基本磁性就不是三种而是五种了。奈耳由于对反铁磁性和亚铁磁性的研究荣获1970年诺贝尔物理学奖（图62-3，格林纳达-格林纳丁斯1995，诺贝尔奖设立百年）。旅法华裔物理学家蔡柏龄（蔡元培之子）对实验验证奈耳的反铁磁性唯象理论做了重要工作。

皮埃尔·居里、朗之万、外斯、奈耳都是法国人，法国的磁学研究居世界领先地位。

对磁性材料加一个恒定磁场 B，则磁性材料中的磁矩 M 将以磁场 B 为轴做进动运动。由于阻尼作用，这个进动运动会很快衰减掉，即 M 变成与 B 平行。但若在恒定磁场的垂直方向上加一个高频磁场，它的作用将使 M 离开 B。如果高频磁场的角频率与磁矩进动的角频率相等，那么高频磁场的作用最强，M 的进动角也最大，这种现象叫做磁共振。这也可以用量子力学描述：恒定磁场使磁性系统的能级分裂，外加高频磁场的能量子为 $h\nu$，当 $h\nu$ 等于能级裂距时，则磁性物质将吸收这个能量从低能级跃迁到高能级，造成共振跃迁。

有多少种磁性，就有多少种磁共振。例如，若 M 是铁磁体中的磁化强度，就是铁磁共振。铁磁共振是俄国物理学家阿尔卡迪耶夫于1913年首先观察到的（图62-4，俄罗斯2000，20世纪俄国科学，上面的俄文是"阿尔卡迪耶夫于1913年观察到铁磁共振"）。电子顺磁共振是苏联物理学家扎沃伊斯基于1944年首先观察到的，图62-5是俄罗斯1994年发行的纪念邮资封上的图案，上面的俄文是"扎沃伊斯基发现电子顺磁共振50周年，1944年于喀山"。上面说的宏观物质的五种磁性是电子磁矩造成的，其中抗磁性比较特殊，是由电

图62-3 奈耳（格林纳达-格林纳丁斯1995）

图62-4（俄罗斯2000）

图62-5（俄罗斯1994）

子的轨道运动产生的，相应的磁共振称为回旋共振，要加的激发场是与恒定磁场方向垂直的高频电场。其他四种来自自旋磁矩，激发场为高频磁场。除电子外，原子核也有磁矩，但比电子磁矩小三个量级，对应的磁共振现象称为核磁共振。关于核磁共振及其在医学成像上的应用和有关的邮票我们将在第64节和第68节介绍。

　　严济慈（图62-6，中国2006，中国现代科学家第四组）是我国物理学界元老、物理教育家，中国现代物理研究奠基者之一。他的工作面很广，在压电晶体学、光谱学、大气物理学、压力对照相乳胶感光的效应以及光学仪器研制等方面成就卓著。我们根据他的博士论文题目《石英在电场下的形变和光学特性变化的实验研究》（这个题目研究的是石英的压电效应的逆效应），把他放在本节。他于1923年至1927年留学法国，师从物理学家夏尔·法布里（C. Fabry）。1927年回国。1930年底出任北平研究院物理研究所专任研究员兼所长，一年后又兼任镭学研究所所长。1932年参与创建中国物理学会。1948年当选为中央研究院第一届院士，担任中国物理学会理事长。1955年当选中国科学院数学物理学化学部学部委员。1958年参与创建中国科学技术大学。1978年出任中国科学技术大学校长。

　　半导体物理学是凝聚态物理学另一重要分支。苏联物理学老前辈约飞（图62-7，苏联1980，诞生百年；图62-8，苏联邮资封，1980，邮资封左边是约飞的肖像，像下面的文字是"社会主义劳动英雄约飞院士1880—1960"）是半导体物理学专家。他于1902年在彼得堡工业大学毕业后去德国留学，师从伦琴（图62-9，俄罗斯于2005年世界物理年发行的邮资封，邮资图案为约飞像，左边的图是约飞和伦琴在实验室中）。他1905年回国，十月革命后，他建议并参与筹建设在苏联各地的16所物理研究机构，包括他担任

图62-6 严济慈（中国2006）

655

图62-7（苏联1980）

图62-8（苏联1980，3/5原大）

图62-9（俄罗斯2005，3/5原大）

图62-12 黄昆（中国2005，3/5原大）

约飞

图62-10 塔姆提出声子概念（俄国2000）　　图62-11 阿卜杜拉耶夫（阿塞拜疆2008）

所长多年的列宁格勒苏联科学院物理技术研究所，对苏联物理学的发展功勋卓著。他培养了不少人才，卡皮查和朗道都是他的学生。他本人毕生致力于固体物理的研究，特别是半导体的研究。他在20世纪30年代初就指出，半导体是电子技术的新材料。他关于半导体中两种载流子和它们的迁移率的研究开辟了人们对N型和P型半导体的研究方向。

晶格振动的能量子叫做声子，在固体理论中，电子与晶格之间的相互作用可以用电子与声子的相互作用来描述，从而用场论方法处理。苏联物理学家塔姆对声子概念的提出和应用很有贡献（图62-10，俄国2000，20世纪俄国科学。上端的俄文是"塔姆于1929年提出声子概念"）。对与晶格振动有关的物理过程的研究叫做晶格动力学或声子物理学。

阿卜杜拉耶夫（1918—1993）被称为阿塞拜疆物理学之父。他出生后不久父母就在内战中丧生，成了孤儿。他以半工半读的方式念完大学，是约飞的学生。他是苏联科学院通讯院士，从1970年至1983年担任阿塞拜疆科学院院长。他的研究兴趣是第34号元素硒（Se），以及半导体异质结技术及快速晶体管等。图62-11是阿塞拜疆为他诞生90周年发行的邮票。

黄昆（1919—2005）是著名的半导体物理学家，晶格动力学专家，中国科学院院士。他在理论上预言了与晶格中杂质有关的X光漫反射，即著名的"黄散射"理论。他发展了多声子跃迁理论，以"黄-Rhys因子"著称于世的Rhys是他的夫人和助手，中文名为李爱芙，跟着黄昆来到中国后，入了中国籍，在北京大学物理系工作了一辈子。黄昆提出了描述晶体中光学位移、宏观电场与电极化三者关系的"黄方程"和由此引申而得的电磁波与晶格振动的耦合。他在英国留学时师从玻恩，他与玻恩合著的《晶格动力学理论》是一部有世界影响的经典名著。他曾荣获2001年度国家最高科学技术奖。图62-12是中国集邮总公司2005年发行的纪念邮资封。

半导体的应用十分广泛。特别是，半导体晶体管和半导体集成电路开辟了电子学的新纪元。半导体晶体管是贝尔实验室的物理学家肖克莱、巴丁和布拉顿发明的，集成电路是美国物理学家基尔比发明的，有关的邮票见"电子学"一节。此外，用半导体还制成整流器和可控整流器、半导体激光器、发光二极管、光电探测器件、微波器件、日光电池等。

日本物理学家江崎玲於奈由于实验发现半导体中的隧道效应和发明隧道二极管被授予1973年诺贝尔物理学奖（图62-13，尼加拉瓜1995，诺贝尔奖设立百年；图62-14，塞拉利昂1995，诺贝尔奖设立百年；图62-15，刚果民主共和国2002，诺贝尔奖得主和宇航；图62-16，几内亚2007，诺贝尔奖得主）。

图62-13（尼加拉瓜1995）

图62-14（塞拉利昂1995）

图62-15（刚果民主共和国2002）

图62-16（几内亚2007）

江崎玲於奈发明隧道二极管

霍耳效应是一种磁电效应。将通有电流的导体或半导体置于与电流方向垂直的磁场中，在垂直于电流和磁场的方向上会产生一横向电场。从霍耳系数的正负和大小可以判断载流子的类型和浓度。霍耳系数与载流子的浓度成反比，半导体的霍耳系数比金属大得多。1980年，德国物理学家克里青发现了量子霍耳效应。他在研究处于超强磁场和超低温度之下的硅的金属–氧化物–半导体场效应管（MOSFET）的霍耳效应时，观测到霍耳电阻随外加磁场的变化曲线上出现多个平台，而且这些平台电阻的值与半导体材料的种类、器件制造和结构无关，而是取普适值，通过基本物理常量表示为h/ie^2，其中h为普朗克常量，e为电子电荷，i为正整数1,2,3,…。这是一种崭新的宏观量子效应。克里青为此荣获1985年诺贝尔物理学奖（图62-17，尼加拉瓜1995，诺贝尔奖设立百年；图62-18，格林纳达1995，诺贝尔奖设立百年）。

量子霍耳效应是半导体二维电子系统在超强磁场和超低温度的条件下产生的宏观量子效应。二维电子系统是人们提出来描述特殊结构的半导体的，它具有三维系统所没有的一些特性，量子霍耳效应是其中之一。三维系统的霍耳电阻是随磁场连续变化的。量子霍耳效应的发现表明二维电子系统模型的正确性。霍耳电阻之值与基本常量的联系提供了电阻的测量参考基准，也提供了测量基本常量的一个方法。

1982年，美籍华裔物理学家崔琦和德国物理学家施特默（H.L.Störmer）用纯度更高的样品，在更强的磁场和更低的温度下，发现了分数量子霍耳效应。它的平台霍耳电阻值对应于上式中i值取有理分数。分数量子霍耳效应不是量子霍耳效应的简单扩展，而是具有新的

图62-17（尼加拉瓜1995）　图62-18（格林纳达1995）

图62-19 费曼是纳米技术之父
（几内亚比绍2009）

物理机制。美国物理学家拉夫林（R.B.Laughlin）设想有一种新型的量子流体形成，它具有带分数电荷的激发态，解释了这个效应。他们三人获得1998年诺贝尔物理学奖。

我们一贯的做法是从大块材料切割成需要的形状，构成零件，组装成机器。能不能反过来，把单个原子组装成机器呢？费曼是纳米科技最初的预言者和鼓吹者。1959年，他在加州理工学院参加美国物理学会的年会，在会上作了一个报告"底层大有发展空间"（There's Plenty of Room at the Bottom）。他说："至少在我看来，物理学的规律并不排除一个原子一个原子地制造物品的可能性。"并且预言，"若我们能够对细微尺寸的物体加以控制，这将极大地扩充我们获得的物性范围。"并且对下面两件事各自悬赏1000美元：1.造出一个小电动机，可以从外面控制，其大小（引线除外）不超过边长1/64英寸的立方体；2.将《大英百科全书》全文缩小25000倍，复制到一枚针尖上。（第二年，就有人用显微镜和镊子造出了符合他的要求的电动机，但只是现有技术的微型化，并没有原理性的突破，不过费曼仍然奖励了他。）现在将费曼这个报告看成纳米科技的开端。纳米科技的范围是0.1～100纳米，1纳米（nm）= 10^{-9} m =10 Å，1 Å大致是一个原子的大小，因此纳米科技处理的大致就是每个维度几个到几百个原子组成的系统。对于纳米系统，由于表面原子数在总原子数中所占的比例加大，将产生许多新效应。无论什么物质，一旦微缩到100纳米以下，就会呈现全新的特性。图62-19（几内亚比绍2009，新技术）上是费曼，文字是"纳米技术之父"。现在正在发展三维打印技术，目的就是要将一件东西，一个分子、一个分子地打印出来。看来费曼理想的实现已经不远了。

图62-20 中谷宇吉郎研究雪花
（日本2000）

雪花是具有六角形对称性的晶体。日本物理学家中谷宇吉郎终生研究雪花，图62-20（日本2000，诞生百年）中他正在显微镜下全神贯注观察雪花。1936年他成功地研制出人造雪，1941年他发表了论文《雪的结晶与生长条件之关系》。他还是一个文笔优美的散文作家，所作《雪花——来自天堂的信》，至今被许多日文范文读本选录。

随着学科的发展，凝聚态物理学的研究对象一直在变化，总趋势是变得越来越复杂，从

图62-22（圣文森特和格林纳丁斯1995）

图62-24（西德1971）

图62-23（安提瓜和巴布达1995）

图62-25 弗洛里（多哥1995）

图62-27 白川英树（日本2004）

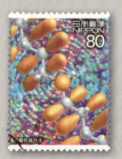

图62-26 导电塑料
（日本2004）

图62-29 齐格勒
（安提瓜和巴布达1995）

图62-28 纳塔
（意大利1994）

图62-30（瑞典1988）

图62-31 盖姆研究碳单层
（中非共和国2011）

小分子化合物转移到高分子化合物，从近完美结构的系统转移到非完美结构的系统。法国物理学家德让纳提出了"软物质"的概念，作为凝聚态物理学研究的新方向，它包括高分子聚合物、表面活性剂、液晶，还有胶体悬浮液，这是一个横跨物理学、化学、生物学的交叉领域。德让纳因为对复杂物质的研究获1991年诺贝尔物理学奖。他把为研究简单系统中有序现象而创造的方法，成功地应用到更复杂的物质。他的研究表明，在磁体、超导体、液晶、聚合物溶液等极不相同的系统中的相变，可以用普适的数学理论来描述。邮票上对高分子科学发展过程的记录较详细。高分子科学的奠基人是德国化学家施陶丁格（图62-21，乌干达1995，诺贝尔奖设立百年；图62-22，圣文森特和格林纳丁斯1995，诺贝尔奖设立百年；图62-23，安提瓜和巴布达1995，诺贝尔奖设立百年）。他于20世纪20年代，坚持认为高分子化合物是以共价键连接的链式高分子量化合物，而不是小分子的次价键缔合体，与当时化学界的流行观念和权威人士进行了激烈的论战。经过艰苦的实验工作，证明施陶丁格是正确的。"高分子化合物"的名称就是施陶丁格正式提出的，他还提出了高分子的黏度性质与分子量关系的施陶丁格定律，至今用黏度测定高分子的分子量仍然是常用的方法。他在1953年才被授予迟来的诺贝尔化学奖，这时他已是72岁的老人了。图62-24是高分子聚合物的模型（西德1971，化学纤维研究125周年）。美国科学家弗洛里（图62-25，多哥1995，诺贝尔奖设立百年）是高分子科学理论的主要开拓者。他提出，由于原子具有有限大小，空间同一点不能被不同的原子占据，因此高分子聚合物应当用自回避随机行走模型而不是简单的随机行走模型来模拟，同样链节数的聚合物的空间体积（二端点的均方距离）比由简单随机行走模型得出的更大，这叫体斥效应（excluded volume effect）。他还提出了θ温度的概念，高分子溶液中的体斥效应在这个温度下消失。弗洛里由于对高分子科学的贡献获1974年诺贝尔化学奖。塑料本来是不导电的，日本化学家白川英树制出了掺杂的聚乙炔膜，使高分子材料成为导电的，为此获2000年诺贝尔化学奖。日本2004年为发明导电性塑料发行了邮票（图62-26），图62-27是纪念封。

研究塑料高分子化合物的还有意大利的纳塔（图62-28，意大利1994，欧罗巴系列，发明和发现）和德国的齐格勒（图62-29，安提瓜和巴布达1995，诺贝尔奖设立百年），他们为此获得1963年诺贝尔化学奖（图62-30，瑞典1988，诺贝尔化学奖得主）。

盖姆（图62-31，中非共和国2011，2010年诺贝尔物理学奖得主）和诺沃肖洛夫由于对二维材料碳单层的研究获得2010年诺贝尔物理学奖。他们都是俄裔，苏联解体后，到别的国家做研究，加入了别国国籍（现在盖姆是荷兰公民，诺沃肖洛夫具有英国和俄罗斯双重国籍）。现在二人都在曼彻斯特大学任教授。所谓碳单层，就是由单层碳原子构成的一张二维的网。石墨是由碳单层一层层叠起来的，厚1毫米的石墨大约包含300万层碳单层。层与层之间附着得很松散，容易滑动，使得石墨非常软、容易剥落。他们用的碳单层便是用胶带从石墨上粘下来的。他们用胶带从石墨上粘下薄片，这样的薄片仍然包含许多层碳单层。反复粘十到二十次之后，薄片就变得越来越薄，最终产生一些碳单层，他们用光的干涉效应辨认出来。碳单层当然属于纳米材料，它本身的强度非常高，断裂强度比最好的钢材还要高出百

图62-32（多哥1995）

图62-33（刚果民主共和国2002）

图62-34（马尔加什1992）

倍。它具有和铜一样良好的导电性，导热率更是超过了目前已知的其他所有材料。它几乎完全透明，只吸收2.3%的光。它又非常致密，即使是氦原子——最小的气体原子也无法穿透。用碳单层制造晶体管，有可能最终替代现有的硅材料，成为未来的超高速计算机的基础。

凝聚态物理学的一个重要内容是极端状态下的物性。美国物理学家布里奇曼（1882—1961）终身致力于物质在高压下性质的实验研究，发明了产生极高压强的设备，并用这些设备做出了许多发现，单人匹马创立了高压物理学，获得1946年诺贝尔物理学奖（图62-32，多哥1995，诺贝尔奖设立百年；图62-33，刚果民主共和国2002，诺贝尔物理学奖得主；图62-34，马尔加什1992，诺贝尔奖得主，右为苏联物理化学家谢苗诺夫，1956年诺贝尔化学奖得主；布里奇曼又出现在奥本海默的小型张图54-5之一和之六上，他是奥本海默的老师，是他把奥本海默引入物理学的）。他实验达到了10万个大气压压强，在准液态系统中甚至达到40万个大气压。他利用陆续发展的高压装置研究了各种物质在高压下的导电性、导热性、黏性、压缩性、抗张强度等，发现了许多物质在高压下的多形性，如冰至少有6种新的形态，其中一种所谓"热冰"，熔点高达200℃。1955年，利用他发明的技术，人们合成了人造金刚石。由于布里奇曼从事高压物理学研究时固体物理学尚处在发展初期，他的许多测量结果到后来才得到解释。他留下的许多数据，对固体物理学的发展非常宝贵。他的研究对地球物理学也有重要意义，在地球内部，岩石处于高压下，其物理性质和晶格结构必然会发生剧烈变化。他还研究哲学，把一切基本物理概念都归结为操作，以后被发展为"操作主义"。

极端状态下的物性的一个重要领域是低温物理学。由于它的内容丰富，我们在下一节专门讨论。

63. 低温物理学

低温物理学中所谓的低温，指的是能量可以和零点能相比的温度。零点能是一个纯粹量子力学概念。温度越低，原子或分子的运动越慢，其动能小到可以与零点能相比，这就使其量子特性充分显示出来。低温下突出的物理现象超导电性（超导）和超流动性（超流）都属于宏观量子效应。

低温物理学的前提是获得低温。按照热力学第三定律，绝对零度永远不能达到，但是可以任意逼近。我们首先回顾人类获得越来越低的温度、逼近绝对零度的过程。

法拉第从1823年开始，系统地进行液化气体的研究。到1845年，他几乎液化了所有的气体，只剩下几种气体（氧、氮、氢、甲烷、一氧化碳和后来发现的氦）不能液化，人们称它们为"永久气体"。

1877年，法国的凯泰（L.P.Cailletet）和瑞士的皮克泰（R.P.Pictet）分别独立地液化了氧气。这样，"永久气体"的名单中最后只剩下氢和氦了。1898年5月10日，英国科学家杜瓦成功地使氢液化。液氢的沸点是20 K。一年后，他又用减压降温的办法达到约15 K的低温，使氢固化。

荷兰物理学家卡末林-昂内斯（图63-1，荷兰1936，文化和社会救助基金邮票）最后于1908年完成了氦气的液化，从物理学中消除了"永久气体"的概念。卡末林-昂内斯在莱顿大学建立了低温实验室，有大型的空气液化设备，是当时世界上低温研究的中心。他采用级联方法，先生产出75升液体空气，对氢气进行预冷，再生产出20升液氢，对氦气进行预冷，最后制得液氦。氦4在大气压下的沸点约为4.2 K。由于卡末林-昂内斯逼近绝对零度的不断努力，人们送他一个绰号"绝对零度先生"。

卡末林-昂内斯还发现了超导电性。1911年，他发现汞的电阻率在比液氦沸点稍低的温度下突然降到零。1912年，他又观察到锡和铅的电阻率在某一温度下消失。1913年，他引

图63-1（荷兰1936）

图63-2（瑞典1973）

图63-3（格林纳达2002）

图63-4（格林纳达－
格林纳丁斯1995）

入了超导电性这个术语。出现超导电性的温度叫临界温度。在一定温度下，加某一强度的磁场会破坏超导电性，消除超导电性的最小磁场强度叫临界磁场。1914年，他用超导材料制成一个闭合线圈，用电磁感应方法在线圈中生成一个电流，电流在线圈中持续流动几个小时甚至几天也不衰减。由于卡末林－昂内斯使氦液化和对低温下物质性质的研究，他被授予1913年诺贝尔物理学奖（图63-2，瑞典1973，1913年诺贝尔奖，左边是当年的诺贝尔化学奖得主Alfred Werner；图63-3，格林纳达2002，荷兰人对科学的贡献：荷兰的诺贝尔奖得主；图63-4，格林纳达－格林纳丁斯1995，诺贝尔奖设立百年），并被尊为"低温物理学之父"。

1926年，荷兰物理学家德拜和美国物理化学家吉奥克（1895—1982）分别提出将顺磁性盐在液氦中磁化后绝热去磁的制冷方法，这一方法由吉奥克在1933年用实验实现，达到3 mK的低温，吉奥克因此获得1949年诺贝尔化学奖（图63-5，安提瓜和巴布达2001，诺贝尔奖颁布百年）。最新的低温纪录是0.5 nK，是2003年在利用磁阱技术实现铷原子的玻色－爱因斯坦凝聚的实验过程中创造的。

当时对超导体是看成电阻为零的理想导体。以为电阻率变为零、进入超导状态之后，超导体的内部不存在电场，因此原来的磁场就不能随时间改变了，"冻结"在超导体里面。这曾被认为是不言自明的道理。1933年，德国物理学家迈斯纳（W. Meissner）和奥克森菲耳德（Ochsenfeld）发现，进入超导态后，物质内部的磁场不是保持不变，而是变为零，原来穿过物体的磁力线被完全排出体外，使周围的磁力线分布发生变化。这相当于超导体的磁导率为零，是一种理想抗磁体，这叫做迈斯纳效应。因此，超导体和理想导体完全不同。零电阻和迈斯纳效应是超导体的两个最基本的属性。

20世纪30年代，开始建立超导电性的各种唯象理论，包括戈特（C. L. Gorter）和卡西米尔（H. G. Casimir）1934年提出的超导电性热力学理论二分量模型和从纳粹德国流亡到英国的伦敦兄弟（F. London和H. London）1935年提出的超导电性电动力学理论。1950年，苏联物理学家金兹堡和朗道在朗道的二级相变理论的基础上提出了超导电性的一个唯象理论，比较成功地描述了超导体在磁场中的行为，对实际计算超导体的各种性质有重要意义。苏联

图63-5 吉奥克
（安提瓜和巴布达2001）

物理学家阿布里科索夫根据金兹堡-朗道理论，预言了第二类超导体的存在。通常的不允许磁场穿过的超导体是第一类超导体，第二类超导体主要是一些超导合金，它有两个临界磁场 H_{c1} 和 H_{c2}，当外加磁场强度 $H < H_{c1}$ 时，超导体将全部磁通排出体外，是完全抗磁体。当 $H_{c1} < H < H_{c2}$ 时，虽然仍为零电阻，但是磁场可以进入超导体，此时称为混合态。当 $H > H_{c2}$ 时，超导体成为普通导体。在处于混合态时，超导体的内部有磁通，因而允许有电流流过，其临界电流密度更大，因而有很大的实用价值。

唯象理论只是认识的第一步。要说明超导电性的起源和微观机制，必须建立微观理论。这个任务是巴丁（图63-6）、库珀（图63-7）和施里弗（图63-8）三人合作于1957年完成的。这个理论用三位创立者的姓氏叫做BCS理论。它的物理图像是：电子和晶格有吸引相互作用（电-声相互作用），在与电子间的库仑排斥力抵消后，电子之间还有剩余的吸引作用。于是费米面附近的电子将两两结合为电子对（叫库珀对），对中的两个电子的自旋和动量相反。电子是费米子，但是这种电子对是玻色子，因此会发生动量空间内的玻色-爱因斯坦凝聚。大量这种具有相同总动量（速度）的电子对总体就构成了无电阻的超导电流。三人中，巴丁是领军的，他曾因发明晶体管于1957年获得诺贝尔物理学奖（参看第66节电子学）。库珀是杨振宁先生推荐给巴丁的，他的主要贡献是提出库珀对的概念。施里弗是巴丁的研究生，主要贡献是找到超导体的基态波函数。BCS理论是一个非常成功的理论，他们三人因此被授予1972年诺贝尔物理学奖。这样，巴丁就成为诺贝尔奖历史上唯一一位两次获得诺贝尔物理学奖的科学家。这三张邮票都是几内亚于2001年发行的诺贝尔奖百年邮票。

2004年9月，74岁的施里弗在高速公路上飙车，以160千米每小时的速度撞上一辆小型巴士，造成一死七伤。在此之前他已经有九张超速罚单，并被吊销了驾驶执照。他被判入狱2年。在一个法治国家里，公民在法律面前人人平等，哪怕是诺贝尔奖得主也不例外。

1957年，江崎玲於奈发现了半导体的隧道效应，并研制成隧道二极管，开创了研究固体中的隧道效应的新局面（见上节）。人们开始研究与超导体有关的隧道效应。

1960年，美籍挪威科学家加埃沃（图63-9，格林纳达-格林纳丁斯1995，诺贝尔奖设立百年）成功地观察到超导体-绝缘层-正常导体和超导体-绝缘层-超导体情况下的单电子

图63-6 巴丁（几内亚2001）

图63-7 库珀（几内亚2001）

图63-8 施里弗（几内亚2001）

隧道效应。库珀电子对能不能隧穿呢？1962年，英国22岁的研究生约瑟夫森根据BCS理论预言，在超导体-势垒-超导体的情况下，会出现以下的效应：

①在有限的电压V下，存在着一个交流超导电流，频率为 $2eV/h$。

②在零电压下，会出现一个直流超导电流。

他的预言得到实验证实。1973年，约瑟夫森、江崎玲於奈和加埃沃分享了1973年诺贝尔物理学奖。可是，从20世纪60年代末开始，约瑟夫森离开了主流科学领域，从事智能、意识和超心理学的研究。（剑桥大学卡文迪什实验室的凝聚态研究组有一个"心物统一"研究项目，从事一些特异功能研究，特别是对"遥视"的研究。）至今被科学界视为异端，也没有得出什么成果。

对超导电性的实际应用原来主要集中在无损耗输电、产生强大的磁场等强电项目上（这主要靠第二类超导体）。发现超导隧道效应后，导致超导隧道电子器件的出现，发展出一门崭新的技术——超导电子学，应用于电压基准，电压和弱磁场的精细测量、快速开关等。

超导应用最大的问题还是如何提高进入超导态的临界温度。如果都要冷却到液氦或液氢的温度才能出现超导电性，成本就太高了。但是，超导的临界温度提高得很慢。从发现超导电性以来，经过70多年的努力，超导转变温度提高了不到20 K，平均每年只提高0.27 K左右。1986年有了戏剧性的突破。IBM公司苏黎世实验室的瑞士物理学家缪勒（图63-10，马尔代夫1995，诺贝尔奖设立百年）和他以前的学生德国物理学家贝德诺茨（图63-11，多哥1995，诺贝尔奖设立百年；图63-12，格林纳达1995，诺贝尔奖设立百年）独辟蹊径，他们不是去探索传统的超导体，而是从金属氧化物陶瓷中找到了高温超导体。他们发现La-Ba-Cu-O系统中存在着临界温度高达35 K的超导电性。他们的发现得到其他实验组的证实。各地闻风而动，竞相制造和测试各种样品，掀起了一个超导研究热潮。在不到3个月的时间里，超导体的转变温度提高到液氮温区（以液氮代替液氢可以使制冷费用减少到几十分之一到百分之一），开始转变的温度提高到100 K以上。1993年5月，瑞士ETH实验室的席

图63-9 加埃沃（格林纳达-格林纳丁斯1995）

高温超导

图63-10 缪勒（马尔代夫1995）

图63-11 贝德诺茨（多哥1995）

图63-12 贝德诺茨（格林纳达1995）

图63-13 ABO_3 晶格（日本1991）

林（A.Schilling）制成Hg-Ba-Ca-Cu-O超导体，转变温度高达133.8 K，这是迄今为止的最高纪录。1991年在日本召开第三届国际超导会议（图63-13，日本1991），高温超导是备受关注的主题。邮票上端的英文M2S-HTSC-Ⅲ是此次会议的会标，代表第三届超导机制和材料国际会议——高温超导性（the 3rd International Conference on Mechanisms and Materials of Superconductivity—High Temperature Superconductivity）。邮票上的晶格是立方钙钛矿ABO_3的晶格，它是高温超导材料比较有代表性的一种结构；画的是La-Sr-Cu-O系统，中间的小点是Cu原子，周围的6个蓝色圆点是氧原子，红点和黄点是另外两种原子，其多少视样品制备时掺杂比例而定。

再看超流。液氦的超流动性是苏联物理学家卡皮查于1938年发现的（图63-14，俄罗斯2000，俄罗斯20世纪科学，上面的俄文是"卡皮查于1938年发现液氦的超流动性"）。他在用毛细管测量液氦的黏性时发现，液氦的黏性在低于2.2 K时趋于消失，可以完全无阻地流过极细的管道或狭缝而不损耗其动能，同时热导率异常高。

卡皮查在磁学、低温物理和技术等方面都有杰出成就。他是约飞的学生，很受约飞器重。1919年，卡皮查遭到巨大的不幸，在苏联革命后的混乱日子里，由于粮荒和流行性感冒，他的父亲和两岁的儿子相继死去，妻子哀痛过甚，也在分娩时和女儿同逝。约飞当时正组织一个代表团出国，想和国外科学界恢复联系。为了让卡皮查改变一下环境使他心情好一些，约飞吸收卡皮查进这个代表团。他们于1921年访问了剑桥，会见了卢瑟福。卡皮查希望留在卢瑟福主持的卡文迪什实验室工作一段时间。可是卢瑟福说实验室已经满员，没有空额了。于是卡皮查问卢瑟福，您做的实验有多大的误差？卢瑟福回答有2%～3%。卡皮查说，那好，您的实验室大约有30个人，再增加我一个也超不出您的误差范围。这个机智的回答打动了卢瑟福，他接受了卡皮查。本来计划只让卡皮查在剑桥工作半年，结果却工作了13年。

卡皮查到剑桥后不久就做出了很好的工作，越来越得到卢瑟福的器重，成了卢瑟福最亲密的助手之一。1923年，他把云室放在强磁场中，观察到α粒子在磁场中径迹的偏转。他想出了一个办法可以产生很高的磁场，卢瑟福对此很感兴趣，任命他为实验室磁学研究组副主任。他对磁致伸缩现象做了开创性研究。1928年，他发现置于磁场中的各种金属的电阻随磁场强度线性增加。在研究这个课题时，有些效应在低温时更明显，卡皮查又开始了低温技术的研究，他设计了一套高效率的氦液化器。1929年，在卢瑟福推荐下，他被选为英国皇家学会外籍会员。皇家学会还从百万富翁蒙德捐赠的遗产中拨款为卡皮查建立了一个专门的实验室，即著名的蒙德实验室。

卡皮查每年都要回苏联去探望母亲，苏联政府多次要求他回国从事科学研究。1934年他被强留了下来，苏联政府专门为他建立了科学院物理问题研究所。在得悉卡皮查人身安全并被任命为研究所所长后，卢瑟福慷慨地答应把卡皮查在卡文迪什实验室使用的全部设备运往莫斯科，让卡皮查能继续他的研究。苏联政府则给卡文迪什实验室一定的财政补偿以添置新设备。卡皮查为苏联物理学的发展做了大量的工作。由于他在低温物理学领域的发明和发

图63-14（俄罗斯2000）

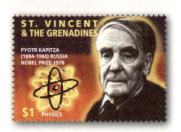

图63-16（圣文森特和格林纳丁斯1995）

图63-15（俄罗斯1994）

图63-17（刚果民主共和国2002）

现，他被授予1978年诺贝尔物理学奖（图63-15，俄罗斯1994，诞生百年，诺贝尔物理学奖得主；图63-16，圣文森特和格林纳丁斯1995，诺贝尔奖设立百年；图63-17，刚果民主共和国2002，诺贝尔物理学奖得主）。

在发现超流动性之前，人们已经发现，在2.2 K的温度下液氦（指^{4}He）会出现一系列奇特现象。例如密度在2.2 K有一极大值，热容量在2.2 K两旁有一很陡峭的尖峰，很像希腊字母λ，因此将这个温度叫做λ点。人们认为，在λ点发生了相变，把2.2 K上、下的液氦分别称为氦Ⅰ和氦Ⅱ。但是，与通常的相变不同，通常的相变是指物质聚集态的变化，如气-液变化、固-液变化，固态物质的不同晶型也称为不同的相，但此前还没有发现过液态物质有不同的相。通常的相变都伴随有潜热和状态参量的突变，而且在相变点两相是共存的。但是液氦在λ点发生的变化没有潜热放出，密度是连续的，且两相不共存。这种相变是二级相变，通常的相变是一级相变。

有一些实验演示氦Ⅱ的奇特性质。例如所谓"爬壁现象"，氦Ⅱ可以沿着容器壁反抗重力向上流；又如"喷泉效应"，一根两端开口的玻璃管（上端为很细的细管）插在氦Ⅱ中，管内装满黑色的金刚砂粉末，外部的氦Ⅱ只能通过这些粉末从下部进入玻璃管。用手电筒照射玻璃管，黑色粉末吸热，管内温度升高，氦Ⅱ涌入玻璃管，从顶端射出，可形成高达30 cm的喷泉。这些都是热-机械效应，其解释见下。图63-14上有两组仪器，下面一组仪器用来演示喷泉效应，光经聚焦照到容器上后，由于喷泉效应仪器开始旋转。

匈牙利物理学家提萨（L.Tisza）于1938年提出了一个唯象理论二流体模型。他假设：①氦Ⅱ是由两种可以互相无阻碍穿透的流体组成，一种是密度为p_S的超流体，一种是密度为p_N的正常流体。液氦的密度$p=p_S+p_N$，当温度由2.2 K趋向0 K时，p_S由0增至p，p_N由p减至0。②超流体不携带熵，黏度为0；正常流体携带全部的熵，黏度与氦Ⅰ同数量级。我们看这个模型如何解释喷泉效应。聚焦的光照到容器上使温度升高，管内的氦Ⅱ中正常流体增多超流体减少，与管外的氦Ⅱ不平衡，管外的氦Ⅱ中的超流体会穿过金刚砂粉末间的空隙扩散进来，但管内氦Ⅱ中的正常流体不能穿过粉末间的空隙流出去，因此管内压强升高，氦Ⅱ从管子另一端喷出来。

超流的量子理论是苏联的理论物理学家朗道建立的。朗道认为，液氦中只存在一种流体，但其能态在不同的温度下不同。在绝对零度时，氦Ⅱ处于基态，氦原子没有任何运动。当温度上升时，氦Ⅱ被激发，开始振动。朗道将固体物理中的声子概念用到液氦中，利用声子概念解释了氦Ⅱ的超流动性和巨大的热导率，并且预言在氦Ⅱ中存在两种不同的声速，一种是通常的压力波，另一种是温度波，于1944年获得实验证实。他因对物质凝聚态理论特别是对液氦的开创性理论被授予1962年诺贝尔物理学奖。

朗道的工作领域非常之广，几乎在理论物理学的所有领域都作出了出色的贡献。在他50岁生日时，他的朋友和学生送给他一块大理石板，上面刻了他10项最重大的科学成就，号称"朗道十诚"。它们是：

①引入了量子力学中的密度矩阵概念（1927）；

②金属的电子抗磁性理论（1930）；

③二级相变理论（1936—1937）；

④铁磁性的磁畴结构和反铁磁性的解释（1935）；

⑤超导电性混合态理论（1934）；

⑥原子核的统计理论（1937）；

⑦液态氦Ⅱ超流动性的量子理论（1940—1941）；

⑧真空对电荷的屏蔽效应理论（1954）；

⑨费米液体的量子理论（1956）；

⑩弱相互作用的CP复合反演理论（1957）。（按：在发现弱作用中宇称不守恒后，朗道提出CP联合不变以代替，现在知道，弱作用中CP也不守恒，但是不守恒的程度很低，只有1/1000左右。）

朗道和他的学生里夫席兹等人合作撰写的十卷本《理论物理学教程》涉及理论物理学的所有分支，阐述清晰，推导严谨。它被译成多种文字（包括中文），教育了全世界几代理论物理学工作者。

朗道于1908年出生于当时属俄国的阿塞拜疆石油城巴库的一个犹太家庭，他父亲在油田任工程师。13岁中学毕业，被送到一所经济专科学校。但是他对经济并不感兴趣，第二年进入巴库国立大学，同时攻读两个系：数学和物理学系及化学系，是该校年龄最小的学生。两年后朗道进入列宁格勒国立大学，学习真正的理论物理，1927年从学校毕业后，他到列宁格勒物理技术学院进修并在21岁时取得博士学位。在苏联政府和洛克菲勒基金会的资助下，朗道得以游学欧洲。1932年，朗道回到苏联，在哈尔科夫担任乌克兰科学院物理技术研究所的理论部主任，同时在哈尔科夫理工大学授课，并开始编写他的理论物理学教

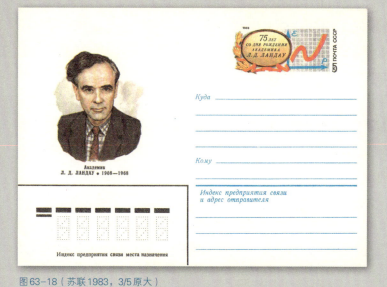

图63-19（苏联1983）

图63-18（苏联1983，3/5原大）

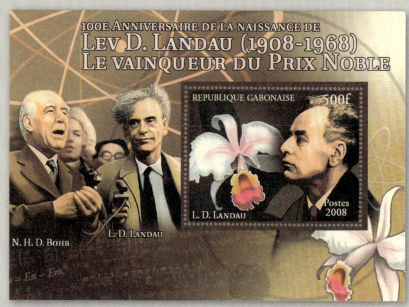

图63-20（俄罗斯2008）

图63-21（阿塞拜疆2008）

图63-23（乌克兰2010）

图63-22（加蓬2008，4/5原大）

图63-24（以色列1998）

图63-26（圣文森特和格林纳丁斯1995）

图63-27（乌干达1995）

图63-25（圣文森特1991）

图63-28（几内亚2008）

朗道

程。1937年，朗道到莫斯科，在卡皮查的物理问题研究所担任理论部主任。朗道曾经参与苏联的核武器研制计划，在其中进行数值计算工作，并因此两次获得斯大林奖，还在1954年被授予"社会主义劳动英雄"称号。

1962年初，朗道出了车祸，头部重伤，57天处于昏迷状态。苏联政府为挽救他的生命作出了重大努力，但他的智力始终没有恢复过来。1968年他在一次手术后去世。诺贝尔奖委员会赶在1962年给他授奖，这也是一个原因。由于他的身体情况不允许他旅行，这次授奖破例在莫斯科举行。

苏联解体前，没有为朗道发行过什么纪念邮品，仅仅1983年他75岁诞辰时发行过一枚纪念封（图63-18）。这个封的邮资图案（图63-19）左边是文字"朗道院士诞生75周年"，右边的曲线是朗道的一项著名的工作，即他1947年根据实验直观地提出的玻色型准粒子（元激发）的能谱（色散关系）曲线，纵坐标是能量，横坐标是动量，用这样的色散关系曲线解释^{4}He的超流现象（即"十诫"中的第⑦项工作）。但是"十诫"中列出第⑦项工作是1940—1941完成的，这是怎么回事呢？[1]朗道解释液氦超流现象的工作有一个过程。他在1941年发表的第一篇有关超流的文章里，将元激发能谱描述为两个谱的叠加，即声子谱（能量与动量成正比）和旋子（roton）谱（能量与动量不一定成正比），用这种概念解释了液氦的超流性，给出了超流体的流体动力学方程并预言了第二声的存在。在这篇文章里并没有给出这条能谱曲线。1947年Peshkov用实验证实了第二声的存在，但得出的数值结果与朗道理论预言的差别很大，为此朗道又对他的超流理论进行了修正，根据对液氦热力学数据分析，直观地提出了这条能谱曲线，不再认为它是两种谱的叠加，修正了原来的理论，更好地解释了超流现象，文章于1947年发表。1954年费曼给出了这个能谱曲线的定性理论。苏联解体后，各国近年来发行了不少纪念朗道的邮票。2008年是朗道诞生百年，俄罗斯（图63-20）和阿塞拜疆（图63-21）发行了邮票，加蓬发行了小型张（图63-22），小型张边纸上有玻尔和朗道的照片。乌克兰2010年为哈尔科夫理工大学成立125周年发行的小全张中有一张朗道（图63-23）。朗道是犹太人，以色列1998年发行的"为世界文化作出贡献的犹太人"小全张中有他（图63-24）。各国发行的诺贝尔奖邮票中也有他：图63-25（圣文森特1991，著名的诺贝尔奖得主）；图63-26（圣文森特和格林纳丁斯1995，诺贝尔奖设立百年）；图63-27（乌干达1995，诺贝尔奖设立百年）；图63-28（几内亚2008，诺贝尔物理奖得主）。朗道的邮票还有图36-4。

朗道的为人和性格，同泡利有些相似。他们都是神童，从小就有很高的数学才能。泡利中学毕业就做了索莫菲的研究生，而朗道则13岁就上了大学。他们为人都比较张扬，藐视权威，不拘常礼，说话随便，语言尖刻。朗道较泡利有过之而无不及。1961年玻尔最后一次访问苏联，朗道亲自担任翻译。一次，朗道问玻尔："您有什么秘诀把那么多有才华的年轻人团结在您周围？"玻尔回答说："没有什么秘诀，只是我不怕在他们面前显露我的愚蠢。"这句话成了国际科学界一时盛传的名言。但是在一次重述时，朗道却把"我的愚蠢"说成"他们的愚蠢"。这虽是一时疏忽，卡皮查却认为这正反映了朗道和玻尔作风的

---

[1] 以下朗道解释液氦超流性的过程感谢刘寄星研究员指教。

不同。但是，泡利生活在西方资本主义自由社会中，这种作风顶多导致个人冲突，而郎道却生活在苏联，1938年在苏联的大清洗中朗道被诬为德国间谍被捕入狱，和他的这种得罪人的作风及其犹太血统不无关系。

朗道是由于卡皮查的大力援救才在一年后获释的。朗道的生活轨迹与卡皮查交织在一起。卡皮查是超流现象的发现者，郎道最著名的工作便是建立超流的量子理论。他们虽同是约飞的学生，但是年龄差了14岁，朗道上大学时卡皮查已去了剑桥，两人并不认识。朗道是1927年到欧洲游学访问卡文迪什实验室时结识卡皮查的。1934年卡皮查被苏联留下，建立物理问题研究所，1937年朗道担任了物理问题研究所的理论部主任。1938年4月28日，朗道以德国间谍的罪名被捕入狱。朗道入狱的真正原因，据1991年解密的克格勃档案，是朗道签署并参与起草了一份反斯大林的传单。朗道当时满怀革命的理想主义，他认为斯大林背叛了革命。卡皮查非常重视朗道的才能，立即展开营救。他凭借他的地位，当天就上书斯大林：

斯大林同志，

我所科学家朗道在今天早晨被捕。他虽然只有29岁，已是全苏联最重要的理论物理学家。……当然，一个人聪明才智再大，也不允许他违反我国的法律。朗道如果有罪的话，他理应受到惩处。不过我恳求您明察他的特殊才能，下令慎重审理他的案子。

另外，也请您注意到朗道性格上的缺点。他喜欢跟人争论，而且言辞犀利。他喜好挑别人的毛病——尤其是地位崇高的老人、科学院院士的毛病。一旦发现，就加以张扬嘲笑，这使他树敌甚多。

他在我们所里也是个不易相处的人。不过加以提醒尚能改正。由于他的特殊才能，我常宽容他的行为。而且，我也不大相信朗道会有不忠诚的行为，尽管他有性格上的缺点。……

考虑到当时"大清洗"的恐怖气氛，即使是写如此委婉的信，也需要巨大的道德和勇气，信中也透露了朗道恶劣的群众关系。

卡皮查也许不清楚朗道入狱的真实原因，但深知朗道天才的价值。他在这封信里没有要求放人，因为他知道这不可能做到。等了一年，他感到事态有所冷却，而且克格勃又换了新的头目贝利亚。于是在1939年4月，他又给苏联当时的第二号人物莫洛托夫写了一封信。信中写道：

最近我在对接近绝对零度时液氦的研究中发现了一些新现象，可望对这个现代物理学中最奥秘的领域有所澄清。我准备在今后几个月内将部分工作予以发表。不过我需要理论家的帮助。在苏联，只有朗道一个人从事我所要求的这方面的理论研究，可惜，过去一年他一直在监狱里。

在重申了朗道的天才和科学贡献之后，他向莫洛托夫提出：如果安全部门不能加快办案，能否像利用工程师囚犯那样，利用朗道的大脑来从事科学研究？（贝利亚接替叶若夫掌管克格勃后，曾免除了一些被无辜关押的学者特别是航空工程师的死刑，在集中营内组织设计局，让他们从事专业工作，最后使他们获释。著名的飞机设计师图波列夫和苏联的火箭总设计师科罗廖夫，都是这样才活下来的。看来，贝利亚在苏联最高层统治者中，还不是最残酷的。）

同时，他给贝利亚出具了担保信："我提出释放物理学教授朗道的请求。我个人向内务部保证朗道在我的研究所内不会从事反对苏维埃政府的反革命活动，我还以最大努力保证他不会参与研究所以外的反革命活动。"可以看出，卡皮查是用自己的身家性命为朗道提供担保。

朗道在被捕整一年后终于被保释出狱。几个月内，朗道成功地完成了液氦超流动性的理论解释。

1940年，卡皮查又给莫洛托夫写了一封信，询问能否提名朗道为科学院院士的候选人。信中说："科学界的舆论显示朗道是一个有力的候选人，不过人们不知道他仍在我的监护之下。我也不知道，政府里除您以外还有谁知道这件事。因此，我必须向您请示，朗道这种身份是否妨碍他的提名。我要向您报告，朗道已有改过自新的表现。他在科学上和从前一样努力工作，过去一年里完成了两项重大的研究。"从这段话可以看出，释放朗道是苏联当时的最高领导同卡皮查之间达成的一项秘密协议。

朗道在1934年后再也没有出过国。每次接到国外的邀请，他的回答都千篇一律："我的日程已预先排定，请原谅无法分身往访。"赫鲁晓夫时代，他曾尝试申请出国，为了审批他的申请，苏共中央向克格勃调阅了对朗道在1947年到1957年间谈话的窃听记录。如前所述，他在这些谈话中牢骚满腹，怪话连篇，自称"学术奴隶"，攻击苏联政权是法西斯政权："我们的这个政权，根据我1937年以来的经验，绝对是一个法西斯政权。……只要它还存在，指望它会改善简直是开玩笑。让这个政权和平地消失是关系到人类命运的问题。"出国申请当然就吹了。

卡皮查除了营救朗道之外，还救了著名的相对论专家福克。福克也在20世纪30年代苏联的大清洗中被捕，罪名也是德国间谍，因为他的文章都发表在德国刊物上，不在苏联刊物上发表文章。卡皮查迅速写信给斯大林，指出福克是个聋子，听力极差，不可能做间谍，导致福克获释。此外，卡皮查还利用自己和斯大林的特殊关系，频繁地给斯大林写信，反映真实情况，也不怕指责贝利亚，因此他被誉为"苏联物理学界的良心"。

氦有两种稳定同位素，^{4}He和^{3}He。上面说的都是^{4}He的情况。^{4}He在天然氦中占99.99986%，^{3}He只占1.4×10^{-6}，它的原子核是费米子，服从费米–狄拉克统计，和^{4}He核有很大的不同。^{4}He的超流动性和^{4}He核在λ点下发生玻色–爱因斯坦凝聚有关，那么，^{3}He有没有超流动性呢？与库珀电子对相似，人们预期^{3}He核也能结合成对成为玻色子，在极低温下变成超流体。但是许多小组在这方面的工作都不成功，以致许多人认为^{3}He不可能形

图63-29 金兹堡（几内亚2008）

成超流体。1972年，美国康奈尔大学的戴维·李、奥谢罗夫和R.C.里查孙三人把^{3}He冷却到2 mK，发现了^{3}He也出现了超流动性。英国理论物理学家勒格特很快给出了理论解释。戴维·李等三人被授予1996年诺贝尔物理学奖。2003年，诺贝尔奖委员会又决定把当年的诺贝尔物理学奖授予金兹堡（由于解释超导的金兹堡–朗道理论）、阿布里科索夫（由于预言第二类超导体）和勒格特（由于解释^{3}He的超流动性）。金兹堡获奖时已87岁（图63-29，几内亚2008），他成了诺贝尔奖得主中的最年长者，这多少有点补偿的意味。

64. 波谱学与激光器

射频和微波波谱学是物理学的一个分支学科，它通过射频或微波电磁场与物质的共振相互作用研究物质的性态和结构，简称波谱学。射频电磁波（即无线电波）的频率范围为 $10^5 \sim 10^{10}$ Hz，微波为 $10^{10} \sim 10^{12}$ Hz。射频波段用电子管能够做出很好的相干波振荡器，微波波段则要利用受激发射生成。波谱学的测量以频率 f 为主，其准确度比可见光（原子光谱）和红外（分子光谱）波段内测量波长 λ 的结果一般提高百万倍以上。由于测量准确度的提高，观察到许多新现象。

射频和微波的能量子比可见光小得多，因此常用来测量光谱线和能级的精细结构和超精细结构，从而测定原子、原子核和粒子的磁矩和电四极矩。美国物理学家拉比（1898—1988）于1938年将分子束方法与磁共振方法结合起来，精确测定了80多种原子核的磁矩，对核物理的研究起了重要作用。拉比因此获得1944年诺贝尔物理学奖（图64-1，几内亚2001，诺贝尔奖颁发百年）。

分子（原子）束方法是德国物理学家施特恩发明的。分子束是在高真空中定向运动的分子流，通常由密度很低的粒子组成。在固体、液体和稠密气体中，分子间的距离小，有复杂的相互作用，很难研究其中孤立分子的性质。稀薄气体中虽然分子距离大，相互作用弱，但分子的无规则运动又使对分子本身难以探测。而在分子束中，原子或分子做准直得很好的定向运动，它们之间的相互作用可以忽略，因此可以认为束流是运动着的孤立原子或分子的集合，是研究原子、分子性质及其相互作用的有力工具。施特恩在用这个方法验证了麦克斯韦分布并与盖拉赫合作证明了原子磁矩的空间量子化后，也于1933年由分子束在非均匀磁场中的偏转测量过氢核（质子）和氘核的磁矩。当时狄拉克已经建立了相对论量子力学，从理论上提出质子和电子的磁矩与它们的质量成反比。电子的自旋磁矩为一个玻尔磁子 $\mu_B = eh/4\pi m_e$。那么质子的磁矩便应当是一个核磁矩 $\mu_N = eh/4\pi m_p = \mu_B/1836$。但是施特恩测出的

图 64-1 拉比（几内亚 2001）

图 64-2 布洛赫（圭亚那 1995）

兰姆和库什获 1955 年诺贝尔奖

图 64-3 兰姆（圭亚那 1995）

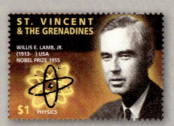

图 64-4 兰姆（圣文森特和格林纳丁斯 1995）

图 64-6 库什（圣文森特和格林纳丁斯 1995）

图 64-5 兰姆（刚果 2002）

N.F. 拉姆塞和德梅尔特获 1989 年诺贝尔奖

图 64-7 拉姆塞（圭亚那 1995）

图 64-8 德梅尔特（格林纳达 1995）

图 64-9 德梅尔特（塞拉利昂 1995）

结果却是2.8 μ_N，是狄拉克理论值的两三倍。中子没有电荷，应当是没有磁矩的，可是后来人们测出中子也有磁矩。人们把它们都称为反常磁矩。它表明质子和中子都不是简单的基本粒子，后来提出夸克模型才较好地说明了质子和中子的磁矩。施特恩由于发展了分子束方法和测定质子磁矩获1943年诺贝尔物理学奖，他的邮票见"量子力学的建立"一节。

拉比的方法比施特恩的方法的测量精度高两个数量级。他的方法是这样的：让分子束先后通过两个非均匀磁场。二者的磁场梯度相反，这样在第一个磁场内分子束分裂而在第二个磁场内再会聚到检测器上。在这两个非均匀磁场之间再加一个弱均匀磁场和一个射频场。调节均匀磁场的强度或射频场的频率，如果发生共振，就发生了跃迁，磁矩发生变化，再也不能会聚到检测器上去了。分子束方法是拉比1927年到欧洲去向施特恩学到的，而与磁共振方法的结合则是拉比的发展。分子束磁共振方法对研究原子和原子核特性有独特的功能，得到广泛的应用。下面的各项工作：兰姆移位、电子的反常磁矩、原子钟以至微波激射器和激光器，都是用这个方法做出来的，作出这些贡献的科学家（兰姆、库什、拉姆塞、汤斯）多是拉比的学生，人称拉比学派或拉比树。

二战中对雷达的研究使微波技术得到很大的进展。战后把它用于科学研究中，磁共振是受益的学科之一。美国物理学家珀塞尔（1912—1997）和布洛赫（瑞士裔，1905—1983）利用高频电子技术各自独立在大块凝聚体中测量到氢核的核磁共振（拉比是在分子束的孤立原子中），分享了1952年诺贝尔物理学奖。他们的工作分别发表在《物理学评论》1946年第1期和第2期，珀塞尔是用原子核磁能级之间的量子跃迁来说明核磁共振的原理，用的样品是石蜡，方法是共振吸收；布洛赫是用原子核磁矩在磁场中的进动的经典理论说明核磁共振的原理，样品是水，方法是核磁感应。图64-2是布洛赫的邮票（圭亚那1995，诺贝尔奖设立百年）。除核磁共振外，布洛赫还在固体理论、磁学原子物理和核物理等方面作出了重大贡献。我国物理学家虞福春先生是布洛赫的核磁共振学派的重要成员。1949年，他在斯坦福大学做博士后时，在布洛赫支持下，他与普罗克特（W.Proctor）合作发现了"化学移位"效应，即核磁共振频率强烈依赖于核在分子中的化学环境。同一年，他们又发现了核磁共振谱线的自旋耦合劈裂。这两项发现是所有核磁共振应用的基础。他们还共同精确测定了20多个稳定核素的磁矩。美国物理学会成立百年时曾将虞福春和普罗克特的论文选为优秀论文之一。

分子束磁共振方法另一突出成就是测量出了辐射场反过来对原子态的影响。1947年，发现兰姆移位（图64-3，圭亚那1995，诺贝尔奖设立百年；图64-4，圣文森特和格林纳丁斯1995，诺贝尔奖设立百年；图64-5，刚果2002，诺贝尔奖得主和航空器）。同年，库什测定了电子磁矩的反常值（图64-6，圣文森特和格林纳丁斯1995，诺贝尔奖设立百年）。如前所述，这两项工作导致量子电动力学的建立，兰姆和库什分享1955年诺贝尔物理学奖。兰姆工作的前导是20世纪30年代加州理工学院的W.V.Houston和谢玉铭对氢原子光谱的实验研究。谢玉铭是复旦大学谢希德教授的父亲。

1950年，N.F.拉姆塞用分离振荡场方法制出铯原子钟。它具有极高的精确度。1967年第十三届国际计量大会决定，将铯133原子基态两个超精细能级间跃迁辐射的9 192 631 770个周期定义为1秒。拉姆塞由于发明分离振荡方法和原子钟获得1989年诺贝尔物理学奖（图64-7，圭亚那1995，诺贝尔奖设立百年）。

德国物理学家德梅尔特和克吕格尔于1951年成功地观测到核电四极矩共振。1955年德梅尔特来到美国。60年代末，他发展了离子陷阱技术，可以把单个自由电子或其他粒子长期地拘禁在与外界完全隔绝的陷阱中，排除各种干扰，精确测量它们的特性。例如，1984年他测得电子磁矩的g因子为$2 \times 1.001\,159\,652\,193$（4），精确到13位数字。1986年，测得质子和电子静止质量之比$m_p/m_e = 1\,836.152\,701$（37）。用陷阱方法可以制出更精确的原子钟。德梅尔特（图64-8，格林纳达1995，诺贝尔奖设立百年；图64-9，塞拉利昂1995，诺贝尔奖设立百年）与拉姆塞分享了1989年诺贝尔物理学奖。这类利用电磁波控制原子分子运动状态的工作，还获得了最近几年的诺贝尔物理学奖，如激光冷却原子，玻色-爱因斯坦凝聚，不过还没见到有关的邮票。

法国物理学家卡斯特勒于1955年实现了光磁双共振。处于磁场中的原子的能级（包括基态的能级）由于磁场而分裂，可用射频引起磁共振，但信号很微弱。若用光束将原子从基态激发到激发态（光频共振），然后让它自发辐射返回基态。由于辐射过程中遵从角动量守恒的选择定则，如果抽运光束的频率和偏振选得合适，那么在激发时，光束只把基态某一磁能级上的原子激发到激发态的某一磁能级上，而返回到基态时则回到各个磁能级上，这就能增大基态各磁能级之间的布居数差，这时再观察基态磁共振，共振信号就大为增强。这可以形象地看成是用光束把原子从基态的一个磁能级抽运到另一磁能级上，实现基态各个磁能级的布居数反转。卡斯特勒因这一工作获得1966年诺贝尔物理学奖（图64-10，几内亚2002，诺贝尔奖百年）。

图64-10 卡斯特勒（几内亚2002）

布居数反转是一个很重要的概念。早在20世纪初爱因斯坦就指出，除了吸收和自发辐射外还存在受激发射，受激发射过程中一个原子发出的辐射可以激发另一个原子也发出辐射，它们的频率、位相和偏振都一样，有很好的相干性。因此受激发射是产生相干辐射的办法。原子各能级上的布居数在热平衡时下能级比上能级多得多。为了使受激发射过程超过吸收过程，以便辐射能被放大，必须使原子的上能级的布居数多于下能级的布居数，这就叫布居数反转。

美国哥伦比亚大学教授汤斯（1915— ，图64-11，圣文森特1991，著名的诺贝尔奖得主；图64-12，加纳2000，20世纪发明家）在1951年提出利用分子产生微波受激发射的想法，几个月后他领导一个研究小组用氨分子做实验。在工作了两年多并花费了3万美元的经费之后，有朋友打电话给实验室，叫汤斯不要再浪费政府的钱来做无意义的研究。1954年，汤斯小组终于研制出第一台微波量子放大器，命名为MASER（微波激射器），是"受激发射产生的微波放大（Microwave Amplification by Stimulated Emission of Radiation）"的缩写，一些抱怀疑态度的人戏称它是"寻求支持昂贵研究的手段（Means of Acquiring Support for Expensive Research）"的缩写。1958年，汤斯又和肖洛一起提出了激光器的方案（见下），因此汤斯也是激光器的发明人。我国学者王天眷在汤斯的实验室里参加了第二台微波激射器的研制及显示其频率稳定性的工作，汤斯在其回忆录中对他奖誉有加。王先生于1960年回国。图64-12左边的邮票是激光的应用。汤斯对射电天文学也很有贡献。他在20世纪50年代就预言有星际分子存在，并算出这些分子跃迁的射电频率。1957年列出17种可能存在的星际分子。1967年汤斯转任加州大学教授，在该校启动了射电天文学和红外天文学计划，发现了星际分子，这是20世纪60年代天文学的四大发现之一。

差不多与汤斯研制MASER同时，苏联列别杰夫物理研究所的巴索夫（1922—2001，图64-13，圭亚那1995，诺贝尔奖设立百年）与指导他修博士学位的导师普罗霍洛夫（1916—2002，图64-14，圣文森特和格林纳丁斯1995，诺贝尔奖设立百年）独立进行同样的研究并得到成功（图64-15，俄罗斯2000，20世纪俄国科学，邮票上的俄文是"巴索夫和普罗霍洛夫在20世纪60年代初奠定了量子电子学的基础"，右侧是四能级系统图），1956年巴索夫对他的论文《分子振荡器》进行答辩。汤斯、巴索夫和普罗霍洛夫的工作为量子电子学奠定了基础，量子电子学研究利用物质内部的受激发射来放大或产生相干电磁波及相应器件的性质和应用。为此，他们三人分享了1964年的诺贝尔物理学奖。

下一步是将微波激射器的频率提高到光频，造出激光器。把受激发射的原理从微波波段推广到光波波段有两个困难，一是要寻找更强的抽运方法来激发原子到高能态，因为光波波段的自发辐射要比微波波段快得多，上能级的布居数很难保持住；二是要寻找光波波段的谐振腔，它提供了振荡所需的反馈机构。汤斯找到了在贝尔实验室工作的肖洛（1921—1999）一起合作研究这个问题，他们是姻兄弟。肖洛建议用法布里-珀罗标准具作为谐振腔。他们于1958年在《物理评论》上发表了一篇文章《红外和光学激射器》，奠定了激光器的理论。肖洛由于对激光光谱学的贡献获得1981年诺贝尔物理学奖（图64-16，马尔加什1993，发明家）。

世界上第一台激光器是由美国休斯公司实验室的梅曼（1927— ）做出来的，是一台以红宝石为工作物质的脉冲输出的激光器（图64-17，马绍尔群岛1999，20世纪大事60年代，邮票左边的英文是"1960—1969，探索和动荡的十年"，右边的英文是"激光器的发明"，邮票右下角缩微印的字是"梅曼于1960年制出第一台运转的红宝石激光器"，邮票的画面是梅曼的肖像和他的激光器——插在氙闪光灯的螺旋灯管中的红宝石棒；图64-18，科摩罗群岛2009年发行的"著名的发明"小型张的边纸，小型张上的邮票是巴丁像，见图66-11）。梅曼原来研制了许多红宝石微波量子放大器，对红宝石（掺Cr^{3+}的Al_2O_3晶体）的性能有透彻的了解，认为红宝石是最佳激光物质。他的看法和当时的主流看法很不一样，所以只好单枪匹马干。1960年5月16日，他第一次成功地运转了一台很小的红宝石激光器时，连休斯公司的管理层也不知道他在单干。梅曼把报告送到当时新办的《物理评论快报》，但是主编（发现电子自旋的古兹密特）误以为这仍是微波激射器，而微波激射器已没有必要用快报形式发表了，因此遭到拒绝。梅曼只好把报告送到更有影响的英国的《自然》杂志去。这篇300字的简短文章立刻被接受，发表后引起全世界轰动。梅曼后来愤愤不平地说，第一台激光器不

汤斯、巴索夫和普罗霍洛夫发明微波激射器获1964年诺贝尔物理学奖

图64-11 汤斯（圣文森特1991）

图64-12 汤斯（加纳2000）

图64-13 巴索夫
（圭亚那1995）

图64-14 普罗霍洛夫
（圣文森特和格林纳丁斯1995）

图64-15 量子电子学
（俄罗斯2000）

梅曼：做出第一台激光器却未获诺贝尔奖

图64-17（马绍尔群岛1999）

图64-18（科摩罗群岛2009）

图64-19 古尔德（几内亚比绍2009）

图64-20 阿尔费罗夫（刚果民主共和国2002）

是得诺贝尔奖的理论家们做出来的！他虽然没有得到诺贝尔奖，但被列入到美国的发明家名人堂。休斯公司为了扩大影响，印发了精美的小册子，专门介绍第一台激光器。但嫌原件太小，照片里的大激光器是后来换上去的。现在常用的氦-氖连续激光器则是汤斯的伊朗学生贾万（A.Javan）于1960年年底制成的，它用气体放电方法实现布居数反转。

激光器的发明也引发了专利权的争执。库什在哥伦比亚大学带的博士生古尔德（图64-19，几内亚比绍2009，新技术）在1957年也有了产生激光的想法，实际上，Laser（中文译名由钱学森先生定为激光器）一词便是他由Light Amplification by Stimulated Emission of Radiation（由受激辐射引起的光放大）缩略而成。但是，他把他的设想向美国国防部申请了一个项目，而他本人，又因曾是美国共产党党员，难以通过政审，不能正式参加这个项目，只能以顾问的身份出现，种种原因，使他未能及时申请专利。他曾把他的想法写在笔记本上，请人公证（包括也请汤斯见证过），后来就以此为根据，打起了专利权官司。这场官司前后打了二十多年，败诉、上诉……1987年最终判决古尔德胜诉，他前后总共获得了48项激光发明专利。

白俄罗斯出生的阿尔费罗夫（1930— ）基于半导体双异质结制得了可以在室温下连续工作的半导体激光器（激光二极管），为此与美国物理学家克勒默、集成电路的发明人基尔比（见下节）共获2000年的诺贝尔物理学奖（图64-20，刚果民主共和国2002，诺贝尔物理学奖得主）。有了固体激光器，才能实现激光通信、CD机的播放、条码识别等。课堂和会场上用的激光"教鞭"也是半导体激光器。阿尔费罗夫专门研究半导体异质结，用半导体异质结还可以制造异质结晶体管、发光二极管、太阳能电池等。异质结晶体管的工作频率比普通晶体管高100倍，而且噪声更小，适合做微波晶体管、高速开关管和光电晶体管。阿尔费罗夫的工作主要是在苏联时代（20世纪60年代末和70年代）完成的，而他的得奖，则是在苏联解体之后，继戈尔巴乔夫被授予诺贝尔和平奖，俄罗斯学者得到的第一个诺贝尔奖。阿尔费罗夫是俄共党员，几次当选俄罗斯国家杜马议员。他于1990年起任俄罗斯科学院副院长、1989年起任彼得堡分院院长。

激光是20世纪的一项重大的科技发明（图64-21，法国2001，20世纪科学）。激光的独特性质是：相干性好、单色性好、方向性好、强度大等。这使它有许多应用，从激光加工到精细的医学手术，从测量地球与月球的距离到超级市场收银员读条形码。图64-21到图64-25的邮票显示了激光在医疗、测距、机械加工等多方面的应用。图64-21上是用激光做眼科手术，这应当是用氩离子激光器。它发的光是蓝绿色的，可以连续工作。人眼对蓝绿色的反应很灵敏，眼底视网膜上的血红素、叶黄素能吸收绿光。因此，用氩离子激光器进

图64-16 肖洛：1981年诺贝尔奖得主（马尔加什1993）

图 64-21 眼科手术（法国 2001）

图 64-22 测月地距离（冈比亚 1988）

图 64-23 测天体之间距离
（苏联 1965）

图 64-24 测距（南非 1979）

图 64-25 精密机械加工（德国 1992）

行眼科手术时，能迅速形成局部加热，将视网膜上蛋白质变成凝胶状态，它是焊接视网膜的理想光源。图64-22(冈比亚1988，伽利略的《对话》出版350周年，左下角是美国物理学家迈克耳孙的像，全套见图7-68）形象地表示用激光测量月地距离。1969年7月21日，宇航员阿姆斯特朗和奥尔德林在月球上安置了一个反射器阵列，面向地球。大约10天后，地球上的两组天文学家和物理学家(一组在加利福尼亚大学，一组在得克萨斯大学)用红宝石激光器对准月面上那个地点发出一束激光脉冲。光束到达月面仍然只有900米宽。两组人员都检测到其微弱的反射。从脉冲发射和返回的时间间隔，就可以算出地球到月球的距离，精度在1英寸(2.54 cm)以内。图64-23（苏联1965，科学与生产相结合，理论研究的发展）也表示如何用激光测定天体之间的距离。图64-24（南非1979）是微波测距仪，右边是它的发明人D.L.Wadley博士。图64-25（德国1992，德国工厂和机械制造协会百年）表示用激光进行精密的机械加工。

65. 现代光学

我们首先介绍光学中的两个效应，然后再介绍现代光学的进展。

一个是拉曼效应。印度物理学家拉曼（图65-1，印度1971，逝世一周年；图65-2，印度2009，普票）从1921年起开始研究光的分子散射。1928年他发现，强的单色入射光的散射光中有一个频率不同的光，它和入射光频率之差只与被照射的材料有关。这个现象被称为拉曼效应，与X射线散射的康普顿效应类似。他为此获得1930年的诺贝尔物理学奖（图65-3，几内亚2002，诺贝尔奖颁发百年）。拉曼效应实质上是入射光子和分子相碰撞时，分子的振动能量或转动能量与光子能量叠加的结果。利用拉曼效应可以将处于红外区的分子光谱移到可见光区来观测。因此拉曼光谱作为红外光谱的补充，是研究分子结构的有力工具。拉曼是亚洲第一个诺贝尔奖得主，没有出国留过学，完全是在印度国内受的教育。他为发展印度的科学事业立下了功绩，也为发展中国家的科学家树立了榜样。著名天体物理学家钱德拉塞卡是他的侄儿。图65-4（印度2008）的邮票纪念位于班加罗尔的印度科学理工学院成立百年，在这枚邮票里我们也看到拉曼。拉曼于1934年担任这所学院的校长，1944年从这个职位上退休。

在拉曼宣布发现拉曼效应后几个月，苏联物理学家兰兹贝格和曼杰什塔姆也在石英晶体上观察到这种散射，并于同年发表文章，对这种现象作出了正确的解释。苏联出版物上一直称这种散射为"并合散射"，而不用"拉曼散射"的名称。图65-5是苏联1989年发行的纪念邮资封上的兰兹贝格的像。

拉曼散射实质上是一种自发辐射。若使用激光为激发光源，这种自发辐射可以被放大，成为受激拉曼发射；由于受激拉曼发射很强，它又可以当成激发光源，进一步诱发出另一个频率不同的光。这与其他的非线性效应如光的倍频等，构成了新的学科非线性光学。

另一个在邮票上得到足够反映的光效应是切伦科夫效应。这得从苏联物理学家谢尔

拉曼

图65-1（印度 1971）

图65-2（印度 2009）

图65-3（几内亚 2002）

图65-4（印度 2008）

图65-5 兰兹贝格（苏联 1989）

图65-6 谢尔盖·瓦维洛夫
（苏联 1961）

切伦科夫

图65-7（俄罗斯 1994）

图65-8（圣文森特和格林纳丁斯 1995）

图65-9（圭亚那 1995）

塔姆和弗兰克

图65-10 塔姆（圣文森特和格林
纳丁斯 1995）

图65-11 塔姆（圭亚那 1995）

图65-12 弗兰克（俄罗斯 2008）

盖·瓦维洛夫（1891—1951，图65-6，苏联1961，70诞辰）对固体发光的研究说起。固体发光是固体吸收外来能量（电磁波、带电粒子带来的电能、机械能、化学能等）转化为光能的现象。它有两个基本判据：一是任何物体在一定温度下都有热辐射，发光是物体吸收外来能量后所发出的总辐射中超出热辐射的部分；二是外激发源对固体的作用停止后，发光还延续一段时间（称为余辉）。后一个判据是瓦维洛夫于1936年提出的，有了它，发光才有了确切的科学定义。他的其他贡献包括：发展了一种观察光的量子涨落的视觉方法，这对光的理论和生理光学都有重要意义(见第46节)。

1934年，在瓦维洛夫指导下，他的研究生切伦科夫观察到纯净液体在放射性物质的辐射和辐射的照射下发光的现象，即切伦科夫效应，苏联称为瓦维洛夫–切伦科夫效应。切伦科夫的邮票有：图65-7（俄罗斯1994，俄国的诺贝尔奖得主）；图65-8（圣文森特和格林纳丁斯1995，诺贝尔奖设立百年）；图65-9（圭亚那1995，诺贝尔奖设立百年）。瓦维洛夫是研究发光的，因此他让切伦科夫研究铀盐溶液在镭的γ射线作用下的发光现象。切伦科夫发现，镭盐辐射通过高折射率介质（包括液体和固体）时介质会发出一种特殊的辐射，是淡蓝色的微弱可见光，后来人们称之为切伦科夫辐射。在前面的两枚核反应堆邮票（图51-10；图55-11之二）中我们已经看到反应堆中的切伦科夫辐射。当时人们都以为这是一种荧光现象，但是切伦科夫根据自己的观察肯定这不是荧光：在经过两次蒸馏的纯净水中也观察到这种辐射，这排除了水中杂质产生荧光的可能性。切伦科夫在非常困难的条件下（当时测量微弱辐射的唯一有效的工具就是人眼，为了提高眼睛的灵敏度，切伦科夫在每次实验前都要在完全黑暗的环境中待1小时或更久）对这种辐射的性质进行了一系列测量，特别是，他肯定了这种辐射不是由γ射线直接引起的，而是由γ射线引起的次级康普顿电子引起的。于是他的老师瓦维洛夫认为，这是次级康普顿电子的轫致辐射。切伦科夫再进行了一系列实验，他发现，这种辐射在康普顿电子的运动方向上占优势。这是与轫致辐射的性质不符的。最后，1937年，苏联理论物理学家塔姆（图65-10，圣文森特和格林纳丁斯1995，诺贝尔奖设立百年；图65-11，圭亚那1995，诺贝尔奖设立百年）和弗兰克（图65-12，俄罗斯2008，诞生百年）给出了这种辐射的解释：切伦科夫辐射是在透明介质中穿行、其速度超过介质中的光速的带电粒子发出的冲击波辐射，与超音速飞机发出的冲击波和湖面上速度高于水面波的高速船只发出的艏波相似。他们在经典电动力学的基础上解释了这种辐射的全部已知性质，并预言了许多新性质，如辐射方向与带电粒子的轨道的夹角 θ 满足 $\cos\theta = c/nv$。切伦科夫用实验验证，结果与预言完全符合。于是切伦科夫效应就全部搞清楚了。切伦科夫、塔姆和弗兰克3人为此被授予1958年诺贝尔物理学奖。他们是第一批获诺贝尔奖的苏联物理学家，说明了西方国家承认了苏联的物理学研究已处于世界水平。此后不久，朗道、普罗霍诺夫、巴索夫、卡皮查先后获奖。塔姆的工作领域很宽，他建立了晶体表面可能存在电子本征态（后称为塔姆能级）的理论，这样就解释了晶体中各种表面效应。他的邮票还有图62-10，表现塔姆在固体物理方面的重要工作：提出声子概念。

谢尔盖·瓦维洛夫于1945年至去世前曾任苏联科学院院长。这一任命除了因为他本人

图65-13（苏联1977）　　图65-14（苏联1987）

的学术成就和他在苏联科学界的人望外，还与他哥哥尼古拉·瓦维洛夫的案件有关。尼古拉比弟弟更出名，是世界闻名的遗传学家，苏联科学院院士，曾任苏联作物栽培研究所所长和苏联科学院遗传研究所所长，为苏联的生物科学特别是科学育种作出巨大的贡献。由于学界恶霸李森科的陷害，在苏联反对"资产阶级遗传学"的斗争中于1940年被秘密逮捕，1943年惨死狱中。1942年，英国皇家学会选他为外国会员。他的失踪引起全世界学术界的关心。他去世的消息透露出来后，反法西斯盟国科学界一片谴责，苏联科学院的许多外国院士发表声明辞去职务。在这种情况下，斯大林为了装作对此事不知情，便决定让谢尔盖当科学院院长。1956年苏联对尼古拉·瓦维洛夫正式平反，并在他90诞辰和百岁诞辰两次为他发行邮票。《中国大百科全书·生物卷》（第一版）上有他的词条，但是把照片弄错了，刊登的是弟弟谢尔盖的照片。这里把苏联为尼古拉发行的两张邮票（图65-13，苏联1977；图65-14，苏联1987）登出来，以资比较。

现代光学的进展主要集中在四个方面：激光、信息光学、非线性光学、光电子学。激光的发明在上一节已经谈过。其他三个方面的进展都和激光有关。信息光学对光源的相干性要求很高，而激光是很好的相干光；非线性光学则用的是激光的高强度。

信息光学主要研究对图像的加工处理。光波是一种电磁振荡，它的振幅和频率直接表现为光强和颜色，容易被仪器探测和记录；光波的位相则不容易被探测到。例如，一块透明的玻璃样品的外表很完整，但是它的内部的折射率可能是不均匀的。一束平行光通过玻璃后的像只是波面发生变化，而强度没有变化，所以看不出折射率的不均匀。但是把入射光用分束片分成两束，一束透过样品，然后和另一束干涉，其合成波的幅度和两束光的位相有关，所以出现了带有亮暗条纹的像，现代的干涉仪器可以在光学材料中测量到最小到$\pi/10$的位相差。在研究生物样品时，某些器官和周围环境都是透明的，需要对标本染色才能在显微镜下看到。但是有时染色会杀死标本，在研究生命过程时是不允许的。1938年荷兰物理学家泽尼克用环形的光阑挡住光源，造成衍射光束。他使零级衍射光束通过样品，然后和不通过样品的一级衍射光束干涉。用一个不同厚度的透明板来控制一级衍射光束的位相，使得被研究的部分或明或暗，称为相衬显微镜，他因此获得了1953年的诺贝尔物理学奖（图

图65-15（荷兰1995）

图65-16（几内亚2002）

图65-17（多米尼加2002）

图65-18（安哥拉2001）

65-15，荷兰1995，荷兰的诺贝尔奖得主第三组；图65-16，几内亚2002，诺贝尔奖百年；图65-17，多米尼加2002，荷兰人对科学的贡献；图65-18，安哥拉2001，诺贝尔奖得主）。

英籍匈牙利物理学家伽伯（图65-19，匈牙利1988，匈牙利的诺贝尔奖得主；图65-20，几内亚2008，诺贝尔物理奖得主）在研究信息理论时认识到，普通的照片只重现了像的强度而丢失了位相这一重要的信息，因而是不完整的。他提出把光分成两部分，一部分光照明物体，另一部分光直接照明底版（参考光）。从被照明物体发出的光（物光）和参考光在底版干涉，产生编码的信息，称为全息照片。如果用一束光（频率不一定和原来的相同）照明全息照片，就可以重新出现立体的像，称为"波前重建"。在1948年到1951年他发表了三篇论文，建立了波前重建的原理。他当时用电子束的物质波做实验，由于这种物质波的质量不够好，没有得到好的结果。经过近20年之后，人们才用激光做成全息照片，他因而被授予1971年的诺贝尔物理学奖，这时候他已经退休四年了。

20世纪60和70年代全息术得到长足的发展，研究出多种全息图，包括用自然白光反射重现的全息图，并且可以通过印刷复制。这使邮政部门也发行全息图邮票，如图60-23德国宇宙邮票之四和五。第一张全息图邮票是奥地利于1988年发行的（图65-21，出口交易会，在画面上还能依稀看到全息图显现出的商标和Made in Austria字样）。匈牙利2000年发行的千年纪小型张（图65-22）的左下角也附有一张全息图，从不同的角度观看，分别能显现出伽伯的头像或反射成像的光路，这里显示的是伽伯的头像。用全息技术印制的邮票还有后面的图70-31之六。

光电子学是光学和电子学结合形成的新技术学科（图65-23，中国台湾1988，科技发展）。它以光波代替无线电波为信息的载波，来实行信息的传送、转换和处理。它的核心是各种电-光和光-电转换器件。与日常生活关系最密切的光电子学技术莫过于光盘和宽带网了。现已无所不在的光盘是荷兰飞利浦公司于20世纪70年代发明的，用来作为一种理论上永远不会磨损的记录、储存和重现信息的媒质。用较强的激光照射空白光盘，利用激光良

伽
伯
发
明
全
息
照
相

图65-19（匈牙利 1988）　　图65-20（几内亚 2008）

全
息
图
邮
票

图65-21（奥地利 1988）　　图65-22（匈牙利 2000）

图65-24（美国 1999）　　图65-25（法国 2001）　　图65-28（巴布亚新几内亚 1996）

光
盘

图65-26（帕劳 2000）　　图65-27（马绍尔群岛 1999）　　图65-29（葡萄牙 2000）

好的方向性，可以在表面上聚焦成一小点，引起表面材料性质变化，相当于记录下"1"；没有受到照射的部分性质没有变化，相当于记录下"0"。这个过程叫做"写入"。把信息（音乐、图像、程序等）进行二进位编码，用编码的"1"和"0"来控制写入激光的强度，就可以把大量的信息"写入"光盘。用一个较弱的激光照射写好的光盘，它的强度弱到不改变光盘表面的性质，但从"0"和"1"处反射回来的光强度不一样。当光盘旋转时，原来的编码就被"读"出来了，再经过解码，就可以恢复原来的信息。经过飞利浦公司和日本索尼公司的改进，现在它已是音频、视频和计算机系统必不可少的元件。（图65-24，美国1999，20世纪大事80年代，邮票背面的说明文字是："CD唱片于1983年首次出现在美国市场，它极大地改变了整个音乐行业，由于它可长期保存、使用方便以及音质优异，CD唱片在80年代末销量就超过了音乐磁带"；图65-25，法国2001；图65-26，帕劳2000，千年纪邮票20世纪80年代，邮票上部的英文是"CD投入生产"；图65-27，马绍尔群岛1999，20世纪大事70年代，左方的英文是"1970—1979：国际关系缓和和发现的十年"，右方的英文是"光盘使录入技术发生了革命性变化"，右下的缩微印刷文字是"上面没有沟纹、用激光读的小型光盘出现于1979年，它注定要使塑料的慢转密纹唱片被淘汰"；图65-28，巴布亚新几内亚1996，无线电百年；图65-29，葡萄牙2000，千年纪邮票，20世纪技术，上面有光盘，也有光纤。）

图65-23 光电科技
（中国台湾 1988）

光盘有CD、VCD、DVD等多种。CD（compact disc）是激光光盘的通称，也指一般的激光唱盘。VCD（video compact disc）是视频光盘。DVD（digital video disc）是数字化视频光盘。CD和VCD的技术规格是一样的，只是存储的信号不同：CD存储音频信号（音乐唱片），VCD存储视频信号（电影、电视节目）。DVD的存储密度，要比CD/VCD大得多，读取DVD数据就需要比读取CD/VCD的数据更短波长的激光束。只有这样，才能让激光束更准确地在光盘上聚焦和定位。CD的最小凹坑长0.834 μm，道间距为1.6 μm，读取数据采用波长为780～790 nm的红外激光器，而DVD的最小凹坑长度仅为0.4 μm，道间距为0.74 μm，采用波长为635～650 nm的红光激光器。一块CD/VCD只能容纳650～700 MB的数据，而一块单面单层DVD盘的容量为4.7 GB，约为CD盘容量的7倍。播放影像时，VCD只能达到240线的标准，而DVD则可以达到高达720线的标准，因此DVD在清晰度方面占绝对优势。

光盘在读取时没有机械磨损，因此原来对它的寿命估计是比较乐观的，以为可以长期保存。但是后来发现，即使在很好的保存条件下，光盘寿命也是有限的。实际上对光盘寿命的威胁主要来自光盘表面覆盖的聚碳酸酯树脂。本以为耐腐蚀的聚碳酸酯树脂辜负了人们的期望，尽管用肉眼看不出它的变化，但是其表面细小的腐蚀都会引发数据信息的丢失。现在尚无足够的数据可以判定光盘的寿命到底有多长，根据树脂的化学特性，寿限设在50年以内比较妥当。而音乐CD从1982年上市，迄今已有30年了。影响光盘寿命主要有三个因素：第一是时间，即自然老化，主要是涂层材料不纯和氧化作用。第二个因素是光线中的紫外光，在强光的照射下，涂层的变质很快。在夏日中午阳光的暴晒下，3～5天后光盘就报废了。第三个因素是人为损伤。

图65-30（东德1983）

图65-31（瑞士1988）

图65-32（圣马力诺1988）

图65-33（波兰1994）

图65-34 祝贺高锟教授荣获2009年诺贝尔物理学奖（中国香港2009）

图65-35 高锟
（刚果2010）

图65-36 博伊耳
（刚果2010）

图65-37 史密斯
（刚果2010）

由于激光的频率很单纯，所以很容易把它作为载波，用信息来调制它。每一种信息都占有一定的频宽，叫做通道；激光的频率很高，所以容纳得下很多通道，正像中波收音机只能收到几个电台而短波收音机可以收到很多个电台一样。现代互联网的发展需要很宽的带宽，只有用光波作为载波才行。但是光波在空间传播很容易受到环境的干扰，不能长距离传输。用很纯的石英做成芯子，外面包上折射率比较低的材料，叫做光纤。光受到外围折射率比较低的材料的全反射，被约束在光纤中传播，损耗非常小。把许多光纤组成光缆，就可以长距离传输大量的信息（图65-30，东德1983，世界通信年；图65-31，瑞士1988，国际电信联盟；图65-32，圣马力诺1988，欧罗巴邮票，运输和通信；图65-33，波兰1994，波兰电器技师协会成立75周年）。

华裔科学家高锟（他具有美国、英国国籍和香港居民身份）被称为"光纤通信之父"。光纤并不是高锟发明的，在20世纪30年代已经发明可以传导光线的光纤，用于内窥镜等工具。也曾有人设想用光线传递信息，但由于光线在传输过程中损耗率高，难以实现。是高锟的工作，才使光纤通信成为现实。

高锟于1933年出生于上海，1948年全家移居台湾，1949年随父母移民香港。他曾考入香港大学，但他立志攻读电机工程，而当时港大没有这个专业，于是他就读于伦敦大学。1957年毕业，进入英国标准电信实验室工作，同时攻读伦敦大学的博士学位，1965年获得电机工程博士学位。

高锟从1957年开始研究光纤通信。1964年，他提出在电话网络中以光代替电流，以玻璃纤维代替导线。1965年他在一篇论文中提出，当玻璃纤维损耗率下降到20分贝/千米时，光纤通信就会成功。1966年发表一篇题为《用于光频的介质纤维表面波导》的文章，讨论了光纤通信的基本原理，描述了进行长程及高信息量光通信的光纤维应当具有的材料特性和结构，提出制造光纤的玻璃的纯度是减低光能损耗的关键，而石英是可以高度提纯的。在高锟的努力推动下，1971年，世界上第一条1千米长的光纤问世，第一个光纤通信系统也在1981年启用。短短几十年间，光纤网络遍布全球，光纤成了互联网、全球通信网络的基石，在医学上也获得了广泛应用。高锟因其对光纤通信的贡献，被授予2009年诺贝尔物理学奖。他是继杨振宁、李政道、丁肇中、李远哲、朱棣文、崔琦及钱永健之后，第八位获得诺贝尔科学奖的华裔科学家。

1987年10月，高锟从英国回到香港，出任香港中文大学第三任校长，并在香港担任多个职务。1996年当选为中国科学院外籍院士。高锟荣获诺贝尔奖对香港是很大的荣誉，但是香港邮政又恪守不给还活着的人发行邮票的规定，因此发行了一枚小型张（图65-34），邮票仍是一张普通邮票，高锟的像和祝贺词出现在边纸上。

与高锟分获2009年诺贝尔物理学奖的是美国科学家博伊耳和史密斯，他们是CCD（电荷耦合器件）图像传感器的发明者。CCD是光电子学中的重要元件，已在数码相机中代替了感光胶片。图65-35至图65-37是刚果2010年发行的2009年诺贝尔奖得主邮票中的三张。

66. 电子学

电子学是一门应用科学，它研究和利用电子在真空、气体和固体中的运动及其和电磁波的相互作用，特别是制成种种电子器件，为各个科学技术部门，特别是为信息的传送、加工和处理服务。电子器件有三代：真空（电子）管、晶体管和集成电路。前面说过，电子学和无线电波的研究和应用是分不开的，合起来构成无线电电子学。我们分成两节（第24节和本节）来介绍，本节专门讨论电子器件的发展，一是因为无线电电子学的内容太多；二是因为晶体管是在固体能带论和半导体物理学的指导下发明的，在凝聚态物理学之后来讲更合适。

标志着无线电电子学诞生的两个重大事件是1883年爱迪生效应的发现和1887年H.赫兹实验验证电磁波的存在。后者导致无线电报的发明，而前者导致电子管的发明。

1899年，J.J.汤姆孙揭示出形成爱迪生效应的荷电粒子是电子，爱迪生效应是一种热电子发射现象。里查孙的热电子发射定律为电真空器件提供了理论基础。1904年，英国J.A.弗莱明首先将爱迪生效应付诸实用，发明了真空二极管，为接受无线电波提供了一种灵敏可靠的检波器。1906年，美国的德福雷斯特发明了有放大能力的三极管。此后又出现了四极管、五极管、更多极的电子管，形成了收信管、发射管、低频管、高频管、微波管等系列。但是真空管在邮票上留下的记录很少。图66-1是美国1973年发行的"电子学的进展"邮票，那时已有了晶体管（图66-1之二，印刷电路板上焊接了晶体管，用三层同心圆构成的图案代表），但是之三和之四上仍是真空管。之三上的文字是"德福雷斯特的音频三极管"，之四上有收音机用的电子管和电视摄像管，还有麦克风和喇叭。德国物理学家巴克豪森是世界上第一位通信工程教授（1911年在德累斯顿高等工业学校），他导出了电子管系数公式（图66-2，东德1981，诞生百年，图上的曲线应当是不同帘栅压下五极管的板流－栅压特性曲线族，旁边的公式就是电子管系数公式）。上面有电子管的邮票还见图24-134。

电子管是电子器件的第一代，在晶体管发明前的半个世纪里，电子管是唯一可用的电子器件。电子学随后取得的许多成就，如电视、雷达、计算机的发明，都和电子管分不开。即使在固体电子学十分兴旺的今天，真空电子器件仍有一席之地，如大功率电子管（特别是微波功率电子管）和电子束管（如示波管、电视显像管）。

但是，电子管在体积、功耗、寿命等方面局限性很大。特别在构建大型系统如计算机时矛盾更为突出。在客观需要的推动下，美国贝尔实验室组织了集体攻关研制固体器件。他们于1946年年初组建了一个固体物理研究组，对固体物理学进行深入的研究，以指导半导体器件的研制。组长肖克莱是著名的半导体物理学家。第一个晶体三极管（简称晶体管）是肖克莱、巴丁和布拉顿于1947年年底制成的。图66-3（马绍尔群岛1998，20世纪大事40年代）上是一幅著名的照片，巴丁（左边站立者）和布拉顿（右边站立者）正在看肖克莱（坐者）观察显微镜，邮票右边的英文字是"晶体管打开了微型化的大门"，右下角的缩微印刷文字是"贝尔实验室由肖克莱、巴丁和布拉顿组成的团队于1948年开发出晶体管"，邮票画面的左部是他们的第一只晶体管的实验装置——一片三角形塑料用弹簧压在锗片表面上。这一装置也显示在图66-4（多米尼克2000，20世纪大事）的邮票上，票上的文字是"贝尔实验室制出了第一只晶体管"。

肖克莱、巴丁和布拉顿由于发明晶体管荣获1956年诺贝尔物理学奖。肖克莱后来到斯坦福大学任教，是硅谷的创建者之一。1980年笔者在斯坦福进修时，他提出一项优生论主张，主张采集诺贝尔奖得奖者的精子建立精子库，舆论为之大哗。他的邮票有图66-5（圣文森特1991，著名的诺贝尔奖得主），图66-6（圣文森特和格林纳丁斯2000，千年纪邮票，下面的文字是"1947年：晶体管的发明"），图66-7（几内亚比绍2005，诺贝尔物理学奖得主），图66-8（安提瓜和巴布达1998），小型张图66-8上有肖克莱的小传："威廉·肖克莱于1936年在麻省理工学院取得物理学博士学位后，在新泽西州的贝尔实验室任研究员。他所指导的对半导体的研究导致晶体管的发明。由于这一成就，他与共同研究的同事巴丁和布拉顿分享1956年诺贝尔物理学奖。"此外还有前面的图41-23。巴丁的邮票有图66-9（美国2008，美国现代科学家第二组），图66-10（几内亚比绍2008，物理学发现），图66-11（科摩罗群岛2009，伟大发明），图66-12（马里2011，有影响的物理学家和天文学家）。他在得奖后转向低温超导的研究，与库珀、施里弗共同提出BCS理论又获得1972年诺贝尔物理学奖，是迄今唯一获得两次诺贝尔物理学奖的物理学家，他的邮票又见图63-6。布拉顿（1902—1987）是一位优秀的实验物理学家，出生于我国厦门，他的邮票有图66-13（加蓬1995，诺贝尔奖设立百年）和图66-14（刚果2002，诺贝尔奖得主）。

使用晶体管的电路中的元件大都焊在印刷电路板上。印刷电路板如图66-15（伊朗1977，世界电信日）、图66-16（澳大利亚1987，澳大利亚日）和图66-17（瑞士1988，欧罗巴系列）所示。

晶体管由于体积小、重量轻、耗电少、寿命长、高可靠，全面取代了中小功率电子

图66-1 电子学的进展（美国1973）

图66-2 巴克豪森（东德1981）

肖克莱、巴丁和布拉顿制成第一只晶体管

图66-3（马绍尔群岛1998）

图66-4（多米尼克2000）

图66-5（圣文森特1991）

图66-6（圣文森特和格林纳丁斯2000）

图66-8（安提瓜和巴布达1998，4/5原大）

肖克莱

图66-7（几内亚比绍2005）

图 66-9（美国 2008）

图 66-10（几内亚比绍 2008）

图 66-11（科摩罗群岛 2009）

图 66-12（马里 2011）

图 66-13（加蓬 1995）

图 66-14（刚果 2002）

图 66-15（伊朗 1977）

图 66-17（瑞士 1988）

图 66-16（澳大利亚 1987）

图 66-18 从晶体管到集成电路
（坦桑尼亚 1990）

图 66-19 基耳比发明集成电路
（马绍尔群岛 1999）

管。晶体管分为两大类：结型晶体管和场效应晶体管。结型晶体管中有两种载流子（电子和空穴）参与导电，又叫双极型晶体管，是一种电流控制器件。场效应晶体管中只有一种载流子（电子或空穴）参与导电，又叫单极晶体管，是一种电压控制器件。结型晶体管按照结构和工艺的不同，又分点接触型和面结型。初期的晶体管（如上述的第一只晶体管）是点接触式的，制造工艺复杂，稳定性差，适用范围窄，使用不方便，但毕竟是新一代器件。肖克莱继续构思面结型晶体管。1950年4月制成第一只面结型晶体管，克服了点接触型晶体管的缺点，巩固了晶体管的地位。60年代初，硅平面型晶体管问世，它作为分立器件和双极型集成电路的基础器件应用最为广阔。场效应晶体管的基本理论是肖克莱于1952年提出的，1960年，出现了硅MOSFET（金属-氧化物-半导体场效应管），它后来作为MOS集成电路器件用得也很广泛。

晶体管固然在大小、耗电等方面远小于电子管，但是在很多应用上它还是太大了。小型化的趋势继续着，而且打破了元件和功能电路的区别，不再用晶体管和电阻、电容和电感元件组装电路，而是直接就在半导体晶面上制作出某种功能电路。这就从晶体管转换到集成电路。图66-18（坦桑尼亚1990）表示了这一发展趋势。邮票下部左边的英文是"信息时代"，右边的小字是"从晶体管到集成电路。信息时代的黎明"。

电子学的进一步发展是集成电路的发明和广泛采用，它开辟了微电子学时代。所谓集成电路，就是把多个晶体管和电阻、电容等元件做在同一半导体芯片上，连成电路，每块芯片实现一个单元电路的功能。集成电路的发明者是美国德州仪器公司的基耳比和仙童公司的诺伊斯（R.Noyce）。1958年暑期，基耳比在一块硅片上集成了一个相移振荡器。基耳比选择在绝缘材料上沉积金为连接各元件的导线，诺伊斯则选择沉积铝。后来，诺伊斯及其同事创立了Intel公司，是硅谷的奠基人之一，于1990年逝世。基耳比则继续发明生涯，例如，他是袖珍计算器的发明人之一。由于发明集成电路，他被授予2000年诺贝尔物理学奖的一半。图66-19（马绍尔群岛1999，20世纪大事50年代）是关于基耳比发明集成电路的邮票，邮票发行时基耳比还未得诺贝尔奖。邮票画面左边是基耳比的肖像，其右是基耳比做的世界上第一块集成电路，它的下边是现在的微芯片的外形。邮票右端的英文是"微芯片预兆了计算机革命"，右下方缩微印刷的英文文字是"1959年，德州仪器公司的工程师基耳比做出了世界上第一块集成电路或微芯片。这块芯片是今天的微处理器的直接先驱，微处理器是今天的个人计算机、汽车、电视机和厨房用具的'大脑'。"

数字电路比模拟电路更容易集成化，但模拟电路现在也已实现集成化了。随着制造工艺的发展，集成电路的集成度越来越高。Intel公司的创始人穆尔（G.Moore）曾提出经验性的穆尔定律：每两年同样大小的芯片上集成的晶体管数目增加一倍。40年来集成电路的发展大致遵守这一定律。图66-20至图66-30是一些与集成电路有关的邮票：图66-20，美国1999，20世纪大事60年代，集成电路，邮票背面的说明文字是："集成电路是基耳比和诺伊斯独立发明的，于1961年首次上市。它使大规模生产的电路变得更小、更便宜，掀起了计算机产业一场革命"；图66-21，日本1980，图面是两片集成电路芯片，这张邮票纪念

图 66-20（美国 1999）

图 66-21（日本 1980）

图 66-22（法国 1981）

图 66-23（东德 1983）

图 66-24（瑞典 1984）

图 66-25（澳大利亚 1987）

图 66-26（芬兰 1987）

图 66-28（中国台湾 2005）

图 66-30（泰国 2004）

图 66-27（中国台湾 1997）

图 66-29（多哥 2000）

图 66-31（赞比亚 2000）

图 66-32（加蓬 2000）

图 66-33（罗马尼亚 2001）

同时在东京召开的两个国际会议，一个是国际信息处理联合会（简写为IFIP）会议，一个是世界医学情报大会；图66-22，法国1981，新技术，邮票上的文字是"微电子学，设在格勒诺布的法国电信研究与发展中心"；图66-23，东德1983，莱比锡秋季博览会，邮票上的文字是"通过微电子学实现编程的有效"；图66-24，瑞典1984，专利局100年，瑞典的专利发明；图66-25，澳大利亚1987，技术成就，微芯片；图66-26，芬兰1987，邮政储蓄百年；图66-27，中国台湾1997，电子工业，集成电路，台湾叫积体电路，两张邮票描绘集成电路在各种电子产品（台式计算机、手机、便携式计算机、计算器、电子琴等）中的应用，当时台湾是集成电路芯片的一个重要产地；图66-28，中国台湾2005，第18届亚洲国际邮展，晶圆，即半导体芯片，生产集成电路的原材料；图66-29，多哥2000，20世纪大事50年代，邮票上的英文是："美国科学家取得计算机芯片的专利"；图66-30，泰国2004，全国通信日。显微镜下看到的微芯片见图16-7之四。

微处理器是计算机的中央处理器（CPU）的微芯片，功能复杂，是集成电路的典型代表。它利用大规模或超大规模集成电路技术将CPU制作在一个芯片上。第一个微处理器是Intel公司的4004型4位微处理器，上有2 250个晶体管，于1971年投产（图66-31，赞比亚2000，千年纪邮票20世纪下半叶，邮票上的英文是"1971年开发出微处理器"，邮票上的人像看不清楚是谁；图66-32，加蓬2000，20世纪科技成就，上面的法文是"微处理器1971"；图66-33，罗马尼亚2001，20世纪大事，邮票上的文字是"1971年微处理器首先在美国制成"）。此后于1972年投产8008（8位），含2 500个晶体管；1978年投产8 086（16位），上含29 000个晶体管；1985年投产80 386（32位），上含275 000个晶体管；1993年投产奔腾，上含310万个晶体管；2000年投产奔腾4，上含4 200万个晶体管。其发展大致遵守穆尔定律。估计在未来10年内穆尔定律还会继续起作用。目前每年生产的晶体管数量已相当于每年印刷的字母的数量，而生产成本是一样的。每年生产的晶体管的数量超过了地球上蚂蚁数量的10～100倍。

另一个对日常生活有深刻影响的现代电子学产品是磁卡。我们上公共汽车要刷公交卡，买东西付款要刷信用卡，身份证也是一张磁卡，上面记载了我们的重要信息。作为信息载体的磁卡的制造、识别与读写是材料科学、电子学与互联网的综合成果，它已成为社会管理的一个重要工具。图66-34（法国2001，20世纪科技）把磁卡当做20世纪的一项重大科技成果。

电子学不仅是一门重要的应用学科，而且成了一个重要的产业部门，电子工业产品是高端产品。一些邮票记载了电子工业产品在国民经济中的作用：图66-35（以色列1968，出口商品，电子学产品，邮票画面是电子仪器）；图66-36（以色列1979，以色列技术成就）；图66-37（新加坡1981，技工培训，电子学）；图66-38（新加坡1986，经济发展局成立25周年，电子产业）。电子学对于生产过程的自动化也起着重要作用（图66-39，中国台湾1988，科技发展，自动化科技）。

图 66-34 磁卡（法国 2001）

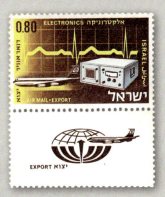

图 66-35（以色列 1968）

图 66-36（以色列 1979）

图 66-37（新加坡 1981）

图 66-38（新加坡 1986）

图 66-39（中国台湾 1988）

67. 计算机和物理学

20世纪后半叶一件大事是计算机的发展。它同物理学的发展紧密联系，互相促进，相辅相成。

我们先简略回顾一下计算机发展的历史。

在电子学发展之前，人们总是试图用机械办法造出计算机，像钟表一样用齿轮传动的装置来实现。早期的繁重计算主要出现在天文学中，因此天文学家特别关心计算工具的改革。1623年，德国人施卡德在写给开普勒的信里，介绍了他设计的一种计算机。图67-1（西德1973，计算机器350年）是复原的他的样机模型。此后的重要两步是帕斯卡(邮票见图8-4至图8-8)和莱布尼茨(邮票见图11-12至图11-18)迈出的。帕斯卡的计算器是一个原始的加法器。莱布尼茨的机器可以直接实现乘法。莱布尼茨对计算数学的另一重要贡献是指出二进制的优点，给出了二进制算术运算法则。

图67-1 施卡德的计算机模型（西德1973）

帕斯卡和莱布尼茨的工作后来发展为各种手摇计算机。它们只能做简单的四则运算，而根本没有程序控制机制。英国数学家巴贝吉（1792—1871）（图67-2，英国1991，英国科学成就；图67-3，英国2010，英国皇家学会成立350周年；图67-4，几内亚比绍2007，伟大发明，边纸上是马可尼）采用纺织业中提花机用穿孔卡片自动控制提经线的技术，在计算机中加进了程序控制，让它自动计算任意复杂的公式。由于他只能用纯机械结构来实现他的想法，他设计的"分析机"最后未能完成，但他的设计中已包括现代通用计算机的许多想法，如存储器与计算器分离、程序控制、逻辑判断等。

巴贝吉失败后，通用数字计算机的研制停滞了约70年。一些物理学家从相反的方向来考虑这个问题：对于一个给定的数学方程，能否设计出一种机械装置，其运动恰好与这个方程对应？如果可以，解这个数学方程的过程就可以让相应的物理模拟来完成。实际上，计算尺就是最原始的模拟计算工具。这个方向上的著名进展，有麦克斯韦的积分仪（它把积分

图67-2（英国1991）

图67-3（英国2010）

图67-4（几内亚比绍2007，4/5原大）

即面积的计算转变为长度的测量）和开尔文的计算傅里叶系数的"潮汐调和分析仪"。但是，模拟装置在通用性、精确度和速度三方面都有局限。一旦条件成熟，人们的注意力又转向数字计算机。

电子学技术的发展，使人们看到使用电子管来大大提高计算速度的可能性。这方面的最早的探索者是保加利亚裔的美国学者阿塔纳索夫（图67-5，保加利亚2004）。阿塔纳索夫是美国伊阿华州立学院的数学物理教授。他是由于求解数学物理微分方程遇到计算困难而对计算机感兴趣的。二战前，他得到伊阿华州立学院农业实验站的资助，试制一台能够求解含30个未知数的线性代数方程组的电子计算机。但因经费太少（只有600美元），只完成了机器的一个部件。据说整台机器将包括300多个电子管。战争发生后，这项计划告吹，阿塔纳索夫本人也转入军队服务。阿塔纳索夫的方案是在计算机中采用电子技术的最早方案，对后来ENIAC的设计有参考价值。

20世纪的科技发展带来了巨大的计算要求，军事需要更是强有力的刺激因素。在曼哈顿计划中，原子弹的许多设计数据都不能在实验室中测量，而必须靠理论计算得到。理论部负责人贝特和数学家冯·诺伊曼估计，他们面临的计算量或许要超过人类有史以来所进行的全部算术运算。同时，科学技术特别是电子学的成就也为计算提供了全新的基础。有了需要与可能，在第二次世界大战中便启动了第一台电子计算机的研制（此前经历过一个短暂的使用继电器的机电式计算机的阶段），但制成时二战已经结束了。

第一台电子计算机是ENIAC，名字是"电子数值积分和计算器"的缩写（图67-6，马

图67-5 阿塔纳索夫（保加利亚 2004）

ENIAC 的研制

图67-6（马绍尔群岛 1998）

图67-7（多米尼克 2000）

图67-8（马尔加什 1993）

冯·诺伊曼与诺伊曼计算机

图67-9（匈牙利 1992）

图67-10（匈牙利 2003）

图67-11（美国 2005）

图67-12（波黑 2001）

阿兰·图灵

图67-13（圣文森特和格林纳丁斯 2000）

图67-14 冯·诺伊曼和图灵（葡萄牙 2000）

绍尔群岛1998，20世纪大事40年代，邮票右边的字是"计算机时代的黎明"，右下缩微印刷的文字是"第一台电子数字计算机ENIAC于1946年投入运行"；图67-7，多米尼克2000，千年纪邮票，20世纪40年代，邮票左上角的文字是"ENIAC成了世界第一台计算机"）。它属于美国国防部的阿伯丁弹道实验室（与宾夕法尼亚大学协作），用来计算火炮的弹道。它于1943年年初上马，整体方案是物理学家莫奇利提出的，由刚刚从研究生毕业的24岁的埃克特担任总工程师（图67-8，马尔加什1993，发明家，莫奇利和埃克特）。1945年年底竣工，1946年2月正式试算时就创造了奇迹：它用短于炮弹实际飞行的时间算出了炮弹的弹道。

ENIAC是个庞然大物，它使用了18 000多只电子管，1 500个继电器，7万枚电阻，1万枚电容，自重30吨，耗电200千瓦，占地170平方米，相当于10个普通房间（见图67-7）。它充分发挥了电子管的长处，运算速度提高了很多，但是还保留了机电式计算机的一些缺点。它虽然可以控制计算程序，但是是从外部来控制的，依靠扳动许多开关、接通一批插头来规定计算步骤。计算速度虽快，但为计算准备程序却要花费很多时间。

流亡到美国的匈牙利科学家冯·诺伊曼（图67-9，匈牙利1992，逝世35周年；图67-10，匈牙利2003，诞生100周年；图67-11，美国2005，美国科学家第一组）积极参与了ENIAC的研制和运行。在总结ENIAC经验的基础上，他又主持制订了EDVAC（"离散变量自动电子计算机"的缩写，制成的机器见图67-10）方案，提出了几条重要建议：一条是用二进制代替十进制。现在的计算机内部都使用二进制，如图67-12（波黑2001，电脑50年）；更重要的是采用"内部程序"或"存储程序"控制，把计算机应执行的一串指令（即程序）存放在计算机里，一条一条取出执行。这样，计算机就具备了最广泛的通用性。在研制计算机时根本不必过问将来用它解决什么具体问题。有了计算机以后，要做什么事就编什么程序好了。具备这样两个特点的计算机叫诺伊曼计算机，后来制造的通用数字计算机都是诺伊曼计算机。诺伊曼计算机有5个构成部分：计算器、控制器、存储器、输入设备、输出设备。

存储程序的概念并不是冯·诺伊曼首先提出的，英国数学家图灵（1912—1954）更早地提出了这个概念。1937年，图灵发表了《论可计算的数，及其对判定问题的应用》一文，文中提出了理想计算机（图灵机）的概念，推进了计算机理论的发展（图67-13，圣文森特和格林纳丁斯2000，千年纪邮票，20世纪上半叶，画面下的文字是"1937年：阿兰·图灵的数字计算理论"）。二战中，图灵在英国外交部所属一个绝密机构从事破译密码的工作。这个机构于1943年造出一台有1 500个电子管的破译密码用的专用电子计算机COLOSSUS（巨人），可能这台机器才是真正的世界上第一台电子计算机，但一直保密。它破译了德国的许多密码，为此，图灵1945年退役时英国政府颁发给他最高奖章。图灵对人工智能理论也很有贡献。图灵和冯·诺伊曼是信息时代的两位奠基人（图67-14，葡萄牙2000，20世纪科学成就）。

随着电子学器件的发展，计算机经历了电子管、晶体管、集成电路和大规模集成电路

图 67-15（以色列 1964）　　　　图 67-16（新加坡 1983）

图 67-17 Apple-Ⅱ型机（马绍尔群岛 1999）　　图 67-18 PC（美国 2000）

图 67-19 乔布斯（几内亚比绍 2009）　　图 67-20 比尔·盖茨（几内亚比绍 2009）

图 67-21 信息技术（英国 1982）　　图 67-22 通信（匈牙利 1983）　　图 67-23 通信（加纳 1983）

四代。体积和重量越来越小，价格越来越低，速度越来越快，性能越来越强。计算机的输入输出设备也在不断变化。例如，早期（20世纪60年代）计算机的程序和数据输入输出都是用穿孔纸带（一直用到70年代中期）（图67-15，以色列1964，以色列建国16周年——以色列对科学的贡献，电子计算机；图67-16，新加坡1983，世界通信年），后来才被对磁介质的读写取代。在每一时期，计算机又按照其规模分为巨型机、大型机、中型机、小型机和微型机。但是这种区分只是相对的，现代的微型机比早年的巨型机的功能强得多。

计算机发展的一朵奇葩是个人计算机。最早流行的个人计算机是美国苹果公司的Apple-Ⅱ型机，于1977年上市（图67-17，马绍尔群岛1999，20世纪大事70年代，邮票右边的英文是"个人计算机上市"，右下缩微印刷的文字是"1977年，Apple-Ⅱ型个人计算机进入家庭，革新了家庭用具"）。一贯生产销售大中型机的IBM公司看到个人计算机的巨大市场，于1979年秘密组建了个人机研制组，1981年推出IBM PC（图67-18，美国2000，20世纪大事80年代），邮票背面的说明文字是"20世纪80年代，由Commodore，Tandy，Apple和IBM公司生产的个人计算机掀起了一场计算机革命。家庭或办公室用户能够使用个人计算机运行商业软件，玩游戏，甚至编写自己的程序。"的确如此。个人计算机大大普及了计算机的使用，使它进入了千家万户。开发个人计算机的功臣是乔布斯（图67-19，几内亚比绍2009，新技术，他开发了苹果机）和比尔·盖茨（图67-20，几内亚比绍2009，新技术，他开发了IBM PC的Windows系统）。

计算机对社会生活的方方面面都产生了重大影响。许多邮票反映了计算机在各方面的应用。例如：图67-21（英国1982，信息技术）上下两张邮票表示计算机在象形文字译解、图书馆管理、文字处理、视传装置（通过电话线路或电视电缆将信息从计算机网络输向用户终端的系统）、人造卫星、用激光笔扫读条形码等方面的应用；图67-22（匈牙利1983，世界通信年邮票中的一张，智能终端）和图67-23（加纳1983，世界通信年邮票中的一张）表示计算机在通信中的应用；图67-24（西德1984，第十届国际文档学会议）上是中世纪文献和计算机，表示计算机在文档管理上的功用；图67-25（以色列1988，以色列工业百年邮票中的一张，工业中的计算机）表示计算机在工业生产上的作用；图67-26（比利时1984，比利时的输出商品，化学工业）是计算机在化工生产中的作用；图67-27（以色列1994）是邮局的计算机化；图67-28（中国香港1991，"香港教育"中的一张，大专教育）强调计算机在教育中的作用：学位帽子是靠书和计算机垒起来的，而计算机在其中占不小的比例；图67-29（意大利1995，安莎社百年）是计算机在新闻通信方面的作用；图67-30（以色列1990）是计算机游戏。

要强调的是，以往的机器都是代替人的体力或手的功能，而计算机却是人脑功能的延伸，代替人脑进行计算、协调、组织管理方面的工作，因此人们称之为电脑（图67-31，英国1999，千年纪邮票，请读者比较另一张英国邮票图26-3，那里表现的是蒸汽机增强了工人的体力；图67-32，中国2001，迈入21世纪，科技之光）。

物理学的发展提出了前所未有的大规模计算课题，为计算机的发展提供了强大的动

图 67-24 文档管理
（西德 1984）

图 67-25 工业生产监控
（以色列 1988）

图 67-26 化工生产监控（比利时 1984）

图 67-27 邮局的计算机化
（以色列 1994）

图 67-28 教育（中国
香港 1991）

图 67-29 新闻报道（意大利 1995）

计算机在各方面的应用

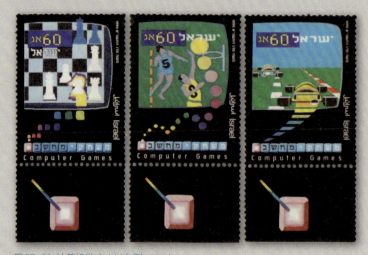

图 67-30 计算机游戏（以色列 1990）

计算机——电脑

图 67-31（英国 1999）

图 67-32（中国 2001）

力，也提供了物质基础（半导体、电子学）。计算机的许多硬件和软件，是物理学家为了解决物理学提出的问题而研制的。而计算机的出现又为物理学家提供了强大的武器，使物理学得到进一步发展。

计算机在物理学中有哪些用处呢？由于计算机具有强大的计算能力，它为物理学家提供了方便、快捷的计算工具。例如，利用计算机，开发了从量子力学和统计物理基本原理和物质微观结构出发计算材料性能的"从头计算"方法（ab initio算法），以指导新材料的研制。对于只能求数值解、不能求解析解的非线性微分方程和离散算法，更是离不开计算机。没有计算机，由混沌、分形、元胞自动机等内容构成的非线性物理学的发展是不可想象的（图67-33，中国澳门2005，混沌与分形，图67-34是其小型张，小型张的邮票上是Julia集合，边纸上是Mandelbrot集合；图67-35，以色列1998，邮政日，邮票上是Julia集合）。除数值计算外，计算机还能进行符号运算（解析运算），推导公式，节省了理论物理学家们的繁重劳动，这叫计算机代数。韦尔特曼（图59-30）在20世纪60年代末开发了一个符号运算程序schoonship，将量子场论中的复杂表达式简化，并能完成量子场论中所有结果的定量计算。这有助于他和霍夫特将非阿贝尔规范理论重正化，获得1999年诺贝尔物理学奖。

对于实验物理学家，计算机能够控制实验，是实验室自动化和采集、分析和处理数据的有力工具。特别是高能物理实验，要从大量事例中辨别出极为稀少的罕见事例，更需要计算机介入。

不仅如此，计算机的使用还导致一门新的物理学分支——计算物理学的建立。由于有了计算机，现代物理学除了实验和理论以外，还有第三种研究手段——计算。计算物理学以电子计算机为工具，但不是用来进行单纯的计算，而是进行数学实验。所谓数学实验不是对物理客体和现象进行实验，而是在计算机上对其数学模型进行模拟实验，发现新的现象和规律，再由理论物理学进一步阐释和论证，由实验物理学检验。因此，计算物理学是通过计算来预言、发现和理解新的物理现象和规律。我们要记住美国数学家Hamming的名言："计算的目的不是数字，而是洞察。"

第一次著名的计算机实验是费米、帕斯塔和乌拉姆于1953年在洛斯-阿拉莫斯的MANIAC I 计算机上进行的弱非线性一维动力系统的研究（64个质点排成一条线，各质点之间除弹性力外还有很弱的非线性作用）。模拟计算的结果出人意料：虽然各个质点之间有非线性作用，但一个质点的巨大能量并不如能量均分定理所预言分散到其他质点，达到热平衡，而是隔一段时间又周而复始地回到原来的质点上。这次数学实验被看成是计算物理学的开始。计算物理学已得到的几个重要成果是：混沌理论（发现一个新的普适常数费根鲍姆常数）、孤子物理学和分子动力学（速度自相关函数长时尾的发现）。计算物理学特别适用于各种非线性问题，因为非线性问题一般求不出解析解。此外，计算机使计算结果可视化（visualization），有助于人们直观摹想和洞察计算结果的物理内涵。

计算机技术和通信技术相结合，发展出计算机网络，将计算机连接起来，实现各个计算机之间的信息共享和资源共享（图67-36，匈牙利1985，第三次计算机科学会议，这次

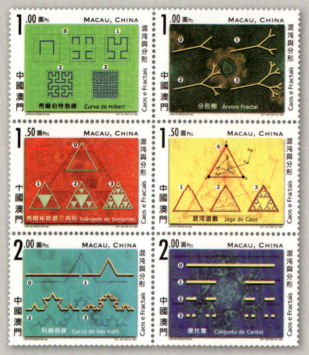

图 67-33（中国澳门 2005）

图 67-35（以色列 1998）

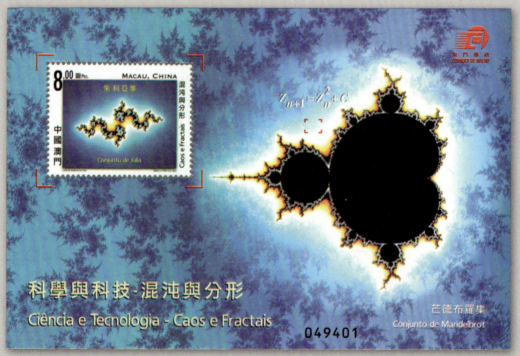

图 67-34（中国澳门 2005）

会议于当年10月在布达佩斯举行，会议的主题是COMNET即计算机联网）。20世纪60年代末开始发展计算机网络，最早是各种局域网。由多个计算机网络相互连接而成的大型网络，可以通称为"互联网"（开头字母小写的internet）。全球最大的互联网络是因特网（开头字母大写的Internet）（图67-37，意大利1998，通信日；图67-38，波兰2001，因特网，邮票上部的文字是"因特网——全球的网络"，围绕鼠标的文字是波兰邮政的网址；图67-39，英国2007，发明的世界，邮票形象地表示因特网将全球连接起来），它由美国国防部1969年研制的"阿帕网"（ARPAnet）发展而来。因特网把全世界的计算机连成一体，是全球化的有力手段。

因特网上最大的信息资源是WWW（World Wide Web），中文译为万维网，这个译名译得极好，既切义，又谐音。它是由当时还是牛津大学学生的伯纳斯-李于1991年在欧洲核研究中心（CERN）开发的，目的是使CERN的物理学家能够共享研究成果和迅速查找公共信息（图67-40，马绍尔群岛2000，20世纪大事90年代，画面上是伯纳斯-李的肖像，邮票右边的英文是"WWW使信息高速公路发生了革命性的变化"，右下缩微印刷的文字是"1991年，伯纳斯-李创建了万维网，这是一个人人可以交流的公共信息空间"；图67-41，几内亚比绍2009，新技术，邮票上的文字说他是因特网之父是不对的，只能说他是万维网之父）。它以超文本形式将互联网上众多的计算机中的信息链接起来，为人们访问互联网上的信息大开方便之门。由于其强大的功能，使得它在互联网上迅速推广，成为互联网上最主要的资源。人们所谓的上网，就是在浏览器友好的界面下，从一台WWW服务器漫游到另一台WWW服务器（图67-42，美国2000，20世纪大事90年代，http://代表超文本传输协议，邮票背面的说明是"通过加进图片、声音和视频图像，万维网使建立在文本基础上的互联网变得生机盎然，成百上千万用户通过对用户友善的网页浏览器进入互联网，以开展业务工作、娱乐和受教育"；图67-43，帕劳2000，千年纪邮票20世纪80年代，上端的英文是"WWW迎来了信息时代"）。

因特网上另一项给广大用户带来极大方便的服务是电子邮件（图67-44，澳大利亚1985，电子邮件）。电子邮件使网民方便、迅速而且便宜地交流信息，将来邮政服务可能仅限于实物的运送了。电子邮件的标志符@出现在许多邮票上：图67-45（法国2000，新千年的开始，邮票上的文字是"第三个千年"，副票上是"最良好的祝愿"）；图67-46（法国2006，邮政企业基金）；图67-47（波兰2006，明信片）。还有图67-38和图67-52。

因特网还支持网页搜索服务，搜索引擎google之父是L. Page和S. Brin（图67-48，几内亚比绍2009，新技术）。

信息科学和技术的发展（图67-49，美国1996，计算机技术；图67-50，中国台湾1988，科技发展，资讯科技即信息科学；图67-51，加拿大1996，信息技术；图67-52，匈牙利1998，国际信息处理联合会会议）极大地改变了社会生活，使人类进入了信息时代。图67-53（韩国2000，数字化韩国）邮票的画面上用电话听筒和电线、光盘、电子邮

因特网

图67-36 计算机联网（匈牙利1985）　　图67-37（意大利1998）　　图67-38（波兰2001）　　图67-39（英国2007）

图67-40（马绍尔群岛2000）

图67-41（几内亚比绍2009）

图67-43（帕劳2000）

伯纳斯－李开发WWW

图67-42（美国2000）

图67-48 google之父（几内亚比绍2009）

图67-44（澳大利亚1985）

图67-45（法国2000）

图67-46（法国2006）

图67-47（波兰2006，3/5原大）

图67-49（美国1996）

图67-50（中国台湾1988）

图67-51（加拿大1996）

图67-52（匈牙利1998）

图67-53（韩国 2000）

图67-55（马绍尔群岛 1999）

图67-56（中国台湾 1993）

图67-54（俄罗斯 1998）

图67-57（印度 2005）

件的@符号和鼠标组成2000，形象地表示新世纪是信息时代。在新时代里，一切生活、生产活动，处处离不开计算机（图67-54，俄罗斯1998，20世纪新技术，计算机的各种应用：计算机辅助设计、计算机图形学、互联网，带立体眼镜的男子正在操作虚拟系统）。像笔者写这本书，邮票图的扫描、图像处理、文字输入、到网上查资料，都必须在计算机上进行。计算机操作是现代社会中必须掌握的技能（图67-55，马绍尔群岛1999，20世纪大事80年代；图67-56，中国台湾1993，现代技能）。我们的社会已是一个信息社会（图67-57，印度2005，世界信息社会峰会）。

68．医学物理学

在科学技术发展的基础上，现代医学在20世纪取得了飞跃的进步。物理学对此作出了重大的贡献。

先看诊断。伦琴在1895年发现了X射线，这种能够穿透人体的射线引起了轰动，不久就广泛应用于医疗诊断，特别是对结核病、骨科创伤和肿瘤，X射线检查可以给出确诊。为了进一步提高反差和精确度，还可以采用造影（向器官内注入无害的对X射线高吸收的制剂）等手段。以X射线查体为画面的邮票很多，各国的红十字邮票、防痨邮票等多有这一主题，这里给出一些[图68-1，匈牙利1947，福利组织；图68-2，比利时1956，防痨基金；图68-3，南越1960，防痨附捐邮票；图68-4，乌干达1962，独立；图68-5，沙迦1966，科学、运输和通信，图上是X射线机；图68-6，加纳1973，世界卫生组织25周年；图68-7，波黑1999，放射学（用放射学进行诊断和治疗的医学学科）在波黑100周年；图68-8，洪都拉斯2000，千年纪邮票，千年大事，用卡通画形式描绘伦琴发明X射线透视照相]。

为了便于军用和民用，还生产了可移动的X光透视设备（图68-9，西德1975；图68-10，西柏林1975，普通邮票）。

还有许多别的物理手段用于疾病诊断。图68-11（西德1981）上是人体头部和胸部的闪烁图，上面的德文是"通过查体发现癌症"，闪烁图是一种核医学诊断方法，向人体注入放射性核素，然后用闪烁体和光电倍增管成像。图68-12是"热图像诊断癌症"（中国1989，群策群力攻克癌症）。热图像是利用远红外探测器显示的人体体表温度分布，由于癌细胞增殖快，血管丰富，体表温度较周围组织高，由这个差异可作诊断。图中显示的是一个女性患者胸部的热图像。前方射进来的一束射线代表治疗癌症的最有效的方法——直线加速器放射疗法。

20世纪后半叶，在物理学和计算机技术的基础上，发展了医学影像学，包括50年代发

图68-1（匈牙利 1947）

图68-2（比利时 1956）

图68-3（南越 1960）

图68-4（乌干达 1962）

图68-5（沙迦 1966）

X光透视或拍片

图68-6（加纳 1973）

图68-7（波黑 1999）

图68-8（洪都拉斯 2000）

X光透视设备

可移动的

图68-9（西德 1975）

图68-10（西柏林 1975）

图68-13 医学成像（英国 1994）

其他的物理诊断手段

图68-11 闪烁图（西德 1981）

图68-12 热图像诊断癌症
（中国 1989）

展的超声成像，60年代发展的计算机断层成像，70年代发展的磁共振成像。它们使医疗诊断技术发生了革命性的变化。图68-13（英国1994，医学发明，欧罗巴邮票）的邮票系统反映了医学成像。第一张（面值25便士）是超声成像，它利用超声波在人体各种组织内的传播特性不同而形成影像，临床用的都是反射成像。所用频率为1～10 MHz，太低时波长大，分辨率差；太高的探头不好做，而且衰减大，不利于探测深部组织。最常见而且最直观的超声成像方式是"B超"，即亮度（Brightness）调制显示图像。第二张（30便士）是扫描电子显微镜，它适合于观察皮肤表面的形貌。用偏转系统使电子束在样品面上扫描，电子束所到之处激发出次级电子，经探测器收集后成为信号，调制一个同步扫描的显像管的亮度显示出图像。第四张（41便士）是计算机断层成像（CT，也写成CAT，是Computerized Axial Tomography的简写）。它用X射线投射人体，由检测器测定透射后的强度，经计算机用卷积反投影算法或快速傅里叶变换处理数据后重建出人体断层图像。CT对体内病灶的显示比X射线照片清楚得多。X射线照片上的影像是身体各层组织前后重叠的复合影像，被遮盖、重叠的病灶有时显示不清，CT则可以反映出普通X射线检查看不到的病灶，如脑内出血。CT是美国物理学家A.M.Cormack奠定理论基础、英国电气工程师G.N.Hounsfield独立设计制造的，1972年首次临床实验成功。他们为此获得1979年诺贝尔生理学医学奖（Hounsfield的像曾被错误地用在纪念伦琴的邮票上，见图39-40）。第三张（35便士）是磁共振成像（MRI）。它利用在物体的不同点处场强不同的非均匀磁场（如线性梯度磁场），在不同点上产生不同的核磁共振频率，共振吸收谱线的频率分布就对应于共振核的空间分布，借助计算机，用与CT类似的方法，便可以重建出原来的图像。和CT相比，MRI的优点一是没有有害的辐射，人体在磁场中不会受到伤害；二是能够对多种病变进行早期诊断。因为病变首先引起人体组织的化学变化，到一定程度才引起形态变化，CT只能检查出组织的形态变化，而MRI则能发现组织的化学变化。发明MRI的是英国物理学家P.Mansfield和美国化学家P.C.Lauterbur，他们分享了2003年诺贝尔生理学和医学奖。1976年MRI首先应用于临床，现在全世界有2.2万台核磁共振成像仪在使用中，每年有超过6 000万人次用这种技术进行诊断。

各种医学成像技术影响深远，别的许多国家也发行了相关的邮票：图68-14（美国1999，20世纪大事70年代），邮票上的英文是"医用成像"，邮票背面的说明是："随着超声波、CAT扫描和MRI技术的不断发展，医用成像术取得了显著进展，这些新出现的、无需动手术的检查程序增强了医生观察人体内部的能力"；图68-15（捷克斯洛伐克1968，世界卫生组织成立20年）中的大脑里有一个肿瘤，但没说是用什么手段发现的，不同颜色的区域代表不同的组织或密度；图68-16（马绍尔群岛1999，20世纪大事70年代），邮票右边的英文是"诊断设备使医疗发生了革命"，邮票右下缩微印刷的文字是："CAT扫描和MRI扫描使医疗诊断技术发生革命性的变化"；图68-17（格林纳达所属卡利亚库和小马提尼克2000，千年纪邮票20世纪70年代），右上的英文是"引进了CAT扫描"。马来西亚1995年发行的X射线发现100周年邮票（图68-18）复现了X射线用于医疗诊断的几个阶段：第一张是发现X射线时得到的人手照片，第三张是普通的X射线检查及其照片，第二张是X射

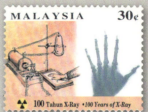

脑部成像

图68-14（美国1999）

图68-15（捷克斯洛伐克1968）

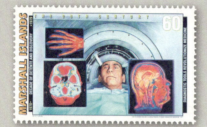

CAT扫描

图68-16（马绍尔群岛1999）

图68-17（格林纳达所属卡
利亚库和小马提尼克2000）

图68-18 X射线诊断术的发展
（马来西亚1995）

放射性疗法治癌

图68-20（日本1966）

图68-19 医学工程（以色列1988）

图68-21（土耳其1972）

图68-22（伊朗1976）

图68-23（加拿大1988）

线CT扫描和照片。

再看治疗。用于治疗的物理手段有超声波、激光、X射线、加速器电子束、各种放射线（核医学）等。应用超声波对人体组织的几种效应（热效应、机械效应和空化效应）使病变组织发生改变，可以达到治疗的目的，如粉碎结石和眼科手术。利用大功率激光脉冲产生的巨大光压，可以治疗后发性白内障和做其他眼科手术（图68-19，以色列1988，以色列工业百年，医学工程；及前面的图64-21）。各种放射线有杀伤活细胞的能力，因此用来杀死有害的细胞如癌细胞。用放射性碘治疗甲状腺功能亢进，是内服同位素疗法的例子。癌症的"放疗"，即用钴源的放射线或加速器产生的粒子束从外部照射（图68-20至图68-23，图68-19中也显示了用放射线杀死脑瘤）已成为治疗恶性肿瘤的重要手段，在癌症治疗中所占比重高达70%。关键是如何把射线集中于杀死癌细胞而尽量少伤及正常细胞。一个方法是把放射源绕病灶旋转，另一个方法是把射线分成多束，从不同的方向射向肿瘤，各束在肿瘤处交叉，其原理如图68-20（日本1966，第九届国际癌症会议）之二邮票所示，之一的画面是钴源照射机的外形。这种器械又称为伽马（γ）刀，用它可以不动刀而完成外科手术，摧毁肿瘤。最新的伽马刀把放射剂量分解为201束细微的射线束，从不同的方向射向目标，周围的组织受到的影响很小。从图68-21（土耳其1972，抗癌）和图68-22（伊朗1976，放射性疗法）上可看到器械的外形。图68-23（加拿大1988，科学与技术）是钴60放射性疗法的原理示意图，上面有钴60衰变的能级图：钴60的半衰期为5.3年，通过β衰变衰变到镍60的激发态，β粒子最大能量为0.31 MeV，再放出能量分别为1.17 MeV和1.33 MeV两种γ射线而跃迁到基态。

最后介绍邮票上的两位核医学人物。图68-24（法国1957，名人）上是法国著名的医生Antoine Beclere和X射线透视设备，他大力提倡把X射线和放射性用于医疗，放射学（radiology）一词就是他创造的，现有以他的名字命名的医院、医学中心和奖章。图68-25（埃及1999，名人）上是埃及的核物理学家和核医学专家穆萨博士（1917—1952），其博士论文题目是不同材料的X射线吸收特性。她是埃及第一位担任大学教职的女性。她全力投入原子能的和平应用特别是医疗方面的应用，她的愿望是"要使核医疗变得像阿司匹林一样普及，一样便宜"。她于1952年在一次旅行中乘坐的客车失控，掉落到十几米深的山谷中，不幸英年早逝。

图68-24 Antoine Beclere
（法国1957）

图68-25 穆萨（埃及1999）

69. 生物物理学

生物物理学是生物学和物理学之间的边缘学科，它用物理学的概念和方法研究生物各层次的结构与功能的关系，研究生命活动的物理过程和物理化学过程。它的范围广泛，历史上，像对生物发光（萤火虫）现象的研究、伽凡尼对肌肉的电学性质的研究、托马斯·杨对眼睛的几何光学性质的研究、亥姆霍兹把能量守恒定律应用于生物系统等，都可以归到生物物理学。我们不在这里追溯这些历史，只结合邮票上的资料就20世纪40年代以来的新进展作一简述，从中看到物理学和物理学家对生物学发展所起的重要作用。

1932年，N.玻尔在哥本哈根国际光疗学会议开幕式上的演讲《光和生命》中提出，要把生物学研究深入到比细胞更深的层次中去。年轻的德国理论物理学家德耳布吕克是玻恩的学生，当时已因对光子散射的研究而出名。1931年夏天他到哥本哈根随玻尔工作，玻尔成了他的良师益友。听了玻尔的话，他毅然从物理学改行转而研究生物学。1937年他离开纳粹德国去美国，与卢里亚和赫尔希合作建立噬菌体（侵害细菌的病毒）研究组，在40年代通过噬菌体实验研究病毒复制机制。由于这项开创性工作，他们获得1969年诺贝尔生理学医学奖（图69-1，格林纳达1995，诺贝尔奖设立百年）。他们的工作是分子生物学的开端。

图69-1 德耳布吕克
（格林纳达1995）

1943年，薛定谔在爱尔兰的都柏林三一学院作了《生命是什么？》的演讲，次年整理出版。在这本书中，薛定谔用热力学和量子力学理论解释生命的本质，引进了生命物质是"非周期性晶体"、遗传密码、量子跃迁式突变、生命靠负熵维持等概念，试图从新的角度、通过新的途径来说明有机体的物质结构、生命活动的维持和延续、生物的遗传和变异等问题。这本书影响很大。书中的论点后来发展为理论生物物理学的几个分支。

薛定谔主张，生命是以物理学定律为基础的，特别是以量子规律为基础。这个观点后来发展为量子生物学。圣居吉（图69-2，匈牙利1988，诺贝尔奖得主）是匈牙利的著名生物化学家，因发现维生素C获1937年诺贝尔生理学或医学奖。他在其著作《生物力能学》

图69-2 圣居吉
（匈牙利1988）

（1957）、《亚分子生物学导论》（1960）二书中提出了量子生物学的基本思想，强调生物体内的力能学过程必须用量子力学的概念和方法才能深刻理解。

薛定谔在书中论述了生命的热力学基础，提出生命体是非平衡开放系统，靠负熵为生。"要摆脱死亡，就是说要活着，唯一的方法就是从环境中不断吸收负熵……有机体就是赖负熵为生的。"生命的一个基本特征是有序，这种有序是通过生物体内的新陈代谢过程产生和维持的。新陈代谢是一种典型的能量耗散过程，因此生物有序属于耗散结构的范畴。耗散结构理论是比利时物理化学家普里戈金建立的，有关的简介和邮票请参看第25节。

薛定谔在书中还论述了生命的分子基础。他建议大分子作为一种非周期性晶体可作为遗传信息的携带者，并提出了遗传密码的概念。这导致分子生物学的发展，首先是DNA的双螺旋模型的建立。

遗传学发展之后，人们把遗传因子称为基因。基因（遗传信息的载体）究竟是什么？20世纪初，人们还普遍认为，蛋白质是遗传信息的载体。后来，经过生物学家的大量实验，到20世纪40年代，已经清楚，遗传信息的载体不是蛋白质，细胞核中的去氧核糖核酸（DNA）才是遗传密码的载体。这样，DNA的结构就成为打开遗传之谜的关键。只有借助于精确的X射线衍射资料，才能更快地弄清DNA的结构。20世纪50年代，弄清DNA的结构是许多研究小组的研究目标。

DNA双螺旋模型的两位建立者克里克和沃森都是在读了薛定谔的书之后下决心从事DNA的研究的。克里克（1916—2004）在二战前已是物理系研究生。战时中断了学业从事国防科研，战后于1949年到剑桥大学修博士学位。因受薛定谔的影响，他转向生命科学的研究。沃森比克里克小12岁，他是学生物出身的。他们志趣相同，深信DNA的结构是生物学的一个关键问题；而知识结构却互补，一个是遗传学家，另一个则对X射线衍射技术有透彻的了解。这使他们成为一对理想的搭档。不过，他们的正式课题与DNA无关，只能在私下里从事这方面的研究。他们没有自己的实验室，只能从事建立模型的工作，用别人的数据建立自己的模型。

当时英国还有一个从事DNA结构研究的小组，即伦敦的国王学院的威尔金斯（M. Wilkins）和富兰克林（女，R. Franklin），他们才是英国科学基金会正式定的研究这个课题的点。威尔金斯和富兰克林都是熟练的晶体学家，拍得了清晰的DNA晶体的X光衍射照片。沃森和克里克曾提出过一个三螺旋模型，被富兰克林否定了，指出他们把DNA的含水量少算了一半（泡林也曾提出三螺旋模型）。他们又继续摆弄自己的模型，花了18个月，主要依靠富兰克林拍得的DNA晶体的X射线B型衍射图，终于构造出正确的模型，1953年发表在Nature上，同一期杂志上还发表了威尔金斯等人和富兰克林等人各一篇快讯，支持这个模型。下面几张邮票表现克里克和沃森建立这个模型：图69-3（马绍尔群岛1999，20世纪大事50年代），邮票右边的英文是"科学开始解开遗传密码"，图中两个人左边是沃森，右边是克里克，邮票右下有缩微印刷的文字："科学家沃森和克里克阐明了遗传物质DNA的分子基础"；图69-4（多哥2000，千年纪邮票20世纪50年代），右上的文字是"沃森和克里克揭

图69-3（马绍尔群岛1999）

图69-4（多哥2000）

图69-5（赞比亚2000）

沃森和克里克建立DNA结构的双螺旋模型

图69-6（帕劳1999）

图69-7（帕劳1999）

获1962年诺贝尔医学奖DNA结构模型

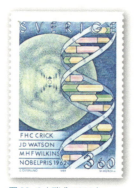

图69-8（瑞典1989）

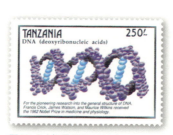

图69-9（坦桑尼亚1990）

图69-10 克里克（圭亚那1995）

示了DNA的结构"；图69-5（赞比亚2000，千年纪邮票20世纪下半叶）邮票下的文字是："1953年沃森和克里克拼出了DNA的结构"；图69-6、图69-7（帕劳1999，20世纪科学和医学的进展）。1962年克里克、沃森和威尔金斯被授予诺贝尔生理学或医学奖，富兰克林已于1958年因癌症去世了（图69-8，瑞典1989，诺贝尔生理学或医学奖小本票，图上有富兰克林拍的X射线B型衍射图；图69-9，坦桑尼亚1990，下部的英文是："由于对DNA的普遍结构的先驱性研究，克里克、沃森和威尔金斯获得1962年诺贝尔生理学或医学奖"；图69-10，圭亚那1995，诺贝尔奖设立百年）。克里克和威尔金斯都于2004年去世。

DNA是结构复杂的大分子，每个DNA分子可含数千个核苷酸单位。每个核苷酸单位包括一个脱氧核糖、一个磷酸基和一个碱基。碱基有4种：A（腺嘌呤）、G（鸟嘌呤）、C（胞嘧啶）和T（胸腺嘧啶），相应核苷酸也有4种。克里克和沃森给出的DNA分子的结构模型是这样的：每个DNA分子是两股由核苷酸连接而成的绕在一起的右旋螺旋，螺旋的骨架由糖和磷酸搭成，碱基对（A和T配对连接，C和G配对连接）横在中间，像一具螺旋梯子，叫双螺旋模型，见图69-11（中国台湾2005，台北邮展）和图69-12（以色列1987，以色列工业百年，遗传工程）。图69-13（以色列1964，独立16周年）中螺旋的手征性错了，画成左旋，自然界中的DNA都是右旋的。澳门特别行政区2001年发行的DNA邮票（图69-14，图69-15为其小型张，科学与技术，脱氧核糖核酸的组织及构成）是DNA结构的细部放大图，突出表现4个碱基及其配对连接，螺旋骨架画在两旁的边纸上。图69-16（保加利亚1971，第七届欧洲生物化学会议）上是简化的双螺旋模型。图69-17（列支敦士登1969，建国250周年）的背景上也有双螺旋，代表生物学；图69-18（帕劳1999，20世纪科学和医学的进展）上，超级离心机从细胞中抽取出DNA。

双螺旋模型很好地解释了生物学中两个最重要的问题，即细胞的复制与蛋白质的合成。细胞一个分裂为两个，新细胞和原来的母细胞完全一样，它是什么机制呢？双螺旋模型的解释是，在细胞分裂的过程中，DNA中连接碱基的氢键断裂，双股螺旋分成两股，露出碱基，然后每一股作为复制的模板，按互补配对的原则制造出另一股，最后得到两条新的DNA分子，和原来的DNA分子一模一样。两个新DNA分子中，各有一股是原来的，因此这个过程叫半保留复制（图69-19，摩纳哥1972，第17届国际动物学大会；图69-20，中国1979，共和国成立30周年；图69-21，俄罗斯1998，20世纪重要科技成就，遗传学；图69-22，加蓬2000，20世纪科学发现：DNA的结构，1953年）。

蛋白质如何根据DNA的遗传指令合成，又可分为两个问题：一是遗传指令是怎样存储在DNA分子上的；二是遗传信息"转译"成蛋白质分子的机制。每个DNA分子的糖-磷酸骨架都是完全一样的，不含任何特殊的信息，遗传信息一定是靠碱基储存，由碱基的排列给出遗传信息。蛋白质里一共有20种氨基酸，但是碱基只有4种，因此遗传密码一定是由几个碱基（字母）组成一个密码子（字）以和氨基酸对应。到底是几个呢？

这个问题又是由物理学家解决的。伽莫夫从数学上考虑：如果一个密码子只由两个碱基组成，那么总的排列方法只有 $4 \times 4 = 16$ 种，太少了，不足以对应20种氨基酸。4个碱基的排列方法有 $4^4 = 256$ 种，太多了，大自然不会这样浪费。因此应当是由3个相邻的碱基组成一个三联体密码子。这时共有 $4^3 = 64$ 种排列方法，与20种氨基酸对应，有些排列是简并的，即几种排列对应于一种氨基酸。许多实验证明了三联体密码子假说。经过许多科学家十余年的努力，通过蛋白质人工合成实验，已经破译出全部遗传密码。遗传密码是普适的，对任何生物都一样。美国生物化学家霍利、美籍印度生物化学家科拉纳（1922—2011）（图69-23，圣文森特和格林纳丁斯1995，诺贝尔奖设立百年；图69-24，帕劳1999，20世纪科学和医学的进展）和美国生物化学家尼仑伯格（1927—　）（图69-25，帕劳1999，20世纪科学和医学的进展）由于破译遗传密码获得1968年诺贝尔生理学或医学奖。伽莫夫没有获奖，他已于当年8月去世。

DNA并不直接制造蛋白质，而是先把密码信息先复制到核糖核酸分子RNA上（转录），

图 69-11（中国台湾 2005）

图 69-12（以色列 1987）

图 69-13（以色列 1964）

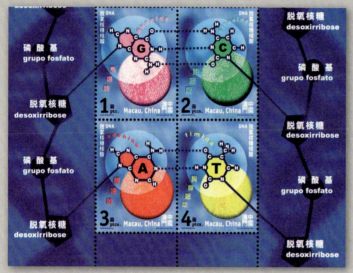

图 69-14（中国澳门 2001，3/4 原大）

图 69-16（保加利亚 1971）

图 69-17（列支敦士登 1969）

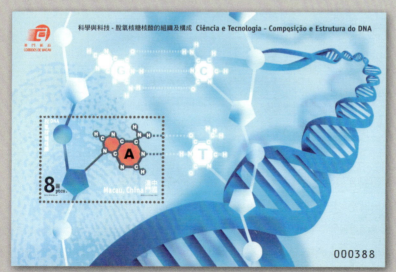

图 69-15（中国澳门 2001，3/4 原大）

图 69-18（帕劳 1999）

DNA 结构的双螺旋模型

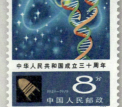

图 69-19（摩纳哥 1972）

图 69-20（中国 1979）

图 69-21（俄罗斯 1998）

图 69-22（加蓬 2000）

图 69-23 科拉纳（圣文森特和
格林纳丁斯 1995）

图 69-24 科拉纳（帕劳 1999）

图 69-25 尼仑伯格（帕劳 1999）

图 69-26 RNA 遗传密码表
（西班牙 1969）

图69-27（美国2011）

图69-28（西班牙1994）

图69-29（西班牙2003）

图69-30（瑞典2003）

RNA再用这个信息制造蛋白质（转译）。遗传密码表可以用DNA中碱基排列与氨基酸的对应关系来表示，也可以用RNA中碱基排列与氨基酸的对应关系来表示，二者的差别是，RNA中没有胸腺嘧啶T，而是由尿嘧啶U代替。西班牙于1969年为欧洲生物化学大会发行的邮票（图69-26）的画面是克里克整理的按U、C、A、G排列的RNA遗传密码表，每个方格内的密码子对应于一种或两种氨基酸，氨基酸的名字没有写出。

美籍西班牙化学家奥乔亚由于发现细菌内的多核苷酸磷酸化酶，从而得以合成核糖核酸，与科恩伯格共获1959年诺贝尔生理学或医学奖。他的工作使科学家能够了解和重建基因内的遗传信息通过RNA中间体翻译成各种酶的过程。奥乔亚的邮票有：图69-27（美国2011，美国科学家第三组）；图69-28（西班牙1994，欧罗巴邮票，科学与科学家）；图69-29（西班牙2003，西班牙、瑞典两国联合发行）；图69-30（瑞典2003）。

DNA双螺旋模型的建立是20世纪科学的一件大事，它是20世纪自然科学四大模型之一（另外三个是宇宙学标准模型、粒子物理学标准模型和地壳的板块模型）。它一方面将生命科学的基础置于分子水平之上，置于坚实的物理学、化学和信息科学的原理之上，更多地得到数学、演绎和推理方法的支持，导致理论生物学的出现；另一方面又将导致生物工程的大发展。因此许多国家发行的回顾20世纪大事的邮票中都有有关的内容，如图69-31（英国1999，千年纪邮票，解开DNA密码）；图69-32（法国2001，20世纪科学成就，英文中的DNA到法文就成了ADN）；图69-33（圣马力诺2000，20世纪——科学的世纪）；还有图69-34（比利时2001，20世纪学术），这张邮票把DNA双螺旋画成两代人的接力棒，非常生动。

2003年是DNA双螺旋模型建立50周年，许多国家发行了纪念邮票，如澳大利亚（图69-35，遗传学）和摩纳哥（图69-36），英国也发行了5张一套的邮票（图69-41，见后）。

图69-37（中国台湾1988）和图69-38（加拿大1996）的主题是生物科技，遗传工程

图 69-31（英国 1999）

图 69-32（法国 2001）

图 69-33（圣马力诺 2000）

图 69-34（比利时 2001）

图 69-35（澳大利亚 2003）

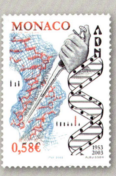

图 69-36（摩纳哥 2003）

图 69-37（中国台湾 1988）

图 69-38（加拿大 1996）

图 69-39（加拿大 2004）

图 69-40（帕劳 1999）

是生物科技的重要内涵。图69-33和图69-36上已经有遗传工程的内容。加拿大生物化学家史密斯（1932—2000）（图69-39，加拿大2004；图69-40，帕劳1999，20世纪科学和医学的进展，左为史密斯）于1978年发明寡聚核苷酸定点诱变技术，用来在体外对已知的DNA片段内的核苷酸进行转换、增删的突变。这就改变了以往对遗传物质DNA进行诱变时的盲目性和随机性，可以根据实验者的设计而有目的地得到突变体。这种技术能够改变遗传物质中的遗传信息，是遗传工程中最重要的技术。他因此获得1993年诺贝尔化学奖。

英国2003年发行的邮票（图69-41）纪念DNA双螺旋模型建立50周年和人类基因组计划（Human Genome Project，HGP）初步完成。人体细胞核中的23对染色体DNA的总长约2 m，包含6万～10万个基因，由大约30亿碱基对组成。它们绝大部分相同，但是也有100万处以上的差异。人类基因组计划要测定人类基因组的全部DNA序列，从而解读所有遗传密码。它是与曼哈顿原子计划、阿波罗登月计划并称的人类科学史上的重大工程。它由美国政府于1990年10月正式启动，后有德、日、英、法、中等国先后正式加入。我国1999年7月在国际人类基因组HGSI注册，承担测序任务的1%。2001年6月，这个计划完成了"工作框架图"的构建，进入了第二阶段"完成序列图"。2003年4月14日，人类基因组全图正式发表。这套邮票用卡通画表示。第一张为二类邮件邮资（当时相当于面值19便士），"寻找原初起点的结束"（The End of the Beginning），即科学家破译基因组的拼图游戏完成，原初起点是指基因组的秘密，它是一切生命的起点；第二张一类邮资（27便士），比较遗传学，人类和我们的表亲猩猩的基因有哪些不同；第三张E级邮资（即欧洲基本邮件邮资，当时相当于37便士），破译密码，科学家正在DNA的梯子上攀登；第四张47便士，遗传工程，长尾巴的科学家同牛头马面们正在讨论，基因在物种之间是可以转移的；第五张68便士，医学的未来，未来的医学将立足于基因组的知识，依靠它来阐明疾病发生的基因缺陷和分子机理，设计诊断、治疗和预防的新方法，它代替了算命的水晶球。

图69-41 DNA双螺旋模型建立50周年及HGP初步完成（英国2003）

70. 国际物理学学术活动

国际上重大的物理学学术活动，首先当然是诺贝尔物理学奖。每年10月上旬，人们的目光都注视着斯德哥尔摩：今年的诺贝尔奖将会花落谁家？诺贝尔奖是科学界的最高荣誉，每年一度的诺贝尔奖，对于把公众的眼光引向当前的科学前沿起了不可替代的作用。各国发行了大量的诺贝尔奖专题邮票，许多诺贝尔物理学奖得主的邮票前面已刊登。这里我们追溯诺贝尔奖自身的历史。

阿耳弗雷德·诺贝尔（图70-1，瑞典1946，逝世50周年）生于1833年，是瑞典化学家、工程师和实业家，黄色炸药的发明人。父亲伊曼纽尔·诺贝尔也是一位有才干的发明家，在俄国发展事业。诺贝尔在9岁时随全家去俄国与父亲团聚。他主要受家庭教育，教师中包括俄国著名化学家济宁（图70-2，苏联1962）。1850年诺贝尔离开俄国去德国、法国、意大利和美国旅行、学习和实习。1855年回俄国时，已是一个精通英、法、德、俄语和瑞典母语的能干的化学家。他在父亲的工厂工作，直到1859年工厂破产，重返瑞典，诺贝尔开始研究制造液体炸药硝酸甘油。投产后不久，1864年工厂发生爆炸，炸成一片废墟，包括他最小的弟弟在内的5名助手被炸死。瑞典政府禁止重建这座工厂，诺贝尔只好在湖面上一艘驳船上做实验，以寻求减小硝酸甘油在受到振动时发生爆炸的危险。他发现，硝酸甘油可以被干燥的硅藻土吸附，这种混合物可以安全运输。这一发现使他改进了黄色炸药和有关的雷管，取得专利。后来又发明了胶性炸药。他虽然没有正式学历，但一生共获得355项专利，其中有关炸药的有127项。

由于发明炸药的专利和巴库油田的产权，诺贝尔积攒了巨大的财富（图70-3，阿塞拜疆1994，诺贝尔家族和油田，诺贝尔家族曾拥有巴库油田的产权，对巴库油田的开发有过贡献，因此阿塞拜疆发行了这套邮票，邮票右上角是阿耳弗雷德·诺贝尔）。

诺贝尔是一个和平主义者。他发明炸药，本意是用于工业建设，为人类造福。没有想到

图70-1 诺贝尔（瑞典1946）

图70-2 济宁（苏联1962）

图70-3 诺贝尔家族（阿塞拜疆1994）

图70-4（马里1971）

图70-5（塞内加尔1971）

图70-6（吉布提1983）

图70-7（摩纳哥1983）

图70-8（瓦利斯和富图纳群岛1983）

图70-9（塞内加尔1991）

图70-10（南非1996）

图70-11（瑞士1997）

纪念诺贝尔

各国政府把这些威力强大的炸药用作武器，相互残杀，这使他非常痛心。他是个热心社会公益的人，虽然拥有巨大的财富，却并不看重财富，多次向慈善事业慷慨捐献。他终身未结婚，没有子女。1895年，他立下遗嘱，把自己的财产全部捐献出来建立基金，"基金的利息作为奖金发给那些在前一年中对人类作出最大贡献的人"。这就是诺贝尔奖的来历，诺贝尔也因为建立这项奖金而将自己的名字用浓墨留在历史上。纪念诺贝尔的邮票很多，这里选一些：图70-4（马里1971，逝世75周年）；图70-5（塞内加尔1971，逝世75周年）；图70-6（吉布提1983，诞生150周年）；图70-7（摩纳哥1983，诞生150周年）；图70-8（瓦利斯和富图纳群岛1983，诞生150周年）；图70-9（塞内加尔1991，逝世95周年）；图70-10（南非1996，逝世100周年）；图70-11（瑞士1997），与瑞典联合发行，瑞典票的图案全同。

按照诺贝尔的遗嘱，诺贝尔奖原来设立了5个奖项：物理学、化学（这两项由瑞典科学院评定颁发）、生理学及医学（由斯德哥尔摩的皇家卡罗琳医学研究所评定颁发）、文学（由瑞典文学院评定颁发）、和平（由挪威议会推选出的一个五人委员会评定颁发）。获奖人不受任何国籍、民族、意识形态和宗教的影响，评选的唯一标准是成就的大小。诺贝尔奖的被提名者必须在世，得奖的理论工作必须得到实验证实，每个奖项至多由两项成果和三个人分享。1901年，诺贝尔奖开始颁发。1968年，瑞典中央银行出资增设了诺贝尔经济学奖，使诺贝尔奖增为6种。每个奖项有一笔奖金（2003年约为130万美元），每位得主有一枚23K金质奖章（直径约为6.5厘米，重约半磅，正面是诺贝尔的浮雕像，背面图案不同的奖项不同）和一张奖状。图70-12（格林纳达-格林纳丁斯1978）是物理学奖和化学奖的奖章的背面。

1995年诺贝尔遗嘱设立诺贝尔奖百年，瑞典和德国联合发行了纪念邮票（图70-13，瑞典；图70-14，德国）。乍得邮票（图70-15，年份不明）上也有诺贝尔的遗嘱。瑞典邮票是由邮票雕刻大师斯拉尼亚雕刻的，第一枚是诺贝尔的肖像，第二枚是诺贝尔在巴黎的故居，第三枚是诺贝尔在实验室里工作的情景，第四枚是伦琴获得第一届诺贝尔物理学奖颁奖典礼的场景，伦琴正从瑞典国王手中接过奖状。颁奖仪式于每年12月10日（诺贝尔逝世的日子）在斯德哥尔摩（和平奖在挪威的奥斯陆）举行，出席的人数限于1500～1800人之间，其中男士要穿燕尾服或民族服装，女士要穿严肃的晚礼服，仪式中的所用白花和黄花必须从意大利的圣雷莫（诺贝尔逝世地）空运来。塞内加尔邮票图70-9第二枚上也有诺贝尔奖授奖的场景。匈牙利的诺贝尔遗嘱百年邮票见下面的图70-43。

更多的国家以1901年诺贝尔奖开始颁发为缘由发行纪念邮票。1976年是诺贝尔奖颁发75周年，发行的纪念邮票有：图70-16（安提瓜），图70-17（乌拉圭）和图70-18（乌拉圭）。图70-17和图70-18虽然是同一国家在同一年发行的，但它们不是同一套，前者是航空邮资，后者不是。图70-17的图案是诺贝尔奖奖章的正面，下面列举了诺贝尔奖的5个奖项：医学奖、文学奖、和平奖、化学奖和物理学奖。邮票上把诺贝尔的出生年份搞错了：诺贝尔生于1833年，这张邮票上误为1823年。图70-18上则是第一次诺贝尔奖的几位得

图70-13（瑞典 1995）

图70-14（德国 1995）

图70-15（乍得）

图70-12 诺贝尔物理学奖和化学奖奖章
的背面（格林纳达-格林纳丁斯 1978）

图70-16（安提瓜 1976）

图70-17（乌拉圭 1976）

图70-18（乌拉圭 1976）

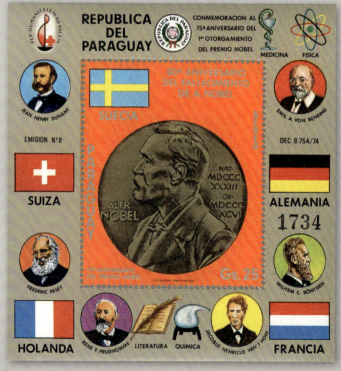

图70-19（巴拉圭 1976）

图70-20（几内亚比绍 1976，4/5 原大）

图70-21（科摩罗群岛 1977，3/4 原大）

图70-23（科摩罗群岛 1977）

图70-22（科摩罗群岛 1977，3/4 原大）

主：医学奖贝林，文学奖普鲁多姆，物理学奖伦琴，化学奖范托夫。还有些国家发行了小型张：图70-19（巴拉圭），图70-20（几内亚比绍）。科摩罗群岛于1977年既发行了小型张（图70-21，图70-22，都是物理学奖得主），也发行了邮票，物理学奖邮票的图案和面值都与小型张中的邮票相同，这里就不刊登了，只刊出化学奖的邮票（图70-23）。邮票和小型张边纸上都是些著名科学家，大家可以试试看你能认出哪些人（邮票上每个人物下面有他的名字）。

2001年是诺贝尔奖颁奖百年，更多的国家发行了邮票。首先是瑞典（图70-24）和美

图70-24（瑞典2001）

诺贝尔奖颁奖百年

图70-25（美国2001）

图70-26（摩纳哥2001）

图70-27（越南2001）

图70-28（波黑2001）

图70-29（波黑2001）

图70-30（马其顿2001）

图70-31 英国诺贝尔奖百年纪念邮票（2001）

国（图70-25）联合发行的邮票。瑞典邮票也是斯拉尼亚雕刻的，第一枚是诺贝尔的肖像和诺贝尔奖奖章的正面，第二枚至第四枚分别是生理学或医学奖、物理学奖和化学奖、文学奖奖章的背面。还有别的一些国家也发行了纪念邮票：摩纳哥（图70-26），越南（图70-27），波黑（发行了两张邮票，图70-28和图70-29），马其顿（图70-30）。特别是英国的诺贝尔奖百年纪念邮票（图70-31），全套6张，对应6种奖项。这套邮票采用了多种高新印刷技术：二类邮件邮资邮票（当时相当于面值19便士，化学奖），这张邮票含有热敏材料，把手指按在邮票上，手指上的热能可以释放带电粒子，使邮票改变颜色。一类邮资邮票（面值27便士，经济学奖），是用英国印制邮票最原始的凹版印刷技术制成。E字邮票（欧洲基本信件，36便士，和平奖）用凸版技术印制成浮雕效果，图案是一只口衔橄榄枝的和平鸽。40便士邮票（生理学或医学奖）图案是十字符号，用含有无数个微胶囊的新型油墨印制，胶囊中含有桉树芳香剂，用手摩擦邮票表面，微胶囊破裂，就会闻到桉树叶独有的香气。45便士邮票（文学奖）采用缩微印刷技术，印的是曾获1948年诺贝尔文学奖的英国诗人艾略特的诗The Addressing of Cats，要用高倍数放大镜才能看清。65便士邮票（物理学奖）首次在英国邮票上应用全息图技术，从一定角度可以看到立体的原子模型图。

诺贝尔奖第一次颁奖是20世纪大事。有的国家发行的20世纪大事或千年纪邮票上，有1901年第一次颁发诺贝尔奖：图70-32，罗马尼亚1998，20世纪大事；图70-33，冈比亚2000，千年纪，20世纪第一个十年。

文学奖和和平奖涉及意识形态，历来争论较多，科学方面的奖项则争论较少，得奖项目一般能够代表该学科当前的最高水平，但也不是没有问题。就物理学奖而言，爱因斯坦的相对论未能得奖就是一个例子。另一个例子是达仑（图70-34，瑞典1972；图70-35，加蓬1995；图70-36，几内亚比绍2009；图70-37，瑞典1992，日光阀，瑞典专利登记局成立100周年）。达仑是瑞典发明家，由于发明自动日光阀获1912年诺贝尔物理学奖。日光阀靠太阳光控制煤气灯，使灯在天黑时自动点燃，天亮时自动熄灭。这项发明很快在全世界用于浮标和无人灯塔。1912年，他在做实验时发生爆炸，身受重伤，双眼失明。人们认为他为科学献身的精神应当受到鼓励，因此授予他当年的诺贝尔奖。他的精神的确高尚，这项发明也有重大实用价值，但是在物理学史上很难排上什么地位，与其他的得奖工作相比，不免相形见绌了。有个说法是，这一年的诺贝尔物理学奖本来是要授予爱迪生和特斯拉的，因为他们两人互相看不起，都宣称不愿与另一位分享诺贝尔奖，因此临时改为达仑。

关于诺贝尔奖，还观察到一个重要事实，那就是：很多诺贝尔非物理学奖的得主，都是物理学家或学物理出身的，或者获奖的工作根本就是一件物理学工作。如：化学奖得主卢瑟福、居里夫人、约里奥-居里夫妇、能斯特、德拜、昂萨格、普里戈金、谢苗诺夫，生理学医学奖得主德尔布吕克、克里克、科马克、亨斯菲尔德，经济学奖得主廷伯根（他是埃伦菲斯特的学生，首届诺贝尔经济奖得主之一，图70-38，荷兰1995，荷兰的诺贝尔奖得主；图70-39，多米尼加2002，荷兰人对科学的贡献），和平奖得主泡林、萨哈罗夫、罗特布拉特（波兰出生的英国核物理学家，因协助罗素组织和主持帕格沃什会议获1995年诺贝尔和平

图70-32（罗马尼亚1998）

图70-33（冈比亚2000）

图70-34（瑞典1972）

图70-35（加蓬1995）

图70-36（几内亚比绍2009）

图70-37（瑞典1992）

图70-38（荷兰1995）

图70-39（多米尼加2002）

图70-40（马尔代夫1995）

图70-41（安提瓜和巴布达1995）

奖）等，甚至文学奖得主也有一位是学物理出身的，那就是著名的苏联持异见作家、"俄罗斯的良心"索尔仁尼琴（图70-40，马尔代夫1995，诺贝尔奖设立百年；图70-41，安提瓜和巴布达1995，诺贝尔奖设立百年，背景是警卫森严的集中营，岗楼上射出探照灯光，应当是《古拉格群岛》或《伊凡·杰尼索维奇的一天》的插图），他毕业于罗斯托夫大学物理-数学系，参加卫国战争复员后曾任多年中学教员。他目睹了苏联的解体并为此作出了自己的贡献。但是反过来，非物理学出身而获得诺贝尔物理学奖的人却极少，仅找到一个例子，即1987年因发现高温超导而获奖的得主之一柏诺兹，他是学化学的。这一事实反映了物理学的基础性和成熟性。

诺贝尔奖邮票数量不少，已成为专题集邮中一个大题目。诺贝尔奖邮票可分三类。第一类是瑞典发行的，它又分两段时期。瑞典从1961年开始，每年发行诺贝尔奖邮票，画面是60年前的诺贝尔奖得主，如1972年发行纪念1912年授予达伦诺贝尔奖的邮票，直到1981年为止。这一段时期发行的邮票幅面都较小。图70-42是这一段时期的诺贝尔物理奖邮票（1916年因战争未授奖）。从1982年开始，瑞典改变了诺贝尔奖邮票的发行办法，改以某一奖种为主题发行小本票，不同奖种轮流发行。1982年和1987年发行了诺贝尔物理学奖邮票（1982年为量子力学，见图47-21；1987年为天体物理学，见图61-75）。第二类是诺贝尔奖得主本国发行的，一些诺贝尔奖得主较多的国家，如德国、俄罗斯、荷兰、匈牙利、波兰，都发行过一套或多套诺贝尔奖得主邮票。德国1979年发行的诺贝尔奖得主邮票，纪念的是3位同龄的诺贝尔奖得主（爱因斯坦、劳厄、哈恩）百年寿辰，令人不得不惊叹20世纪前30年德国物理学的人才济济。这些邮票前面都已在适当的地方刊出。匈牙利在1995年纪念诺贝尔遗嘱100年的邮票（图70-43），正票上是各种奖项奖章的背面，副票上是奖章的正面及出生在匈牙利的12位诺贝尔奖得主的名字，得物理学奖的有勒纳、伽伯、维格纳三人，此外我们前面还提到过赫维西（化学奖）和圣居吉（生理学医学奖）。（注意匈牙利人是从东方迁徙到欧洲的民族，他们的姓名也是姓在前名在后，和我们一样。此外匈牙利的疆域历史上比今天大。）按人口比例，匈牙利和荷兰是诺贝尔奖得主最多的国家，1000来万人口，就有十多位诺贝尔奖得主。第三类是一些第三世界小国发行的带商业气息的邮票，诺贝尔奖当然是他们看中的一个重要主题。1995年诺贝尔遗嘱100周年，曾有过一次诺贝尔奖邮票"大爆发"，据统计，那一次共有15个国家或地区发行了43枚小版张共404张邮票和41枚小型张。2001年诺贝尔奖颁发100年时也有不少国家发行邮票。这些邮票中与物理学有关的绝大部分也已在前面收入。没有这些邮票，我们对近代物理学的叙述不可能这么详细。

诺贝尔基金会有一个网站，设有一个e博物馆，上面既有诺贝尔奖得主的详细资料，也有对获奖工作的通俗介绍，还有有关的教材。网址是http://www.nobel.se，能读英文的读者，有兴趣可以访问。

除诺贝尔奖外，对物理学发展起过推动作用的另一著名国际活动是索尔维物理学会议。它是由以创造氨碱法制碱而闻名的比利时化学工业家索尔维（图70-44，比利时1955）倡导和资助多次召开的国际物理学会议。图70-45（比利时2003）是索尔维的塑像

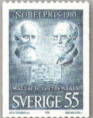

图70-42 瑞典1961—1981年发行的1901—1921年诺贝尔物理学奖得主邮票

图70-44 索尔维（比利时1955）

图70-45 索尔维塑像
（比利时2003）

图70-46 第一届会议与会者合影
（比利时2011，4/5原大）

图70-47 与会者合影（几内亚2008）

索尔维会议

图70-43 匈牙利诺贝尔奖得主名单（匈牙利1995）

（索尔维实业学校百年），图70-46是比利时2011年发行的世界化学年邮票，边纸上是100年前1911年举行的第一届索尔维会议与会者的合影。前排右二是居里夫人，后排右二是爱因斯坦（你还能认出哪些人？）。图70-47是从图39-38小型张上截下的邮票，背景也是上述合影。

索尔维会议与传统的学术会议不同，传统的学术会议一般只公布已获得一定成果的科学研究工作，而索尔维会议则致力于讨论物理学发展中有待解决的关键性问题，并且每次有一个专题，由来自世界各国的最杰出的专家就此专题进行讨论。第1届索尔维会议于1911年在布鲁塞尔召开，主席是洛伦兹，主题是辐射和量子问题。以后每3～5年召开一次，担任过主席的有朗之万、小布拉格、普里戈金等。历史上最重要的一次索尔维会议是1927年的第5届，出席的都是一些最重量级的物理学家，爱因斯坦和玻尔之间著名的关于量子理论的争论就发生在第5届索尔维会议上，并且在第6届会议上继续进行。最近一届会议是2011年召开的第25届会议，主题是量子世界理论。和诺贝尔物理学奖一样，从历届索尔维会议的主题可以看出物理学发展的轨迹。各届索尔维会议的主题如下：

届次	年份	主题	主持人
第1届	1911	辐射与量子理论	洛伦兹
第2届	1913	物质结构	洛伦兹
第3届	1921	原子与电子	洛伦兹
第4届	1924	金属电导率及有关问题	洛伦兹
第5届	1927	电子与光子	洛伦兹
第6届	1930	磁性	朗之万
第7届	1933	原子核的结构和性质	朗之万
第8届	1948	基本粒子	小布拉格
第9届	1951	固态	小布拉格
第10届	1954	金属中的电子	小布拉格

第11届	1958	宇宙的结构与演化	小布拉格
第12届	1961	量子场论	小布拉格
第13届	1964	星系的结构与演化	奥本海默
第14届	1967	基本粒子物理学的基础问题	R.Møller
第15届	1970	原子核的对称性	E.Amaldi
第16届	1973	天体物理学与引力	E.Amaldi
第17届	1978	平衡和非平衡统计力学中的有序和涨落	L.van Hove
第18届	1982	高能物理学	L.van Hove
第19届	1987	表面科学	F.W.de Wette
第20届	1991	量子光学	P.Mandel
第21届	1998	动力系统与不可逆性	I.Antoniou
第22届	2001	通信的物理学	I.Antoniou
第23届	2005	空间与时间的量子结构	D.Gross
第24届	2008	凝聚态的量子理论	B.Halperin
第25届	2011	量子世界理论	D.Gross

2005年是1905爱因斯坦奇迹年的100周年。联合国教科文组织（UNESCO）和国际纯粹与应用物理学联合会（IUPAP）将它定为世界物理年，其宗旨是向大众宣传：物理学是认识自然的基础；是当今众多技术发展的基石；物理教育为培养人提供了科学基础。并希望把广大青少年吸引到物理学来，以期出现更多的爱因斯坦。许多国家发行了世界物理年邮票。其中一些刊登在前面有关各节，这里刊出其余一些。世界物理年的图标是一个光锥，旁边写着英文的"世界物理年2005"字样。图70-48是加纳发行的，全套5张，依次为加纳原子能委员会成立40周年、加纳的研究用反应堆、爱因斯坦像、著名加纳物理学家F. T. Allotey教授（其主要研究领域是软X射线的光谱，担任过加纳各种学术职务）和学生在物理实验室中做电学实验。图70-49（塞尔维亚和黑山）全套2张，上一张是"世界物理年"，下一张是"狭义相对论百年"。图70-50（爱尔兰）全套3张，这一张上是联合国教科文组织总部的外景，另外两张是图12-10（哈密顿）和图38-111（爱因斯坦）。图70-51（阿根廷），全套2张，一张是爱因斯坦，见图38-4；这一张是阿根廷物理学家Jose Antonio Balseiro（1919—1962），他担任过布宜诺斯艾利斯大学物理系主任等职务。1955年阿根廷国家原子能委员会建立了物理研究所，他担任首任所长。在他1962年因白血病去世后，这个研究所便以他的名字命名，现在这个研究所已成为阿根廷研究新技术、物理学和核工程的中心。这张邮票庆祝Balseiro研究所成立50周年。其他的世界物理年邮票有图70-52（希腊）；图70-53（西班牙）；图70-54（捷克）；图70-55（意大利），画面上的图比较杂乱，有世界物理年徽志、费曼图和帕维亚大学内景；图70-56（突尼斯）。中国邮政为世界物理年发行了邮资封（图70-57），罗马尼亚在这一年发行了两枚邮资封，分别纪念爱因

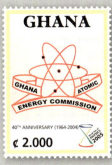

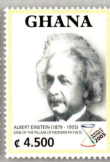
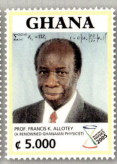
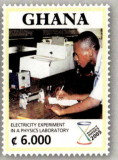

图 70-48（加纳 2005）

图 70-49（塞尔维亚和黑山 2005）

图 70-50（爱尔兰 2005）

图 70-51（阿根廷 2005）

图 70-52（希腊 2005）

图 70-53（西班牙 2005）

图 70-54（捷克 2005）

图 70-55（意大利 2005）

图 70-56（突尼斯 2005）

图 70-57（中国 2005，1/2原大）

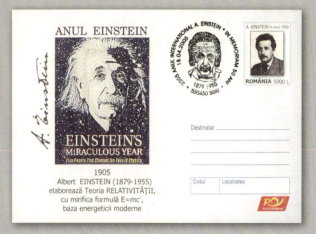

图 70-58（罗马尼亚 2005）

图 70-59（罗马尼亚 2005）

图 70-60（中国台湾 2005）

图 70-61（西班牙 2005）

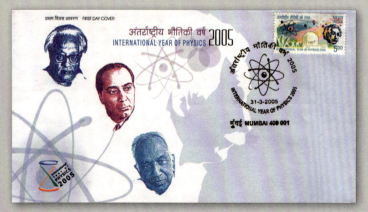

图 70-62（印度 2005）

图 70-63（意大利 2005）

首日封和明信片（均为 1/2 原大）　世界物理年纪念封、

图70-64（印度尼西亚2002）   图70-65（伊朗2007）

斯坦奇迹年（图70-58）和爱因斯坦诞生125周年（图70-59）。我们还看几个有特色的首日封和明信片：图70-60（中国台湾2005），图70-61（西班牙2005），图70-62（印度2005），图70-63（意大利2005，纪念明信片）。

国际物理奥林匹克是国际物理教育界的一件盛事，它的宗旨是通过组织国际性中学生物理竞赛来"促进学校物理教育方面国际交流的发展"，以强调"物理学在一切科学技术和青年的普通教育中日益增长的重要性"。当然，通过竞赛也能选拔未来从事物理学学习和研究的苗子。我国选手在历届物理奥林匹克竞赛中都取得了好成绩。一些举办国在举办当年发行了纪念邮票，如图70-64（印度尼西亚2002），第33届；图70-65（伊朗2007），第38届。

本书索引可扫描以下二维码获取。

图书在版编目（CIP）数据

方寸格致：邮票上的物理学史 / 秦克诚编. -- 增
订本. -- 北京：高等教育出版社，2014.6
ISBN 978-7-04-038694-3

Ⅰ.①方… Ⅱ.①秦… Ⅲ.①邮票—世界—图集 ②物
理学—青年读物 ③物理学—少年读物 Ⅳ.①G894.1-64
②04-49

中国版本图书馆CIP数据核字（2013）第263603号

郑重声明

策划编辑　缪可可　　　　责任编辑　缪可可
封面设计　王凌波　　　　版式设计　王凌波
责任校对　刁丽丽　　　　责任印制　朱学忠

出版发行　高等教育出版社
社　　址　北京市西城区德外大街4号
邮政编码　100120
印　　刷　北京信彩瑞禾印刷厂
开　　本　889 mm×1194 mm　1/16
印　　张　48
字　　数　1408千字
购书热线　010-58581118
咨询电话　400-810-0598
网　　址　http://www.hep.edu.cn
　　　　　http://www.hep.com.cn
网上订购　http://www.landraco.com
　　　　　http://www.landraco.com.cn
版　　次　2014年6月第1版
印　　次　2014年6月第1次印刷
定　　价　388.00元

本书如有缺页、倒页、脱页
等质量问题，请到所购图书
销售部门联系调换
版权所有　侵权必究
物　料　号　38694-00